Los elementos químicos

Libro para colorear y actividade

por Ellen Johnston McHenry

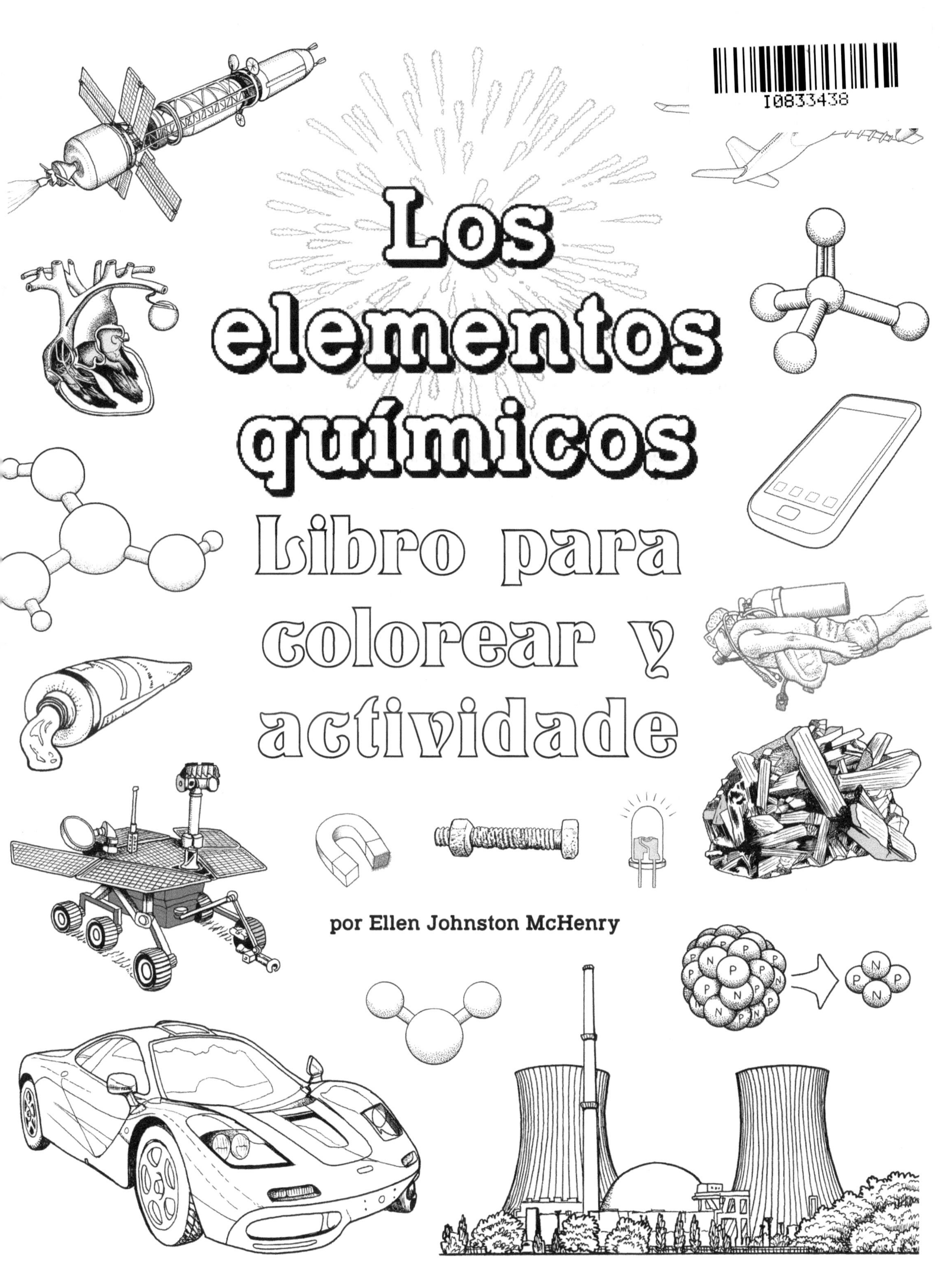

ISBN: 979-8-9868637-8-8
Publicado por Ellen McHenry's Basement Workshop, Pennsylvania, USA

Los minoristas pueden pedir el libro a través de IngramContent.com.

Encuentre otros libros (en inglés) de este autor buscando en su libreria en línea favorita o visitando www.ellenjmchenry.com.

¿Qué es un elemento?

Un elemento es una sustancia formada en su totalidad por un tipo de átomo. Por ejemplo, el elemento oxígeno está formado por todos los átomos que se identifican como átomos de oxígeno. Todos los átomos de un elemento dado tienen el mismo número de protones en su núcleo. Es el número de protones lo que confiere a los átomos su identidad. Por ejemplo, los átomos de oxígeno tienen siempre 8 protones.

¿Qué es un átomo?

El átomo es la unidad más básica de la materia que tiene identidad propia. Los átomos están formados por pequeñas piezas llamadas electrones, protones y neutrones. Cada elemento tiene un número único de protones. Si se cambia el número de protones, el átomo se convierte en un elemento diferente. En las últimas décadas, los científicos han creado nuevos elementos añadiendo más protones a átomos que ya son muy grandes.

¿Qué aspecto tienen los átomos?

En realidad no lo sabemos, porque los átomos son demasiado pequeños para verlos con un microscopio. Las mejores imágenes que tenemos se obtienen con microscopios electrónicos. Los microscopios normales desvían los rayos de luz para que las cosas parezcan más grandes. Los microscopios electrónicos utilizan un haz de electrones y un detector especial que detecta lo que hacen los electrones al atravesar una muestra. Los datos recogidos por el detector pasan a un ordenador que los convierte en una imagen que podemos ver en una pantalla. Las imágenes de los átomos siempre se ven borrosas y no pueden mostrarnos los protones, neutrones o electrones.

Si buscas imágenes de átomos, casi todas las que encuentres serán diagramas, no fotos. A veces, el diagrama se parecerá un poco al sistema solar, con anillos que rodean una masa en el centro. Otros diagramas parecen globos atados entre sí, o una serie de capas esféricas anidadas unas dentro de otras. Ninguno de estos diagramas representa con exactitud el aspecto real de un átomo. Cada tipo de diagrama representa algunos de los hechos que hemos aprendido sobre los átomos. Ningún dibujo puede darnos una imagen completa de un átomo.

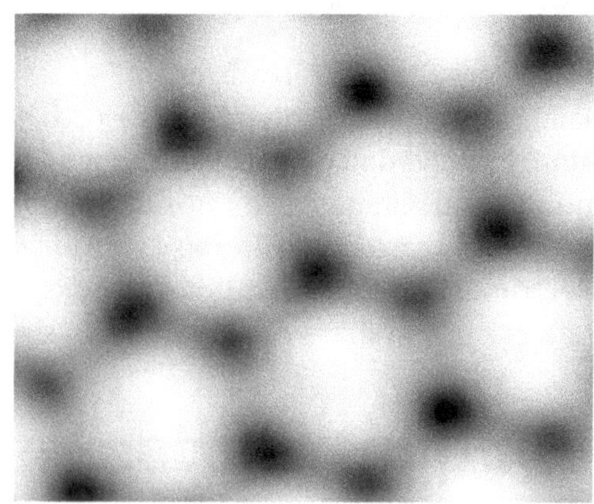

Las zonas negras borrosas son átomos de carbono. No podemos acercarnos más. Los átomos de carbono suelen unirse entre sí siguiendo este patrón hexagonal.

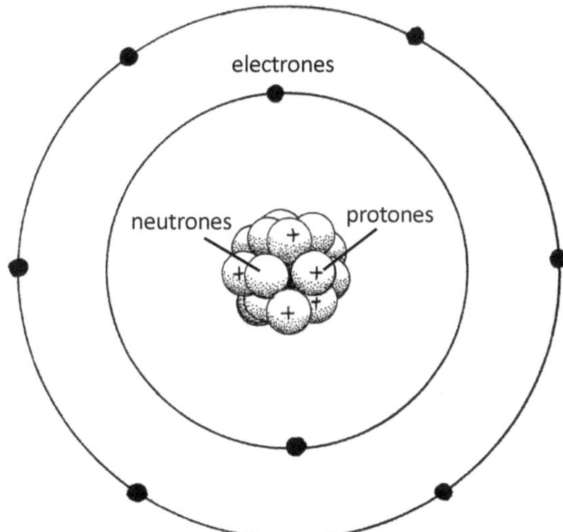

El modelo del "sistema solar" muestra el núcleo en el centro (hecho de protones y neutrones) rodeado de electrones que viajan en "órbitas". Este tipo de diagrama es estupendo para mostrar cuántos electrones ocupan cada nivel de energía (o "capa"), pero no muestra la forma correcta de los orbitales y hace que las partículas sean demasiado grandes.

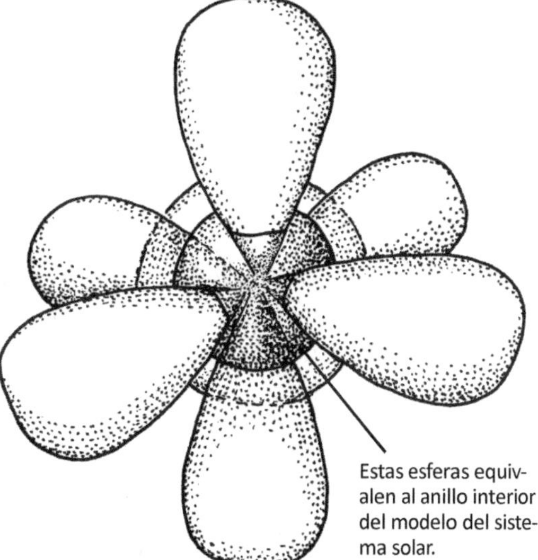

Este diagrama muestra que los orbitales electrónicos se parecen más a globos que a anillos. Cada "globo" muestra la zona en la que es más probable que se encuentre un electrón. Uno de los inconvenientes de este tipo de diagrama es que no nos dice nada sobre el núcleo.

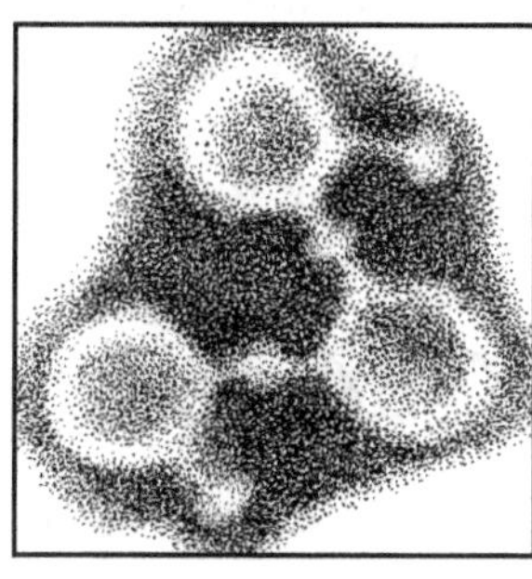

Uno de los avances más recientes en imagen atómica es la "espectroscopia de fuerza atómica sin contacto". Imagina a alguien leyendo Braille, pero en vez de papel usa plata, y en lugar de los bultitos las moléculas y el que lee no es tu dedo, es un átomo de oxígeno. Un ordenador interpreta la interacción del átomo de oxígeno con la molécula y convierte los datos en una imagen. En la imagen hecha con esta técnica ves hexágonos formados por seis átomos de carbono, y cada bola es un átomo de carbono.

Si no podemos ver los átomos, ¿cómo conocemos su estructura?

Muchos científicos necesitaron décadas de experimentos para descifrar la estructura de un átomo. La lógica y las matemáticas desempeñaron un papel fundamental en el proceso. El espacio entre el núcleo y los electrones fue revelado por Ernest Rutherford en 1908. En un experimento hecho por Rutherford, la mayoría de las "balas" de partículas alfa atravesaban una lámina de oro como si no existiera, lo que sugería que los átomos están formados principalmente por espacio vacío. Cuando una partícula alfa rebotaba, se interpretaba como un impacto en el núcleo, y el número de impactos se utilizaba para calcular el tamaño aproximado del núcleo. J. J. Thomson descubrió el electrón y determinó que tenía carga eléctrica negativa. Otro experimento de James Chadwick reveló que el núcleo no sólo contenía partículas con carga positiva, sino también partículas neutras. Niels Bohr observó los resultados de muchos experimentos realizados a principios del siglo XX y descubrió que sugerían que los electrones no volaban alrededor del núcleo de forma aleatoria, sino que estaban dispuestos en distintas capas o envolturas, lo que dio lugar al modelo del sistema solar del átomo. Otros experimentos, combinados con las leyes de la probabilidad, nos dirían que los electrones ocupan áreas distintas (orbitales) y que no podemos saber con seguridad dónde se encuentra un electrón dentro de esa área en un momento dado. Para intentar representar esta idea se utilizaron formas de globos.

¿Qué es la masa atómica?

La palabra "masa" es un término más técnico y preciso para "peso". La diferencia entre las dos palabras es fácil de entender si piensas en pesarte aquí en la Tierra y luego usar la misma báscula para pesarte en la Luna. La gravedad de la Luna es mucho menor que la de la Tierra, por lo que la báscula de la Luna le dará un número menor, es decir, pesará menos. Sin embargo, tu masa no ha cambiado.

La masa de un átomo es la suma de todas sus piezas: electrones, protones y neutrones. Sin embargo, los electrones son tan diminutos que no contribuyen mucho a la masa total, por lo que se suelen ignorar en el cálculo. Para calcular la masa de un átomo, basta con sumar el número de protones y el número de neutrones.

¿Por qué no todas las masas atómicas son números enteros?

No se pueden cortar protones o neutrones en trozos. El número de protones o neutrones es siempre un número entero (los números normales que utilizamos para contar). Entonces, ¿cómo es posible tener una masa atómica que no sea un número entero?

La masa atómica indicada para cada elemento es una media. Se "pesaron" miles y miles de átomos y luego se promediaron los pesos. A veces, un átomo puede tener un neutrón de más o carecer de él. Por ejemplo, el 99% de todos los átomos de carbono tienen 6 neutrones, pero alrededor del 1% tienen 7 neutrones, y alrededor del 0,01% tienen 8 neutrones (estos se conocen como Carbono-14). Si promediamos estos números, obtenemos una masa atómica de 12,01.

¿Qué es un isótopo?

Dado que es el número de protones el que define la identidad de un elemento, el número de neutrones puede variar. Por ejemplo, la mayoría de los átomos de carbono tienen 6 protones y 6 neutrones, pero unos pocos tienen 7 neutrones, y muy pocos tienen 8. Estas variaciones se denominan isótopos. "Iso" significa "igual" y "topo" significa "lugar". Los isótopos son todos "iguales" en cuanto a su "lugar" como miembros de su elemento.

Los isótopos pueden escribirse de varias maneras: Carbono-14, C-14, ^{14}C.

¿Qué papel desempeñan los neutrones?

Las "cargas semejantes" se repelen, por lo que todos los protones positivos del núcleo se empujan entre sí. Sin embargo, hay otra fuerza que actúa en el núcleo, llamada "fuerza fuerte", que actúa sólo a corta distancia pero puede mantener a los protones o neutrones unidos. La presencia de neutrones permite que los protones estén lo suficientemente separados como para que la fuerza fuerte tenga ventaja sobre la fuerza de repulsión.

¿Qué es una partícula alfa?

Una partícula alfa son 2 protones y 2 neutrones pegados. Una partícula alfa es idéntica al núcleo de un átomo de helio. Las partículas alfa suelen ser expulsadas de los núcleos de átomos inestables. Si la partícula alfa puede captar 2 electrones, se convertirá en un átomo de helio. (La presencia de helio en el interior de cristales minerales sugiere que hay algunos átomos radiactivos inestables en el mineral). Las partículas alfa se utilizan a menudo en investigación.

¿Qué es la radiactividad?

Cada tipo de átomo tiene una proporción ideal de protones y neutrones en el núcleo. Para los átomos más pequeños, esta proporción es cercana al 50/50. Los átomos más grandes necesitan más neutrones para mantener unidos los protones. Sin embargo, los núcleos acaban siendo tan grandes que, independientemente de la proporción entre protones y neutrones, es probable que se rompan. A veces, el núcleo simplemente escupe un neutrón. Más a menudo, el núcleo expulsará una partícula alfa (2 protones y 2 neutrones). Otra posibilidad es que un neutrón se convierta en un protón y un electrón, y el electrón sea expulsado como "partícula beta". O bien, un protón puede convertirse en un neutrón y un positrón (un electrón cargado positivamente) será expulsado. A veces, el proceso de desintegración hace que el átomo emita una ráfaga de muy alta energía llamada radiación gamma.

¿Cómo se pegan los átomos?

Si dos átomos chocan entre sí, sus anillos exteriores de electrones se tocan. Ese anillo exterior actúa como un parachoques y protege al núcleo y a todos los anillos interiores de entrar en contacto con cualquier cosa fuera del átomo. El número y la disposición de los electrones en el anillo exterior de un átomo determinan su interacción con otros átomos. Para los átomos más pequeños, se aplica una regla general: el átomo quiere tener 8 electrones en su capa exterior. Si tiene más o menos de 8, es probable que el átomo tome prestados o ceda algunos de sus electrones para acercarse al 8 ideal. ("¡8 es genial!") Para átomos más grandes, la cosa se complica, pero la idea general sigue siendo cierta: el átomo interactuará con otros átomos de forma que le proporcionen una mejor disposición de los electrones en sus capas externas.

Algunos átomos tienen mucha suerte y tienen sus capas exteriores llenas. Son átomos muy contenidos, los que llamamos "nobles" o "inertes", lo que significa que no reaccionan con otros átomos en condiciones normales. Encontramos estos átomos en la última columna de la Tabla Periódica.

Los átomos que clasificamos como no metálicos (sobre todo el carbono, el nitrógeno, el oxígeno, el azufre y el fósforo) se unen a otros átomos de una forma que llamamos "covalente". "Co" significa "con", por lo que este tipo de enlace implica compartir electrones con otro átomo. El ejemplo clásico de enlace covalente es la molécula de agua. En el agua, un átomo de oxígeno comparte electrones con dos átomos de hidrógeno. El hidrógeno sólo tiene un electrón en su pequeña capa exterior (que es tan pequeña que sólo contiene dos en total) y le gustaría ceder el que tiene o encontrar uno extra para formar un par. El oxígeno tiene 6 electrones en su capa externa, así que le gustaría ganar 2 más para hacer un total de 8.

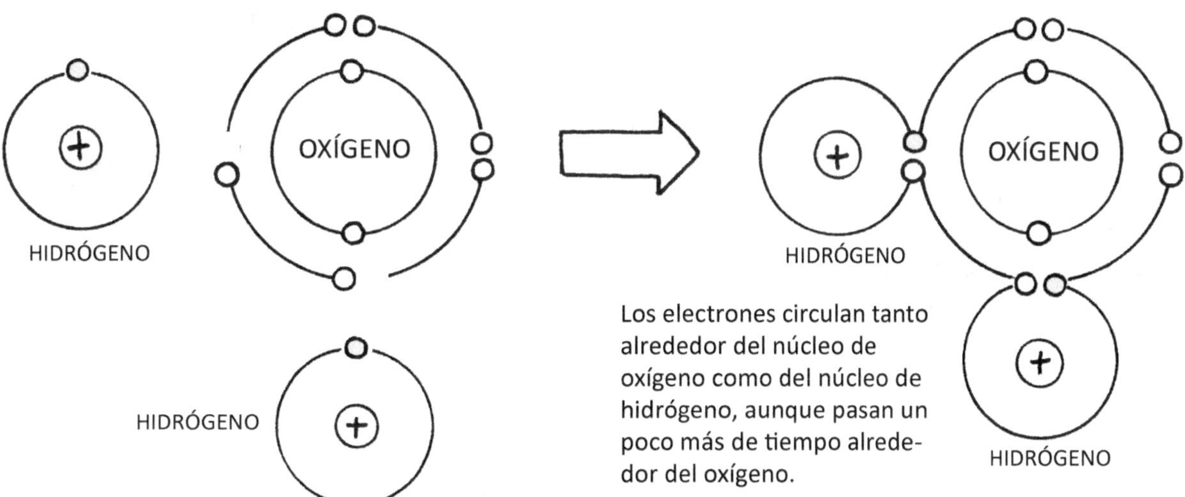

Otra forma en que los átomos pueden interactuar se denomina enlace "iónico". Un ion es un átomo que ha ganado o perdido electrones y, por tanto, lleva una carga eléctrica positiva o negativa. Esto ocurre con átomos que sólo tienen 1 ó 2 electrones en su capa externa, o con átomos que tienen cerca de 8, con 6 ó 7 electrones en su anillo externo. Los átomos con 1 ó 2 piensan que es mejor tener 0 en la capa externa, por lo que regalarán esos electrones en cuanto puedan. Los átomos con 6 ó 7 están desesperados por conseguir algunos más para formar el 8 perfecto, así que tomarán electrones de otros átomos. El ejemplo clásico de enlace iónico es el NaCl, cloruro sódico (sal de mesa).

El átomo de sodio cede su único electrón y el cloro lo acepta encantado. Esto mejora la situación en sus envolturas externas, pero al mismo tiempo altera el equilibrio interno entre sus electrones y protones. En estado puro, todos los átomos tienen el mismo número de electrones negativos y protones positivos. Esto hace que el átomo sea eléctricamente neutro. Antes de ceder su electrón exterior, el sodio tiene 11 protones y 11 electrones. Después de que el electrón exterior desaparezca, el sodio tendrá 11 protones y 10 electrones, lo que le da una carga de +1. En el cloro ocurre lo contrario. Cuando gana un electrón, tendrá entonces 17 protones y 18 electrones, lo que le da una carga de -1.

Ahora tenemos dos iones, uno con carga +1 y otro con carga -1. Sabemos que las cargas opuestas se atraen. Sabemos que las cargas opuestas se atraen, así que estos iones se atraen y, por tanto, permanecen uno junto al otro.

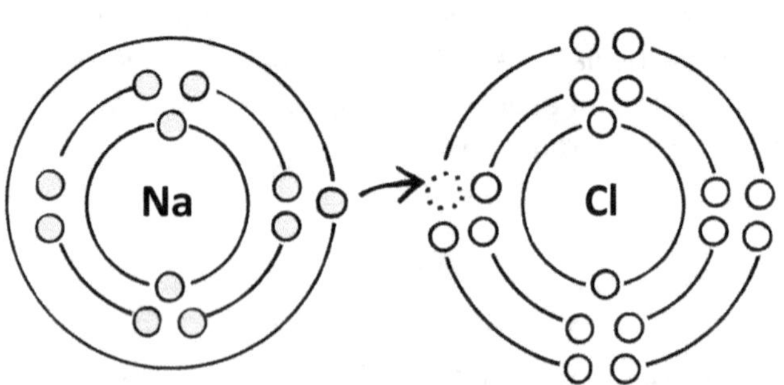

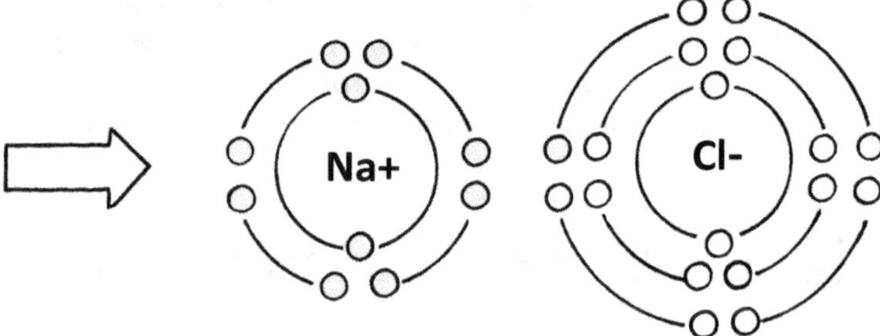

Un tercer tipo de enlace se denomina "metálico" y, como su nombre indica, se da en los metales, sobre todo en los de la sección media de la Tabla Periódica, como el hierro, la plata, el oro, el cobre, el zinc, el níquel y el platino. La configuración electrónica de estos átomos es tal que pueden dejar flotar sus electrones exteriores. Es como un gran grupo compartido, en el que todos los electrones pertenecen a todos al mismo tiempo. Como los electrones pueden moverse, estos metales pueden utilizarse para fabricar cables eléctricos. La electricidad está hecha de electrones en movimiento y puede moverse fácilmente a través de todos estos electrones compartidos.

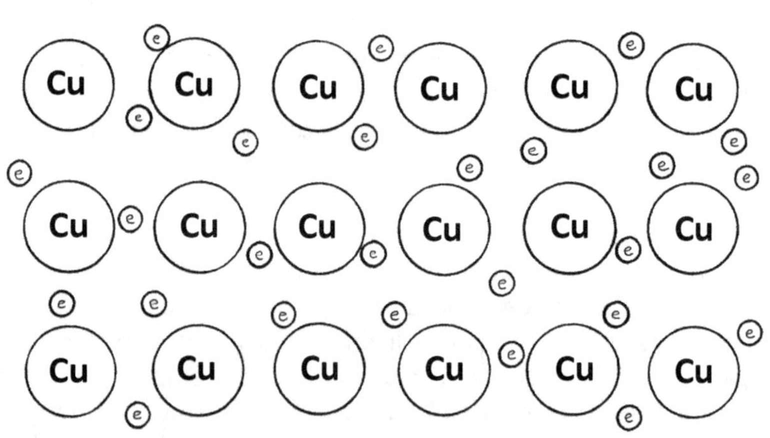

¿Cómo se dibujan los enlaces entre átomos?

Los enlaces covalentes suelen representarse mediante una línea, o bastón, que va entre dos átomos. Los átomos se dibujan como bolas, de modo que no se muestran ni el núcleo ni los orbitales de los electrones. Se utilizan dos líneas cuando los átomos forman un enlace "doble".

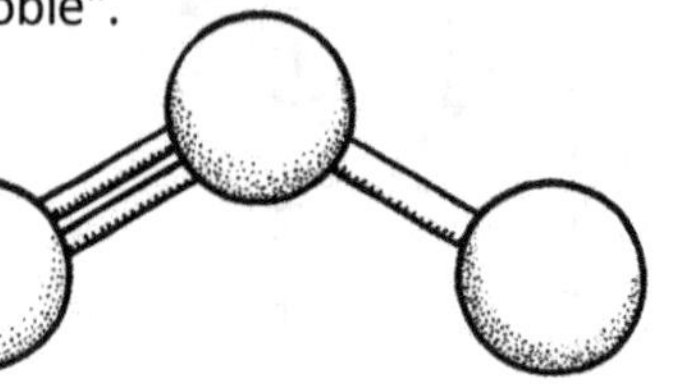

Los enlaces iónicos a veces también se muestran como palos, sobre todo si los átomos están en un cristal, pero en las moléculas más pequeñas a menudo no se ve más que espacio vacío entre las bolas.

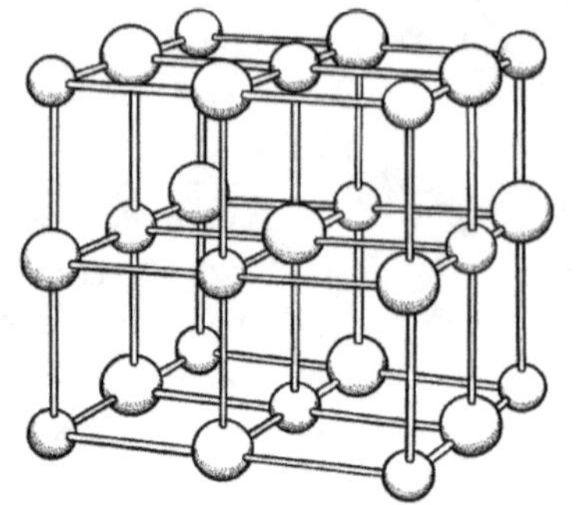

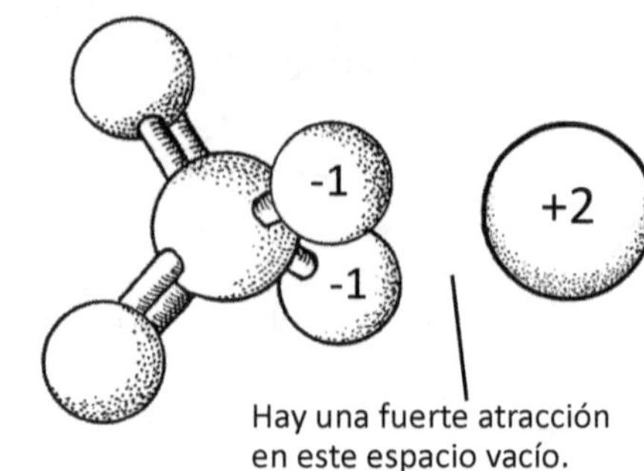

Hay una fuerte atracción en este espacio vacío.

¿Cómo se descubrieron los elementos?

Los pueblos antiguos descubrieron que cuando se calentaban ciertas rocas a una temperatura muy alta, salía un líquido de ellas. Cuando este líquido se enfriaba, se convertía en un metal duro que podía moldearse para fabricar cuchillos, herramientas o joyas. La imagen muestra a los antiguos egipcios fundiendo cobre a partir de unas rocas minerales llamadas malaquita y azurita. Los hombres a los lados utilizan bombas de pie para insuflar aire en el horno y calentarlo más. Un fuego "normal" no alcanza la temperatura suficiente para fundir la mayoría de las rocas minerales. Aportar mucho oxígeno al fuego permite que la temperatura aumente mucho más.

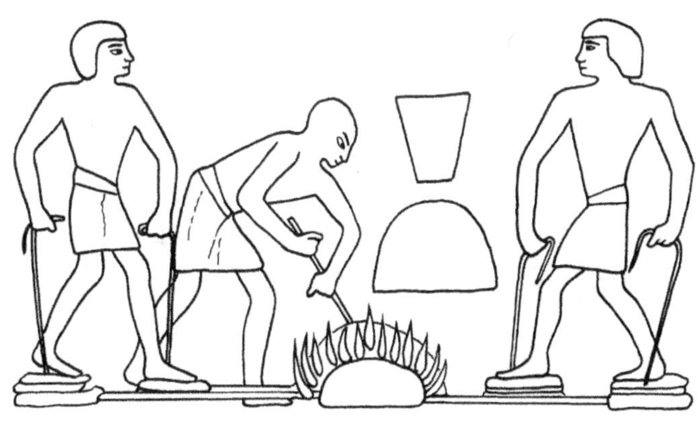

Los antiguos descubrieron y utilizaron siete metales que hoy conocemos como elementos: cobre, oro, plata, estaño, plomo, hierro y mercurio. Por supuesto, no tenían ni idea de que estos metales eran en realidad elementos puros. Pasarían muchos siglos hasta que la gente se diera cuenta de que sólo algunas sustancias son elementos puros y que todo lo demás es una mezcla de estos elementos.

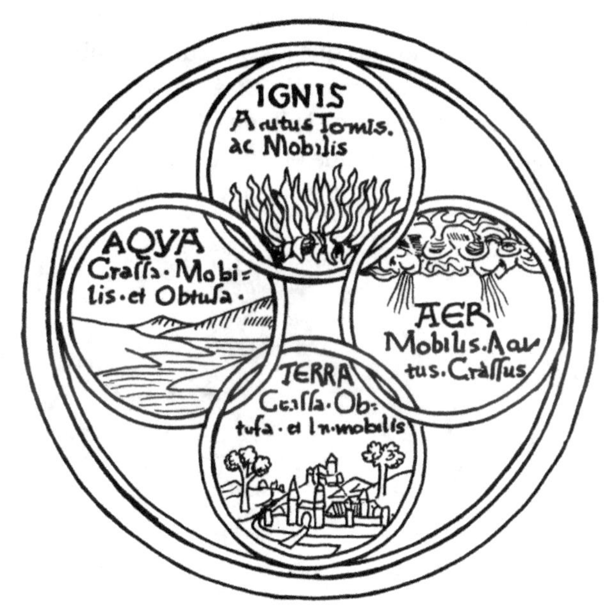

Los pueblos antiguos suponían correctamente que existían "elementos" fundamentales que se combinaban de distintas formas para formar la gran variedad de cosas que veían en el mundo. Sin embargo, durante mucho tiempo existieron muchas ideas erróneas sobre los elementos. Algunas de las primeras ideas erróneas procedían de los griegos, que teorizaban que toda la materia está hecha de sólo cuatro elementos: agua, tierra, fuego y aire. Esta idea nos parece ridícula hoy en día, pero antes de juzgar a los antiguos griegos, debemos tener en cuenta que los hechos reales y verdaderos de la química también pueden parecer muy extraños. Por ejemplo, ¿cómo pueden combinarse dos gases, hidrógeno y oxígeno, para formar un líquido (agua)? En el proceso de combustión (quemado), el carbono de los objetos sólidos puede acabar en el aire en forma de gas. La química real también puede parecer muy extraña.

Aquí se muestra un grabado de la Edad Media que representa los cuatro elementos básicos. Esta creencia estuvo muy extendida en todo el mundo durante más de mil años.

Uno de los primeros "químicos" (que entonves eran alquimistas) que investigó la naturaleza de los elementos fue Jabir ibn Hayyan, que vivió en Persia (actual Irán) en el siglo 700. Estudió matemáticas, astronomía, geografía, medicina, filosofía, física y química. Estudió matemáticas, astronomía, geografía, medicina, filosofía, física y química. Por lo que sabemos, fue la primera persona de la historia que realizó experimentos científicos "modernos". Diseñó equipos que podían hervir y separar mezclas, recoger vapor y partículas. Empezó a trabajar con sustancias que hoy llamamos "ácidos" y encontró uno capaz de disolver el oro. También fue el primero que empezó a clasificar las rocas y los minerales según su composición química. Descubrió que algunas sustancias se convertían en vapor cuando se calentaban, como el mercurio y el azufre. Otras, como el oro, la plata y el cobre, se convertían en líquido al calentarse. También había sustancias, como las piedras ordinarias, que ni se convertían en vapor ni se fundían, y sólo podían triturarse hasta convertirse en polvo. Hayyan había descubierto una clave para averiguar de qué estaba hecha la materia.

This stamp from Syria commemorates the work of Hayyan.

Hayyan estudió los escritos de los griegos y, a partir de ellos, aceptó la idea de que el agua, el fuego, el aire y la tierra eran elementos esenciales.

Sin embargo, sus experimentos le sugirieron que había más de cuatro elementos. Creía que el mercurio y el azufre también eran elementos. No importaba lo que se les hiciera, seguían siendo los mismos. Podían ser combinarse con otras cosas, pero no podían separarse.

Los alquimistas árabes que vinieron después de ibn Hayyan añadieron la "sal" a su lista de elementos. Fue un paso atrás, pero no tenían forma de saberlo. La naturaleza de la sal no se desvelaría hasta el siglo XIX. También cometieron otro error: pensaron que era posible convertir un elemento en otro. Seguían reconociendo que algunas sustancias eran elementos básicos, pero pensaron que tal vez esto no excluía la posibilidad de convertir un elemento en otro.

En los albores del Renacimiento en Europa (década de 1200), los europeos empezaron a leer estos antiguos textos árabes de alquimia. Les fascinaba especialmente la idea de que un metal pudiera convertirse en otro. Tal vez pudieran encontrar la manera de convertir el cobre en oro.

Mientras los alquimistas europeos se afanaban en convertir las cosas en oro, hicieron algunos descubrimientos interesantes. Como ibn Hayyan, empezaron a notar que algunas sustancias parecían muy resistentes al cambio, como si no pudieran cambiar. La lista de elementos básicos empezó a crecer. La lista incluía las sustancias que los antiguos ya habían descubierto: oro, plata, cobre, mercurio, plomo, azufre, hierro y estaño, y algunas nuevas: antimonio, arsénico y bismuto. El bismuto solía ser descubierto por mineros que buscaban plomo o plata. Se encontraba entre el plomo y la plata. Como el bismuto era más brillante que el plomo, pero no tanto como la plata, los mineros creyeron que el plomo acabaría convirtiéndose en plata y que el bismuto era una etapa intermedia, a medio camino entre el plomo y la plata. Cuando los mineros encontraban una capa de bismuto decían, "¡Oh, no, hemos llegado demasiado pronto!".

La naturaleza elemental del bismuto fue descubierta por un científico alemán llamado Georgius Agricola a principios del siglo XVI. Agricola pasó gran parte de su vida adulta estudiando las minas y lo que salía de ellas. Escribió uno de los primeros libros sobre técnicas mineras. Creía que el bismuto era una sustancia completamente distinta del plomo o la plata. También empezó a darse cuenta de la relación entre rocas, minerales y elementos. Las rocas están hechas de minerales y los minerales de elementos. Los elementos no estaban hechos de nada, sino que eran los ingredientes básicos por excelencia. Averiguar la naturaleza de los elementos sería todo un reto.

Este grabado procede del libro de Agricola De Re Metallica, publicado en 1556. Los mineros extraen rocas que contienen metales.

El siguiente gran salto en la comprensión de los elementos se produjo en Alemania en 1669. Un alquimista llamado Hennig Brandt intentaba fabricar oro. Para entonces, los alquimistas habían probado casi todas las rocas y minerales del planeta, así que Hennig decidió hervir algo que fuera oro amarillento pero que no fuera una roca ni un mineral. Recogió cientos de litros de orina y la hirvió hasta que se convirtió en una pasta espesa. Cuando empezó a calentar esta pasta al máximo, ocurrió algo asombroso: ¡empezó a brillar! Brillaba con una luz blanca y brillante. Hennig había descubierto el elemento fósforo. (La palabra fósforo significa "portador de luz").

El descubrimiento del fósforo provocó un gran cambio en el pensamiento de los científicos de todo el mundo. Brandt había demostrado que las cosas orgánicas también estaban hechas de elementos. El fósforo podía encontrarse tanto en los seres vivos como en los no vivos.

A principios del siglo XVIII, la palabra "alquimia" se sustituyó por "química". A los químicos del siglo XVIII ya no les interesaba convertir las cosas en oro. Comprendieron que el oro era un elemento. Otros elementos metálicos de su lista eran el cobre, el níquel, el hierro, la plata, el estaño, el plomo, el zinc y el bismuto.

Durante el siglo XIX, los químicos estaban ansiosos por descubrir nuevos elementos, por lo que analizaban todas las muestras minerales que podían conseguir. Mejoraron sus equipos e inventaron nuevas herramientas y técnicas. Una de las nuevas tecnologías más importantes del siglo XIX fue la electricidad.

Humphry Davy fue uno de los líderes en el uso de la electricidad para descubrir nuevos elementos. A principios del siglo XIX, la electricidad se producía mediante pilas voltaicas, pilas de discos metálicos separados por almohadillas empapadas en agua salada. Incluso con estas pilas primitivas, Davy fue capaz de producir una corriente eléctrica lo suficientemente fuerte como para extraer elementos de una solución. Descubrió sodio, magnesio, calcio, potasio, estroncio y bario.

Otra clave para descubrir nuevos elementos fue la invención de la refrigeración. Sir William Ramsay fue capaz de enfriar una muestra de aire a temperaturas tan bajas que los gases del aire se convirtieron en líquido. A medida que se dejaba que la temperatura subiera lentamente, los gases líquidos volvían a su forma gaseosa y Ramsay recogía cada gas. Así se descubrieron los gases nobles (neón, argón, criptón, xenón, radón).

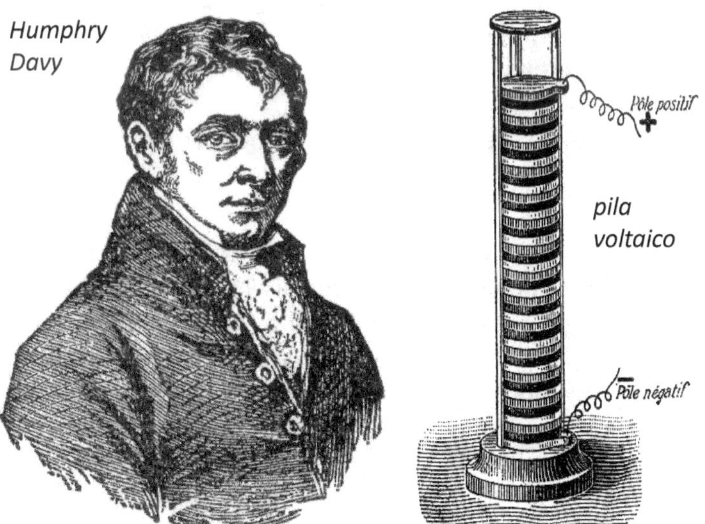

Humphry Davy

pila voltaico

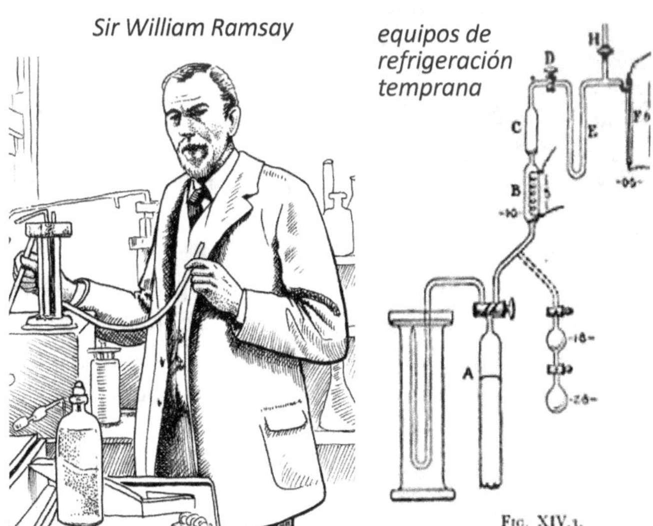

Sir William Ramsay

equipos de refrigeración temprana

Los mineralogistas también continuaron su trabajo con las rocas y pudieron descubrir algunos elementos de tierras raras y más metales. La lista de elementos creció rápidamente durante este siglo. A finales del siglo XIX, se conocían 63 elementos.

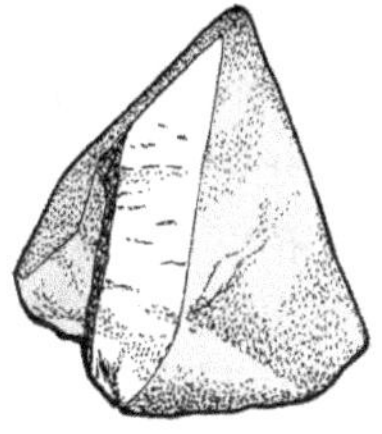

A finales del siglo XIX, los químicos empezaron a hacer gráficos de todos los elementos conocidos. Varios científicos empezaron a trabajar en formas de clasificar los elementos, pero solo uno es recordado hoy en día: Dmitri Mendeleev. El golpe de genialidad de Mendeleev fue darse cuenta de que había bastantes elementos que aún no se habían descubierto. Hizo un gráfico rectangular y dejó espacios en blanco en los lugares donde creía que faltaba un elemento. Resultó tener toda la razón en todos los casos. Pronto, esos elementos que faltaban fueron descubiertos tal y como había predicho Mendeleev. Hoy en día llamamos a esta tabla la Tabla Periódica. Hoy en día se conocen muchos más elementos que en la época de Mendeleev, pero la estructura básica de la tabla sigue siendo la misma.

Reihen	Gruppo I. — R^2O	Gruppo II. — RO	Gruppo III. — R^2O^3	Gruppe IV. RH^4 RO^2	Gruppe V. RH^3 R^2O^5	Gruppe VI. RH^2 RO^3	Gruppe VII. RH R^2O^7	Gruppo VIII. — RO^4
1	H=1							
2	Li=7	Be=9,4	B=11	C=12	N=14	O=16	F=19	
3	Na=23	Mg=24	Al=27,3	Si=28	P=31	S=32	Cl=35,5	
4	K=39	Ca=40	—=44	Ti=48	V=51	Cr=52	Mn=55	Fe=56, Co=59, Ni=59, Cu=63.
5	(Cu=63)	Zn=65	—=68	—=72	As=75	Se=78	Br=80	
6	Rb=85	Sr=87	?Yt=88	Zr=90	Nb=94	Mo=96	—=100	Ru=104, Rh=104, Pd=106, Ag=108.
7	(Ag=108)	Cd=112	In=113	Sn=118	Sb=122	Te=125	J=127	
8	Cs=133	Ba=137	?Di=138	?Ce=140	—	—	—	— — — —
9	(—)	—	—	—	—	—	—	
10	—	—	?Er=178	?La=180	Ta=182	W=184	—	Os=195, Ir=197, Pt=198, Au=199.
11	(Au=199)	Hg=200	Tl=204	Pb=207	Bi=208	—	—	
12	—	—	—	Th=231	—	U=240	—	— — — —

En 1898, Marie Curie descubrió algunos de los últimos elementos naturales. Pasó muchos meses hirviendo pechblenda, un mineral que se sabía que contenía uranio. Henri Becquerel acababa de descubrir la radiactividad en el uranio y ella quería saber más sobre ello. Después de extraer todo el uranio, el mineral seguía emitiendo radiación. Consiguió extraer dos elementos radiactivos más del mineral: el polonio y el radio.

Muchos otros científicos se unieron entonces a la carrera por descubrir elementos radiactivos, y se descubrieron el actinio, el protactinio y el francio. Ernest Rutherford propuso que los átomos radiactivos "se descomponen" porque su núcleo es grande e inestable. Había observado una forma de radiación que llamó "partículas alfa" procedentes de elementos radiactivos. Descubrió que estas partículas alfa contenían protones y teorizó que cuando un átomo perdía o ganaba protones se transformaba en un elemento diferente. En 1919 realizó un experimento en el que disparó partículas alfa a átomos de nitrógeno y los convirtió en oxígeno.

Esto dio comienzo a una nueva era en la búsqueda de elementos. Si no puedes encontrarlos, ¿por qué no crearlos tú mismo?

Crear elementos no es fácil. Se necesitan enormes máquinas que llenan edificios enteros solo para crear unos pocos átomos de un nuevo elemento. La primera máquina capaz de fabricar un nuevo átomo fue el ciclotrón construido por Ernest Lawrence y su equipo en el Laboratorio de Berkeley, en California. Los primeros elementos artificiales producidos en el ciclotrón fueron el neptunio, en 1940, y el plutonio, en 1941. En los años siguientes, el trabajo en el laboratorio se centró en aprender a utilizar átomos radiactivos para fabricar armas que pudieran utilizarse durante la Segunda Guerra Mundial. Durante esta investigación, se crearon más elementos nuevos: americio, curio, berkelio y californio. Después de la guerra, la investigación continuó. Se encontraron nuevos elementos en el aire tras la explosión de una bomba atómica. A finales del siglo XX, se mejoraron los equipos, y los aceleradores de partículas y los nuevos ciclotrones pudieron crear elementos superpesados que solo existían durante unos segundos. Los investigadores no querían dejar de crear elementos hasta que hubieran terminado la última fila de la tabla periódica. El elemento 118 se creó finalmente en 2002 en Dubná, Rusia.

El ciclotrón en el Laboratorio de Radiación de Berkeley (más tarde llamado Laboratorio Nacional de Berkeley) en 1940.

¿Qué es la tabla periódica?

La tabla periódica es la lista completa de todos los elementos que existen en el universo. Todo lo que se te ocurra está hecho de estos elementos.

¿Por qué la tabla es "periódica"?

Es "periódico" porque periódicamente (de vez en cuando) se repiten ciertos patrones. La primera persona que notó estos patrones repetitivos fue el inventor de la tabla, Dmitri Mendeleev.

Las columnas se denominan grupos y las filas se denominan períodos. Los elementos de cada grupo (columna) tienen propiedades químicas similares. Los elementos de la última columna de la derecha tienen todos capas exteriores completas y no forman moléculas (en condiciones estándar). Los elementos de la primera columna, grupo 1, son extremadamente reactivos y arderán si se colocan en agua. Los elementos del grupo 11 son los metales preciosos más conocidos: cobre, plata y oro. Los elementos del grupo 17 se denominan halógenos; todos son tóxicos y huelen mal, pero forman sales útiles y no tóxicas.

Los períodos (filas) le proporcionan información sobre la estructura electrónica del átomo. Cuando comienza una nueva fila, significa que la disposición de los electrones ha iniciado una nueva ronda de su patrón de formas orbitales. El patrón siempre comienza con esferas, luego pasa a formas de globo, y luego a formas de globo más complicadas. (Las letras s, p, d y f se utilizan para representar estas formas).

groupo → / ↓periodo	1	2	3	4	5	6	7	8	9	10	11	12	13	14	15	16	17	18
1	1 H																	2 He
2	3 Li	4 Be											5 B	6 C	7 N	8 O	9 F	10 Ne
3	11 Na	12 Mg											13 Al	14 Si	15 P	16 S	17 Cl	18 Ar
4	19 K	20 Ca	21 Sc	22 Ti	23 V	24 Cr	25 Mn	26 Fe	27 Co	28 Ni	29 Cu	30 Zn	31 Ga	32 Ge	33 As	34 Se	35 Br	36 Kr
5	37 Rb	38 Sr	39 Y	40 Zr	41 Nb	42 Mo	43 Tc	44 Ru	45 Rh	46 Pd	47 Ag	48 Cd	49 In	50 Sn	51 Sb	52 Te	53 I	54 Xe
6	55 Cs	56 Ba		72 Hf	73 Ta	74 W	75 Re	76 Os	77 Ir	78 Pt	79 Au	80 Hg	81 Tl	82 Pb	83 Bi	84 Po	85 At	86 Rn
7	87 Fr	88 Ra		104 Rf	105 Db	106 Sg	107 Bh	108 Hs	109 Mt	110 Ds	111 Rg	112 Cn	113 Nh	114 Fl	115 Mc	116 Lv	117 Ts	118 Og
lantánidos				57 La	58 Ce	59 Pr	60 Nd	61 Pm	62 Sm	63 Eu	64 Gd	65 Tb	66 Dy	67 Ho	68 Er	69 Tm	70 Yb	71 Lu
actínidos				89 Ac	90 Th	91 Pa	92 U	93 Np	94 Pu	95 Am	96 Cm	97 Bk	98 Cf	99 Es	100 Fm	101 Md	102 No	103 Lr

¿Por qué están esas dos filas debajo de la tabla?

Las filas de lantánidos y actínidos se colocan en la parte inferior para que la tabla sea menos ancha. En la página siguiente puede ver cómo queda la tabla cuando esas filas se colocan donde deben estar. Cuando la tabla es muy ancha, no cabe muy bien en una página. Las letras acaban siendo tan pequeñas que apenas se ven. Al acercar el formato al cuadrado, las letras pueden ser más grandes y, por tanto, más fáciles de ver.

¿Es esto un poco más difícil de leer?

1 H																															2 He
3 Li	4 Be																									5 B	6 C	7 N	8 O	9 F	10 Ne
11 Na	12 Mg																									13 Al	14 Si	15 P	16 S	17 Cl	18 Ar
19 K	20 Ca															21 Sc	22 Ti	23 V	24 Cr	25 Mn	26 Fe	27 Co	28 Ni	29 Cu	30 Zn	31 Ga	32 Ge	33 As	34 Se	35 Br	36 Kr
37 Rb	38 Sr															39 Y	40 Zr	41 Nb	42 Mo	43 Tc	44 Ru	45 Rh	46 Pd	47 Ag	48 Cd	49 In	50 Sn	51 Sb	52 Te	53 I	54 Xe
55 Cs	56 Ba	57 La	58 Ce	59 Pr	60 Nd	61 Pm	62 Sm	63 Eu	64 Gd	65 Tb	66 Dy	67 Ho	68 Er	69 Tm	70 Yb	71 Lu	72 Hf	73 Ta	74 W	75 Re	76 Os	77 Ir	78 Pt	79 Au	80 Hg	81 Tl	82 Pb	83 Bi	84 Po	85 At	86 Rn
87 Fr	88 Ra	89 Ac	90 Th	91 Pa	92 U	93 Np	94 Pu	95 Am	96 Cm	97 Bk	98 Cf	99 Es	100 Fm	101 Md	102 No	103 Lr	104 Rf	105 Db	106 Sg	107 Bh	108 Hs	109 Mt	110 Ds	111 Rg	112 Cn	113 Nh	114 Fl	115 Mc	116 Lv	117 Ts	118 Og

¿Qué son las "familias" de elementos?

Las familias son conjuntos de elementos que son similares en aspectos importantes. Sus similitudes a menudo se correlacionan con el grupo o período en el que se encuentran, pero hay algunas excepciones.

Metales alcalinos: Elementos del grupo 1 (primera columna a la izquierda)
Metales alcalinotérreos: Elementos del grupo 2 (segunda columna a la izquierda)
Metales de transición: Elementos 21 a 30, 39 a 48 y 71 a 80 (también llamados bloque "d")
Metales "verdaderos": Al, Ga, In, Tl, Sn, Pb, Bi
Semimetales o metaloides: B, Si, Ge, As, Sb, Te, Po (algunas listas incluyen At)
No metales: C, N, O, P, S, Se (y también H, aunque no está cerca de estos en la tabla)
Halógenos: F, Cl, Br, I (algunas listas incluyen At)
Gases nobles: He, Ne, Ar, Kr, Xe, Rn
Lantánidos (a menudo denominados tierras raras): 57 a 70
Actinidas: 89 a 102
Elementos superpesados: 102 a 118

NOTA: Estas familias se muestran en la contraportada de este libro. Los colores no tienen ningún significado. Se puede utilizar cualquier color para cualquier familia.

¿Qué elementos naturales son más abundantes?

Los elementos más comunes son generalmente los de las filas superiores. Tanto los seres vivos como los no vivos del mundo natural están formados principalmente por los elementos H, C, N, O, F, Na, Mg, Mn, Al, Si, P, S, Cl, K, Ca y Fe.

Este gráfico muestra la abundancia de elementos que se encuentran en las rocas y los minerales. Observa que la línea sube y baja en forma de zigzag. Los átomos que tienen un número par de protones son más abundantes que los que tienen un número impar.

Wikipedia mantiene una lista de los elementos en orden de abundancia.

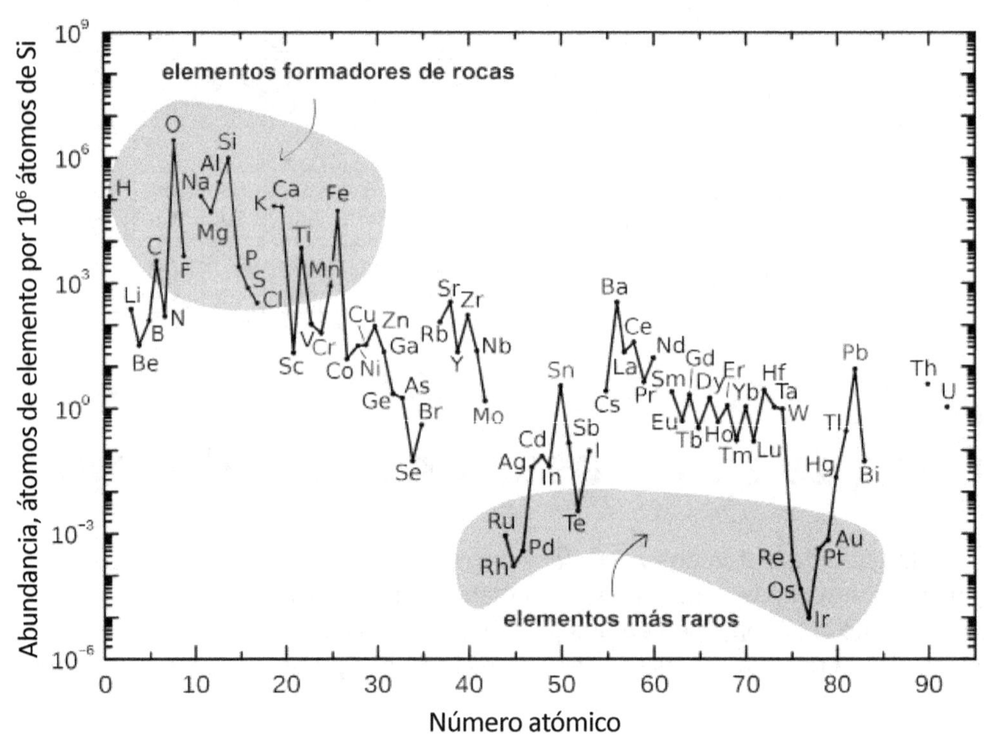

Tabla periódica de los elementos

3 — número atómico
Li — símbolo atómico
Litio — nombre
6,9 — masa atómica

1	2	3	4	5	6	7	8	9	10	11	12	13	14	15	16	17	18
1 **H** Hidrógeno 1,0																	2 **He** Helio 4,0
3 **Li** Litio 6,9	4 **Be** Berilio 9,01											5 **B** Boro 10,8	6 **C** Carbono 12,01	7 **N** Nitrógeno 14,0	8 **O** Oxigeno 15,9	9 **F** Flúor 18,9	10 **Ne** Neón 20,18
11 **Na** Sodio 22,9	12 **Mg** Magnesio 24,3											13 **Al** Aluminio 26,98	14 **Si** Silicio 28,08	15 **P** Fósforo 30,97	16 **S** Azufre 32,06	17 **Cl** Cloro 35,45	18 **Ar** Argón 39,9
19 **K** Potasio 39,09	20 **Ca** Calcio 40,08	21 **Sc** Escandio 44,9	22 **Ti** Titanio 47,8	23 **V** Vanadio 50,9	24 **Cr** Cromo 51,9	25 **Mn** Manganeso 54,9	26 **Fe** Hierro 55,8	27 **Co** Cobalto 58,9	28 **Ni** Níquel 58,69	29 **Cu** Cobre 63,5	30 **Zn** Zinc 65,38	31 **Ga** Galio 69,72	32 **Ge** Germanio 72,63	33 **As** Arsénico 74,92	34 **Se** Selenio 78.9	35 **Br** Bromo 79,9	36 **Kr** Kriptón 83,8
37 **Rb** Rubidio 85,46	38 **Sr** Estroncio 87,6	39 **Y** Itrio 88,9	40 **Zr** Circonio 91,22	41 **Nb** Niobio 92,9	42 **Mo** Molibdeno 95,9	43 **Tc** Tecnecio [98]	44 **Ru** Rutenio 101,07	45 **Rh** Rodio 102,9	46 **Pd** Paladio 106,4	47 **Ag** Plata 107,87	48 **Cd** Cadmio 112,41	49 **In** Indio 114,8	50 **Sn** Estaño 118,7	51 **Sb** Antimonio 121,76	52 **Te** Telurio 127,6	53 **I** Yodo 126,9	54 **Xe** Xenón 131,29
55 **Cs** Cesio 132,9	56 **Ba** Bario 137,3		72 **Hf** Hafnio 178,49	73 **Ta** Tántalo 180,9	74 **W** Tungsteno 183,8	75 **Re** Renio 186,21	76 **Os** Osmio 190,23	77 **Ir** Iridio 192,2	78 **Pt** Platino 195,08	79 **Au** Oro 196,97	80 **Hg** Mercurio 200,59	81 **Tl** Talio 204,38	82 **Pb** Plomo 207,2	83 **Bi** Bismuto 208,9	84 **Po** Polonio [209]	85 **At** Astato [210]	86 **Rn** Radón [222]
87 **Fr** Francio [223]	88 **Ra** Radio [226]		104 **Rf** Rutherfordio [267]	105 **Db** Dubnio [268]	106 **Sg** Seaborgio [269]	107 **Bh** Bohrio [270]	108 **Hs** Hasio [269]	109 **Mt** Meitnerio [278]	110 **Ds** Darmstadtio [281]	111 **Rg** Roentgenio [281]	112 **Cn** Copernicio [285]	113 **Nh** Nihonio [286]	114 **Fl** Flerovio [289]	115 **Mc** Moscovio [288]	116 **Lv** Livermorio [293]	117 **Ts** Teneso [294]	118 **Og** Oganesón [294]

57 **La** Lantano 138,9	58 **Ce** Cerio 140,12	59 **Pr** Praseodimio 140,9	60 **Nd** Neodimio 144,24	61 **Pm** Prometio [145]	62 **Sm** Samario 150,36	63 **Eu** Europio 151,9	64 **Gd** Gadolinio 157,25	65 **Tb** Terbio 158,93	66 **Dy** Disprosio 162,5	67 **Ho** Holmio 164,9	68 **Er** Erbio 167,26	69 **Tm** Tulio 168,93	70 **Yb** Iterbio 173,05	71 **Lu** Lutecio 174,9
89 **Ac** Actinio [227]	90 **Th** Torio 232,04	91 **Pa** Protactinio 231,04	92 **U** Uranio 238,03	93 **Np** Neptunio [237]	94 **Pu** Plutonio [244]	95 **Am** Americio [243]	96 **Cm** Curio [247]	97 **Bk** Berkelio [247]	98 **Cf** Californio [251]	99 **Es** Einstenio [252]	100 **Fm** Fermio [257]	101 **Md** Mendelevio [258]	102 **No** Nobelio [259]	103 **Lr** Lawrencio [262]

Colorea las familias de elementos. La tabla periódica de la contraportada puede servirte de guía para localizar cada familia, pero puedes elegir tus propios colores si quieres.

Páginas para colorear

1 protón
1 electrón
Masa atómica: 1.0

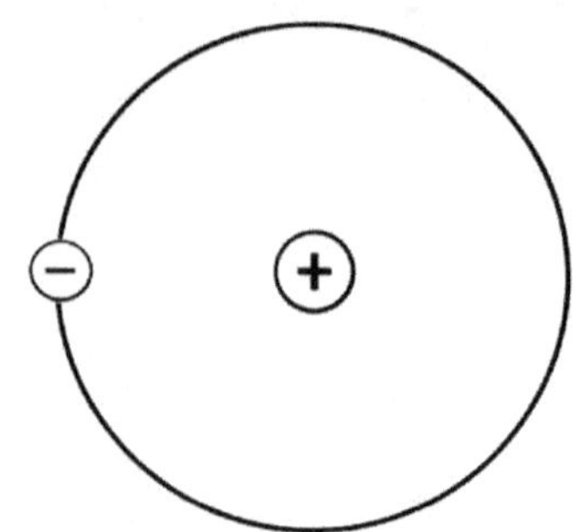

Hidrógeno

Del griego "hydro" (agua) y "genes" (hacer)

El hidrógeno es el más pequeño y ligero de todos los elementos. Está formado por un solo protón y un electrón. La mayoría de las veces no tiene neutrones. En raras ocasiones en las que el hidrógeno sí gana un neutrón, lo llamamos "hidrógeno pesado". Añadir un neutrón no cambia su identidad; seguirá siendo hidrógeno porque tiene un protón.

El hidrógeno es un gas. Si pones hidrógeno en globos, flotarán. Pero no lo intentes porque el hidrógeno es muy inflamable (se incendia con facilidad). En 1937 se produjo un terrible accidente en Nueva Jersey (EE.UU.) cuando un dirigible lleno de hidrógeno se incendió. Esa fue la última vez que alguien puso hidrógeno en un dirigible o globo. Sin embargo, la inflamabilidad del hidrógeno puede aprovecharse para utilizarlo como combustible en motores de cohetes. A menor escala, los soldadores utilizan tanques de hidrógeno como fuente de calor intenso para unir piezas de acero.

Las estrellas, incluido nuestro Sol, están formadas principalmente por gas hidrógeno en combustión. El calor extremo hace que los átomos de hidrógeno choquen entre sí y, a veces, se combinen para formar elementos más grandes como el helio, el litio o el sodio.

El hidrógeno se une a muchos otros elementos y se encuentra en miles de moléculas. La razón por la que le gusta unirse a otros átomos es porque su único electrón está "solo" y le gustaría formar parte de un par. Hay muchos átomos que estarían encantados de que el hidrógeno compartiera su electrón con ellos. Entre los átomos que se enlazan frecuentemente con el hidrógeno se encuentran el oxígeno, el carbono, el nitrógeno y el cloro. Cuando los átomos de carbono se unen para formar cadenas muy largas, los átomos de hidrógeno se adhieren a cualquier lugar libre que encuentren a lo largo de la cadena. Este tipo de molécula (una cadena de átomos de carbono con hidrógenos unidos) se llama "hidrocarburo". Las moléculas de hidrocarburos incluyen el metano (gas natural), el octano (gasolina líquida), los aceites vegetales, las grasas animales, la cera y muchos tipos de plástic.

Puedes asignar tus propios colores a los átomos, pero esto es lo que probablemente utilizaría un ilustrador científico profesional:

Blanco: Hidrógeno
Rojo: Oxígeno (O)
Negro: Carbono (C)
Verde: Cloro (Cl)
Azul: Nitrógeno (N)

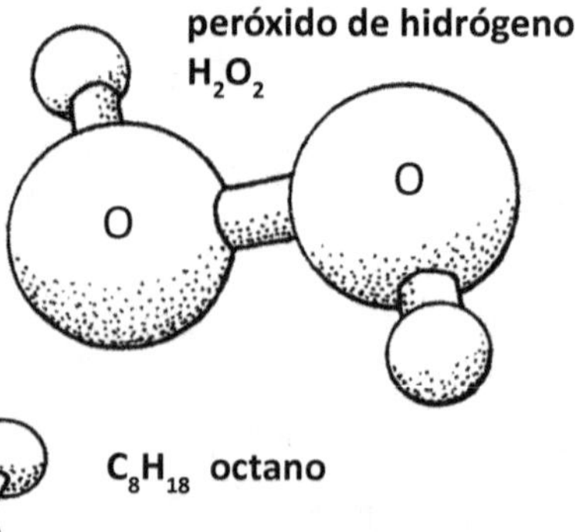

Los hidrógenos parecen bastante grandes en estos modelos. En realidad son mucho más pequeños que estos otros átomos, pero queda más bonito si las bolas se tienen casi el mismo tamaño.

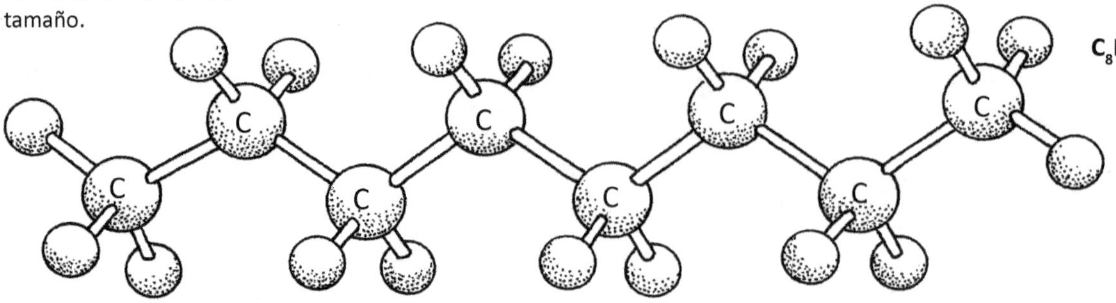

H_2 gas hidrógeno

H_2O agua
O

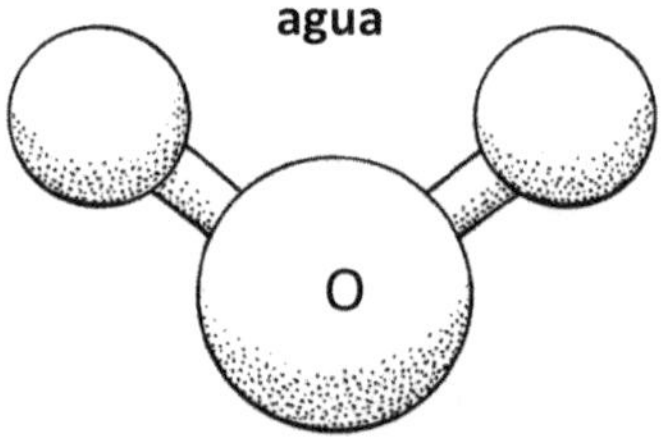

NH_3 amoníaco
N

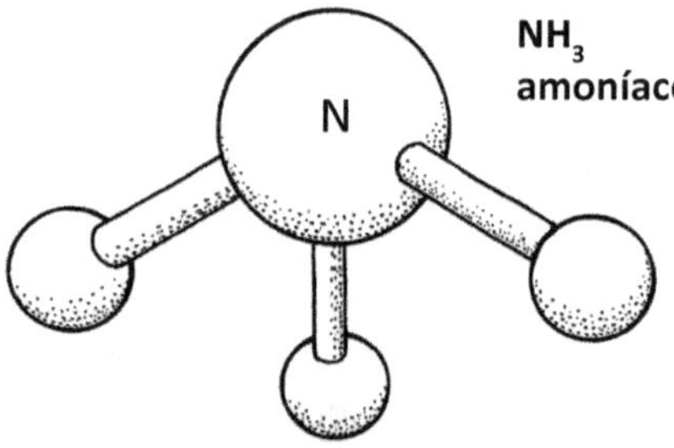

CH_4 metano (gas natural)
C

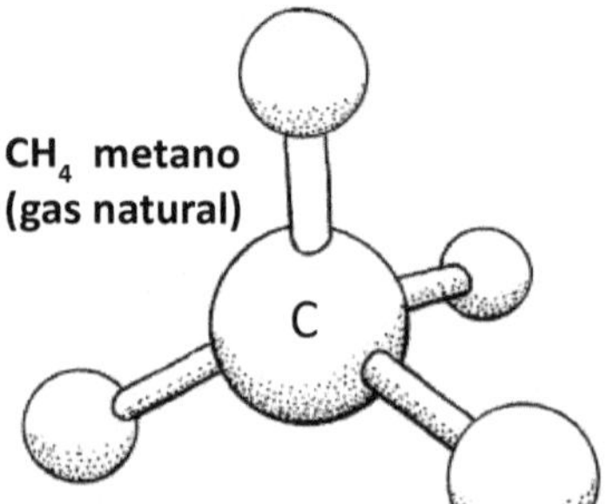

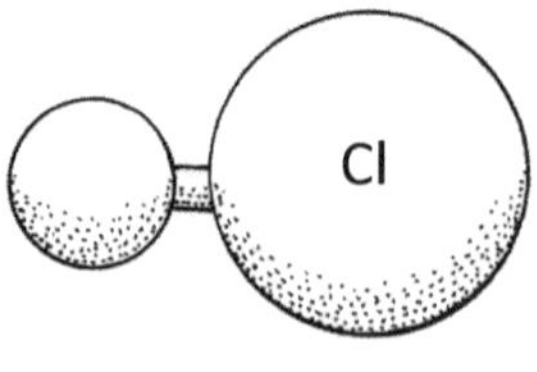

HCl ácido clorhídrico
Cl

peróxido de hidrógeno H_2O_2
O O

C_8H_{18} octano
C C C C C C C C

El octano es gasolina líquida. Las cadenas de hidrocarburos pueden llegar a ser muy largas. Los plásticos están formados por cadenas que contienen miles de átomos de carbono.

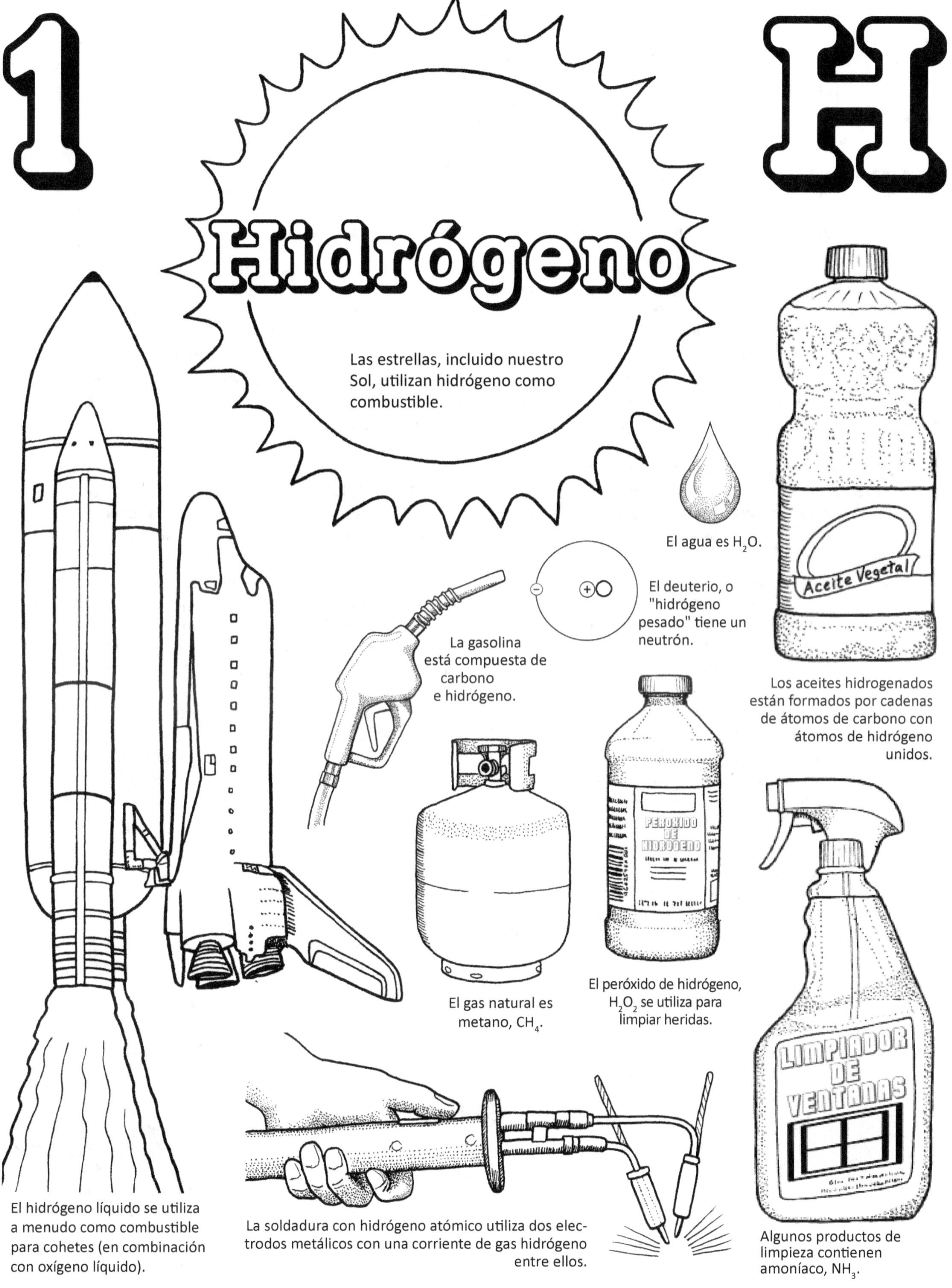
1
H
Hidrógeno
Las estrellas, incluido nuestro Sol, utilizan hidrógeno como combustible.
El agua es H_2O.
El deuterio, o "hidrógeno pesado" tiene un neutrón.
Aceite Vegetal
Los aceites hidrogenados están formados por cadenas de átomos de carbono con átomos de hidrógeno unidos.
La gasolina está compuesta de carbono e hidrógeno.
PERÓXIDO DE HIDRÓGENO
El gas natural es metano, CH_4.
El peróxido de hidrógeno, H_2O_2 se utiliza para limpiar heridas.
LIMPIADOR DE VENTANAS
El hidrógeno líquido se utiliza a menudo como combustible para cohetes (en combinación con oxígeno líquido).
La soldadura con hidrógeno atómico utiliza dos electrodos metálicos con una corriente de gas hidrógeno entre ellos.
Algunos productos de limpieza contienen amoníaco, NH_3.

protones
2 neutrones
2 electrones
Masa atómica: 4.0

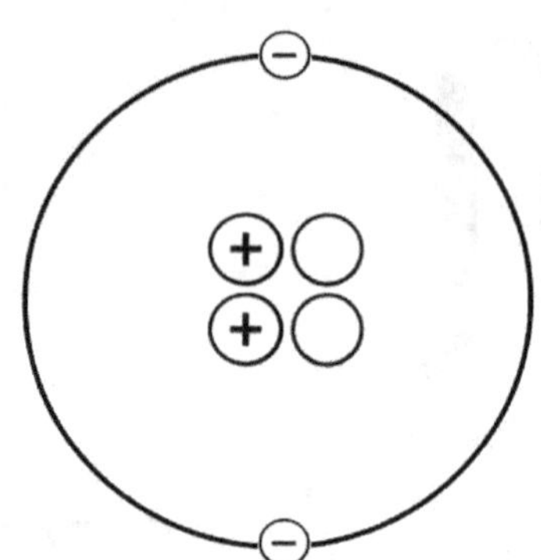

Helio

De la palabra griega para sol: "helios"

El helio se descubrió por primera vez en el Sol, de ahí que recibiera su nombre del dios griego del Sol, Helios. En la década de 1860, los científicos empezaron a utilizar una nueva herramienta, llamada espectrómetro, para observar la luz producida por diversas cosas, incluidos los elementos al quemarse. Observaron que cada elemento en combustión parecía emitir un patrón de luz único, casi como una huella dactilar, que permitía identificarlo. Cuando veían un nuevo patrón de luz al mirar al sol, sabían que debía tratarse de un nuevo elemento. En 1868, Norman Lockyer anunció el descubrimiento de un nuevo elemento al que llamó "helio". Después, en 1895, William Ramsay descubrió helio en una muestra de roca que contenía el elemento uranio. El helio no sólo estaba en el Sol, ¡también en la Tierra! Más tarde se descubrió que el helio se produce al romperse los átomos de uranio, o "desintegrarse".

El helio es un gas muy ligero. A diferencia del hidrógeno, el helio no es inflamable. Si se lanza una chispa al helio, no pasa nada. Por eso es muy seguro en dirigibles, globos de fiesta y globos meteorológicos.

El helio es tan poco reactivo que puede utilizarse en motores de cohetes llenos de hidrógeno. También se utiliza como "gas de protección" en la soldadura por arco, rodeando y aislando el peligroso arco caliente de la electricidad. Otro lugar donde la seguridad del helio resulta útil es en los tanques de aire utilizados por los submarinistas. El aire que nos rodea es en su mayor parte nitrógeno, con algo de oxígeno mezclado. Si los buzos se sumergen con aire normal, el nitrógeno puede ser perjudicial. Si los buzos suben demasiado deprisa, el nitrógeno puede burbujear en su sangre, del mismo modo que aparecen burbujas cuando se abre una bebida carbonatada. Las burbujas en la sangre no son buenas. Esta peligrosa condición se llama "enfermedad de los buzos". (A los buzos les duele tanto que se doblan do dolor.) Sin embargo, si se utiliza helio en lugar de nitrógeno, los buzos pueden volver a subir sin tener que preocuparse de sufrir la "enfermedad de los buzos".

El helio tiene otros usos tecnológicos. Una mezcla de helio y neón se utiliza en los láseres rojos, como los que se emplean para leer los códigos de barras en las cajas de las tiendas. El helio líquido, extremadamente frío, se utiliza en máquinas y dispositivos que necesitan imanes extremadamente potentes, como las máquinas de resonancia magnética de los hospitales y los aceleradores de partículas que utilizan los físicos para hacer experimentos con electrones, protones y neutrones.

Los átomos de helio no se unen a otros átomos. Flotan por sí solos.

Este es un espectrómetro de los años 1800, similar al que se utilizó para descubrir el helio.

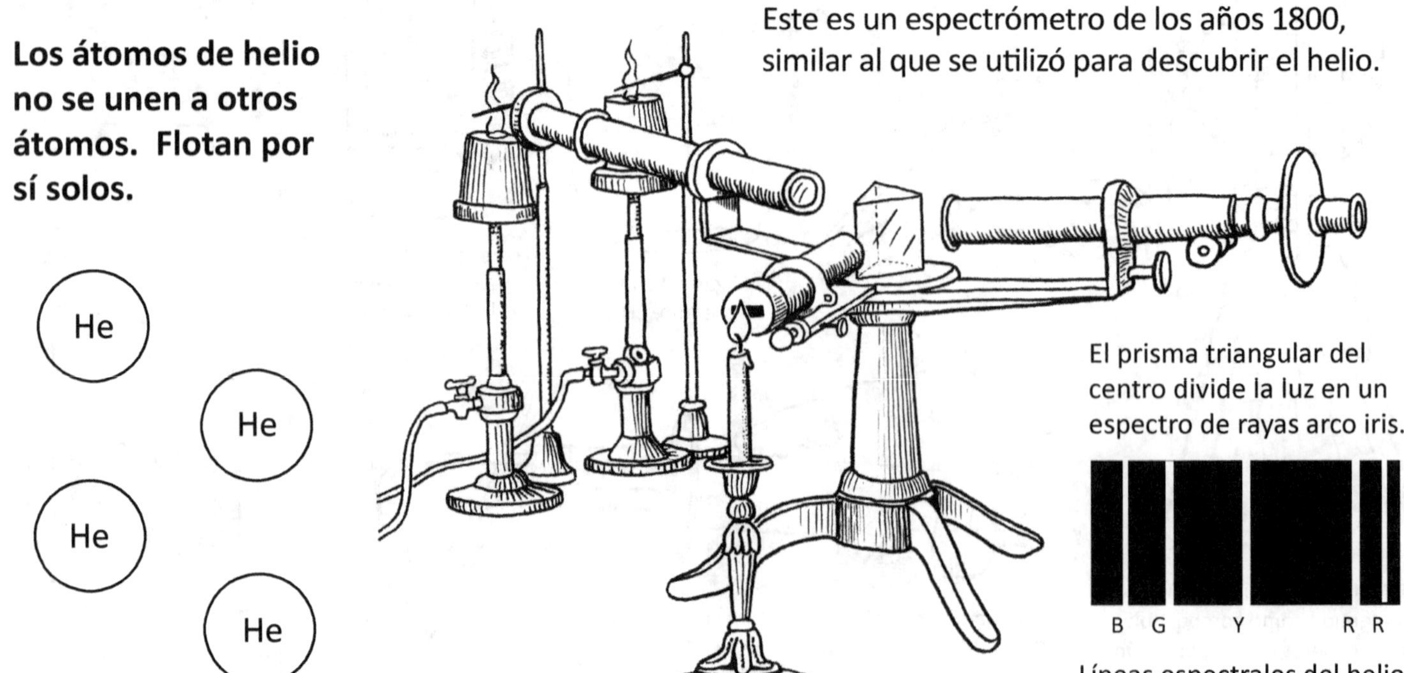

El prisma triangular del centro divide la luz en un espectro de rayas arco iris.

Líneas espectrales del helio

2 He Helio

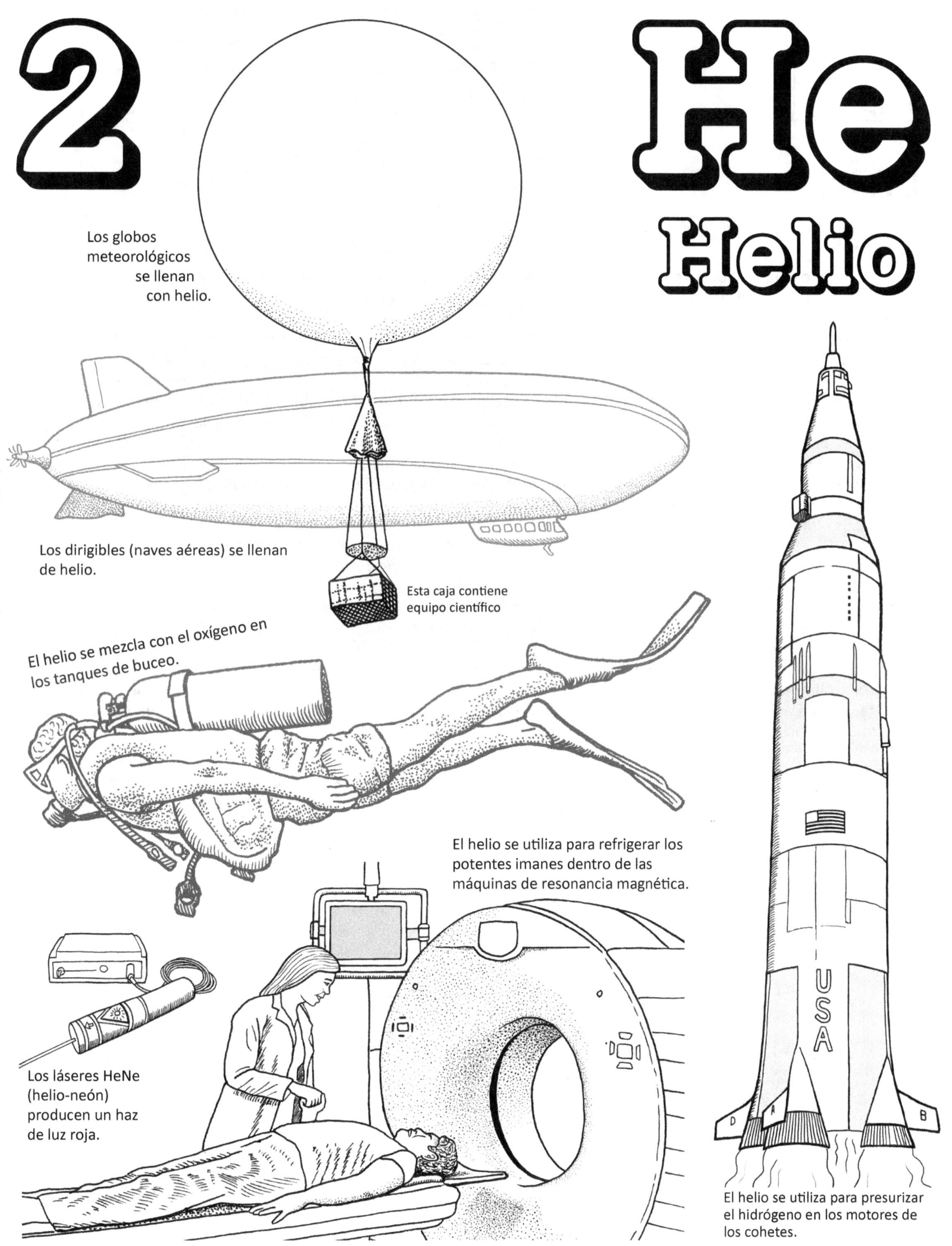

Los globos meteorológicos se llenan con helio.
Los dirigibles (naves aéreas) se llenan de helio.
Esta caja contiene equipo científico
El helio se mezcla con el oxígeno en los tanques de buceo.
El helio se utiliza para refrigerar los potentes imanes dentro de las máquinas de resonancia magnética.
Los láseres HeNe (helio-neón) producen un haz de luz roja.
USA
D
A
B
El helio se utiliza para presurizar el hidrógeno en los motores de los cohetes.

3 protones
4 neutrones
3 electrones
Masa atómica: 6.94

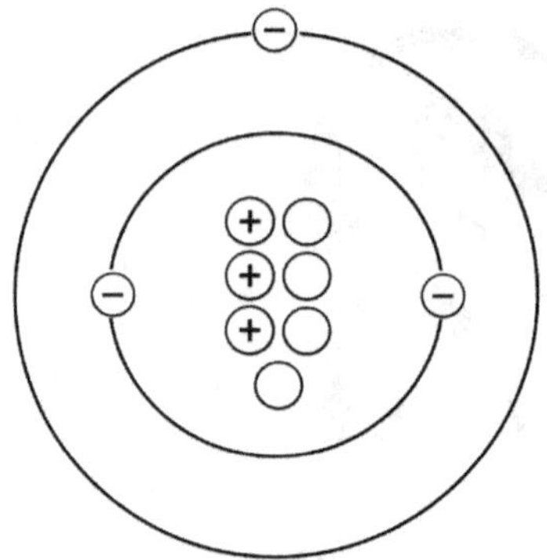

Litio

De la palabra griega para piedra: "lithos"

El litio es más conocido por su uso en baterías de larga duración, pero también se emplea en lubricantes, combustibles, aleaciones metálicas, fabricación de vidrio e incluso medicamentos. Algunas de sus cualidades provienen de su configuración electrónica. ¿Ves ese electrón solitario en el anillo exterior? Es muy "infeliz" porque no tiene pareja con la que emparejarse. Los dos electrones del anillo interior están emparejados y, por tanto, muy contentos. El electrón no emparejado del anillo exterior es tan "infeliz" que prefiere irse y formar parte de otro átomo antes que quedarse donde está. Algunos átomos, como el flúor, el cloro y el bromo (miembros de la familia de los halógenos) están desesperados por coger un electrón extra que no les pertenece, así que si se encuentran con un átomo de litio, es una pareja perfecta. Moléculas como LiF, LiCl y LiBr son relativamente fáciles de fabricar en un laboratorio. El LiF, fluoruro de litio, adopta la forma de un cristal transparente que puede utilizarse en lentes ópticas y en detectores de radiación. LiCl, cloruro de litio, es un polvo blanco que se utiliza en fuegos artificiales y bengalas de emergencia porque produce una llama brillante de color rosa rojizo. LiBr, bromuro de litio, puede utilizarse para atrapar la humedad en los sistemas de aire acondicionado.

Los átomos de litio se enlazarán a pequeños grupos de átomos, como el ion carbonato, CO_3^{2}. El carbonato de litio, Li_2CO_3, se utiliza en la industria cerámica para fabricar esmaltes y adhesivos para baldosas, en la industria metalúrgica para procesar aluminio, en la industria del vidrio para fabricar utensilios de cocina, en la industria farmacéutica para fabricar medicamentos y en la industria de las baterías para fabricar baterías de iones de litio de larga duración. El litio se une bien al ion hidróxido, OH, para formar LiOH, un compuesto que puede eliminar el dióxido de carbono del aire que circula por el interior de un avión. El litio también se une a metales como el aluminio, el cobre y el manganeso, formando aleaciones ligeras (mezclas de metales) que se utilizan para fabricar aviones.

Los átomos de litio nunca se encuentran solos en la naturaleza. Para obtener una muestra pura de litio, es necesario utilizar una fuerte corriente eléctrica. El litio puro parece un metal plateado y es tan ligero que flota en el agua. También reaccionará con el agua, intentando deshacerse de ese electrón solitario, y esto hará que parezca que está ardiendo encima del agua.

Cuando el Li se une a F, Cl o Br, forma un cristal:

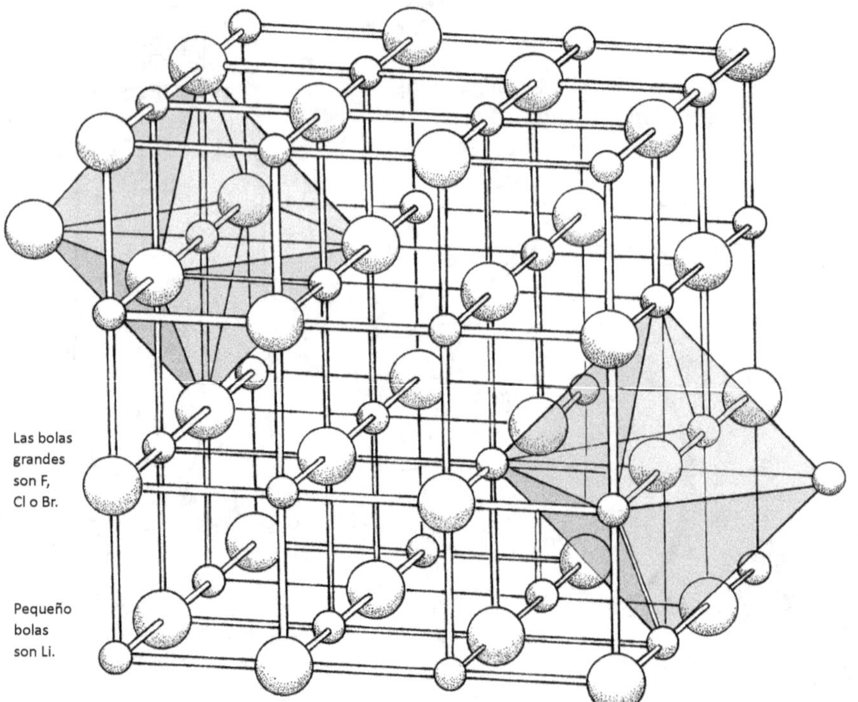

Las bolas grandes son F, Cl o Br.

Pequeño bolas son Li.

Cuando dos átomos de Li se unen a un CO_3, no se enlazan como lo hacen el C y el O. (Los palitos representan enlaces.) En su lugar, los átomos de Li se mantienen en su lugar por atracción eléctrica. Los átomos de Li cargados positivamente (iones) son atraídos por los átomos de oxígeno cargados negativamente del CO_3.

Este molécula de Li_2CO_3 se unirá a otras iguales para formar una estructura similar al cristal.

Li^+

Li^+

O^-

C

O^-

O

Rojo: Oxígeno (O)
Negro: Carbono (C)
Puedes decidir de qué color hacer el litio. Un artista profesional probablemente usaría púrpura o rosa.

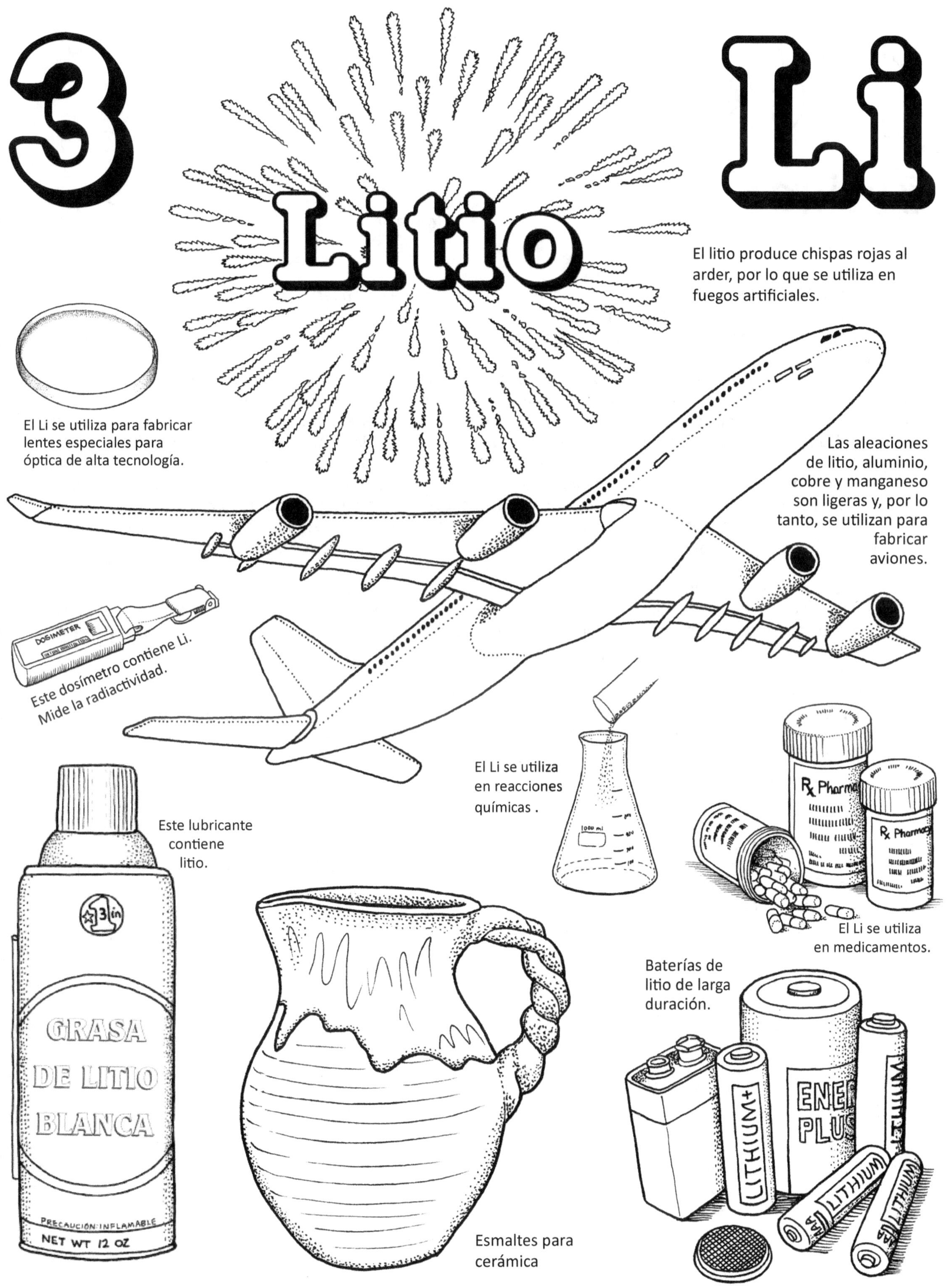
3
Li
Litio
El litio produce chispas rojas al arder, por lo que se utiliza en fuegos artificiales.
El Li se utiliza para fabricar lentes especiales para óptica de alta tecnología.
Las aleaciones de litio, aluminio, cobre y manganeso son ligeras y, por lo tanto, se utilizan para fabricar aviones.
DOSIMETER
Este dosímetro contiene Li. Mide la radiactividad.
El Li se utiliza en reacciones químicas .
Este lubricante contiene litio.
GRASA DE LITIO BLANCA
PRECAUCIÓN: INFLAMABLE
NET WT 12 OZ
El Li se utiliza en medicamentos.
Baterías de litio de larga duración.
LITHIUM
Esmaltes para cerámica

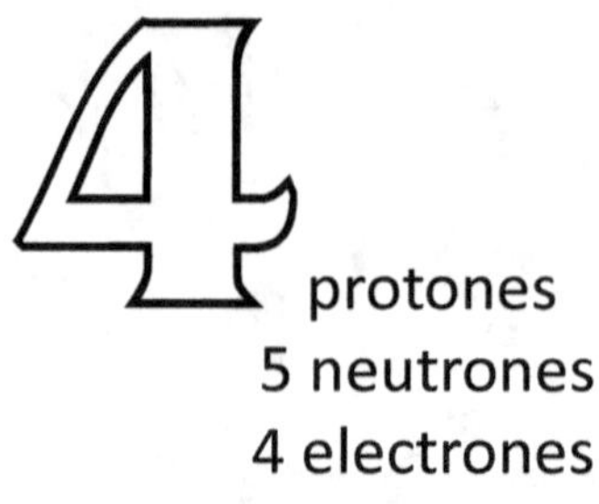

protones
5 neutrones
4 electrones
Masa atómica: 9.01

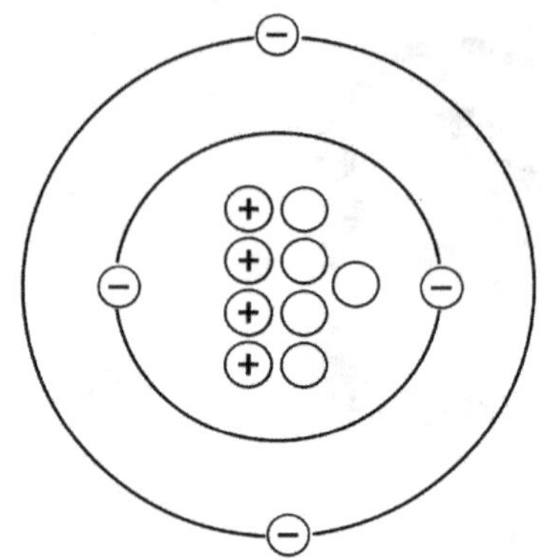

Berilio

Del mineral "berilo"

El nombre del berilio procede del mineral berilo. El berilo está compuesto de berilio, aluminio, silicio y oxígeno, con esta fórmula química: $Be_3Al_2(SiO_3)_6$. Cuando el berilo se convierte en piedra preciosa, lo llamamos esmeralda. El berilio fue extraído por primera vez del berilo en 1828 por dos personas que trabajaban de forma independiente, una en Francia y otra en Alemania.

El berilio es el miembro más pequeño y ligero de la familia de los metales alcalinotérreos (la segunda columna de la izquierda en la Tabla Periódica). Esto significa que tiene dos electrones en su capa externa. Esto es mejor que sólo uno, pero el berilio preferiría tener 8 electrones en su capa externa, por lo que cederá fácilmente sus electrones a otro átomo o grupo de átomos. El oxígeno forma una pareja natural, ya que busca dos electrones para completar su capa. El BeO, óxido de berilio, se utiliza para fabricar piezas para motores de cohetes, como revestimiento protector de espejos de telescopios, como semiconductores en radios y para piezas cerámicas en dispositivos de microondas, tubos de vacío y láseres.

El berilio puro también puede ser muy útil, ya que los rayos X atraviesan átomos muy pequeños. Si se quiere poner una "ventana" en un tubo de vacío, se necesita una sustancia que sea resistente (que no se hunda cuando baje la presión dentro del tubo) y que, al mismo tiempo, deje pasar los rayos X. El berilio es perfecto para esto.

Cuando se añade un poco de berilio a otro metal, como el cobre o el aluminio, se hace más fuerte. El bronce al berilio está compuesto por un 2% de berilio y un 98% de cobre. La resistencia del bronce al berilio lo convierte en una excelente opción para la fabricación de piezas como muelles de alta resistencia, que deben mantener su forma incluso bajo mucha tensión. El bronce al berilio también es especial en otro aspecto. No produce chispas si choca con otro metal, ni siquiera con el acero. Hay lugares en los que las chispas pueden ser muy peligrosas, y no querrá correr el riesgo de que su herramienta provoque un incendio o una explosión. Las herramientas de bronce berilio se utilizan en plataformas petrolíferas, minas de carbón, fabricación de satélites y reparación de máquinas de resonancia magnética.

El berilio es famoso por haber servido para descubrir los neutrones. En 1932, James Chadwick disparó partículas alfa (núcleos de átomos de helio) a un trozo de berilio y se produjeron partículas desconocidas (neutrones). El berilio puede utilizarse como fuente de neutrones para experimentos de laboratorio, aceleradores de partículas, centrales nucleares y en bombas atómicas.

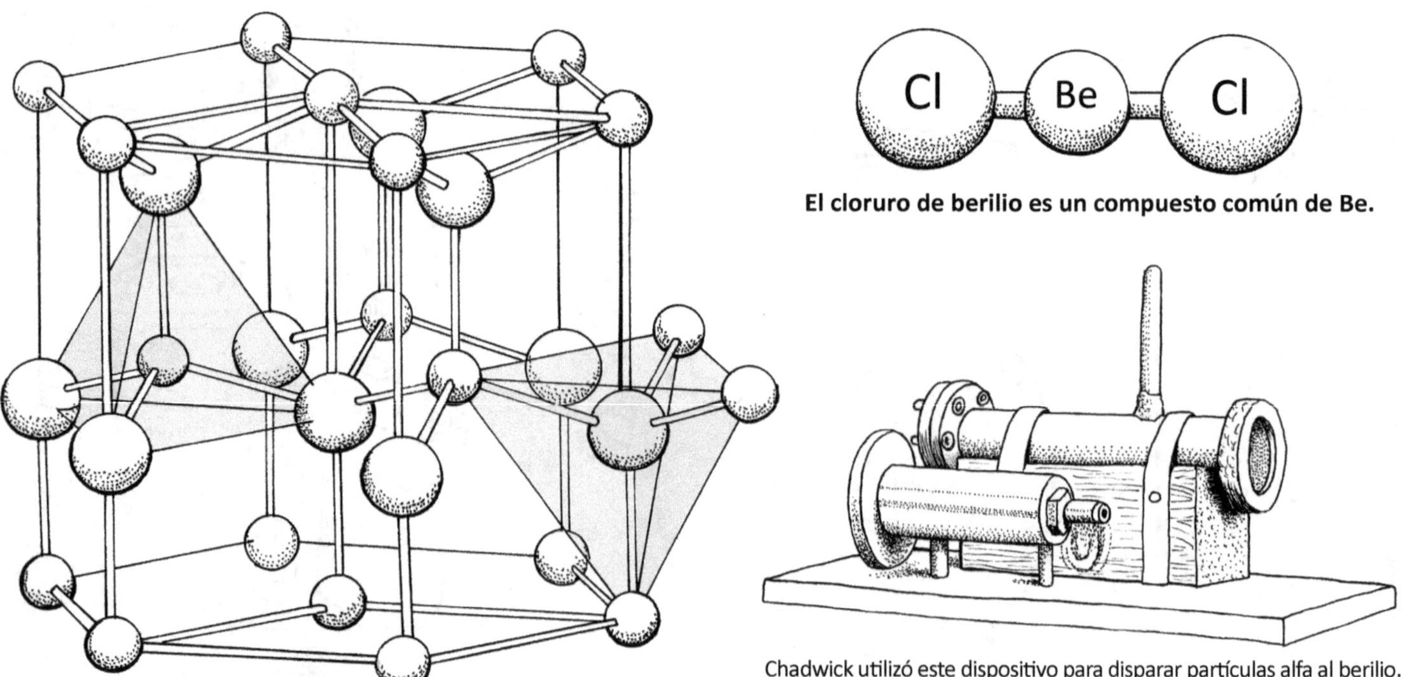

El cloruro de berilio es un compuesto común de Be.

Chadwick utilizó este dispositivo para disparar partículas alfa al berilio. Las partículas alfa desalojaban neutrones de los núcleos de berilio.

El óxido de berilio (BeO) tendrá forma de red cristalina.

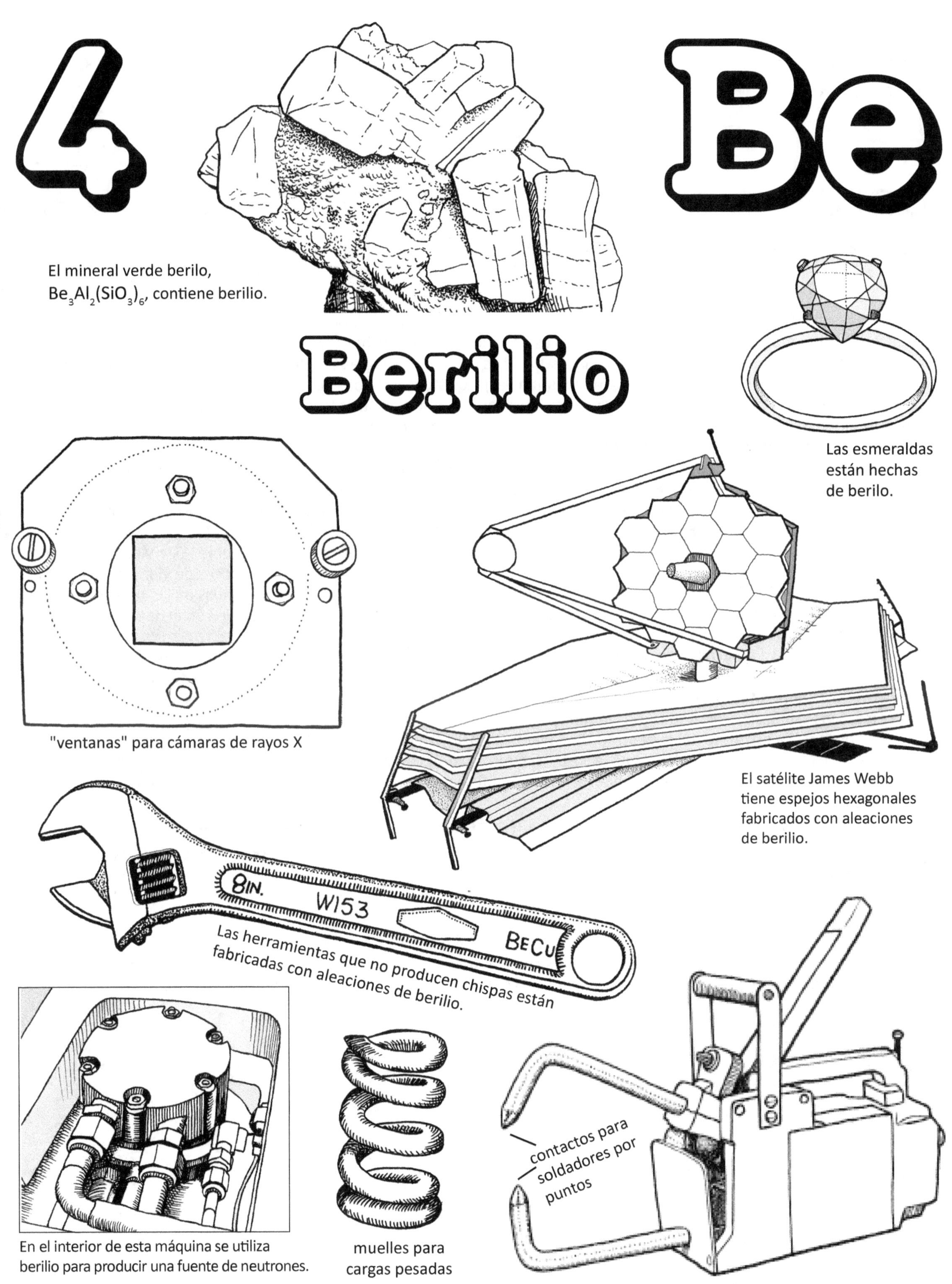
4
Be
El mineral verde berilo,
$Be_3Al_2(SiO_3)_6$, contiene berilio.
Berilio
Las esmeraldas
están hechas
de berilo.
"ventanas" para cámaras de rayos X
El satélite James Webb
tiene espejos hexagonales
fabricados con aleaciones
de berilio.
8IN.
W153
BECu
Las herramientas que no producen chispas están
fabricadas con aleaciones de berilio.
contactos para
soldadores por
puntos
En el interior de esta máquina se utiliza
berilio para producir una fuente de neutrones.
muelles para
cargas pesadas

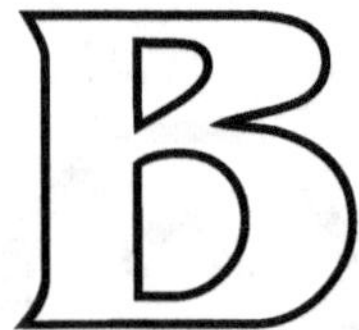

Boro

Del mineral "bórax"

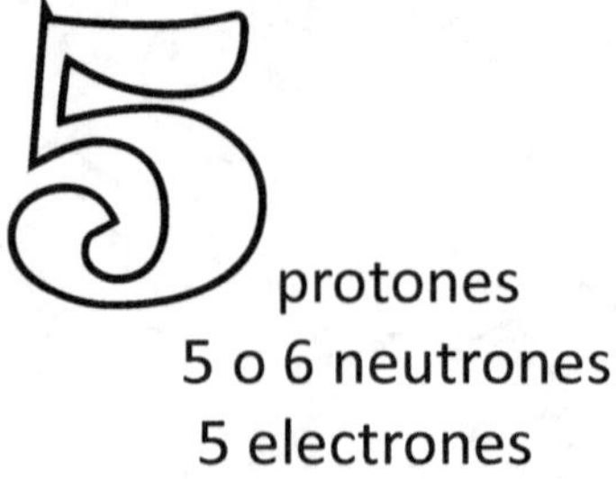

protones
5 o 6 neutrones
5 electrones

Masa atómica: 10.81

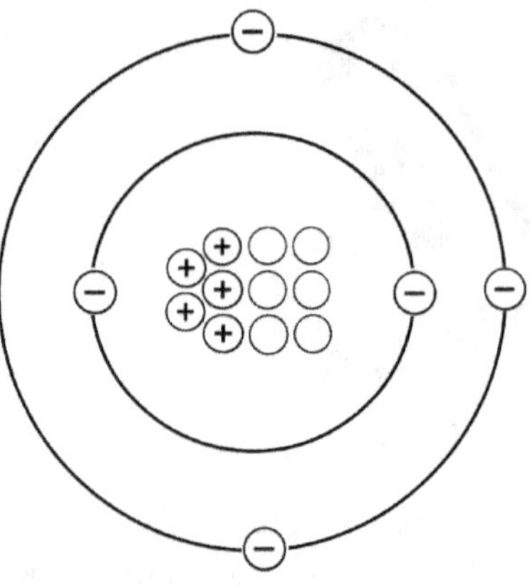

El boro es feliz con 5 o 6 neutrones. Aquí se muestra con 6 neutrones porque el 80% de los átomos de boro tienen 6 neutrones. Sin embargo, si pierde un neutrón, no es un problema. En muchos átomos, perder un neutrón SÍ es un problema, ya que hará que el núcleo se vuelva inestable. (Los núcleos inestables tienden a deshacerse y a escupir partículas peligrosas que pueden causar daños a plantas y animales). Los átomos de boro con 5 neutrones pueden añadir uno más sin problemas. Los átomos con 5 neutrones son útiles en las centrales nucleares que utilizan elementos radiactivos (inestables) que emiten neutrones cuando se deshacen. Las barras que contienen átomos de boro se colocan en zonas donde es necesario absorber neutrones libres peligrosos de forma segura.

El hecho de que el boro pueda tener 5 o 6 neutrones explica que su masa sea 10,81. La masa es el número total de protones y neutrones del núcleo. Puesto que el boro puede tener 5 o 6 neutrones, debemos observar tantos átomos de boro como podamos y calcular la media. La media resulta ser 10,81, que es la masa atómica oficial. Pero nunca encontrarás un átomo de boro con 10,81 cosas en su núcleo. Siempre será 10 u 11.

El boro se añade al vidrio para que sea menos probable que se rompa a altas temperaturas. Este vidrio "borosilicato" es ideal tanto para cocinas como para laboratorios científicos. (La cristalería llamada Pyrex® es de vidrio borosilicato.) Pueden añadirse minúsculas perlas de vidrio borosilicato a la pintura que se utiliza para trazar líneas en las carreteras. Las perlas de vidrio en la pintura reflejarán los faros brillantes por la noche. El boro se añade al vidrio con el que se hilan las finísimas fibras con las que se fabrica la fibra de vidrio aislante.

Una propiedad muy útil del boro es que no arde (es decir, no se quema en presencia de oxígeno). Los compuestos de boro, como el borato de zinc, pueden pulverizarse sobre tejidos o madera para hacerlos resistentes al fuego. La presencia de boro en la fibra de vidrio aumenta su resistencia al fuego y hace que las fibras sean más fuertes. Cuando el boro se utiliza en fuegos artificiales, los átomos no "arden" pero sí se calientan, mostrando un color verde brillante.

El boro suele extraerse del mineral "bórax" ($Na_2B_4O_7$ - $10H_2O$). El bórax se utiliza para fabricar detergente en polvo. (Los niños pueden conocer este polvo como la sustancia que se combina con pegamento blanco para hacer "slime" o "moco"). El poder limpiador del bórax también es útil en medicina. El bórax puede convertirse en ácido bórico, H_3BO_3, y utilizarse en lavaojos antimicrobianos.

El bórax es venenoso para los insectos y suele utilizarse en trampas para hormigas y cucarachas.

Ácido bórico, H_3BO_3

Tetraborato, $B_4O_5(OH)_4$

"Tetra" significa 4.

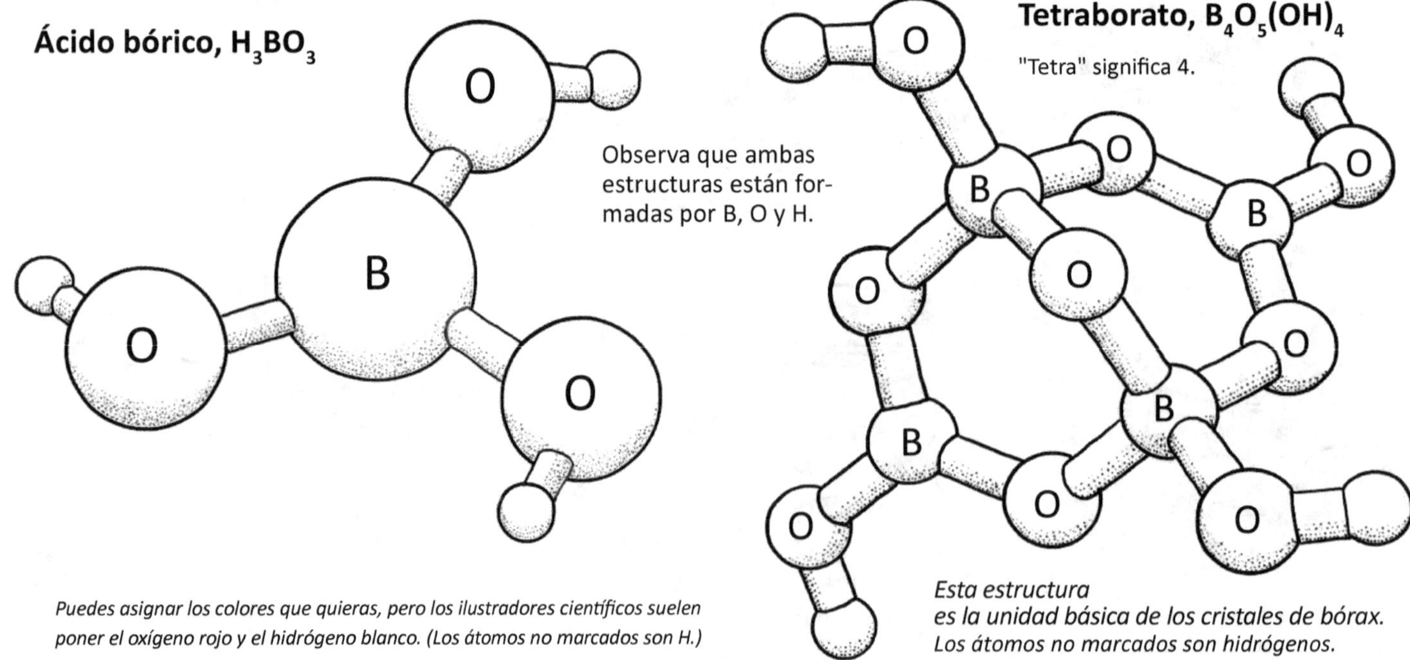

Puedes asignar los colores que quieras, pero los ilustradores científicos suelen poner el oxígeno rojo y el hidrógeno blanco. (Los átomos no marcados son H.)

Esta estructura es la unidad básica de los cristales de bórax. Los átomos no marcados son hidrógenos.

Es divertido ver cómo crecen cristales de bórax encima de las formas que haces.

B

La ulexita es un mineral de boro con interesantes propiedades ópticas.

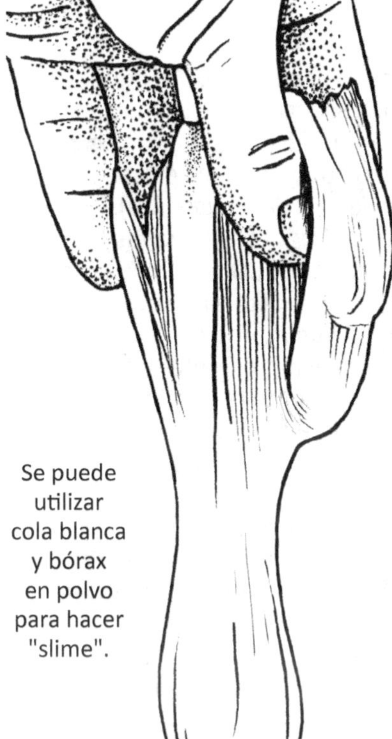

Se puede utilizar cola blanca y bórax en polvo para hacer "slime".

vidrio de borosilicato

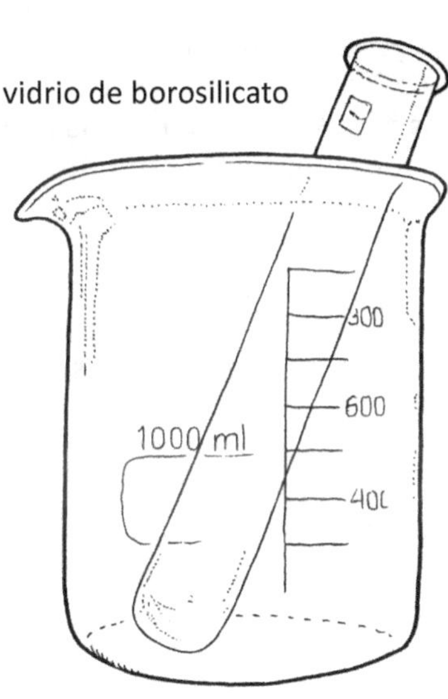

Bórax en polvo para lavar

BÓRAX

POTENCIADOR DE DETERGENTE

aislamiento de fibra de vidrio

lavaojos antiséptico

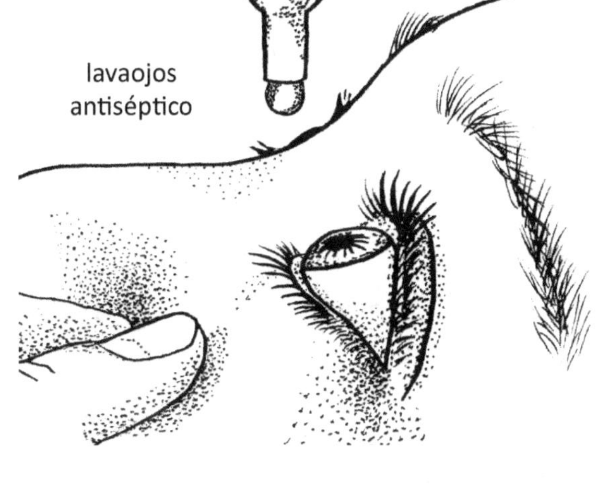

veneno para hormigas

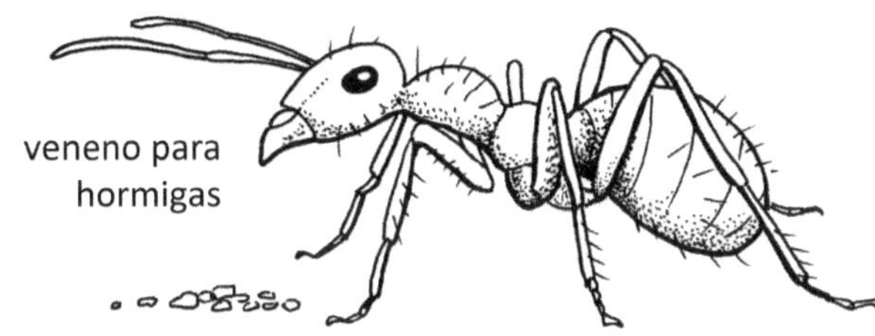

6 protones
6 neutrones
6 electrones
Masa atómica: 12.01

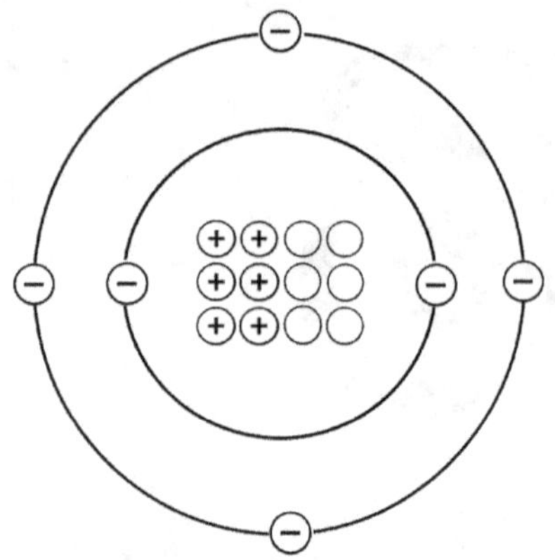

Carbono

De la palabra latina para carbón vegetal: "carbo"

El carbono es el átomo más flexible y "amigable" de la Tabla Periódica. Se une a muchos otros elementos, aunque sus favoritos son el hidrógeno y el oxígeno. Si no hay otros átomos con los que enlazarse, el carbono se enlaza consigo mismo, formando sustancias de carbono puro como el diamante, el grafito o el carbón. Así es, ¡el carbón y los diamantes están hechos de la misma materia! La estructura de carbono puro más fascinante es el buckminsterfullereno o buckybola, una esfera hueca de 60 átomos de carbono dispuestos en el mismo patrón que un balón de fútbol (hexágonos rodeados de pentágonos).

El carbono se encuentra en el aire que nos rodea en forma de dióxido de carbono, CO_2. Los vehículos pueden emitir CO_2 y CO (monóxido de carbono) al aire como subproductos de la combustión. El CO es muy peligroso y muchas personas tienen detectores de CO en sus casas si tienen un horno que quema gas natural, CH_4.

El carbono puede unirse a tres átomos de oxígeno y formar el ion carbonato, CO_3^{2}. Si un átomo de calcio se pega al carbonato, obtenemos carbonato de calcio, $CaCO_3$. El carbonato de calcio es el principal ingrediente del mineral calcita y de la roca conocida como caliza. Las conchas marinas son una forma biológica de carbonato de calcio.

Las moléculas de hidrocarburos están formadas únicamente por átomos de carbono e hidrógeno y pueden ser pequeñas (CH_4, gas natural), medianas (C_8H_{18}, octano, gasolina líquida) o tan largas que ni siquiera podemos contar los átomos de carbono (plásticos y cauchos).

Los átomos de carbono e hidrógeno también pueden formar un anillo conocido como benceno. El anillo bencénico, o una adaptación del mismo, está en el corazón de miles de moléculas, como el plástico de poliestireno, la espuma de poliestireno, los conservantes alimentarios, el colesterol, el sabor natural de las almendras, los quitamanchas, las bolas antipolillas, las pinturas y los medicamentos.

Muchas moléculas biológicas tienen carbono en su núcleo. Las proteínas, las grasas y los azúcares son sustancias basadas en el carbono. El ADN, la larguísima molécula en forma de escalera que es como una biblioteca de información para las células vivas, tiene átomos de carbono en puntos clave de su estructura. El carbono también está en el centro de muchas otras moléculas esenciales para la vida, incluidas las enzimas.

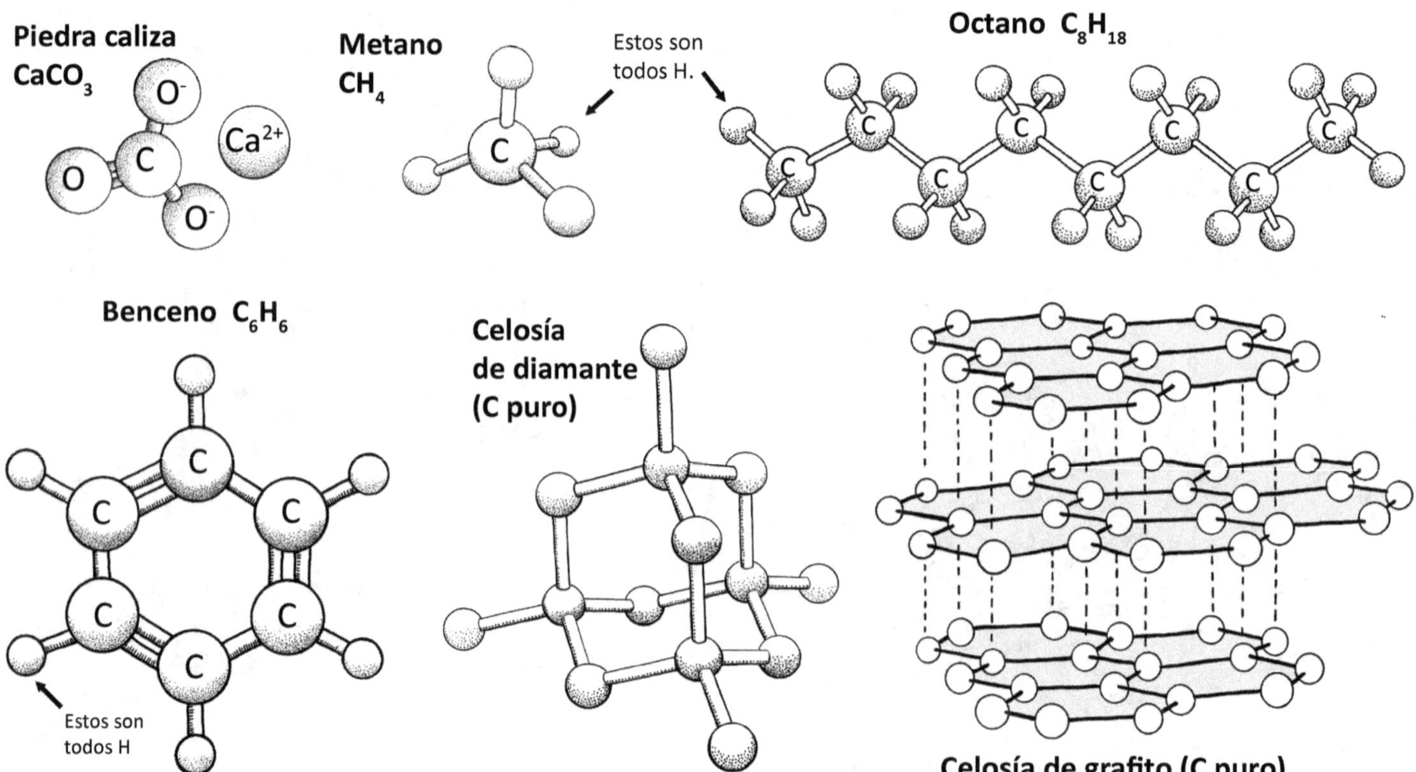

6 Carbono C

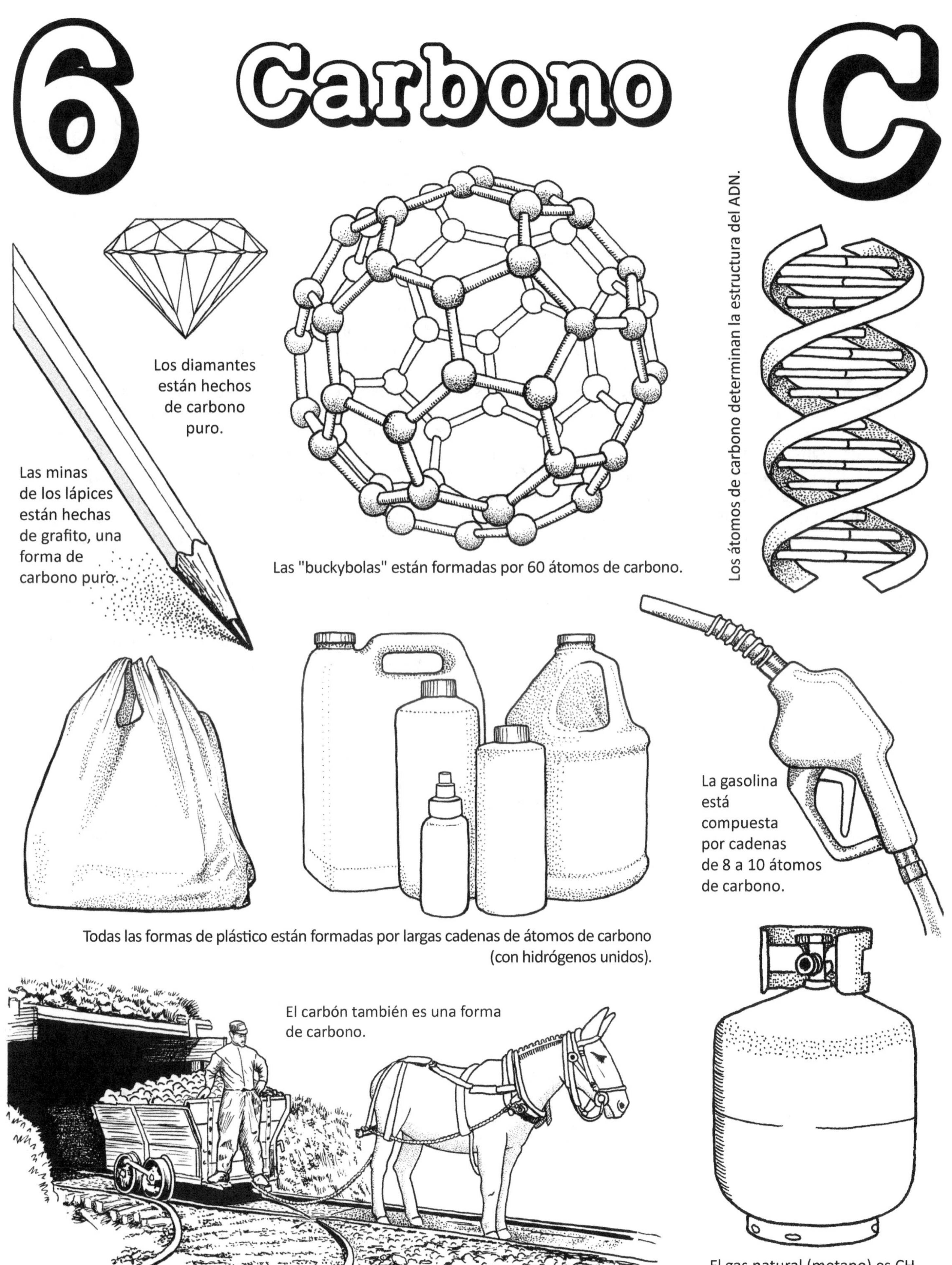

Las "buckybolas" están formadas por 60 átomos de carbono.

Todas las formas de plástico están formadas por largas cadenas de átomos de carbono (con hidrógenos unidos).

El gas natural (metano) es CH_4.

Nitrógeno

7 protones
7 neutrones
7 electrones

Masa atómica: 14.0

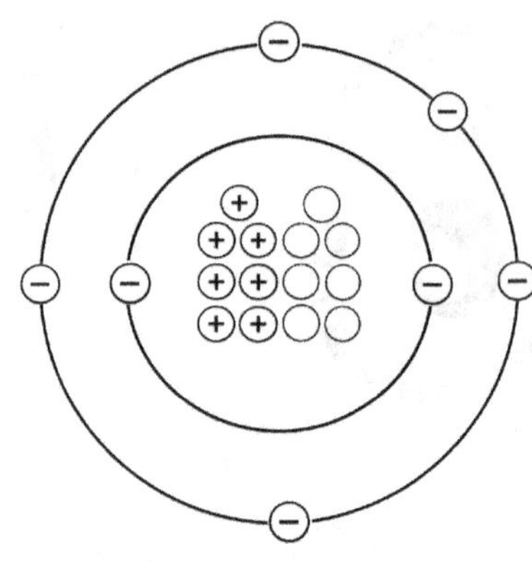

De las palabras griegas "nitron" (salitre) y "genes" (hacer)

El nitrógeno recibe su nombre de uno de los compuestos en los que se encuentra, el nitrato de potasio (KNO_3), que en el mundo antiguo se conocía como "nitrón" y que los europeos bautizaron como "salitre". Desde la antigüedad, este mineral se ha utilizado para conservar las carnes, y los nitratos se siguen utilizando hoy en día para evitar que las carnes envasadas se pongan marrones. Con el tiempo, se descubrió que el salitre podía convertirse en pólvora si se le añadía carbón vegetal y azufre. La pólvora no es sólo para las armas; también se utilizan grandes cantidades de pólvora para fabricar fuegos artificiales. El nitrógeno se encuentra en otros productos químicos explosivos, como el TNT (trinitrotolueno), la nitroglicerina (dinamita) y la azida sódica (NaN_3) que se encuentra en los airbags de los coches. El carácter explosivo de todos estos productos químicos se debe a que permiten la formación muy rápida de gas nitrógeno, N_2.

El aire que nos rodea es en su mayor parte nitrógeno en su forma estable, N_2. Cuando dos átomos de nitrógeno se unen, forman una de las moléculas más estables de la naturaleza, incapaz de reaccionar con nada a su alrededor. El N_2 es tan estable que puede utilizarse como escudo ignífugo en soldaduras a alta temperatura. El gas nitrógeno puro también puede proteger y conservar frutas como las manzanas, manteniéndolas frescas (en cámaras frigoríficas) hasta dos años.

El N_2O es óxido nitroso, a menudo llamado "gas de la risa". Tiene un olor ligeramente dulce y lo utilizan médicos y dentistas como anestésico suave para intervenciones quirúrgicas menores o procedimientos dentales. Es fácil confundir el N_2O con el NO_2, pero el NO_2 es dióxido de nitrógeno, un gas de color marrón rojizo que es una forma común de contaminación atmosférica.

El NH_3 es amoníaco, un gas de olor penetrante que puede picarle la nariz. Es ese olor fuerte que desprenden los pañales mojados o las cajas de arena para gatos que llevan un tiempo sucias y abandonadas o descuidadas. El NH_3 se utiliza en muchos procesos industriales, incluida la fabricación de fertilizantes que pueden aportar nitrógeno al suelo. Las plantas necesitan nitrógeno, pero no pueden obtenerlo del aire.

En biología, encontramos nitrógeno en moléculas más complejas, como los aminoácidos, que se encadenan para formar proteínas. Las proteínas son los componentes básicos de las células y los tejidos.

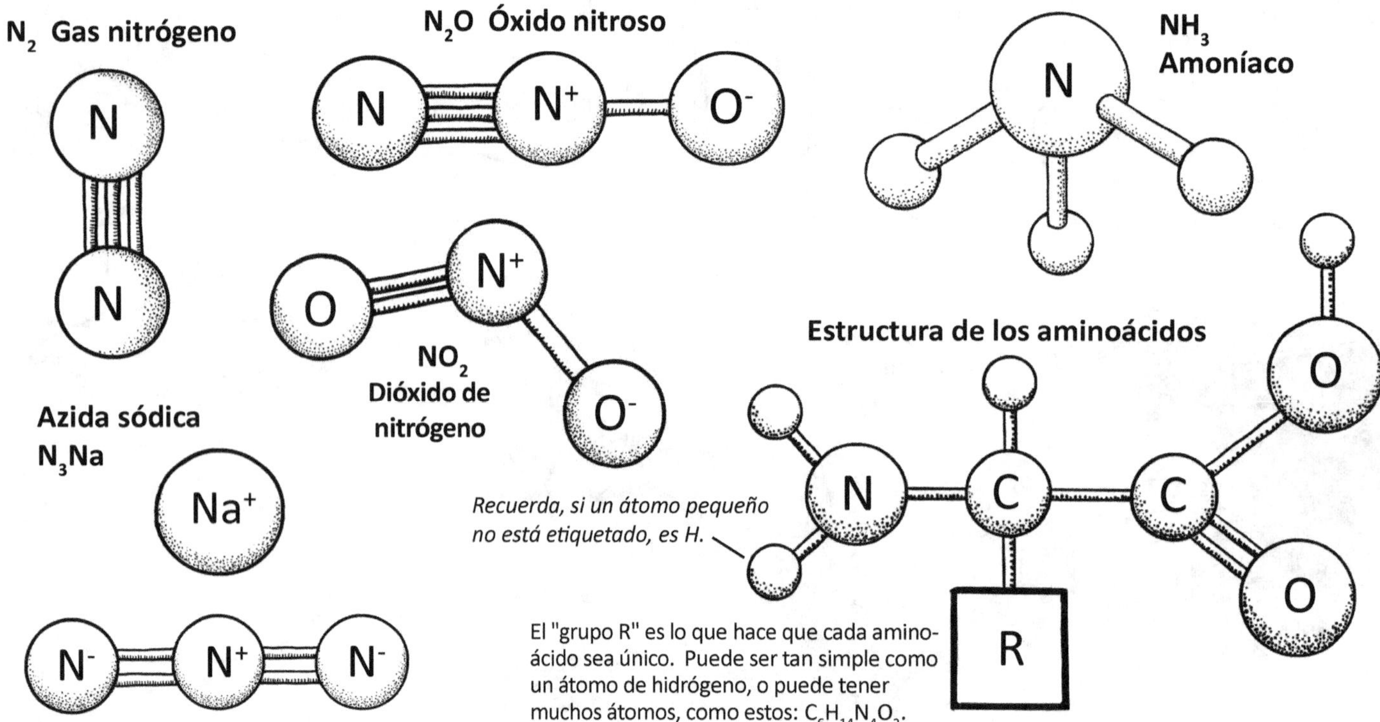

7

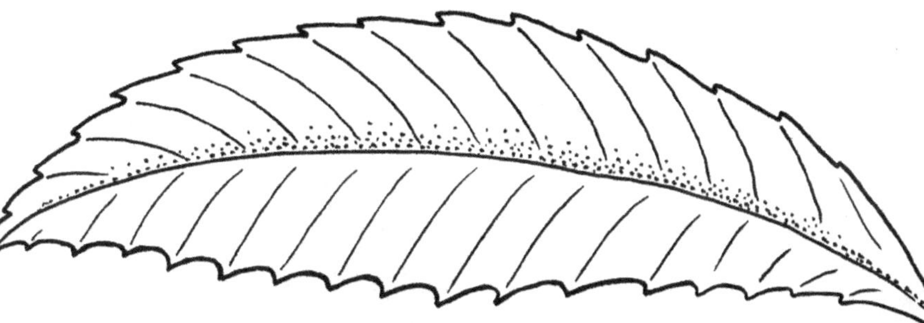

Nitrógeno

Si las hojas no reciben suficiente nitrógeno pierden su color verde.

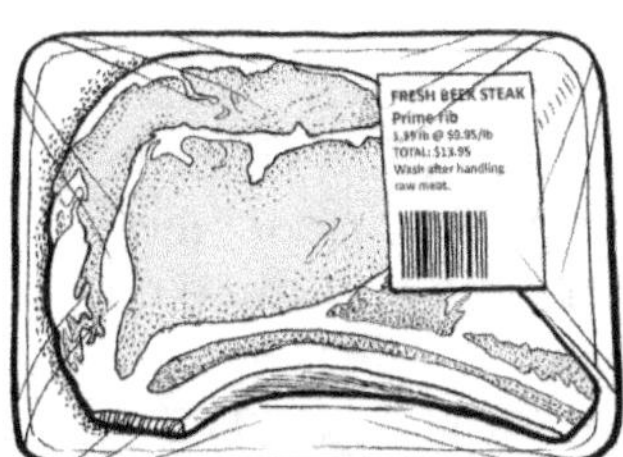

Los nitratos y nitritos se utilizan para conservar la carne.

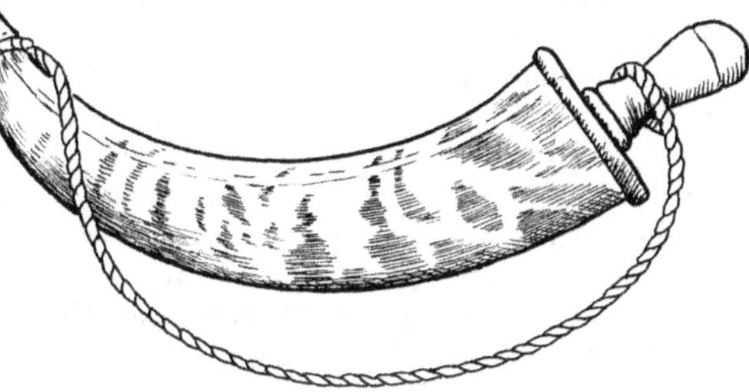

La dinamita contiene un compuesto nitrógeno: nitroglicerina.

A lo largo de la historia, los cuernos se han utilizado a menudo para almacenar pólvora (un compuesto de nitrógeno).

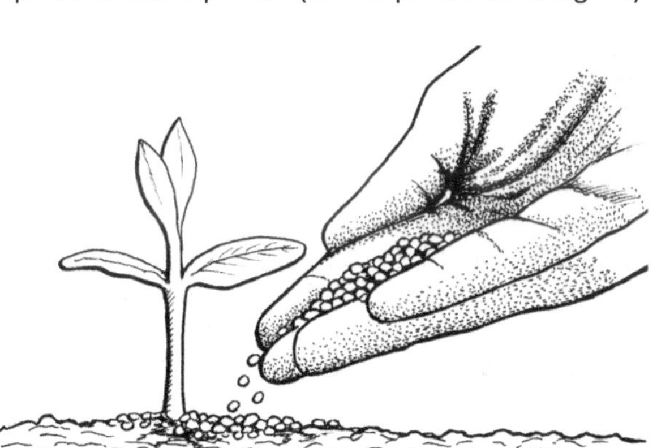

Los abonos para plantas suelen contener nitrógeno.

Algunos productos de limpieza contienen amoníaco, NH_3.

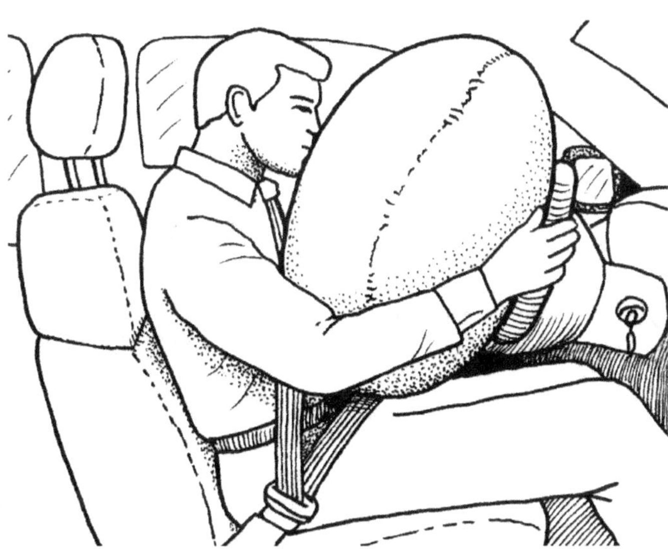

Los airbags de los vehículos se inflan con nitrógeno.

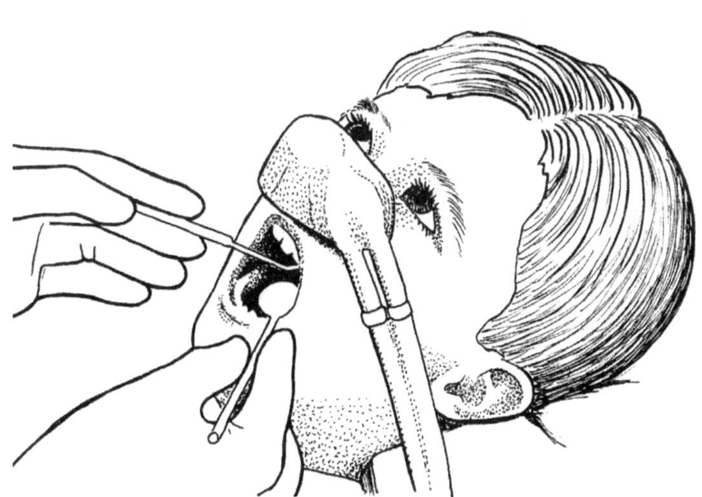

El óxido nitroso, N_2O, es utilizado por los dentistas como anestésico.

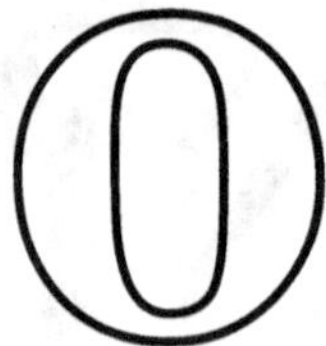

8 protones
8 neutrones
8 electrones
Masa atómica: 15.9

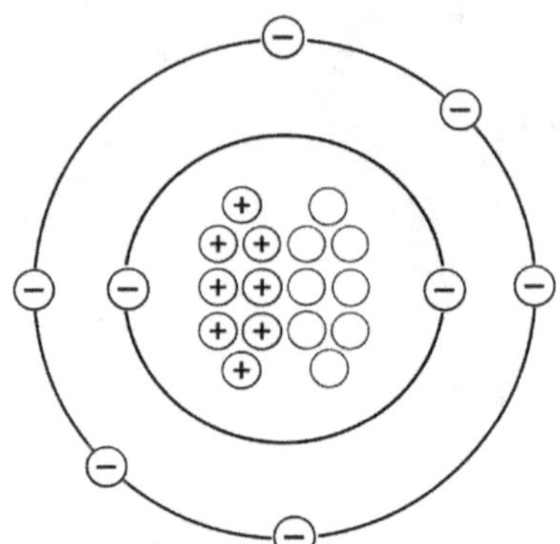

Oxígeno

De las palabras griegas "oxy" (agrio) y "genes" (hacer)

El nombre de oxígeno proviene del hecho de que, cuando se descubrió a finales del siglo XVIII, se creyó erróneamente que era el factor clave en la formación de los ácidos, que tienen un sabor agrio (el zumo de limón, por ejemplo). Con el tiempo se demostró que esta idea era errónea, pero para entonces todo el mundo utilizaba el nombre de "oxígeno" y ya era demasiado tarde para cambiarlo.

El oxígeno es el tercer elemento más abundante del universo, después del hidrógeno y el helio. El oxígeno está en el aire que nos rodea en forma de O_2. El nitrógeno, N_2, constituye alrededor del 78% de nuestra atmósfera y el oxígeno ocupa el segundo lugar, con un 20%. En la atmósfera superior encontramos tres átomos de oxígeno pegados para formar ozono, O_3. Las capas de ozono ayudan a proteger la Tierra de la peligrosa radiación ultravioleta producida por el sol.

El oxígeno es un elemento muy reactivo y se une a la mayoría de los demás elementos para formar compuestos cuyos nombres suelen terminar en "ato", "uro" o "ito". El compuesto de óxido más conocido es el agua H_2O. Una molécula similar es el H_2O_2, peróxido de hidrógeno, cuya utilidad como desinfectante se debe a que el segundo átomo de oxígeno se desprende fácilmente, volviendo a convertirse en H_2O. Un solo átomo de oxígeno es muy peligroso e intentará robar electrones de cualquier átomo o molécula con el que entre en contacto. Tenemos células corporales que utilizan los oxígenos simples como "balas" para disparar a los gérmenes.

Todas las formas de vida animal necesitan oxígeno para la respiración celular, el proceso por el que las células extraen energía de los azúcares y las grasas. Los peces y otros animales marinos utilizan el oxígeno disuelto en el agua que los rodea. Las plantas producen oxígeno como producto de desecho de la fotosíntesis, por lo que existe un equilibrio entre el oxígeno producido y el utilizado.

Las plantas utilizan el dióxido de carbono, CO_2, del aire para producir moléculas de azúcar (glucosa, $C_6H_{12}O_6$).

El oxígeno se encuentra en la corteza terrestre unido al elemento silicio para formar minerales como el cuarzo, el feldespato, la mica y el olivino. Todos estos minerales se basan en el tetraedro de silicio SiO_4, que forma redes cristalinas.

Cuando el oxígeno se enfría a -183 °C, se convierte en líquido. El oxígeno suele transportarse en estado líquido porque ocupa menos espacio. Un litro de oxígeno líquido se expande hasta convertirse en 840 litros de oxígeno gaseoso. El oxígeno gaseoso se utiliza en aparatos médicos, en la producción de acero, en la fabricación de plásticos y como combustible en la soldadura. El oxígeno líquido se utiliza (junto con el hidrógeno líquido) como combustible para cohetes.

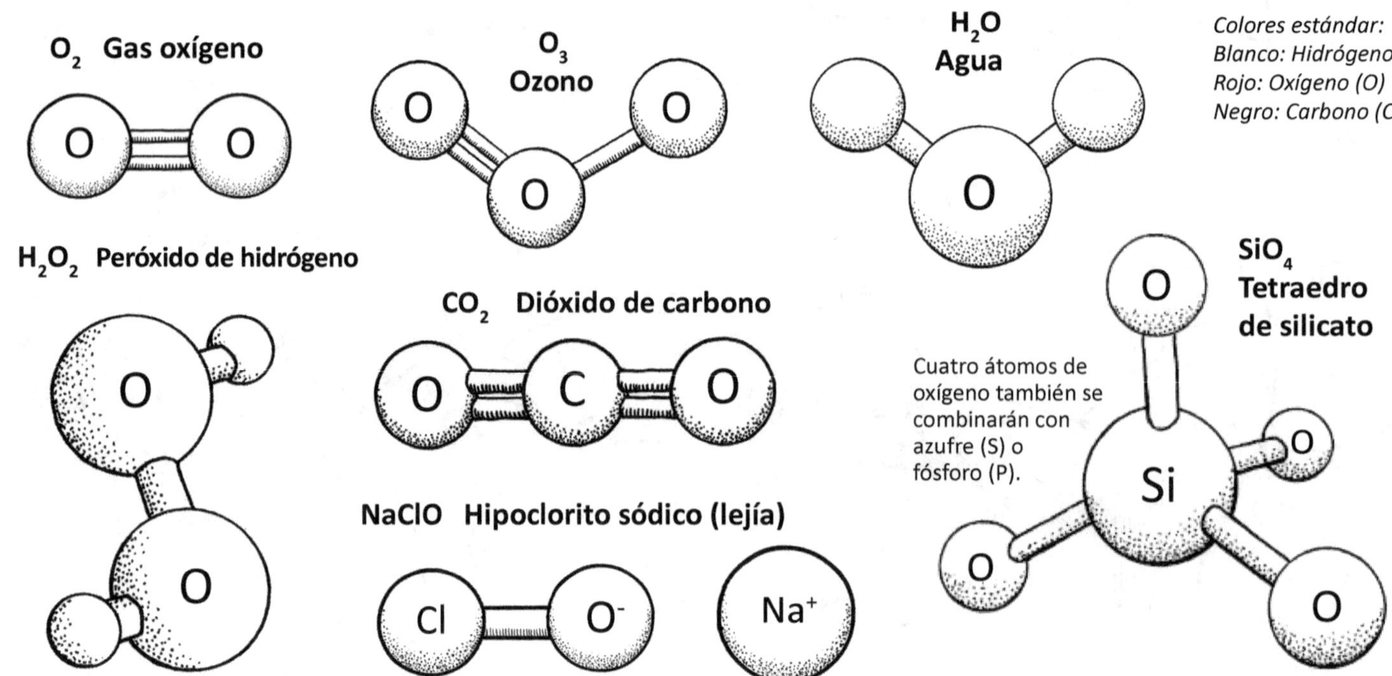

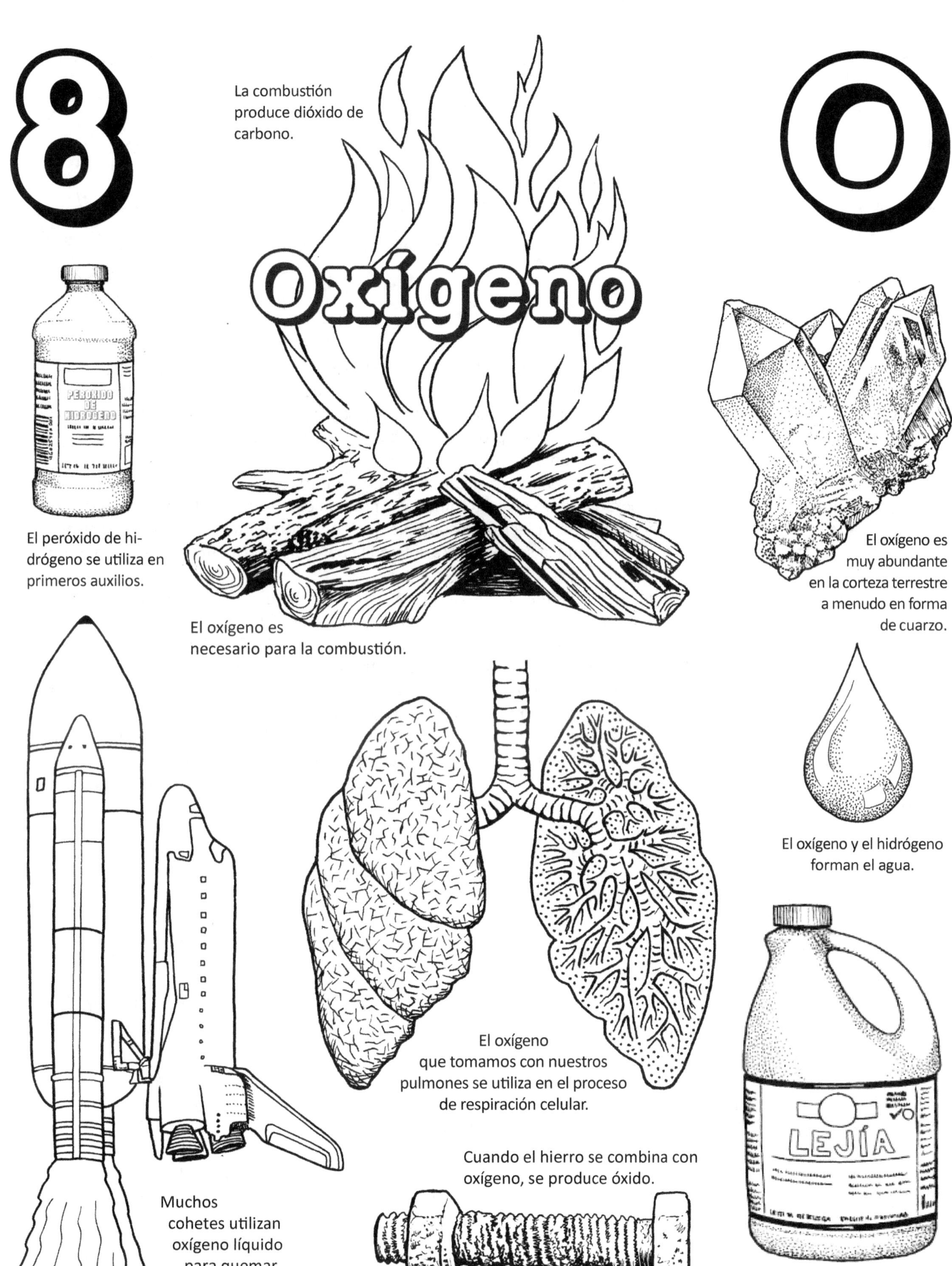
8
O
Oxígeno
La combustión produce dióxido de carbono.
PERÓXIDO DE HIDRÓGENO
El peróxido de hidrógeno se utiliza en primeros auxilios.
El oxígeno es necesario para la combustión.
El oxígeno es muy abundante en la corteza terrestre a menudo en forma de cuarzo.
El oxígeno y el hidrógeno forman el agua.
El oxígeno que tomamos con nuestros pulmones se utiliza en el proceso de respiración celular.
Cuando el hierro se combina con oxígeno, se produce óxido.
LEJÍA
Muchos cohetes utilizan oxígeno líquido para quemar combustible.
La lejía, NaClO, tiene un átomo de oxígeno que se desprende fácilmente.

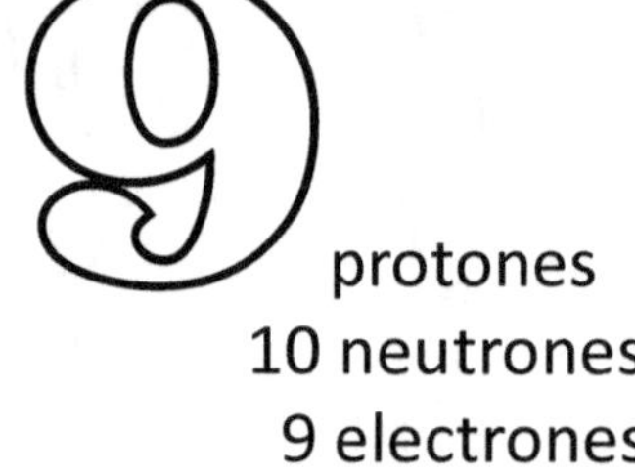

protones
10 neutrones
9 electrones

Masa atómica: 18.9

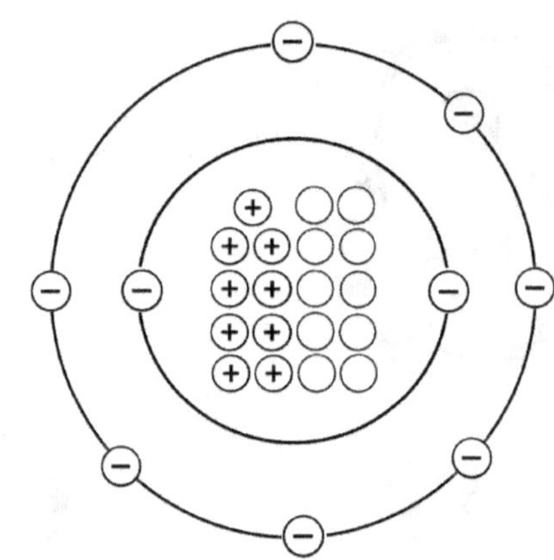

Flúor

Del latín "fluere", que significa "fluir"

El flúor es famoso por ser el elemento más "electronegativo" de la Tabla Periódica. Esto significa que puede agarrarse a otros átomos con más fuerza que cualquier otro elemento. Esto se debe a su tamaño y a su número de electrones. Como el flúor es un átomo bastante pequeño, sus electrones están muy cerca de los protones con carga positiva del núcleo. Las cargas opuestas se atraen y los protones del flúor son capaces de retener los electrones con mucha fuerza. (Los átomos más grandes pueden perder algunos de sus electrones externos.) Como la capa externa del flúor sólo tiene 7 electrones, le falta uno para alcanzar el número perfecto: 8. Los átomos con un lugar vacío en su capa externa buscan desesperadamente robar o tomar prestado un electrón para llenar ese hueco. El flúor está tan desesperado que cogerá el primer electrón disponible que encuentre, normalmente un electrón perteneciente a otro átomo. Por eso, el flúor nunca se encuentra solo en la naturaleza. ¡Un átomo de F solo es muy peligroso!

El flúor se encuentra a menudo en compañía del elemento calcio, formando el fluoruro de calcio, CaF_2. Cuando se encuentra en rocas, el CaF_2 es un mineral llamado fluorita (o espato flúor). Con cristales de fluorita muy puros se pueden fabricar lentes para cámaras y telescopios. Los cristales de menor valor pueden triturarse y utilizarse como fundente en la fundición de metales. Los átomos de flúor atrapan las impurezas que los metalúrgicos no quieren en el metal líquido caliente. La eliminación de estos contaminantes facilita la fluidez del metal caliente. El nombre del flúor se debe a esta capacidad de hacer fluir los metales líquidos.

Cuando el flúor agarra un átomo de hidrógeno, se forma ácido fluorhídrico, HF. Es muy peligroso trabajar con este ácido. Quema la carne y roba el calcio de los huesos. Se utiliza para grabar diseños en vidrio porque es una de las pocas sustancias que pueden disolver el vidrio. A pesar de su peligrosidad, el flúor desempeña un papel importante en el organismo, ya que es uno de los minerales que contribuyen a la fortaleza de los dientes.

Cuando el flúor se une al carbono, forma C_2F_4, tetrafluoroetileno, más conocido como Teflon®. El teflón® es muy resbaladizo, por lo que cuando las sartenes se recubren con él, se convierten en "antiadherentes". Una sustancia similar es el politetrafluoroetileno, más conocido por la marca Gore-Tex®. El tejido Gore-Tex® es impermeable a la lluvia al tiempo que permite la evacuación de la humedad corporala

CaF_2 Fluoruro de calcio (red cristalina)

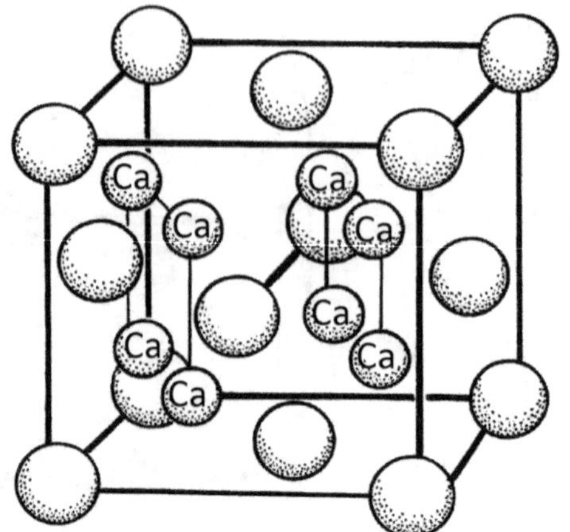

Este cubo se denomina celda unitaria. Sólo vemos una parte del cristal, por lo que parece que las matemáticas están mal. Si miramos todo el cristal, habría 2 F por cada Ca.

SF_6 Hexafluoruro de azufre

El átomo central es azufre. Los átomos de azufre se suelen representar de color amarillo. Todos los otros átomos son flúor.

C_2F_4 Teflon®

Esta molécula es un polímero muy largo formado por miles de átomos de carbono unidos a átomos de flúor.

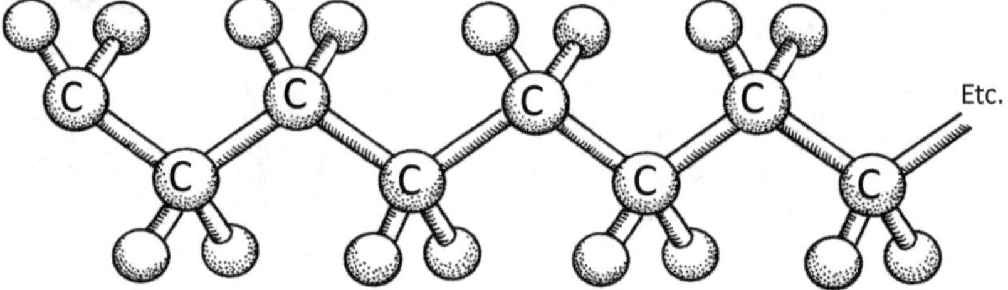

9
F
Flúor
El flúor suele encontrarse en la pasta de dientes porque ayuda a prevenir las caries.
Los cristales de fluorita suelen ser verdes o morados.
Ácido fluorhídrico, HF, ¡es peligroso!
Hydrofluoric Acid
EJH
La fluorita se utiliza para lentes de lentes de cámara de gran aumento.
La ropa Gore-Tex® utiliza una forma modificada de Teflon®.
Cinta de teflón® para fontanería
El teflón® se usa para hacer sartenes "antiadherentes".
El flúor se utiliza como "fundente" en la fundición de metales. Fundir significa calentar minerales hasta que se convierten en un líquido (a menudo de color amarillo brillante). Los metales pueden ser recogidos y enfriados..
Alguien durante la época romana talló este jarrón a partir de un trozo de fluoruro de calcio. Tiene rayas de color verde oscuro, rojo oscuro y amarillo-marrón.

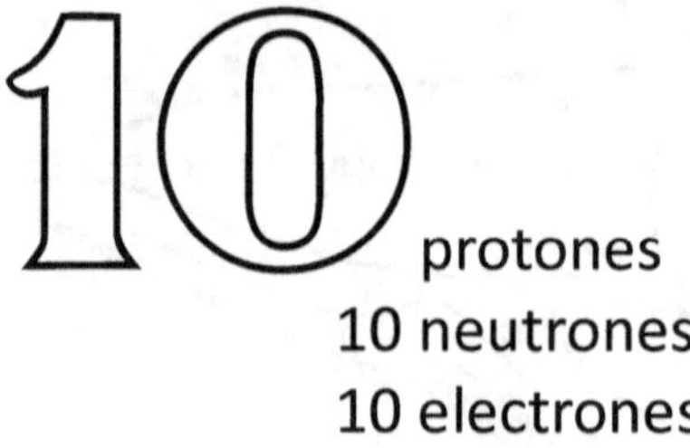

protones
10 neutrones
10 electrones

Masa atómica: 20.2

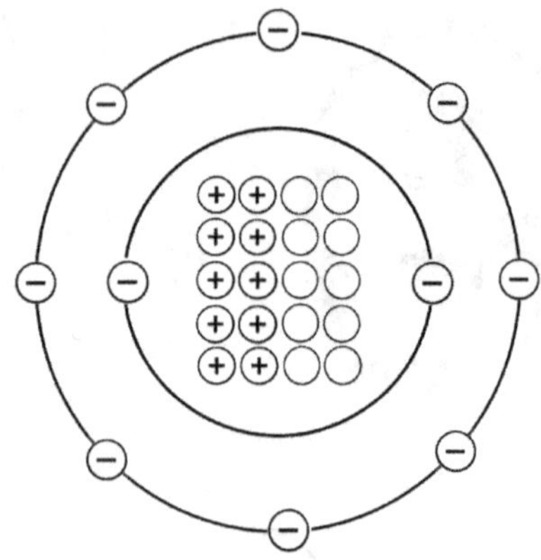

Neón

De la palabra griega para "nuevo"

El neón pertenece a la familia de los gases nobles. Se encuentran en la última columna de la derecha de la Tabla Periódica. Los gases nobles son muy afortunados porque sus envolturas electrónicas externas están completamente llenas. No tienen huecos vacíos ni electrones sobrantes que ceder. Por eso no interaccionan con otros átomos. Los gases nobles se denominan "inertes" porque son muy poco reactivos. A veces se dice que el neón es el elemento más inerte de la Tabla Periódica.

Como la mayoría de los gases nobles, el neón puede utilizarse con seguridad en lugares donde hay electricidad, como dentro de fluorescentes. Las luces de neón (las que realmente contienen neón) brillan con un color rojo anaranjado. La mayoría de las luces que se denominan "de neón" en realidad están rellenas de otros gases y de minerales en polvo que producen colores como el verde, el amarillo o el azul.

El neón se utiliza en los tubos reguladores de tensión de cátodo frío, que se parecen mucho a los anticuados tubos de vacío. Un producto similar, los llamados "tubos nixie", se utilizan para fabricar un tipo inusual de reloj digital. El neón también puede utilizarse en dispositivos indicadores de alta tensión y en estructuras que absorben los rayos. El helio, otro gas noble, se utiliza con el neón para fabricar láseres de helio-neón (HeNe), que producen una línea de luz roja brillante.

El neón se encuentra en el aire que nos rodea, pero en cantidades muy pequeñas. La forma de extraerlo del aire es enfriarlo a cientos de grados bajo cero, hasta que todos los gases se convierten en líquido. Después se aumenta la temperatura muy lentamente, un grado cada vez. A -246° C, el neón líquido vuelve a convertirse en gas y se captura.

El neón fue descubierto casi al mismo tiempo que los elementos criptón y xenón, en 1898, por Sir William Ramsay y su ayudante Morris Travers, utilizando esta técnica de enfriamiento. Al ver aparecer los gases, algunos les resultaron familiares, como el oxígeno, el nitrógeno, el helio y el dióxido de carbono. Luego encontraron uno "nuevo", por lo que lo llamaron neón, por la palabra griega que significa nuevo.

Sir William Ramsay en su laboratorio

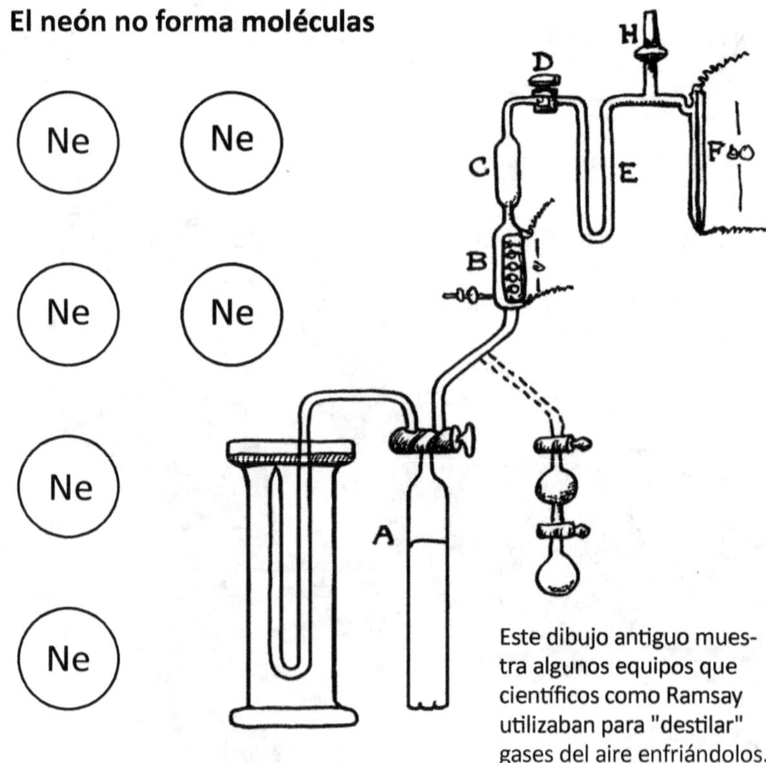

Este dibujo antiguo muestra algunos equipos que científicos como Ramsay utilizaban para "destilar" gases del aire enfriándolos.

10 Neón

Café

OPEN

CLOSED

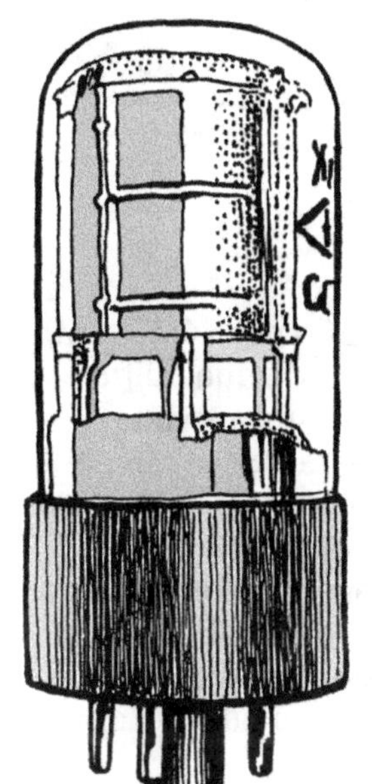

Se trata de una válvula reguladora de tensión de cátodo frío. Hoy en día se utilizan muy poco, ya que los reguladores de estado sólido los han sustituido en su mayoría.

Los carteles de neón (los que realmente llevan neón) brillan con un intenso color rojo anaranjado.

Esto es un tubo "nixie". Contiene pequeños tubos de neón con forma de números. Los tubos pueden utilizarse para fabricar relojes que los coleccionistas compran como novedad.

Si observa el gas neón incandescente a través de un espectrómetro, esto es lo que verá. La pequeña cantidad de luz azul y verde que emiten los átomos de neón incandescentes queda ahogada por toda la luz naranja y roja.

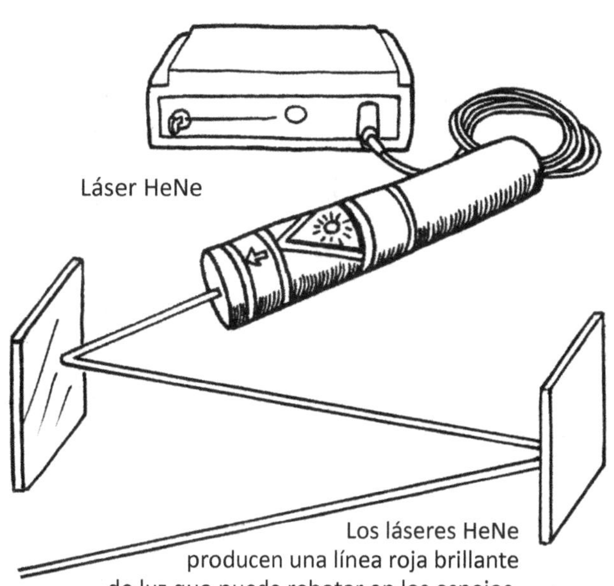

Los láseres HeNe producen una línea roja brillante de luz que puede rebotar en los espejos.

Sodio

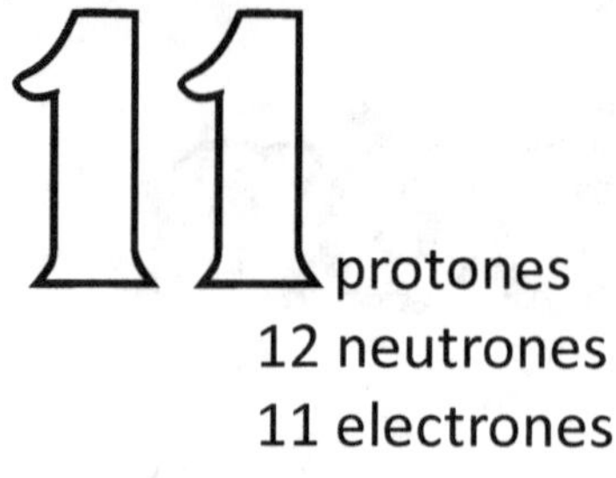

protones
12 neutrones
11 electrones

Masa atómica: 22.9

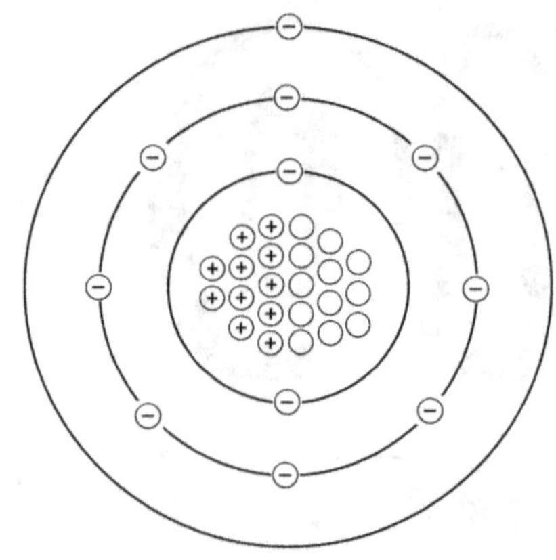

El nombre procede de la sustancia en la que se descubrió, "sosa cáustica". El símbolo, Na, procede del latín "natrium", que significa "carbonato sodio".

El sodio fue descubierto por el famoso químico Sir Humphry Davy en 1807. Ese mismo año descubrió tanto el sodio como el potasio, utilizando electricidad para extraer los átomos de una solución. La solución que utilizó para el sodio se llamaba sosa cáustica (conocida hoy como hidróxido de sodio, NaOH), y es de esa sustancia de donde el sodio recibe su nombre. El sodio puro es un metal plateado muy blando y brillante que se vuelve rápidamente gris oscuro si se expone al aire. Si se introduce en agua, estalla en llamas amarillas brillantes, por lo que los químicos guardan sus muestras de sodio en frascos de aceite, protegidas tanto del agua como del aire.

El sodio solo tiene un electrón en su cap exterior, por lo que está desesperado por deshacerse de ese electrón solitario, aunque deshacerse de él signifique alterar el equilibrio equitativo de electrones y protones. Prefiere tener una carga eléctrica positiva a tener un electrón solitario en una órbita por sí solo. Cuando un átomo de sodio pierde el electrón exterior, se denomina "ion" en lugar de átomo. Un ion es un átomo que no tiene el mismo número de electrones y protones.

El sodio siempre se encuentra unido a otros átomos, y uno de sus favoritos es el cloro, formando una molécula de NaCl (cloruro sodio). El NaCl forma cristales que conocemos como sal de mesa. La sal tiene una larga historia de utilidad en muchos procesos de preparación de alimentos, incluida la conservación de carnes para que no se estropeen.

Las luces de sodio se utilizaban mucho en lugares públicos antes de la invención de las luces LED porque las bombillas tenían una vida muy larga. Las bombillas de sodio emiten un resplandor muy amarillo, que procede de las líneas espectrales del sodio.

El sodio desempeña importantes funciones en el organismo. En la sangre, ayuda a mantener una presión arterial adecuada; entra y sale de las células nerviosas, permitiéndoles transmitir señales eléctricas.

NaCl Red cristalina de cloruro de sodio (sal de mesa)

(Los átomos no marcados son de cloro, Cl.)

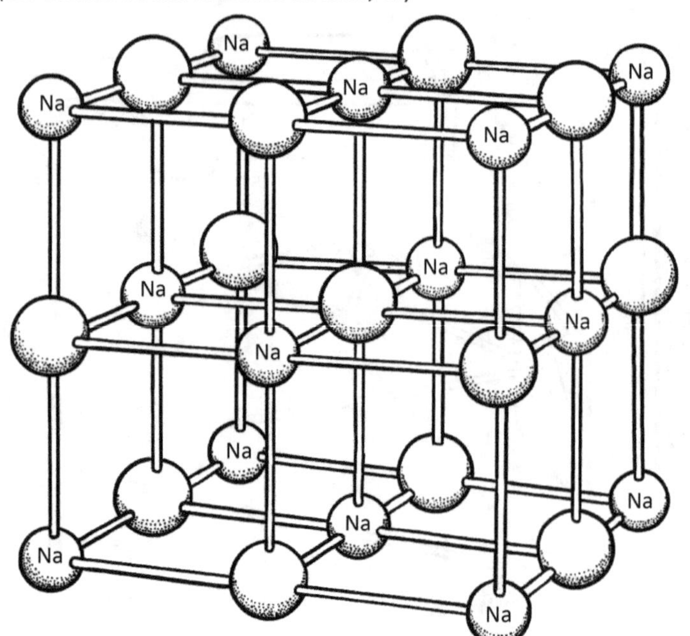

$NaHCO_3$ Bicarbonato sodio

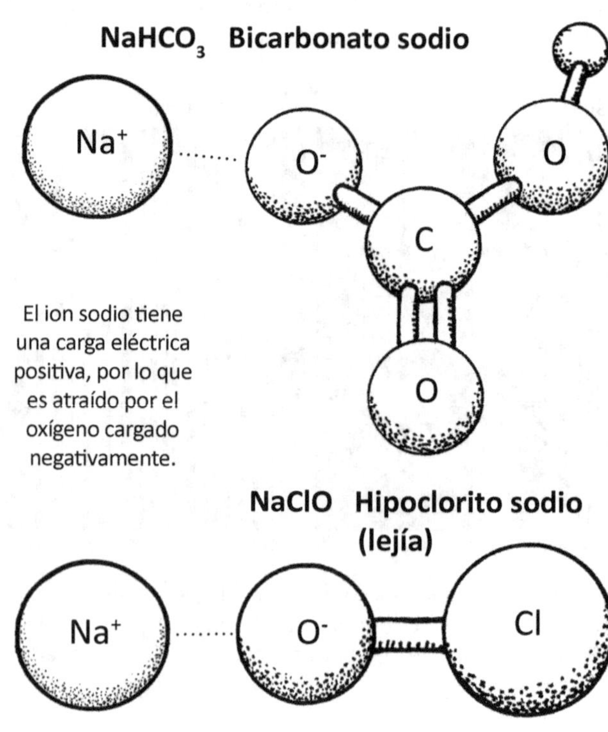

11 Na
Sodio

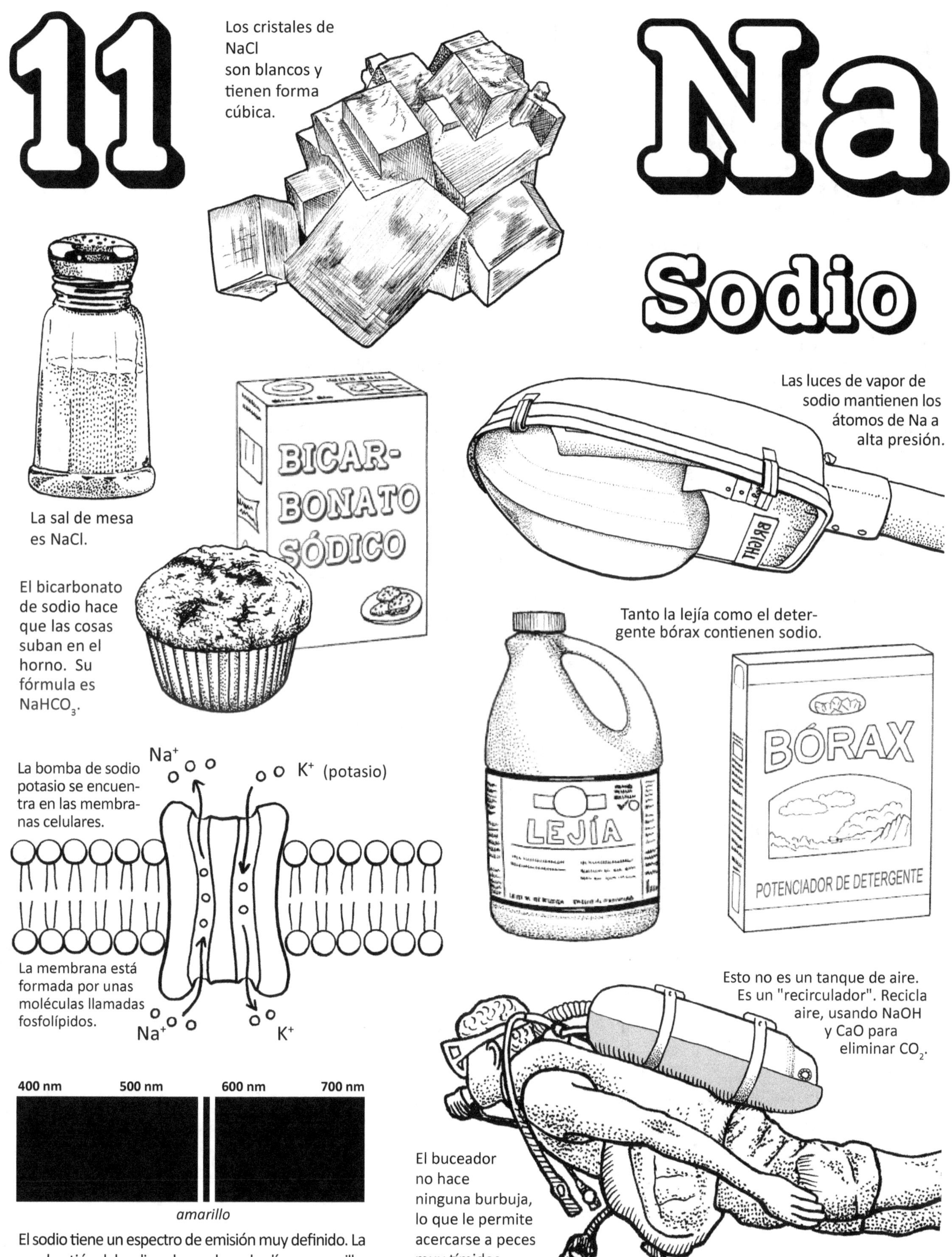

El sodio tiene un espectro de emisión muy definido. La combustión del sodio solo produce dos líneas amarillas.

12 protones
12 neutrones
12 electrones

Masa atómica: 24.3

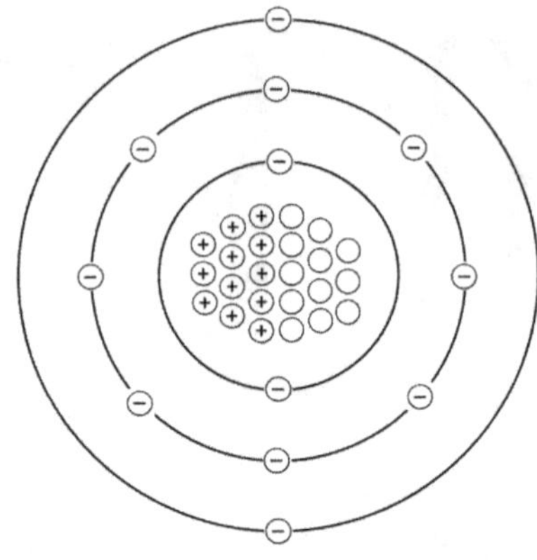

Magnesio

De la zona de Grecia llamada Magnesia

Sir Humphry Davy descubrió y dio nombre al magnesio en 1808. Utilizó la electricidad para extraer átomos de magnesio de una solución química. Esta técnica, llamada electrólisis, fue utilizada por Robert Bunsen en 1852 para producir suficiente magnesio como para poder evaluarlo para su uso en muchos procesos industriales. Se descubrió que el magnesio era ligero y fuerte, pero se fundía a bajas temperaturas. Es más útil cuando se combina con aluminio para hacer una aleación.

Hoy en día, el magnesio suele extraerse del agua del océano, que tiene casi tanto magnesio como sodio y cloro (NaCl, sal). El agua de fuentes subterráneas también puede contener magnesio, como descubrió John Epsom a principios del siglo XVII. El agua de su pozo sabía amarga, pero resultó tener maravillosas propiedades curativas, sobre todo para la piel. Cuando el agua amarga se evaporaba, dejaba cristales que hoy se conocen como sales de Epsom, $MgSO_4$. Estas sales se siguen utilizando habitualmente para hacer baños de inmersión como remedio para la piel poco sana o los músculos doloridos. Otro producto sanitario que contiene magnesio es la "leche de magnesia", $Mg(OH)_2$, que se utiliza como antiácido.

El magnesio es muy abundante en la corteza terrestre, sobre todo en un mineral llamado dolomita, que es muy similar a la piedra caliza. La caliza es $CaCO_3$, y la dolomita es $MgCO_3$. El magnesio puede sustituir fácilmente al calcio porque ambos elementos tienen dos electrones en su capa externa. El número de electrones en la capa externa es lo que confiere a los elementos la capacidad de unirse a determinados átomos o moléculas. Al magnesio también le gusta unirse al oxígeno para formar MgO, óxido de magnesio, un mineral que se encuentra comúnmente en las rocas.

Los metales que contienen magnesio se utilizan para fabricar piezas de muchas máquinas y dispositivos, como aviones, cohetes, coches, equipos deportivos y aparatos electrónicos.

El magnesio arde con una luz blanca brillante, lo que lo hace ideal para fuegos artificiales, bengalas y balas trazadoras. (Las balas trazadoras producen un destello de luz para que pueda verlas mientras surcan el aire a toda velocidad). Antes de la era de los LED, el magnesio se utilizaba para fabricar bombillas de flash para cámaras fotográficas.

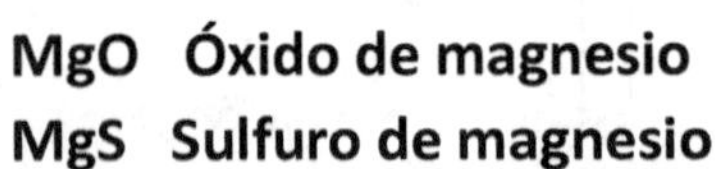

MgO Óxido de magnesio
MgS Sulfuro de magnesio

Tanto el MgO como el MgS formarán redes cristalinas. (Las bolas más pequeñas representan átomos de Mg).

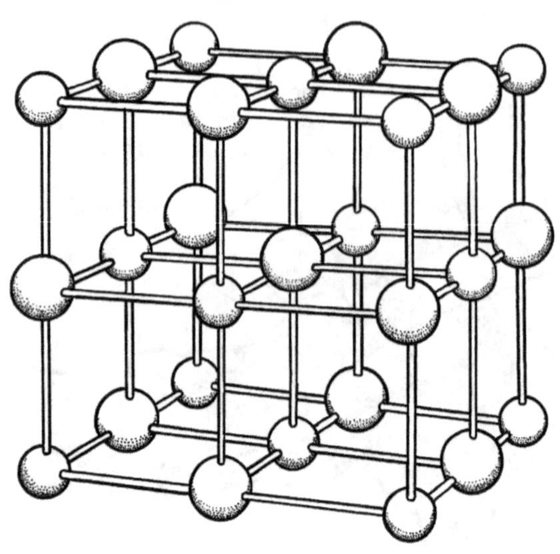

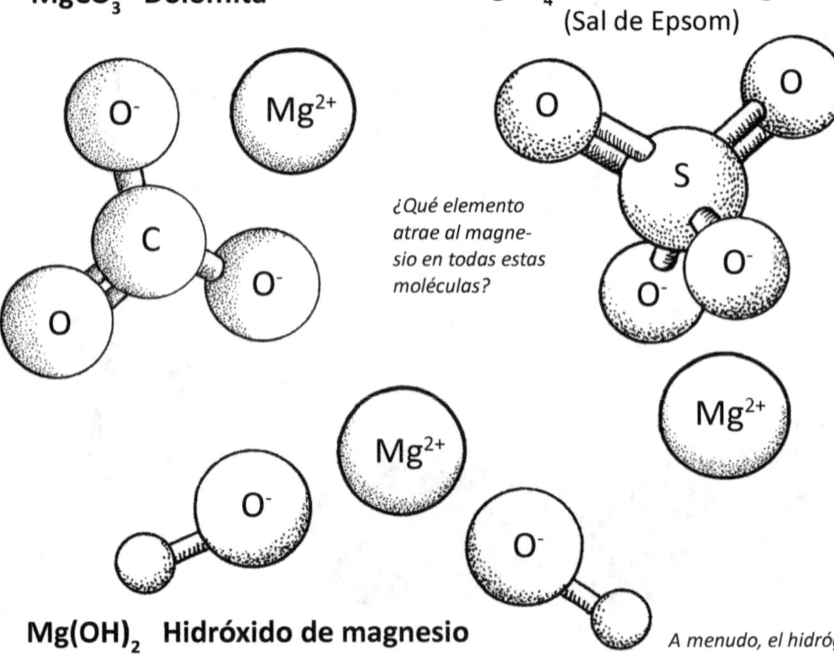

$MgCO_3$ Dolomita

$MgSO_4$ Sulfato de magnesio (Sal de Epsom)

$Mg(OH)_2$ Hidróxido de magnesio

Esta sustancia también puede formar una red, pero mucho más complicada que el MgO o el MgS.

12
Mg
Magnesio
Los flashes de las cámaras antiguas utilizaban magnesio.
Las balas trazadoras emiten un destello brillante.
Magnesio es el átomo central de la molécula clorofila.
Las aleaciones de magnesio solían estar restringidas a pequeñas piezas en aviones, pero ahora pueden utilizarse más ampliamente si superan las pruebas de inflamabilidad.
encendedores
Sal de Epsom
Sulfato de Magnesio
Algunas piezas de automóvil utilizan aleaciones de magnesio.
La sal de Epsom se utiliza para baños. También es excelente para las plantas.
equipamiento deportivo, incluyendo herraduras
fundas para teléfono móvil
bengalas blanco
Muchos dispositivos electrónicos utilizan magnesio.

13 protones
14 neutrones
13 electrones

Masa atómica: 26.9

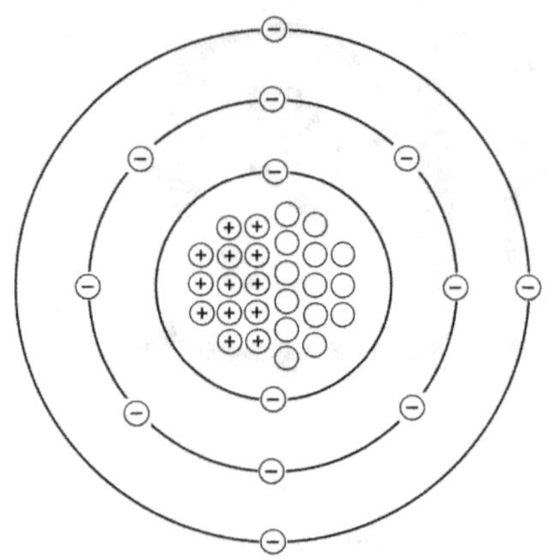

Aluminio

Del compuesto químico llamado "alumbre"

El alumbre es un compuesto mineral natural utilizado desde la antigüedad por los médicos (para contraer rápidamente los tejidos y detener las hemorragias) y en la industria de teñido de tejidos.

En el siglo XVIII, los químicos descubrieron que el alumbre contiene potasio o sodio, y sulfato, SO_4^{2-}, además de un elemento desconocido. En 1754, un químico alemán consiguió fabricar alumbre artificial hirviendo arcilla (que contenía aluminio) con ácido sulfúrico y potasa (cenizas de madera). En 1824, un químico danés consiguió extraer átomos de aluminio puro de una solución para producir un trozo sólido de metal plateado muy ligero. El metal no recibió un nombre oficial hasta que Humphry Davy empezó a trabajar con él en el siglo XIX. Eligió el nombre de "aluminum", que es el que se utiliza actualmente en Canadá y Estados Unidos. Años más tarde, algunos científicos del Reino Unido decidieron que preferían "aluminium" porque terminaba en "-ium", como los nombres de muchos otros elementos, y empezaron a utilizar esa grafía en sus publicaciones.

Hoy en día, el aluminio suele extraerse de una roca llamada bauxita moliéndola hasta convertirla en polvo y, a continuación, convirtiéndola en una solución líquida caliente en la que se colocan electrodos. Los átomos de aluminio salen de la solución y se adhieren a uno de los electrodos. Al aluminio puro se le añaden a menudo pequeñas cantidades de otros metales para obtener una aleación adecuada para diversos procesos industriales.

Añadir magnesio al aluminio lo hace más fuerte sin añadir peso extra, por lo que esta aleación se utiliza mucho en la fabricación de aviones, barcos, tanques del ejército y marcos de ventanas. A veces se añaden silicio y magnesio para crear una aleación de tres metales que es fuerte y muy resistente a la corrosión, ideal para fabricar coches y camiones. El cobre y el zinc también se utilizan mucho en aleaciones porque añaden resistencia. El manganeso forma una aleación excelente para utensilios de cocina y latas de bebidas. Añadiendo níquel y cobalto se obtiene una aleación conocida como AlNiCo, que se utiliza para fabricar imanes. El papel de aluminio y las bandejas de aluminio para alimentos están hechos de aluminio casi puro.

El sulfato de aluminio, $Al_2(SO_4)_3$,se utiliza en la fabricación de papel y como fertilizante para las plantas. El clorhidrato de aluminio, $Al_2Cl(OH)_5$, es el ingrediente activo de muchos antitranspirantes. El hidróxido de aluminio, $Al(OH)_3$, es el ingrediente activo de algunas marcas de antiácidos.

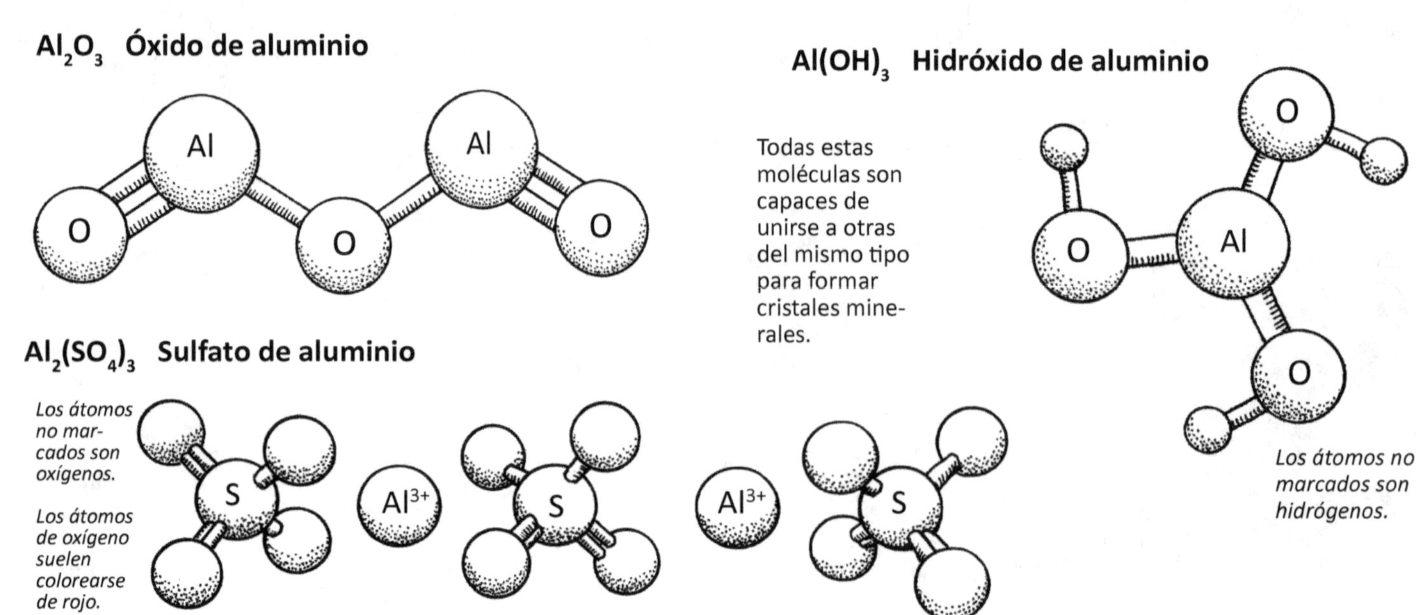

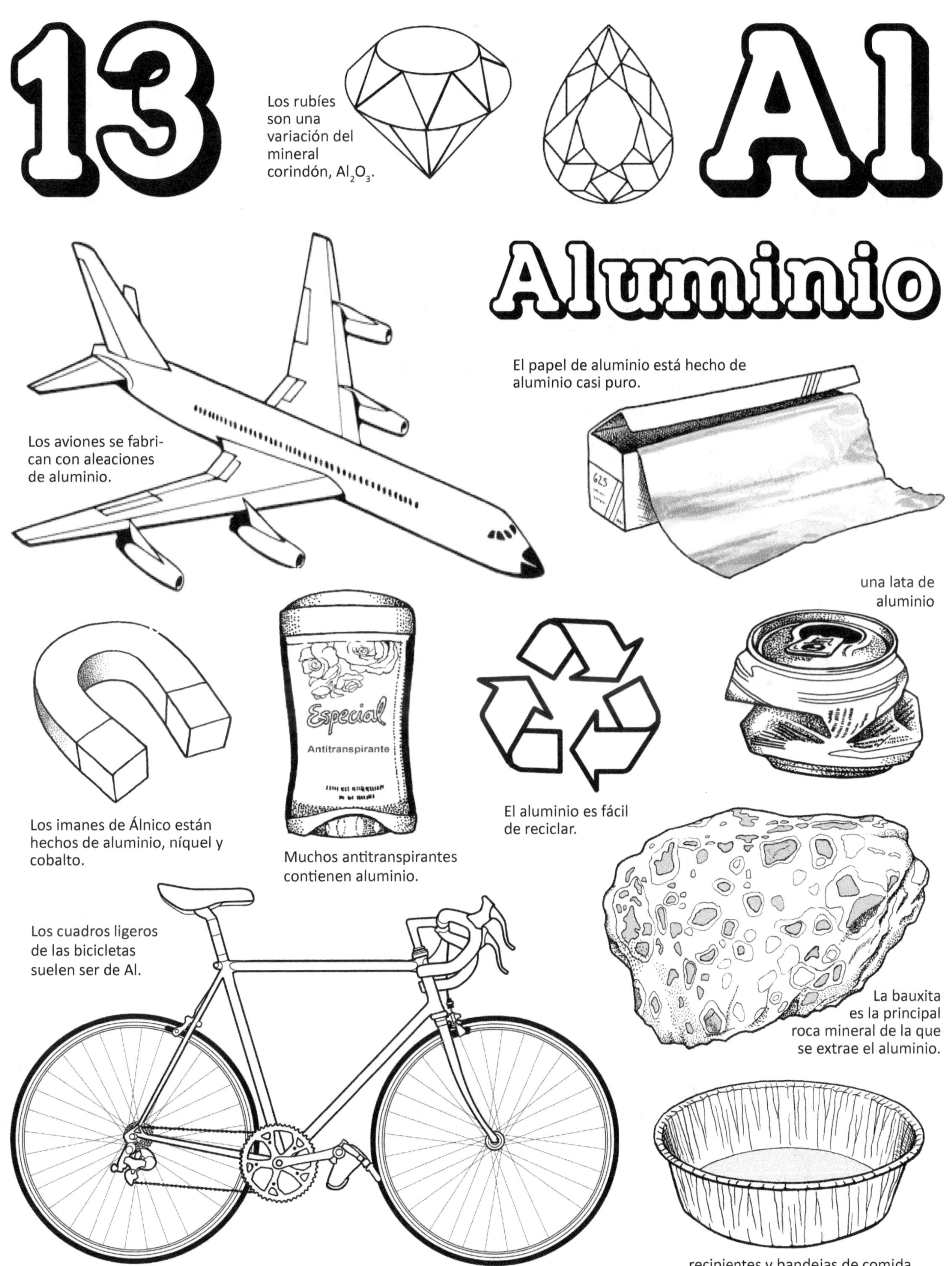
13
Al
Aluminio
Los rubíes son una variación del mineral corindón, Al_2O_3.
El papel de aluminio está hecho de aluminio casi puro.
Los aviones se fabrican con aleaciones de aluminio.
una lata de aluminio
Especial
Antitranspirante
Los imanes de Álnico están hechos de aluminio, níquel y cobalto.
Muchos antitranspirantes contienen aluminio.
El aluminio es fácil de reciclar.
Los cuadros ligeros de las bicicletas suelen ser de Al.
La bauxita es la principal roca mineral de la que se extrae el aluminio.
recipientes y bandejas de comida

14

protones
14 neutrones
14 electrones

Masa atómica: 28.08

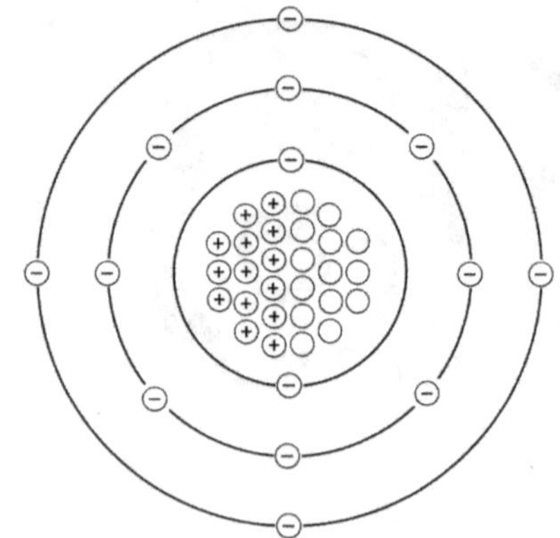

Silicio

De "silex", la palabra latina para sílex

El silicio fue observado por primera vez en 1824 por el químico sueco Jöns Berzelius al calentar un compuesto que contenía flúor, potasio y silicio. Los químicos anteriores habían sospechado que el silicio podía ser un elemento, pero nunca consiguieron separarlo de los átomos de oxígeno a los que estaba unido. El silicio puro (no unido a ningún otro átomo) es de color gris azulado oscuro, con una superficie muy brillante. No es sorprendente que el silicio puro sea brillante porque el silicio se combina con el oxígeno para formar vidrio, SiO_2.

El silicio y el oxígeno son la base de la gran familia de los minerales de silicato. Entre las piedras preciosas de silicato se encuentran el ágata, la amatista, el sílex, el jaspe, la cornalina, la calcedonia, el ónice y el ópalo. Los minerales de silicato que no son piedras preciosas son el olivino, la hornblenda, el amianto, la mica (biotita y moscovita) y el feldespato. El granito es una roca formada por mezclas de cuarzo, feldespato y mica. La arena de color claro suele estar formada por trozos muy pequeños de cuarzo y feldespato.

El cuarzo es un mineral extremadamente útil porque su estructura cristalina produce electricidad cuando se aprieta. Los cristales de cuarzo pueden utilizarse para fabricar relojes, aparatos de sonar y máquinas de ultrasonidos.

El silicio puro puede cultivarse en cristales que se vuelven muy útiles cuando se les añaden pequeñas cantidades de boro, germanio y arsénico. Los cristales se utilizan para fabricar piezas electrónicas de estado sólido, como microchips y transistores, que se encuentran en dispositivos como ordenadores, tabletas y teléfonos móviles. Otra forma en que el silicio puede combinarse con el oxígeno es en cadenas largas, con otras moléculas pequeñas unidas. Estas largas cadenas se denominan polímeros y las sustancias que forman se llaman siliconas. Las sustancias de silicona que quizá conozca son Silly Putty®, las bandejas de silicona para hornear y la masilla de silicona (que se utiliza alrededor de ventanas, lavabos y bañeras).

Algunas formas de vida utilizan el silicio para fabricar sus caparazones. Las diatomeas y los radiolarios son bellos protozoos microscópicos con caparazones de SiO_2 (vidrio). Un tipo de esponja marina, la esponja de cristal, utiliza silicio para construir su esqueleto.

SiC Carburo de silicio

Estas unidades de silicio-carbono se apilan para formar la red cristalina que se muestra a continuación.

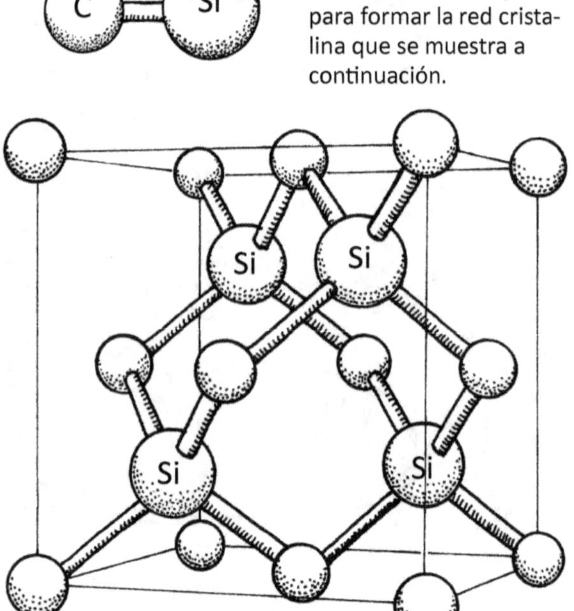

Los átomos no marcados son C.

$SiCl_4$ Tetracloruro de silicio SiO_4 Tetraedro de silicato

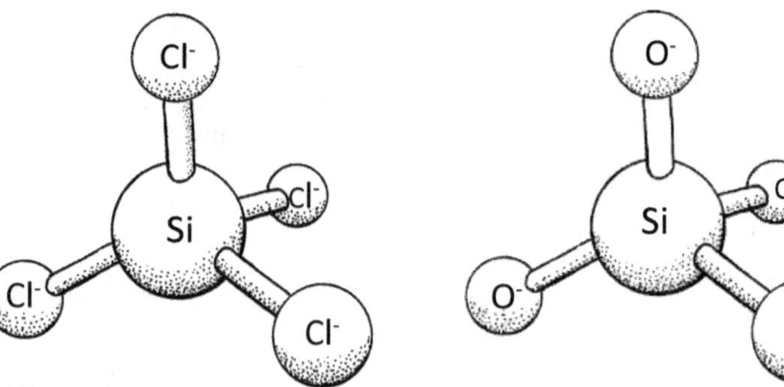

Estas moléculas tetraédricas suelen unirse a muchas otras idénticas a ellas para formar algún tipo de red cristalina.

Polímeros de silicona (Hay muchas opciones para lo que puede se

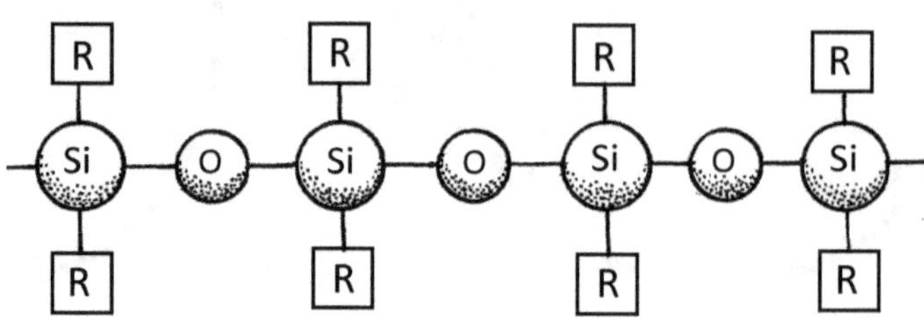

14 Silicio Si

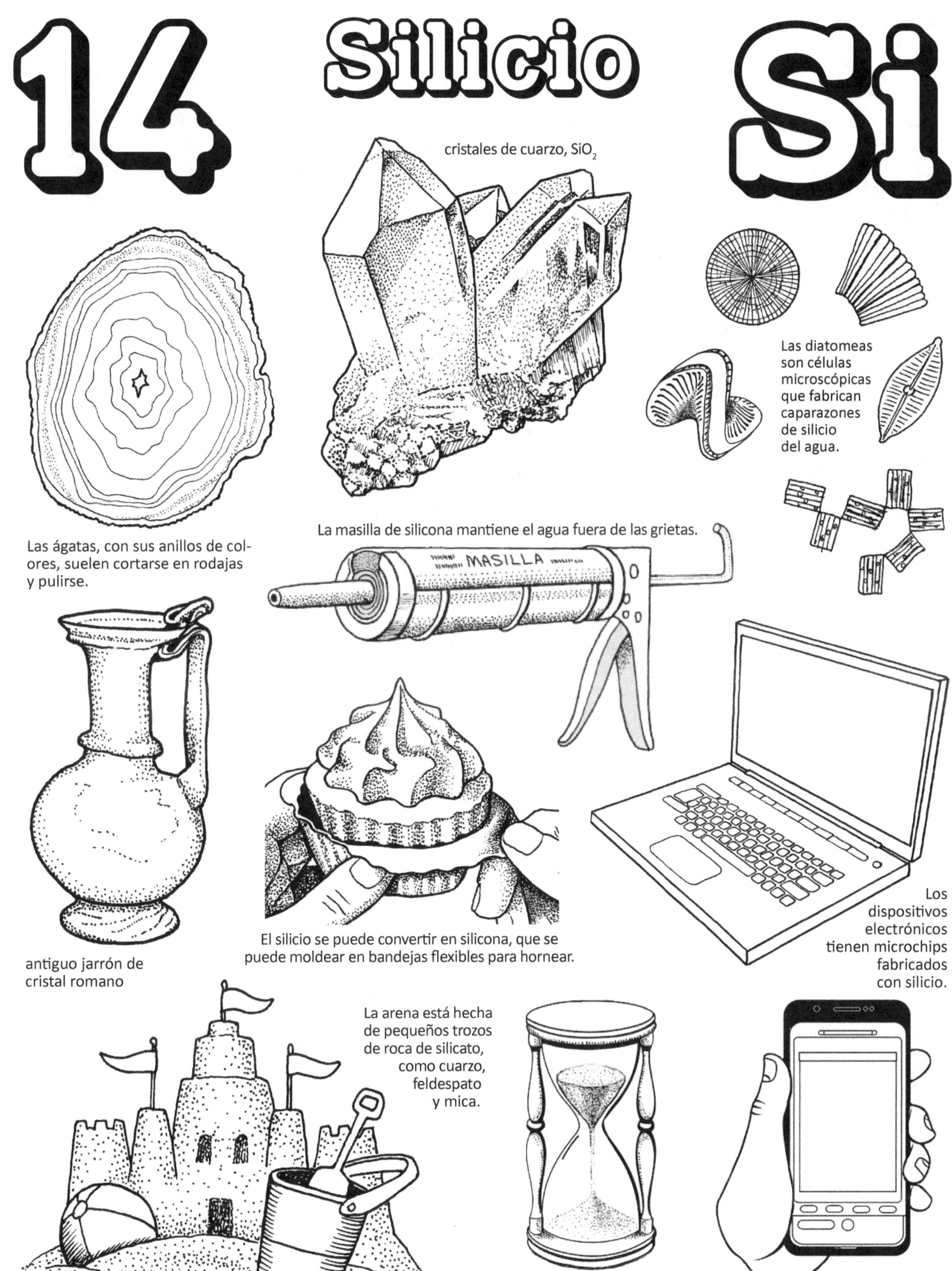

15

protones
16 neutrones
15 electrones

Masa atómica:30.97

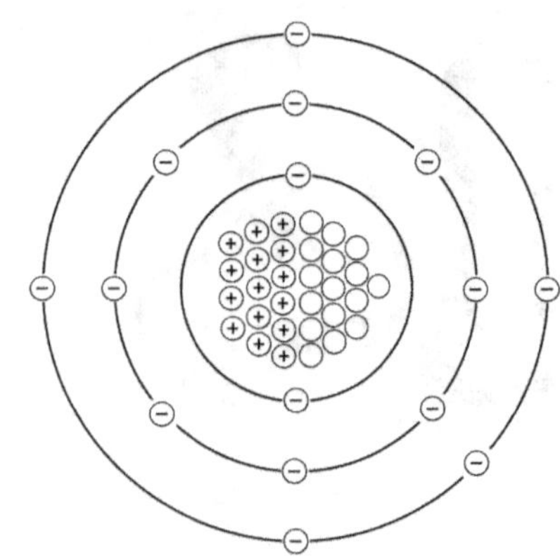

Fósforo

De palabras griegas que significan "portador de luz"

El descubrimiento del fósforo se produjo de forma bastante accidental. En 1669, un químico alemán llamado Hennig Brand intentaba encontrar una forma de fabricar oro. (Los químicos de aquella época no sabían que el oro era un elemento y que no se podía fabricar). Como la orina era amarilla, pensó que podría contener cantidades muy pequeñas de oro, así que recogió litros y litros de orina y empezó a hervirla para sacar la "cosa amarilla". Lo que obtuvo fue una sustancia blanca que brillaba en la oscuridad. Lo llamó phosphorus mirabilis, que significa "portador milagroso de luz". No fue hasta 1769 cuando se descubrió otra fuente de fósforo. Los huesos también contenían fósforo, y trabajar con ceniza de hueso era sin duda menos oloroso que hacerlo con orina. El fósforo no fue reconocido como elemento hasta que el químico francés Antoine Lavoisier empezó a experimentar con él en 1777. En la década de 1840 se descubrió otra fuente de fósforo: los excrementos de aves (guano). En las islas tropicales había grandes cantidades de guano de ave, que se convirtió en una importante fuente de fertilizante para la agricultura europea. Finalmente, a finales del siglo XIX, se descubrió fósforo en las rocas, que siguen siendo nuestra fuente de fósforo en la actualidad.

El fósforo puro se presenta en tres colores: blanco, rojo y negro. El blanco es el más peligroso y puede arder si no se mantiene bajo el agua. También es tóxico y tuvo una breve historia de uso como veneno. Su inflamabilidad dio lugar a la invención de la cerilla, así como a la invención de nuevos tipos de armas. Si el fósforo blanco se calienta a una temperatura muy alta, los átomos de fósforo reorganizan su estructura y se vuelven rojos. El fósforo rojo es mucho menos peligroso que el blanco, y era mucho más seguro para fabricar cerillas. Si se calienta más, el fósforo rojo se vuelve negro y pasa a ser muy seguro y estable, pero mucho menos útil.

El fósforo es un elemento esencial tanto para las plantas como para los animales. El fosfato, PO_4^{3-}, es una de las partes activas del ATP, la molécula energética de todas las formas de vida. El fosfato también es un componente estructural del ADN. El ácido fosfórico,H_3PO_4 se encuentra en las bebidas carbonatadas. El fosfato trisódico, Na_3PO_4, se utiliza en algunos productos de limpieza y descalcificadores. El fosfato de calcio, $Ca_3(PO_4)_2$, se utiliza para hacer polvos de hornear y en la fabricación de vajillas de porcelana. Otros compuestos que contienen fósforo se utilizan en las bombillas fluorescentes.

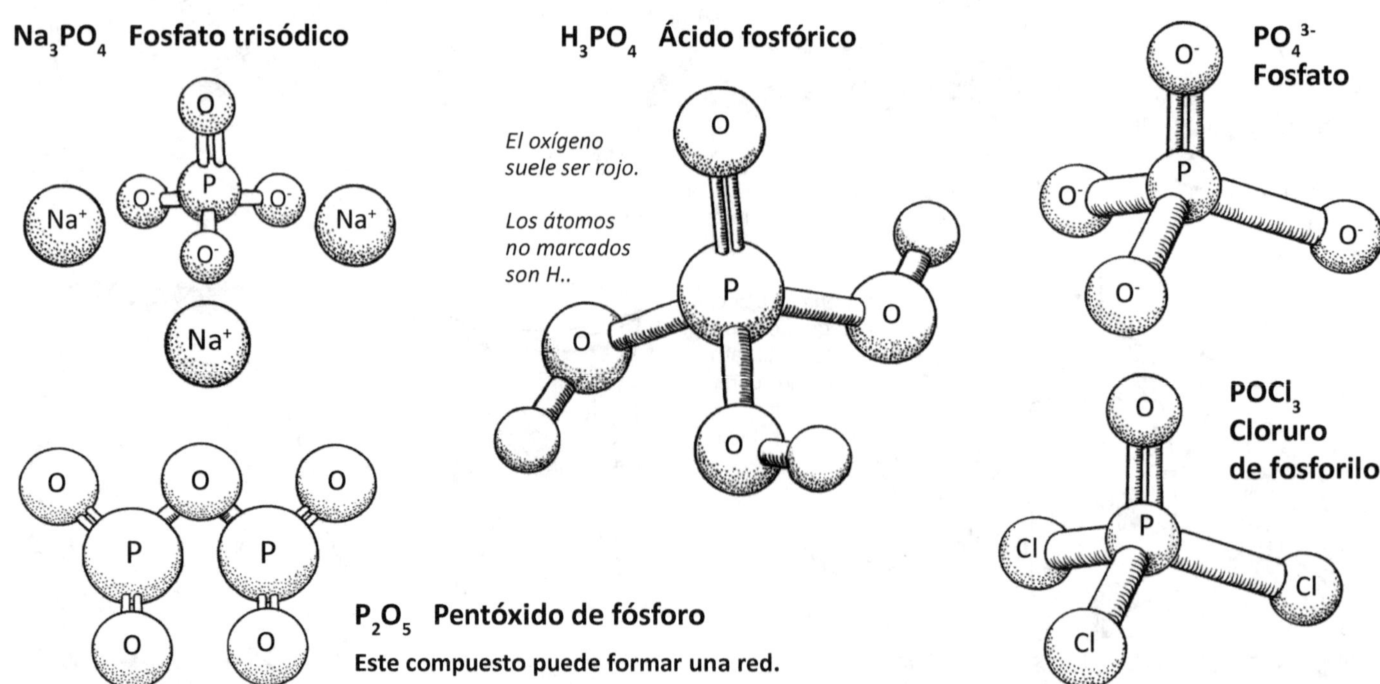

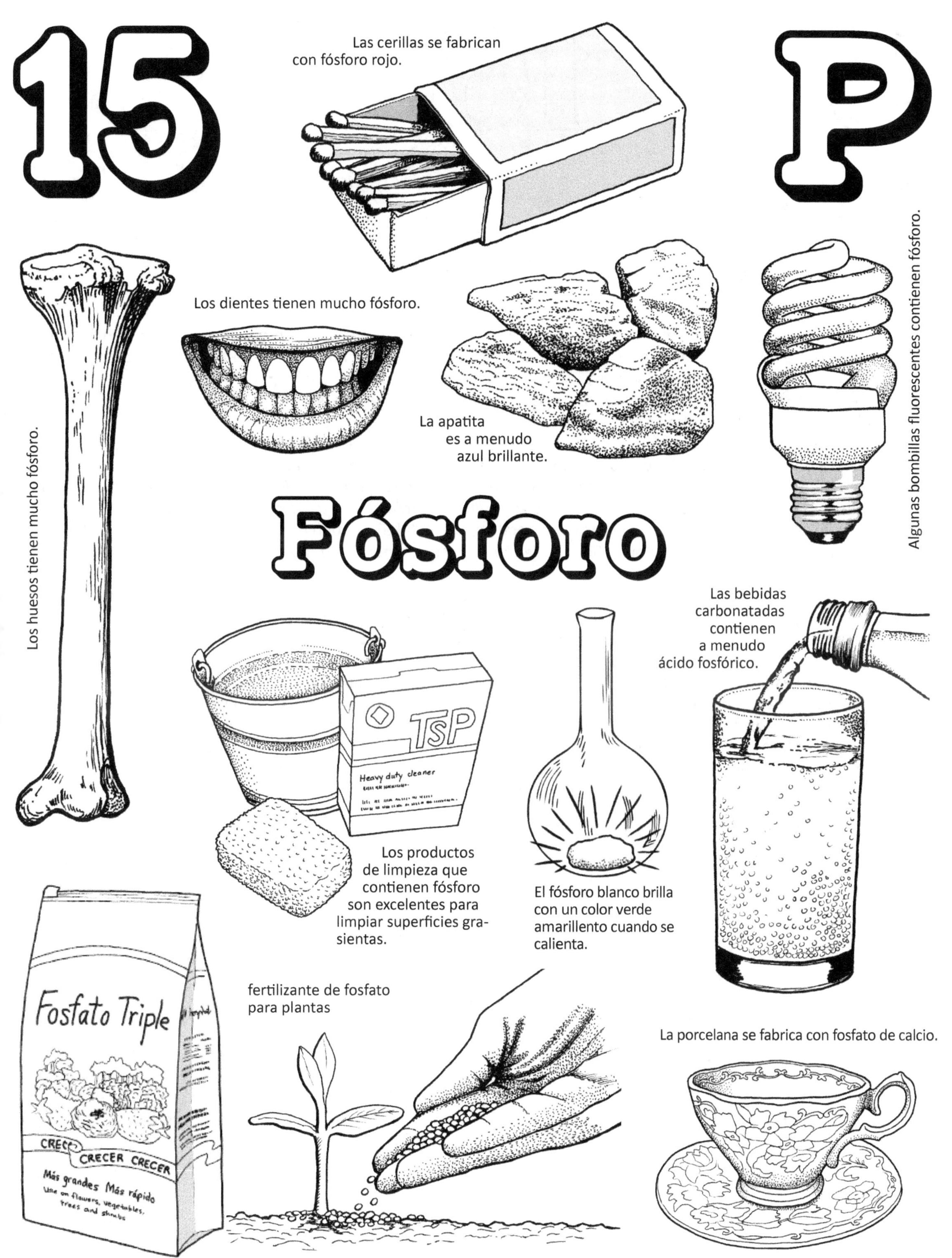
15
P
Las cerillas se fabrican
con fósforo rojo.
Los dientes tienen mucho fósforo.
La apatita
es a menudo
azul brillante.
Algunas bombillas fluorescentes contienen fósforo.
Los huesos tienen mucho fósforo.
Fósforo
Las bebidas
carbonatadas
contienen
a menudo
ácido fosfórico.
TSP
Heavy duty cleaner
Los productos
de limpieza que
contienen fósforo
son excelentes para
limpiar superficies gra-
sientas.
El fósforo blanco brilla
con un color verde
amarillento cuando se
calienta.
Fosfato Triple
CRECER CRECER
Más grandes Más rápido
fertilizante de fosfato
para plantas
La porcelana se fabrica con fosfato de calcio.

Azufre

16 protones
16 neutrones
16 electrones

Masa atómica: 32.06

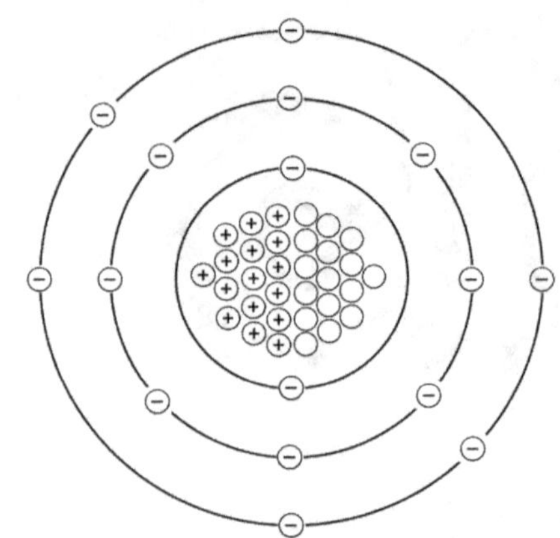

Del Latin "sulphurium"

La gente conocía el azufre en la antigüedad, pero no sabía que era un elemento químico. Utilizaban el azufre de la misma forma que hoy en día. En Oriente Medio, el azufre se utilizaba como medicamento tópico y como insecticida. En China, descubrieron que no sólo era útil en medicina, sino también como ingrediente de la pólvora. El azufre también era conocido y utilizado en la India y Grecia. Su nombre histórico en inglés ("brimstone") significa "piedra ardiente", probablemente porque se encontraba a menudo alrededor de los volcanes.

En 1777, el químico francés Antoine Lavoisier se dio cuenta de que el azufre no era un compuesto, sino un elemento. El azufre es un elemento que puede existir por sí mismo en la naturaleza. Se pueden encontrar trozos de azufre puro, que son de color amarillo pálido y huelen como una cerilla encendida. Aunque no necesita enlazarse con otros átomos, le gusta enlazarse con muchos átomos diferentes, formando parte de muchos compuestos distintos. En geología, el azufre es un ingrediente de estos minerales: galena (PbS), pirita (FeS_2), barita ($BaSO_4$), yeso ($CaSO_4$), esfalerita (ZnS), cinabrio (HgS), y estibina (Sb_2S_3). Algunos de estos minerales son útiles en la industria, como el yeso, que se utiliza para fabricar paredes de cartón-yeso para las casas.

La mayor parte del azufre utilizado actualmente en la industria procede del petróleo y no de minerales. El azufre es un subproducto natural cuando se refina el petróleo (se convierte en un producto utilizable como la gasolina y los aceites). La forma más útil de azufre para la industria es el ácido sulfúrico, H_2SO_4. El ácido sulfúrico se utiliza para fabricar fertilizantes, baterías de plomo, insecticidas y fungicidas, cerillas y muchas otras cosas.

El azufre es un ingrediente esencial para la vida y se encuentra en muchas moléculas orgánicas. Los compuestos de azufre llamados "tioles" tienen un fuerte olor y se encuentran en cosas malolientes como el ajo, los huevos podridos y el aerosol de mofeta. El azufre se encuentra en tres aminoácidos. Los aminoácidos que contienen azufre forman enlaces cruzados, fabricando proteínas resistentes como la queratina, que se encuentra en la piel, el pelo y las plumas. La reticulación del azufre es también la clave para fabricar caucho "vulcanizado", una forma de caucho lo bastante resistente como para utilizarse en neumáticos de vehículos.

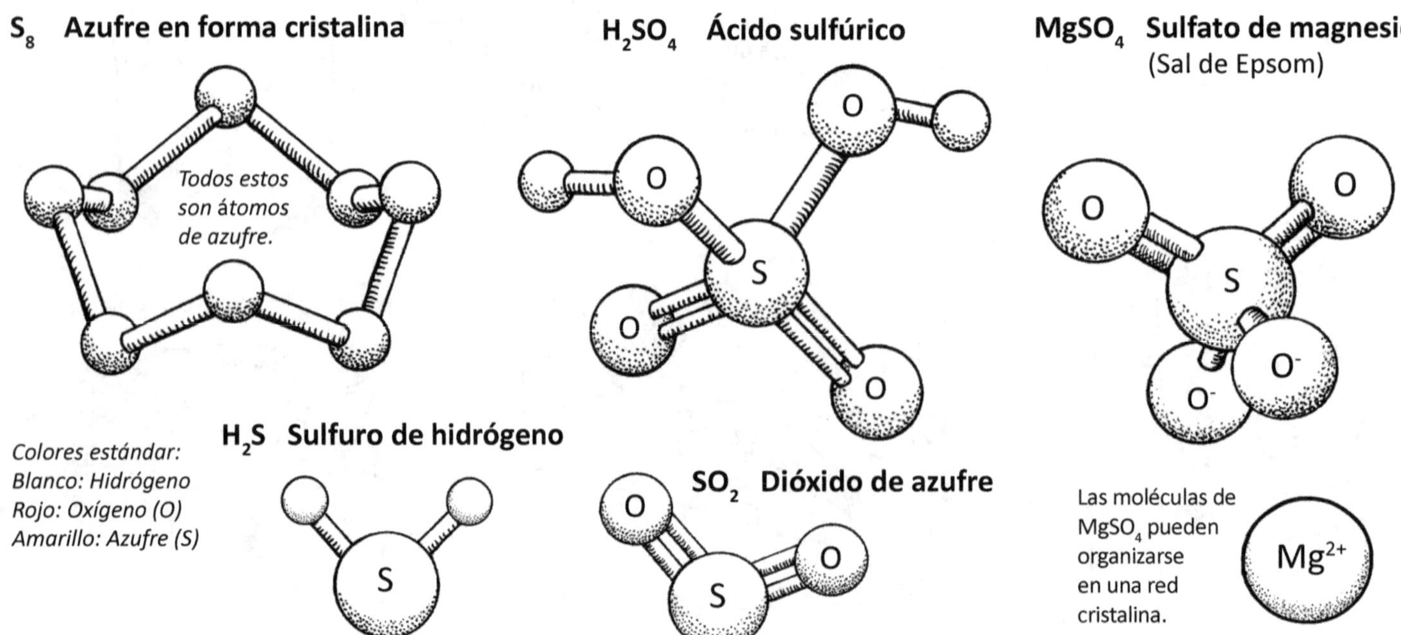

16 S

Los volcanes pueden liberar SO_2 y H_2S en el aire.

La pirita de hierro, FeS_2 ("oro de los tontos") forma brillantes cristales cúbicos dorados.

La barita, $BaSO_4$, a menudo adopta esta forma, llamada rosa del desierto.

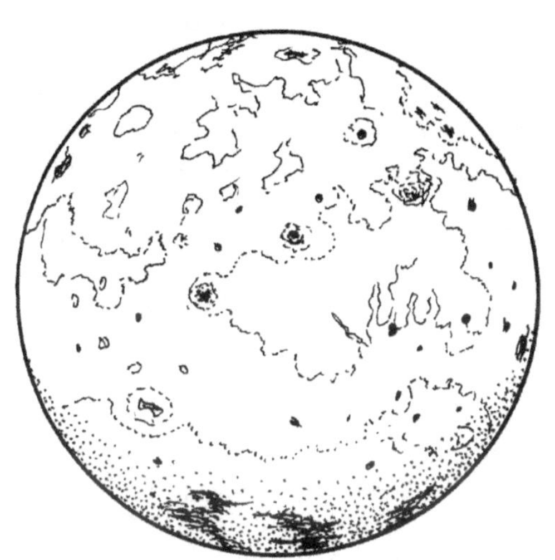

La luna de Júpiter, Io, es de color amarillo y naranja, debido a la gran cantidad de azufre que producen sus numerosos volcanes.

El azufre se utiliza para fabricar caucho "vulcanizado" para neumáticos.

Las baterías de coche utilizan ácido sulfúrico.

Se puede oler el azufre en las cerillas encendidas.

Sal de Epsom $MgSO_4$

Los compuestos de azufre se encuentran en muchas cosas malolientes, incluyendo el aerosol de mofeta y el ajo.

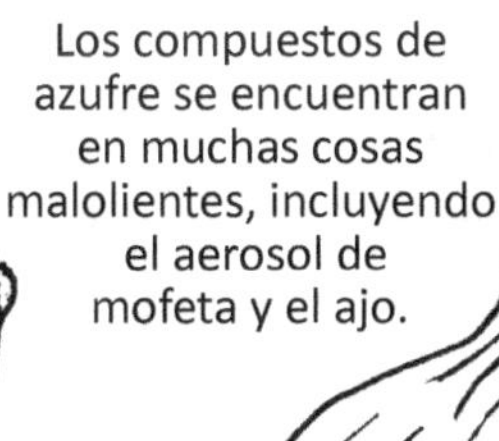

El dióxido de azufre, SO_2 es una forma común de contaminación atmosférica emitida por muchas fábricas. El humo puede tener un color amarillo claro si contiene mucho azufre.

17 protones
18 neutrones
17 electrones

Masa átomica: 35.45

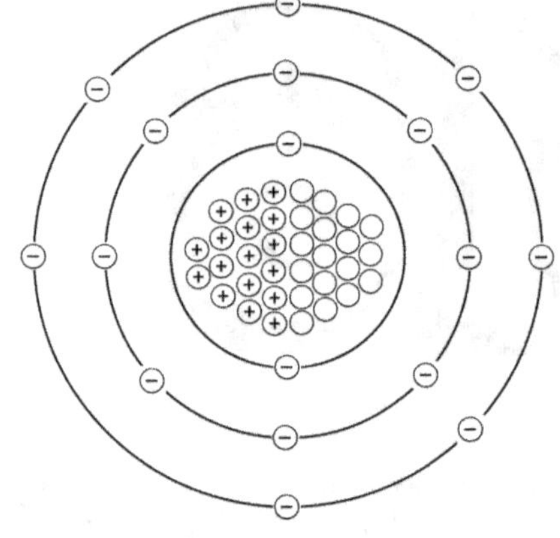

Cloro

De la palabra griega "chloros", que significa "verde claro"

El cloro es muy reactivo y puede unirse a casi todos los elementos de la Tabla Periódica. Pertenece a la familia de los halógenos (los "fabricantes de sal"), junto con el flúor, el bromo y el yodo. Todos estos elementos son muy reactivos, debido a que tienen 7 electrones en sus capas externas, a uno de tener el número completo, 8. Cuando se enlazan con elementos de las dos primeras columnas de la Tabla Periódica, forman sales. El cloro forma muchas sales, como NaCl, KCl, RbCl, $MgCl_2$, $CaCl_2$, y $SrCl_2$.

En estado puro, el cloro es un gas verdoso. Varios químicos descubrieron el cloro gaseoso, pero no sabían qué era. Humphry Davy fue el primero en darse cuenta de que era un nuevo elemento y en 1810 lo bautizó como "cloro".

El compuesto más común que contiene cloro es el NaCl, la sal de mesa. El cloro es uno de los elementos esenciales que necesitan todos los seres vivos y desempeña muchas funciones en el cuerpo humano. Nuestros estómagos producen HCl, ácido clorhídrico, para digerir las proteínas. Una de nuestras células inmunitarias utiliza un compuesto de cloro para envenenar y matar gérmenes.

A principios del siglo XIX, los químicos descubrieron la capacidad del cloro para desinfectar, a pesar de que aún no se habían descubierto los gérmenes. Los compuestos de cloro empezaron a utilizarse para limpiar superficies y equipos en los hospitales. Poco después, descubrieron que podía añadirse al agua potable para prevenir enfermedades como el cólera. Hoy en día, seguimos utilizando lejías a base de cloro, como el hipoclorito de sodio, NaClO, para desinfectar, y seguimos añadiendo cloro al agua potable. Las piscinas públicas suelen tratarse con cloro para mantenerlas libres de gérmenes.

El cloro se utiliza en miles de procesos industriales, ya sea como reactivo o como parte del producto final. Se emplea en la fabricación de papel, plásticos, medicamentos, insecticidas, textiles, tintes, pinturas y disolventes. El tetracloruro de carbono, CCl_4, se utiliza en la limpieza en seco. Los tubos de PVC blanco están hechos de cloruro de polivinilo. Lamentablemente, el cloro también se ha utilizado como arma. En la Primera Guerra Mundial, el cloro gaseoso se utilizaba en bombas de humo. El gas entraba en los pulmones y se convertía en ácido clorhídrico, destruyendo instantáneamente el tejido pulmonar.

HCl Cloruro de hidrógeno

(también llamado ácido clorhídrico)

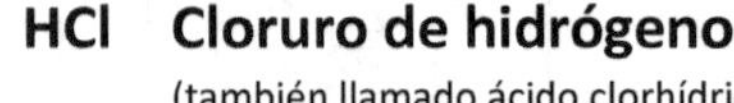

$CHCl_3$ Cloroformo

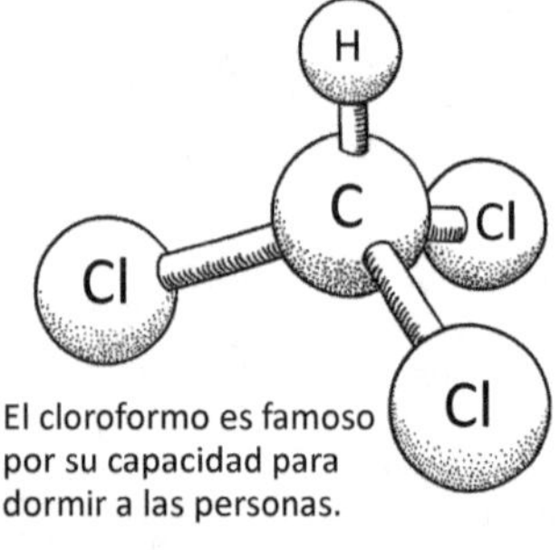

El cloroformo es famoso por su capacidad para dormir a las personas.

CCl_4 Tetracloruro de carbono

Este compuesto se utiliza en la limpieza en seco.

$CFCl_3$ Clorofluorocarbono

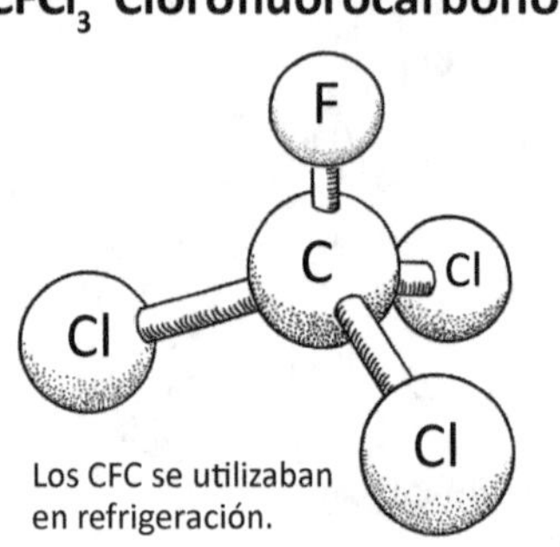

Los CFC se utilizaban en refrigeración.

NaCl Cloruro de sodio

Colorea de verde las bolas más grandes para el cloro.
Colorea las bolas más pequeñas de amarillo para el sodio.

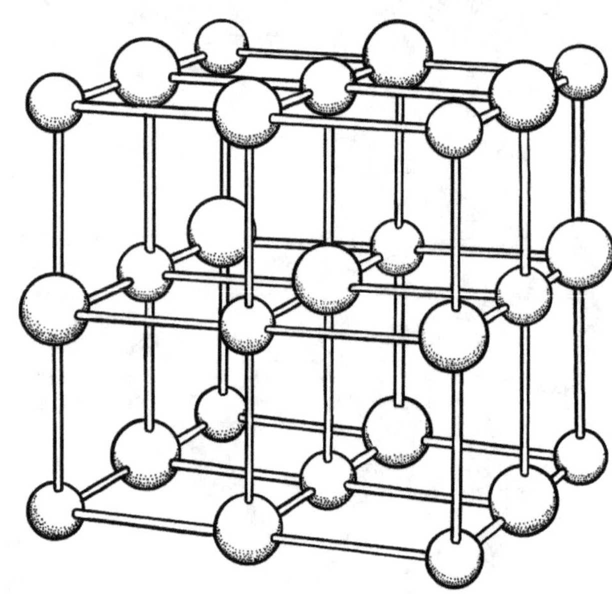

El cloro puro es un gas venenoso. Los soldados de la Primera Guerra Mundial utilizaron este tipo de máscara antigás durante ataques con cloro.

Dibujar gas de cloro de color verde amarillento en el matraz.

El NaCl forma cristales cúbicos.

La sal es NaCl.

El cloro se utiliza en muchas reacciones químicas.

El cloro se utiliza en algunos procesos de fabricación de papel.

La lejía puede utilizarse para desinfectar superficies o añadirse al agua para eliminar gérmenes.

agua potable clorado

Los tubos de PVC están hechos de cloruro de polivinilo.

Los clorofluorocarbonos (CFC) se utilizaban en frigoríficos y aparatos de aire hasta que se prohibieron en 1987.

El cloro se suele poner en las piscinas.

18

protones
22 neutrones
18 electrones

Masa átomica: 39.9

Argón

De la palabra griega "argos" que significa "perezoso"

El argón es un gas inofensivo que se encuentra en el aire que nos rodea. Constituye casi el 1% de nuestra atmósfera y es dos veces más abundante que el vapor de agua. Fue descubierto en 1894 por Sir William Ramsay y Lord Rayleigh. Utilizaron una técnica sugerida por Henry Cavendish, que ya había investigado los gases a finales del siglo XVIII. Expusieron el aire normal a la electricidad y a una sustancia muy alcalina hasta que desaparecieron el oxígeno, el nitrógeno y el dióxido de carbono. Comprobaron que aún quedaba gas en el frasco. Cuando probaron este gas descubrieron que no reaccionaba con ningún otro elemento, así que lo llamaron "argón", que significa "perezoso". Hoy en día, el argón se produce simplemente enfriando el aire hasta que todos los gases se convierten en líquido, dejando entonces que la temperatura aumente lentamente y captando cada elemento a medida que "hierve" y se convierte de nuevo en gas.

El argón no es el único gas perezoso. Pertenece a la familia de los gases nobles, que se encuentran en la columna de la derecha de la Tabla Periódica. Estos gases no reaccionan con otros elementos porque su capa externa de electrones está completamente llena. No necesitan ganar ni perder electrones.

Dado que el argón es tan poco reactivo, resulta ideal para su uso en lugares donde la seguridad en torno al calor es una preocupación, como en los hornos eléctricos de grafito (utilizados para la fabricación de acero) y en la soldadura por arco metálico con gas. El argón actúa como un escudo alrededor del intenso calor de la soldadura. También es perfecto para rellenar todo tipo de bombillas, tanto incandescentes como fluorescentes.

Cuando se utiliza argón en los láseres, estos emiten una luz azul verdosa. Estos láseres se utilizan en microscopía especializada, en cirugía, en algunos secuenciadores de ADN, para inspeccionar obleas de semiconductores y en espectáculos de luz láser.

Un uso menos conocido del argón es en la industria avícola, donde se utiliza para sacrificar grandes cantidades de pollos con gran rapidez. El gas argón es más pesado que el aire, por lo que flota a ras de suelo. Una vez que las aves empiezan a respirar el argón, se quedan dormidas antes de ser asfixiadas, por lo que nunca experimentan dolor ni miedo.

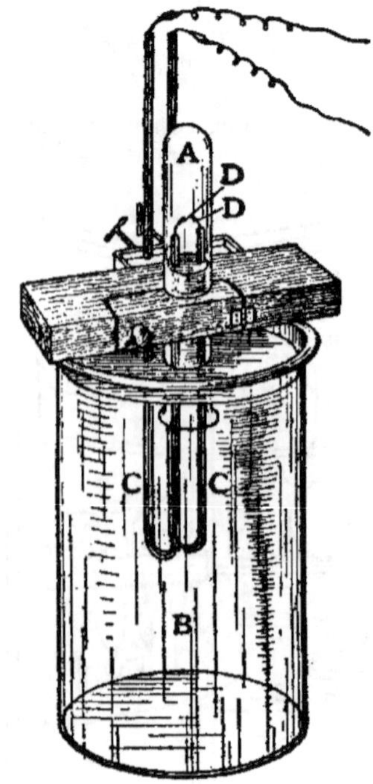

El aparato que Ramsay y Rayleigh utilizaron para aislar el argón.

Sir William Ramsay

Lord Rayleigh (John Strutt)

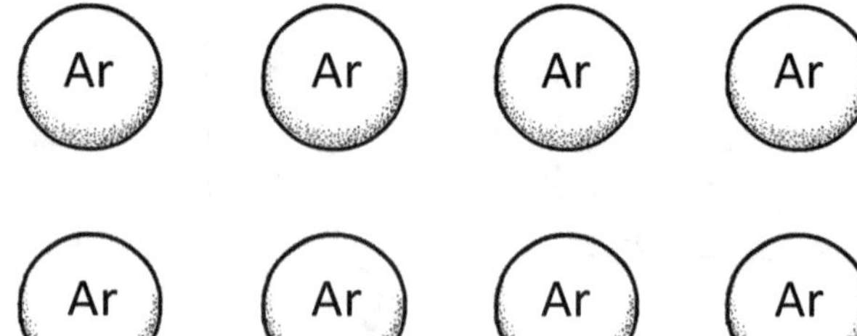

Normalmente, el argón flota en forma de átomos individuales.

HArF Fluorhidruro de argón

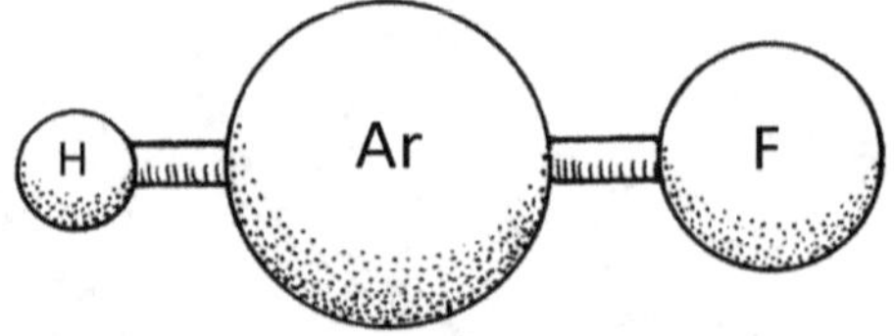

En el año 2000, unos científicos finlandeses enfriaron argón hasta -265º C y lo mezclaron con fluoruro de hidrógeno mientras lo exponían a radiación ultravioleta. Se formaron moléculas de HArF, pero se deshicieron rápidamente cuando la temperatura empezó a subir.

18 Argón

El argón se utiliza para el sacrificio humanitario de aves de corral.

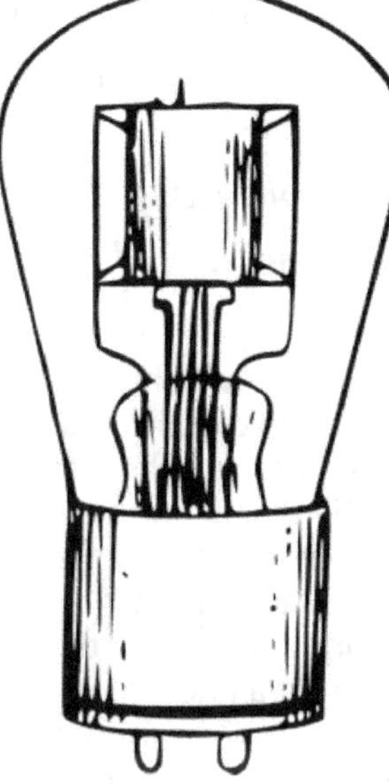

El argón se utiliza para rellenar todo tipo de bombillas.

Los láseres de argón se utilizan para cirugía ocular. Producen una línea de luz azul brillante.

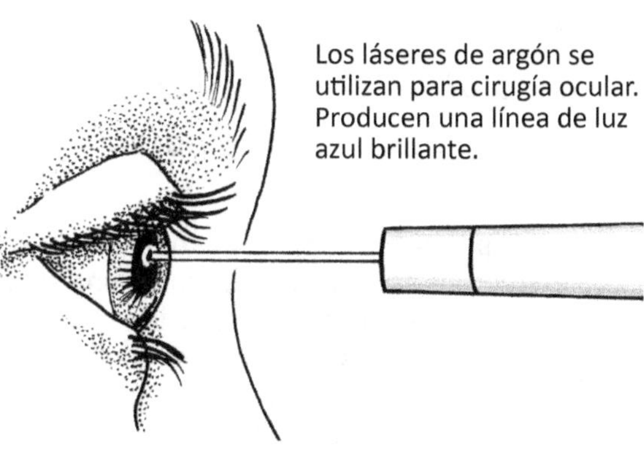

Vista en corte de un horno de grafito utilizado para fundir acero. La electricidad fluye a través de las barras de grafito y produce un recipiente de metal líquido caliente.

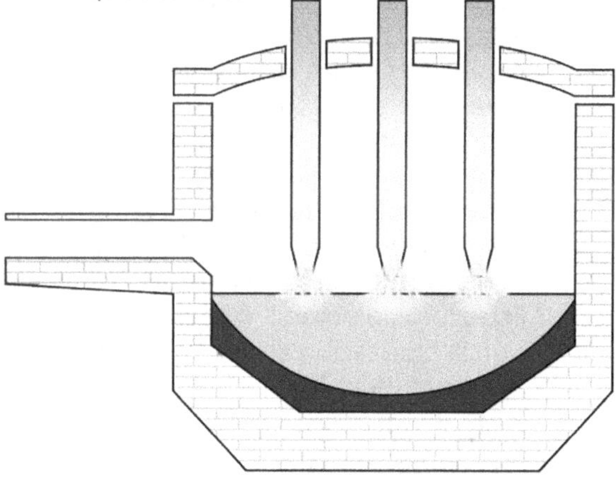

Sustituir el aire normal por argón evitará que la pintura y el barniz se sequen y se oxiden.

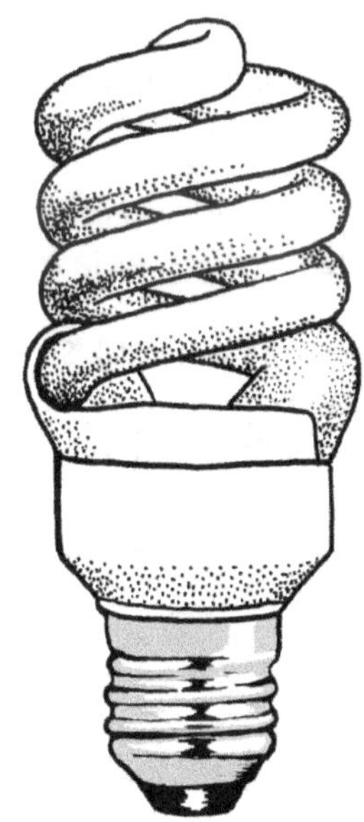

Las cajas de guantes pueden llenarse con un gas inerte como el argón para que los técnicos puedan trabajar con materiales que no pueden ser expuestos al oxígeno o al nitrógeno.

La soldadura por arco metálico con gas utiliza argón para proteger la zona de soldadura caliente del oxígeno del aire.

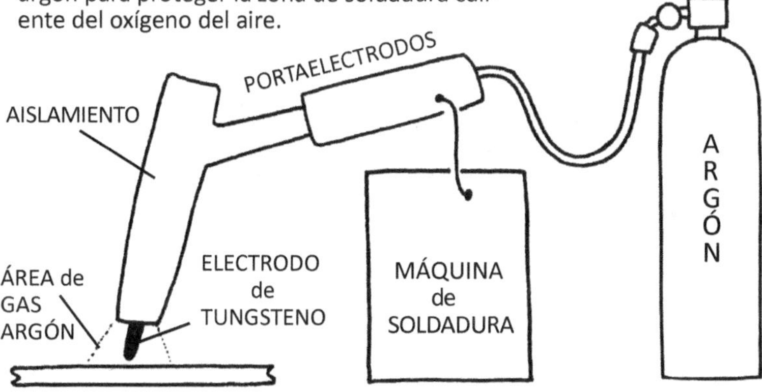

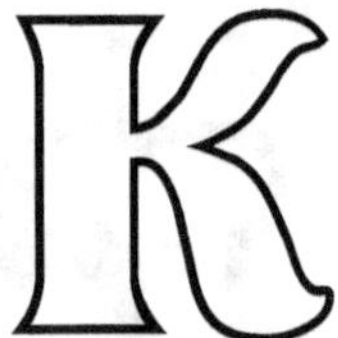

K 19

19 protones
20 neutrones
19 electrones

Potasio

Masa atómica: 39.1

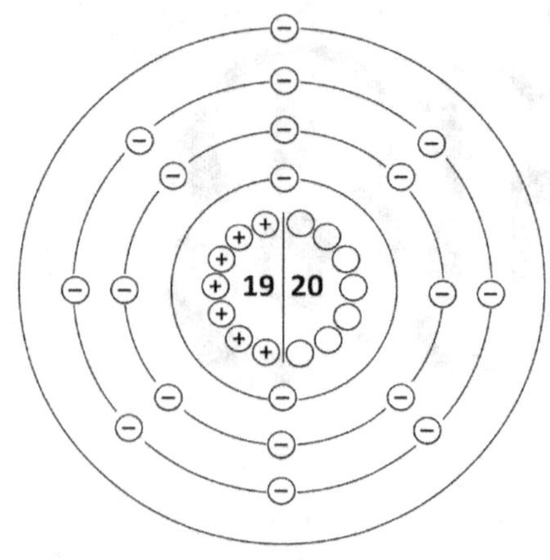

De la palabra "potasa" (cenizas de hojas de plantas)
La letra K procede de la palabra árabe para potasa, "kali" (al-kali)

El potasio puro nunca se había visto antes de que Sir Humphry Davy lo produjera en 1807 utilizando electricidad para extraer los átomos de potasio de una solución de potasa cáustica (KOH). Unos meses más tarde, utilizó la misma técnica para aislar el sodio puro. Ninguno de estos elementos se encuentra en estado puro en la naturaleza porque son muy reactivos. Su reactividad se debe al hecho de que tienen un único electrón en su envoltura exterior y están desesperados por cederlo. Tanto el potasio como el sodio en estado puro son metales plateados blandos y brillantes.

En la corteza terrestre, el potasio se encuentra principalmente en las rocas llamadas feldespatos, sobre todo en el feldespato ortoclasa. También se encuentra de forma natural en depósitos de salitre, KNO_3, y KCl, cloruro de potasio. Hace cientos de años, se descubrió que el salitre era uno de los ingredientes clave necesarios para fabricar pólvora, junto con el azufre y el carbón vegetal.

El potasio es un mineral esencial tanto para los animales como para las plantas. (La potasa, fuente de potasio antes del siglo XX, se fabricaba a partir de las cenizas de las plantas). En nuestro organismo, el potasio y el sodio entran y salen de las células a través de unos canales denominados bombas de sodio-potasio. Estas bombas son especialmente importantes en las células nerviosas, que las utilizan para transmitir impulsos eléctricos. Entre los alimentos ricos en potasio se encuentran las patatas, las espinacas, los aguacates y los plátanos.

El potasio interviene en muchas reacciones químicas, como reactivo y como producto final. Los compuestos de potasio se utilizan en la fabricación de tintas, tintes, jabones, lejía, cerillas, vidrio y cuero curtido.

Los compuestos de potasio se utilizan en la preparación de alimentos. El bisulfato de potasio, $KHSO_3$, es un conservante y el bromato de potasio, $KBrO_3$, se utiliza para fortalecer la masa del pan. El cloruro de potasio, KCl, se utiliza como sustituto de la sal (NaCl).

El cloruro de potasio, KCl, es un compuesto de potasio muy útil. Se utiliza para descongelar aceras, como fundente en la fabricación de vidrio, como fertilizante, como fuente de radiación en la investigación científica, en la extracción de petróleo y gas natural, en bolsas térmicas que proporcionan calor instantáneo y en descalcificadores

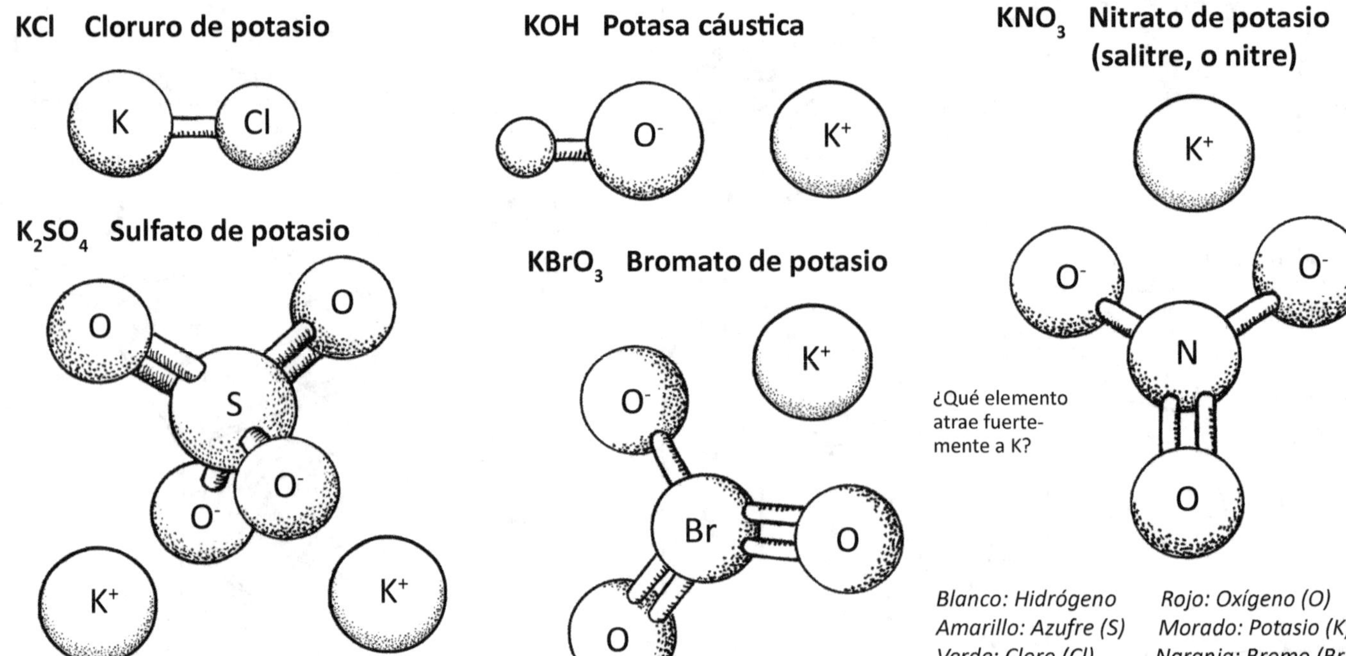

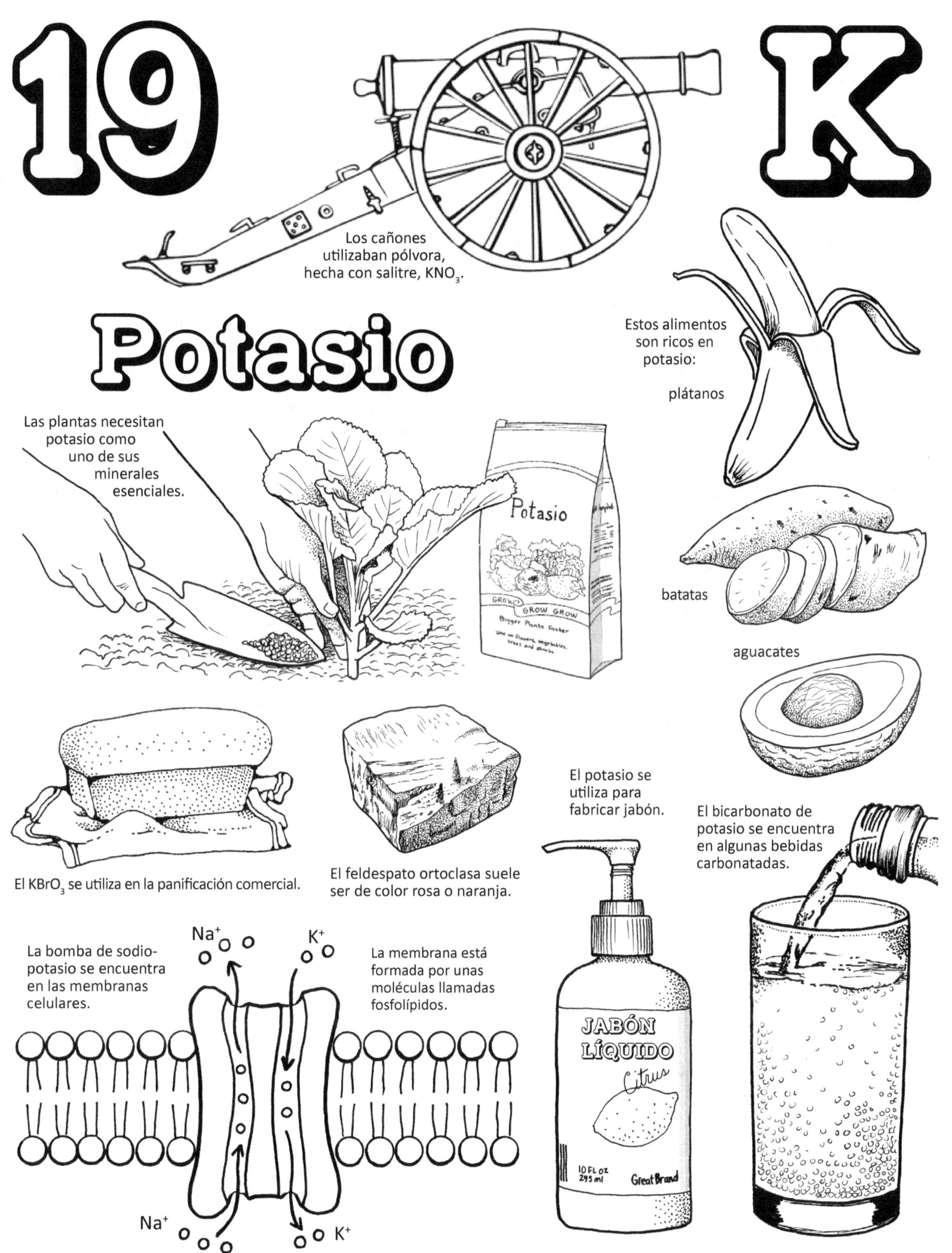
19
K
Los cañones utilizaban pólvora, hecha con salitre, KNO_3.
Potasio
Estos alimentos son ricos en potasio:
plátanos
batatas
aguacates
Las plantas necesitan potasio como uno de sus minerales esenciales.
Potasio
GROW GROW GROW
Bigger Plants Faster
El $KBrO_3$ se utiliza en la panificación comercial.
El feldespato ortoclasa suele ser de color rosa o naranja.
El potasio se utiliza para fabricar jabón.
El bicarbonato de potasio se encuentra en algunas bebidas carbonatadas.
La bomba de sodio-potasio se encuentra en las membranas celulares.
Na^+
K^+
La membrana está formada por unas moléculas llamadas fosfolípidos.
JABÓN LÍQUIDO
Citrus
10 FL OZ
295 ml
Great Brand
Na^+
K^+

protones
20 neutrones
20 electrones

Masa atómica: 40.08

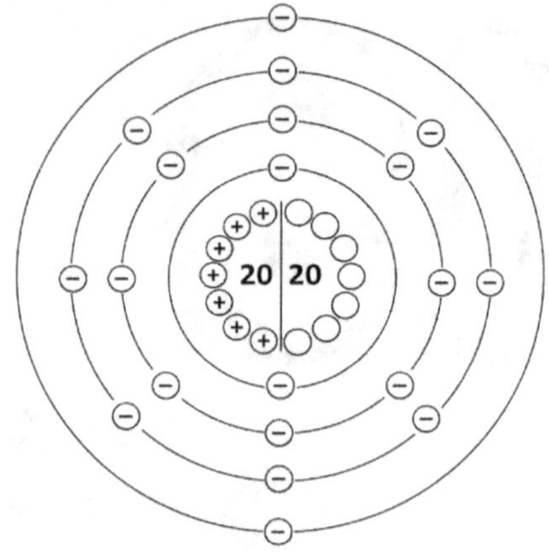

Calcio

De la palabra griega "calx", que significa "cal"

El calcio es otro elemento descubierto por Sir Humphry Davy. Ya se sospechaba de su existencia, pero no fue aislado hasta 1808, cuando Davy utilizó la electrólisis para extraer calcio puro de una solución química. En pocas semanas, Davy descubrió también los elementos situados por encima y por debajo del calcio en la Tabla Periódica: el magnesio, el bario y el estroncio. La mayoría de la gente espera que el calcio puro sea blanco, como muchos de los compuestos de calcio que conoce, pero el calcio puro es un metal blando y gris.

En la corteza terrestre, el calcio se encuentra en estos minerales: caliza, creta, aragonito (todos ellos son $CaCO_3$), yeso ($CaSO_4$), fluorita (CaF_2), y apatita ($Ca_{10}(PO_4)_6(OH)_2$). Cuando la caliza se comprime y se calienta se convierte en mármol, una roca metamórfica que se ha utilizado ampliamente para edificios y estatuas.

El calcio desempeña muchas funciones vitales en el organismo. Además de ser un importante material de construcción de huesos y dientes, el calcio se utiliza en la transmisión de señales en el sistema nervioso, en la contracción de las células musculares, como cofactor de muchas enzimas, en la síntesis de proteínas y en la fecundación de un óvulo.

Muchos moluscos (almejas, caracoles, ostras, etc.) pueden extraer el calcio del agua del mar y utilizarlo para construir sus conchas. Los depósitos naturales de creta, como los Acantilados Blancos de Dover, están formados por conchas de protozoos unicelulares microscópicos llamados foraminíferos y cocolitóforos. Inglaterra y Dinamarca son los países con mayor número de acantilados de creta.

El calcio metálico puro se utiliza en la fabricación de acero, donde se une al oxígeno y al azufre. Se añade a las aleaciones de aluminio para dar mayor resistencia al metal. Se utiliza como "captador" para eliminar el oxígeno y el nitrógeno de los tubos de gas inerte (como el argón). El hidruro de calcio, CaH_2 se utiliza como fuente de hidrógeno.

Los compuestos de calcio se encuentran en muchos productos domésticos, como ingredientes para hornear, limpiadores de desagües, dentífricos, antiácidos y medicamentos. También puede encontrarse en las baterías de coche que no necesitan mantenimiento.

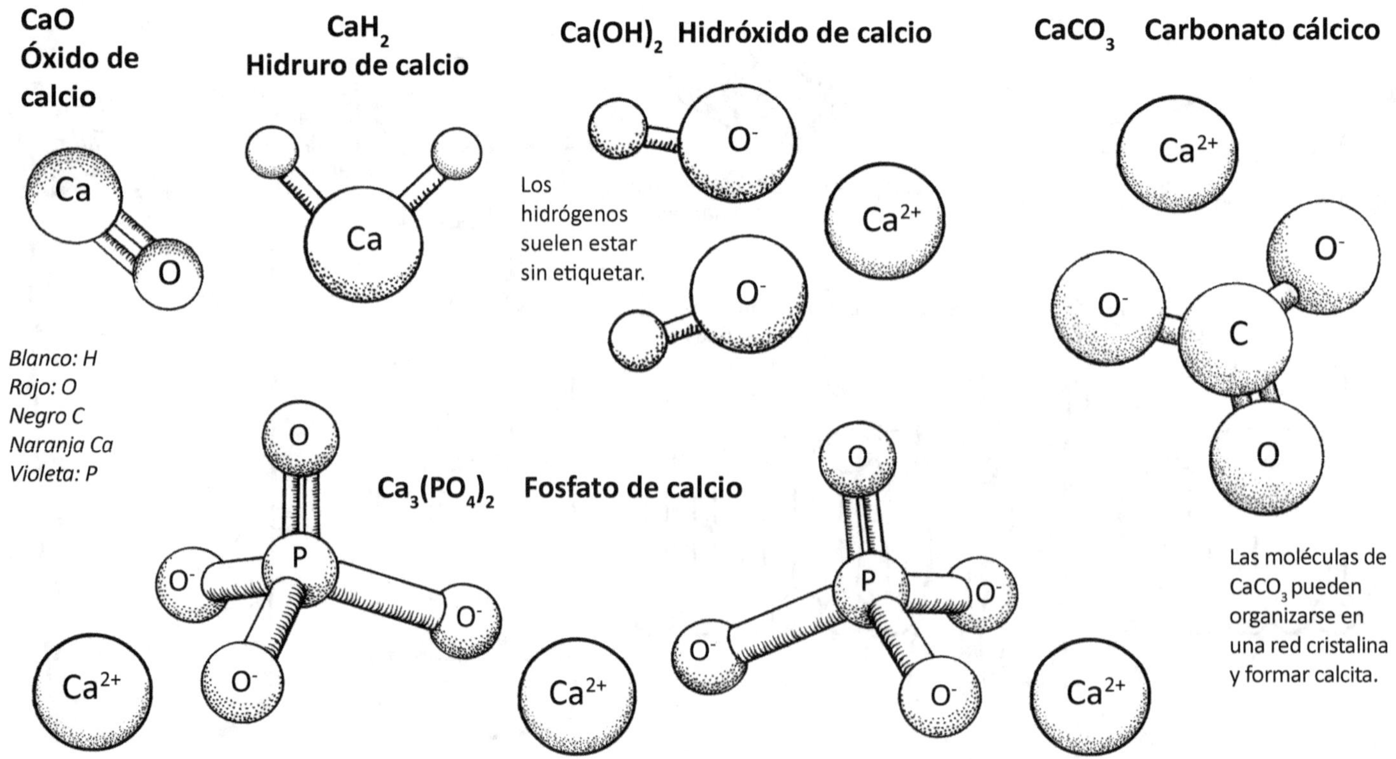

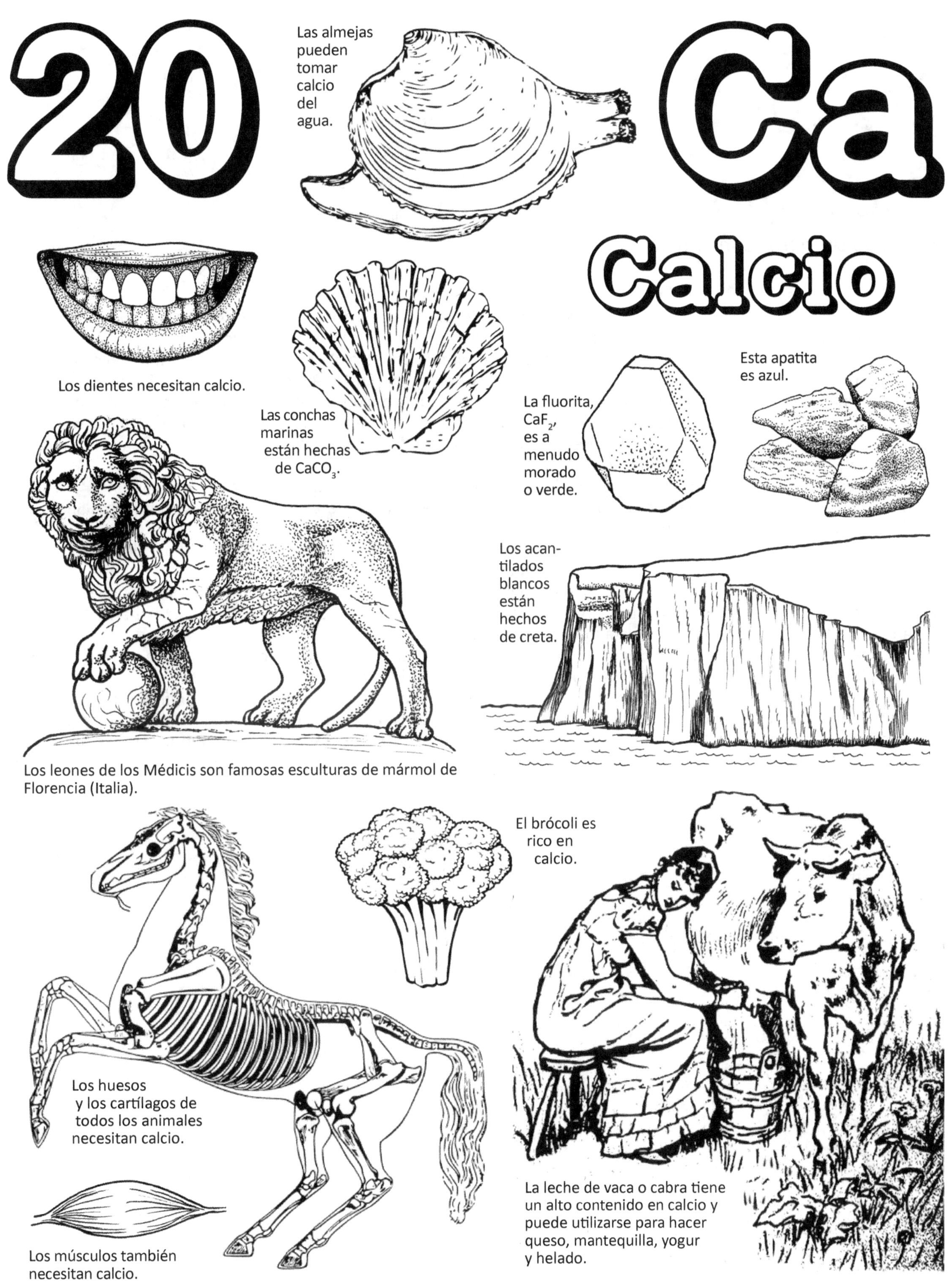
20
Ca
Calcio
Las almejas pueden tomar calcio del agua.
Los dientes necesitan calcio.
Las conchas marinas están hechas de $CaCO_3$.
La fluorita, CaF_2, es a menudo morado o verde.
Esta apatita es azul.
Los acantilados blancos están hechos de creta.
Los leones de los Médicis son famosas esculturas de mármol de Florencia (Italia).
El brócoli es rico en calcio.
Los huesos y los cartílagos de todos los animales necesitan calcio.
Los músculos también necesitan calcio.
La leche de vaca o cabra tiene un alto contenido en calcio y puede utilizarse para hacer queso, mantequilla, yogur y helado.

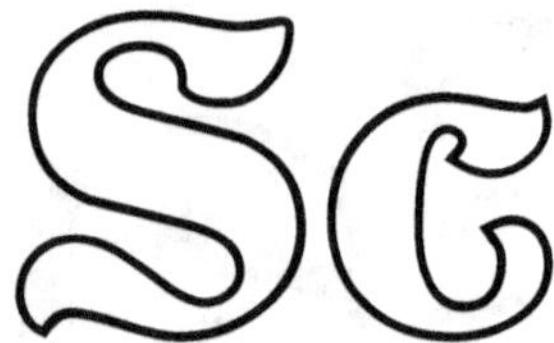

Sc 21

protones
24 neutrones
21 electrones

Masa atómica: 44.96

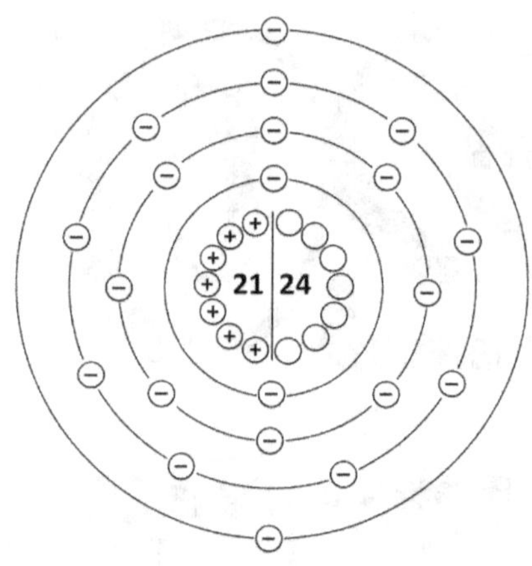

Escandio

Llamado así por Escandinavia

En la década de 1860, cuando Dmitri Mendeléyev dibujaba su idea de una tabla para organizar todos los elementos químicos, sospechó que aún quedaban elementos por descubrir. Dejó un espacio en blanco después del calcio y utilizó un nombre provisional para el elemento que faltaba: ecaboro. Predijo qué aspecto tendría el elemento, cuál sería su peso atómico y cómo reaccionaría con otros elementos. En 1879, un científico sueco llamado Lars Nilson trabajaba con un mineral llamado euxenita con la esperanza de encontrar el elemento iterbio. En lugar de ello, aisló una nueva sustancia que producía un elemento desconocido al que llamó escandio, en honor a Escandinavia (la zona del mundo ocupada por Suecia y los países que la rodean inmediatamente). El escandio resultó ser el elemento que faltaba y que Mendeleev había predicho como ecaboro.

El escandio puro es un metal gris plateado. Es el primer elemento del gran grupo que denominamos metales de transición, aunque algunos químicos prefieren considerarlo un metal de tierras raras (elementos 58 a 71). El escandio puro no se produjo hasta 1960.

El escandio es más útil como aleación, a menudo con aluminio. Las aleaciones de escandio y aluminio se utilizan para fabricar aviones, cuadros de bicicleta, bates de béisbol y palos de lacrosse.

El escandio se utiliza en la iluminación de alta intensidad (bombillas de halogenuros metálicos) que se emplea en lugares como estadios al aire libre, donde las luces deben ser extremadamente brillantes. Las bombillas de escandio producen una luz muy parecida a la luz solar natural.

Los átomos de escandio que tienen 25 neutrones en lugar de 24 son radiactivos y la industria de refinado de petróleo los utiliza como "trazadores" para saber adónde van todos los productos y subproductos.

Nadie extrae solo escandio. El escandio se obtiene como subproducto en explotaciones mineras que producen muchos otros elementos, como torio, uranio, titanio y tierras raras como europio y gadolinio Los principales productores de escandio son China, Rusia, Ucrania y Filipinas. El mercado del escandio es limitado, ya que a menudo se puede utilizar titanio en su lugar, con mejores resultados a menor precio.

Hidruro de escandio

Nitrato de escandio
$Sc(NO_3)_3$

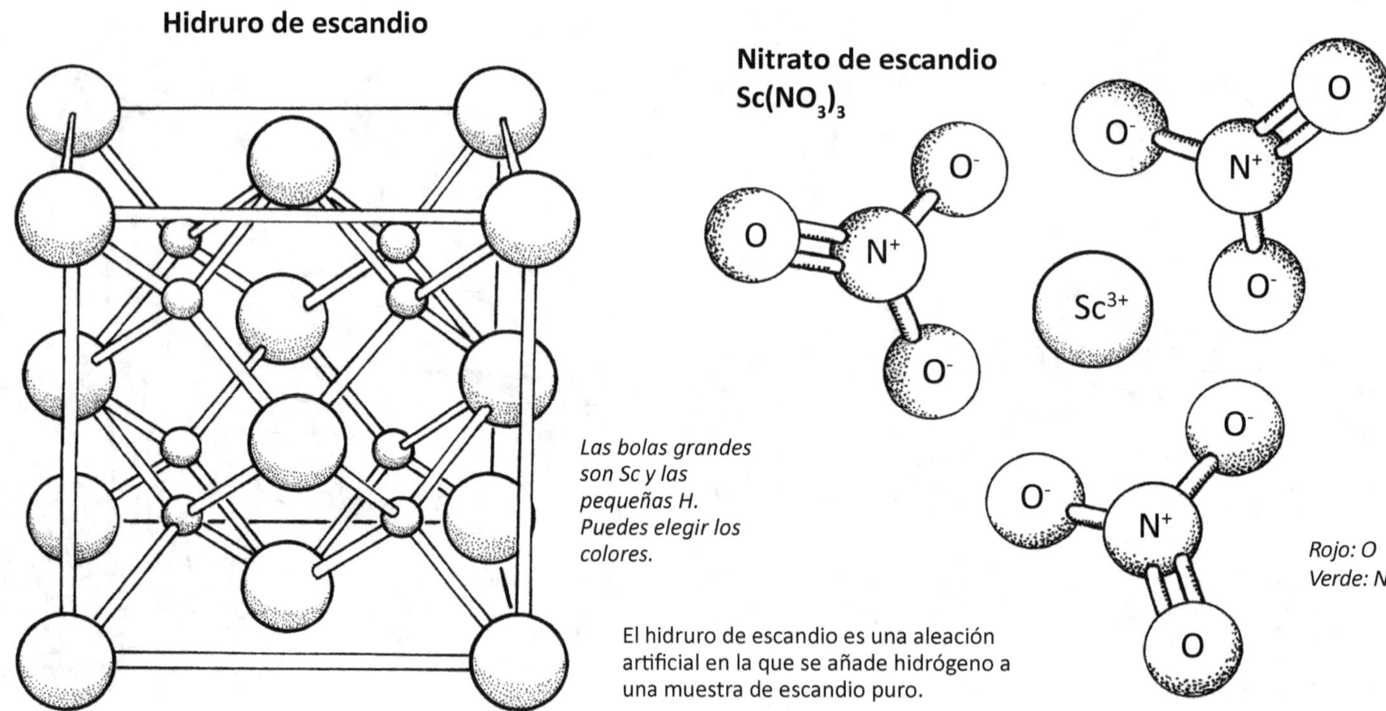

Las bolas grandes son Sc y las pequeñas H. Puedes elegir los colores.

El hidruro de escandio es una aleación artificial en la que se añade hidrógeno a una muestra de escandio puro.

21
Sc
Islandia
Escandinavia siempre incluye Suecia, Noruega, Dinamarca y Finlandia. A algunos personas también les gusta incluir Islandia.
Finlandia
Noruega
Suecia
Dinamarca
Escandio
Este MIG-29 ruso se construyó utilizando metales de aleación de escandio.
Los bates de aluminio suelen contener algo de escandio.
El escandio se utiliza para bombillas de alta intensidad en estadios deportivos.
La euxenita es una roca de color marrón anaranjado que contiene itrio, titanio, tantalio, niobio y cerio, así como un poco de escandio.
El escandio puro es de color gris plateado.
Los palos de lacrosse se fabrican con aleaciones de aluminio y escandio.
Los cuadros de bicicletas caras a veces se fabrican con aleaciones de escandio.

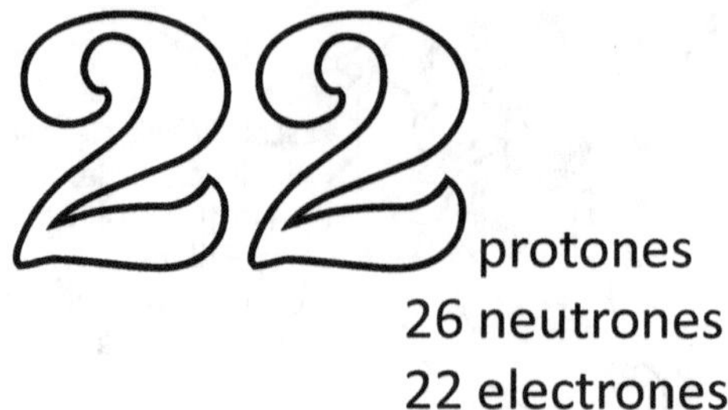

protones
26 neutrones
22 electrones

Masa atómica: 47.8

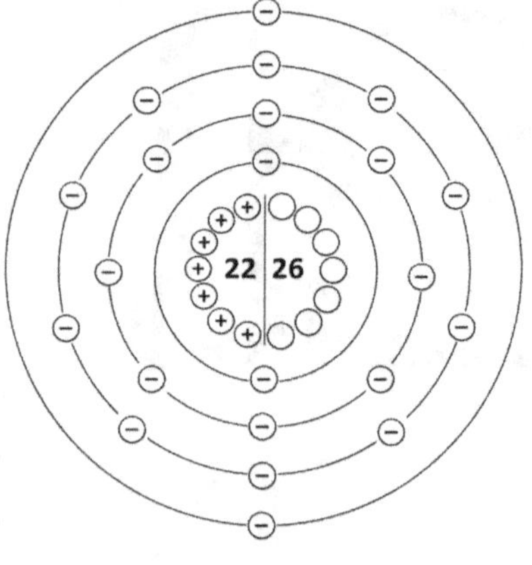

Titanio

Llamado así por los Titanes de la mitología griega

El titanio fue descubierto por dos personas casi al mismo tiempo. En 1791, William Gregor descubrió un nuevo elemento en un mineral llamado ilmenita, en Cornualles (Inglaterra). En 1795, un químico prusiano llamado Martin Klaproth aisló un nuevo elemento de un mineral llamado rutilo en una zona que ahora forma parte de Hungría. Estos nuevos elementos resultaron ser la misma cosa, el elemento que ahora llamamos titanio. Ahora sabemos que el titanio no es raro, sino que abunda en la corteza terrestre, se encuentra en distintos minerales e incluso disuelto en el agua de mar.

En estado puro, el titanio es un metal plateado brillante, ligero y resistente. Tiene la inusual propiedad de poder arder en una atmósfera de nitrógeno puro (sin oxígeno), lo que limita su uso en metales que vayan a estar expuestos directamente a las llamas y al calor intenso. La mayoría de las veces, el titanio se utiliza en aleaciones, donde esta característica no supone un problema. El titanio suele mezclarse con aluminio porque es muy ligero, como el aluminio, pero mucho más resistente. También se suelen añadir otros elementos, como hierro, cobre, vanadio, molibdeno, magnesio o silicio.

Las aleaciones de titanio son muy resistentes al calor y al óxido. Son perfectas para lugares donde la corrosión puede ser un problema, como en barcos y aviones. Estas aleaciones se utilizan en hélices, trenes de aterrizaje, piezas de motores y tubos de escape. (Dos de los primeros aviones que utilizaron aleaciones de titanio fueron el Lockheed A-12 y el SR-17 Blackbird). También puede encontrar titanio en equipos deportivos como palos de golf y raquetas de tenis.

El dióxido de titanio, TiO_2, se utiliza para fabricar pigmentos blancos para pinturas. Los blancos de titanio también se utilizan en algunos tipos de papel y plástico, e incluso en dentífricos, ya que el titanio es completamente seguro y no tóxico.

Como es fuerte y no tóxico, el titanio tiene muchos usos en la reparación del cuerpo humano. Muchas articulaciones artificiales utilizan titanio, así como clavos que mantienen unidos los huesos rotos. A diferencia de otros metales, el titanio no es magnético, lo que hace seguro que las personas con articulaciones de titanio entren en máquinas de resonancia magnética para diagnóstico por imagen.

TiN Nitruro de titanio

Ti: grande
N: pequeño

El TiN se utiliza como revestimiento fino sobre piezas de acero.

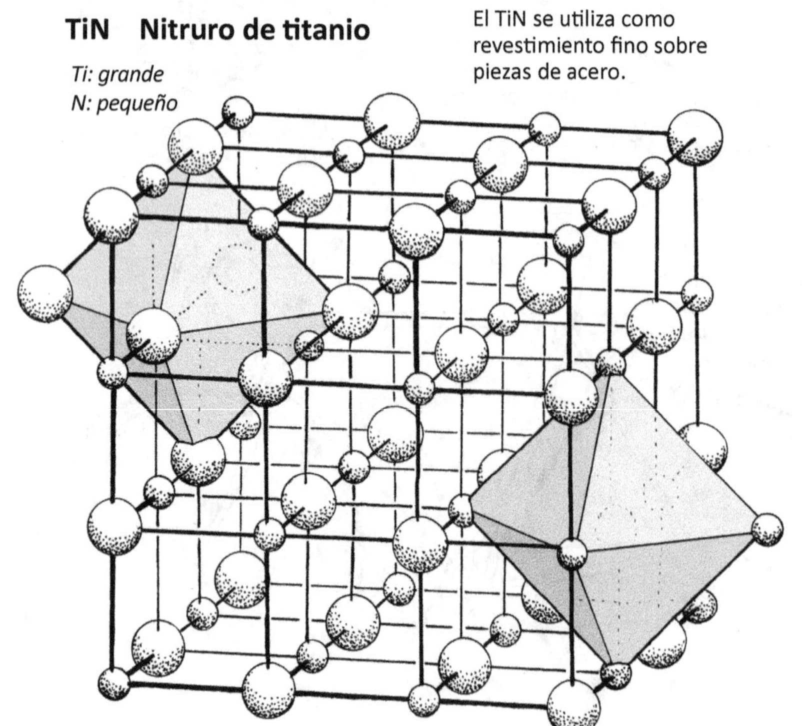

$TiCl_4$
Tetracloruro de titanio

El $TiCl_4$ se utiliza para producir titanio puro y TiO_2.

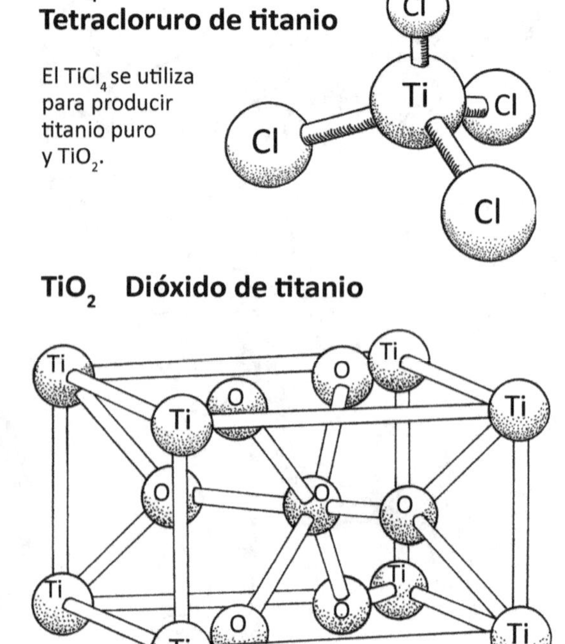

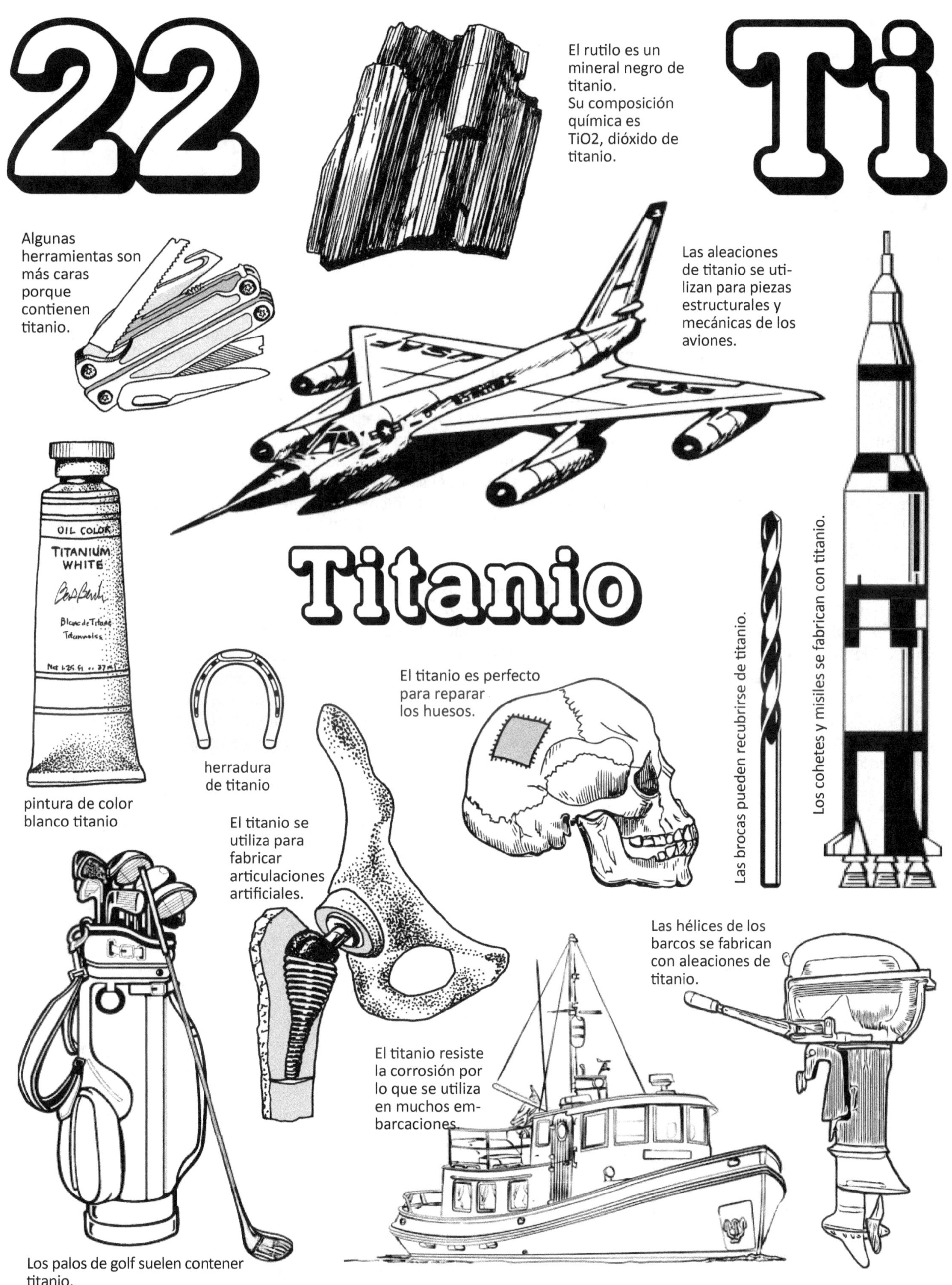
22
Ti
El rutilo es un mineral negro de titanio.
Su composición química es TiO2, dióxido de titanio.
Algunas herramientas son más caras porque contienen titanio.
Las aleaciones de titanio se utilizan para piezas estructurales y mecánicas de los aviones.
USAF
OIL COLOR
TITANIUM WHITE
Titanio
Las brocas pueden recubrirse de titanio.
Los cohetes y misiles se fabrican con titanio.
El titanio es perfecto para reparar los huesos.
herradura de titanio
pintura de color blanco titanio
El titanio se utiliza para fabricar articulaciones artificiales.
Las hélices de los barcos se fabrican con aleaciones de titanio.
El titanio resiste la corrosión por lo que se utiliza en muchos embarcaciones.
Los palos de golf suelen contener titanio.

protones
28 neutrones
23 electrones
Masa atómica: 50.9

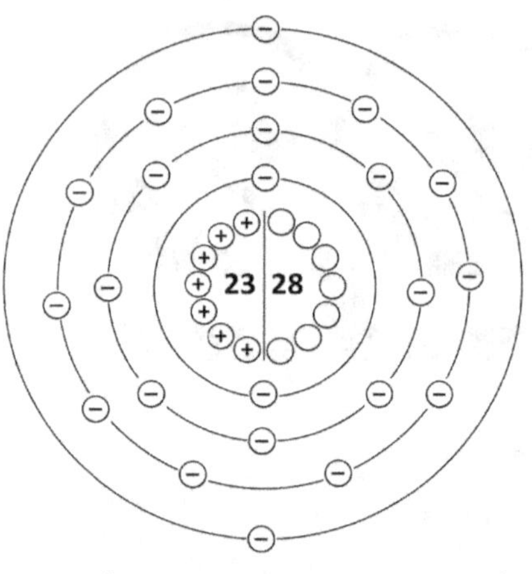

Vanadio

Recibe su nombre de la diosa nórdica Vanadis

En 1801, un científico de México, Andrés Manuel del Río, descubrió un nuevo elemento en una muestra de roca al que llamó "plomo pardo". Determinó que, además del plomo, había un nuevo elemento en este mineral, un elemento que se volvía rojo cuando se mezclaba en muchas soluciones. Quiso llamar a este elemento "eritronio", ya que "eritro" significa "rojo". Sin embargo, su carta al Instituto de París se perdió en un naufragio y su descubrimiento pasó desapercibido. Treinta años más tarde, un químico sueco aisló un nuevo elemento que resultó ser el mismo que había encontrado del Río. Vio los compuestos químicos de bellos colores que podían crearse con este elemento y decidió bautizarlo con el nombre de la diosa nórdica de la belleza, Vanadis.

El primer uso industrial del elemento vanadio fue en las aleaciones de acero utilizadas para fabricar el automóvil Ford Modelo T en 1910. Durante la primera mitad del siglo XX, todo el vanadio procedía de una mina de Perú. Después se descubrió que el vanadio se mezclaba a menudo con minerales de uranio, especialmente con una roca llamada carnotita, y a medida que se extraía más uranio a finales del siglo XX, el vanadio empezó a estar disponible a través de la minería del uranio.

El vanadio en estado puro es un metal bastante duro de color azul acero. Cuando se añade a otros metales, hace que las aleaciones sean más duras y resistentes a la corrosión. El acero al que se añade una cantidad significativa de vanadio se denomina ferrovanadio y se utiliza para piezas de maquinaria como ejes, engranajes, cigüeñales y piezas de motores. Las aleaciones con alto contenido en vanadio también se utilizan para instrumentos quirúrgicos y herramientas industriales que deben soportar mucho desgaste.

El vanadio está presente en la mayoría de plantas y animales, pero desempeña un papel muy secundario en los procesos biológicos. Sin embargo, hay dos excepciones notables: los hongos y los tunicados. El hongo Amanita muscaria (seta matamoscas) es una seta venenosa con un sombrero de color rojo brillante. Contiene un nivel muy alto de vanadio por razones desconocidas. En el océano, unas extrañas criaturas llamadas tunicados también recogen y almacenan grandes cantidades de vanadio en ciertas partes de su cuerpo.

El dióxido de vanadio, V_2O_5, se utiliza en la fabricación de revestimientos de vidrio. El pentóxido de vanadio, V_2O_5, es útil en la industria de tintes textiles, donde se emplea como mordiente (sustancia que ayuda a que el tinte se adhiera al tejido). Otro uso del V_2O_5 es en los imanes superconductores, donde se mezcla con el elemento galio.

V_2O_5 Pentóxido de vanadio

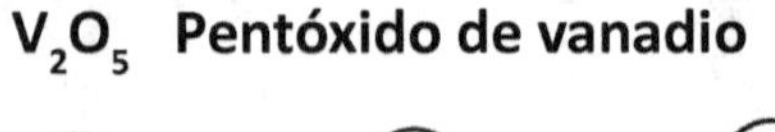

Las moléculas de V_2O_5 pueden organizarse ellas mismas en una red.

VO_2 Óxido de vanadio

Las bolas grandes son V
Las bolas pequeñas son O

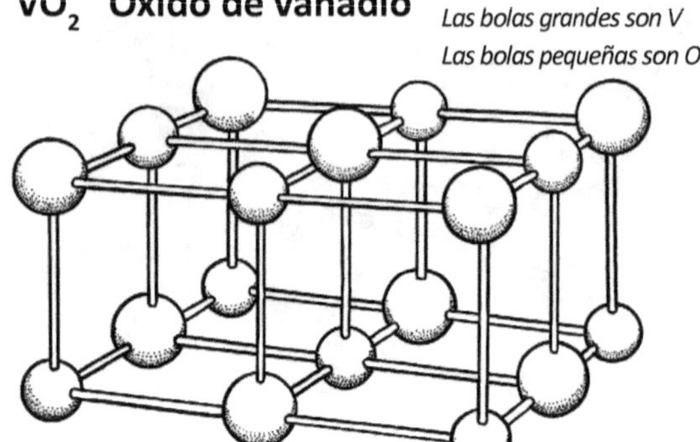

$VO(O_2C_5H_7)_2$ Acetilacetonato de vanadilo

Los hidrógenos suelen estar sin etiquetar.

Esta complicada molécula se utiliza en química orgánica como catalizador para acelerar determinadas reacciones químicas. También es capaz de imitar a la insulina, la sustancia química producida por nuestro páncreas para controlar los niveles de azúcar en sangre.

Rojo: O
Negro C
Blanco H

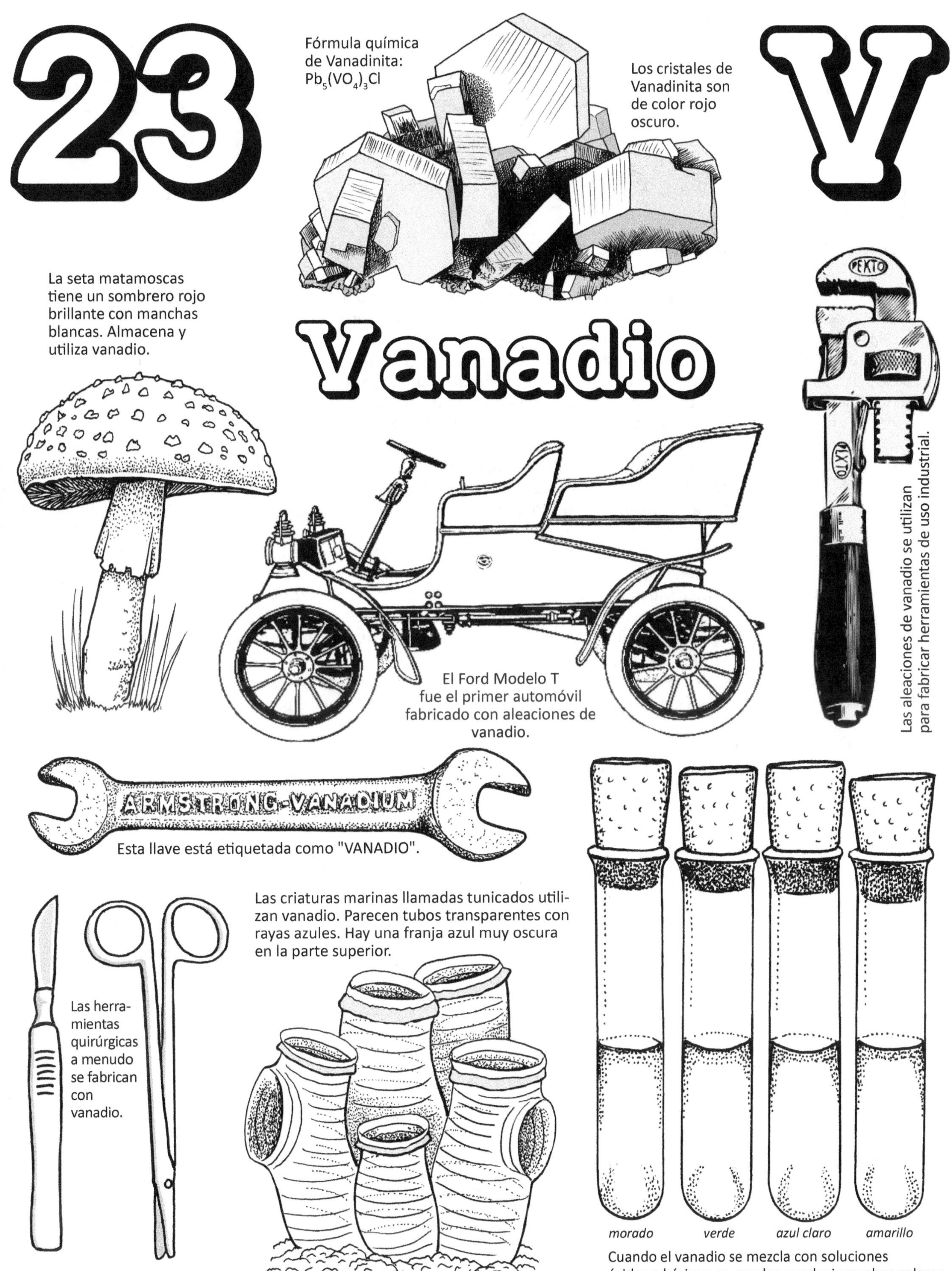
23
V
Fórmula química de Vanadinita: $Pb_5(VO_4)_3Cl$
Los cristales de Vanadinita son de color rojo oscuro.
La seta matamoscas tiene un sombrero rojo brillante con manchas blancas. Almacena y utiliza vanadio.
Vanadio
PEXTO
Las aleaciones de vanadio se utilizan para fabricar herramientas de uso industrial.
El Ford Modelo T fue el primer automóvil fabricado con aleaciones de vanadio.
ARMSTRONG-VANADIUM
Esta llave está etiquetada como "VANADIO".
Las criaturas marinas llamadas tunicados utilizan vanadio. Parecen tubos transparentes con rayas azules. Hay una franja azul muy oscura en la parte superior.
Las herramientas quirúrgicas a menudo se fabrican con vanadio.
morado
verde
azul claro
amarillo
Cuando el vanadio se mezcla con soluciones ácidas o básicas, se pueden producir muchos colores.

Cr 24

protones
28 neutrones
24 electrones
Masa atómica: 51.9

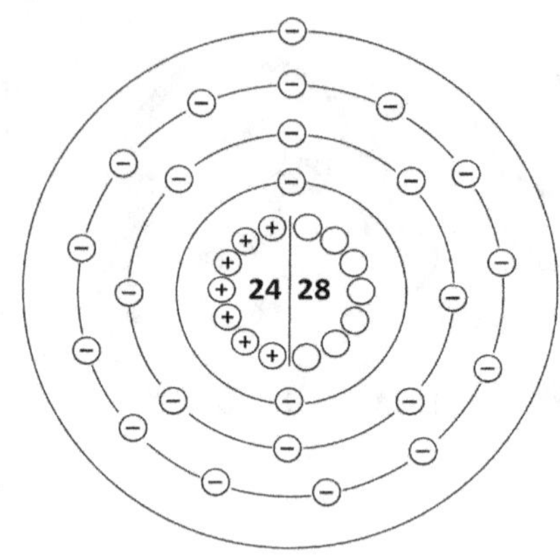

Cromo

"Chroma" es la palabra griega para color

El cromo es famoso por su brillo, aunque su nombre procede de la palabra griega que significa color. Las piezas metálicas de coches, camiones y motocicletas suelen recubrirse con una fina capa de cromo para que el metal brille. Para aplicar el cromo se utiliza un proceso llamado "cromado".

El aspecto colorido del cromo sólo se aprecia cuando se mezcla con otros elementos para formar compuestos, a menudo óxidos. Pequeñas cantidades de cromo en el mineral corindón lo convierten en brillantes rubíes rojos. El cromo también se encuentra en un cristal mineral rojo llamado crocoíta. El amarillo de cromo fue el "amarillo de autobús escolar" original utilizado en Estados Unidos a mediados del siglo XX. El amarillo de cromo ya no se utiliza en los autobuses, pero se sigue vendiendo en tubos en las tiendas de artículos de arte y es un pigmento importante para los pintores. El cromo también puede producir pigmentos verdes, morados, rojos y marrones. El óxido de cromo verde es el ingrediente principal de una pintura que se utiliza en vehículos militares que deben ocultarse de los radares de infrarrojos. La pintura verde refleja la luz del mismo modo que lo hacen las hojas verdes, por lo que el vehículo será difícil de detectar si hay mucho follaje verde a su alrededor.

El cromo puro es muy duro. Los únicos elementos puros más duros que el cromo son el carbono (en los diamantes) y el boro. El cromo se añade al acero para fabricar "acero inoxidable", un tipo de acero más fuerte y resistente a la corrosión que el acero normal. Muchos productos domésticos, como los cubiertos y los electrodomésticos, se fabrican con acero inoxidable. En la construcción se utiliza para las partes exteriores de los edificios que deben ser resistentes a la corrosión. Si se añade níquel al acero inoxidable, se convierte en una "superaleación", lo bastante resistente para fabricar tanques y motores a reacción.

Los compuestos de cromo se utilizan en la industria textil como mordientes (que hacen que los tintes sean más permanentes en los tejidos) y en la industria del curtido del cuero para conservar las pieles de los animales. (El cromo se une al colágeno).

El cromo tiene un punto de fusión muy alto, lo que significa que puede utilizarse para fabricar moldes que contengan metales líquidos muy calientes. También puede utilizarse para fabricar piezas para altos hornos que funden metales.

$PbCrO_4$ Cromato de plomo (Crocoita)

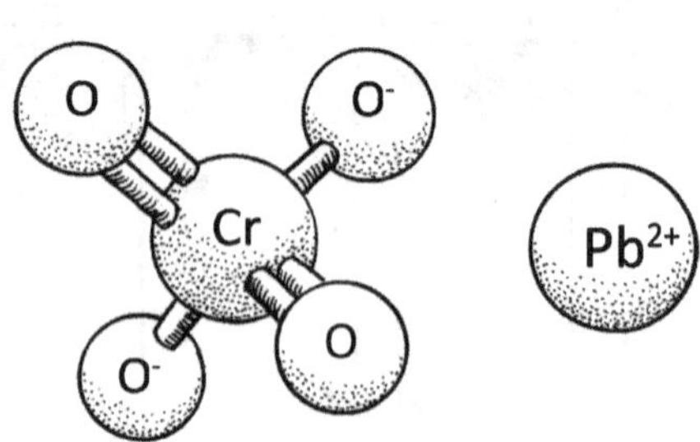

Cr_2O_5 Pentóxido de cromo

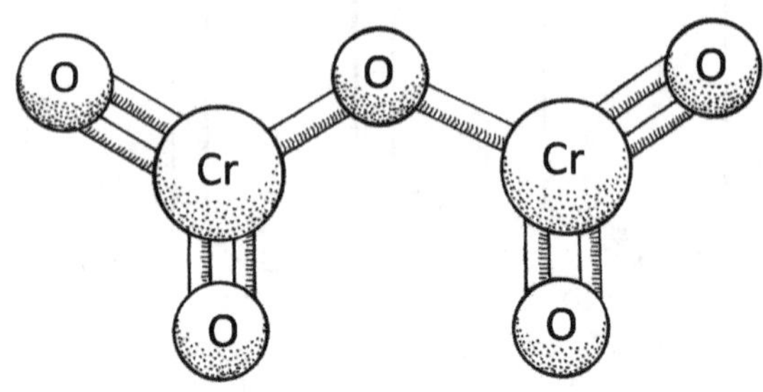

CrO_2 Óxido de cromo (IV)

El cromo puede enlazarse de más de una forma, por lo que se utilizan números romanos para indicar qué estado de oxidación está utilizando el cromo. Puede verse cómo el CrO_2 se une a otras moléculas de CrO_2 para formar una estructura continua. Este compuesto (en forma de polvo mineral) se utilizó para fabricar cintas de grabación magnética para reproductores de casetes y videograbadoras.

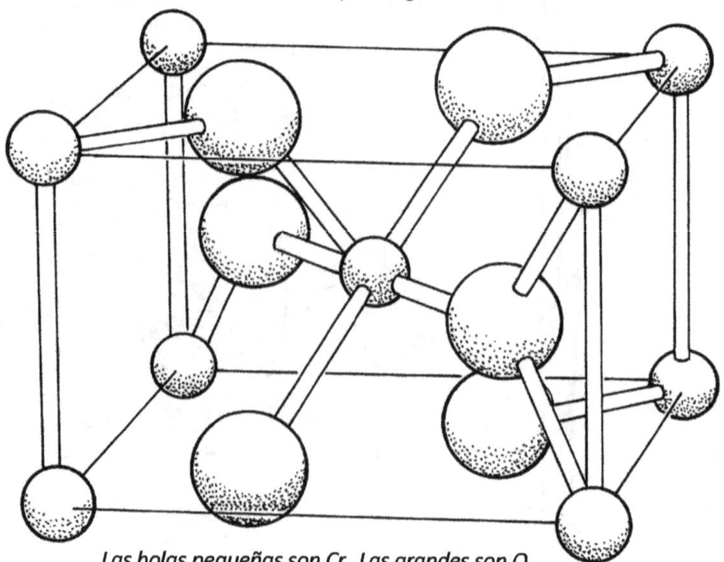

Las bolas pequeñas son Cr. Las grandes son O.

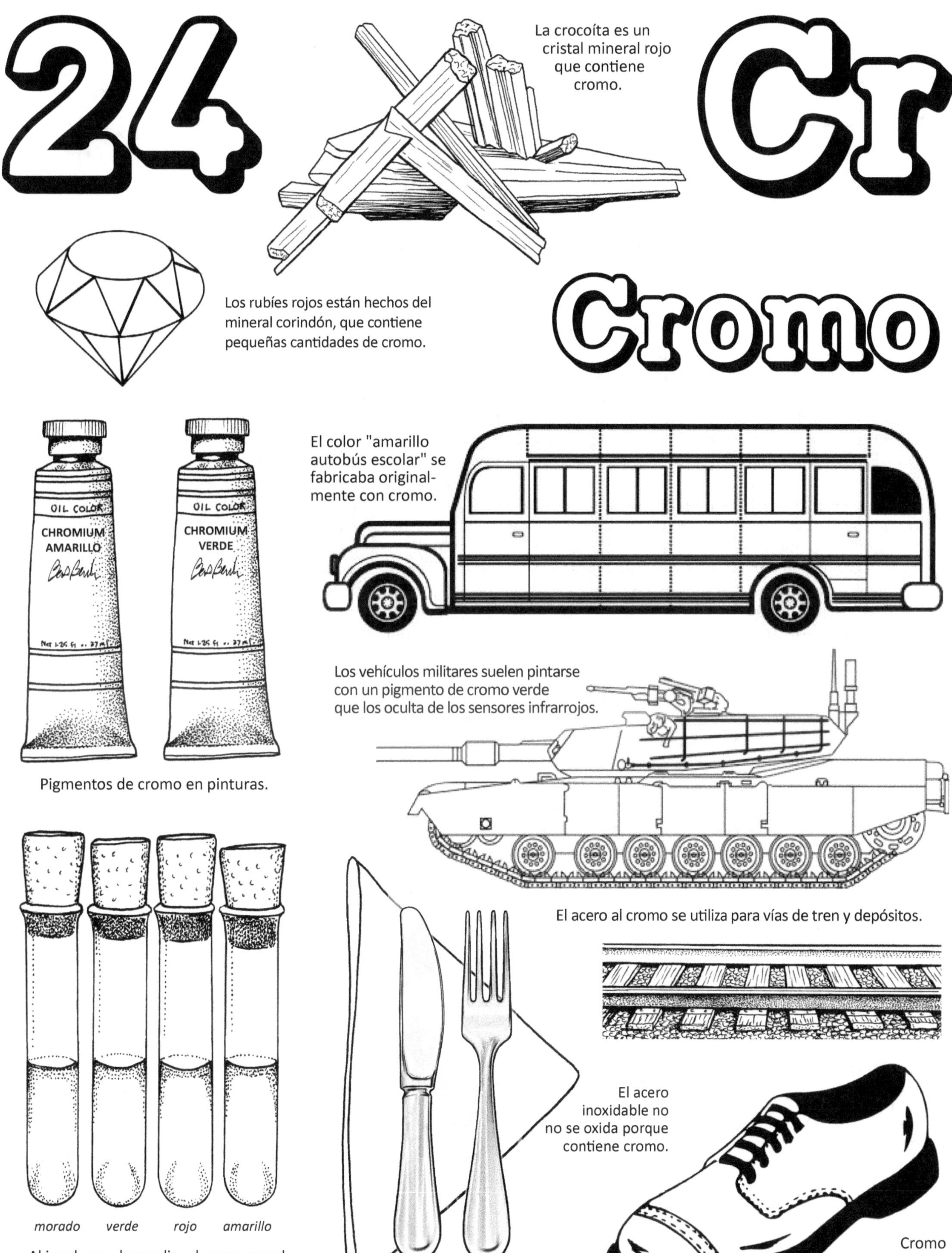
24
Cr
Cromo
La crocoíta es un cristal mineral rojo que contiene cromo.
Los rubíes rojos están hechos del mineral corindón, que contiene pequeñas cantidades de cromo.
OIL COLOR
CHROMIUM AMARILLO
OIL COLOR
CHROMIUM VERDE
Pigmentos de cromo en pinturas.
El color "amarillo autobús escolar" se fabricaba original-mente con cromo.
Los vehículos militares suelen pintarse con un pigmento de cromo verde que los oculta de los sensores infrarrojos.
El acero al cromo se utiliza para vías de tren y depósitos.
morado
verde
rojo
amarillo
Al igual que el vanadio, el cromo puede formar muchos compuestos coloridos.
El acero inoxidable no no se oxida porque contiene cromo.
Cromo se utiliza para curtir el cuero.

25 protones
30 neutrones
25 electrones
Masa atómica: 54.9

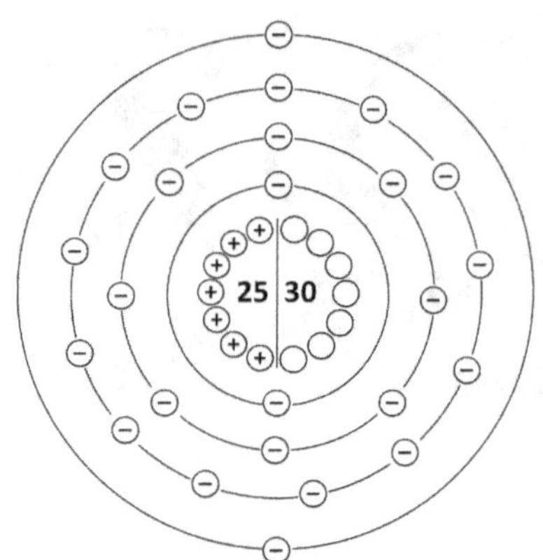

Manganeso

Lleva el nombre de una zona de Grecia llamada Magnesia

Es muy fácil confundir el manganeso y el magnesio. Humphry Davy quiso utilizar un nombre diferente para el magnesio cuando lo descubrió en 1808, sabiendo que el manganeso ya era un elemento (aislado en 1774) y dándose cuenta de la confusión que causaría tener dos elementos con nombres similares. Sin embargo, otros científicos no compartían su preocupación, y ahora debes aprender sobre el magnesio y el manganeso.

El manganeso siempre se encuentra mezclado con otros elementos como el hierro, el cobre, el níquel, el aluminio y el cobalto. En la tierra, el manganeso se encuentra con mayor frecuencia en el mineral pirolusita, MnO_2, y en cristales de rodocrosita, $MnCO_3$. En el océano, el manganeso se presenta en forma de bolas redondas, llamadas "nódulos", que se encuentran en el fondo del océano. Estos nódulos también contienen otros metales como hierro, cobre, aluminio y cobalto.

La mayor parte del manganeso que se produce hoy en día se destina a la producción de acero. El manganeso puede eliminar elementos no deseados del acero, como el oxígeno y el azufre, además de facilitar la conformación del acero mientras está caliente y hacerlo más resistente después de enfriarse. Las vías de ferrocarril están hechas de acero que contiene aproximadamente un 1 % de manganeso. La industria del vidrio también utiliza manganeso para eliminar elementos no deseados del vidrio líquido caliente.

Los compuestos de óxido de manganeso tienen un color muy oscuro, ya sea púrpura, marrón o negro. Los antiguos pueblos de Francia utilizaban compuestos de manganeso marrones y negros para dibujar en las paredes de las cuevas. Los fabricantes de vidrio pueden utilizar manganeso (junto con otros elementos) para fabricar vidrio verde o marrón. El permanganato de potasio, KMnO4, es un mineral de color púrpura con muchos usos. Puede utilizarse para fabricar vidrio rosa o púrpura, pero también es muy apreciado en el mundo de la medicina por su capacidad para matar gérmenes y por su utilidad como colorante biológico.

Nuestro cuerpo necesita pequeñas cantidades de manganeso para que muchas enzimas funcionen correctamente. La enzima arginasa ayuda a descomponer y reciclar las moléculas de proteínas. Otras enzimas del manganeso nos protegen contra moléculas rotas peligrosas llamadas "radicales libres". Las buenas fuentes dietéticas de manganeso incluyen mejillones, arroz integral, habas, batatas, piñones, espinacas y piña.

El dióxido de manganeso se utiliza en las baterías y como ingrediente en los aditivos antidetonantes para la gasolina.

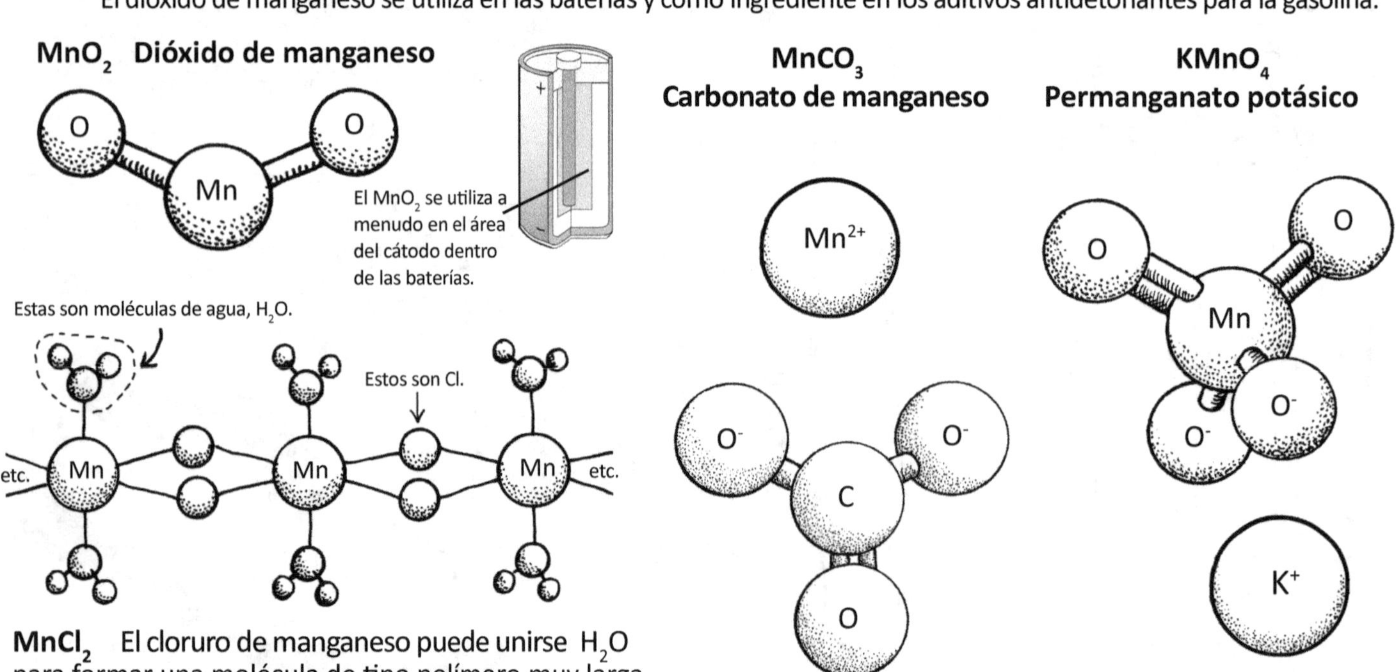

$MnCl_2$ El cloruro de manganeso puede unirse H_2O para formar una molécula de tipo polímero muy larga.

25 Mn

La rodocrosita es un cristal de color rosa oscuro o rojo hecho de $MnCO_3$.

La pirolusita, MnO_2, suele ser de color gris oscuro, pero puede tener manchas de color.

Los "nódulos de manganeso" también contienen hierro, cobre, aluminio, cobalto y silicio. Se pueden encontrar millones de ellos en el fondo de los océanos de todo el mundo.

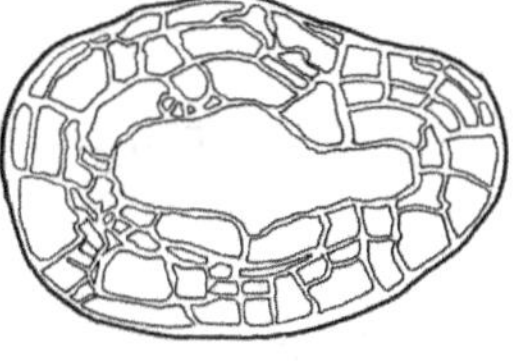

Este nódulo se cortó por la mitad para revelar las capas del interior.

Manganese

¿Qué pensarías si vieras este patrón verde oscuro en el lateral de una roca? Se creía ampliamente que estos patrones eran fósiles de plantas hasta que se descubrió que algunos compuestos de manganeso pueden crecer lentamente formando estas "dendritas".

Las pinturas rupestres de Lascaux, Francia, se dibujaron en parte con pigmentos de manganeso marrón oscuro y negro. Los colores de fondo son rojos y tostados a base de hierro.

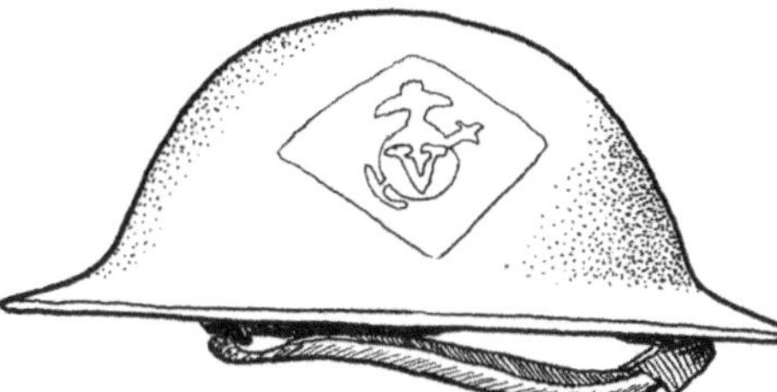

Los cascos de combate de la Primera Guerra Mundial estaban hechos de una aleación de acero al manganeso.

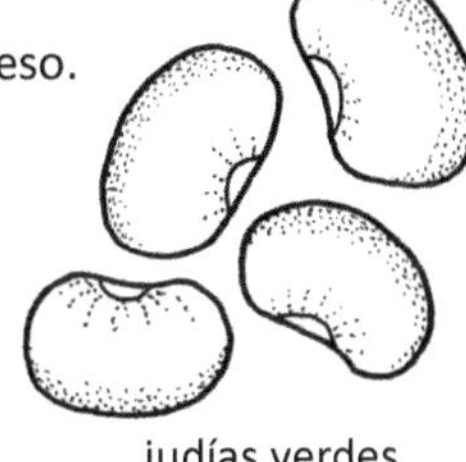

El itrio, el indio y el manganeso se utilizaron para crear un pigmento azul brillante llamado "YInMn".

Estos alimentos son buenas fuentes dietéticas de manganeso.

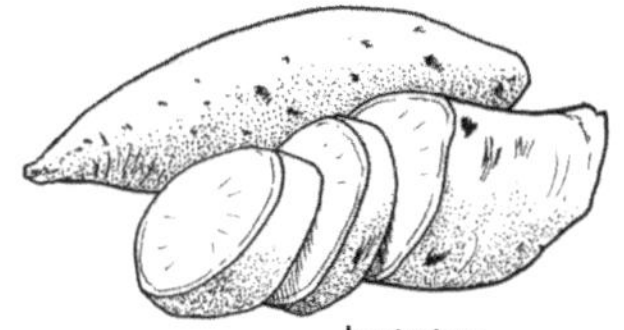

batatas

mejillones

judías verdes

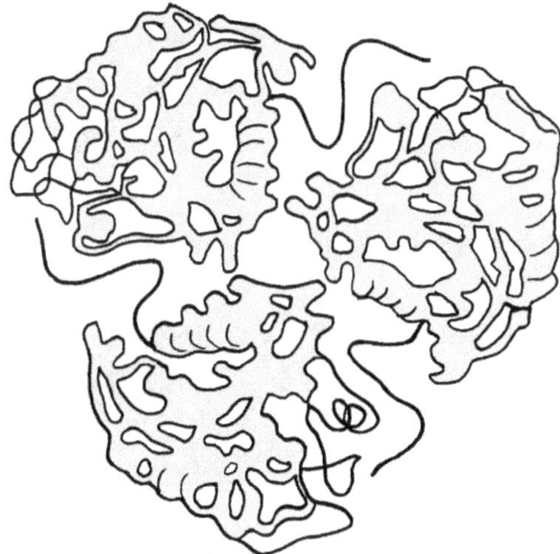

La enzima arginasa se utiliza para reciclar proteínas. Los átomos de manganeso se localizan cerca del centro. *(Colorea cada una de las 3 subunidades sea de un color diferente.)*

protones
30 neutrones
26 electrones
Masa atómica: 55.8

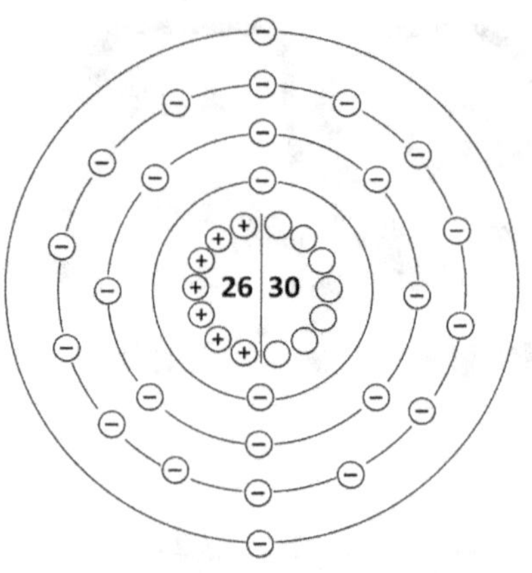

Hierro

El símbolo, Fe, proviene de la palabra latina para hierro, "ferrum".

El primer lugar donde se descubrió el hierro hace miles de años fue en meteoritos que habían caído a la Tierra. Los pueblos antiguos descubrieron que el metal de estos meteoritos podía ser muy útil para fabricar herramientas. Con el tiempo, se descubrió que el hierro estaba presente en ciertos minerales (como la hematita y la magnetita), y que si se calentaban estos minerales, se podía extraer el hierro. El hierro puro es brillante y de color gris plateado, pero como los átomos de hierro son muy reactivos, el hierro se combina rápidamente con el oxígeno del aire para formar una costra escamosa que conocemos como "óxido". El siguiente gran descubrimiento fue que si se añadía un poco de carbono al hierro, se podía fabricar acero. El "hierro fundido" es un tipo de acero que contiene más de un 2 % de carbono. Al acero moderno no solo se le añade carbono, sino que a menudo también se le añaden pequeñas cantidades de otros metales, como magnesio, manganeso, aluminio, cromo, vanadio, molibdeno y níquel.

Los átomos de hierro son magnéticos debido a la disposición de sus electrones. Los electrones tienen una propiedad llamada "espín" y si un átomo tiene muchos electrones desapareados que giran en la misma dirección, será magnético. El magnetismo se descubrió por primera vez en el mineral magnetita, Fe_3O_4, hace muchos siglos, y estas "piedras imán" se utilizaban como brújulas.

Los minerales de óxido de hierro se han utilizado como pigmentos desde la antigüedad, produciendo generalmente varios tonos de rojo, marrón y tostado, aunque algunos compuestos raros proporcionan azul o púrpura. El azul de Prusia está hecho de hierro, carbono y nitrógeno, y fue el azul original utilizado en los planos.

El hierro es un mineral esencial tanto para las plantas como para los animales. En los mamíferos, el hierro se encuentra en el centro de la molécula de hemoglobina la cual transporta el oxígeno en la sangre. El hierro también es necesario para producir las enzimas que intervienen en la respiración y la contracción muscular. Entre las buenas fuentes de hierro dietético se encuentran la carne, el pescado, los huevos, las judías y las verduras de hoja.

El cloruro de hierro (III), FeC_{l3}, se utiliza en plantas de tratamiento de aguas residuales, ya que puede unirse a los contaminantes. También se utiliza en la industria de las placas de circuitos impresos para grabar placas de cobre.

Fe_2O_3 Óxido de hierro (III) (hematita)

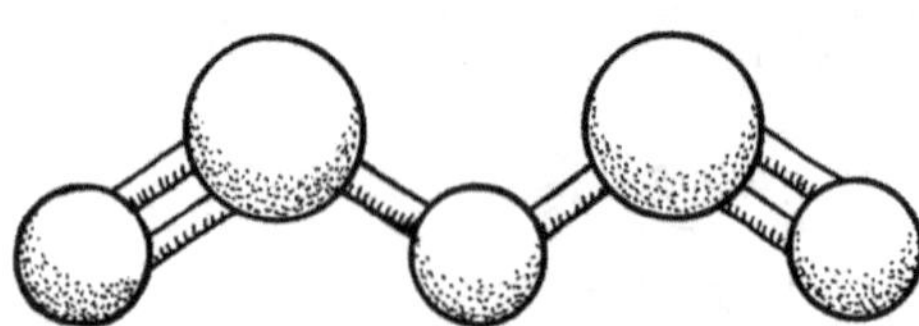

Deberías ser capaz de averiguar qué representan las bolas. Dos son hierro y tres son oxígeno.

$FeCl_3$ Cloruro de hierro (III)

El (III) significa que el hierro está formando tres enlaces. Los palos representan los enlaces.

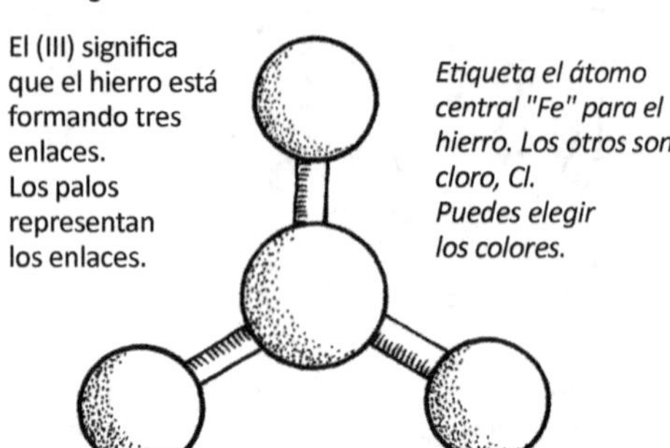

Etiqueta el átomo central "Fe" para el hierro. Los otros son cloro, Cl. Puedes elegir los colores.

La molécula "hemo"

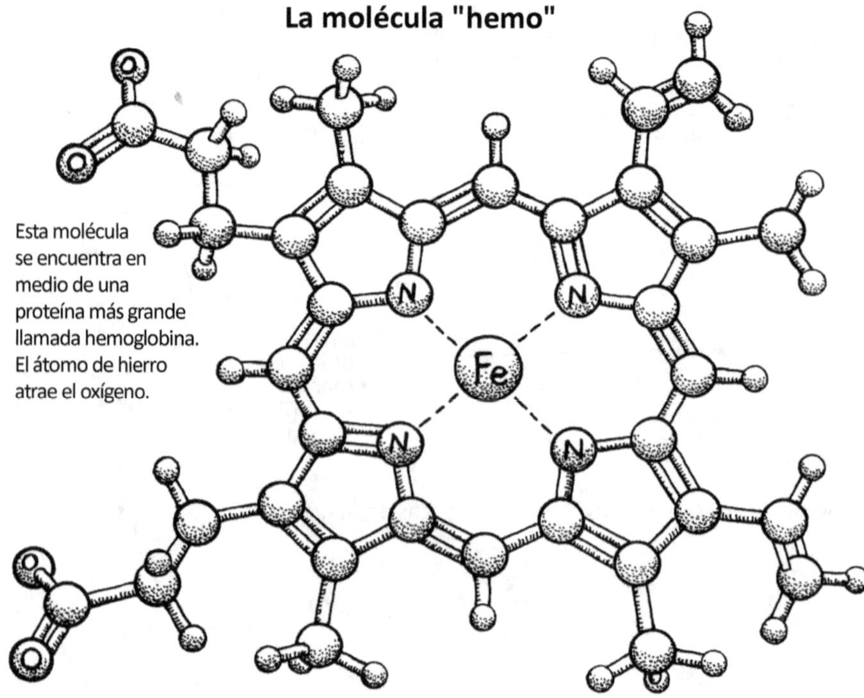

Esta molécula se encuentra en medio de una proteína más grande llamada hemoglobina. El átomo de hierro atrae el oxígeno.

Las bolas pequeñas sin etiquetar son H, hidrógeno. Las bolas más grandes sin etiquetar son C, carbono.

26 Fe

El acero se oxida si no se protege. Los átomos de hierro del acero se combinan con el oxígeno del aire.

Hierro

Este puente de hierro en Shropshire, Reino Unido, se terminó en 1779. (dibujo de principios del siglo XIX)

El acero inoxidable utiliza cromo, así como hierro y carbono.

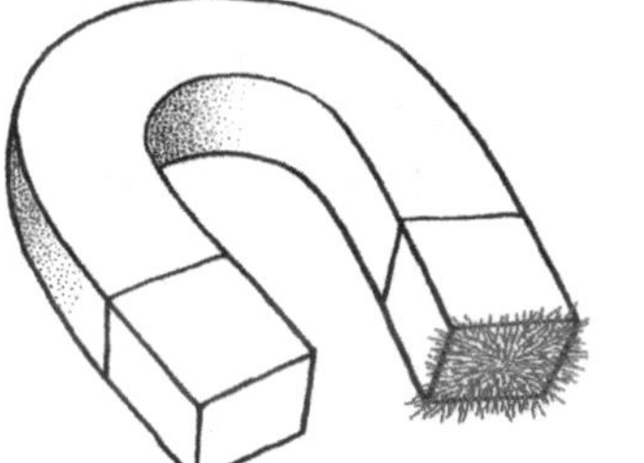

Las limaduras de hierro pueden utilizarse para mostrar los campos creados por imanes.

El acero que se utiliza para fabricar herramientas contiene otros metales, como vanadio, cromo, titanio o escandio.

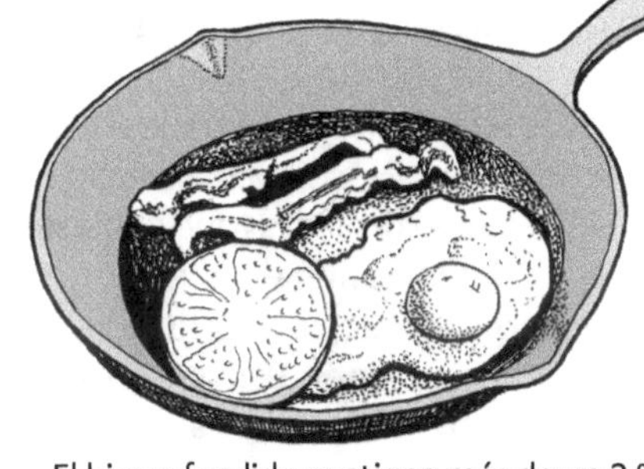

El hierro fundido contiene más de un 2 % de carbono. Es quebradizo, pero sirve para fabricar buenas sartenes y tuberías.

Los glóbulos rojos son rojos porque contienen hierro.

Las células contienen hemoglobina, una molécula con hierro en su centro.

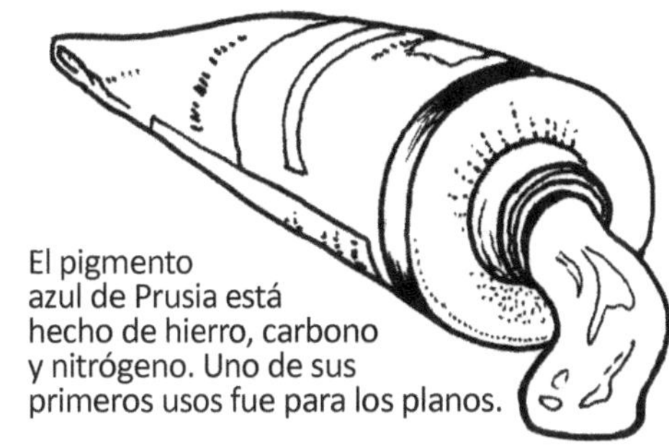

El pigmento azul de Prusia está hecho de hierro, carbono y nitrógeno. Uno de sus primeros usos fue para los planos.

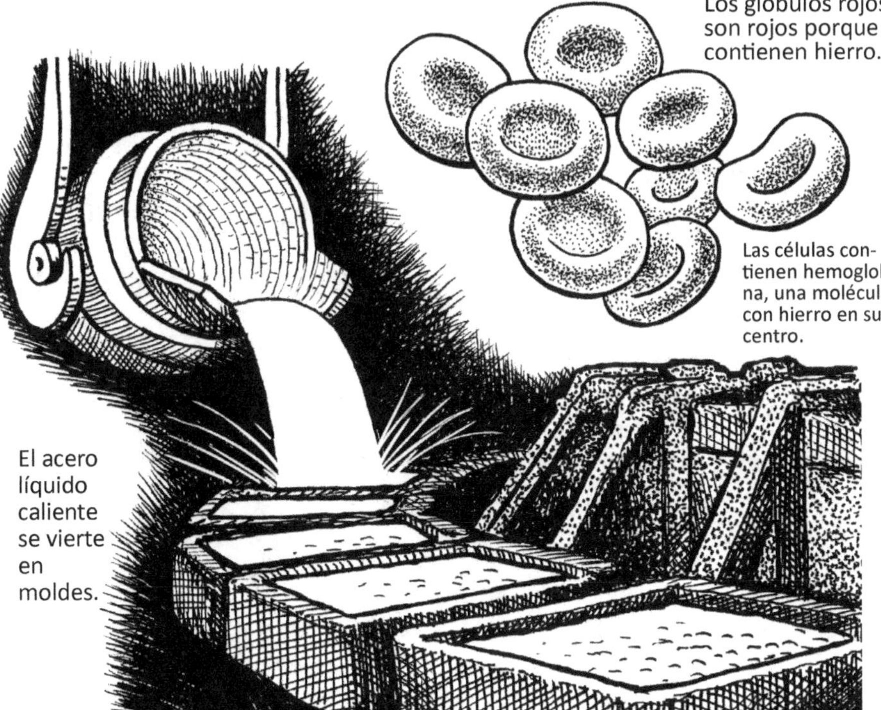

El acero líquido caliente se vierte en moldes.

Una brújula de la antigua China. El puntero de la piedra imantada se asemeja a la constelación de la Osa Mayor, que siempre está en el norte.

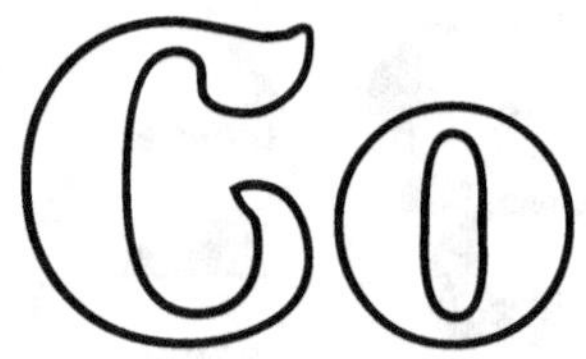

27

protones
32 neutrones
27 electrones
Masa atómica: 58.9

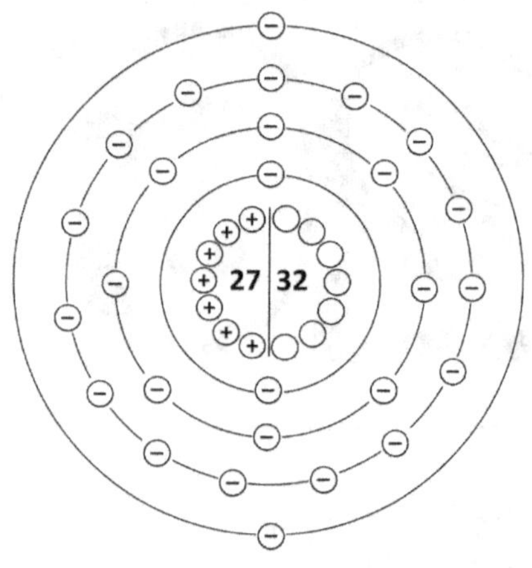

Cobalto

De la palabra alemana "kobold", que significa "duende malvado"

El cobalto ha sido utilizado por los artesanos (como pigmento azul) desde la antigüedad, pero no recibió su nombre moderno hasta el siglo XVIII, cuando un químico sueco llamado Georg Brandt lo declaró oficialmente como elemento. Decidió utilizar el nombre que los mineros alemanes le habían asociado: "kobold", que significa "duende". Los supersticiosos mineros decían que en las oscuras minas vivían traviesos duendes malvados que podían enfermar a los mineros. Las minas tenían menas (rocas) que contenían níquel y cobre, pero junto con estos aparecían cobalto, bismuto y arsénico. Cuando las rocas se calentaban para extraer el níquel y el cobre, los gases tóxicos enfermaban a los mineros. Supusieron que había un elemento desconocido en el mineral, al que llamaron el "duende malvado", pero al final resultó ser el arsénico, y no el cobalto, lo que les enfermaba.

El cobalto es conocido por su capacidad para producir un pigmento azul brillante. El azul cobalto se ha utilizado durante miles de años en Asia y Europa para colorear vidrio, alfarería y cerámica. El primer uso conocido fue en Egipto hace 3000 años.

Hoy en día, el cobalto se utiliza principalmente para fabricar baterías e imanes. El óxido de litio y cobalto, $LiCoO_2$, se utiliza en las baterías de iones de litio de muchos dispositivos electrónicos. Incluso las baterías de níquel-cadmio (NiCad) utilizan algo de cobalto para mejorar la oxidación del níquel. Las baterías utilizadas en los coches eléctricos necesitan grandes cantidades de cobalto. Los imanes de AlNiCo combinan aluminio, níquel, cobalto y hierro. Los imanes de AlNiCo se utilizaron ampliamente en dispositivos electrónicos como motores, altavoces, micrófonos y pastillas de guitarra, hasta la invención de los imanes de tierras raras (que contienen neodimio, por ejemplo), que son más fuertes y más pequeños.

Las aleaciones de acero que contienen cobalto son muy resistentes y pueden utilizarse para fabricar piezas para motores a reacción. Estas aleaciones son muy resistentes a la corrosión y no son tóxicas para el cuerpo humano, por lo que pueden utilizarse para fabricar articulaciones artificiales.

Si bombardeas cobalto con neutrones, puedes producir un isótopo más pesado llamado cobalto-60. Este isótopo es radiactivo, pero de una manera que es muy útil. Los médicos pueden utilizarlo para la radioterapia y para la esterilización de equipos médicos, y en la agricultura para matar gérmenes en productos alimenticios.

El cobalto se encuentra en la estructura molecular de la vitamina B12.

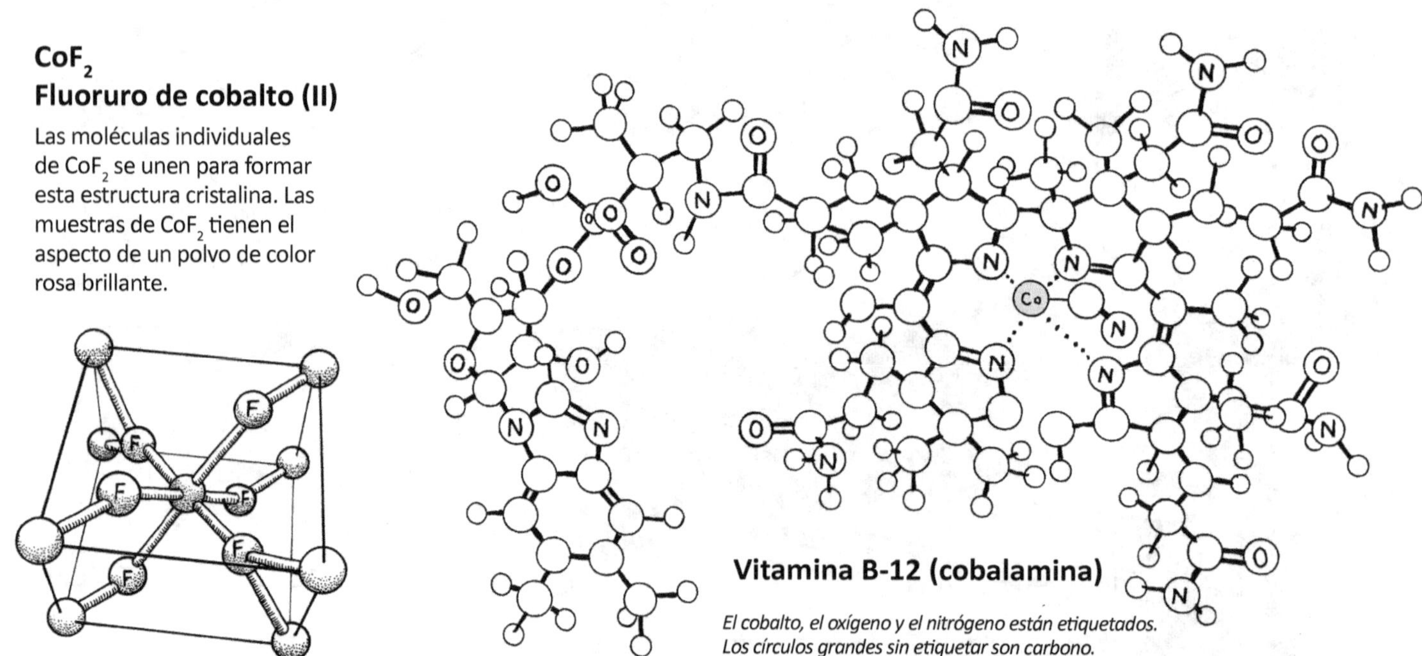

CoF_2
Fluoruro de cobalto (II)

Las moléculas individuales de CoF_2 se unen para formar esta estructura cristalina. Las muestras de CoF_2 tienen el aspecto de un polvo de color rosa brillante.

Vitamina B-12 (cobalamina)

El cobalto, el oxígeno y el nitrógeno están etiquetados.
Los círculos grandes sin etiquetar son carbono.
Los círculos pequeños sin etiquetar son hidrógeno.

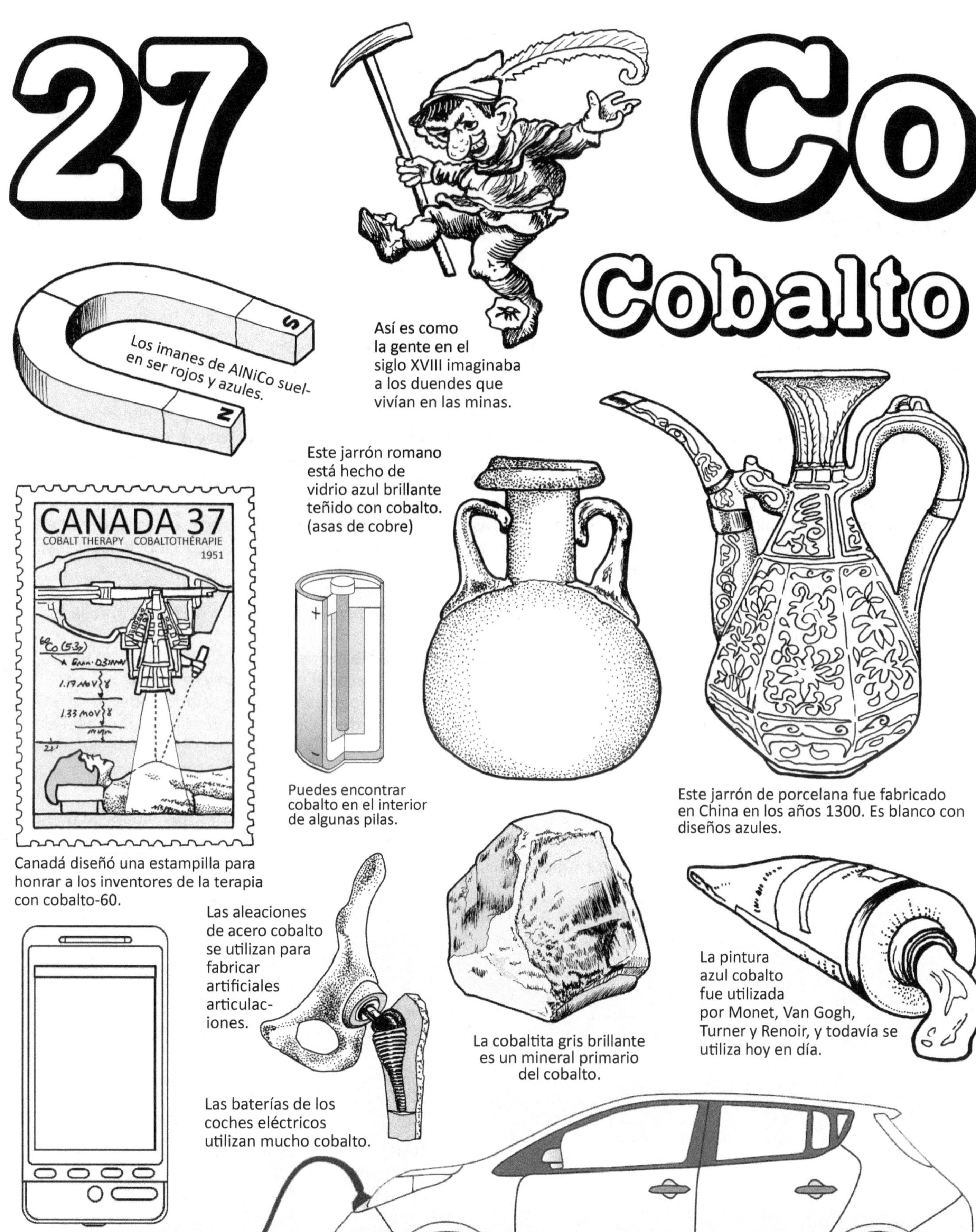
27
Co
Cobalto
Los imanes de AlNiCo suelen ser rojos y azules.
S
N
Así es como la gente en el siglo XVIII imaginaba a los duendes que vivían en las minas.
Este jarrón romano está hecho de vidrio azul brillante teñido con cobalto. (asas de cobre)
CANADA 37
COBALT THERAPY COBALTOTHÉRAPIE
1951
Puedes encontrar cobalto en el interior de algunas pilas.
Este jarrón de porcelana fue fabricado en China en los años 1300. Es blanco con diseños azules.
Canadá diseñó una estampilla para honrar a los inventores de la terapia con cobalto-60.
Las aleaciones de acero cobalto se utilizan para fabricar artificiales articulaciones.
La cobaltita gris brillante es un mineral primario del cobalto.
La pintura azul cobalto fue utilizada por Monet, Van Gogh, Turner y Renoir, y todavía se utiliza hoy en día.
Las baterías de los coches eléctricos utilizan mucho cobalto.
Las pilas recargables de los dispositivos electrónicos suelen utilizar cobalto.

protones
30 neutrones
28 electrones
Masa atómica: 58.7

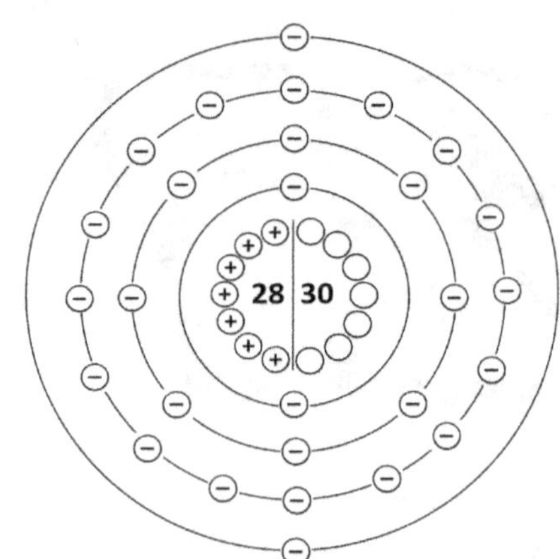

Níquel

De una palabra alemana para el diablo, "Viejo Nick"

El níquel, al igual que el cobalto, debe su nombre a la mitología minera alemana. "Old Nick" era un nombre informal para el diablo, al que los mineros supersticiosos culpaban cuando el níquel plateado salía de las rocas de mineral, en lugar del cobre que buscaban. Llamaban al metal "Kupfernickel" (el cobre del diablo).

El níquel es uno de los cuatro elementos que son magnéticos a temperatura ambiente: hierro, níquel, cobalto y gadolinio. Los imanes hechos de una aleación de aluminio, níquel, cobalto y hierro se conocen como imanes AlNiCo. No son tan fuertes como los imanes hechos de metales de tierras raras como el neodimio, pero son mucho más fáciles y baratos de fabricar, por lo que siguen siendo muy utilizados. A menudo se pintan de rojo y azul.

Al igual que el hierro, el níquel se descubrió por primera vez en meteoritos. Los meteoritos de hierro y níquel proporcionaron a los pueblos antiguos una fuente de metal casi puro. Más tarde, estos elementos se descubrieron en rocas minerales donde estaban mezclados con muchos otros elementos. Mediante la fundición (cocción de las rocas) se pudieron extraer los elementos metálicos.

La textura del níquel es dura pero "dúctil", lo que significa que se puede moldear martillándolo. También se puede estirar para hacer alambres muy largos. Las cuerdas de guitarra están hechas de alambre de níquel enrollado alrededor de un alambre de acero central.

Hoy en día, la mayor parte del níquel se utiliza en la producción de aleaciones de acero inoxidable. Un uso secundario es en el proceso de galvanoplastia de otros metales. Dado que el níquel es brillante y resistente a la corrosión, constituye una buena capa superficial para objetos como monedas y joyas. La moneda estadounidense de 5 centavos, el "nickel", es en realidad un 90 % de cobre, con solo una fina capa de níquel en la superficie, aunque en el pasado tenía un mayor contenido de níquel. Los broches de las prendas de vestir suelen estar recubiertos de níquel. Algunas personas tienen la piel sensible al níquel y desarrollan una pequeña erupción donde los broches tocan su piel. Las teclas plateadas de muchos instrumentos musicales están galvanizadas con níquel.

Los geofísicos especulan que el núcleo interno y externo de la Tierra está hecho de hierro y níquel, lo que lo hace muy abundante en la Tierra en general, a pesar de que es relativamente difícil de encontrar y extraer de la corteza terrestre. Las placas de níquel (y platino) se utilizan en la industria alimentaria para añadir átomos de hidrógeno a los aceites vegetales.

Fluoruro de níquel (II)

El níquel, al igual que el cobalto, puede unirse al flúor para crear una estructura reticular. El fluoruro de níquel tiene el aspecto de un polvo verde.

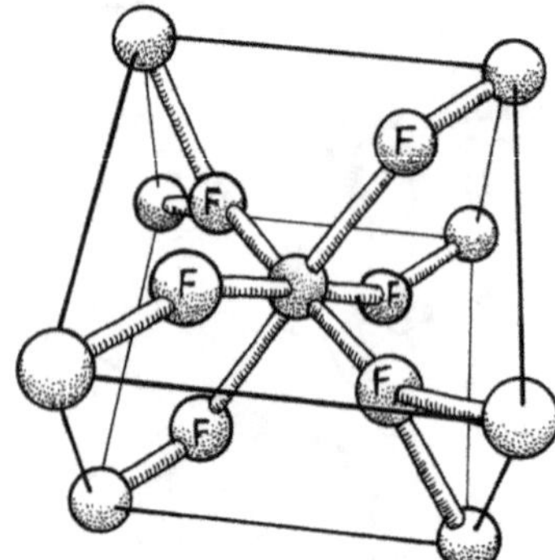

Etiqueta los átomos de Ni y elige un color para cada elemento.

"Cúmulos" de aleación de níquel y aluminio

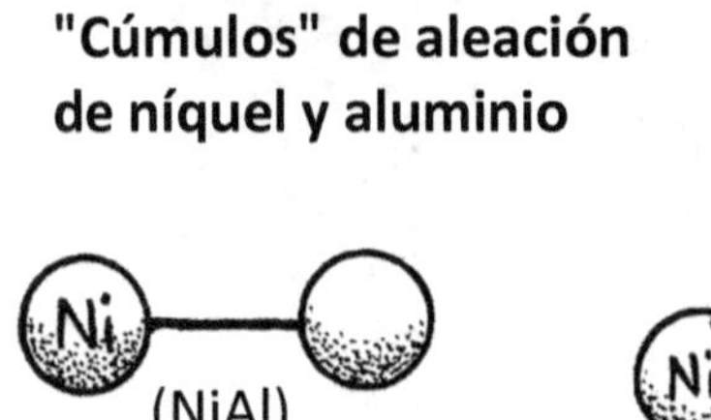

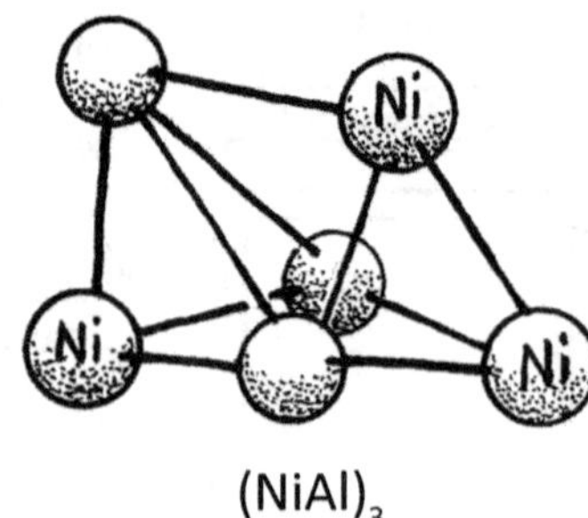

(NiAl)$_2$

(NiAl)$_3$

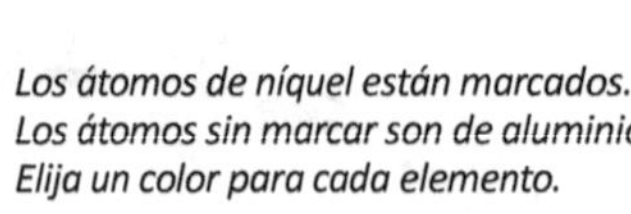

(NiAl)$_4$

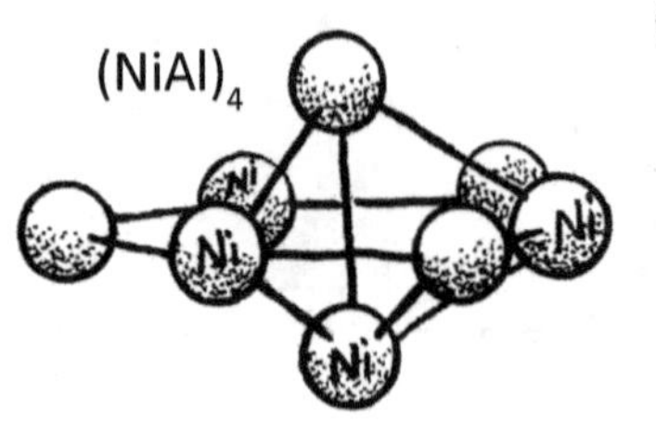

(NiAl)$_5$

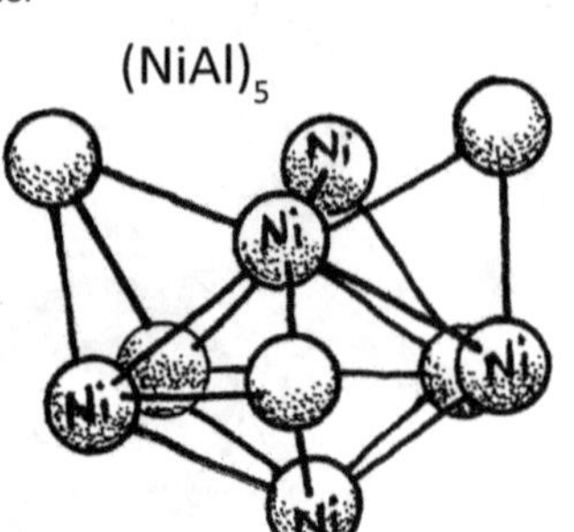

(NiAl)$_6$

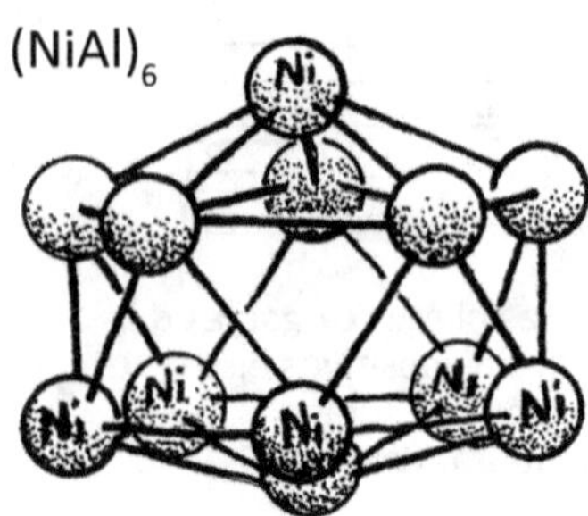

28 Ni Níquel

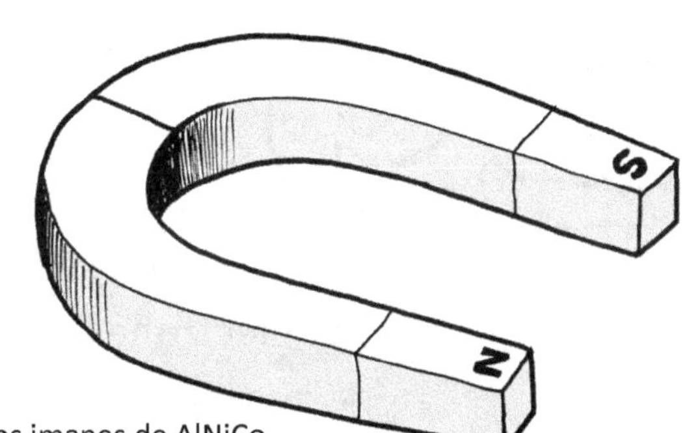

Los imanes de AlNiCo están compuestos de aluminio, níquel, cobalto y hierro.

Este fue el primera moneda do cinco centavos ("nickel") emitida en los Estados Unidos.

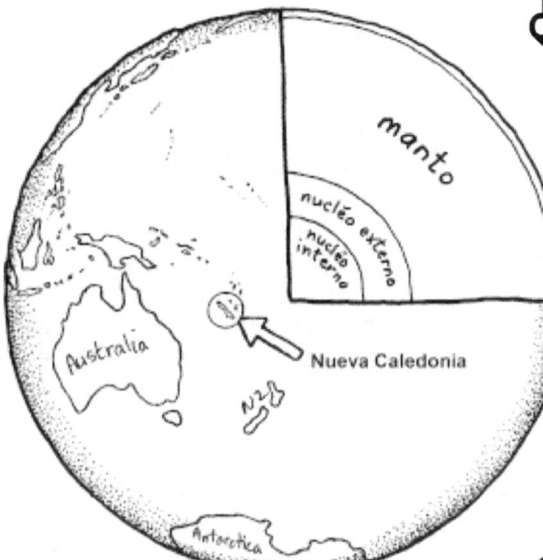

Los científicos creen que el núcleo interno sólido y el núcleo externo líquido de la Tierra están hechos de hierro y níquel.

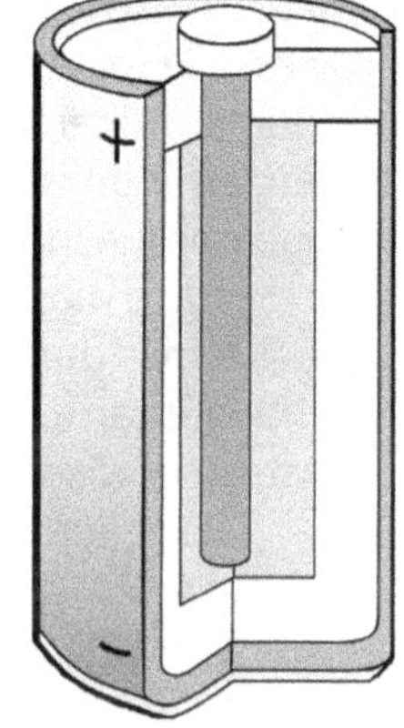

Es el níquel estándar americano.

Canadá fue la principal fuente de níquel hasta que se descubrió un gran yacimiento en la isla de Nueva Caledonia.

Los broches de las prendas de vestir suelen estar chapados con níquel para que brillen.

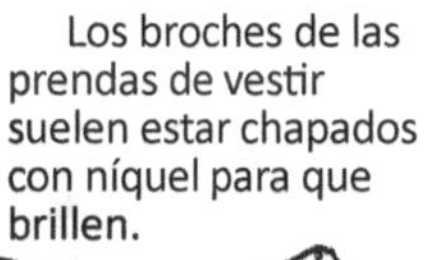

Las baterías recargables de níquel-cadmio utilizan níquel y cadmio como electrodos.

En el proceso de elaboración de aceites vegetales hidrogenados se utilizan placas de níquel y platino.

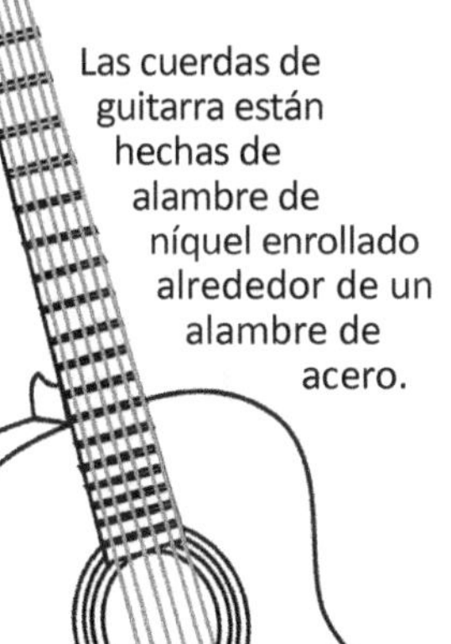

Las cuerdas de guitarra están hechas de alambre de níquel enrollado alrededor de un alambre de acero.

Las teclas del instrumento están bañadas en níquel.

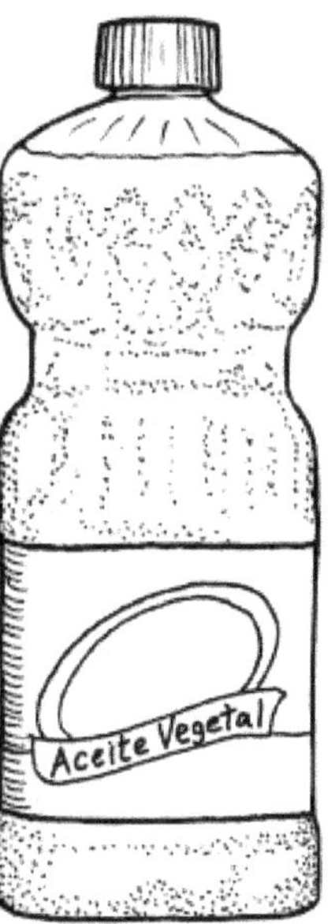

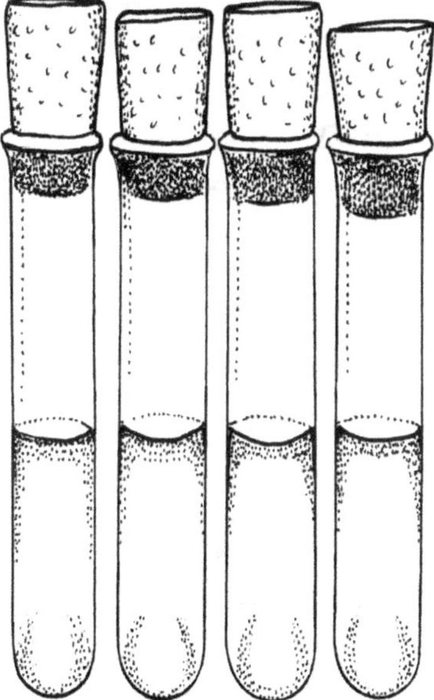

púrpura *azul* *verde claro* *verde oscuro*

Cuando el níquel se disuelve en soluciones de amoníaco (NH_3), cloro o incluso agua, se obtienen colores brillantes.

29

protones
35 neutrones
29 electrones

Masa atómica: 63.5

29 35

Cobre

Del latín que significa "de Chipre"

El cobre ha sido utilizado por muchas civilizaciones durante miles de años. Es uno de los pocos elementos metálicos que se pueden encontrar en su forma pura en la corteza terrestre, aunque la mayor parte del cobre a lo largo de la historia se ha extraído de minerales que contienen solo una pequeña cantidad de cobre. Hoy en día, la mayor parte del cobre proviene de minas a cielo abierto que excavan a través de depósitos de "pórfido cuprífero", que se cree que se formaron por fluidos minerales calientes que se filtraban desde muy por debajo de la superficie. Los minerales que contienen cobre suelen tener un color verde o azul, como la malaquita y la turquesa. El cobre puro tiende a volverse verde azulado con el tiempo porque interactúa con el oxígeno del aire. La Estatua de la Libertad, que está hecha de cobre, ahora es verde.

Hace más de 4000 años, los trabajadores del metal descubrieron que si se añade un poco de estaño al cobre, este se vuelve más duro y, por lo tanto, más adecuado para herramientas y armas. Esta combinación (aleación) se llama bronce. Mucho más tarde, se inventó otra aleación, el latón, añadiendo zinc al cobre. El latón es más conocido hoy en día por su uso en instrumentos musicales que llamamos instrumentos de viento-metal, como la trompeta, el trombón y la tuba.

Los elementos situados justo debajo del cobre en la tabla periódica son la plata y el oro. Los tres elementos, cobre, plata y oro, tienen disposiciones de electrones que les confieren propiedades similares. Son relativamente blandos y fáciles de martillar o fundir para darles forma. También conducen muy bien la electricidad y pueden convertirse en cables eléctricos. El cable de cobre se encuentra en casi todos los aparatos o motores eléctricos.

Las teteras de cobre solían ser muy populares en los hogares, antes de la llegada del acero inoxidable y las teteras eléctricas. Hasta hace poco, las tuberías de cobre eran el estándar de la industria para las instalaciones de fontanería en las casas, y algunos constructores todavía optan por instalar cobre en lugar de plástico PVC. A veces se utilizan finas láminas de cobre para impermeabilizar los tejados.

El cobre es necesario para la formación de algunas de las enzimas de nuestro cuerpo. Los moluscos (caracoles, babosas, almejas, calamares) necesitan más cobre que nosotros porque su sangre utiliza una molécula a base de cobre para transportar oxígeno (en lugar de hierro, como la mayoría de los demás animales). El cobre es tóxico para los mohos que crecen en las plantas, por lo que se utiliza para fabricar fungicidas agrícolas. El cobre también es tóxico para muchos tipos de bacterias, por lo que los tiradores y pomos de latón transportarán menos gérmenes que los de acero.

$CuCl_2$
Cloruro de cobre

Cl
Cl
Cu

Cu_2O Óxido de cobre (I)

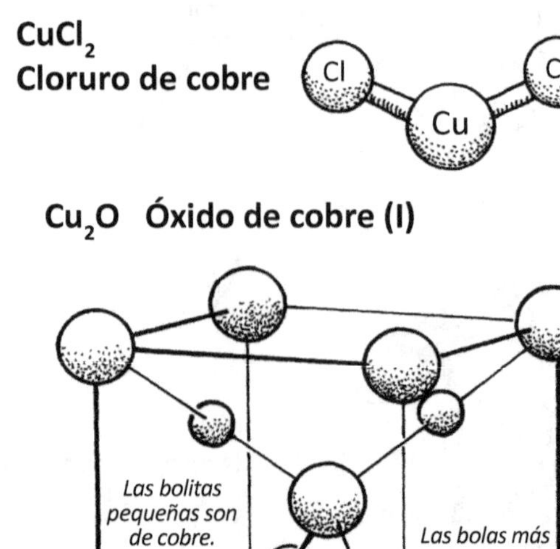

$CuCO_3$
Carbonato de cobre

$CuSO_4$
Sulfato de cobre

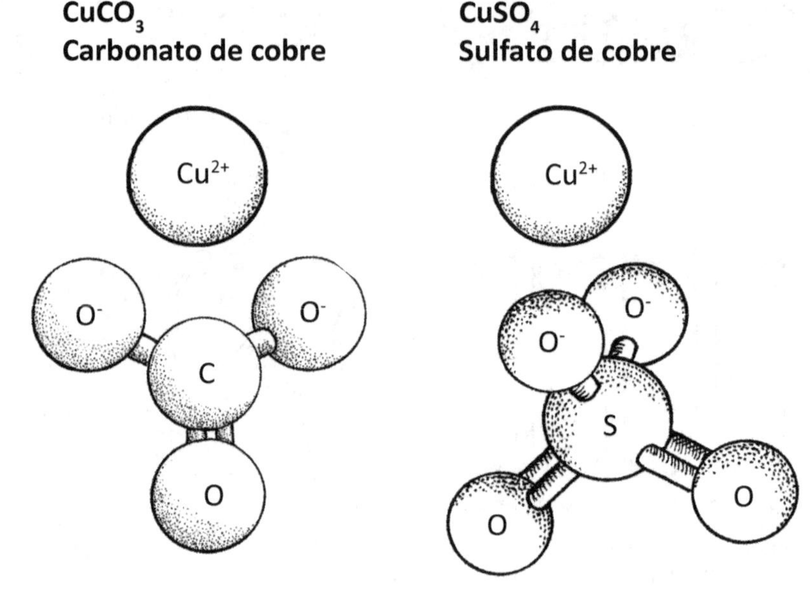

La mayoría de los compuestos de cobre pueden formar estructuras cristalinas, aunque no todas se muestran aquí.

29
Cu
Cobre
La malaquita es de color verde brillante. $CuO_3 \cdot Cu(OH)_2$
La Estatua de la Libertad de Nueva York está hecha de cobre. Es de color verde debido a la interacción del cobre con el oxígeno.
Hervidor de cobre
Esta tuba está hecha de latón. El latón es una aleación de cobre y puede tener entre un 5% y un 45% de zinc.
Este anillo muestra una pieza pulida de turquesa. $Cu\,Al_6(PO_4)_4(OH)_8 \bullet 4H_2O$
Una moneda de cobre de la antigua Roma
Los peniques modernos están recubiertos de cobre.
El alambre de cobre se enrolla alrededor de varillas de metal para hacer electroimanes.
Un timbal de bronce
Las tuberías de cobre se utilizan para fontanería doméstica, así como en la industria.

30 protones

35 neutrones

30 electrones

Masa atómica: 65.4

Zinc

De la palabra alemana "Zinke"

Los trabajadores metalúrgicos han utilizado el zinc durante más de 3000 años, pero no se aisló como elemento hasta 1746. El zinc puro es un metal brillante de color gris plateado. En la naturaleza, nunca se encuentra en forma pura, sino unido a otros elementos como el azufre o el oxígeno para formar minerales, como la esfalerita. Las menas de zinc suelen mezclarse con minerales de cobre y plomo. Estas mezclas probablemente fueron las que llevaron al descubrimiento del latón y el bronce.

El zinc se alea fácilmente con muchos otros metales, como el aluminio, el antimonio, el bismuto, el oro, el hierro, el plomo, el mercurio, la plata, el estaño, el magnesio, el cobalto, el níquel, el telurio y el sodio. La aleación más conocida es el latón, el cual es una combinación de cobre y zinc. Los objetos de latón encontrados en Oriente Medio datan de alrededor del 1400 a. C. En la época moderna, el latón es conocido por ser el metal del que están hechas las trompetas, los trombones y las tubas.

Una característica importante del zinc es su capacidad para combinarse con el oxígeno y formar una capa protectora en la superficie. Los metales pueden impermeabilizarse aplicándoles una fina capa de zinc. Este proceso se denomina "galvanización", en honor a Luigi Galvani, que realizó experimentos con zinc a finales del siglo XVIII. Los clavos y tornillos galvanizados se utilizan para fabricar estructuras que estarán expuestas a la lluvia y la nieve.

El óxido de zinc, ZnO, puede absorber la dañina luz ultravioleta, por lo que puede utilizarse en productos de protección solar y también en plásticos para protegerlos de los daños causados por el sol. El hecho de que el ZnO sea un polvo blanco permite utilizarlo como pigmento para la pintura blanca. El sulfuro de zinc, ZnS, brillará después de ser expuesto a la luz, y se utiliza para fabricar productos que brillan en la oscuridad. El cloruro de zinc, $ZnCl_2$, se utiliza en la madera para hacerla más resistente a la intemperie y al fuego.

La primera batería eléctrica fue fabricada por Alessandro Volta en 1800, utilizando una pila de discos de cobre y zinc, con almohadillas húmedas entre ellos. Las almohadillas estaban empapadas con una solución electrolítica que permitía que los electrones fluyeran entre el cobre y el zinc. Esta "pila voltaica" fue la precursora de la batería de celda seca moderna.

El zinc es un mineral importante en el cuerpo, ya que forma parte de la estructura de muchas enzimas. Una de las moléculas de zinc más interesantes se conoce como "dedo de zinc", una estructura molecular que puede agarrar y retener el

$ZnCl_2$ Cloruro de zinc

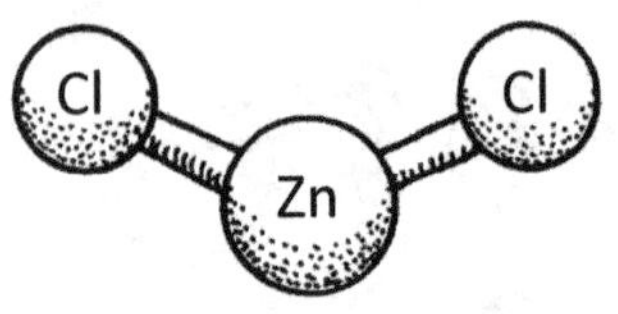

ZnO Óxido de zinc

El ZnO también puede formar una estructura cristalina (no mostrada aquí).

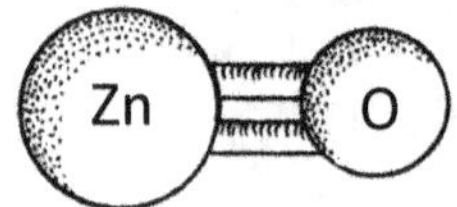

ZnS Sulfuro de zinc

El ZnS también puede formar la estructura mostrada para el ZnSe.

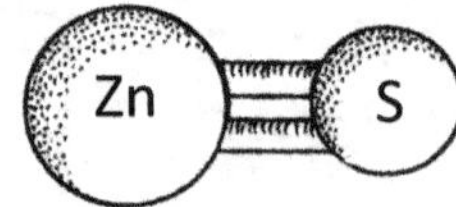

ZnSe Selenuro de zinc

ZnTe Telururo de zinc

Estas moléculas tienen la misma estructura. Se utilizan en la industria de los semiconductores.

$ZnCO_3$ Carbonato de zinc

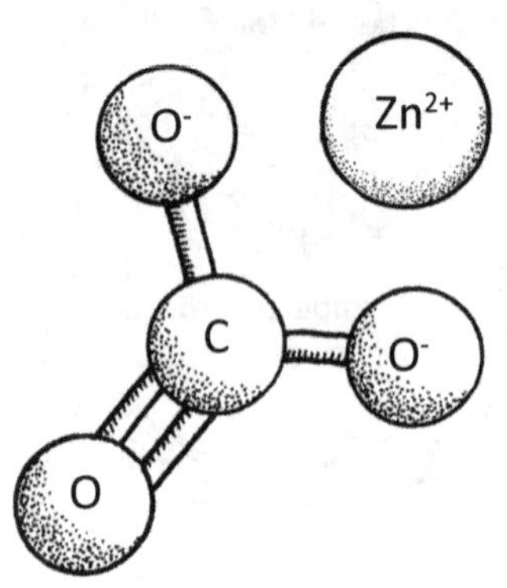

$ZnSO_4$ Sulfato de zinc

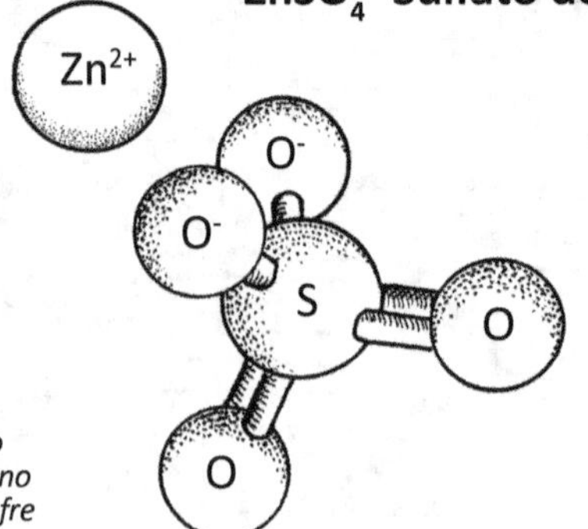

Rojo = oxígeno
Negro = carbono
Amarillo = azufre

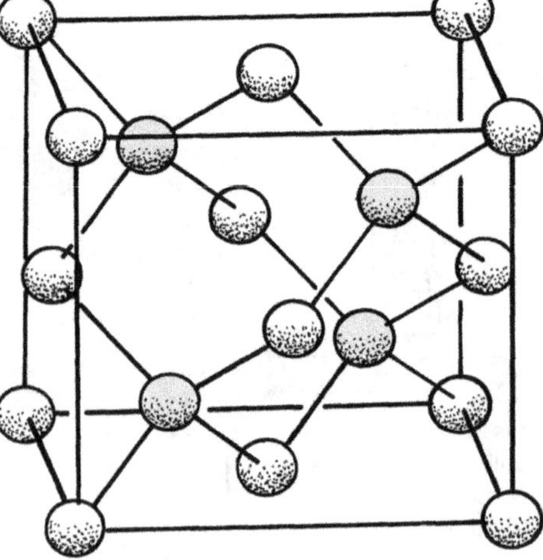

Las bolas más oscuras representan zinc..

30 Zn Zinc

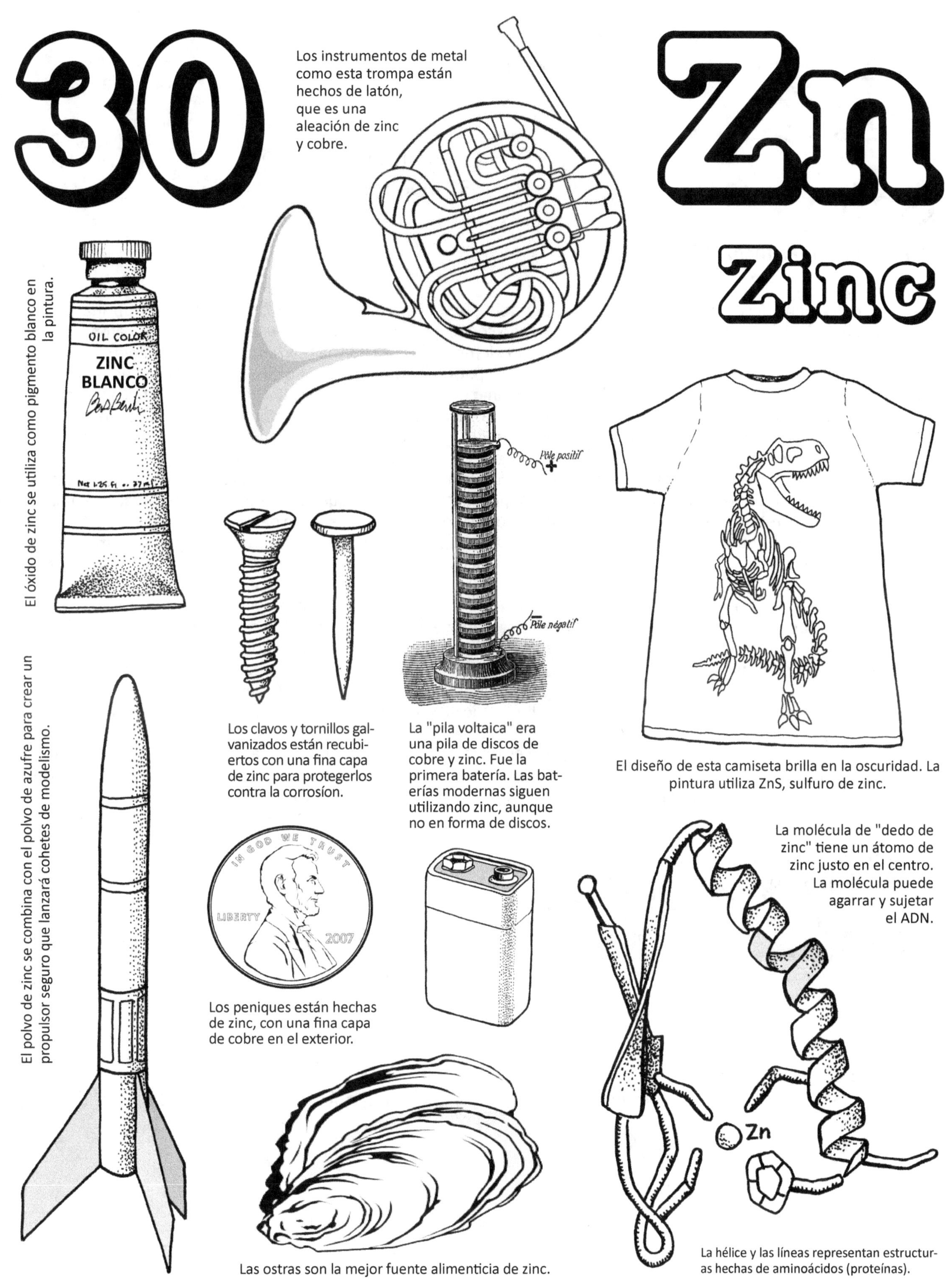

Los instrumentos de metal como esta trompa están hechos de latón, que es una aleación de zinc y cobre.

El óxido de zinc se utiliza como pigmento blanco en la pintura.

Los clavos y tornillos galvanizados están recubiertos con una fina capa de zinc para protegerlos contra la corrosíon.

La "pila voltaica" era una pila de discos de cobre y zinc. Fue la primera batería. Las baterías modernas siguen utilizando zinc, aunque no en forma de discos.

El diseño de esta camiseta brilla en la oscuridad. La pintura utiliza ZnS, sulfuro de zinc.

El polvo de zinc se combina con el polvo de azufre para crear un propulsor seguro que lanzará cohetes de modelismo.

Los peniques están hechas de zinc, con una fina capa de cobre en el exterior.

La molécula de "dedo de zinc" tiene un átomo de zinc justo en el centro. La molécula puede agarrar y sujetar el ADN.

Las ostras son la mejor fuente alimenticia de zinc.

La hélice y las líneas representan estructuras hechas de aminoácidos (proteínas).

Ga 31

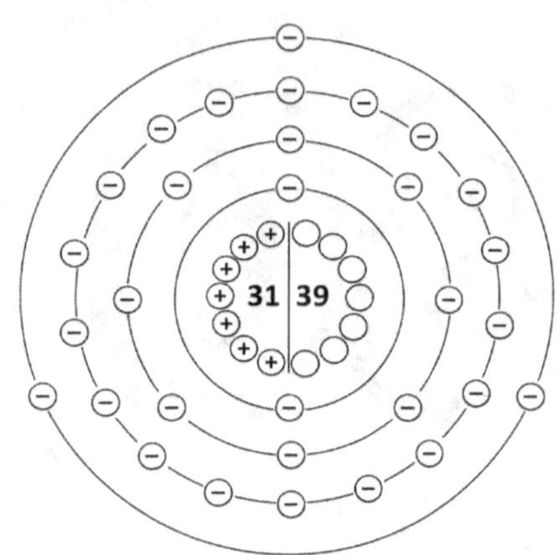

protones
39 neutrones
31 electrones

Masa atómica: 69.7

Galio

Del latín para Francia, "Gallia"

Dmitri Mendeleyev, el inventor de la tabla periódica, hizo una predicción en 1871: pronto se descubriría un nuevo elemento. Este elemento sería un metal blando con un punto de fusión bajo y tendría una masa atómica de aproximadamente 68. Incluso predijo que este nuevo elemento se descubriría utilizando un espectrómetro, una máquina que muestra bandas de luz de colores producidas por los elementos cuando se calientan. Le dio un nombre temporal, "eka-aluminio", ya que estaría debajo del aluminio en su tabla de elementos. En 1875, un químico francés llamado Paul Emile Lecoq de Boisbaudran utilizó un espectrómetro para descubrir un elemento al que decidió llamar "galio" utilizando el nombre latino de Francia. Las propiedades reales del galio resultaron ser muy similares a las predicciones de Mendeleyev, lo que sorprendió al mundo científico de la época y dio fama a Mendeleyev.

El galio tiene un punto de fusión tan bajo que se vuelve líquido en la mano, solo por el calor corporal. A principios del siglo XX, alguien decidió que sería divertido usar galio para hacer "cucharas que desaparecen". A temperatura ambiente, las cucharas parecían cubiertos normales, pero cuando se ponían en té caliente se derretían rápidamente.

Antes de la década de 1960, el uso principal del galio era como sustituto del mercurio en los termómetros. El galio se combinaba con el indio y el estaño, formando una aleación llamada Galinstan®. ("Stan" proviene de la palabra latina para estaño, "stannum").

El galio es más útil en el mundo de la tecnología cuando se combina con otros elementos para formar aleaciones. Una de las aleaciones más conocidas, el arseniuro de galio, GaAs, se utiliza en láseres. El nitruro de galio, GaN, se utiliza para fabricar diodos láser azules que se emplean en los reproductores de discos Blu-ray. Tanto el GaAs como el GaN se utilizan como semiconductores y pueden encontrarse en ordenadores, teléfonos móviles, dispositivos electrónicos de automóviles y dispositivos de fibra óptica. El arsenurio de galio y aluminio se utiliza en láseres infrarrojos de alta potencia. El nitruro de indio y galio se utiliza para fabricar LED azules (diodos emisores de luz).

El cuerpo no necesita el galio, pero tampoco es tóxico. Varios compuestos de galio se están utilizando como medicamentos experimentales para tratar infecciones y cánceres. Los isótopos radiactivos de galio, especialmente el Ga-68, se utilizan en la tomografía por emisión de positrones (PET) para el diagnóstico por imagen.

El galio se encuentra en minerales como la bauxita y la esfalerita, que se extraen por su aluminio y zinc, por

Espectro de emisión del galio

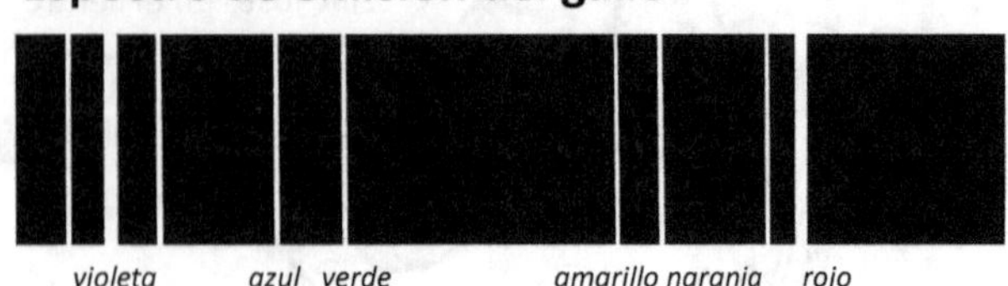

Como predijo Mendeleyev, el galio se descubrió con un espectrómetro. El helio fue el primer elemento descubierto de esta manera.

$GaCl_3$
Tricloruro de galio

Los físicos utilizan el tricloruro de galio para buscar partículas diminutas llamadas neutrinos.

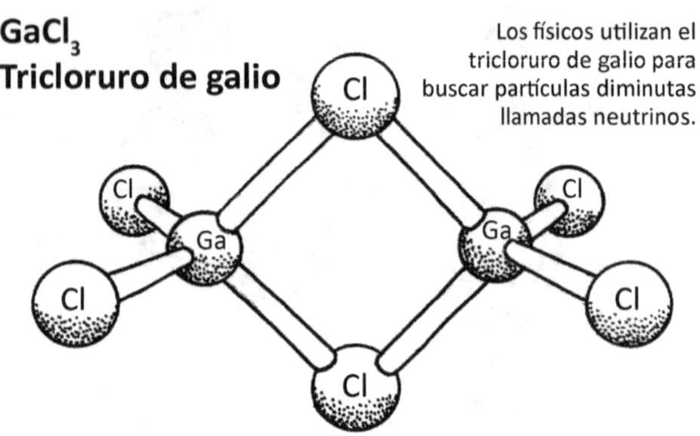

GaN Nitruro de galio

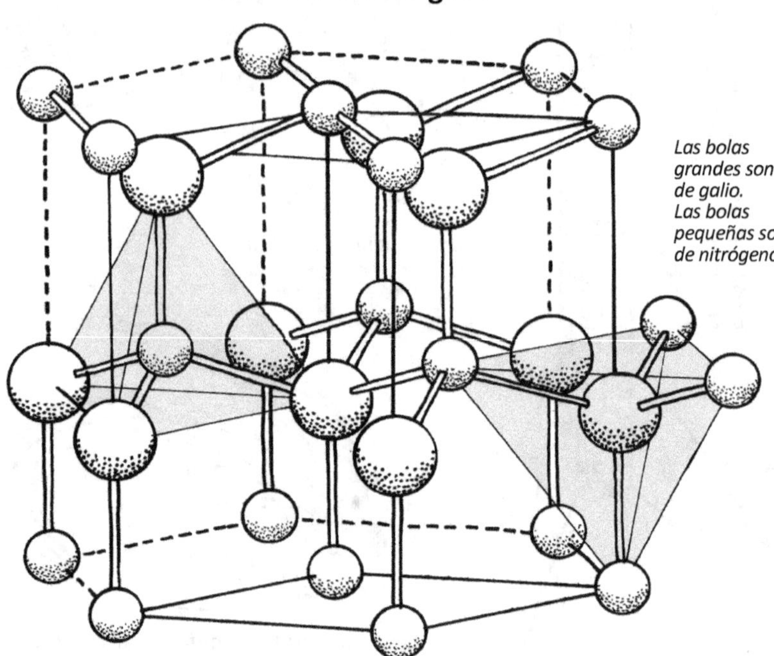

Las bolas grandes son de galio. Las bolas pequeñas son de nitrógeno.

31 Ga

Galio

Este dispositivo de radiofrecuencia GaN puede no parecer gran cosa, pero es el corazón de una industria que vale millones de dólares.

El galio se encuentra en menas de otros minerales, como la bauxita (aluminio).

El galio tiene un punto de fusión tan bajo que se derrite en la mano.

El galio se utiliza en termómetros, a menudo como parte de la aleación Galinstan ® (galio, indio, estaño).

El galio se utiliza para fabricar LED azules.

El arseniuro de galio, GaAs, está presente en muchos dispositivos electrónicos.

Se utilizaron aleaciones de galio para fabricar varias piezas de los rovers de Marte.

Los paneles solares se fabricaron con finas capas de arseniuro de galio sobre germanio.

Hace años, el galio se utilizaba para hacer "cucharas que desaparecían" (como truco de fiesta).

El nitruro de galio se utiliza para fabricar los láseres azules de los reproductores Blu-ray.

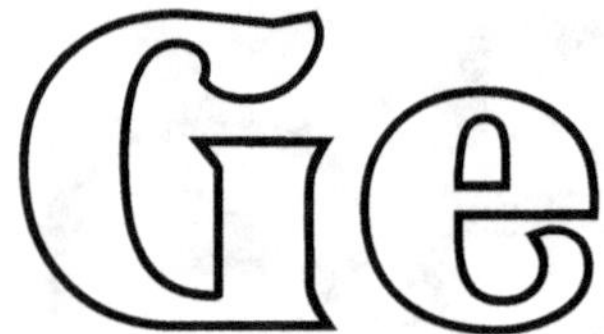

protones
41 neutrones
32 electrones

Masa atómica: 72.6

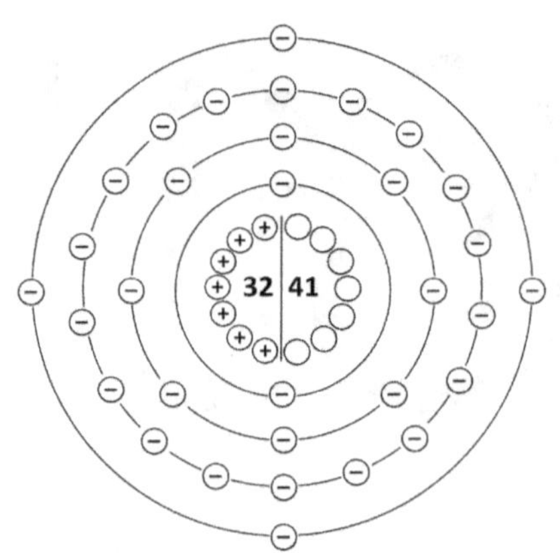

Germanio

Nombrado en honor a Alemania

En 1869, dos años antes de predecir el descubrimiento del galio, Dmitri Mendeleyev predijo el descubrimiento de un nuevo elemento que encajaría justo debajo del silicio en su Tabla Periódica de los Elementos. Utilizó el nombre provisional de "eka-silicio" y dio estimaciones de la masa, densidad y propiedades químicas de este nuevo elemento. En 1886, el químico alemán Clemens Winkler descubrió un nuevo elemento oculto en un mineral que contenía principalmente plata y azufre. Quería llamar a este nuevo elemento "neptunio" en honor al planeta recién descubierto, pero este nombre ya se había propuesto para otro elemento (aunque no para el que ahora llamamos neptunio), así que se conformó con ponerle el nombre de su país natal, Alemania. Hoy en día, el germanio se extrae más comúnmente de la esfalerita, la principal mena de zinc.

El germanio se parece mucho al silicio y al carbono, los elementos que están justo encima en la tabla. Todos los elementos de esta columna tienen cuatro electrones en su capa exterior. Preferirían tener ocho en lugar de cuatro, por lo que se organizarán en una red cristalina, lo que permite que cada átomo comparta sus electrones con sus vecinos.

En 1948, se hizo un gran descubrimiento sobre la estructura reticular del germanio: era un "semiconductor", lo que significa que solo dejaría pasar la electricidad bajo ciertas circunstancias. Esto era perfecto para fabricar una pequeña pieza electrónica llamada "transistor". Los transistores se utilizaron entonces para fabricar las primeras radios y televisores.

Con el tiempo, se determinó que el silicio era aún más útil que el germanio para este propósito, y como era más abundante y menos costoso, nuestros dispositivos modernos utilizan más silicio que germanio.

El germanio se puede mezclar con otros elementos para formar aleaciones que son más útiles para la industria electrónica que el germanio puro. Cuando se añaden pequeñas cantidades de otros elementos, se denomina "dopaje". El germanio se dopa con galio, indio, arsénico y antimonio para fabricar materiales semiconductores utilizados en ordenadores, teléfonos, células solares y sistemas de fibra óptica. El óxido de germanio se utiliza en lentes de cámara gran angular.

Dado que el germanio es transparente a la radiación infrarroja, puede utilizarse en dispositivos ópticos infrarrojos, como mandos a distancia y sensores de movimiento.

GeO_2 Dióxido de germanio

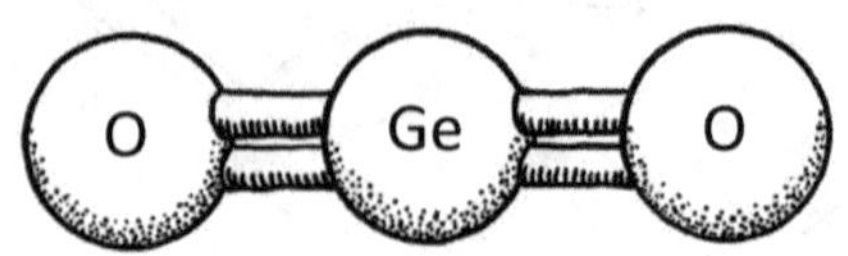

Las moléculas de GeO_2 se unen entre sí para formar un polvo blanco.

GeH_4
Germano
(similar al metano)

El GeH_4 se quema en el aire para formar GeO_2 y agua.

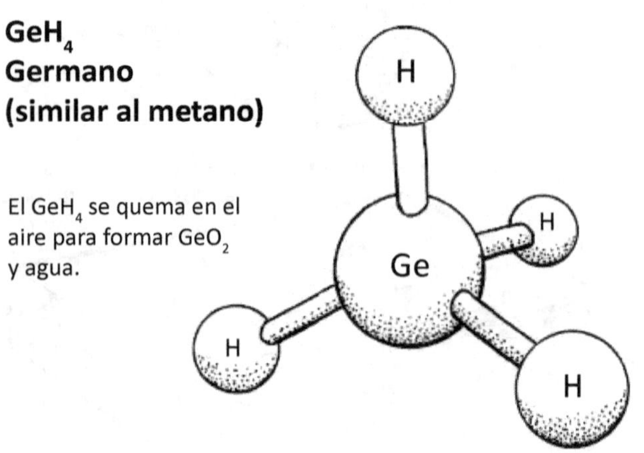

SiGe Aleación de silicio y germanio

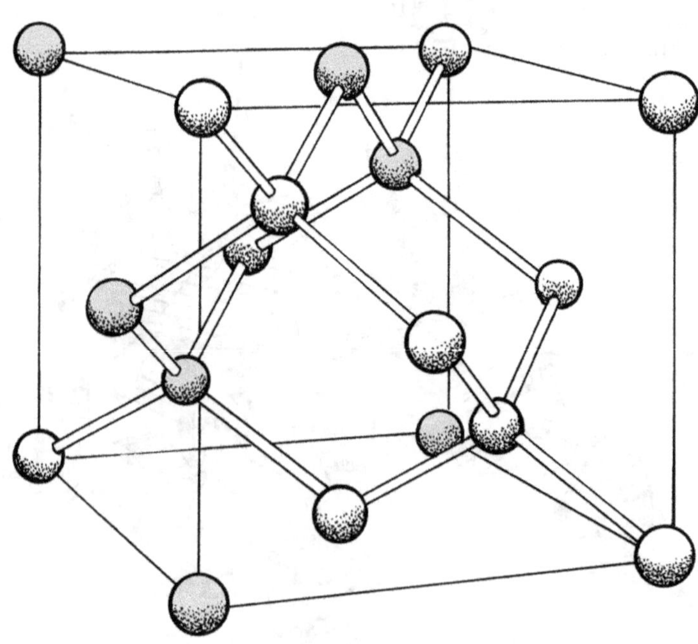

Las bolas más oscuras representan el germanio. Las bolas blancas representan el silicio.

32
Ge
El germanio recibe su nombre de Alemania.
Bremen
Berlin
ALEMANIA
(GERMANY)
Bonn
Frankfurt
Mainz
Stuttgart
Black Forest
Munich
Los dispositivos de detección por infrarrojos se utilizan en máquinas (como robots y autos) para darles "visión".
Los transistores fueron uno de los grandes inventos de finales del siglo XX.
Germanio
Una "radio de cristal es fácil de fabricar.
Las lentes gran angulares pueden estar hechas de compuestos de germanio.
Todos nuestros dispositivos tecnológicos probablemente tienen algo de germanio
El "cristal" de una radio de cristal suele ser un diodo de germanio.
El germanio y el galio se utilizan para fabricar paneles solares.
El silicio sustituyó al germanio en muchos dispositivos electrónicos
El germanio es uno de los elementos necesarios para la espectrometría de rayos gamma y la fotografía que utilizan las cámaras de los satélites..
El germanio se utiliza en satélites para paneles solares, sensores infrarrojos y cámaras. La Voyager 1 tomó las primeras fotos de cerca de Júpiter.
Este vehículo exploró la superficie de Marte.

As 33

protones
42 neutrones
33 electrones
Masa atómica: 74.9

Arsénico

De una antigua palabra siria que significa "de color dorado".

El arsénico es venenoso, pero también puede ser muy útil. El conocimiento de los compuestos de arsénico se remonta a miles de años atrás, cuando la gente descubrió que podía utilizarse como un método incruento de deshacerse de un enemigo político, pero también como aditivo del bronce para hacerlo más duro. Un compuesto de arsénico llamado "orpimiento" podía utilizarse para fabricar pintura amarilla o dorada, y los alfareros podían utilizar un compuesto de arsénico blanco para hacer un esmalte blanco para sus vasijas de barro.

Mucho más tarde, en el siglo XIX, las mujeres inglesas mezclaban arsénico blanco con vinagre y tiza y hacían una pasta que podían comer o frotarse en la piel para que se les viera pálidas, ya que estar pálida estaba de moda en aquella época. También durante el siglo XIX, el químico Carl Scheele utilizó un compuesto de cobre y arsénico para fabricar un pigmento verde brillante. Este pigmento no solo lo utilizaban los artistas, sino que también se utilizaba para hacer papel pintado con diseños verdes. Lamentablemente, muchas personas que vivían en casas con papel pintado verde enfermaron y algunas (generalmente niños) murieron.

El arsénico se ha utilizado durante mucho tiempo como veneno para ratas. A principios del siglo XX, los químicos descubrieron cómo utilizar compuestos de arsénico para matar insectos que vivían en los cultivos agrícolas. Los insecticidas a base de arsénico se eliminaron por completo en EE.UU. en 2013, excepto algunos compuestos de arsénico (mucho menos tóxicos) utilizados en el cultivo del algodón.

En la década de 1930, el arseniato de cobre cromado se popularizó como conservante de la madera, protegiendo las superficies exteriores de la madera contra el moho, las algas, las bacterias y los daños causados por los insectos. Estos conservantes se prohibieron en EE.UU. y Europa en 2004, pero todavía se utilizan en otros lugares del mundo. Los compuestos orgánicos de arsénico (que contienen átomos de carbono) son mucho menos tóxicos que los inorgánicos, y se administran a los pollitos y pavos para que crezcan más rápido.

Desde finales del siglo XX, el arseniuro de galio, GaAs, se ha utilizado en diodos láser, placas de circuitos integrados y paneles solares. El arseniuro de galio es especialmente útil en dispositivos que irán al espacio.

El mayor uso del arsénico hoy en día es como aleación con plomo. Las baterías de coche contienen plomo mezclado con pequeñas cantidades de arsénico. Las aleaciones de plomo y arsénico también se pueden encontrar en algunas balas.

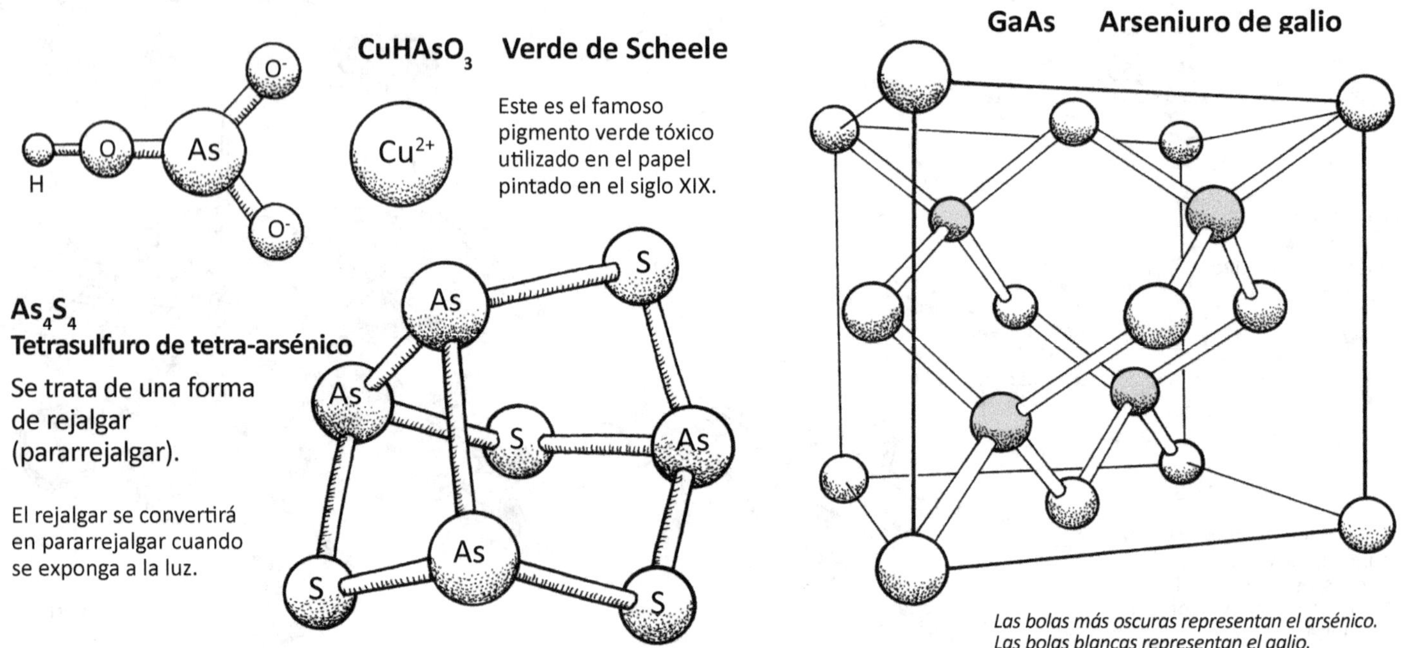

Las bolas más oscuras representan el arsénico.
Las bolas blancas representan el galio.

La mayoría de la gente conoce el arsénico como veneno para ratas.

33 As Arsénico

Este es un pulverizador insecticida de principios del siglo XX.

El arsénico se ha utilizado no solo como pesticida (para matar animales) sino también como insecticida (para matar insectos) en los campos de cultivo.

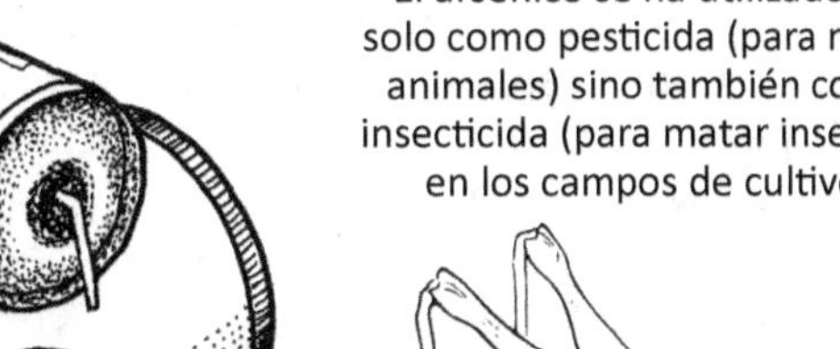

El realgar, As_4S_4, a menudo se denomina "arsénico rubí" porque los cristales son rojos.

El oropimente, As2S3, puede ser amarillo o dorado.

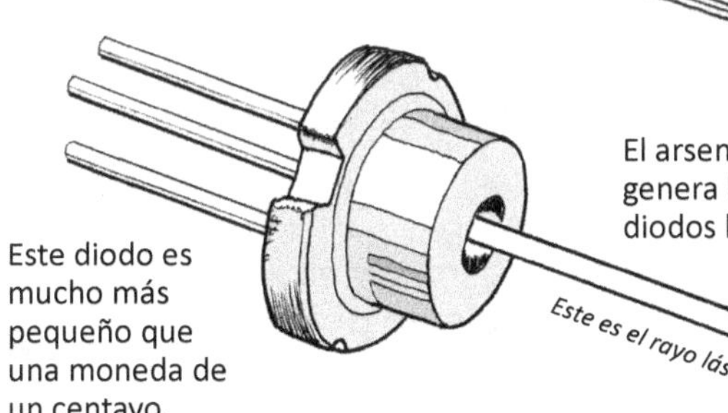

Las aleaciones de arsénico, como el arseniuro de galio, son especialmente útiles en dispositivos que irán al espacio exterior, como este satélite, Voyager 1.

El arseniuro de galio genera luz en los diodos láser.

Este diodo es mucho más pequeño que una moneda de un centavo.

Diseno de papel tapiz con arsenico. (Colorea todo de verde).

La arsenopirita, FeAsS, es brillante y gris.

El arseniuro de galio se utiliza en algunos paneles solares. Los paneles del tejado de esta casa son azules.

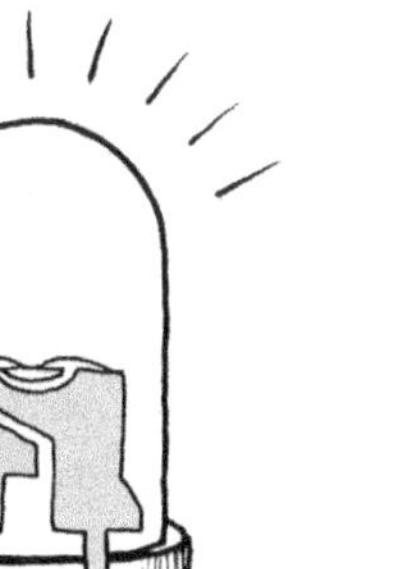

Las baterías de plomo-ácido contienen arsénico..

El arseniuro de galio, GaAs, se utiliza en los LED.

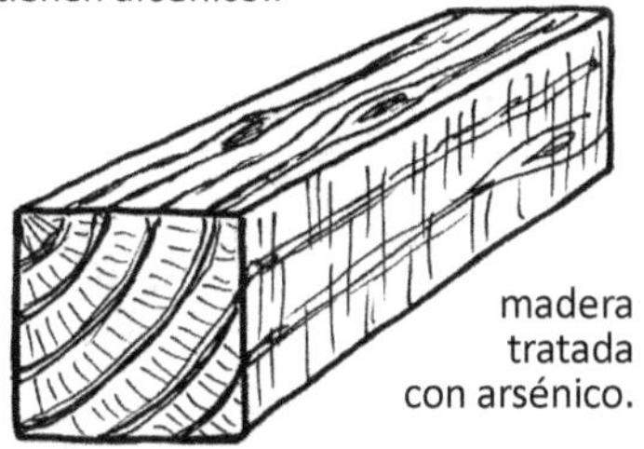

madera tratada con arsénico.

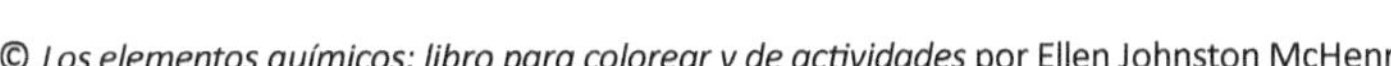

Se 34

protones
45 neutrones
34 electrones
Masa atómica: 78.9

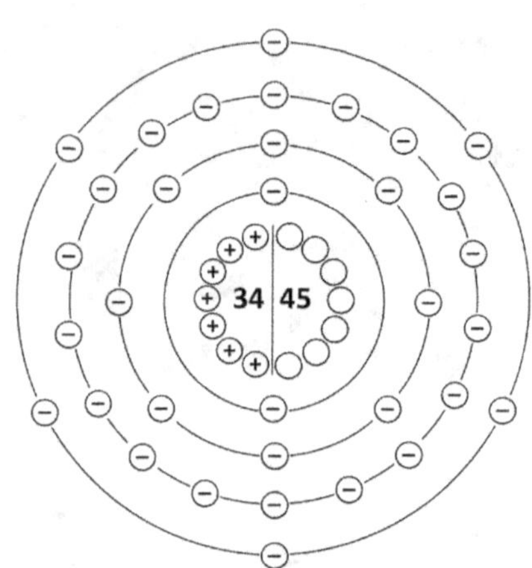

Selenio

Llamado así por la antigua palabra griega para luna, "Selene"

El selenio recibe su nombre de la luna porque se encuentra justo encima del telurio en la tabla periódica, y "tellus" significa "tierra" en latín. Los químicos suecos que descubrieron el selenio pensaron al principio que el elemento con el que estaban trabajando era telurio porque tenía muchas de las características del telurio. Cuando resultó ser un nuevo elemento, un átomo mucho más pequeño que se situaría justo encima del telurio en la tabla periódica, pareció apropiado darle a la "tierra" (telurio) una "luna" que brillara sobre ella.

El selenio tiene una característica única que lo diferencia de cualquier otro elemento: es sensible a la luz y conduce la electricidad en proporción directa a la cantidad de luz que incide sobre él. La primera persona que descubrió un uso práctico para esta propiedad fue Alexander Graham Bell, quien inventó un "fotófono" antes de inventar el teléfono. Su fotófono (en 1880) fue el primer sistema de comunicación inalámbrica del mundo, que utilizaba un haz de luz para enviar mensajes de sonido. Unos espejos delgados en cada extremo podían flexionarse al ser golpeados por ondas sonoras, y en el extremo receptor un detector de selenio convertía las ondas sonoras en una señal eléctrica que iba a un auricular.

En el siglo XX, el selenio hizo posible la invención de otros dispositivos sensibles a la luz, como los "ojos" eléctricos (sensores de luz), los fotómetros para cámaras, las células solares y las fotocopiadoras (no digitales). El selenio también puede utilizarse como semiconductor y fue un material popular en la industria electrónica hasta que se descubrió que el silicio era una mejor opción. El selenio se utilizó para fabricar pequeños LED antes del descubrimiento del arseniuro de galio. En el siglo XXI, se ha descubierto un nuevo uso para el selenio, en las máquinas de rayos X de panel plano que producen imágenes digitales.

El mayor uso del selenio se da en la fabricación de vidrio, ya que produce un color rojo brillante cuando se mezcla con el dióxido de silicio del vidrio. La industria siderúrgica también utiliza selenio en algunas de sus aleaciones. El selenio cambia la textura del acero, lo que facilita su corte y moldeado para fabricar tornillos, pernos y otras piezas de ferretería.

Los animales y las plantas necesitan selenio en pequeñas cantidades. En los mamíferos, el selenio es necesario para producir una enzima llamada glutatión, que puede neutralizar los peligrosos "radicales libres" (átomos o moléculas con carga eléctrica que pueden dañar o destruir las moléculas buenas).

SeO_3 Trióxido de selenio

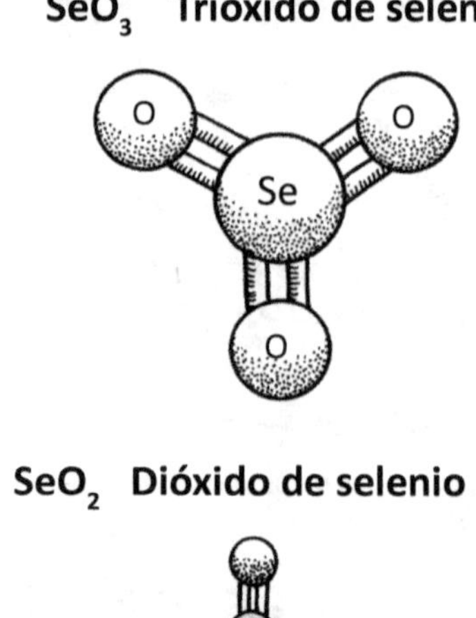

Se_2S_6 Sulfuro de selenio

SeO_2 Dióxido de selenio

Las moléculas de SeO_2 pueden unirse para formar un "polímero" largo. Los polímeros pueden ser mucho más largos que el que se muestra aquí. Los círculos más oscuros representan átomos de Se.

Selenio puro

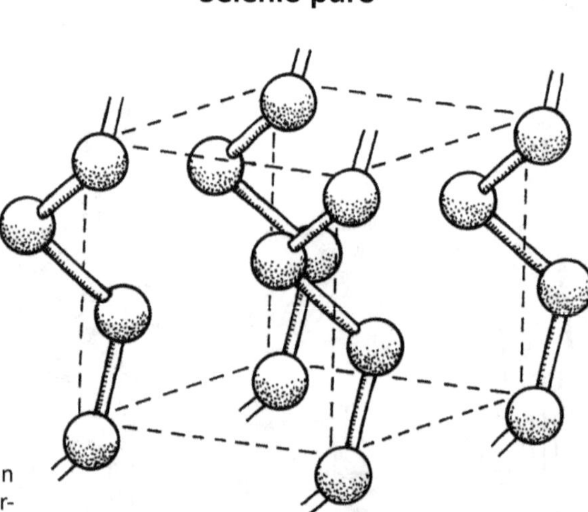

Los átomos de selenio pueden organizarse en una estructura reticular. Los depósitos de selenio puro existen, pero son muy raros.

34 Se

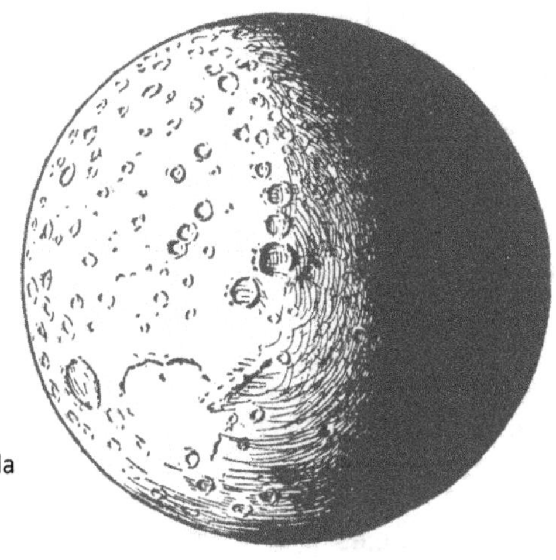

Selenio

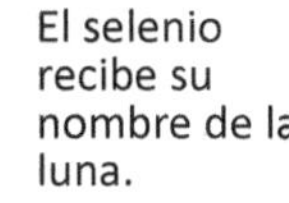

El selenio recibe su nombre de la luna.

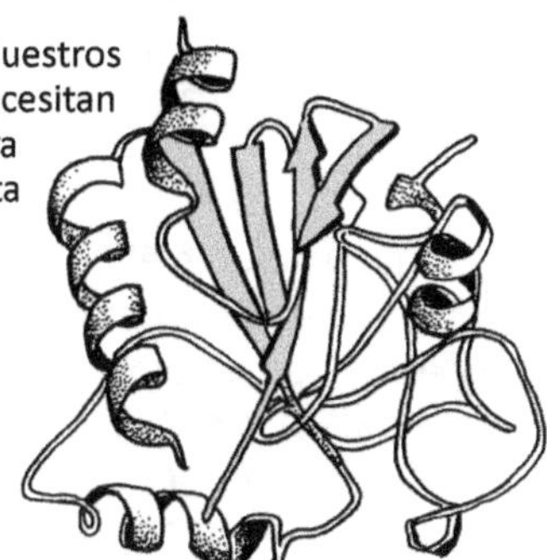

Nuestros cuerpos necesitan selenio para fabricar esta enzima, el glutation.

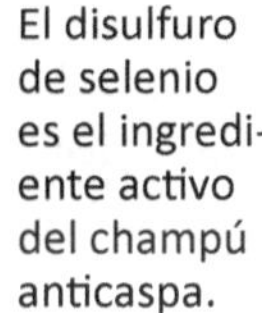

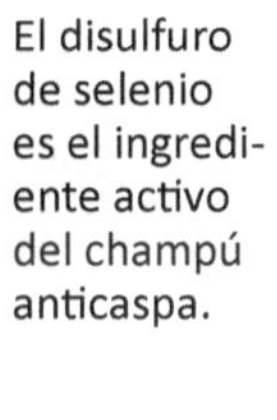

El disulfuro de selenio es el ingrediente activo del champú anticaspa.

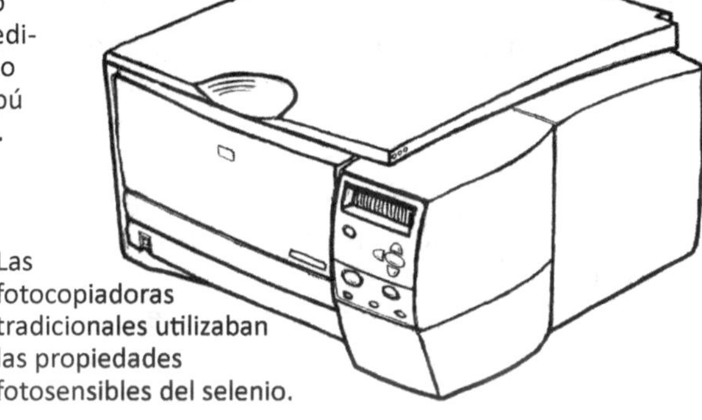

Las fotocopiadoras tradicionales utilizaban las propiedades fotosensibles del selenio.

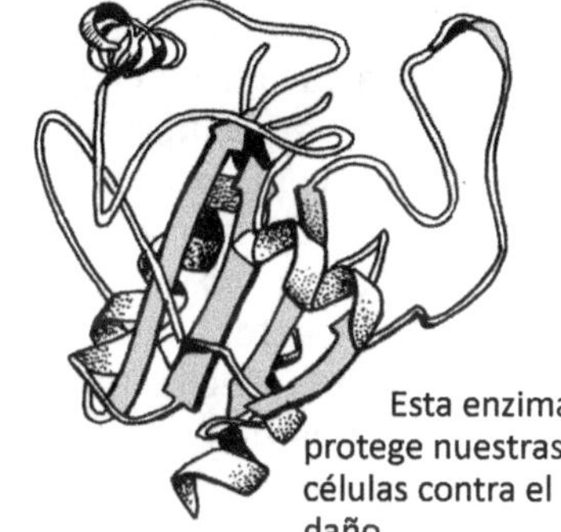

Esta enzima protege nuestras células contra el daño.

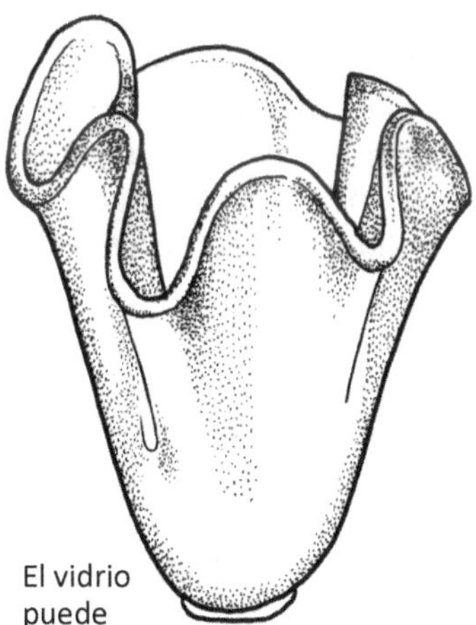

El vidrio puede teñirse do color rojo brillante con el uso di selenio.

El seleniuro de zinc se utilizaba para los LED azules antes que el nitruro de galio.

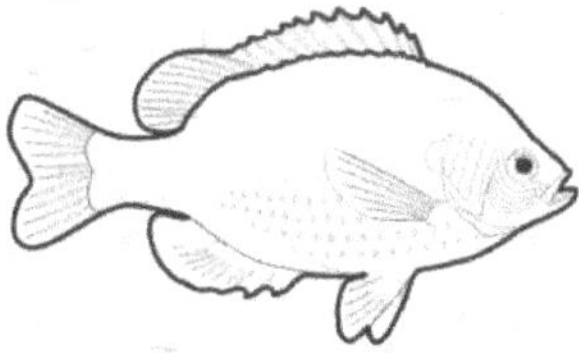

El pescado es una de las mejores fuentes alimenticias do selenio. Otras fuentes incluyen huevos, frutos secos y legumbres.

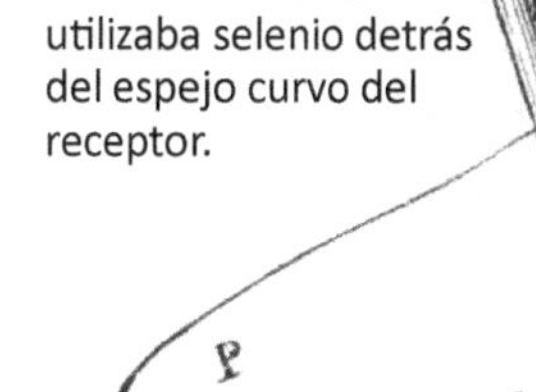

El fotófono de Bell utilizaba selenio detrás del espejo curvo del receptor.

El selenio convertía la luz en señales eléctricas que viajaban por el cable.

El selenio (en forma de "seleniuro de cobre, indio y glaio") se utiliza en algunos tipos de células solares.

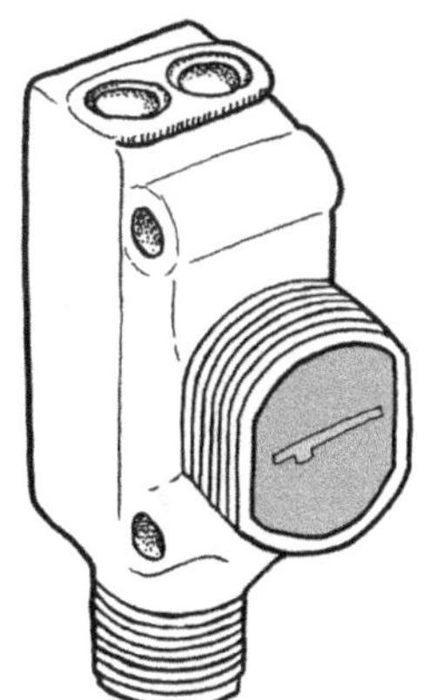

El selenio se utiliza in fotosensores.

protones
45 neutrones
35 electrones

Masa atómica: 79.9

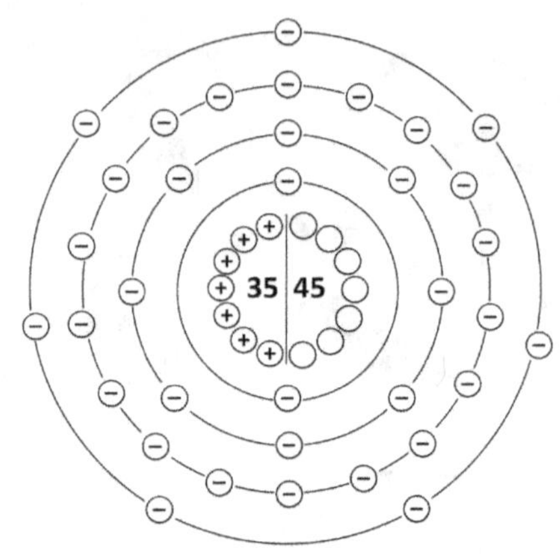

Bromo

La palabra griega "bromos" significa "olor apestoso"

El bromo es el único elemento no metálico que es líquido a temperatura ambiente. Este elemento líquido de color rojo fue aislado por primera vez por un adolescente alemán, Carl Löwig, el verano antes de comenzar la universidad, en 1825. Sin embargo, nunca se le reconoció su descubrimiento, porque al año siguiente, un científico francés, Antoine Balard, produjo el mismo líquido rojo a partir de cenizas de algas marinas y fue el primero en publicar sus resultados. El nombre "bromo" se le dio a este nuevo elemento, basado en una palabra griega que significa "hedor". (El olor "a pescado" que se huele en la orilla del mar se debe en parte al bromo).

El bromo se encuentra con mayor frecuencia en lugares salados que contienen mucho sodio y cloro. El océano contiene mucho bromo, al igual que los lagos salados como el Mar Muerto. El bromo suele ser un subproducto de la producción de sal.

Hasta la década de 1970, la mayor parte del bromo producido era utilizado por la industria de la gasolina (petróleo) como aditivo para evitar la acumulación de plomo en el interior del motor. Los átomos de bromo atraían a los átomos de plomo y formaban bromuro de plomo, que luego era expulsado con los gases de escape. La gasolina sin plomo hizo que este aditivo quedara obsoleto..

Otros usos industriales del bromo han incluido el tratamiento del agua, la fumigación del suelo (para matar plagas de insectos), las baterías de bromuro de zinc y como retardante de llama en tejidos y plásticos. (La preocupación por los efectos que los compuestos de bromo podrían tener en la capa de ozono ha impuesto restricciones a los usos industriales, especialmente a la fumigación del suelo).

En 1888, el Bromo-Seltzer® se introdujo como medicamento de venta libre para tratar la indigestión y el dolor de cabeza. Permaneció en el mercado hasta la década de 1970, pero finalmente fue reemplazado por marcas como Alka-Seltzer®, que no contenían bromo. El bromo solía encontrarse en muchos otros medicamentos, como sedantes y antisépticos, pero estos han sido reemplazados por fórmulas que no contienen bromo. Sin embargo, algunos compuestos de bromo todavía se utilizan para fabricar medicamentos que tratan enfermedades cerebrales como la epilepsia y la demencia.

Un animal marino llamado murex es capaz de extraer bromo del agua del océano y utilizarlo para fabricar una tinta de color púrpura oscuro. Desde la antigüedad, la gente ha extraído esta tinta y la ha utilizado para fabricar tinte púrpura para la ropa. La ciudad de Tiro (en el actual Líbano) era famosa por su producción de este tinte. El "púrpura de Tiro" era tan caro que solo las personas muy adineradas de las familias reales podían permitírselo. Así, el color púrpura se asoció con la realeza.

NaBr Bromuro de sodio

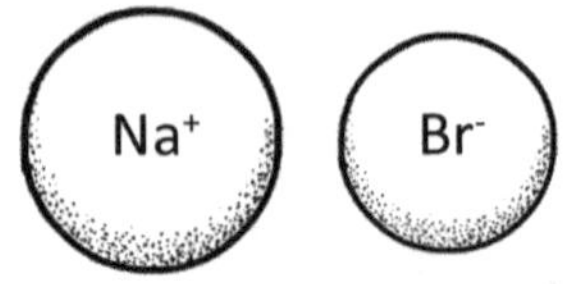

KBr Bromuro de potasio

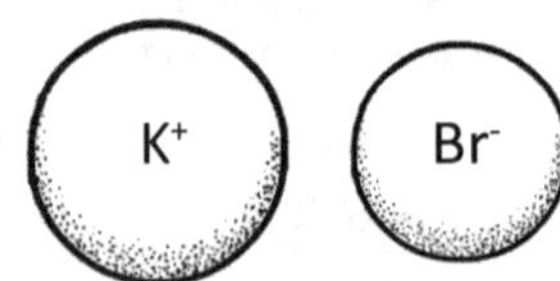

AgBr Bromuro de plata

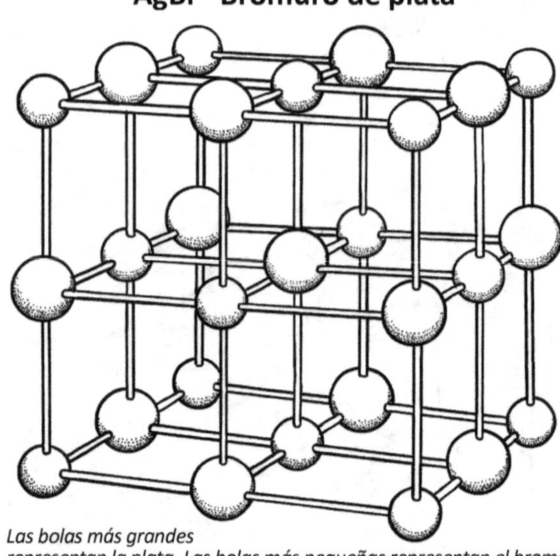

Las bolas más grandes representan la plata. Las bolas más pequeñas representan el bromo.

$BrCH_3$ Bromometano

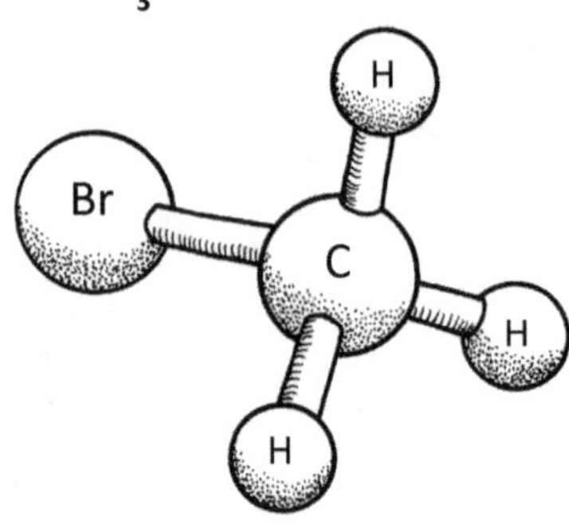

AgBr Bromuro de plata

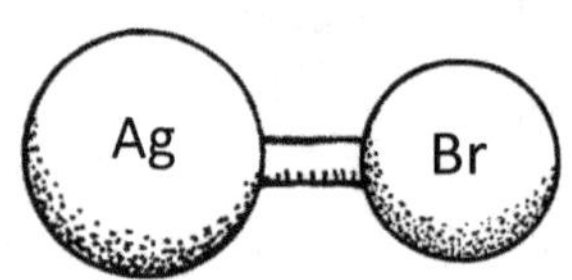

El bromuro de plata como molécula individual se muestra arriba. Estas moléculas pueden unirse para formar la red cristalina que se muestra a la derecha.

35 Br

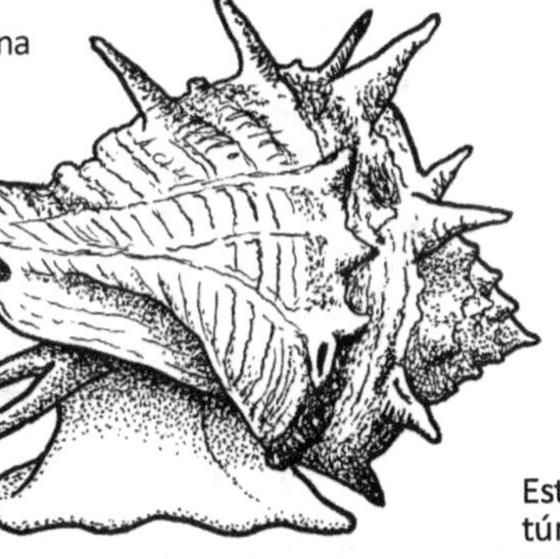

Esta criatura marina se llama múrex.

El animal con forma de caracol que vive en el interior del caparazón utiliza bromo para fabricar su tinta purpúra.

Este rey lleva una túnica teñida de purpúra cantina de caracol.

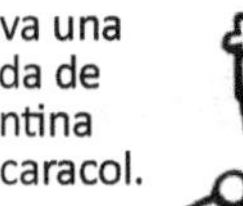

El tinte morado era muy caro.

Bromo

En la década de 1970, este fue el mayor uso industrial del bromo.

El bromuro de etileno era un aditivo que se añadía a la gasolina hasta la década de 1970. Los átomos de bromo atraían a los átomos de plomo, formando bromuro de plomo que luego se expulsaba por el tubo de escape.

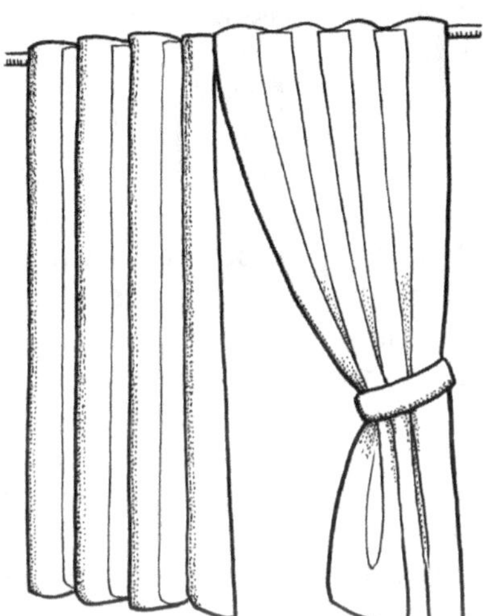

Se puede añadir bromo a los tejidos y plásticos para hacerlos resistentes al fuego.

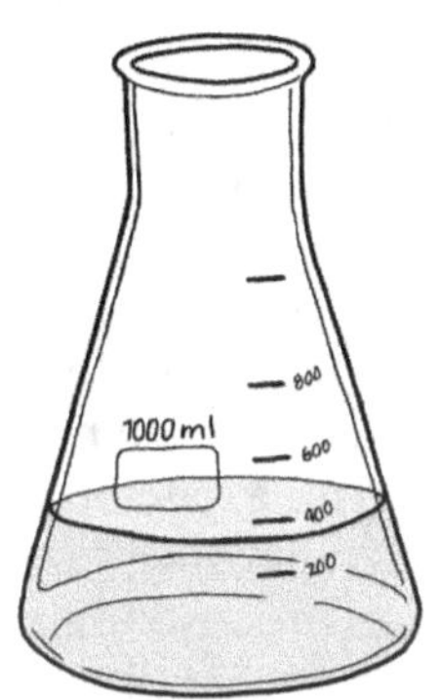

El bromo puro es un líquido rojo.

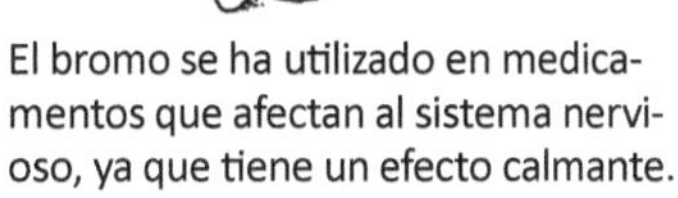

El bromo se ha utilizado en medicamentos que afectan al sistema nervioso, ya que tiene un efecto calmante.

Una botella azul de Bromo-Seltzer de la década de 1960

Un techo de cristal ayuda a iluminar la habitación.

El bromo fue una parte esencial de los inicios de la fotografía. En este estudio, las cámaras son las cajas que están en lo alto de la estantería. El hombre de la derecha está puliendo una placa de metal que se expondrá al vapor de bromo para que sea sensible a la luz. La placa se colocará en una caja de cámara y se utilizará como "película".

Los tanques de fumigación son rojos y verdes.

Hasta 1991, el bromometano se utilizaba para matar insectos en el suelo, mediante un proceso llamado fumigación.

36 protones
48 neutrones
36 electrones

Masa atómica: 83.8

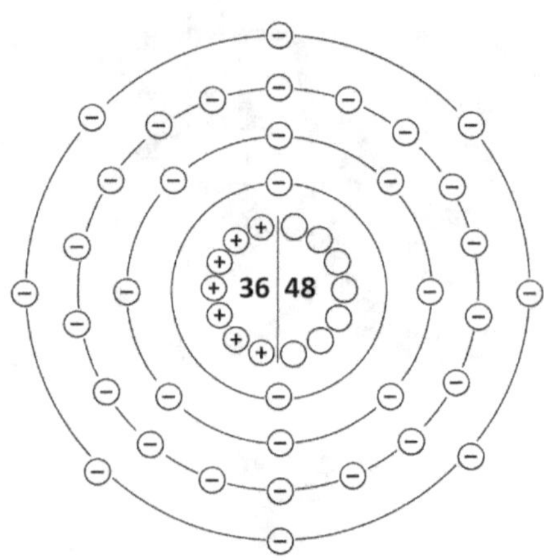

Kriptón

La palabra griega "kryptos" significa "oculto"

El kriptón fue descubierto el 30 de mayo de 1898 por Sir William Ramsay y Morris Travers. Utilizaban un proceso llamado destilación para averiguar qué tipo de gases se encuentran en el aire que nos rodea. Enfriaron una muestra de aire a una temperatura muy baja para que todos los gases se convirtieran en líquido. Luego dejaron que la muestra se calentara muy lentamente, sabiendo que todos los gases tenían diferentes puntos de ebullición. Cuando se alcanzaba el punto de ebullición de un gas, este volvía a pasar de líquido a gas, y los científicos podían recoger una muestra pura del gas. La mayoría de los gases nobles se descubrieron de esta manera. El neón se descubrió solo unas semanas después del kriptón.

El uso principal del kriptón es en bombillas y láseres. Es demasiado caro para ser utilizado ampliamente, por lo que se encuentra principalmente en bombillas especiales, como las que se utilizan para la iluminación exterior y la fotografía de alta velocidad. En las luces fluorescentes y en los tubos de descarga de gas se mezcla con argón, que es menos caro. En los láseres, el kriptón puede producir un haz de luz más intenso que otros gases, por lo que los láseres de kriptón se utilizan para espectáculos de luz láser en los que se necesitan haces de luz muy fuertes. Los láseres de kriptón también pueden producir luz ultravioleta, que es invisible para nuestros ojos, pero es extremadamente útil para la fotolitografía, el proceso utilizado para imprimir circuitos eléctricos microscópicos en los "chips" de los ordenadores.

Algunos isótopos de kriptón (átomos con más o menos de 48 neutrones) son radiactivos y se utilizan como trazadores en imágenes médicas, especialmente en resonancias magnéticas que examinan las vías respiratorias en los pulmones.

El kriptón se utiliza como propulsor en el satélite Starlink de SpaceX. Al liberar una ráfaga de gas en una dirección, el satélite se mueve en la dirección opuesta.

De 1960 a 1983, el kriptón se utilizó para definir la longitud oficial de un metro. La Oficina Internacional de Pesos y Medidas definió un metro como "1 650 763,73 longitudes de onda de luz emitidas por el isótopo kriptón-86". Antes de esto, existía una barra de metal de un metro real con la que se comparaban todas las demás. En 1983, la oficina cambió la definición a "la distancia que recorre la luz en el vacío durante 1/299 792 458 de segundo".

Sir William Ramsay en su laboratorio.

KrF_2 Difluoruro de kriptón

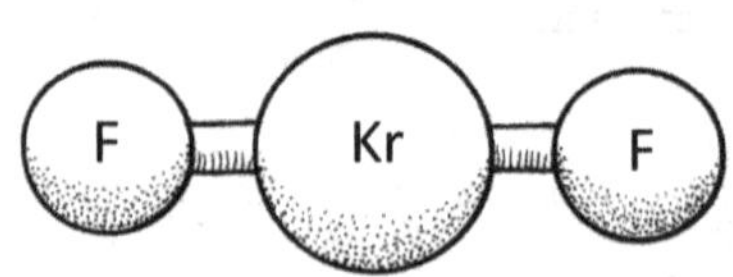

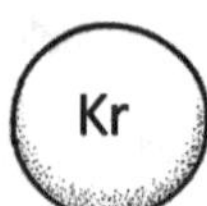

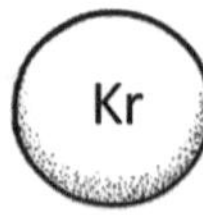

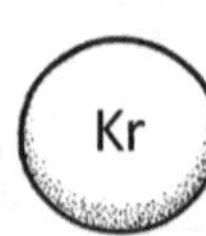

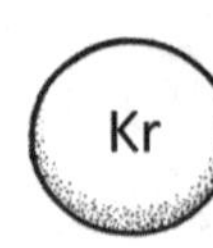

Normalmente, el kriptón no forma moléculas porque es un gas noble y no reacciona con otros átomos. Sin embargo, en condiciones extremas, los científicos pueden forzar al kriptón a formar una molécula con dos átomos de flúor.

Si observa el gas de kriptón en combustión a través de un espectrómetro, verá este patrón de luz. Se llama espectro de emisión.

morado *azul oscuro* *azul claro* *verde* *verde* *verde claro* *amarillo* *naranja* *rojo*

36 Kr

Kriptón

El kriptón se utiliza en los flashes para la fotografía de alta velocidad.

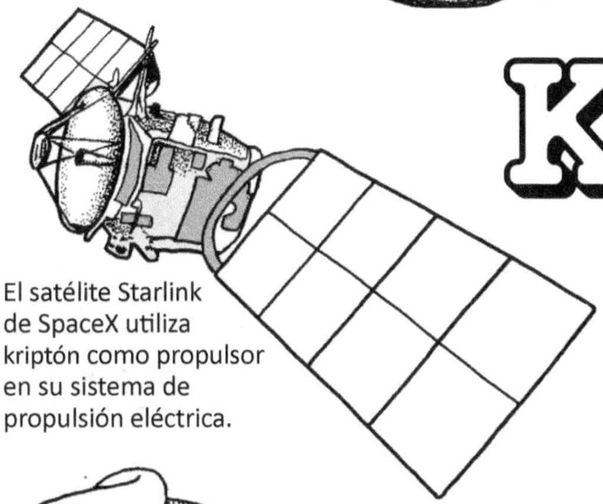

El satélite Starlink de SpaceX utiliza kriptón como propulsor en su sistema de propulsión eléctrica.

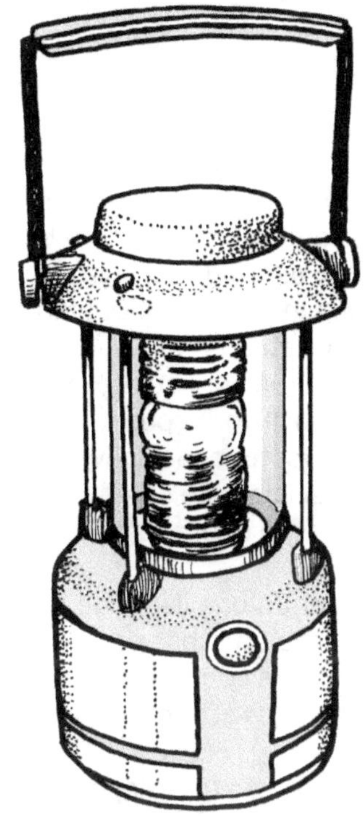

Café

El kriptón se mezcla con argón para llenar los tubos de iluminación de descarga de gas.

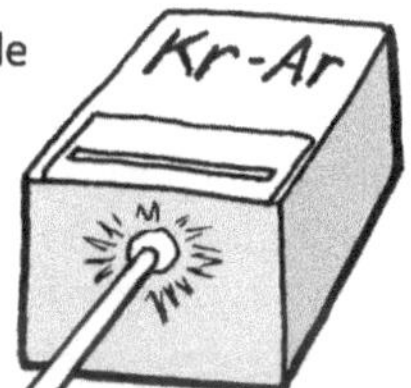

Kr-Ar

El kriptón se utiliza en los láseres.

A diferencia de este láser KrAr, los láseres KrF producen luz ultravioleta que es invisible para nuestros ojos.

El kriptón se utiliza en bombillas que tienen que ser muy brillantes, como esta linterna de emergencia. También puede encontrar kriptón (mezclado con argón) en una bombilla fluorescente.

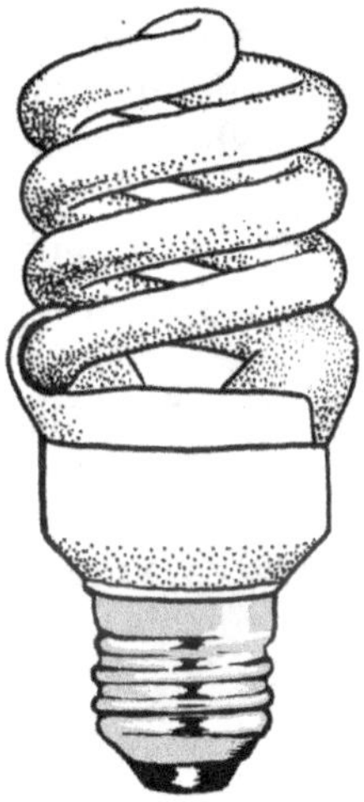

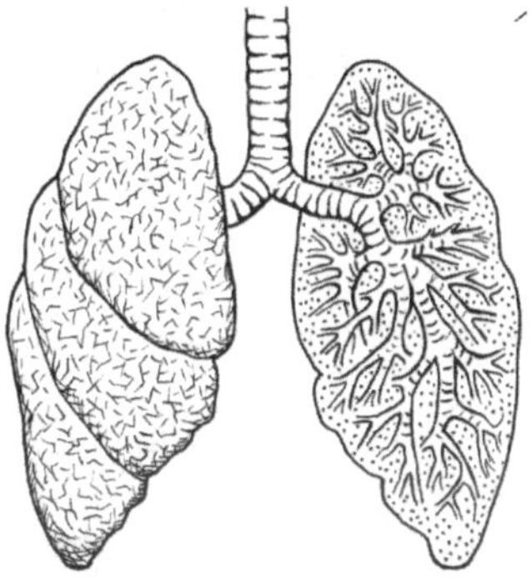

Una forma radiactiva de kriptón se utiliza con la resonancia magnética para obtener imágenes de las vías respiratorias.

Los láseres de kriptón proporcionan una luz más brillante que los láseres que utilizan helio, neón o argón, por lo que se utilizan para espectáculos de láser.

37

protones
48 neutrones
37 electrones

Masa atómica: 85.4

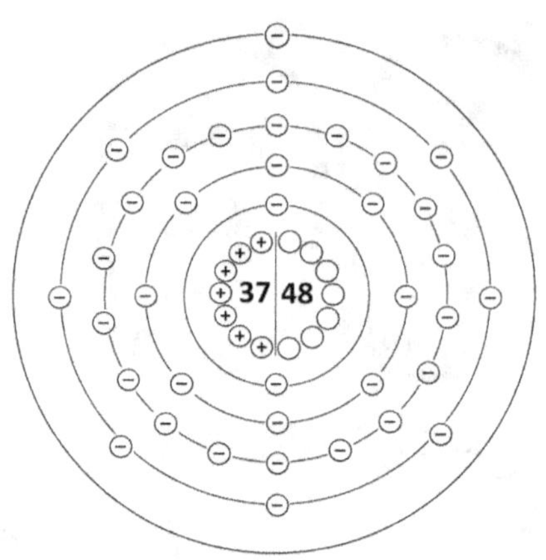

Rubidio

Del latín rubidus, que significa rojo intenso

El rubidio fue descubierto en 1861 por los químicos alemanes Robert Bunsen y Gustav Kirchhoff. Utilizaron su nuevo invento, el espectrómetro, para examinar una muestra del mineral lepidolita. Cuando calentaron el mineral y lo examinaron a través del espectrómetro, vieron unas líneas de color rojo brillante que no estaban asociadas a ningún elemento conocido en aquella época. Supusieron correctamente que habían descubierto un nuevo elemento. Debido a esas líneas rojas que vieron, utilizaron la palabra latina para "rojo intenso" para nombrar el nuevo elemento.

El rubidio es químicamente similar al potasio porque ambos tienen un solo electrón en su capa exterior. Por lo tanto, el rubidio puede sustituir a los átomos de potasio en muchos compuestos químicos. El cuerpo humano absorbe pequeñas cantidades de rubidio y utiliza o almacena sus atomos como si fueran de potasio. Debido a esto, un isótopo radiactivo del rubidio, el Rb-82, puede utilizarse en las tomografías por emisión de positrones (PET), que son especialmente útiles para obtener imágenes del corazón y el cerebro. Las células normales retienen el Rb-82 durante más tiempo que las células dañadas o enfermas.

Las muestras de rubidio puro son muy reactivas y explotan y arden en el agua, produciendo una llama de color púrpura rojizo brillante. La capacidad del rubidio puro para capturar otros átomos se aprovecha en tubos de vacío, donde el rubidio puede capturar átomos de gas no deseados que puedan estar dentro del tubo. Los compuestos de rubidio (en los que el rubidio no está solo, sino unido a otros elementos) pueden utilizarse en fuegos artificiales para producir chispas de color púrpura.

La estructura de las capas electrónicas del rubidio lo hace útil como fuente de cronometraje en los relojes atómicos. El cesio también se utiliza en los relojes atómicos, pero el rubidio es la mejor opción para los relojes más pequeños y menos costosos. A principios del siglo XX, se descubrió que el rubidio podía utilizarse para fabricar instrumentos llamados magnetómetros que pueden detectar fuerzas magnéticas.

El rubidio se añade al vidrio para fabricar lentes para gafas de visión nocturna y vidrio especial para la industria de las telecomunicaciones por fibra óptica.

RbCl Cloruro de rubidio

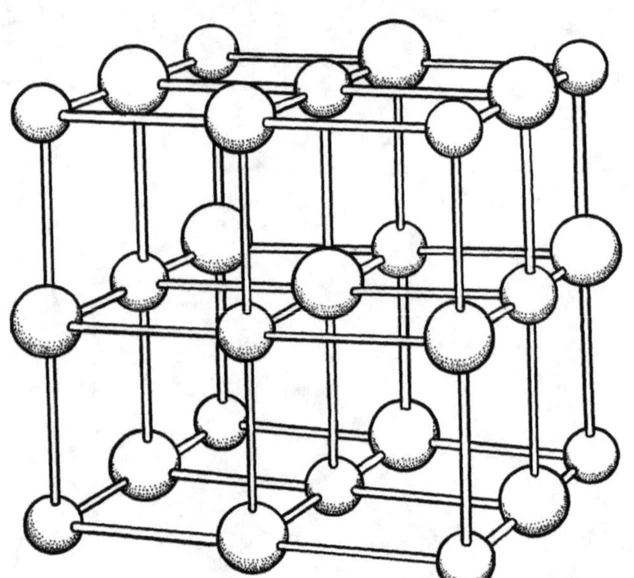

Las bolas más oscuras son de rubidio. Las bolas más claras son de azufre.

Rb_2S Sulfuro de dirubidio

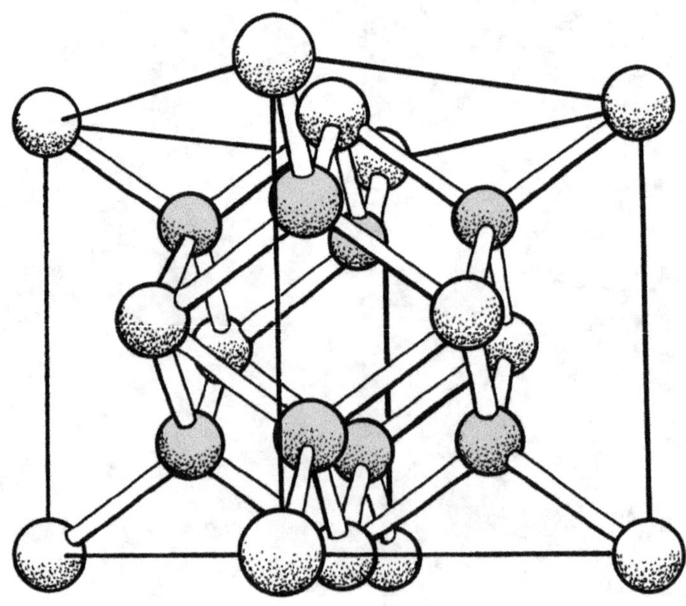

Las bolas blancas son de azufre. Las bolas grises son de rubidio.

37 

El rubidio puro arde en el agua.

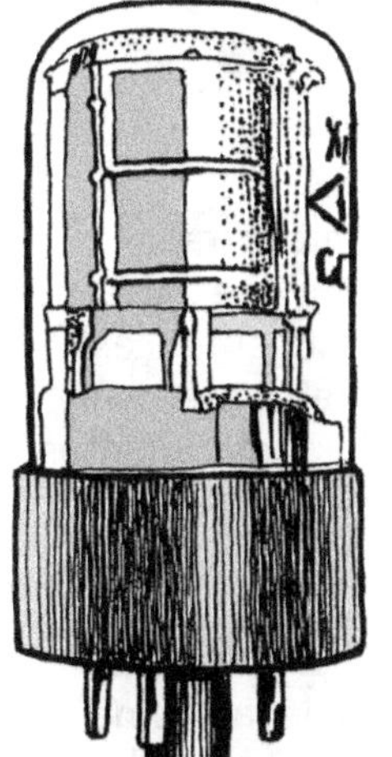

El rubidio recoge moléculas no deseadas en tubos de vacío.

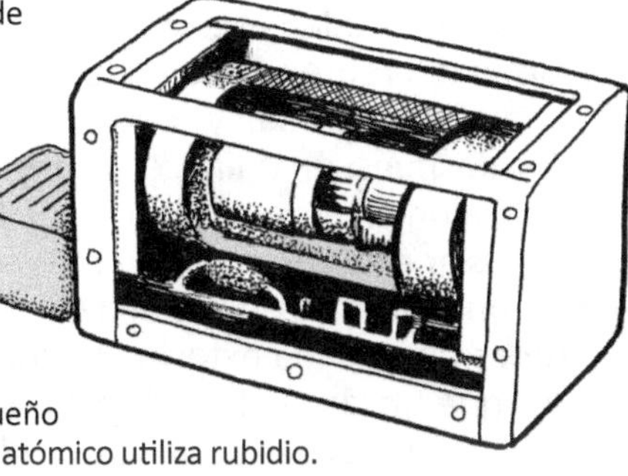

Este pequeño reloj atómico utiliza rubidio.

El rubidio se utiliza en las lentes de las gafas de visión nocturna.

Rubidio

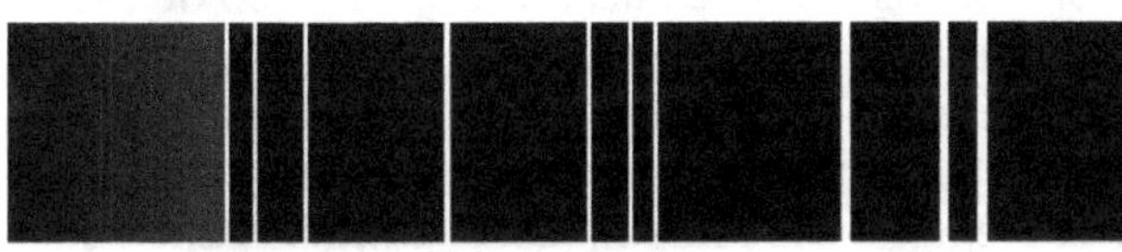

El espectro de emisión del rubidio tiene varias líneas rojas muy brillantes. Bunsen y Kirchhoff utilizaron una palabra latina para "rojo" para nombrar este nuevo elemento.

Bunsen y Kirchhoff inventaron el espectrómetro.

Gustav Kirchhoff

Robert Bunsen

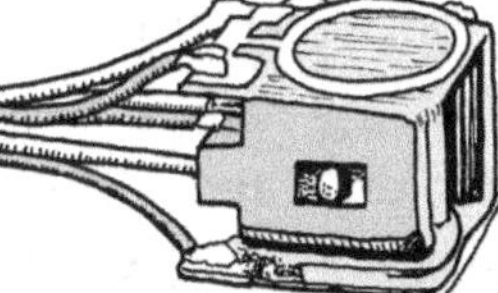

Los átomos de rubidio dentro de este diminuto magnetómetro (aproximadamente del tamaño de una moneda de un centavo) detectan cambios en los campos magnéticos del cerebro.

Una fuente de Rb: lepidolita púrpura

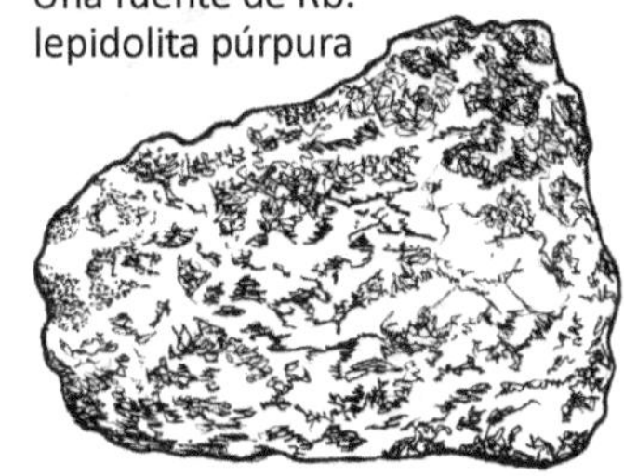

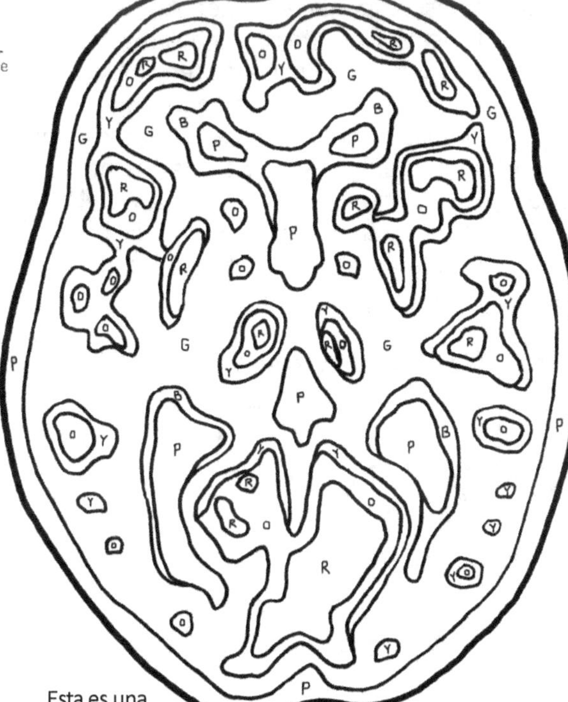

Esta es una imagen de una tomografía por emisión de positrones de la parte media del cerebro centro del cerebro (vista superior). Los colores muestran el nivel de actividad de cada área del cerebro.

P=morado, B=azul, G=verde, R=rojo, O=naranja, Y=amarillo

38 protones
50 neutrones
38 electrones

Masa atómica: 87.6

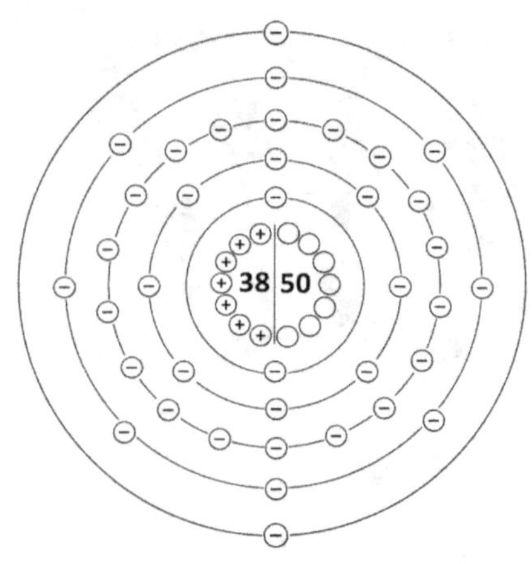

Estroncio

Lleva el nombre de la ciudad escocesa de Strontian

Muchas personas participaron en el descubrimiento del estroncio. En 1790, dos químicos británicos trabajaban con minerales encontrados en minas de plomo en la pequeña ciudad escocesa de Strontian. Sabían que había una sustancia química en estos minerales que actuaba de forma diferente a todo lo que habían visto hasta entonces. Un año después, dos científicos alemanes examinaron el mineral de Strontian y concluyeron que se trataba, efectivamente, de algo nuevo, y lo llamaron "estroncianita". Dos años después, un químico escocés confirmó los experimentos anteriores y añadió su propia opinión, que este mineral contenía un elemento hasta entonces desconocido, sugiriendo el nombre de "estróntitas". En 1808, Sir Humphry Davy pudo aislar este nuevo elemento mediante electrólisis (el método que utilizó para descubrir el sodio y el potasio) y produjo una muestra de metal de estroncio puro.

El estroncio, al igual que el calcio, tiene dos electrones en su capa exterior, lo que le confiere propiedades químicas similares a las del calcio. Las plantas y los animales que utilizan calcio absorben el estroncio de la misma manera. Los arqueólogos pueden medir los niveles de estroncio en huesos antiguos y utilizarlos como pistas sobre las rutas migratorias pasadas de animales y personas. Los diminutos protozoos llamados acantáreos (un tipo de radiolario) prefieren utilizar estroncio, en lugar de calcio, para construir sus caparazones.

A finales del siglo XX, el mayor uso del estroncio fue como aditivo del vidrio utilizado en las pantallas de televisión. Los tubos de rayos catódicos, que producían las imágenes en color, tenían la desafortunada propiedad de producir también rayos X. El estroncio podía absorber estos rayos X y proteger al espectador. (Estas pantallas CRT son obsoletas; ahora utilizamos pantallas LCD).

En el siglo XIX, el estroncio se utilizaba en la extracción de azúcar de la remolacha azucarera. El carbonato de estroncio descomponía las moléculas de azúcar en la melaza sin que el estroncio se mezclara con el azúcar.

El estroncio arde con una llama de color rojo brillante y no es tóxico, lo que lo hace ideal para su uso en fuegos artificiales y bengalas de señales.

El Sr-90, un isótopo radiactivo del estroncio, es uno de los átomos más abundantes y peligrosos producidos por las bombas nucleares. Sin embargo, este mismo isótopo también puede ser muy útil. Es un combustible relativamente seguro para alimentar cosas que necesitan estar "fuera de la red", como los faros. Rusia imprimió una serie de sellos que muestran sus faros de la era soviética, cuando el Sr-90 se usaba comúnmente. El Sr-90 también se fabrica en laboratorios para usarlo como medicamento contra el cáncer de huesos.

El aluminato de estroncio es un compuesto que brilla en la oscuridad. Se puede utilizar en juguetes de plástico porque no es tóxico.

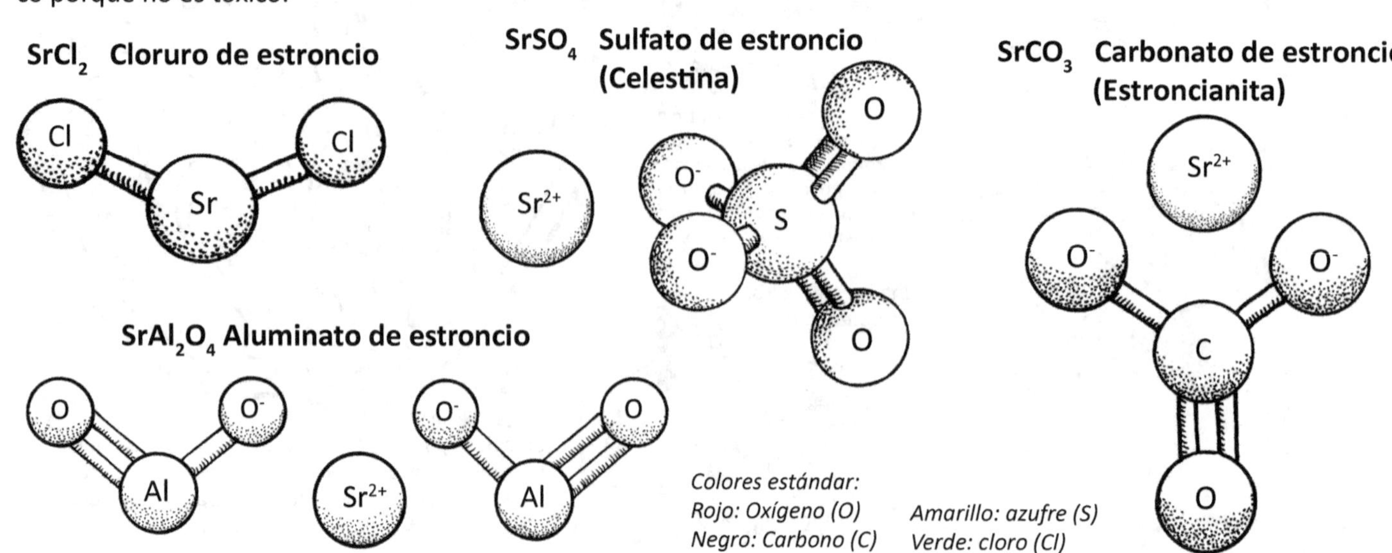

Colores estándar:
Rojo: Oxígeno (O)
Negro: Carbono (C)
Amarillo: azufre (S)
Verde: cloro (Cl)

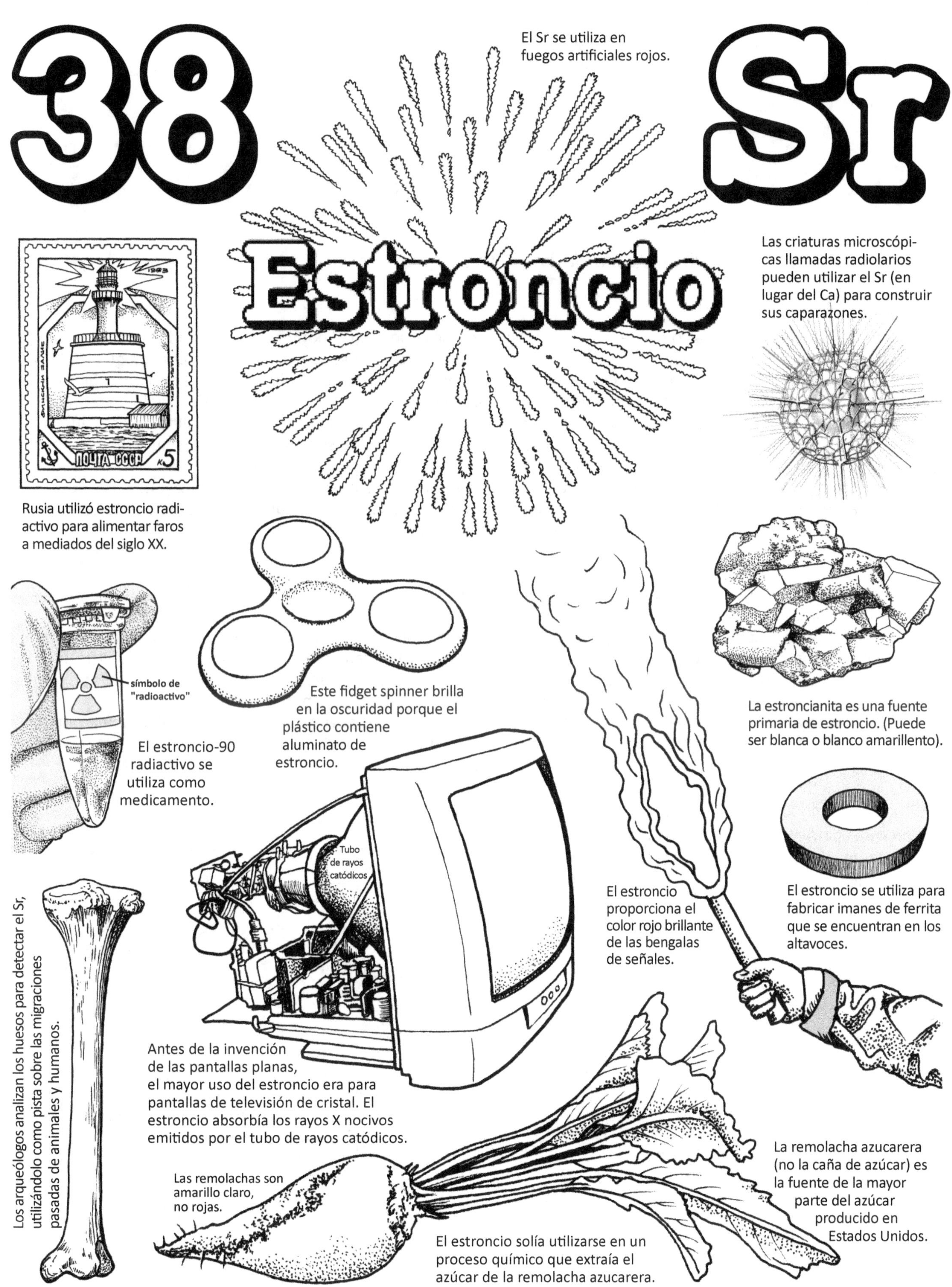

38
Sr
Estroncio
El Sr se utiliza en fuegos artificiales rojos.
ПОЧТА СССР
5 K
1983
Rusia utilizó estroncio radiactivo para alimentar faros a mediados del siglo XX.
Las criaturas microscópicas llamadas radiolarios pueden utilizar el Sr (en lugar del Ca) para construir sus caparazones.
símbolo de "radioactivo"
El estroncio-90 radiactivo se utiliza como medicamento.
Este fidget spinner brilla en la oscuridad porque el plástico contiene aluminato de estroncio.
La estroncianita es una fuente primaria de estroncio. (Puede ser blanca o blanco amarillento).
Tubo de rayos catódicos
El estroncio proporciona el color rojo brillante de las bengalas de señales.
El estroncio se utiliza para fabricar imanes de ferrita que se encuentran en los altavoces.
Los arqueólogos analizan los huesos para detectar el Sr, utilizándolo como pista sobre las migraciones pasadas de animales y humanos.
Antes de la invención de las pantallas planas, el mayor uso del estroncio era para pantallas de televisión de cristal. El estroncio absorbía los rayos X nocivos emitidos por el tubo de rayos catódicos.
La remolacha azucarera (no la caña de azúcar) es la fuente de la mayor parte del azúcar producido en Estados Unidos.
Las remolachas son amarillo claro, no rojas.
El estroncio solía utilizarse en un proceso químico que extraía el azúcar de la remolacha azucarera.

39

protones
50 neutrones
39 electrones

Masa atómica: 88.9

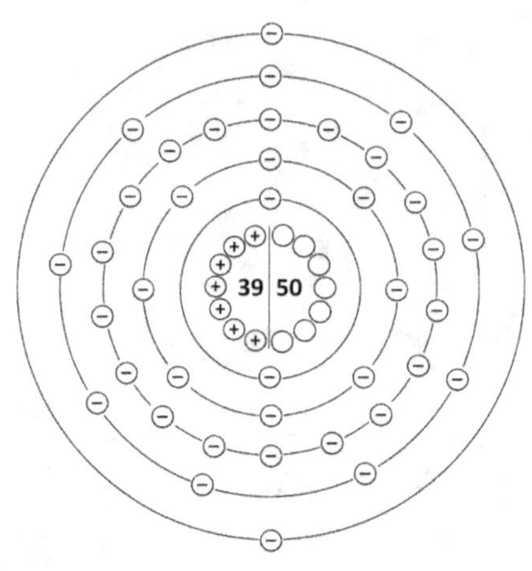

Itrio

Lleva el nombre de la ciudad sueca de Ytterby

El itrio es uno de los cuatro elementos de la tabla periódica que lleva el nombre de la ciudad sueca de Ytterby. En 1787, un geólogo sueco aficionado llamado Carl Arrhenius encontró una pesada roca negra en una antigua cantera minera cerca de Ytterby. La roca era muy pesada, por lo que se preguntó si contenía el elemento recién descubierto, el tungsteno. Decidió llamar a su espécimen mineral "iterbita" y envió muestras del mismo a varios geólogos y químicos, entre ellos Johan Gadolin, en Finlandia. Dos años más tarde, Gadolin publicó un análisis completo de este nuevo mineral, por lo que normalmente se le atribuye el descubrimiento del itrio. No se aisló una muestra pura de itrio hasta 1828. En 1843, otro análisis químico del mineral reveló dos nuevos elementos más: el terbio y el erbio.

El itrio nunca se encuentra solo en la naturaleza y casi siempre está mezclado con los elementos 57-71, conocidos como "elementos de tierras raras". Aunque el itrio a veces se clasifica como un elemento de tierras raras, no es tan raro, ya que es 400 veces más abundante en la corteza terrestre que la plata.

El itrio ha tenido muchos usos industriales, y los usos siguen cambiando para mantenerse al día con la tecnología. Uno de los primeros usos fue como aditivo para fortalecer las aleaciones de acero de Al y Mg. En los días en que se construían televisores de tubo de rayos catódicos, el itrio se usaba en combinación con europio y terbio para producir los colores rojo y verde. En 1987, los investigadores descubrieron que una aleación de itrio, el óxido de itrio, bario y cobre, era un "superconductor", lo que significa que a temperaturas muy bajas perdía toda resistencia al flujo de electricidad. Los superconductores están cobrando cada vez más importancia en el siglo XXI. El itrio se utiliza en los LED blancos y en láseres especializados que se emplean en cirugía ocular y para cortar metales. Los láseres utilizan granates artificiales (piedras preciosas que contienen silicio, aluminio e itrio) para producir la luz.

El itrio se añade al litio, al hierro y al fósforo para fabricar baterías seguras y de muy alta calidad que pueden utilizarse en autos eléctricos, submarinos y sistemas de energía fuera de la red. El itrio ha sustituido recientemente al torio como ingrediente clave en las mantas de las linternas de gas (debido a las preocupaciones sobre la seguridad de la radiactividad del torio).

En el siglo XXI se han descubierto dos nuevos usos importantes para el itrio. En 2009, los investigadores combinaron itrio con indio y manganeso para crear un pigmento azul brillante, apodado "YInMn". Desde aproximadamente 2010, una forma radiactiva de itrio, Y-90, se ha utilizado en medicamentos que combaten el cáncer.

Y_2O_3 Óxido de itrio

El oxígeno es normalmente rojo.

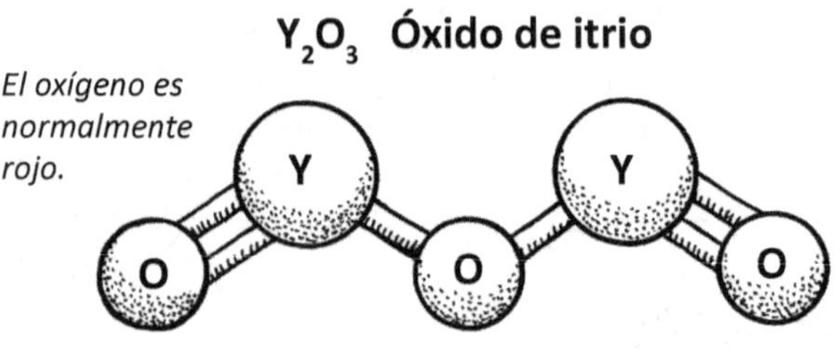

Y_2S_3 Sulfuro de itrio

El azufre es normalmente amarillo.

Y Y S S S

YF_3 Fluoruro de itrio

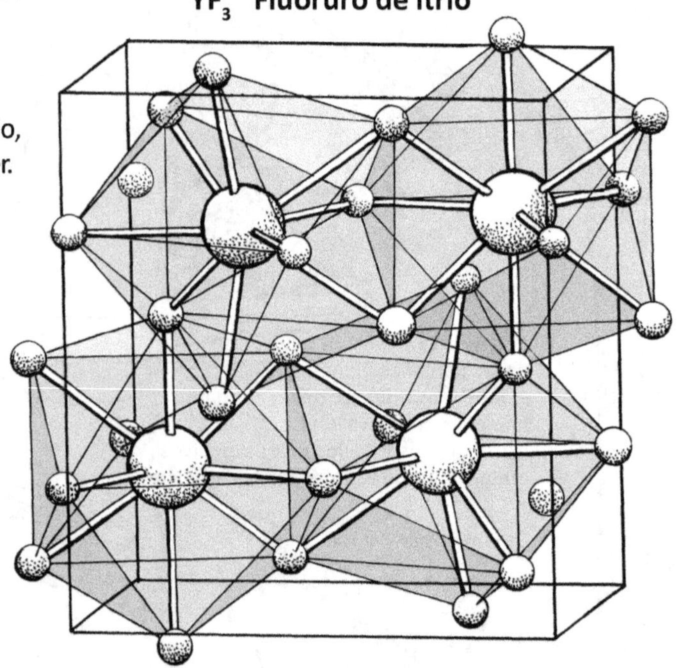

Las bolas más grandes representan el itrio, Y. Las bolas más pequeñas representan el flúor, F.

39 Itrio Y

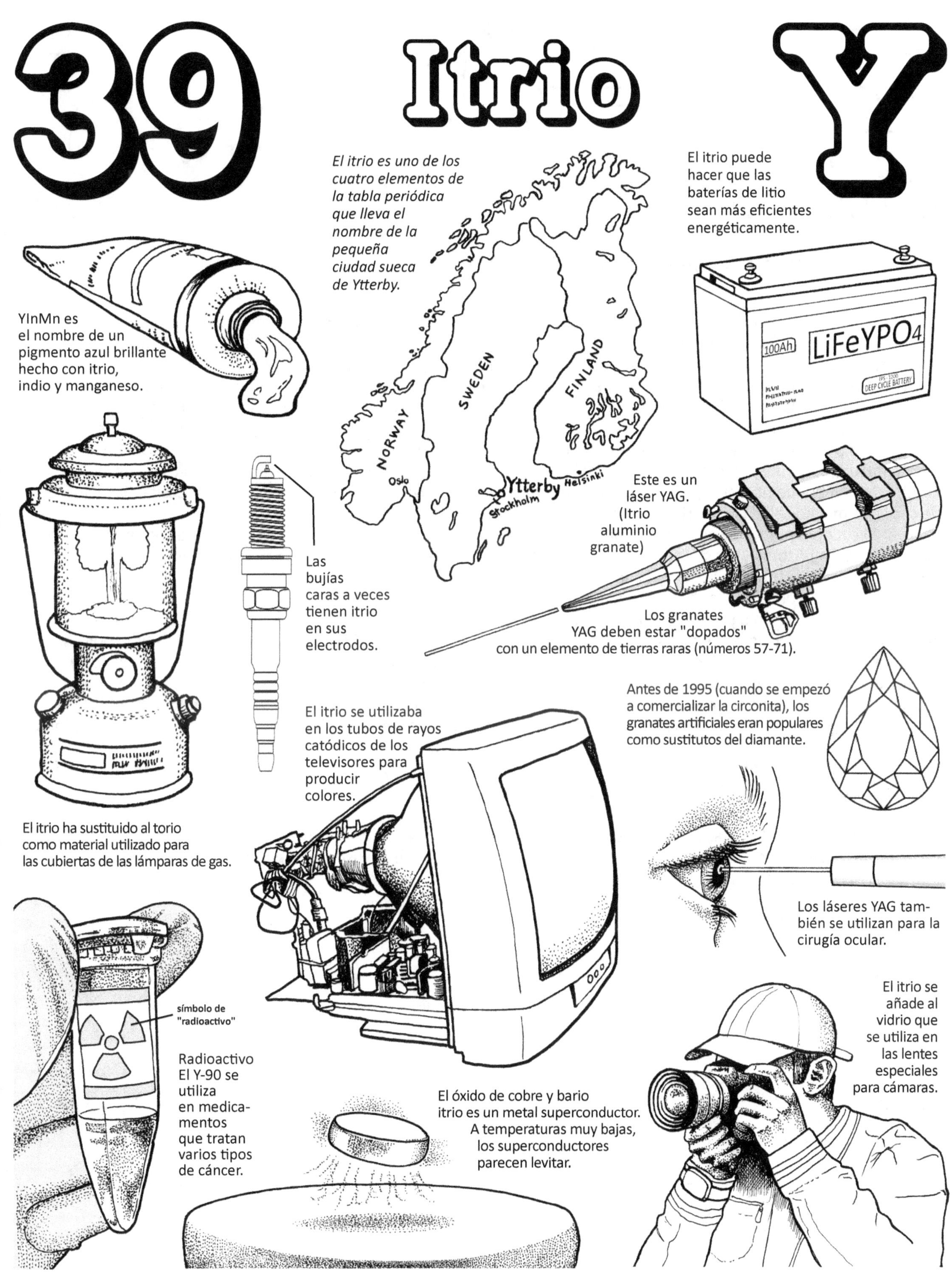

El itrio es uno de los cuatro elementos de la tabla periódica que lleva el nombre de la pequeña ciudad sueca de Ytterby.
NORWAY
SWEDEN
FINLAND
Oslo
Ytterby
Helsinki
Stockholm
El itrio puede hacer que las baterías de litio sean más eficientes energéticamente.
100Ah
LiFeYPO4
DEEP CYCLE BATTERY
YInMn es el nombre de un pigmento azul brillante hecho con itrio, indio y manganeso.
Las bujías caras a veces tienen itrio en sus electrodos.
Este es un láser YAG. (Itrio aluminio granate)
Los granates YAG deben estar "dopados" con un elemento de tierras raras (números 57-71).
Antes de 1995 (cuando se empezó a comercializar la circonita), los granates artificiales eran populares como sustitutos del diamante.
El itrio se utilizaba en los tubos de rayos catódicos de los televisores para producir colores.
El itrio ha sustituido al torio como material utilizado para las cubiertas de las lámparas de gas.
Los láseres YAG también se utilizan para la cirugía ocular.
símbolo de "radioactivo"
Radioactivo El Y-90 se utiliza en medicamentos que tratan varios tipos de cáncer.
El óxido de cobre y bario itrio es un metal superconductor. A temperaturas muy bajas, los superconductores parecen levitar.
El itrio se añade al vidrio que se utiliza en las lentes especiales para cámaras.

protones
51 neutrones
40 electrones

Masa atómica: 91.2

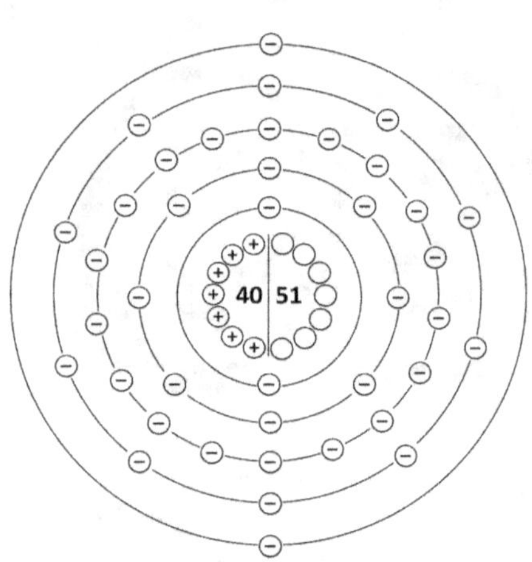

Circonio

De la palabra persa "zargun", que significa "dorado"

El circonio se encuentra en los cristales de circón, un tipo de mineral conocido desde la antigüedad. Su uso principal siempre fue como piedras preciosas. Nadie conocía el elemento circonio hasta 1824, cuando Jacob Berzelius descubrió una forma de aislar una muestra de circonio metálico puro calentando una muestra de fluoruro de circonio y potasio dentro de un tubo de hierro. No fue hasta 1925 cuando se inventó un proceso químico que podía aislar el circonio a una escala lo suficientemente grande como para que estuviera disponible para usos industriales.

Los cristales de circón ($ZrSiO_4$) pueden triturarse en pequeños trozos y utilizarse para fabricar abrasivos (como papel de lija o discos de amolar) o molerse hasta convertirlos en un polvo fino y añadirse a la cerámica para hacerla blanca en lugar de transparente. Un cristal relacionado, la circona cúbica (también conocida como dióxido de circonio, ZrO_2), también puede utilizarse para estos fines, además de ser un ingrediente en cerámicas que necesitan ser capaces de soportar mucho calor, como crisoles y hornos que funden metales.

El circonio puro, que es un metal plateado, no una piedra preciosa, puede añadirse a las aleaciones de acero para hacerlas más duras y resistentes al calor. Las aleaciones de acero de circonio pueden encontrarse en bombas, motores a reacción, turbinas de gas y cohetes.

El circonio tiene varios usos médicos. Una de las propiedades únicas del circonio es que puede unir y retener un producto de desecho biológico llamado urea. Normalmente, nuestros riñones eliminan la urea de nuestra sangre, pero las personas con enfermedad renal a veces necesitan un proceso llamado "diálisis" en el cual la sangre se filtra por una máquina que actúa como un riñón artificial. El circonio es un ingrediente clave en estas máquinas. Los compuestos que contienen circonio se utilizan en implantes dentales y en caderas y rodillas artificiales. En medicina nuclear, un isótopo radiactivo, el Zr-89, se utiliza en el proceso de la tomografía por emisión de positrones (PET) para rastrear moléculas microscópicas que combaten las infecciones llamadas anticuerpos. En la ecografía médica, el titanato de circonato de plomo (PZT) se utiliza para generar ondas sonoras.

El circonio se utiliza a veces en desodorantes antitranspirantes, junto con el aluminio, porque estos metales son capaces de evitar que el sudor salga de los poros de la piel.

Las aleaciones de circonio se utilizan para fabricar tubos que se llenarán de combustible nuclear radiactivo porque el circonio puede evitar que la radiactividad se escape, en circunstancias normales. Desafortunadamente, a temperaturas muy altas, el circonio se incendia. Parte del desastre nuclear de Fukushima en Japón se debió a que el circonio entró en contacto con hidrógeno en combustión.

$PbZrO_3$ Circonato de plomo

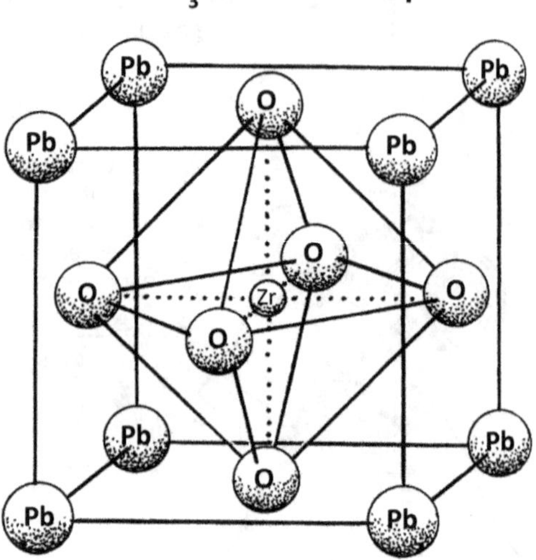

$ZrCl_4$
Cloruro de circonio

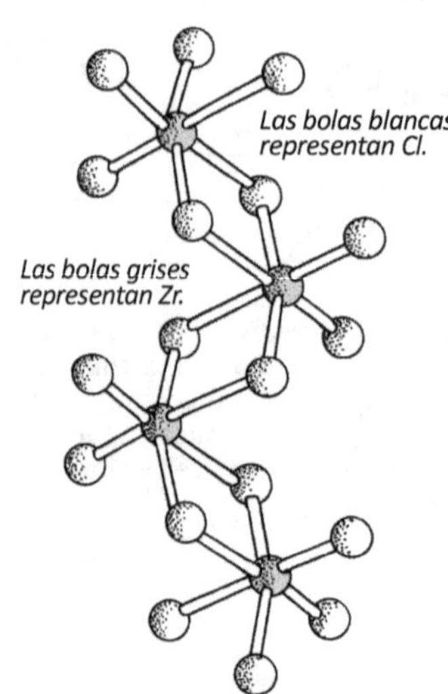

ZrO_2 Dióxido de circonio

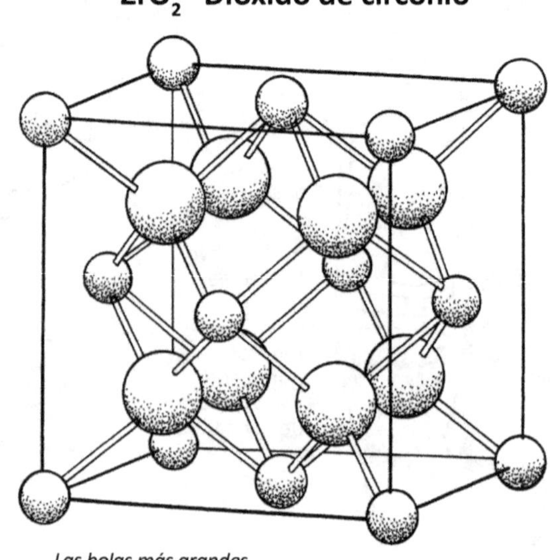

Las bolas más grandes representan el O. Las bolas más pequeñas representan el Zr.

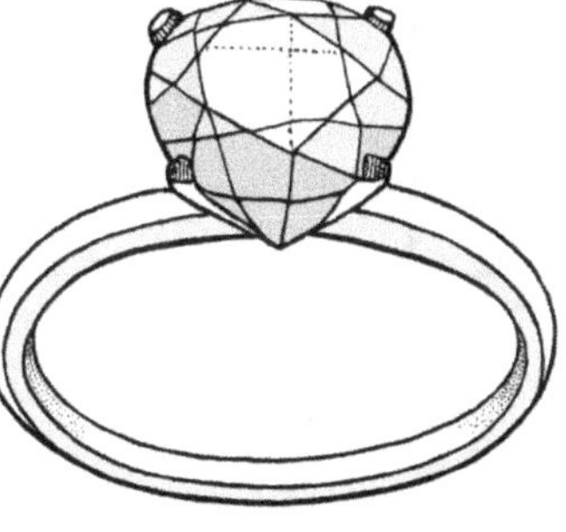

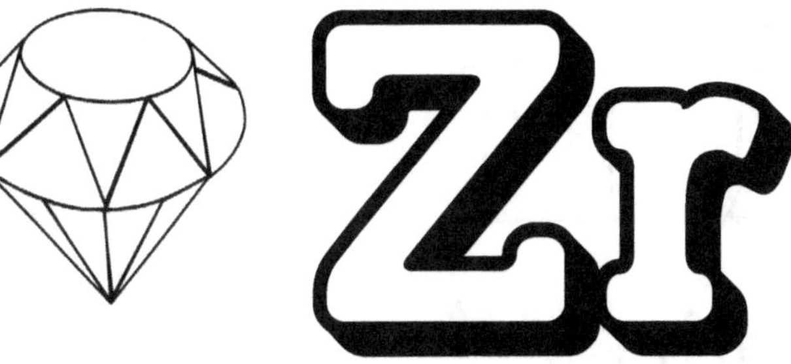

Los crisoles se utilizan en los laboratorios para "cocinar" cosas a temperaturas muy altas.

La circonita se utiliza como sustituto del diamante porque es menos costosa.

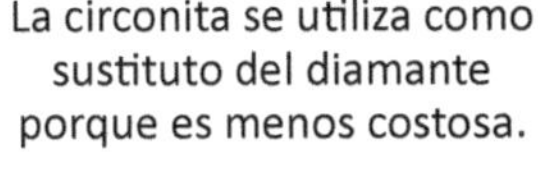

La circona se utiliza en implantes dentales.

$ZrSiO_4$
Cristal de circón

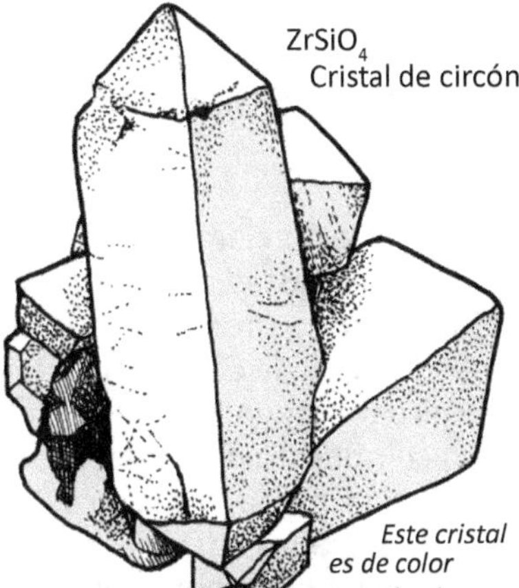

Este cristal es de color marrón claro.

El circonio se utiliza (junto con el aluminio) en los antitranspirantes.

Circonio

Un vial de medicamento Zr-89

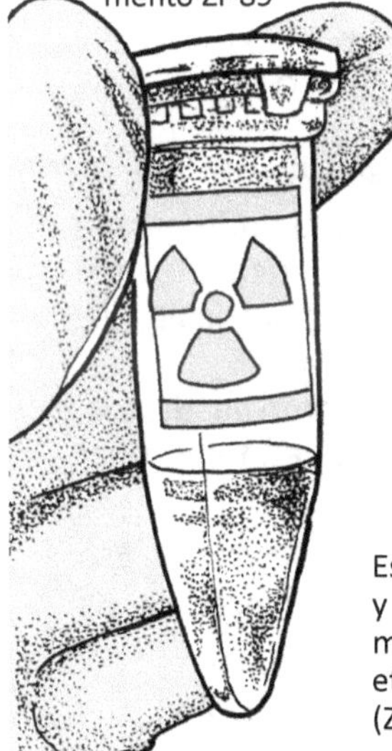

Esta cosa bultosa en forma de Y es una molécula que combate las infecciones llamada anticuerpo

Estas líneas y letras muestran la etiqueta radiactiva (Zr-89) añadida al anticuerpo.

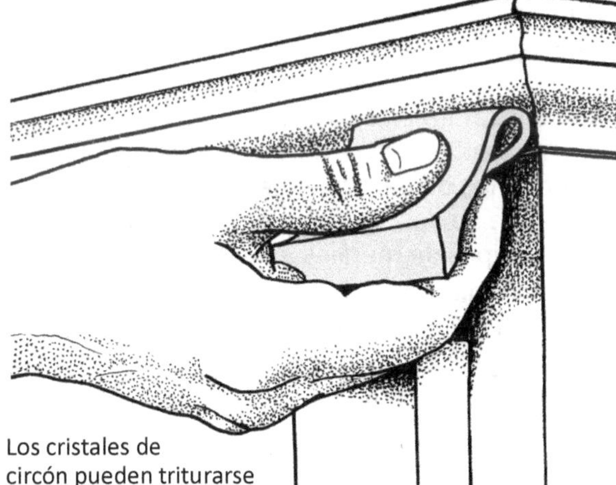

Los cristales de circón pueden triturarse hasta convertirlos en arena y utilizarse como abrasivos.

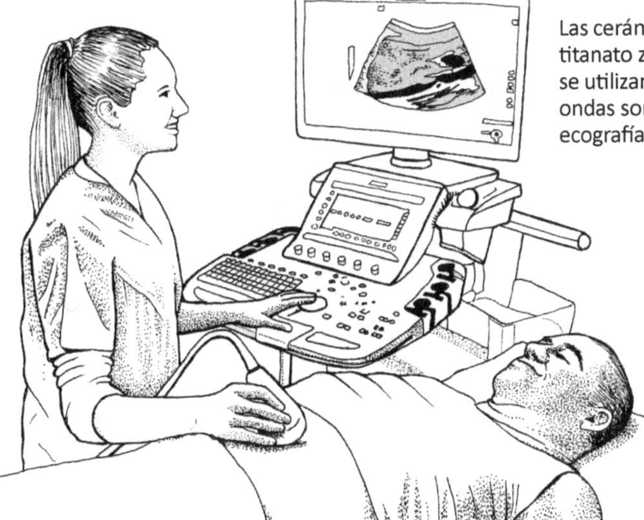

Las cerámicas de titanato zirconato (PZT) se utilizan para generar ondas sonoras para ecografías médicas.

Las aleaciones de circonio se utilizan para fabricar tubos que se llenan con combustible nuclear radiactivo para las centrales nucleares.

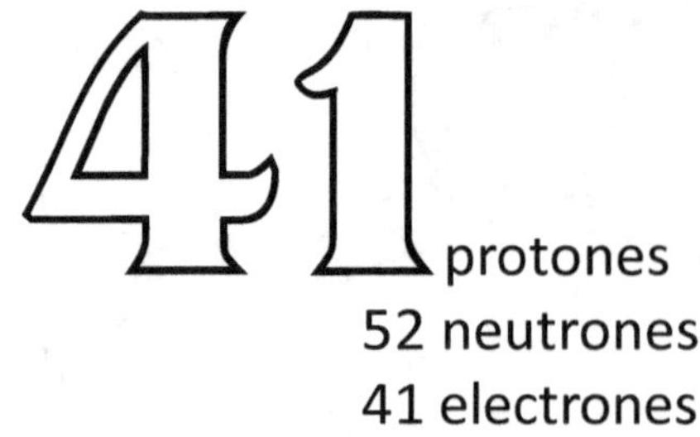

protones
52 neutrones
41 electrones

Masa atómica: 92.9

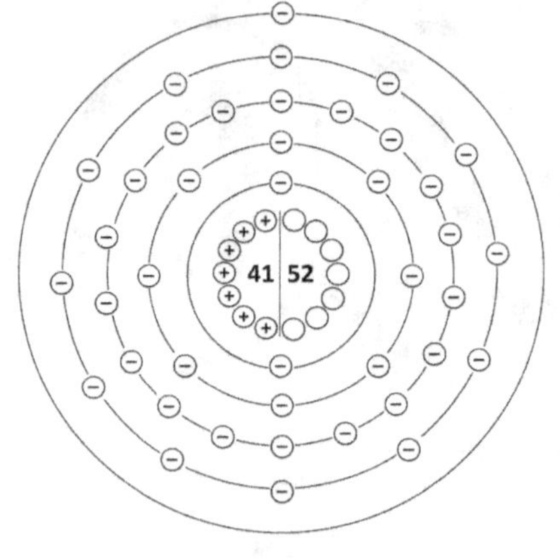

Niobio

Lleva el nombre de Niobe, de la mitología griega

Durante casi cien años, este elemento se conoció como columbio, no niobio. Los minerales a partir de los cuales se descubrió procedían del estado de Connecticut, en Estados Unidos, a principios del siglo XVIII. Se enviaron muestras a químicos de Inglaterra y, en 1801, se anunció que se había descubierto un nuevo elemento. El descubridor utilizó un nombre muy antiguo de Estados Unidos, Columbia, para bautizar el nuevo elemento. Solo unos años después, otro químico realizó un segundo análisis del mineral y declaró que no se había descubierto ningún elemento nuevo, sino solo un nuevo compuesto del elemento conocido tantalio. En 1846, otro químico analizó los minerales y llegó a la conclusión de que el primer análisis no solo había sido correcto, sino que también se había encontrado un segundo elemento nuevo. Él eligió los nombres niobio y pelopio, utilizando los nombres Níobe y Pélope, hijos del dios griego Tántalo, de quien proviene el nombre del tantalio. En 1866, un químico en Suiza finalmente pudo aislar el niobio puro, separándolo del tantalio, y, en el proceso, demonstrado que el pelopio no existía. Los científicos estadounidenses siguieron utilizando el nombre de columbio hasta 1949, cuando un grupo internacional de científicos decidió que el nombre debía ser niobio.

El niobio se utiliza principalmente como aditivo para el acero, pero también puede utilizarse como metal principal en otras aleaciones. C-103 es el nombre de una aleación que contiene un 89 % de niobio, un 10 % de hafnio y un 1 % de titanio. Esta aleación es muy resistente al calor y se ha utilizado para fabricar conos de escape para cohetes, desde la misión Apolo 15. SpaceX utiliza aleaciones de niobio en las etapas superiores de su cohete Falcon 9.

Cuando el niobio se alea con estaño o germanio, forma un material muy útil que puede utilizarse para fabricar imanes superconductores. Las aleaciones superconductoras de niobio se utilizan para fabricar electroimanes gigantes que se encuentran en las máquinas de resonancia magnética y en los aceleradores de partículas. (Los aceleradores de partículas se utilizan para la investigación de protones, neutrones y electrones).

Se ha descubierto que el niobio y sus aleaciones son "hipoalergénicos" y pueden utilizarse como sustitutos de otros tipos de metales a los que las personas son alérgicas, como el níquel. Las joyas de niobio suelen tener una cualidad iridiscente y brillan con los colores del arcoíris.

El niobio es "inerte" en el cuerpo, lo que significa que no reaccionará con ningún tejido o fluido corporal. Esto hace que sea seguro para su uso en piezas que se dejarán dentro del cuerpo, como prótesis articulares y marcapasos.

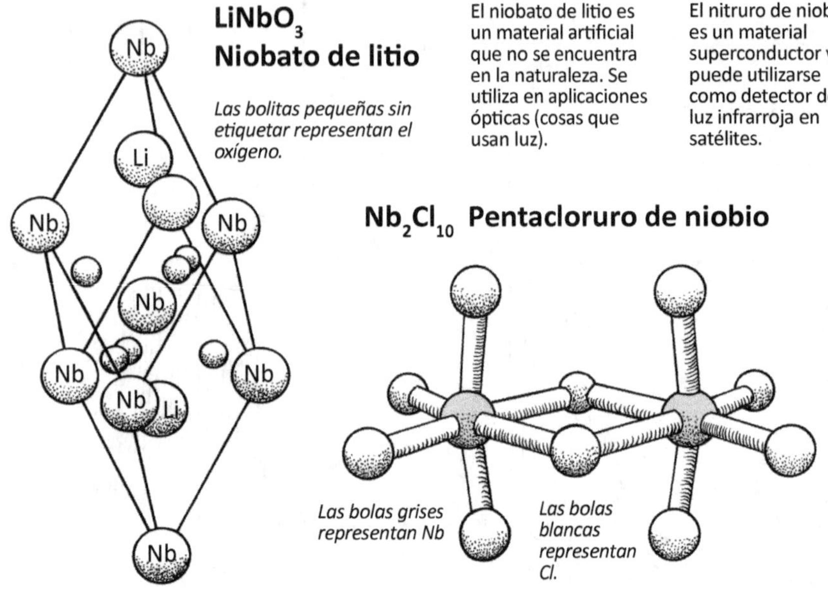

$LiNbO_3$
Niobato de litio

Las bolitas pequeñas sin etiquetar representan el oxígeno.

El niobato de litio es un material artificial que no se encuentra en la naturaleza. Se utiliza en aplicaciones ópticas (cosas que usan luz).

El nitruro de niobio es un material superconductor y puede utilizarse como detector de luz infrarroja en satélites.

Nb_2Cl_{10} Pentacloruro de niobio

Las bolas grises representan Nb

Las bolas blancas representan Cl.

NbN Nitruro de niobio

Las bolas grandes representan Nb.
Las bolas más pequeñas representan N.

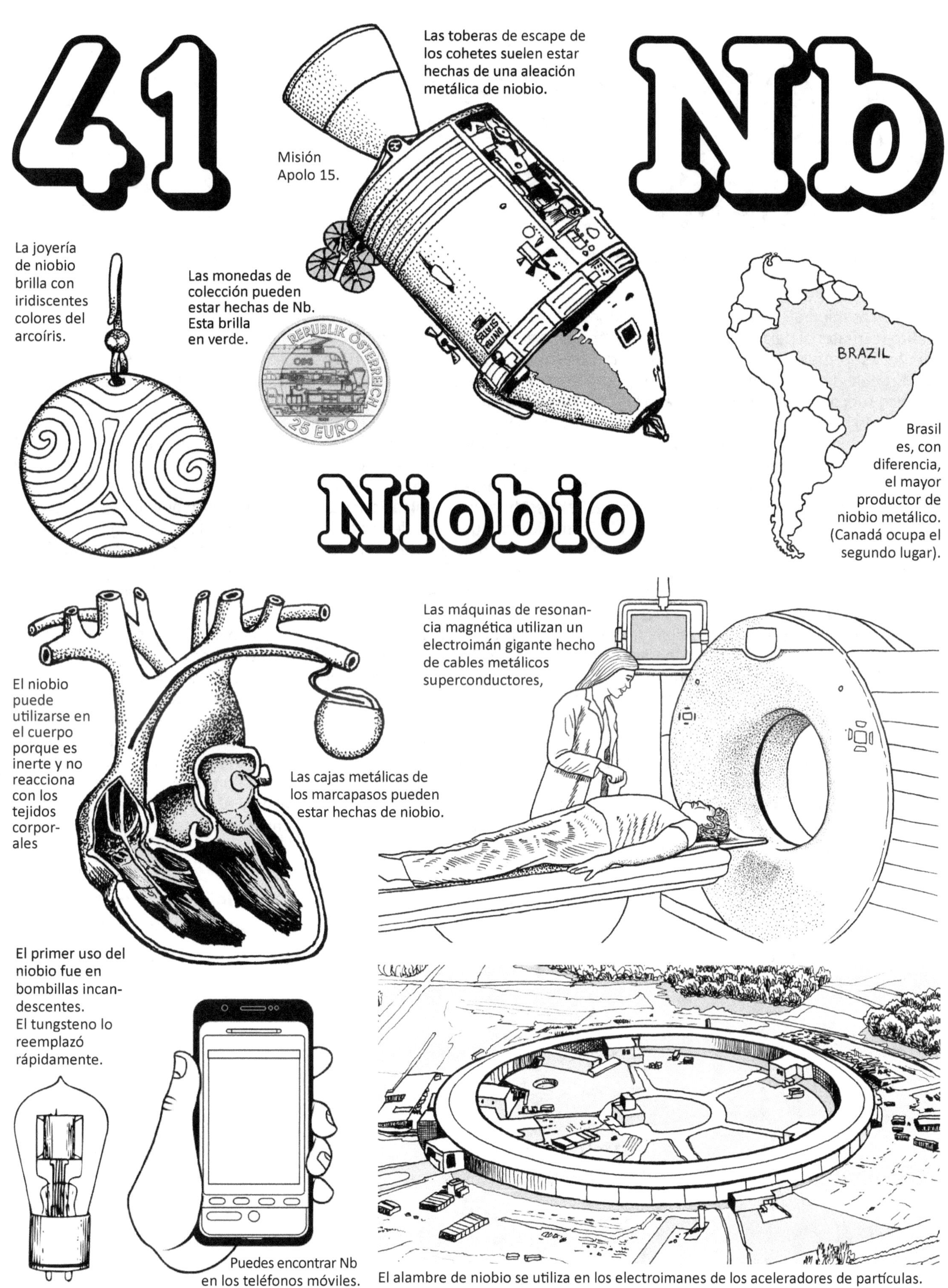
41
Nb
Las toberas de escape de los cohetes suelen estar hechas de una aleación metálica de niobio.
Misión Apolo 15.
La joyería de niobio brilla con iridiscentes colores del arcoíris.
Las monedas de colección pueden estar hechas de Nb. Esta brilla en verde.
REPUBLIK ÖSTERREICH
25 EURO
BRAZIL
Brasil es, con diferencia, el mayor productor de niobio metálico. (Canadá ocupa el segundo lugar).
Niobio
Las máquinas de resonancia magnética utilizan un electroimán gigante hecho de cables metálicos superconductores,
El niobio puede utilizarse en el cuerpo porque es inerte y no reacciona con los tejidos corporales
Las cajas metálicas de los marcapasos pueden estar hechas de niobio.
El primer uso del niobio fue en bombillas incandescentes. El tungsteno lo reemplazó rápidamente.
Puedes encontrar Nb en los teléfonos móviles.
El alambre de niobio se utiliza en los electroimanes de los aceleradores de partículas.

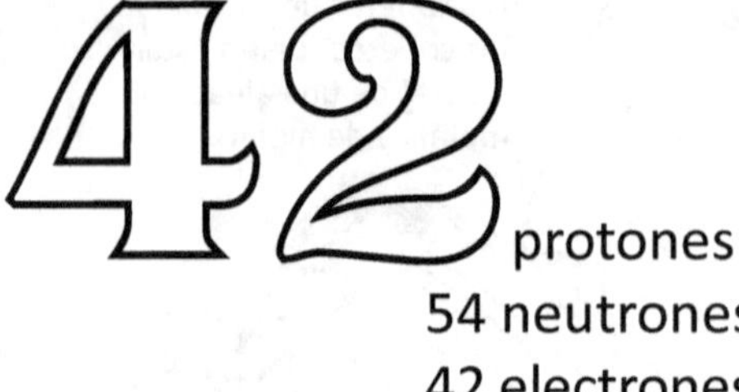

protones
54 neutrones
42 electrones

Masa atómica: 95.9

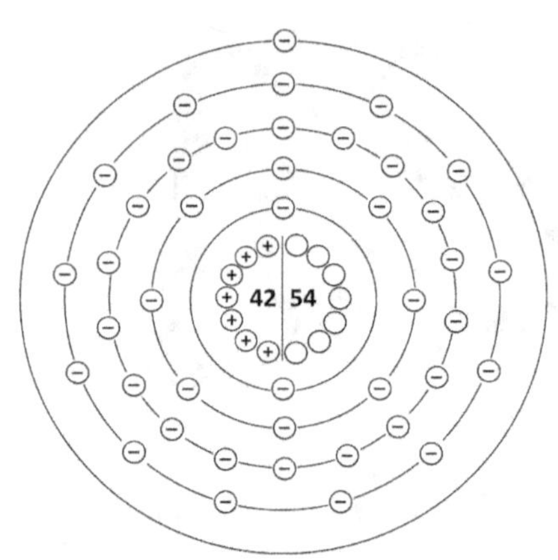

Molibdeno

Del griego "molybdos", que significa "plomo"

Los minerales de molibdeno se conocen desde hace siglos, aunque a menudo se creía erróneamente que eran grafito (el material del interior de nuestros lápices) o galena (un mineral de plomo). La molibdenita, el mineral más común, es sorprendentemente similar al grafito y puede utilizarse como lubricante sólido, al igual que este. En 1778, Carl Scheele determinó que la molibdena contenía un nuevo elemento y lo llamó molibdeno. Pocos años después, otro químico sueco, Peter Hjelm, pudo fabricar una muestra de molibdeno metálico puro. Durante los cien años siguientes, no se pudo encontrar ningún uso práctico o industrial para este elemento.

A principios del siglo XX, el molibdeno comenzó a utilizarse para fabricar objetos que debían soportar mucho calor, como las bobinas metálicas de los calentadores eléctricos y las bases que sostenían los filamentos dentro de las bombillas. La Primera Guerra Mundial creó nuevas oportunidades para el molibdeno, ya que la necesidad de aleaciones de acero aumentó considerablemente. Se descubrió que las aleaciones de molibdeno eran muy resistentes y muy ligeras, perfectas para vehículos grandes como los tanques. Los alemanes utilizaron acero al molibdeno para fabricar el famoso obús Big Bertha. El molibdeno también se podía utilizar como sustituto del tungsteno en la fabricación de herramientas de acero. Después de la guerra, el interés por el molibdeno volvió a disminuir, pero a finales del siglo XX volvió a desempeñar un papel importante en la fabricación de acero. El acero al cromo-molibdeno (conocido como "cromoly") se utiliza para fabricar tubería estructural para aviación, bicicletas, tuberías de gas y cañones de armas.

Hoy en día, el molibdeno tiene muchos usos. El disulfuro de molibdeno se utiliza como lubricante seco. El trióxido de molibdeno se utiliza como adhesivo entre metales y cerámicas. El molibdato de plomo (conocido como el mineral "wulfenita") se utiliza como pigmento rojo. Varios compuestos de molibdeno se utilizan en procesos químicos en laboratorios científicos, y se utilizan para fabricar dispositivos de prueba que detectan la contaminación en el aire y el agua.

El molibdeno está en el corazón de docenas de enzimas biológicas esenciales. Ciertos tipos de bacterias (conocidas como "bacterias fijadoras de nitrógeno") son capaces de extraer el gas nitrógeno del aire e incorporarlo al suelo de una forma que las plantas pueden utilizar. Lo hacen con una enzima llamada nitrogenasa, que utiliza una molécula construida alrededor de un átomo de molibdeno. Además, la mayoría de las formas de vida producen una enzima llamada sulfito oxidasa en las mitocondrias de sus células. Esta enzima es fundamental para el proceso de respiración celular (quema de azúcares para obtener energía). Otras enzimas de molibdeno desempeñan un papel en la transferencia de átomos de oxígeno de una molécula a otra.

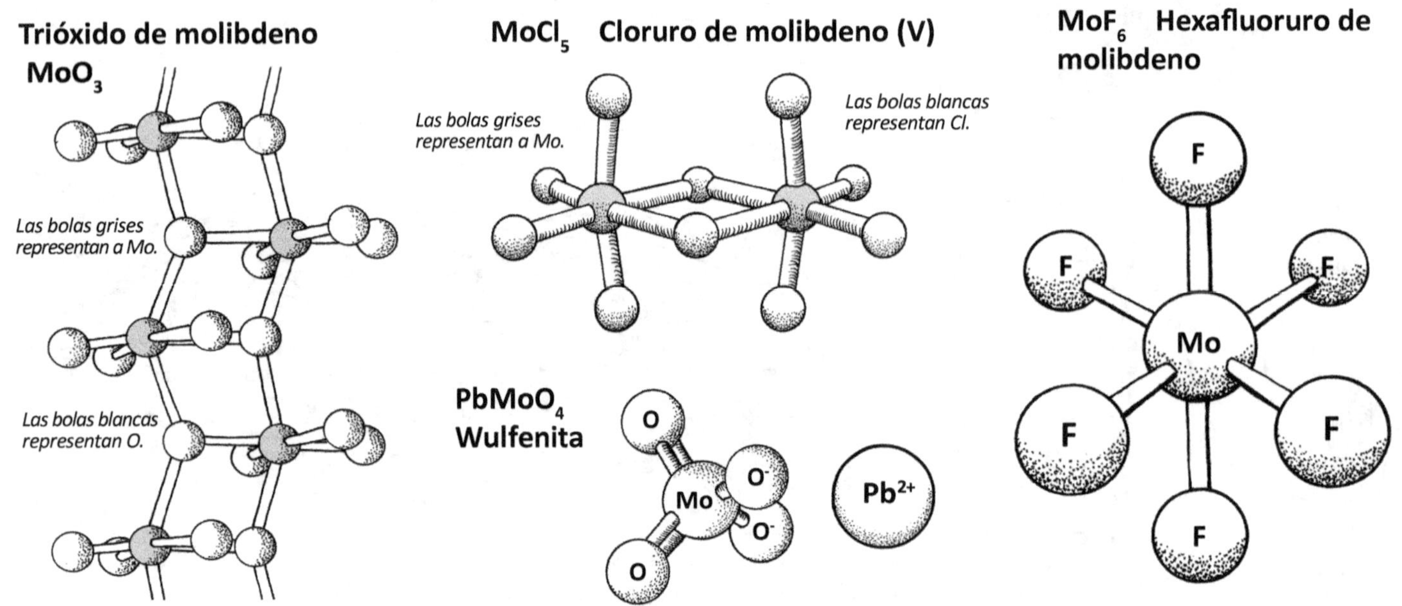

42 Mo

La wulfenita suele ser roja.

Molibdeno

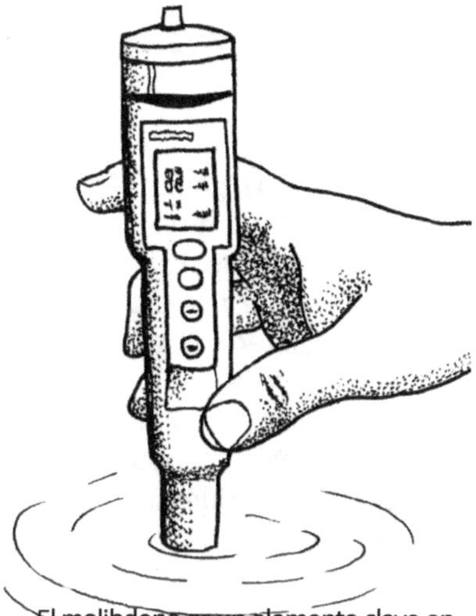

El disulfuro de molibdeno (MoS_2) se utiliza como lubricante para piezas de maquinaria.

El molibdeno es un elemento clave en los instrumentos de análisis químico que comprueban la calidad del agua y del aire.

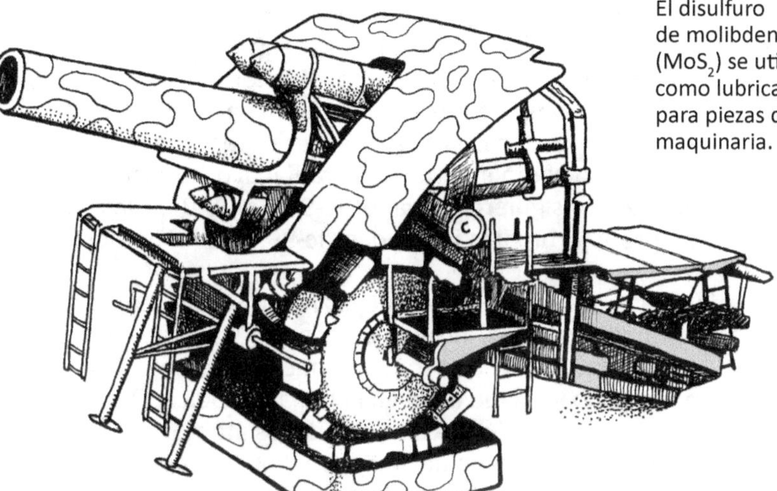

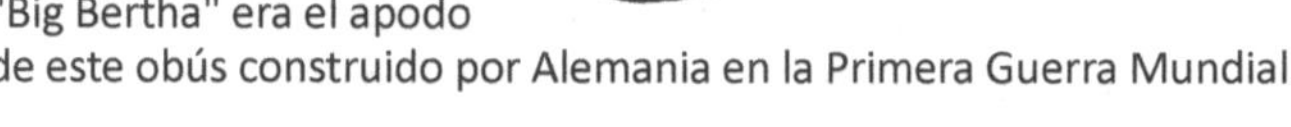

"Big Bertha" era el apodo de este obús construido por Alemania en la Primera Guerra Mundial.

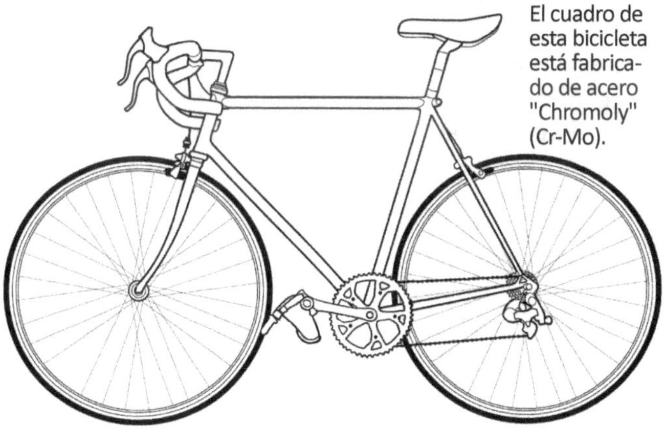

El cuadro de esta bicicleta está fabricado de acero "Chromoly" (Cr-Mo).

La soya es una de las plantas de la familia de las leguminosas que desarrollan pequeños nódulos en sus raíces para proporcionar un lugar donde vivan las bacterias fijadoras de nitrógeno.

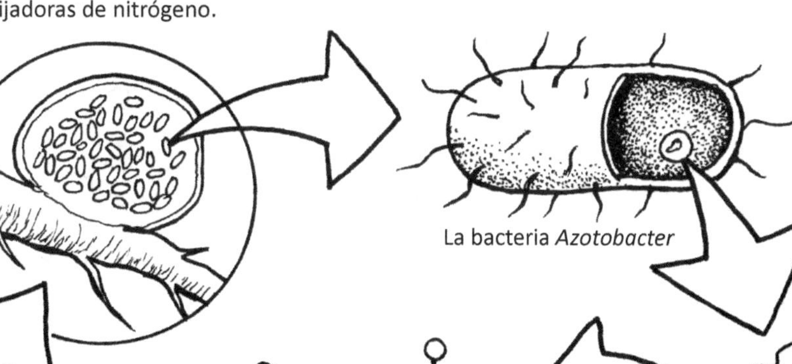

La bacteria *Azotobacter*

La nitrogenasa es capaz de extraer el nitrógeno del aire y ponerlo en el suelo de una forma que las plantas pueden utilizar.

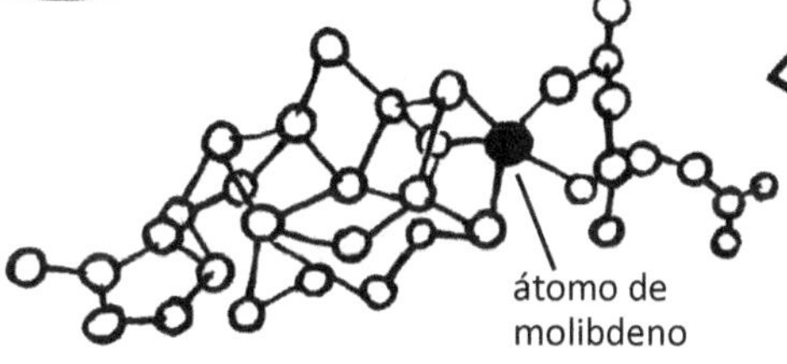

átomo de molibdeno

enzima nitrogenasa

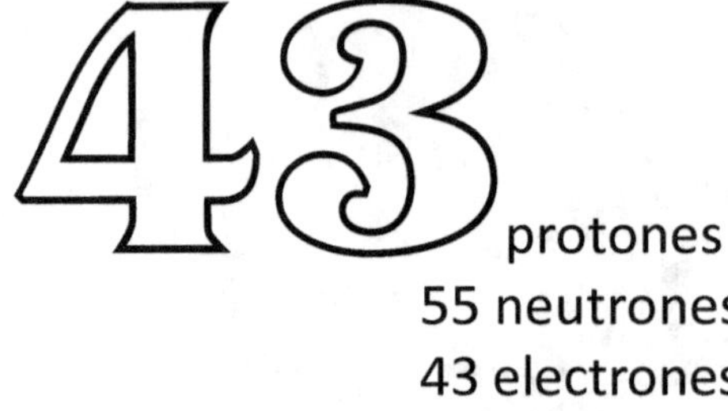

protones
55 neutrones
43 electrones

Masa atómica: 98

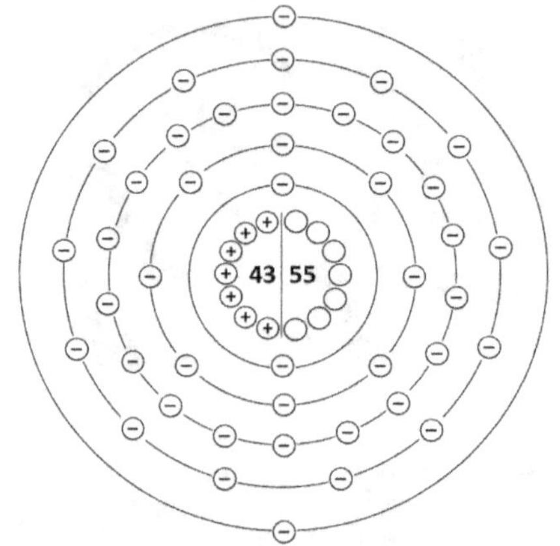

Tecnecio

Del griego "teknetos", que significa "artificial"

El único lugar en el que se encuentra el tecnecio en la naturaleza es en rocas que contienen elementos radiactivos como el uranio y el torio. Los átomos grandes e inestables, como el uranio, se descomponen gradualmente, y sus fragmentos suelen incluir átomos radiactivos más pequeños que también acabarán descomponiéndose (desintegrándose) hasta formar un átomo estable y no radiactivo. Todos los átomos de tecnecio acabarán convirtiéndose en molibdeno o rutenio.

El tecnecio fue descubierto oficialmente en 1936 por Carlo Perrier y Emilio Segrè en Palermo, Sicilia (Italia). Habían visitado el Laboratorio Nacional Lawrence Berkeley en California (que desempeñaría un papel importante en el descubrimiento de elementos en el futuro) y se les permitió llevarse a casa algunas piezas desechadas que se habían vuelto radiactivas, incluida una muestra de molibdeno. Como el molibdeno no es radiactivo, supusieron que podría haber un nuevo elemento radiactivo oculto en la muestra. Consiguieron aislar el Tc-95 y el Tc-97. Más tarde, trabajaron con Glenn Seaborg en el laboratorio de Berkeley y produjeron otro isótopo, el Tc-99, que ha demostrado ser increíblemente útil para la ciencia médica.

Una fuente de tecnecio son las barras de combustible gastadas (desgastadas) de los reactores nucleares. El uranio de las barras se desintegra para formar muchos átomos más pequeños, incluido el tecnecio. Es posible reunir suficientes átomos de tecnecio para formar un bloque sólido de metal. El Tc metálico tiene muchas propiedades similares a las de los elementos que se encuentran por encima, por debajo y al lado de él en la tabla periódica. Otra forma de producir tecnecio es en el interior de una máquina llamada acelerador de partículas, donde los átomos de molibdeno son bombardeados con protones y neutrones. Si un protón se adhiere a un núcleo de molibdeno, este se convierte inmediatamente en tecnecio. La forma más útil de tecnecio es el "Tc-99m". ("M" significa "metaestable", un tipo especial de isótopo). Se utiliza ampliamente en pruebas de diagnóstico médico porque, cuando se desintegra, produce radiación gamma (similar a los rayos X) que puede capturarse con una cámara especial. Los rayos gamma duran poco tiempo, por lo que la exposición a radiación nociva es mínima. Por ejemplo, una molécula llamada "Cardiolite" se utiliza como "trazador" para obtener imágenes del corazón. Otras moléculas basadas en Tc se utilizan para tomar imágenes de muchas otras partes del cuerpo.

El Tc-99m se desintegra en Tc-99, un isótopo con una tasa de desintegración muy lenta y constante que produce partículas beta (electrones), lo que lo hace útil para algunas industrias para calibrar equipos de alta tecnología.

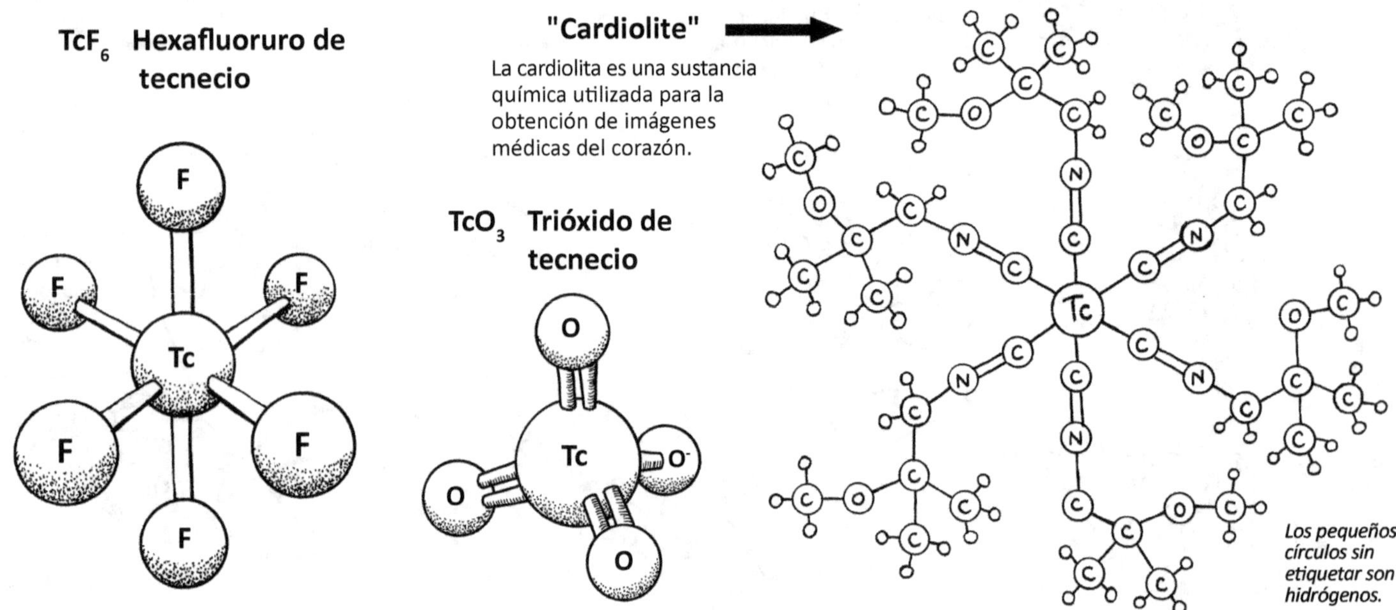

43 Tc

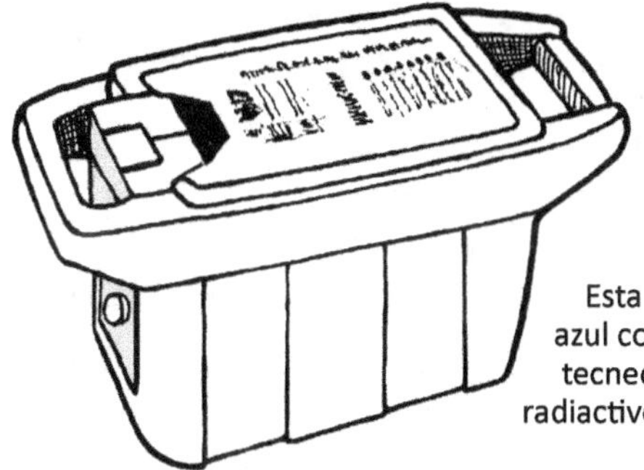

Esta caja azul contiene tecnecio radiactivo.

Tecnecio

El ciclotrón es un tipo de acelerador de partículas utilizado para la investigación en física y para producir átomos radiactivos para aplicaciones médicas.

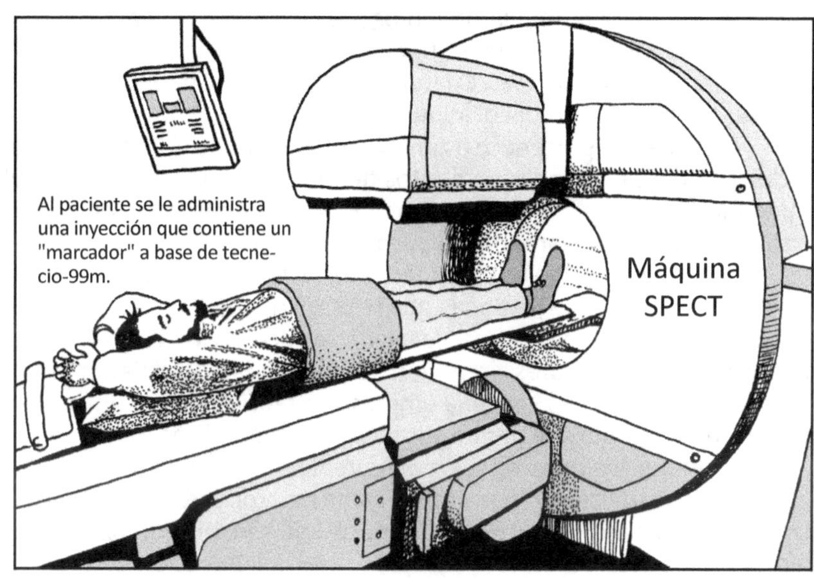

El Tc-99m se utiliza como trazador en más de 50 pruebas médicas diferentes, entre las que se incluyen la obtención de imágenes diagnósticas del cerebro y de los órganos internos.

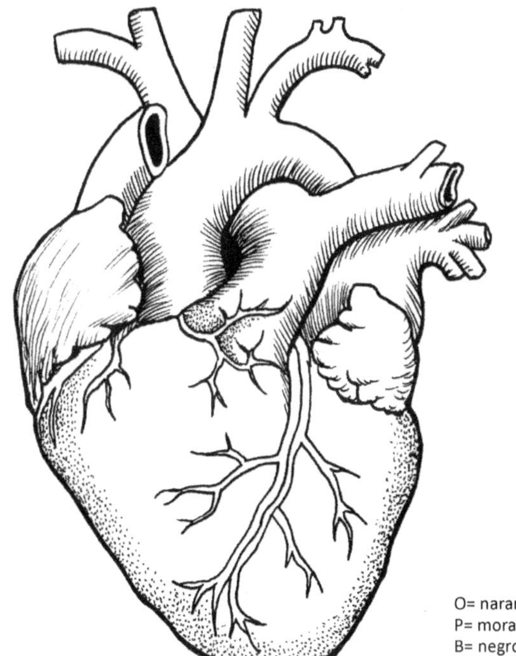

Las moléculas de Cardiolite se adherirán de forma natural a las células del corazón y las harán visibles a cámaras especiales.

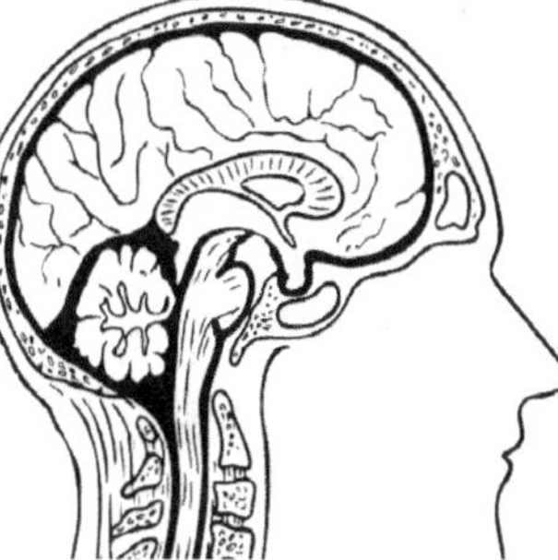

O= naranja
P= morado
B= negro

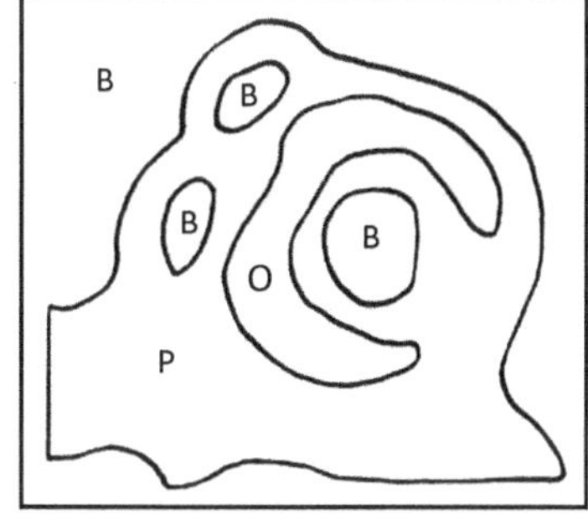

Esta es una imagen de un corte transversal del corazón.

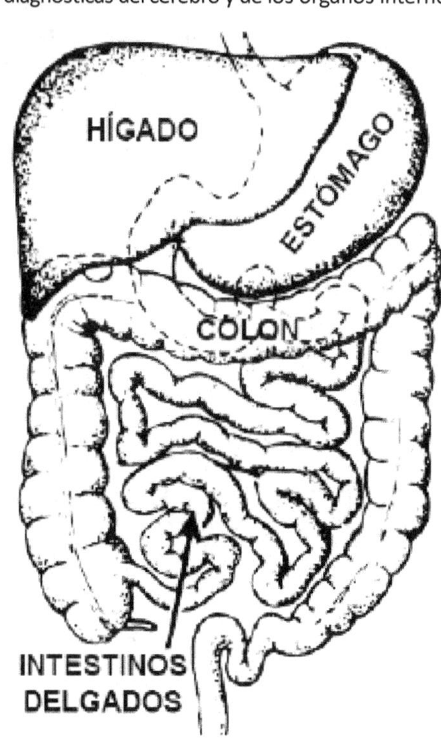

44

protones
57 neutrones
44 electrones

Rutenio

Masa atómica: 101

Rutenia es un antiguo nombre de una región de Europa del Este

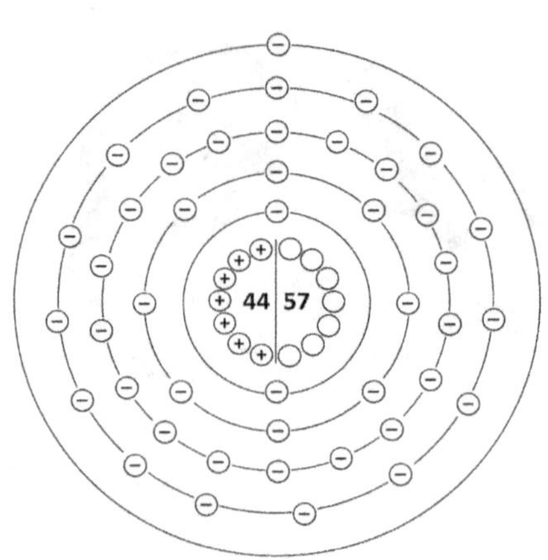

El rutenio fue "casi descubierto" dos veces antes de que Karl Claus anunciara oficialmente su descubrimiento en 1844. En 1808, un químico polaco publicó su trabajo sobre un nuevo elemento que encontró en minerales de Sudamérica, pero sus experimentos nunca fueron verificados y, por lo tanto, cayeron en el olvido. En 1827, un químico sueco y otro alemán trabajaron juntos para descubrir tres nuevos elementos, incluido uno al que llamaron rutenio, en minerales de los montes Urales, pero los resultados de sus experimentos no pudieron verificarse, por lo que tuvieron que retirar sus afirmaciones. Cuando Karl Claus hizo su descubrimiento en 1844, decidió utilizar su nombre, rutenio, ya que sus antepasados procedían de Rutenia.

El rutenio pertenece a un grupo de elementos llamados grupo del platino: rutenio, rodio, paladio, osmio, iridio y platino. Estos seis elementos tienen propiedades físicas y químicas similares y tienden a aparecer juntos en minerales llamados "minerales de platino". Se necesitan procedimientos químicos complicados para obtener muestras puras de estos elementos a partir de los minerales.

Una de las propiedades más destacadas del rutenio es su resistencia a la corrosión. Se puede añadir a otros metales para fabricar aleaciones que resisten mejor las condiciones adversas y las altas temperaturas. Cuando se añade rutenio al titanio o a las aleaciones de acero y níquel, se vuelven lo suficientemente duraderos como para fabricar cosas como motores a reacción. La durabilidad del rutenio también es útil en componentes como interruptores eléctricos y bujías. En 1944, una empresa de fabricación de bolígrafos de EE. UU. decidió utilizar un revestimiento de rutenio en las puntas de oro de sus plumas estilográficas para que duraran más.

Uno de los mayores usos del rutenio en el siglo XXI ha sido en la fabricación de chips de resistencia de película gruesa que se utilizan en una amplia gama de productos electrónicos, incluidos muchos de los sensores que se encuentran en los automóviles. (Los coches necesitan sensores de oxígeno, presión, mezcla de combustible/aire, activación de airbags, controles del motor y más). Durante la fabricación de estas resistencias, el rutenio se utiliza para fabricar una pieza llamada fotomáscara, en un proceso llamado litografía ultravioleta extrema.

Otros usos del rutenio incluyen un colorante biológico llamado "rojo de rutenio", utilizado para preparar muestras biológicas para su visualización bajo un microscopio, y un polvo utilizado para levantar huellas dactilares de escenas del crimen. Los cirujanos oculares utilizan un isótopo radiactivo, el Ru-106, para tratar un tipo de cáncer de piel (melanoma ocular) que se produce en el interior del ojo.

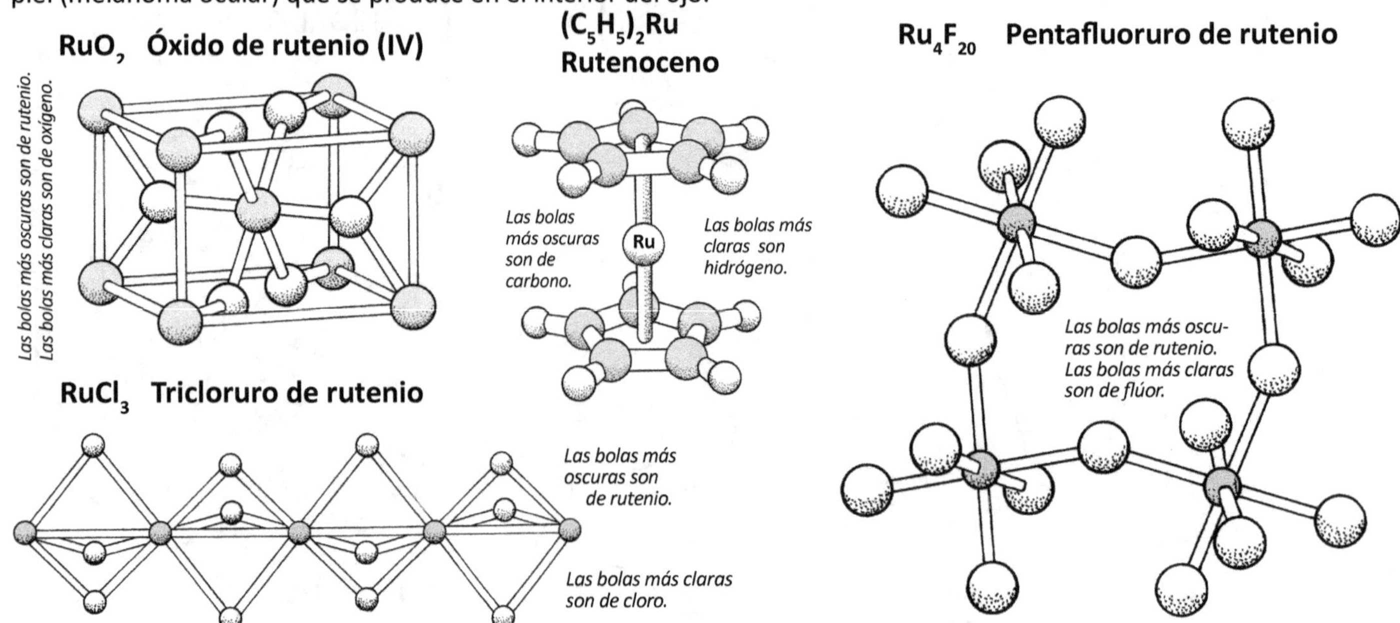

44 Ru RUTENIO	45 Rh RODIO	46 Pd PALADIO
76 Os OSMIO	77 Ir IRIDIO	78 Pt PLATINO

Grupo del platino

Ru

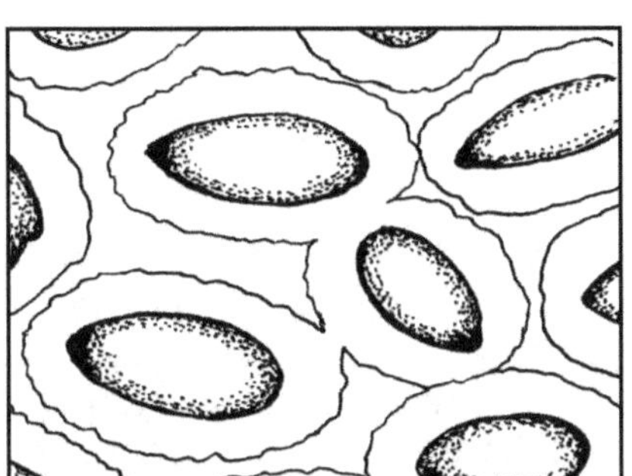

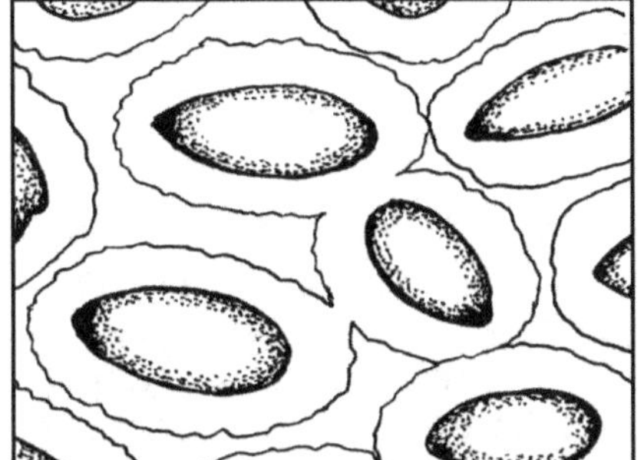

Estas semillas se tiñeron con "rojo de rutenio" para revelar una sustancia azucarada que producen. *(Los anillos alrededor de las semillas son de color rosa brillante).*

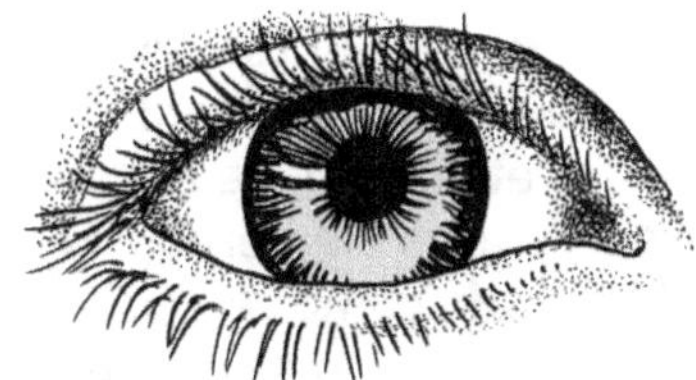

El rutenio radiactivo se utiliza para tratar el cáncer dentro del ojo.

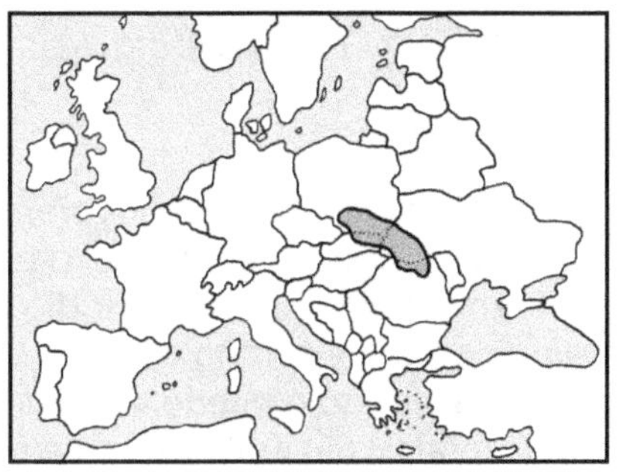

El rutenio recibe su nombre de una zona de Europa que antes se llamaba Rutenia.

Rutenio

El rutenio puede utilizarse para fabricar fotomáscaras para un proceso llamado litografía ultravioleta extrema, que fabrica chips

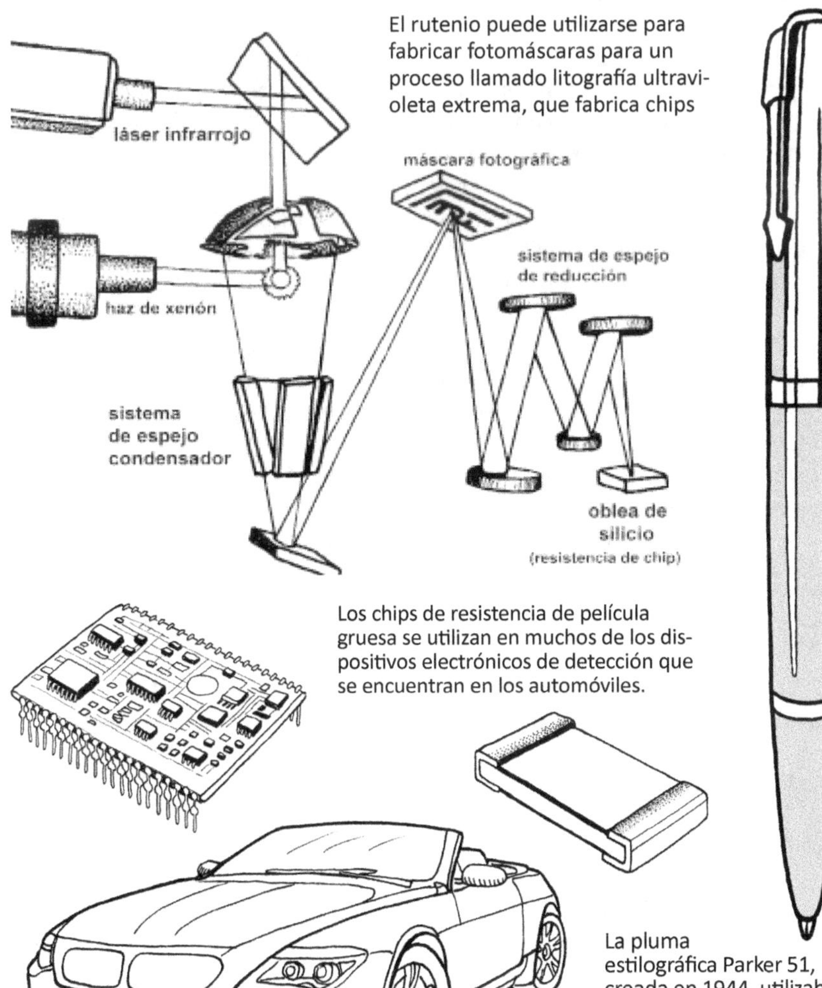

Los chips de resistencia de película gruesa se utilizan en muchos de los dispositivos electrónicos de detección que se encuentran en los automóviles.

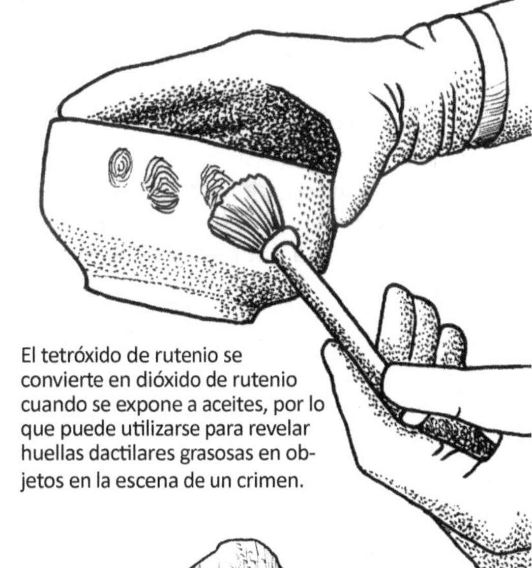

El tetróxido de rutenio se convierte en dióxido de rutenio cuando se expone a aceites, por lo que puede utilizarse para revelar huellas dactilares grasosas en objetos en la escena de un crimen.

La haloisita $(Al_2Si_2O_5(OH)_4)$ es un mineral que contiene fragmentos microscópicos con forma de tubos. El rutenio puede depositarse dentro y alrededor de los tubos.

La pluma estilográfica Parker 51, creada en 1944, utilizaba un revestimiento de rutenio sobre el plumin (la punta) de oro para hacerla más duradera.

La halloysita rellena de rutenio puede utilizarse como catalizador en reacciones químicas. Los catalizadores aceleran las reacciones sin ser modificados por ellas.

45 protones
58 neutrones
45 electrones
Masa atómica: 102.9

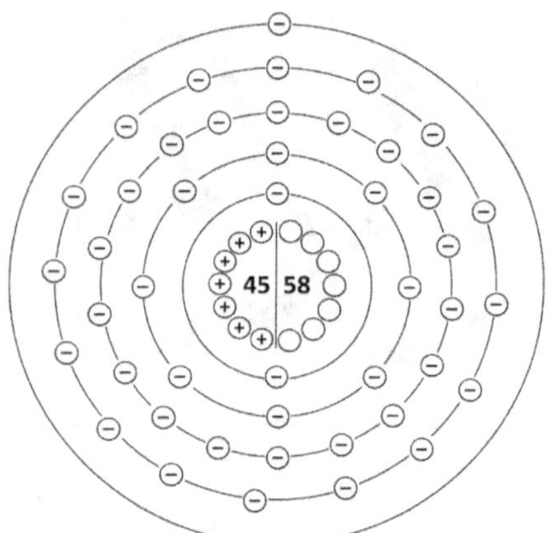

Rodio

Del griego "rhodon", que significa rosa

El rodio es uno de los elementos más raros de la tierra. Solo se encuentra en cantidades muy pequeñas en minerales que contienen mucho platino. Estos minerales de platino también suelen contener pequeñas cantidades de rutenio, paladio, osmio e iridio. Dado que todos estos elementos se encuentran juntos, una explotación minera que produce platino también podrá suministrar estos otros elementos. El rodio se produce en cantidades tan pequeñas que solo puede utilizarse en capas finas, a menudo como recubrimiento superficial [galvanizado] sobre otros metales. Sin embargo, este es probablemente el mejor uso para el rodio, ya que es muy resistente a la corrosión y al calor, pero es difícil de cortar y moldear.

El rodio fue descubierto por William Wollaston en 1803, solo unas semanas después de que hubiera descubierto el paladio. Ambos elementos se encontraron en un trozo de mineral de platino procedente de Sudamérica. Wollaston utilizó una serie de soluciones ácidas para extraer el cobre y el plomo del mineral, y luego otra serie de reacciones químicas para extraer el platino y el paladio. Cuando terminó, todavía quedaba algo: un polvo de color rosa. Se dio cuenta de que este polvo contenía un nuevo elemento y lo llamó rodio, utilizando la palabra griega para rosa: "rhodon".

El primer uso que se encontró para este nuevo elemento fue la fabricación de termopares que debían soportar temperaturas muy altas (1300-1800 °C). Más tarde se descubrió que el rodio también era útil para crear un revestimiento protector muy brillante en metales como la plata y el oro. Los joyeros siguen utilizando este truco hoy en día. Sumergen las joyas en una solución cargada eléctricamente que contiene una solución de rodio. Las joyas brillan cuando son nuevas, pero luego se vuelven opacas a medida que el rodio se desgasta.

El mayor uso industrial del rodio comenzó en 1975, cuando los fabricantes de automóviles descubrieron que el rodio tenía la asombrosa capacidad de convertir los gases de escape nocivos en nitrógeno, dióxido de carbono y vapor de agua, cuya liberación al medio ambiente es mucho más segura. La parte que hace esto se llama convertidor catalítico. (Un "catalizador" es algo que provoca cambios químicos). El platino y el paladio también se utilizan en los convertidores catalíticos.

El rodio se utiliza para recubrir las piezas metálicas del interior de hornos y máquinas de rayos X, y para recubrir y proteger interruptores eléctricos y bujías. Se utiliza en detectores de neutrones en centrales nucleares. El interior de los reflectores y los faros de los coches se rocía con rodio para hacerlos superbrillantes y que reflejen la luz de manera más eficiente. Los marcapasos cardíacos contienen cables de rodio (recubiertos de plástico aislante). El rodio es más caro que el oro o el platino, por lo que se ha utilizado para recubrir prestigiosas medallas de honor. Paul McCartney (de los Beatles) recibió un premio chapado en rodio del Libro Guinness de los Récords en 1979.

Rh_2O_3 Óxido de rodio (III)

Las bolas más oscuras son de rodio.
Las bolas más claras son de oxígeno.

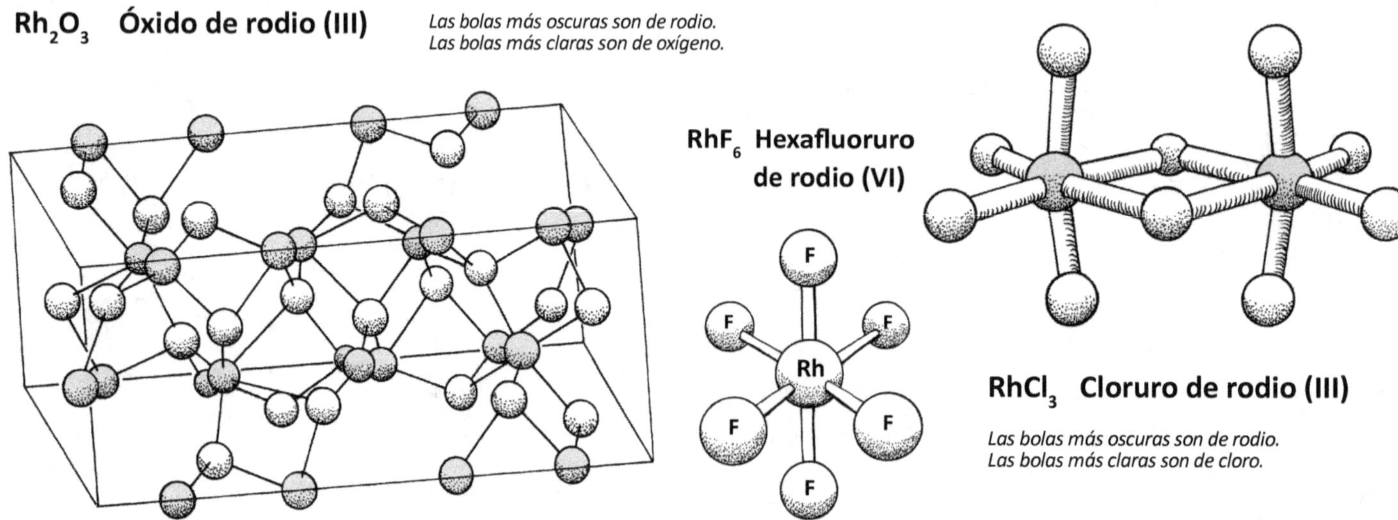

RhF_6 Hexafluoruro de rodio (VI)

$RhCl_3$ Cloruro de rodio (III)

Las bolas más oscuras son de rodio.
Las bolas más claras son de cloro.

44	45	46
Ru	Rh	Pd
RUTNEIO	RODIO	PALADIO
76	77	78
Os	Ir	Pt
OSMIO	IRIDIO	PLATINO

Grupo del platino

Los metales del grupo del platino pueden separar las moléculas nocivas como los óxidos de nitrógeno.

Este es un convertidor catalítico. Purifica los gases de escape nocivos, transformndolos en nitrógeno, dióxido de carbono y vapor de agua.

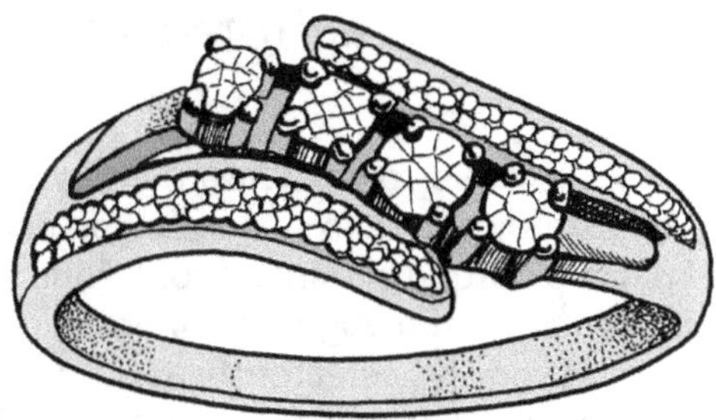

Las joyas suelen recubrirse con rodio para que tengan un brillo extra.

Colorea cada gema de un color diferente.

Rodio

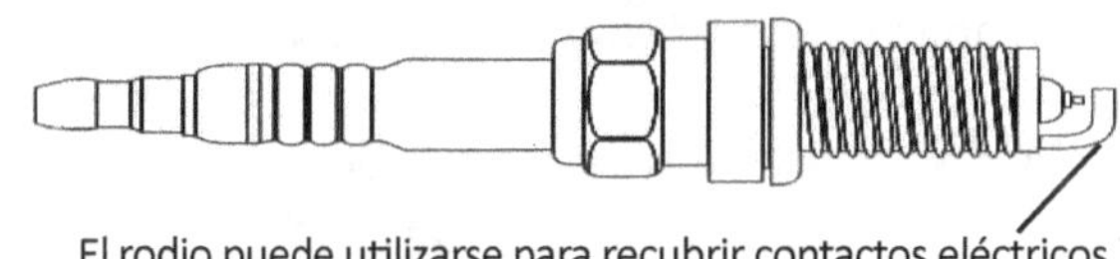

El rodio puede utilizarse para recubrir contactos eléctricos.

Volvo fue la primera empresa en utilizar un convertidor catalítico basado en rodio. (1976)

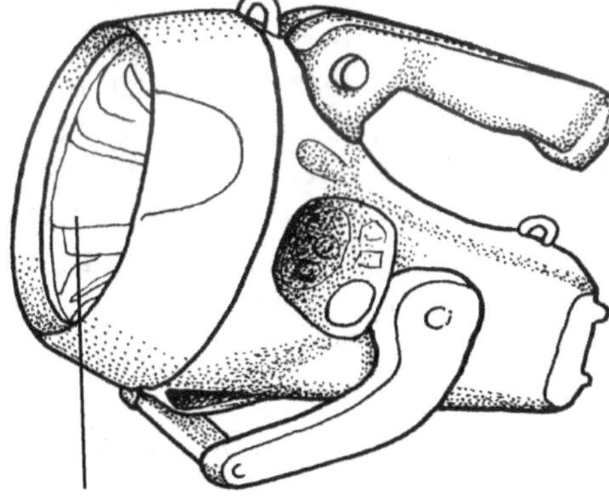

Los reflectores a veces utilizan un revestimiento de rodio para crear una superficie altamente reflectante.

El rodio puede utilizarse para recubrir el interior de los faros para que reflejen mejor la luz.

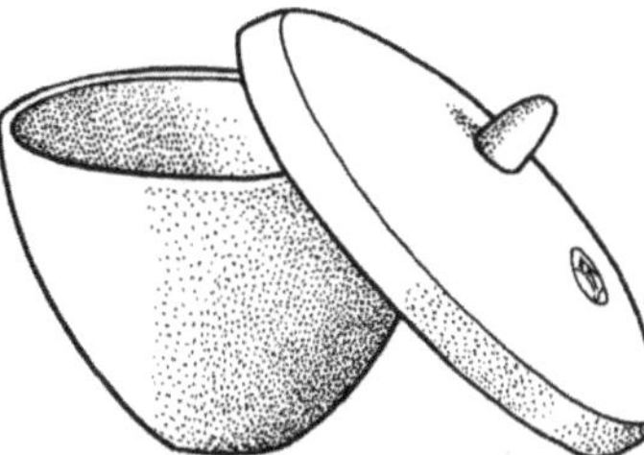

Este crisol está hecho de una aleación que contiene rodio.

Se trata de un termopar. El extremo metálico se calienta mucho, por lo que está recubierto de rodio.

Esta moneda canadiense parece casi negra, aunque está hecha de plata y recubierta de rodio.

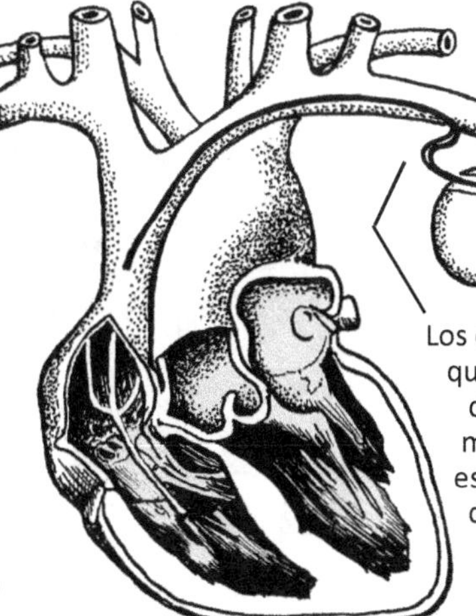

Los cables que salen de este marcapasos están hechos de rodio.

Pd 46

46 protones
60 neutrones
46 electrones
Masa atómica: 106.4

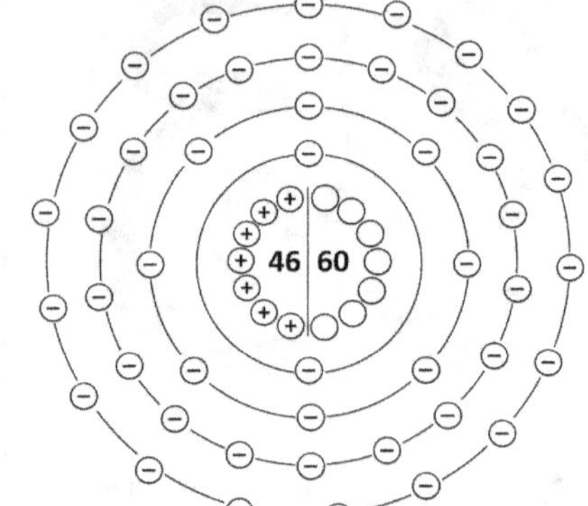

Paladio

Lleva el nombre del asteroide "Palas"

Descubierto por William Wollaston en 1803, el paladio recibió su nombre del asteroide recién descubierto, Pallas. (El asteroide recibió su nombre de una figura de la mitología griega). Wollaston descubriría el rodio poco después del paladio porque el mineral con el que trabajaba era un mena de platino, una roca que a menudo contiene tanto rodio como paladio. Algunos minerales de platino también tienen pequeñas cantidades de rutenio, osmio e iridio.

Una de las características únicas del paladio es su capacidad para absorber átomos de hidrógeno, casi como una esponja retiene agua. Esta característica se está investigando como una forma de almacenar hidrógeno para su uso en cosas como celdas de combustible.

El paladio es resistente a la corrosión y al calor y puede añadirse a otros metales para hacer aleaciones. Se añade en pequeñas cantidades a metales como el acero y el titanio para fabricar instrumentos quirúrgicos, muelles de reloj y puntas de bolígrafo. Al igual que el rodio, el paladio puede proteger los contactos eléctricos del desgaste y se puede encontrar en lugares como las bujías de los aviones. En odontología se utilizan otras aleaciones especialmente formuladas para fabricar "amalgamas" que formarán parte de los implantes dentales que sustituirán a los dientes.

El "oro blanco" es una aleación de oro y paladio y es popular para la fabricación de joyas. (El níquel y la plata también se pueden utilizar para fabricar oro blanco). En el siglo XX, la joyería fue uno de los principales usos del paladio. El paladio no se utiliza a menudo para las monedas, pero Rusia lo utilizó para una moneda conmemorativa en 1989.

El cloruro de paladio convierte el monóxido de carbono en dióxido de carbono, lo que lo hace ideal tanto para los detectores de monóxido de carbono como para los convertidores catalíticos de los automóviles. Varios de los elementos del grupo del platino se utilizan en los convertidores catalíticos, ya que pueden convertir los gases nocivos en nitrógeno, dióxido de carbono y vapor de agua, que se pueden liberar al aire sin peligro. Los elementos del grupo del platino son raros y se necesita mucho trabajo para extraerlos de los minerales, por lo que los convertidores catalíticos se reciclan para recuperar los elementos del grupo del platino.

En el siglo XXI, uno de los principales usos del paladio es en los condensadores. La plata y el paladio se combinan a menudo para fabricar estas diminutas piezas que pueden almacenar cargas eléctricas como baterías en miniatura.

El paladio se utiliza a veces en la fabricación de flautas de calidad profesional.

$PdCl_2$ Cloruro de paladio

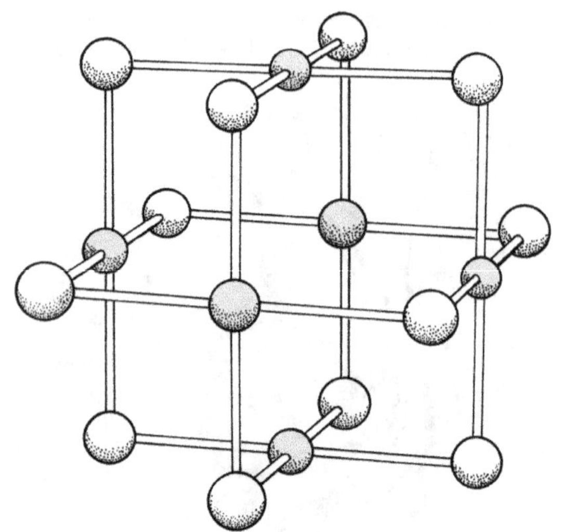

Las bolas más oscuras representan el paladio.
Las bolas más claras representan el cloro.

PdH Hidruro de paladio

El paladio tiene la asombrosa capacidad de atraer y retener átomos de hidrógeno, casi como una esponja. ¡Puede absorber 900 veces su propio volumen de hidrógeno!

La combinación de estos dos elementos es técnicamente una aleación. Los investigadores están estudiando si el paladio puede utilizarse para fabricar tanques de almacenamiento de hidrógeno.

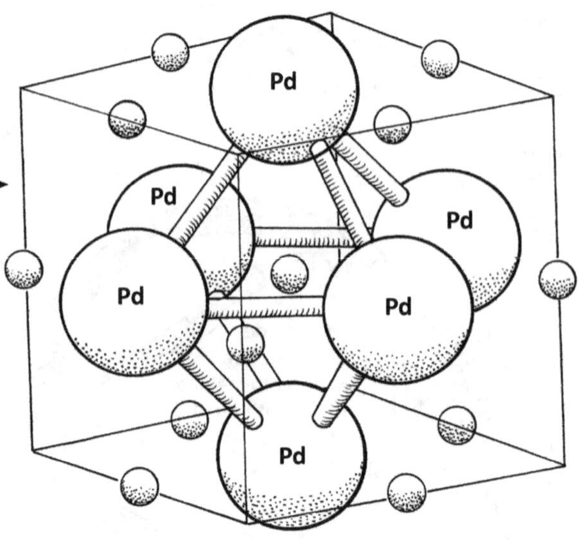

Las bolitas representan átomos de hidrógeno.

44	45	46
Ru	Rh	Pd
RUTENIO	RODIO	PALADIO
76	77	78
Os	Ir	Pt
OSMIO	IRIDIO	PLATINO

Grupo del platino

Pd

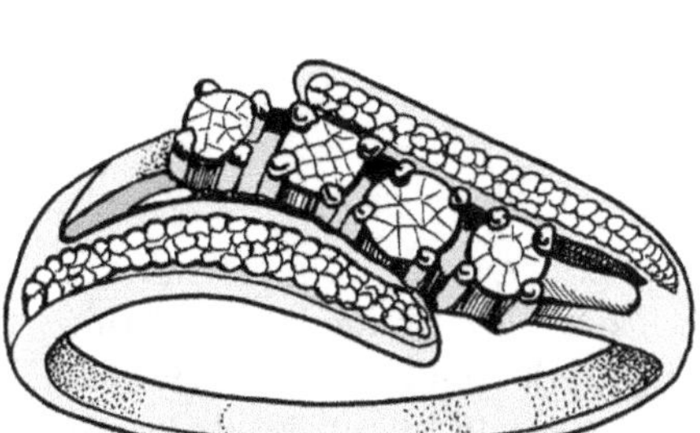

El paladio se mezcla con el oro para hacer el "oro blanco".

Colorea las gemas de cuatro colores diferentes.

El paladio se utiliza para fabricar flautas de calidad profesional.

Paladio

El paladio se utiliza en el interior de los convertidores catalíticos de los automóviles. Al igual que el rodio, el paladio puede convertir los gases de escape nocivos en gases menos nocivos.

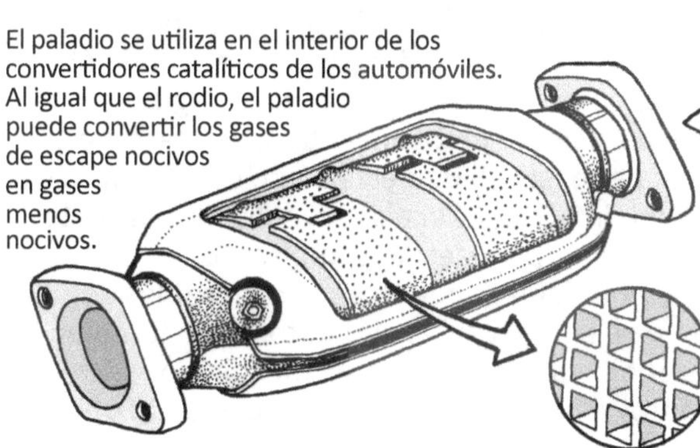

Las bujías de los aviones utilizan paladio.

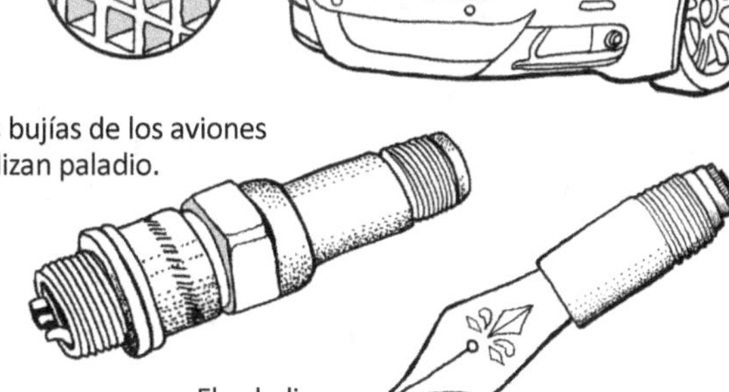

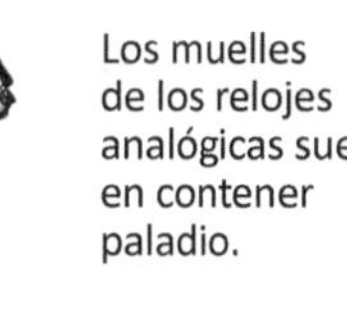

Los muelles de los relojes analógicas suelen contener paladio.

El paladio se puede utilizar para fabricar puntas de pluma

El Pd se utiliza para fabricar detectores de monóxido de carbono para protegernos en nuestros hogares.

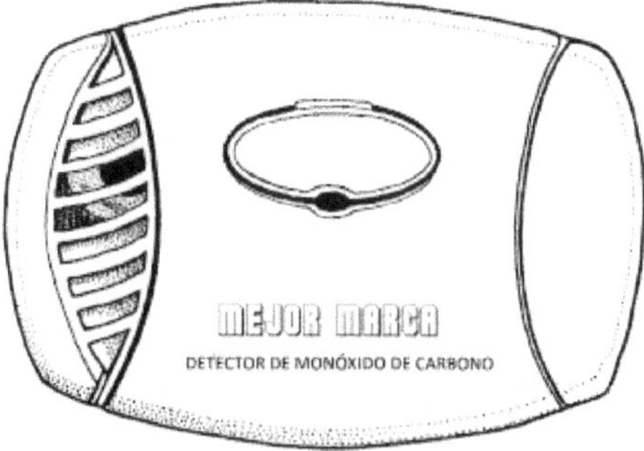

El paladio y la plata se utilizan en los condensadores cerámicos.

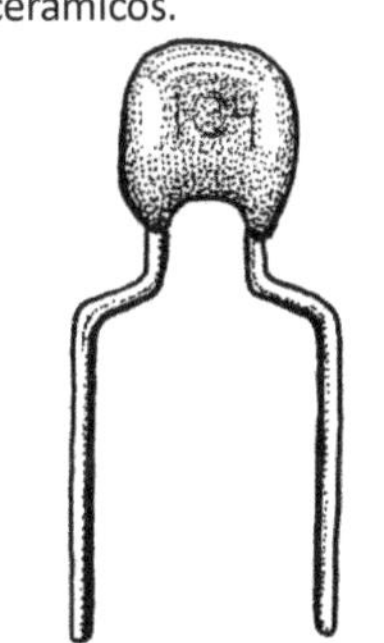

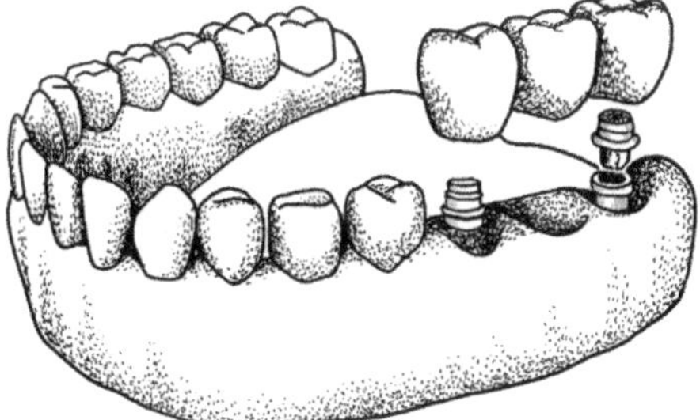

El paladio se utiliza en pequeñas cantidades en amalgamas dentales para hacer que los implantes dentales sean resistentes a la corrosión.

Las herramientas quirúrgicas se fabrican a veces con aleaciones de paladio.

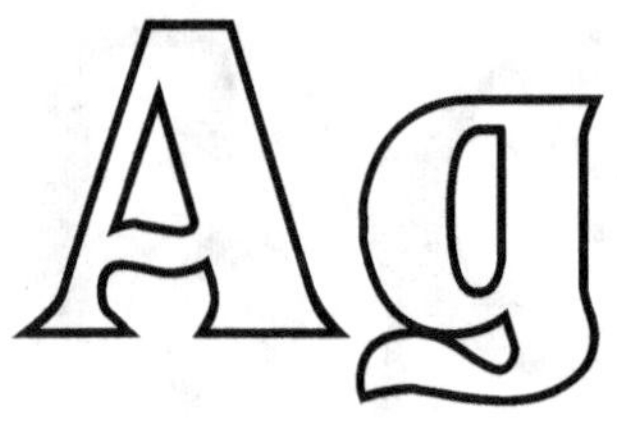

protones
61 neutrones
47 electrones

Masa atómica: 107.8

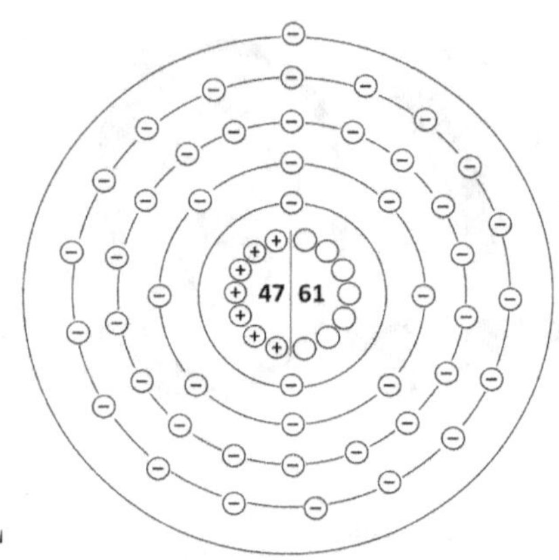

Plata

El símbolo, Ag, proviene de la palabra latina para plata, "argentum'

La plata es uno de los metales que se conocen desde la antigüedad y se ha encontrado en todo el mundo. Los antiguos descubrieron que la plata era demasiado blanda para fabricar buenas armas, por lo que la utilizaron con fines decorativos, como joyas, vajillas y monedas. La plata sigue utilizándose hoy en día para todos estos fines. Por desgracia, la plata tiene tendencia a deslustrarse a empañarse (volverse opaca/negra) y debe pulirse de vez en cuando. Las joyas caras suelen fabricarse a prueba de deslustre añadiéndoles algo de platino, paladio u oro.

La plata a veces se encuentra en su forma pura en la naturaleza, pero la mayoría de las veces se encuentra mezclada en rocas minerales que contienen principalmente plomo o cobre. La plata debe extraerse del mineral mediante fundición, recogerse y purificarse. Los griegos habían aprendido a hacerlo en el siglo VII a. C., y sus minas de plata en Laurion, cerca de Atenas, proporcionaron los fondos para construir su armada de trirremes. Esta armada luchó en la famosa "batalla de Salamina" contra el rey Jerjes de Persia.

En los tiempos modernos se han encontrado muchos más usos para la plata, muchos de ellos relacionados con la salud o con la industria electrónica. Aunque algunas personas descubrieron en el pasado las propiedades antibióticas (germicidas) de la plata y metían monedas de plata en sus barriles de agua de lluvia para evitar que el agua se estropeara, hoy en día hemos explotado aún más la capacidad de la plata para frenar el crecimiento de las bacterias, utilizándola en vendajes, medicamentos y tejidos para ropa deportiva. Los dentistas utilizan el fluoruro de diamínico de plata para prevenir las caries. El nitrato de plata se ha utilizado para prevenir infecciones oculares y solía formar parte de la atención estándar para los recién nacidos. La plata coloidal se puede utilizar para desinfectar piscinas.

La plata conduce la electricidad mejor que cualquier otro metal y también puede extraerse en cables de solo unos pocos átomos de ancho. Es útil para la industria electrónica no solo para cables diminutos, sino también para condensadores (que almacenan una carga eléctrica como una batería) cuando se recubre con paladio.

El bromuro de plata es sensible a la luz y se utilizó para hacer fotografías desde mediados del siglo XIX hasta finales del siglo XX.

La plata es básicamente no tóxica y puede utilizarse en pequeñas cantidades en productos alimenticios. En algunas culturas, se enrolla en una lámina extremadamente fina que se utiliza para decorar pasteles y galletas.

El fulminato de plata es una molécula increíblemente inestable y se utiliza para hacer petardos (inofensivos) en las fiestas.

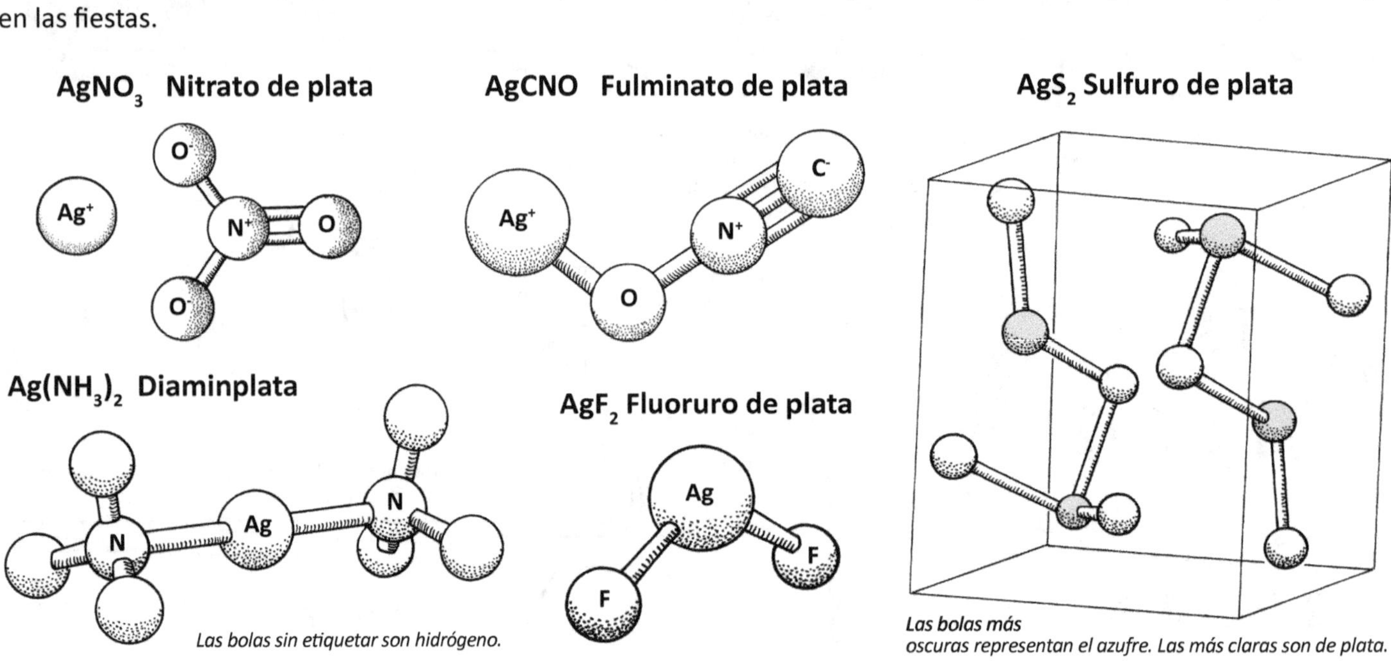

Las bolas sin etiquetar son hidrógeno.

Las bolas más oscuras representan el azufre. Las más claras son de plata.

47 Ag

Plata

Las "cebitas" están hechas de fulminato de plata, una molécula inestable que se desintegra con un "¡BANG!" cuando la lanzas.

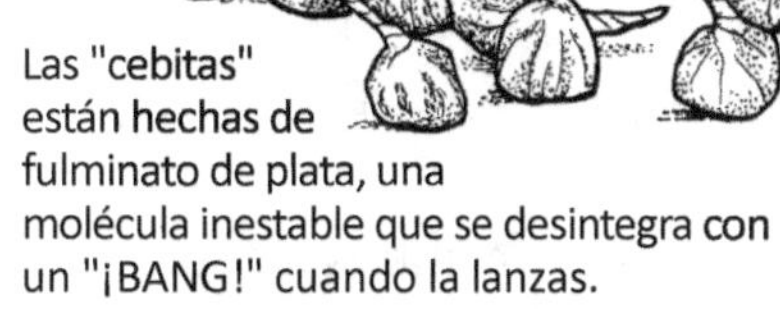

Águila de plata" estadounidense

Moneda tetradracma de la antigua Grecia de alrededor del año 300 a. C

Antigua estatua egipcia de plata de Horus, el dios halcón del 500 a. C.

La "platería" auténtica suele estar hecha de una aleación de plata.

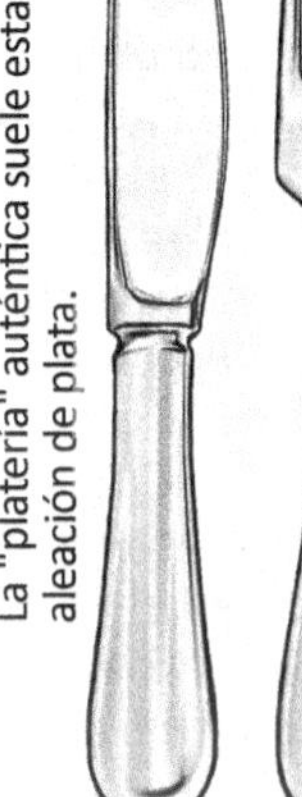

En siglos pasados, las monedas de plata se colocaban en barriles de agua de lluvia para mantener el agua fresca. La plata inhibe el crecimiento de bacterias.

Algunos vendajes incluyen plata para combatir las infecciones.

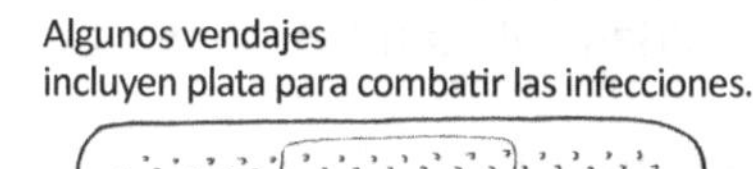

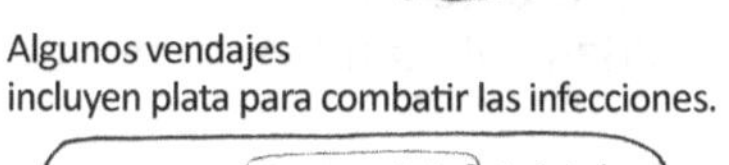

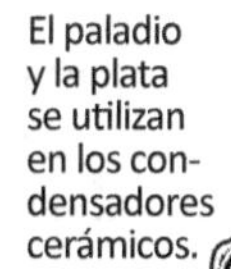

El paladio y la plata se utilizan en los condensadores cerámicos.

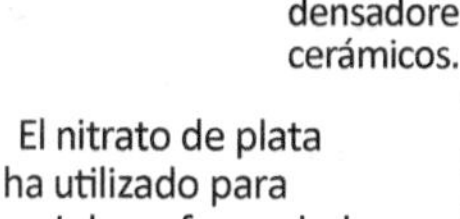

El nitrato de plata se ha utilizado para prevenir lasenfermedades oculares en los bebés.

Estas velas tienen rayas rojas y blancas.

Las minas de plata de Laurion financiaron la construcción de su flota de trirremes que ganó la batalla de Salamina contra el rey Jerjes de Persia.

Las minas de plata de Laurion, cerca de Atenas, Grecia.

El bromuro de plata es sensible a la luz y se utilizaba para preparar placas metálicas para capturar una fotografía.

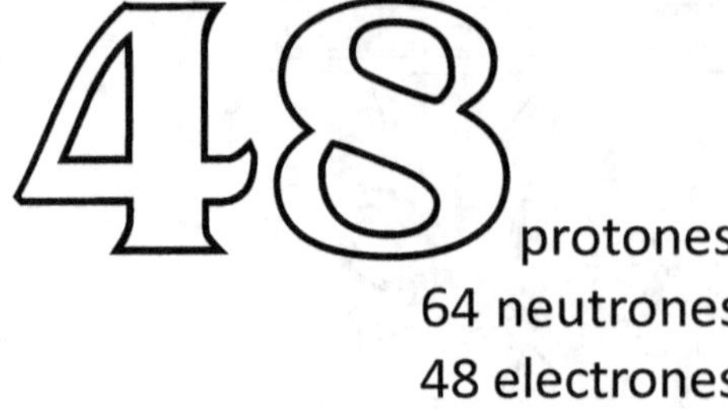

protones
64 neutrones
48 electrones

Cadmio

Masa atómica: 112.4

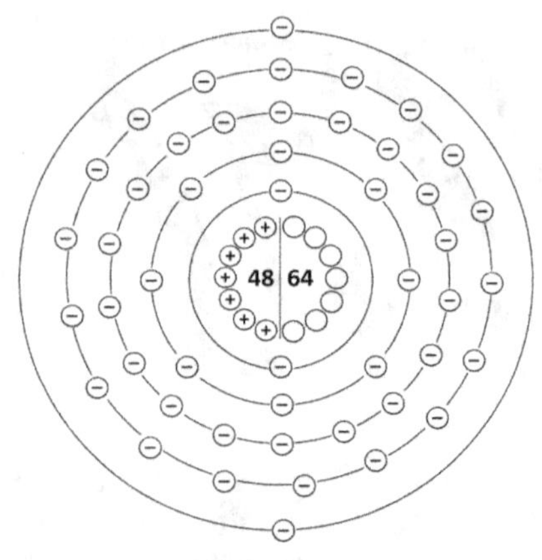

Lleva el nombre del héroe griego Cadmo, fundador de Tebas

El cadmio fue descubierto por un químico alemán en 1817 mientras estudiaba muestras de un mineral llamado calamina, $ZnCO_3$. Algunas de sus muestras brillaban en amarillo cuando se calentaban y otras no. Supuso que algunas de sus muestras contenían un elemento oculto. Encontró la manera de aislar el elemento y lo llamó cadmio, de la palabra griega "kadmea", un antiguo nombre para el mineral de calamina. Los minerales de zinc siguen siendo la principal fuente de cadmio.

Una de las propiedades más destacadas del cadmio es que es tóxico. Debido a que es venenoso, sus usos son limitados. Uno de los usos más antiguos del cadmio es como pigmento para pinturas. El amarillo de cadmio (sulfuro de cadmio) es brillante y resistente a la decoloración, y era muy apreciado por los artistas. El rojo de cadmio (seleniuro de cadmio) es otra pintura de cadmio común. Los pigmentos de cadmio también pueden utilizarse para colorear vidrio. (Dado que el cadmio es tóxico, estas pinturas solo deben ser utilizadas por artistas adultos).

El mayor uso del cadmio hoy en día es en las pilas. Los paquetes de pilas de níquel-cadmio (Ni-Cad) se pueden encontrar en juguetes y herramientas recargables. Las pilas suelen venir agrupadas y envueltas en plástico amarillo brillante.

El cadmio es resistente a la corrosión y a veces se utiliza para recubrir el acero en la industria aeronáutica.

El cadmio es muy bueno absorbiendo neutrones, por lo que se utiliza en las barras de control de los reactores nucleares. Cuando quieren ralentizar el proceso de fisión, pueden exponer las barras de cadmio y capturar muchos neutrones libres que, de otro modo, seguirían golpeando más átomos y causando más fisión. El cadmio actúa como "freno" en el proceso de fisión.

A finales del siglo XX, el cadmio se utilizaba para fabricar los materials fosforescentes de los televisores en blanco y negro, y los materials fosforescentes azules y verdes de los televisores en color. También se utilizaba como recubrimiento fotoconductor en los tambores de las fotocopiadoras.

El cadmio es un ingrediente de algunas aleaciones que tienen un punto de fusión muy bajo. Una de estas aleaciones se llama aleación de Wood. Este metal es muy útil para fabricar la válvula sensible al fuego de los sistemas de rociadores. Si el fuego alcanza el rociador, la válvula de metal se derrite y el agua comienza a salir inmediatamente del sistema de rociadores.

Los láseres de helio-cadmio son una fuente común de luz láser ultravioleta. Estos láseres pueden utilizarse en microscopios para realizar experimentos que requieren luz UV.

El telururo de cadmio es una sustancia sensible a la luz y se utiliza en las celdas solares de los paneles solares.

CdO Óxido de cadmio

$CdSO_4$ Sulfato de cadmio

CdSe Seleniuro de cadmio

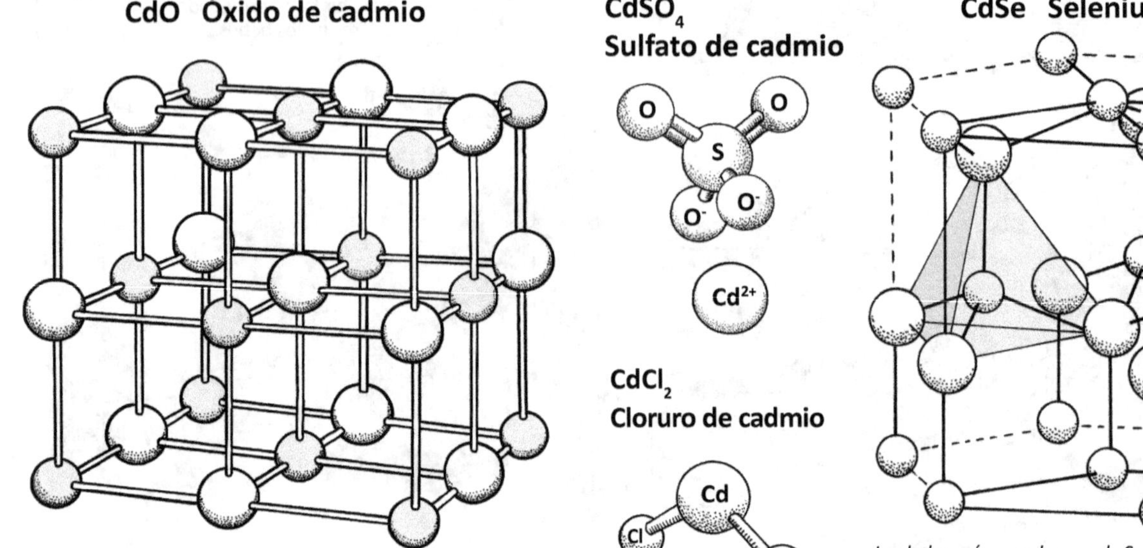

Las bolas más oscuras son de oxígeno. Las bolas más claras son de cadmio. ¿Te resulta familiar este patrón? (Es el mismo que el de NaCl, RbCl y NbN).

Las bolas más grandes son de Se, las más pequeñas son de Cd. El CdSe se utiliza en la pintura naranja y para hacer que las ventanas sean transparentes a la luz infrarroja.

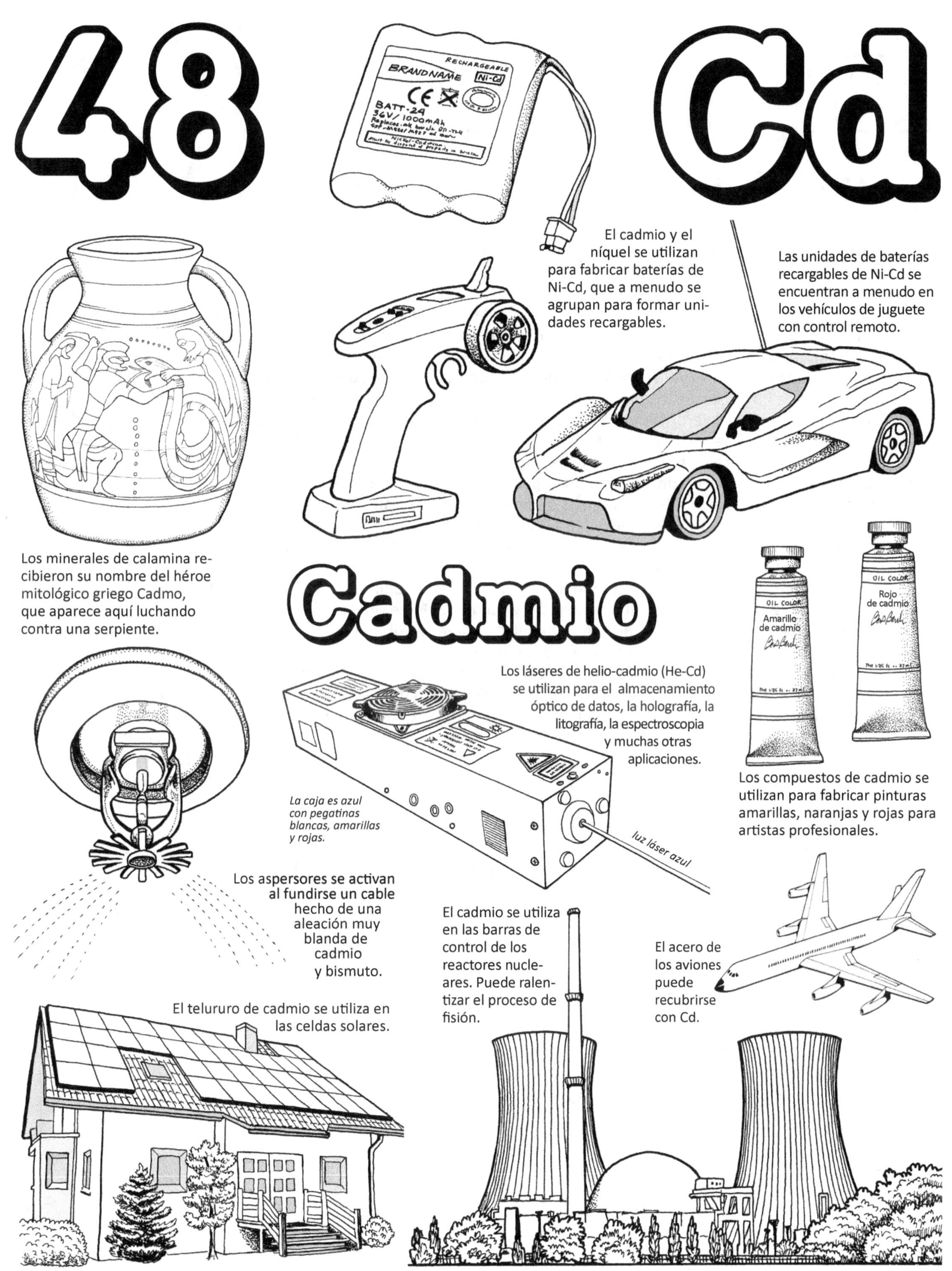
48
Cd
RECHARGEABLE
BRANDNAME
Ni-Cd
BATT-24
El cadmio y el níquel se utilizan para fabricar baterías de Ni-Cd, que a menudo se agrupan para formar unidades recargables.
Las unidades de baterías recargables de Ni-Cd se encuentran a menudo en los vehículos de juguete con control remoto.
Los minerales de calamina recibieron su nombre del héroe mitológico griego Cadmo, que aparece aquí luchando contra una serpiente.
Cadmio
OIL COLOR
Amarillo de cadmio
OIL COLOR
Rojo de cadmio
Los láseres de helio-cadmio (He-Cd) se utilizan para el almacenamiento óptico de datos, la holografía, la litografía, la espectroscopia y muchas otras aplicaciones.
Los compuestos de cadmio se utilizan para fabricar pinturas amarillas, naranjas y rojas para artistas profesionales.
La caja es azul con pegatinas blancas, amarillas y rojas.
luz láser azul
Los aspersores se activan al fundirse un cable hecho de una aleación muy blanda de cadmio y bismuto.
El cadmio se utiliza en las barras de control de los reactores nucleares. Puede ralentizar el proceso de fisión.
El acero de los aviones puede recubrirse con Cd.
El telururo de cadmio se utiliza en las celdas solares.

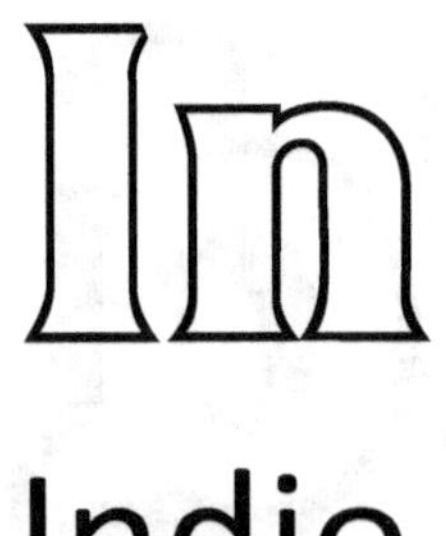

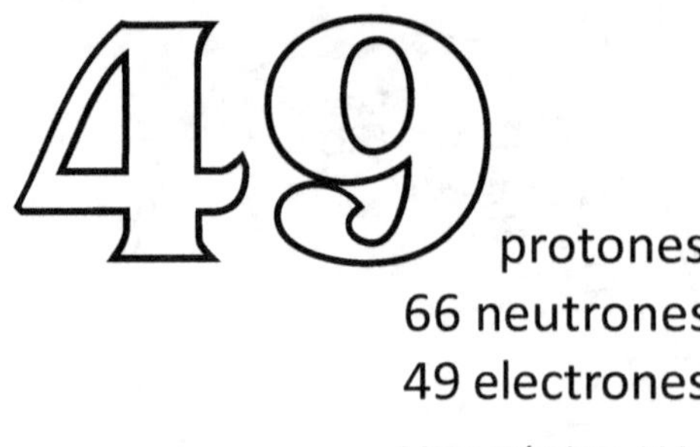

protones
66 neutrones
49 electrones

Masa atómica: 114.8

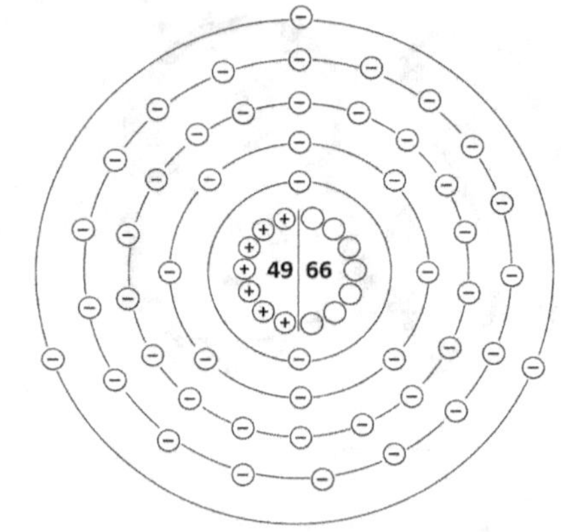

Indio

Llamado así por la línea índigo en su espectro

El indio se encuentra principalmente en los minerales de zinc y es un producto de la minería del zinc. Fue descubierto en 1863 por dos químicos alemanes que intentaban descubrir todos los elementos que se escondían en las rocas de mineral de zinc. Utilizaban un espectrómetro para observar la luz procedente de las muestras calentadas y esperaban encontrar las líneas verdes brillantes del talio. En su lugar, vieron unas líneas de color azulado-púrpura brillante (índigo) que no habían visto antes. Debido a estas líneas de color azul índigo, llamaron al nuevo elemento indio. Al año siguiente consiguieron aislar muestras de indio puro y, en 1867, habían fabricado suficiente cantidad para exhibir una barra de una libra de indio puro en la Exposición Universal de París de 1867.

El indio es un metal muy blando y se puede cortar fácilmente a mano con un cuchillo. Debido a su gran suavidad, el alambre de indio se puede utilizar para sellar pequeños huecos alrededor de las tapas de las cámaras de vacío. Al ser tan blando, el indio rellenará las grietas más diminutas por donde pueda entrar aire.

El óxido de indio y estaño (abreviado como ITO) se utiliza para fabricar recubrimientos transparentes conductores de electricidad en pantallas táctiles. También se utiliza en los parabrisas de las cabinas de los aviones para evitar la formación de escarcha. Otros usos incluyen detectores de gas y recubrimientos antirreflectantes en gafas y otras lentes.

El arseniuro de indio, InAs, y el antimoniuro de indio, InSb, se utilizan en transistores de baja temperatura. El arseniuro de indio y galio, InGaAs, y el nitruro de indio y galio, InGaN, se utilizan en LED y láseres. El seleniuro de cobre, indio y galio (CIGS) es un ingrediente principal en las celdas solares flexibles de película fina de "segunda generación", pero también se puede encontrar en paneles solares grandes.

El sulfuro de cobre e indio, CuInS2, tiene las propiedades adecuadas para una serie de usos en diversas industrias electrónicas y se está estudiando su posible uso en bioimagen, iluminación de estado sólido y celdas solares. Es menos tóxico que otros compuestos que se utilizan actualmente para estos fines.

El indio absorbe bien los neutrones libres y suele combinarse con cadmio y plata para fabricar barras de control para reactores nucleares. Cuando las barras de control se colocan entre las barras de combustible, la reacción de fisión se ralentiza.

En 2009, investigadores de la Universidad Estatal de Oregón combinaron indio con itrio y manganeso para crear un pigmento azul brillante llamado "azul YInMn". No es tóxico y es resistente a la decoloración.

Los isótopos radiactivos del indio se utilizan en la obtención de imágenes médicas para rastrear proteínas y glóbulos blancos.

$CuInS_2$ Sulfuro de cobre e indio

Las bolas grandes son de indio. Las bolas medianas son de cobre. Las bolas pequeñas son de azufre.

CIGS Seleniuro de cobre, indio y galio

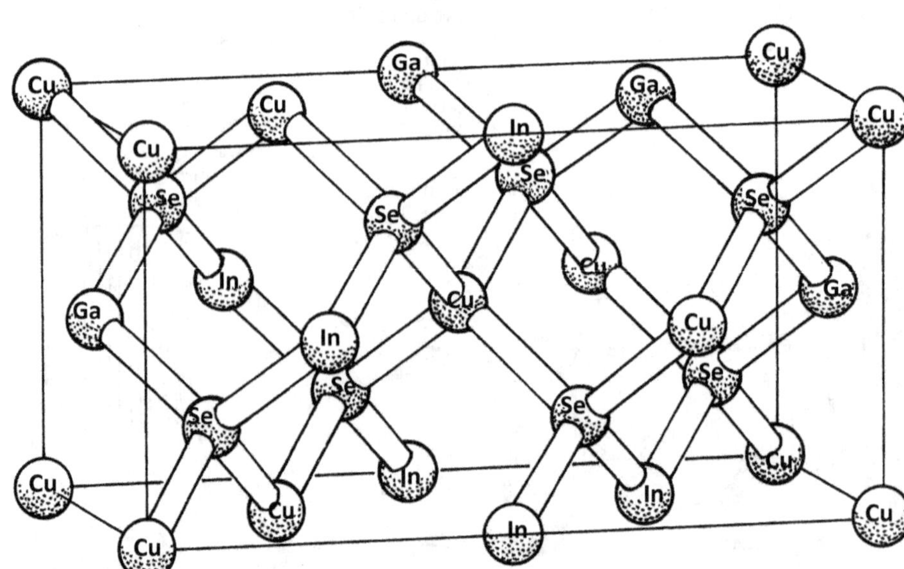

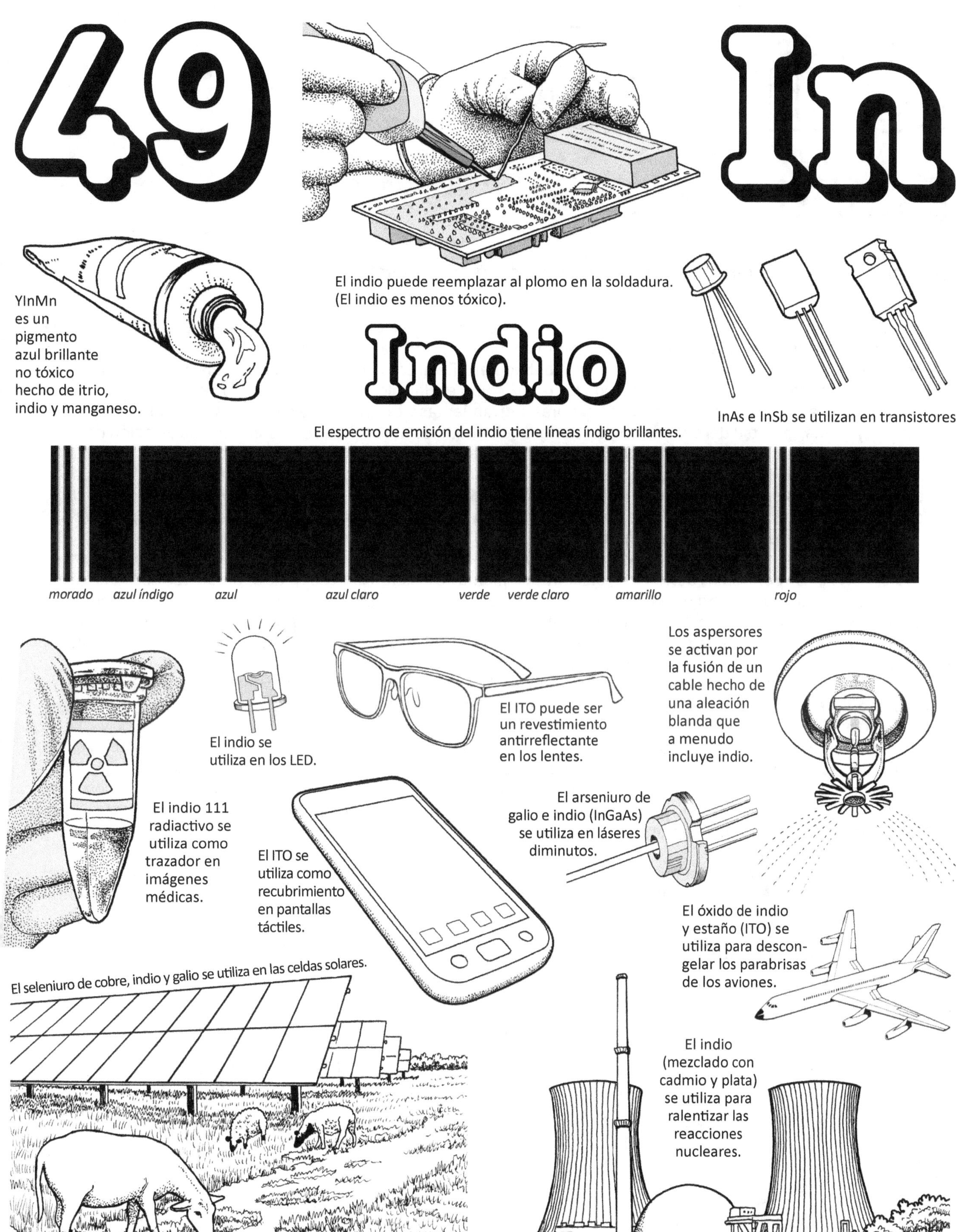
49
In
Indio
El indio puede reemplazar al plomo en la soldadura. (El indio es menos tóxico).
YInMn es un pigmento azul brillante no tóxico hecho de itrio, indio y manganeso.
InAs e InSb se utilizan en transistores.
El espectro de emisión del indio tiene líneas índigo brillantes.
morado
azul índigo
azul
azul claro
verde
verde claro
amarillo
rojo
El indio se utiliza en los LED.
El ITO puede ser un revestimiento antirreflectante en los lentes.
Los aspersores se activan por la fusión de un cable hecho de una aleación blanda que a menudo incluye indio.
El indio 111 radiactivo se utiliza como trazador en imágenes médicas.
El ITO se utiliza como recubrimiento en pantallas táctiles.
El arseniuro de galio e indio (InGaAs) se utiliza en láseres diminutos.
El óxido de indio y estaño (ITO) se utiliza para descongelar los parabrisas de los aviones.
El seleniuro de cobre, indio y galio se utiliza en las celdas solares.
El indio (mezclado con cadmio y plata) se utiliza para ralentizar las reacciones nucleares.

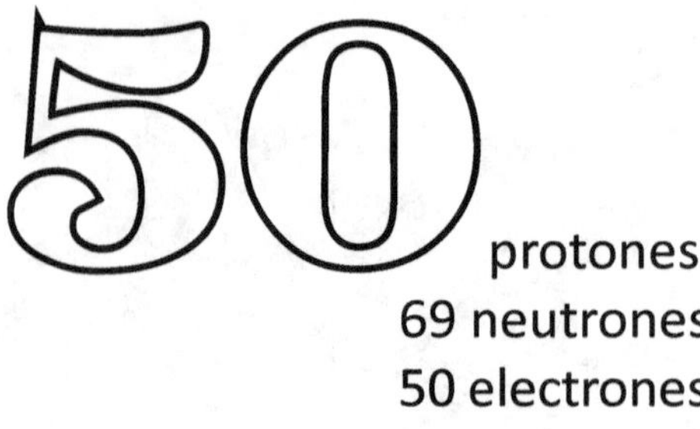

protones
69 neutrones
50 electrones

Masa atómica: 118.7

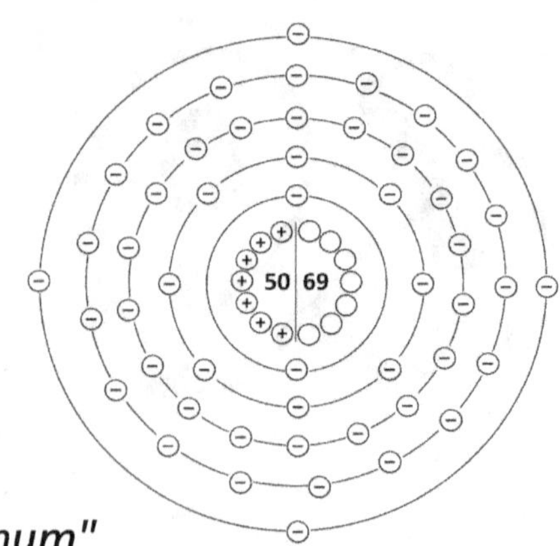

Estaño

El símbolo, Sn, proviene de la palabra latina para estaño, "stannum"

El estaño es uno de los siete elementos que se conocen desde la antigüedad. Hace unos 5000 años, los trabajadores metalúrgicos descubrieron cómo fabricar bronce, una aleación de estaño y cobre. Un mineral llamado casiterita, SnO2, óxido de estaño, fue probablemente la fuente de estaño al comienzo de la Edad del Bronce. Este mineral se encuentra a menudo a lo largo de los cauces de los ríos y, como es de color muy oscuro, debió de ser fácil de encontrar. El bronce se utilizaba para fabricar armas y armaduras, herramientas y obras de arte como joyas y esculturas.

Hoy en día, la mitad del suministro de estaño en el mundo se utiliza para soldadura (en una aleación de estaño y plomo). El siguiente uso más común del estaño es en la galvanoplastia de otros metales, como el acero. Las "latas de estaño" son en realidad latas de acero recubiertas con una fina capa de estaño. La primera lata de conserva estañada se fabricó en Londres en 1812. Un siglo después, se llevaron latas de comida a expediciones tanto al Polo Norte como al Polo Sur. Las sartenes de cobre suelen estar recubiertas con una fina capa de estaño para evitar que el cobre reaccione con la comida y cree sustancias químicas nocivas.

El estaño y las aleaciones de estaño (a menudo estaño-plomo) se utilizaban habitualmente para fabricar juguetes en los siglos XVIII, XIX y principios del XX. Los soldaditos de plomo se hicieron famosos gracias al escritor Hans Christian Andersen, que escribió un cuento de hadas (en 1838) sobre un soldadito de plomo que se enamora de una bailarina de papel. A finales del siglo XX, el plástico sustituyó al estaño para fabricar figuritas de juguete. Otro uso de las aleaciones de estaño y plomo durante los siglos XVIII y XIX fue la construcción de tubos para órganos de tubos. Algunos tubos eran muy grandes y llegaban hasta el techo. Una mezcla de 50% de estaño y 50% de plomo produce el mejor sonido.

El peltre, una aleación compuesta principalmente de estaño con un poco de antimonio y cobre, fue popular en siglos pasados para fabricar utensilios de cocina. Los artesanos también fabricaban linternas y despensas ventiladas a partir de hojalata perforada.

Los compuestos de estaño pueden aparecer en lugares sorprendentes. Los productos dentales pueden contener fluoruro de estaño, SnF_2, como fuente de flúor para prevenir la caries dental. El estañuro de niobio, Nb_3Sn, se utiliza para fabricar bobinas de alambre superconductoras para los megaimanes que se encuentran en cosas como los aceleradores de partículas. Un compuesto llamado óxido de tributilestaño se utiliza como conservante de la madera. El óxido de indio y estaño es un compuesto transparente y conductor de la electricidad que se utiliza para fabricar pantallas táctiles para dispositivos.

Para fabricar el "vidrio flotado" se utiliza estaño puro fundido. Un pequeño "lago" de estaño líquido caliente sostiene una capa de vidrio líquido caliente. La gravedad hace que el vidrio fluya y forme una lámina plana y uniforme sobre el estaño.

SnO_2 Óxido de estaño

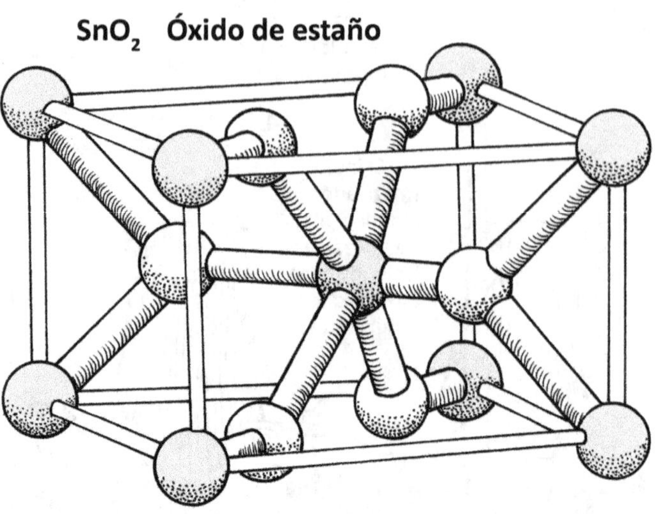

Las bolas más oscuras son de estaño. Las bolas más claras son de oxígeno.

SnS_2 Sulfuro de estaño

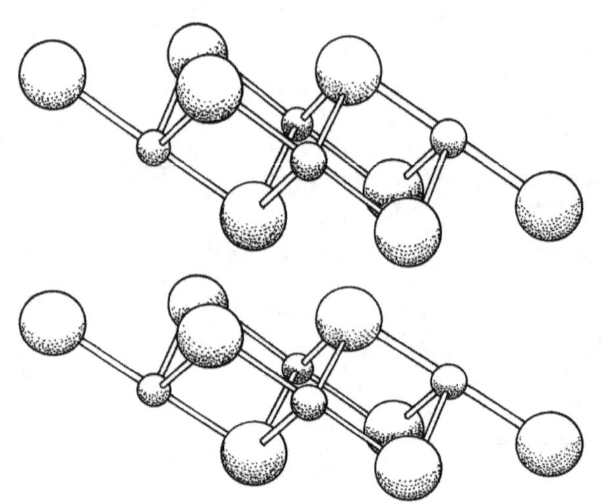

Las bolitas pequeñas son de estaño.
Las bolitas más grandes son de azufre.

50
Sn
Se utilizó bronce (estaño y cobre) para fabricar este casco de guerra griego. (Con el paso de los años, el cobre se ha oxidado y parece verde en algunos lugares).
Expedición Terra Nova, 1910-1913
HEINZ
Baked Beans
CAPT SCOTT'S ANTARCTIC EXPEDITION 1910-1911
Las latas se inventaron en 1812.
La hojalata perforada es una forma de arte que produce artículos que son tanto útiles como decorativos.
Las "latas" modernas están hechas de acero y recubiertas con una fina capa de estaño.
Estaño
Un miembro de una expedición a la Antártida posa mientras come judías de una lata. (La foto se tomó como anuncio de productos Heinz).
Un compuesto de estaño se utiliza como conservante de la madera.
El óxido de indio y estaño se utiliza en las pantallas táctiles porque es transparente y conductor de la electricidad.
Los soldaditos de plomo estaban hechos de aleaciones de estaño, que a menudo contenían plomo. Como el plomo es tóxico, los juguetes como este ahora están hechos de plástico.
Este llamador de puerta está hecho de bronce (estaño y cobre).
La mayor parte del estaño que se utiliza hoy en día se emplea en soldaduras. El estaño mezclado con plomo es la mejor soldadura.
El fluoruro de estaño (o "fluoruro estanoso") se utiliza a veces en productos dentales como fuente de fluoruro para prevenir la caries dental.

protones
71 neutrones
51 electrones

Masa atómica: 121.7

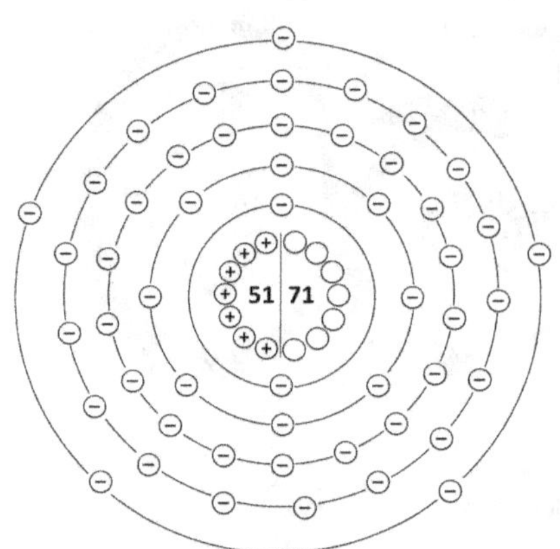

Antimonio

El nombre proviene de una palabra griega

El símbolo proviene del latín "stibium"

Nadie sabe con certeza de dónde procede el nombre "antimonio". Este elemento se ha utilizado durante tantos siglos que los orígenes de su nombre se han perdido en el tiempo. Algunos dicen que proviene de la palabra griega "anti-monos", que significa "no solo", porque siempre se encuentra en minerales con otros elementos, pero otros dicen que proviene de la palabra griega "anti-monachos", que significa "asesino de monjes", lo que sugiere que durante la Edad Media los monjes que incursionaron en la química pudieron haber tenido malas experiencias con este elemento. Los escritores griegos también utilizaron las palabras "stibi" y "stimi" al escribir sobre este elemento, y estas palabras fueron casi con toda seguridad tomadas de antiguas palabras egipcias o árabes. Los egipcios también lo llamaban "msdmt". No escribían las vocales, por lo que no sabemos cómo se pronuncia. Todas las palabras antiguas para el antimonio estaban relacionadas con su uso principal en aquella época: como cosmético para maquillar los ojos. Tanto hombres como mujeres lo usaban alrededor o debajo de los ojos como decoración y como protección contra el resplandor del sol. Los egipcios también utilizaban un compuesto de antimonio ($Pb_2Sb_2O_7$) para fabricar un pigmento amarillo. Los pintores europeos del siglo XVIII descubrieron este pigmento y lo llamaron "amarillo de Nápoles". (Es posible que el amarillo de Nápoles que se vende hoy en día no contenga antimonio).

jeroglíficos para "msdmt"

El símbolo "Sb" fue utilizado por primera vez por el químico sueco Berzelius a principios del siglo XIX, como abreviatura de la palabra "stibium", una versión latinizada de "stibi". El mineral estibina, Sb_2S_3, fue nombrado utilizando la palabra "stibi".

En el mundo moderno, el antimonio tiene muchos usos. El trióxido de antimonio, Sb_2O_3, se utiliza para fabricar compuestos resistentes al fuego que pueden añadirse a plásticos o tejidos (especialmente ropa infantil) y pulverizarse en los asientos de los coches. El antimonio forma parte de una reacción química durante la fabricación de plásticos PETE. El antimonio puede eliminar las burbujas de aire del vidrio durante la fabricación de pantallas de vidrio. En la industria de los semiconductores se añade a las obleas de silicio.
Cuando se alea con plomo, el antimonio se puede encontrar en soldaduras, baterías de plomo-ácido, balas y cerillas de seguridad. Se utiliza una mezcla de plomo, antimonio y estaño para fabricar tubos para grandes órganos de tubos. Se utiliza una aleación de indio y antimonio para fabricar detectores de radiación infrarroja.

Los veterinarios utilizan compuestos de antimonio para curar enfermedades causadas por protozoos.

Sb_2O_3 Trióxido de antimonio

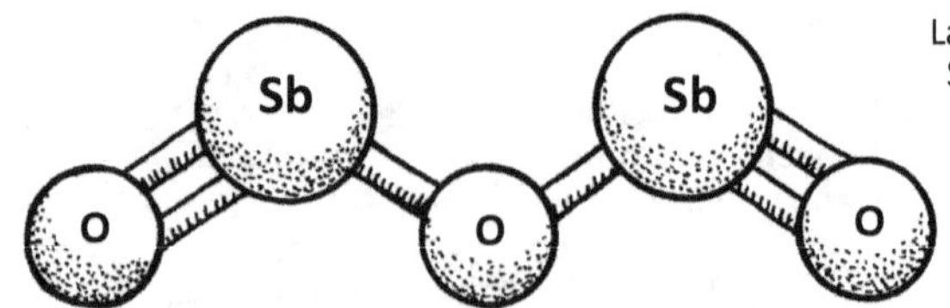

Las moléculas de Sb_2O_3 también pueden adoptar una forma de red cristalina.

AsSb (estibarseno, un mineral natural)

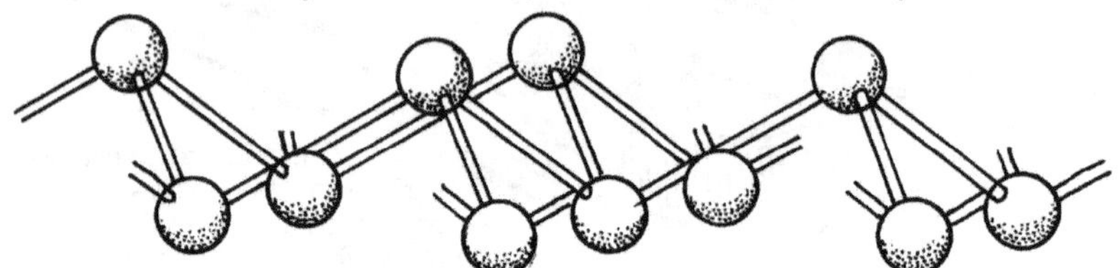

Las bolas pueden representar antimonio o arsénico, en cualquier orden.

InSb Antimoniuro de indio

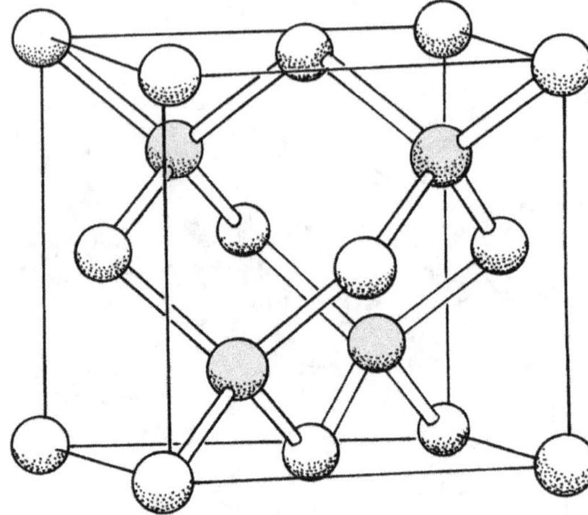

Las bolas más oscuras son de antimonio. Las bolas más claras son de indio.

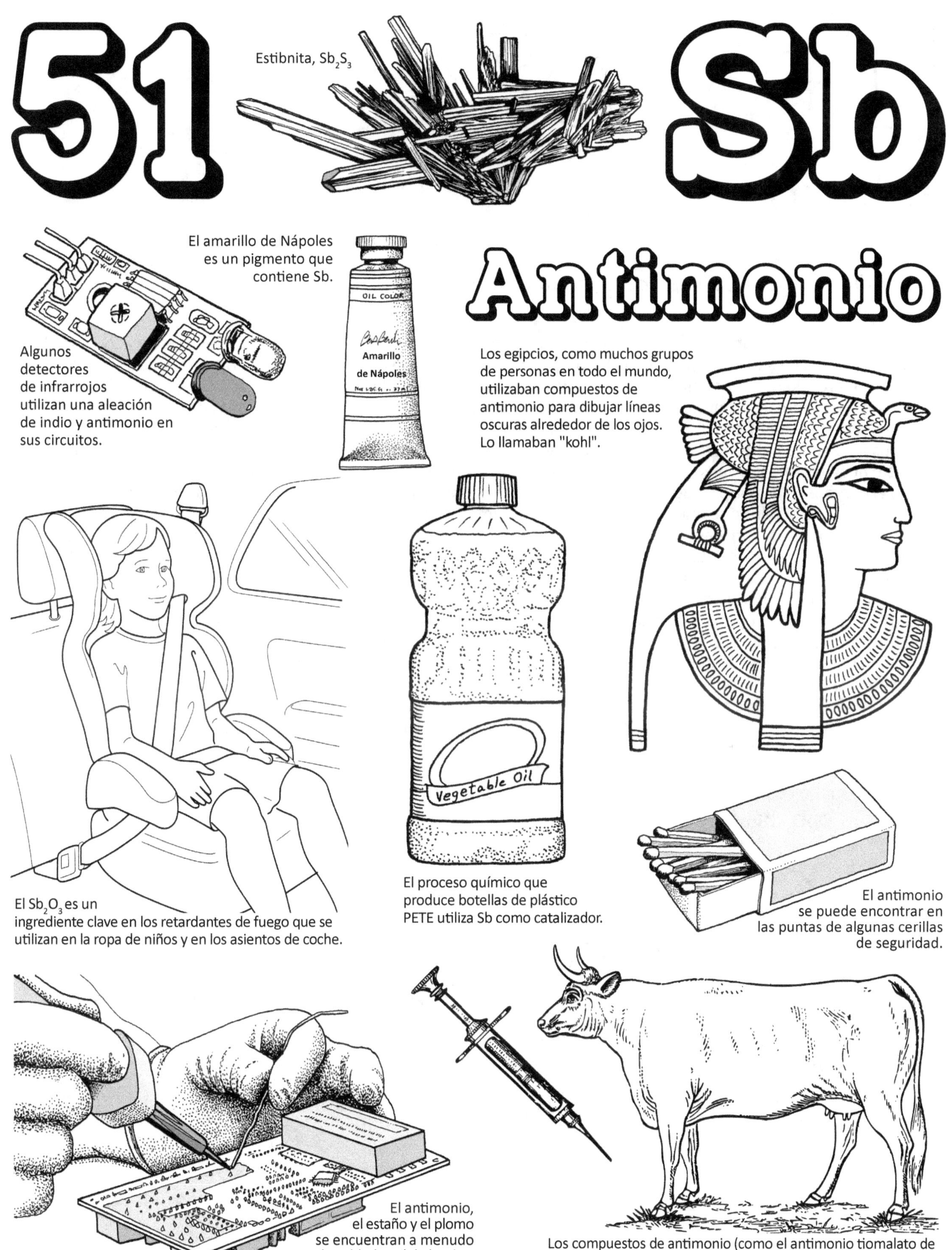

Estibnita, Sb_2S_3

El amarillo de Nápoles es un pigmento que contiene Sb.

Algunos detectores de infrarrojos utilizan una aleación de indio y antimonio en sus circuitos.

Los egipcios, como muchos grupos de personas en todo el mundo, utilizaban compuestos de antimonio para dibujar líneas oscuras alrededor de los ojos. Lo llamaban "kohl".

El Sb_2O_3 es un ingrediente clave en los retardantes de fuego que se utilizan en la ropa de niños y en los asientos de coche.

El proceso químico que produce botellas de plástico PETE utiliza Sb como catalizador.

El antimonio se puede encontrar en las puntas de algunas cerillas de seguridad.

El antimonio, el estaño y el plomo se encuentran a menudo en la soldadura (el alambre fino de esta imagen).

Los compuestos de antimonio (como el antimonio tiomalato de litio) se utilizan para tratar algunas enfermedades de la piel que se dan en el ganado.

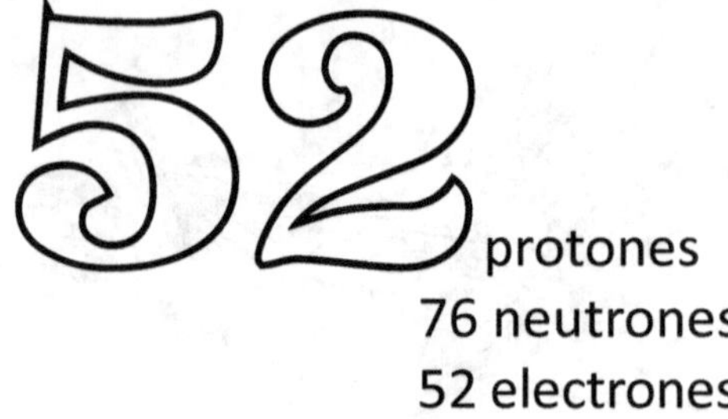

protones
76 neutrones
52 electrones

Masa atómica: 127.6

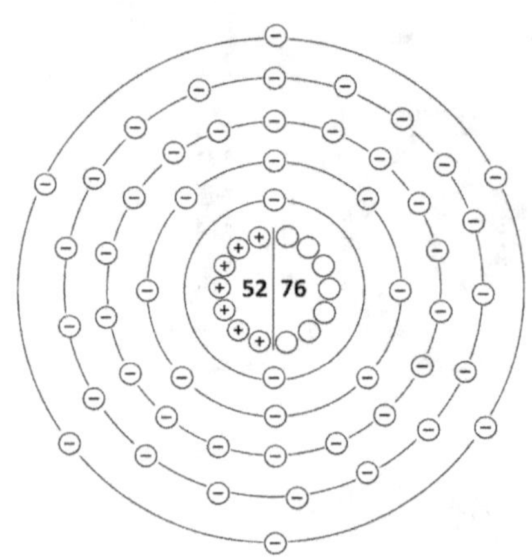

Telurio

Su nombre proviene de la palabra latina para tierra, "tellus"

El telurio se descubrió en una mina de oro en Transilvania (ahora parte de Rumanía). El telurio se mezcló con el oro para crear una roca mineral que desconcertó a los científicos durante bastantes años. Al principio pensaron que el oro estaba mezclado con antimonio. Las pruebas demostraron que definitivamente no era antimonio, así que la siguiente suposición fue sulfuro de bismuto. Cuando se demostró que eso era incorrecto y varios años más de pruebas no habían dado una respuesta definitiva, el mineral se denominó "metallum problematicum" (metal problemático). Finalmente, este misterioso elemento fue aislado y, en 1798, un químico alemán llamado Martin Klaproth eligió el nombre de "telurio" para este nuevo elemento, aunque no se atribuyó el mérito de su descubrimiento. (Si lees sobre el selenio, recordarás que recibió el nombre de la luna porque se encuentra en la parte superior de la tierra, "tellus", en la tabla periódica).

Dado que el telurio se encuentra en la misma columna que el azufre y el selenio, esto significa que comparte algunas características químicas con estos elementos y, por lo tanto, a veces puede utilizarse como sustituto de ellos. Por ejemplo, el telurio puede sustituir al azufre para vulcanizar (endurecer) el caucho. El telurio puede sustituir al selenio en muchas aleaciones semiconductoras.

Aunque el telurio se utiliza para fabricar acero y aleaciones de cobre, las aleaciones de telurio más conocidas son CdTe y HgCdTe. El telururo de cadmio, CdTe, se utiliza para fabricar paneles solares eficientes. Si parte del cadmio del CdTe se sustituye por zinc, puede utilizarse para detectar rayos X. El telururo de mercurio y cadmio, HgCdTe, se utiliza para detectar varias longitudes de onda de radiación infrarroja. Ajustando la cantidad de cadmio en la mezcla, este compuesto puede utilizarse en diversas aplicaciones, como aviones militares, visores nocturnos, telescopios y satélites.

El telurio se añade al vidrio para fabricar fibras de vidrio óptico utilizadas en cables de comunicación. Se añade telurio al BaO_2 para fabricar "polvo de retardo" en los detonadores de dinamita. El óxido de telurio se utiliza para fabricar discos DVD y Blu-ray.

La única aplicación biológica del telurio es la identificación de la bacteria que causa la difteria. El telurio se añade al medio de cultivo en placas de Petri porque es el único tipo de bacteria que crece en él.

TeO_2 Dióxido de telurio

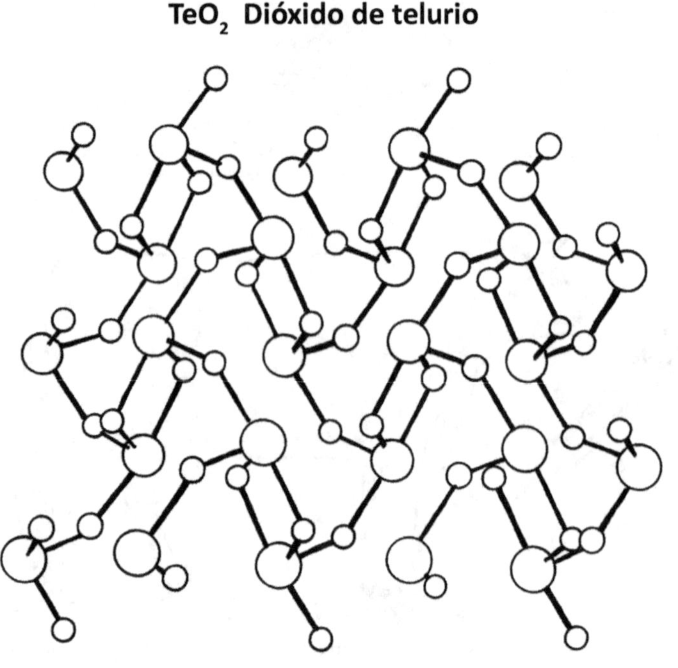

Las bolas grandes son de telurio. Las bolas pequeñas son de oxígeno.

H_2TeO_3 Ácido teluroso

$AuAgTe_4$ Silvanita

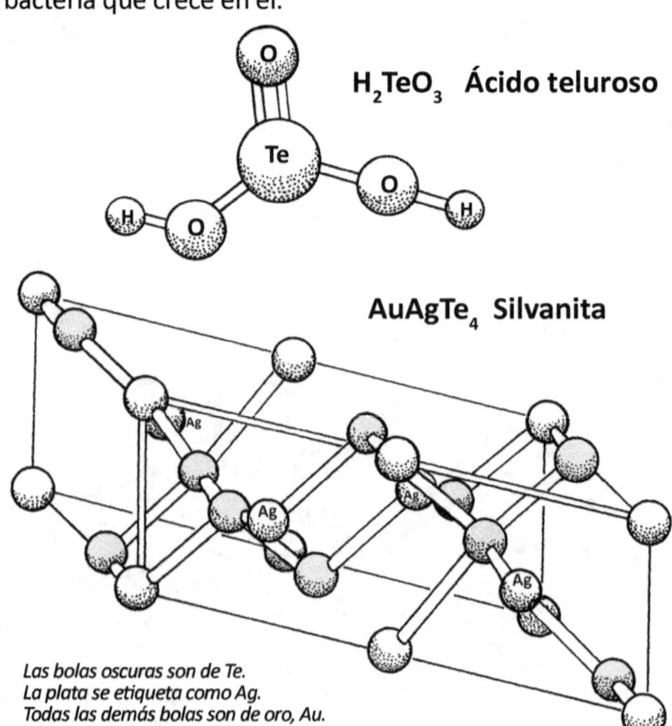

Las bolas oscuras son de Te.
La plata se etiqueta como Ag.
Todas las demás bolas son de oro, Au.

52 Te

El telurio recibe su nombre de la tierra, utilizando el término latino "tellus".

Telurio

Solo la bacteria de la difteria crecerá en un gel que contenga Te.

(Estas bacteria fueron teñidas; los circulos se ven de color púrpura oscuro.)

El teulurio puede utilizarse en lugar del azufre para vulcanizar el caucho.

El HgCdTe se utiliza en equipos de visión nocturna de aviones militares.

Los visores nocturnos militares utilizan componentes fabricados con HgCdTe.

El óxido de telurio se utiliza para fabricar discos DVD y Blu-ray.

La mayoría de los satélites tienen instrumentos que detectan la radiación infrarroja. El HgCdTe se utiliza a menudo en el mecanismo de detección.

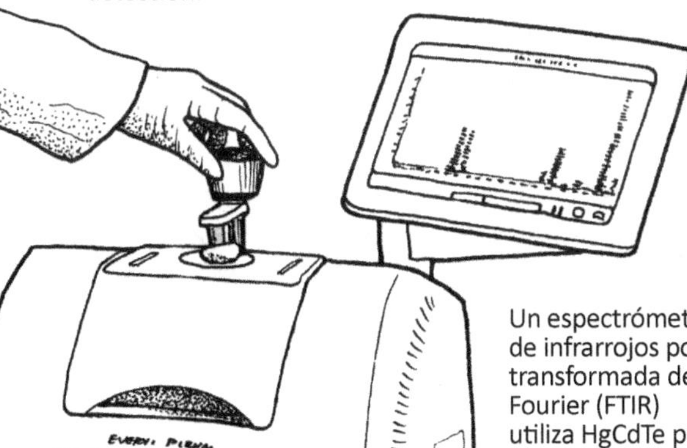

Un espectrómetro de infrarrojos por transformada de Fourier (FTIR) utiliza HgCdTe para analizar e identificar sustancias desconocidas.

Los paneles solares de CdTe (telururo de cadmio) son muy eficientes.

I

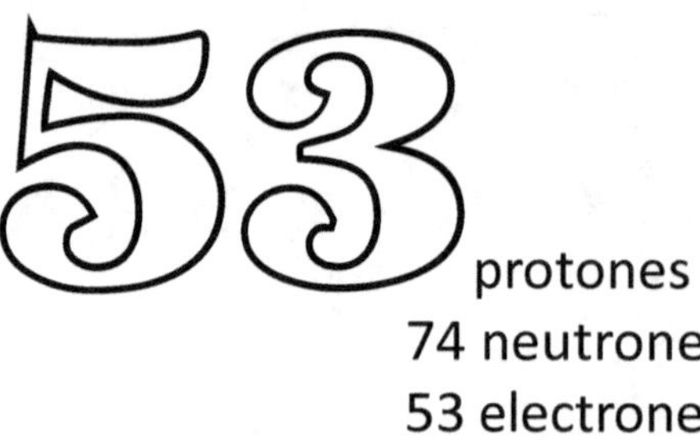

protones
74 neutrones
53 electrones
Masa atómica: 126.9

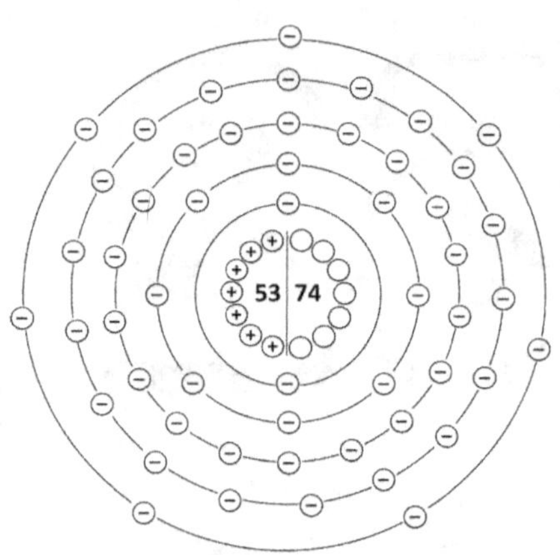

Yodo

Llamado así por la palabra griega para púrpura, "iodos"

El yodo fue descubierto en 1811 por el químico francés Barnard Courtois (kur-TWAH), que intentaba extraer sodio y potasio de la ceniza de algas marinas. Accidentalmente añadió demasiado ácido sulfúrico y una nube de humo púrpura comenzó a llenar la habitación. El gas púrpura se condensó en todos los objetos de la habitación, cubriéndolos con una fina capa de una sustancia púrpura. ¿Qué era esa sustancia púrpura? Courtois envió muestras a varios químicos famosos. Después de estudiarlo durante varios años, todos llegaron a la misma conclusión: que se trataba de un nuevo elemento, y alguien sugirió nombrarlo utilizando la palabra griega para púrpura. Entonces varios de estos científicos empezaron a pelearse sobre quién iba a recibir el crédito por el descubrimiento. Sin embargo, al final, hicieron lo correcto y reconocieron a Courtois como el descubridor oficial del yodo.

Humphry Davy fue uno de los químicos que estudiaron este nuevo elemento, y señaló que era muy similar al cloro y al bromo y, por lo tanto, podría ser útil para matar gérmenes. No fue hasta 1908 que el yodo se introdujo oficialmente en los quirófanos como técnica de esterilización prequirúrgica. El yodo penetra en las bacterias y comienza a destruir sus aminoácidos, provocando que las bacterias mueran muy rápidamente. Las soluciones de yodo se siguen utilizando hoy en día para disinfectar heridas cutáneas. La solución de Lugol es una solución de yodo que también resulta útil para detectar la presencia de almidón, ya que hace que las moléculas de almidón se vuelvan negras. Las soluciones de yodo se han utilizado para detectar billetes falsos.

El yoduro de potasio, KI, es fotosensible y fue uno de los productos químicos utilizados para fabricar películas fotográficas. También se puede utilizar para purificar agua. El AgI, yoduro de plata, también es fotosensible, pero tiene un uso fascinante no relacionado con la luz. Muchos países tienen programas de "siembra de nubes" en los que se libera yoduro de plata a la atmósfera (a menudo mediante aviones) sobre zonas en las que se desea que llueva o nieve. Los aeropuertos a veces utilizan esta tecnología para tratar de disipar la niebla alrededor de las pistas.

En el cuerpo, la glándula tiroides necesita yodo para producir su hormona, la tiroxina. Las personas que no ingieren suficiente yodo en su dieta pueden desarrollar una enfermedad por deficiencia de yodo llamada bocio, que produce un bulto visible en la tiroides.

El yodo-131 es uno de los isótopos radiactivos más comunes producidos por las bombas nucleares (como lluvia radiactiva), pero cuando se produce artificialmente en un laboratorio, puede ser útil en imágenes médicas y para tratar algunas enfermedades de la tiroides.

Ácido IBX (ácido 2-yodoxibenzoico)

Esta molécula se utiliza como fuente de átomos de oxígeno en reacciones químicas que necesitan un suministro de oxígeno.

Eritrosina (Rojo n.º 3)

Un colorante alimentario artificial muy común.

Colores estándar:
Blanco: Hidrógeno (H)
Rojo: Oxígeno (O)
Negro: Carbono (C)
Verde: Sodio (Na)
Púrpura: Yodo (I)

Las bolas sin etiquetar son de carbono.

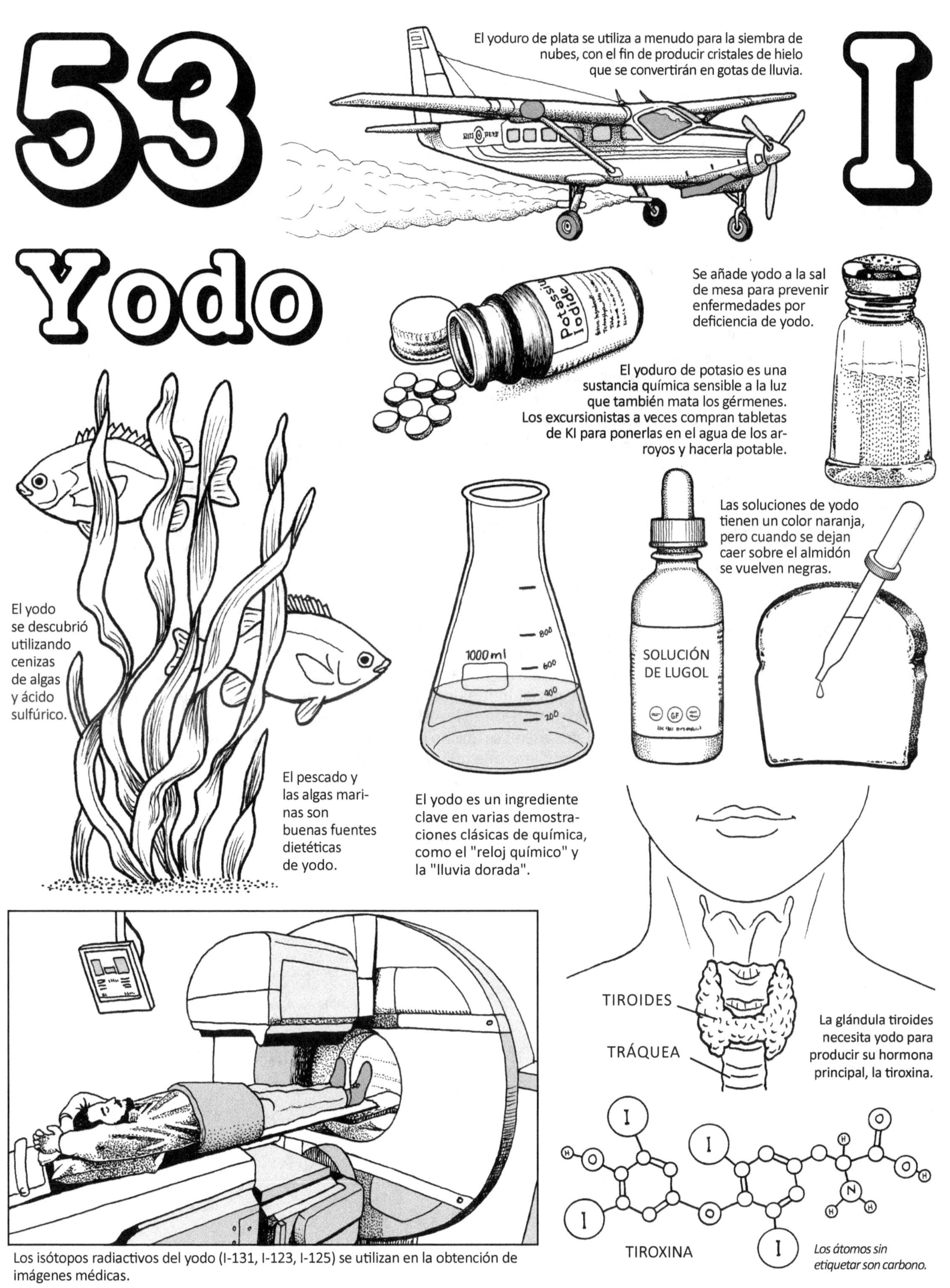
53
I
Yodo
El yoduro de plata se utiliza a menudo para la siembra de nubes, con el fin de producir cristales de hielo que se convertirán en gotas de lluvia.
Se añade yodo a la sal de mesa para prevenir enfermedades por deficiencia de yodo.
Potassium Iodide
El yoduro de potasio es una sustancia química sensible a la luz que también mata los gérmenes. Los excursionistas a veces compran tabletas de KI para ponerlas en el agua de los arroyos y hacerla potable.
Las soluciones de yodo tienen un color naranja, pero cuando se dejan caer sobre el almidón se vuelven negras.
1000 ml
800
600
400
200
SOLUCIÓN DE LUGOL
El yodo se descubrió utilizando cenizas de algas y ácido sulfúrico.
El pescado y las algas marinas son buenas fuentes dietéticas de yodo.
El yodo es un ingrediente clave en varias demostraciones clásicas de química, como el "reloj químico" y la "lluvia dorada".
TIROIDES
TRÁQUEA
La glándula tiroides necesita yodo para producir su hormona principal, la tiroxina.
TIROXINA
Los átomos sin etiquetar son carbono.
Los isótopos radiactivos del yodo (I-131, I-123, I-125) se utilizan en la obtención de imágenes médicas.

54

54 protones
77 neutrones
54 electrones

Masa atómica: 131.3

Xenón

Llamado así por la palabra griega para extraño, "xeno"

El xenón fue descubierto por Sir William Ramsay y Morris Travers en septiembre de 1898, solo unas semanas después de que descubrieran el criptón y el neón. El xenón es el más raro de todos los gases que se encuentran en la atmósfera terrestre. Solo uno de cada 20 millones de átomos es un átomo de xenón.

En la década de 1930, un ingeniero estadounidense comenzó a explorar el uso del xenón como fuente de luz brillante. Descubrió que al pasar una corriente eléctrica a través de él se podía producir un destello de luz blanca muy intenso. Esto llevó a que el xenón se utilizara en todo tipo de bombillas especiales, como luces estroboscópicas, lámparas de sodio, lámparas de arco, faros de automóviles HID, linternas militares y los proyectores utilizados para las películas IMAX. Las bombillas de xenón generan longitudes de onda de luz que se asemejan a la luz solar natural y se utilizan en simuladores solares.

En 1939, un médico estadounidense comenzó a investigar la causa de un extraño fenómeno médico observado en buzos de aguas profundas que producía síntomas similares a los de la embriaguez. Suponiendo que podría ser el aire que respiraban de sus tanques, comenzó a experimentar con varias mezclas de gases, para ver qué efecto tenían en el sistema nervioso. Para su sorpresa, su investigación le llevó a concluir que el xenón podría ser útil como anestésico general durante la cirugía. En 1951, se habían realizado suficientes experimentos con ratones como para que los cirujanos se sintieran seguros de utilizar el procedimiento en humanos. El xenón tiene otro efecto en el cuerpo: puede estimular la producción de glóbulos rojos. Los atletas, especialmente los corredores de fondo, a veces utilizan el xenón para mejorar su rendimiento. Dado que respirar xenón no daña los pulmones, los isótopos radiactivos de xenón se utilizan en la obtención de imágenes médicas, especialmente en la obtención de imágenes de los pulmones.

Las pantallas de plasma utilizan tanto xenón como neón en las celdas de plasma individuales. El xenón se utiliza en láseres que producen luz ultravioleta (láseres excimeros). Estos láseres se utilizan para grabar circuitos integrados y para cirugía ocular.

El xenón es el propulsor preferido en los satélites que utilizan propulsión iónica. Los átomos de xenón se liberan del satélite, actuando como una fuerza que empuja al satélite hacia adelante. A diferencia de muchos otros gases, puede almacenarse bajo presión a temperatura ambiente y, por lo tanto, no necesita una refrigeración extrema.

XeF_4 Tetrafluoruro de xenón

$XeOF_4$ Oxitetrafluoruro de xenón

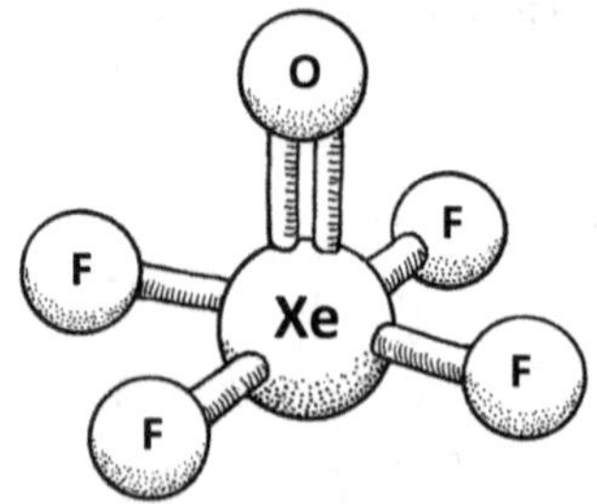

En circunstancias normales, el xenón es "inerte" y no se combina con otros átomos para formar moléculas. Sin embargo, si se calienta, presuriza o ioniza, se le puede obligar a formar moléculas con átomos como el cloro, el flúor, el oxígeno y el nitrógeno.

XeO_4 Tetróxido de xenón

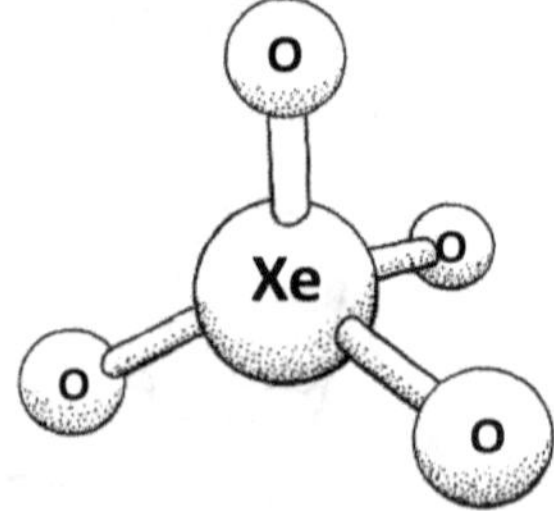

H_2XeO_4 Ácido xenico

XeCl Cloruro de xenón

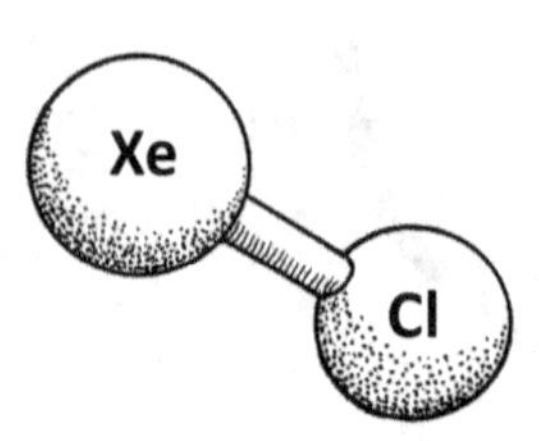

$Xe(NH_3)_2$ Nitrato de xenón

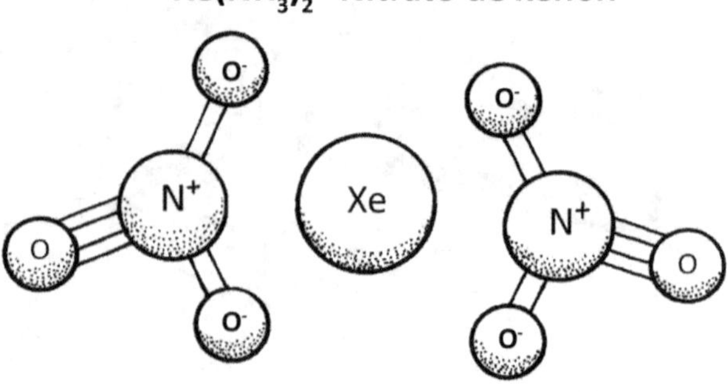

Xenón Xe

Cuando la electricidad pasa a través del gas xenón, produce una luz blanca que tiene un espectro similar a la luz solar natural.

Los satélites que tienen que recorrer grandes distancias suelen estar equipados con sistemas de propulsión iónica que utilizan gas xenón.

Expulsión de xenón

El pequeño hueco en medio de esta lámpara de arco se iluminará con una chispa eléctrica de gran intensidad utilizando gas xenón.

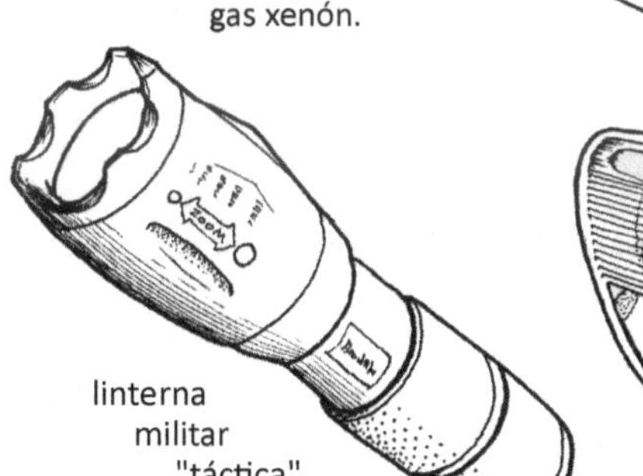

linterna militar "táctica"

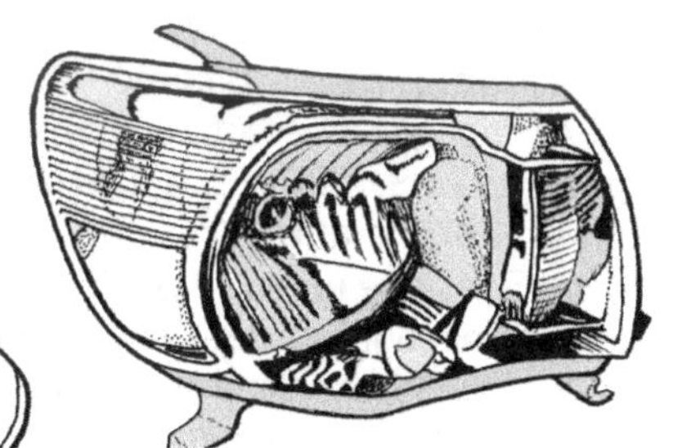

bombillas de faros de coche

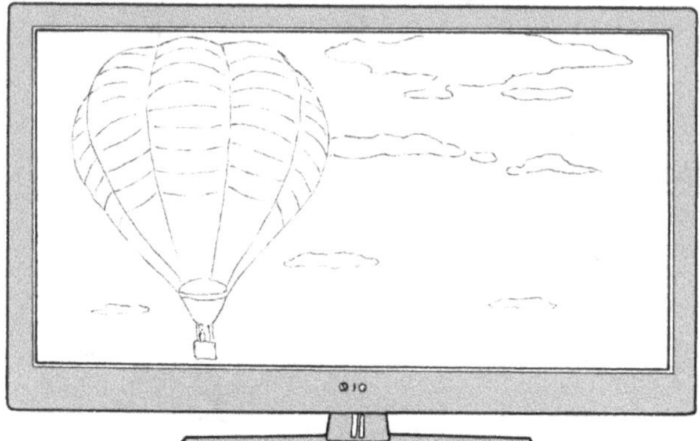

Las pantallas de plasma utilizan xenón y neón.

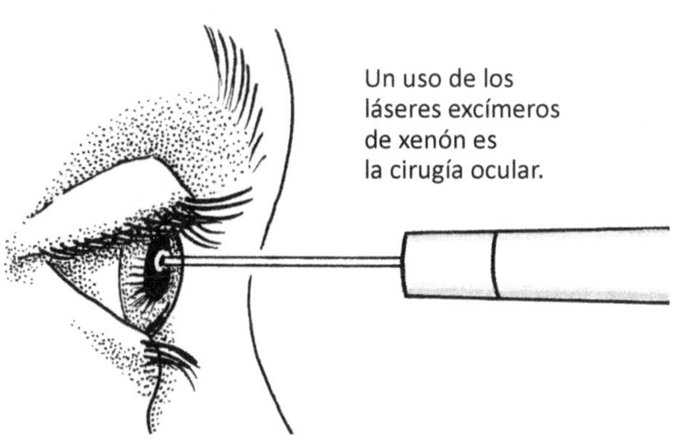

Un uso de los láseres excímeros de xenón es la cirugía ocular.

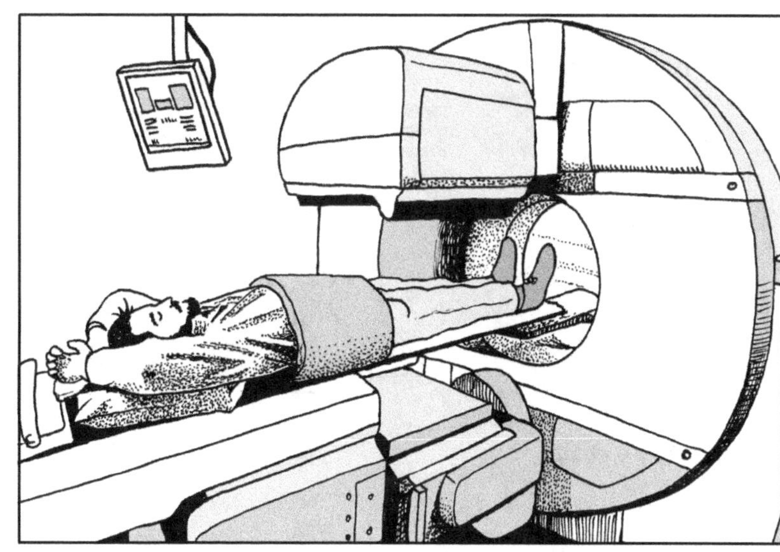

Los isótopos radiactivos del xenón se utilizan para la obtención de imágenes médicas.

Cs 55 protones

78 neutrones

55 electrones

Masa atómica: 132.9

Cesio

Su nombre proviene de la palabra latina para azul cielo, "caesius"

El cesio fue descubierto en 1860 por Robert Bunsen y Gustav Kirchhoff mientras examinaban una muestra de agua mineral de un pozo en Alemania. Calentaron la muestra y la observaron a través de su nuevo invento, el espectrómetro. Habían utilizado su espectrómetro para observar muchos elementos y conocían los patrones únicos que producía cada uno. Así que cuando vieron un nuevo patrón que presentaba muchas líneas azul claro, supieron que habían descubierto un nuevo elemento. Lo nombraron usando la palabra latina para azul claro. Bunsen y Kirchhoff usarían su espectrómetro para descubrir varios otros elementos, incluido el rubidio, el elemento justo encima del cesio en la tabla. Estos dos elementos comparten muchas propiedades químicas, entre ellas ser tan reactivos que explotan y arden si entran en contacto con el agua. El cesio puro es un metal blando y plateado que se vuelve líquido a solo 29°C (83°F).

El cesio siempre se encuentra en compuestos, nunca solo. La polucita ($CsAlSi_2O_6$) es el mineral más utilizado en la industria para producir cesio puro. La mayor parte de la pollucita del mundo se encuentra en Manitoba, Canadá. El único otro mineral significativo es la pezotaíta, que puede utilizarse para fabricar una piedra preciosa de color rojo rosáceo llamada "berilo frambuesa".

El primer uso industrial del cesio se produjo en la década de 1920, cuando se inventaron los tubos de vacío. El cesio se utilizaba como "captador" que eliminaba las moléculas de gas no deseadas en el tubo atrapándolas y reteniéndolas. Ahora que los tubos de vacío han sido sustituidos por microchips, el mayor uso del cesio se da en la industria petrolera, donde se utiliza en fluidos de perforación. Aunque el cesio puro es peligroso, los compuestos de cesio se consideran bastante seguros y no tóxicos.

Los relojes atómicos extremadamente precisos (¡que pierden menos de un segundo cada millón de años!) utilizan átomos de cesio como fuente de cronometraje. Todos los átomos vibran (u "oscilan"). El cesio oscila 9 192 631 770 veces por segundo. O, mejor dicho, un segundo se define como el tiempo que tarda un átomo de cesio en oscilar 9 192 631 770 veces. Los satélites GPS y todo Internet dependen de los relojes atómicos para proporcionar la precisión horaria que necesitan.

El cesio se utiliza en celdas fotoeléctricas, ya que puede convertir la luz en corriente eléctrica. Los compuestos de cesio se utilizan en máquinas que detectan rayos X y rayos gamma, y en dosímetros que controlan la exposición a la radiación. El cesio radiactivo puede fabricarse en laboratorios nucleares, y el Cs-137 se utiliza como fuente de rayos gamma para máquinas que miden la densidad de las formaciones rocosas y el grosor de los materiales, y para el tratamiento de ciertos tipos de cáncer.

Las soluciones de cloruro de cesio y sulfato de cesio se utilizan en microbiología como fluido en centrifugadoras

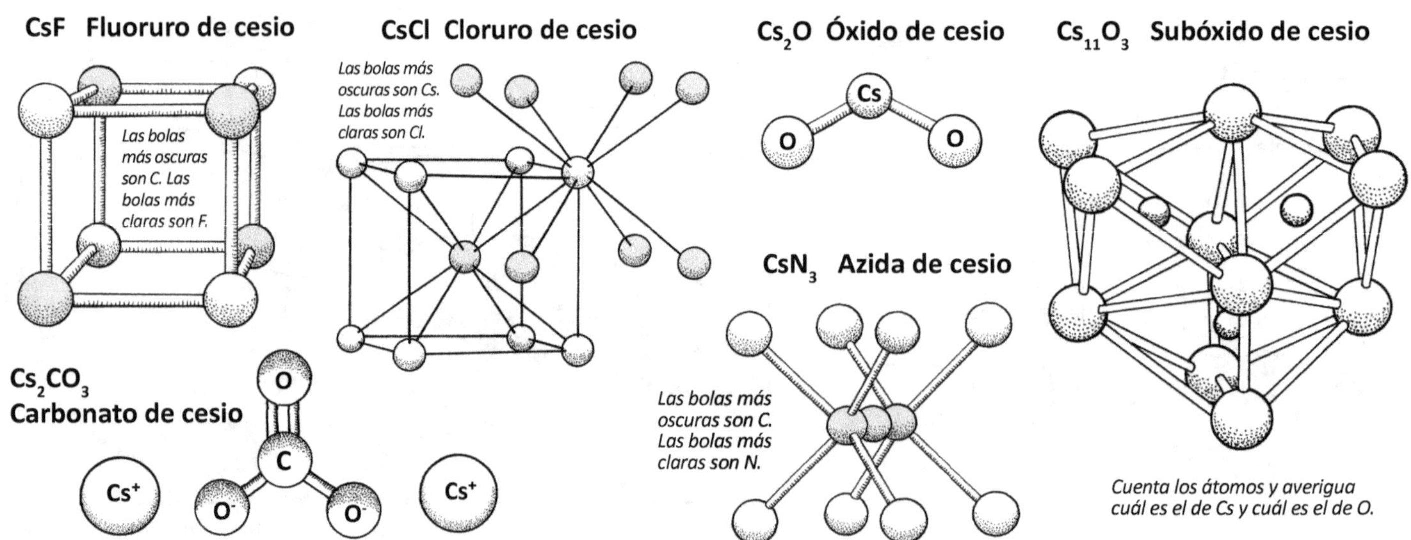

55 Cs

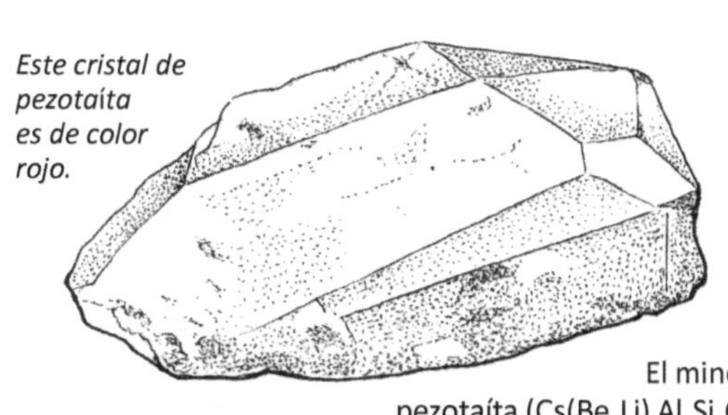

Este cristal de pezotaíta es de color rojo.

El mineral pezotaíta ($Cs(Be_2Li)Al_2Si_6O_{18}$) es uno de los minerales de los que se puede extraer el cesio.

Cesio

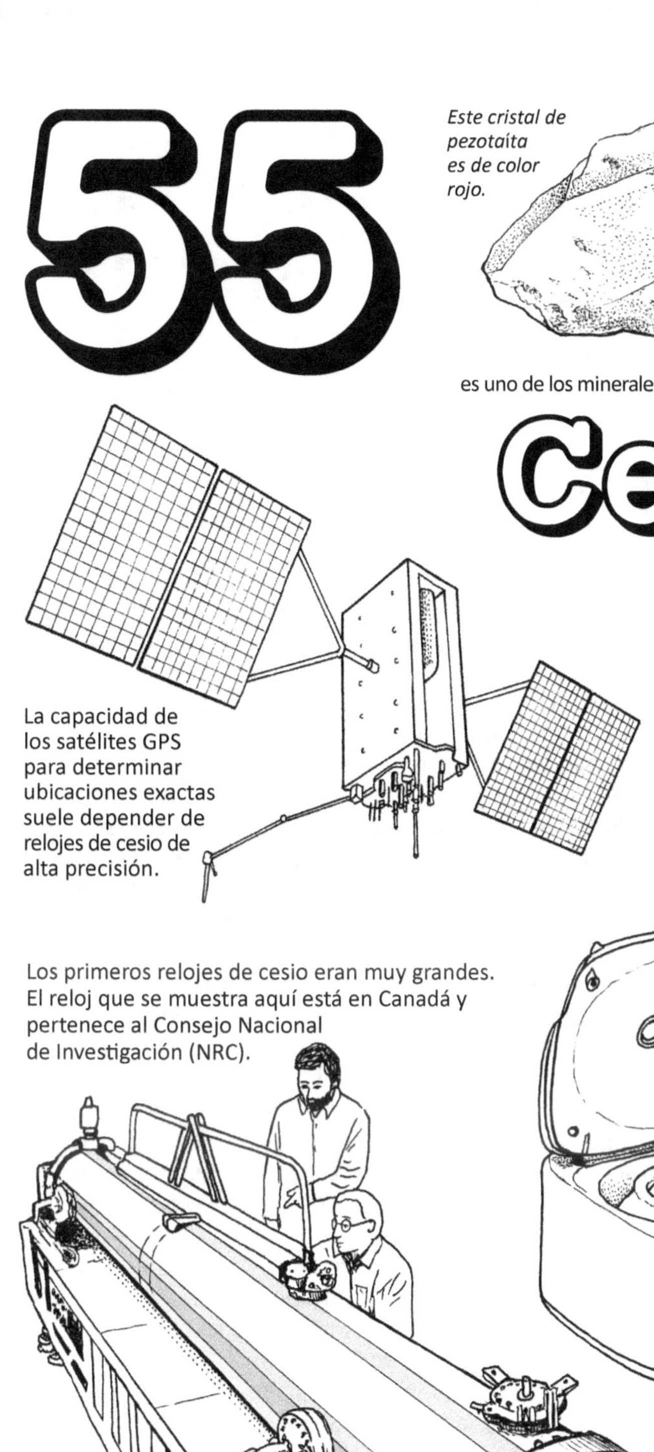

La capacidad de los satélites GPS para determinar ubicaciones exactas suele depender de relojes de cesio de alta precisión.

Uno de los primeros usos del cesio fue en tubos de vacío para eliminar gases no deseados.

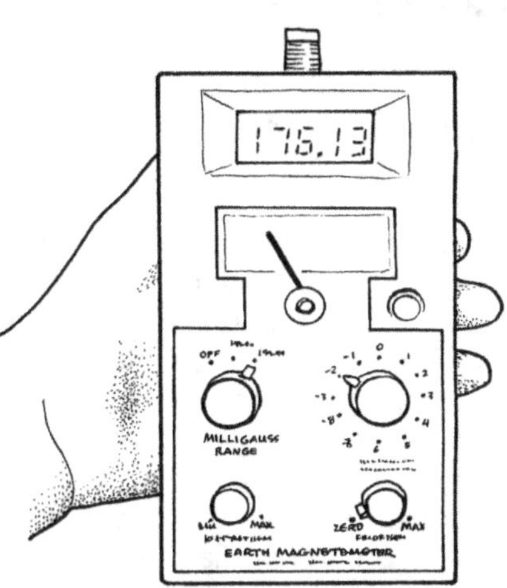

Los magnetómetros, que miden el magnetismo, pueden utilizar cesio.

Los primeros relojes de cesio eran muy grandes. El reloj que se muestra aquí está en Canadá y pertenece al Consejo Nacional de Investigación (NRC).

Las soluciones que contienen cesio se utilizan en centrífugadoras.

El cesio radiactivo se utiliza para rastrear la contaminación de accidentes nucleares (como el de Fukushima).

Gustav Kirchhoff

Robert Bunsen

El cesio fue el primer elemento descubierto por Robert Bunsen y Gustav Kirchhoff utilizando su espectrómetro, una máquina que separa la luz en un patrón de líneas de colores.

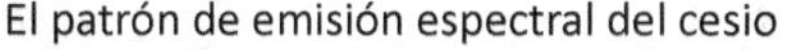

El patrón de emisión espectral del cesio

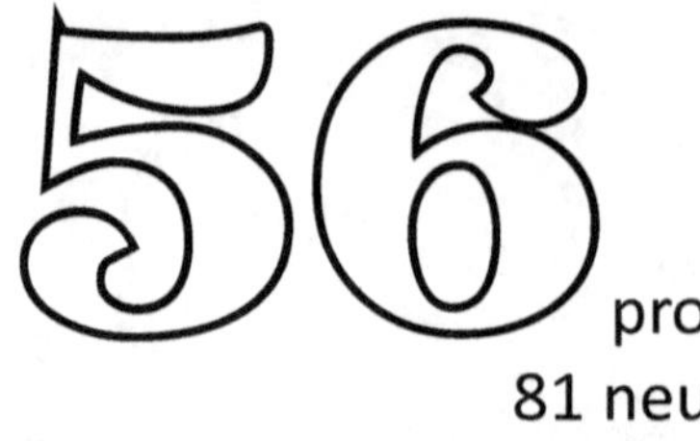

protones
81 neutrones
56 electrones
Masa atómica: 137.3

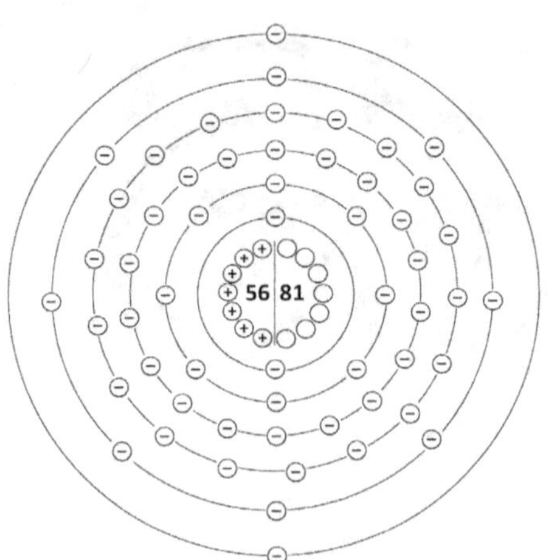

Bario

Llamado así por la palabra griega para pesado, "barys"

Los minerales que contienen bario se conocen desde la Edad Media. En 1602, un químico anotó sus observaciones sobre la "baritina", una roca volcánica de Bolonia, Italia, que brillaba durante años después de ser expuesta a la luz. Esto fascinó a los químicos y se hicieron varios intentos para descubrir la sustancia en las rocas que causaba este fenómeno. Dos químicos alemanes pudieron producir óxido de bario, pero aún no pudieron identificar el nuevo elemento que contenía. El bario puro no se produjo hasta 1808, cuando Sir Humphry Davy extrajo el bario de una solución utilizando electricidad. El bario se encuentra justo debajo del magnesio, el calcio y el estroncio, por lo que comparte propiedades químicas similares. Es un metal plateado muy reactivo que nunca se encuentra solo en la naturaleza, solo en compuestos.

El bario forma compuestos con muchos otros átomos. Algunos de estos compuestos son tóxicos, pero otros son muy seguros. El carbonato de bario, $BaCO_3$, es peligroso y a veces se utiliza como veneno para ratas. (Los seres humanos corren menos riesgo de intoxicación por carbonato de bario, ya que somos mucho más grandes que las ratas y tendríamos que comer una gran cantidad). El carbonato de bario es útil para las industrias del vidrio y la cerámica, donde se utiliza de diversas maneras, incluso en arcilla y esmaltes, y como agente colorante. También se utiliza en la industria de la extracción de petróleo como ingrediente de lodo de perforación que baja por el eje para mantener lubricado el eje de perforación. El sulfato de bario, $BaSO_4$, no es tóxico y se puede ingerir con seguridad porque no se disuelve en agua. Se administran bebidas de sulfato de bario a los pacientes que necesitan radiografías de los intestinos.

El óxido de bario, BaO, se utiliza en los electrodos de los focos fluorescentes (para facilitar la liberación de electrones) y como desecante, absorbiendo el exceso de humedad en lugares que necesitan estar muy secos. El cloruro de bario, BaCl, puede utilizarse para "ablandar" el agua, ayudando a eliminar átomos como el calcio, el magnesio y el hierro. El nitrato de bario, $Ba(NO_3)_2$, arde con un color verde brillante y se utiliza en fuegos artificiales y bengalas de emergencia. El fluoruro de bario, BaF_2, produce cristales útiles para fabricar ópticas especializadas que deben ser transparentes a las ondas de luz infrarroja.

Algunos compuestos de bario se utilizan en aplicaciones de alta tecnología. El titanato de bario, $BaTiO_3$, tiene propiedades eléctricas y puede utilizarse en condensadores y micrófonos. El bario es un ingrediente de un material llamado YBCO, óxido de itrio, bario y cobre. Solo se han fabricado pequeñas cantidades de esta sustancia y se utilizan principalmente para la investigación de la superconductividad, cuando una sustancia pierde toda resistencia al flujo de electrones. La importancia del YBCO radica en que se vuelve superconductor a una temperatura más alta que la mayoría de los demás superconductores, aunque esta temperatura "alta" sigue siendo muy fría: -196°C (-321°F).

$BaCO_3$ Carbonato de bario

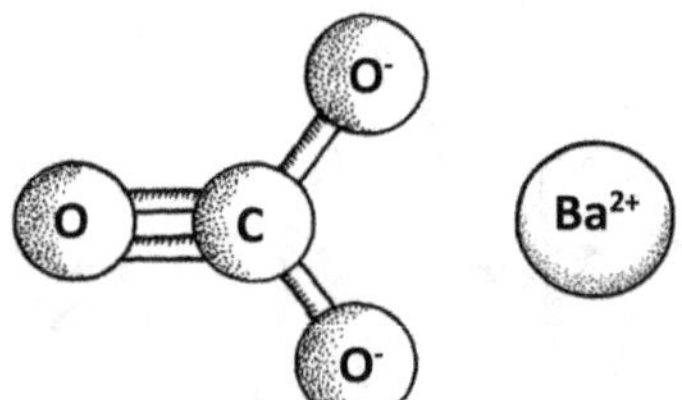

$BaSO_4$ Sulfato de bario

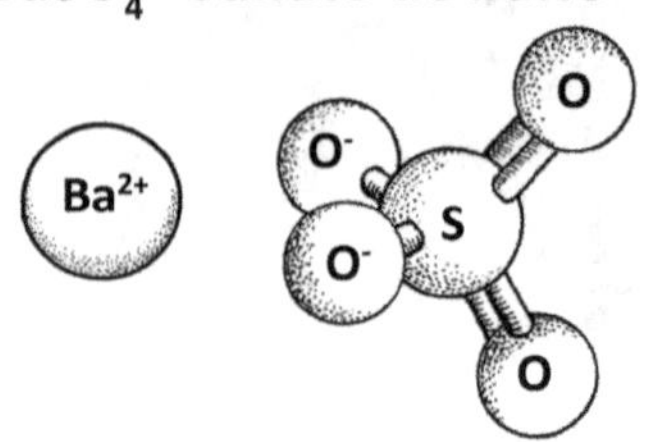

BaF_2 Fluoruro de bario

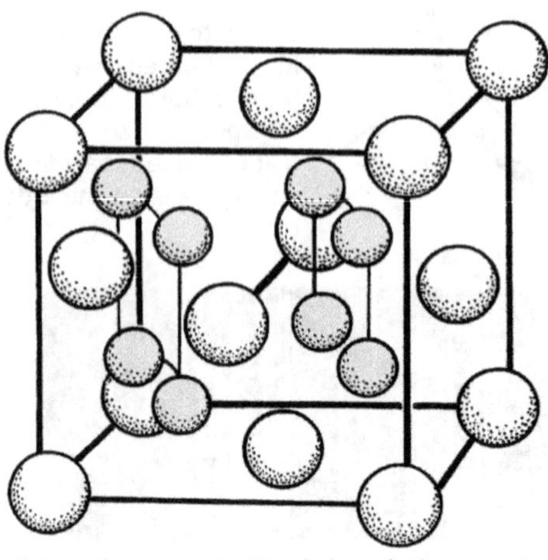

Las bolas más oscuras son F. Las bolas más claras son Ba.

$BaTiO_3$ Titanato de bario

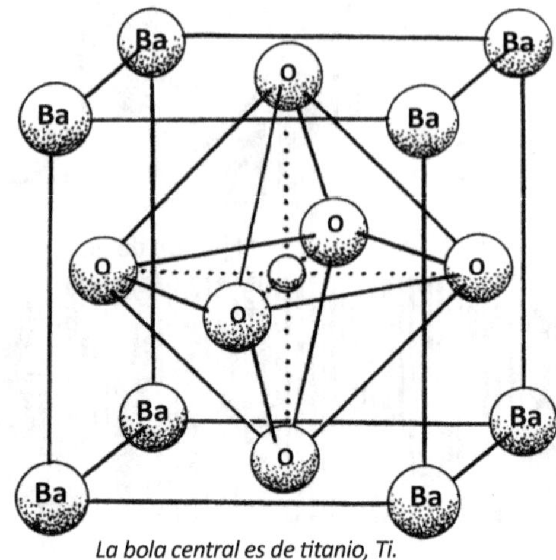

La bola central es de titanio, Ti.

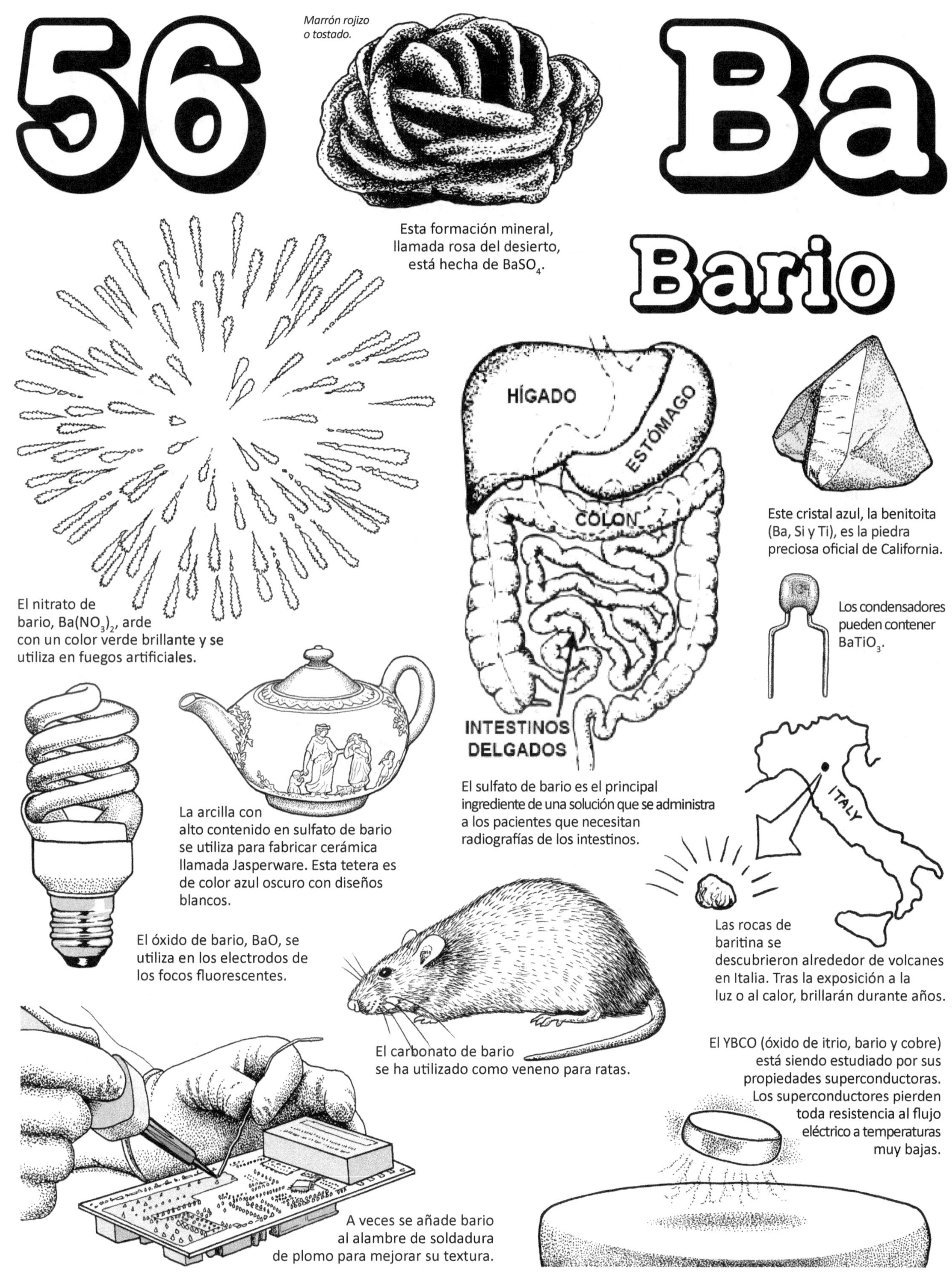

56
Ba
Bario
Marrón rojizo o tostado.
Esta formación mineral, llamada rosa del desierto, está hecha de $BaSO_4$.
HÍGADO
ESTÓMAGO
COLON
INTESTINOS DELGADOS
ITALY
El nitrato de bario, $Ba(NO_3)_2$, arde con un color verde brillante y se utiliza en fuegos artificiales.
Este cristal azul, la benitoita (Ba, Si y Ti), es la piedra preciosa oficial de California.
Los condensadores pueden contener $BaTiO_3$.
La arcilla con alto contenido en sulfato de bario se utiliza para fabricar cerámica llamada Jasperware. Esta tetera es de color azul oscuro con diseños blancos.
El sulfato de bario es el principal ingrediente de una solución que se administra a los pacientes que necesitan radiografías de los intestinos.
El óxido de bario, BaO, se utiliza en los electrodos de los focos fluorescentes.
Las rocas de baritina se descubrieron alrededor de volcanes en Italia. Tras la exposición a la luz o al calor, brillarán durante años.
El carbonato de bario se ha utilizado como veneno para ratas.
El YBCO (óxido de itrio, bario y cobre) está siendo estudiado por sus propiedades superconductoras. Los superconductores pierden toda resistencia al flujo eléctrico a temperaturas muy bajas.
A veces se añade bario al alambre de soldadura de plomo para mejorar su textura.

protones
82 neutrones
57 electrones
Masa atómica: 138.9

Lantano

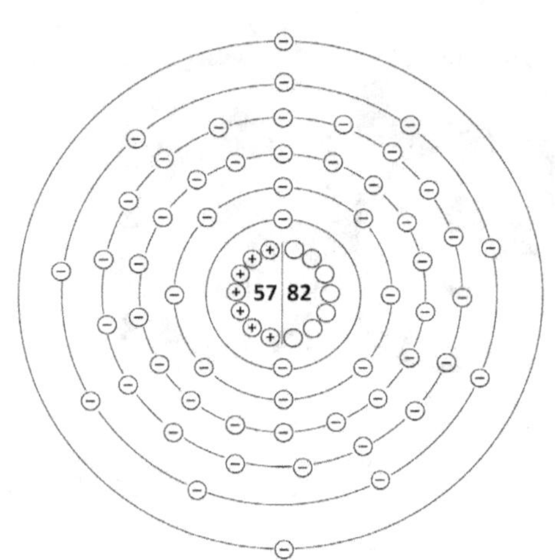

Llamado así por la palabra griega que significa oculto, "lanthanein"

El descubrimiento del lantano es una historia complicada en la que participaron muchos científicos, y su historia está entrelazada con las historias de otros elementos de tierras raras (números 57 a 71). Estos elementos son muy difíciles de aislar y, a menudo, lo que los científicos pensaban que era un nuevo elemento resultaba ser una mezcla de dos. El cerio acababa de ser descubierto en una muestra mineral de Suecia y, a medida que los científicos continuaban estudiando la muestra, se sorprendieron al descubrir que otro nuevo elemento había estado allí todo ese tiempo. Como este segundo elemento parecía haber estado "oculto" todo ese tiempo, lo nombraron utilizando la palabra griega lanthanein, que significa estar escondido. Aunque el lantano está clasificado como un elemento de "tierras raras", no es tan raro. Es tres veces más abundante que el plomo.

El primer uso comercial del lantano fue en 1886, cuando el óxido de lantano se combinó con el óxido de circonio para fabricar mantos para linternas de gas. Sin embargo, la luz que producía era demasiado verde, lo que limitó su éxito.

Una de las características inusuales del lantano es que la fricción hace que produzca chispas. Debido a esto, el lantano es un ingrediente clave en el "sílex" que produce chispas en los encendedores y otros dispositivos para encender fuego. En otra aplicación relacionada con la producción de chispas, el lantano se alea con tungsteno para fabricar electrodos para máquinas de soldadura de gas y metal.

Otra característica por la que se conoce al lantano es su capacidad para capturar moléculas de fosfato (PO4). Aunque el fósforo es esencial para toda forma de vida, su exceso en un lugar es peligroso. Por ejemplo, las células de las algas se multiplicarán demasiado rápido si se colocan en un entorno con alto contenido de fósforo. Los productos de limpieza de piscinas suelen contener compuestos de lantano que eliminan los fosfatos del agua para que no crezcan las algas. Para tratar lagos y estanques, se puede añadir con seguridad arcilla con alto contenido de lantano. Otro lugar en el que no conviene tener demasiado fósforo es en la sangre. Los médicos pueden utilizar carbonato de lantano como medicamento para unir y retener el exceso de fósforo en la sangre.

El lantano no es uno de los elementos que nuestro cuerpo necesita, pero tampoco es muy tóxico. La única forma de vida que realmente necesita lantano es una especie rara de bacteria que vive alrededor de respiraderos calientes llamados fumarolas, que producen gases venenosos. Estas bacterias pueden vivir en condiciones que matarían a otras formas de vida. El lantano se añade a veces al acero para facilitar su trabajo. El óxido de lantano se añade al vidrio que se utilizará para lentes especializadas, como las que se encuentran en los telescopios y otros dispositivos ópticos de alta tecnología.

Uno de los usos más recientes del lantano es en las baterías de "níquel-hidruro metálico" para coches híbridos. Cada batería puede contener hasta 15 kg de lantano.

LaF_2 Difluoruro de lantano

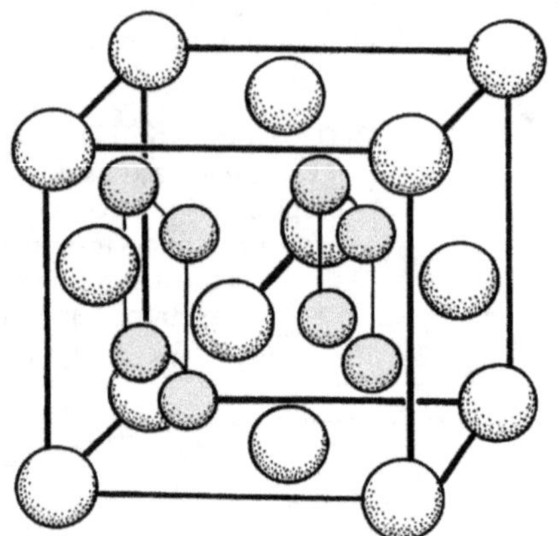

Las bolas más oscuras son La. Las bolas más claras son O.

La_2O_3 Óxido de lantano

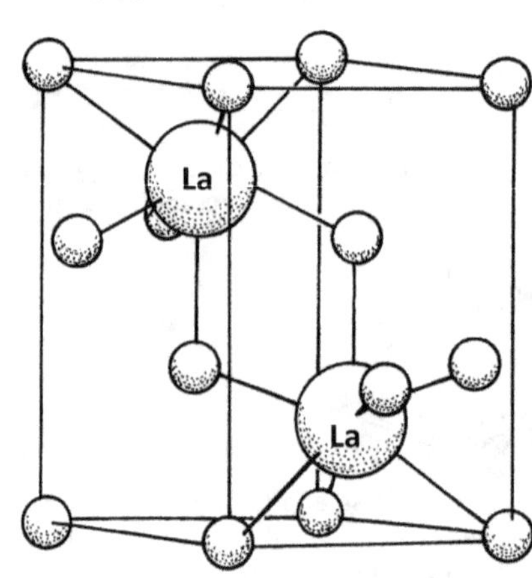

LaB_6 Hexaboruro de lantano

La

Todas las bolitas son de boro, B.

57
La
El lantano es uno de los metales utilizados en las "piedras" de los encendedores.
Este grabador láser utiliza hexaboruro de lantano.
láser
Las baterías recargables de los coches híbridos contienen hasta 15 kg de lantano.
Lantano
ALL CLEAN
NO GREEN
ALGUICIDA PARA PISCINAS
células de algas verdes
El lantano se añade al vidrio que se utilizará en lentes telescópicos.
El lantano es un ingrediente de las soluciones de limpieza que evitan el crecimiento de algas en las piscinas.
Las primeras linternas de gas utilizaban La_2O_3 en sus mantos (la parte que brilla).
Este equipo de soldadura de gas y metal utiliza un electrodo hecho de una aleación de tungsteno y lantano.
PORTAELECTRODOS
AISLAMIENTO
Las bacterias que utilizan el lantano se encuentran alrededor de fumarolas as calientes y semivolcánicas.
ÁREA DE GAS ARGÓN
MÁQUINA DE SOLDAR
ELECTRODO

58

protones
82 neutrones
58 electrones

Masa atómica: 140.1

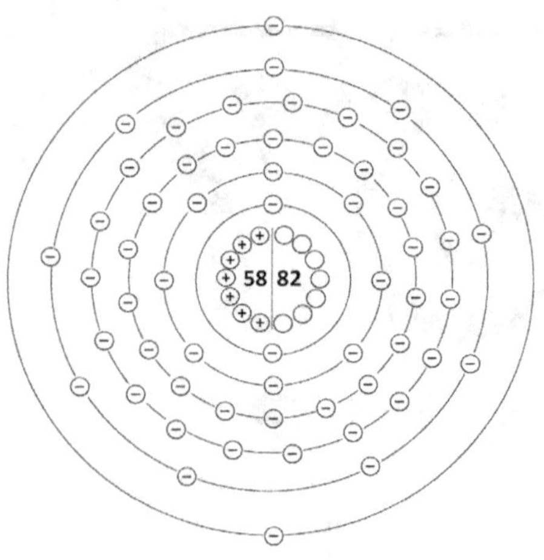

Cerio

Lleva el nombre del asteroide Ceres

El cerio fue el primer elemento de las "tierras raras" que se descubrió. Estos elementos (del 57 al 71) se denominaron "raros" cuando se descubrieron porque, en aquel momento, parecían realmente escasos en comparación con la abundancia de otros minerales que se extraían de la tierra. Ahora sabemos que no son raros y que hay más cerio en la tierra que estaño o plomo. La muestra mineral original en la que se descubrió el cerio procedía de Suecia, pero desde entonces se han encontrado fuentes de elementos de tierras raras en todo el mundo. Las menas de tierras raras (rocas o arena) siempre contienen una mezcla de estos elementos. Es difícil aislar cada elemento y, a menudo, cuando los químicos pensaban que habían descubierto un nuevo elemento, resultaba ser una mezcla de dos o más. Tres científicos obtuvieron el reconocimiento por el descubrimiento del cerio en 1803, aunque ninguno de ellos fue capaz de producir una muestra de cerio metálico puro. No fue hasta la invención de la electrólisis por parte de Humphry Davy a finales de la década de 1880 que los científicos pudieron aislar estos elementos.

Uno de los primeros usos comerciales del cerio fue en los mantos de las lámparas de gas. El químico austriaco Carl von Welsbach había utilizado originalmente óxido de lantano para estos mantos, pero la luz era demasiado verde. Luego descubrió que una mezcla de óxido de torio y dióxido de cerio producía una luz blanca brillante, exactamente lo que querían sus clientes. Finalmente, hubo que eliminar el torio debido a su nivel de radiactividad. Welsbach pasó a crear un material llamado ferrocerio, una combinación de hierro y cerio que resultó ser muy útil para fabricar dispositivos de ignición para encendedores. Al igual que el lantano, el cerio produce chispas si se raya. Las chispas del cerio encienden y queman las partículas de hierro. Otra aleación que se utiliza a menudo en dispositivos de chispa, el "mischmetal" (metal mixto de tierras raras), contiene aproximadamente un 50 % de cerio, un 25 % de lantano y un 25 % de otros elementos de tierras raras como el samario, el europio y el neodimio. El cerio también se utiliza en luces de arco que utilizan una chispa brillante que salta a través de un pequeño espacio. Estas bombillas son muy brillantes y eran especialmente útiles en los proyectores de cine.

El óxido de cerio tiene muchos usos en diversas industrias. Se utiliza habitualmente en los catalizadores, dispositivos que eliminan las moléculas tóxicas de los gases de escape de los automóviles. Se utiliza para pulir el vidrio, especialmente el vidrio de alta calidad que se utiliza para dispositivos ópticos. Se combina con otros metales para fabricar electrodos para máquinas de soldadura por arco bajo gas protector.

La adición de cerio a los pigmentos puede evitar que se oscurezcan cuando se exponen a la luz. El sulfuro de cerio se utiliza como pigmento rojo no tóxico. El cerio se añadía al vidrio de las pantallas de televisión (hasta la invención de las pantallas planas) porque el cerio podía evitar que el vidrio se oscureciera debido al bombardeo de electrones.

Ce_2O_3 Óxido de cerio (III)

Las bolas más oscuras son Ce.
Las bolas más claras son O.

Estructura cristalina de la monacita

La monacita es uno de los minerales de los que se extraen los elementos de tierras raras.

La arena siempre tiene muchos elementos de tierras raras de la serie de los lantánidos.

El fósforo está marcado con una "P". Las bolas pequeñas son oxígeno. Las bolas oscuras son cerio o cualquier otra tierra rara.

CeB_6 Hexaboruro de cerio

Ce

El CeB_6 puede utilizarse para los mismos fines que el LaB_6.

El cerio recibió su nombre por el entonces recién descubierto asteroide Ceres.

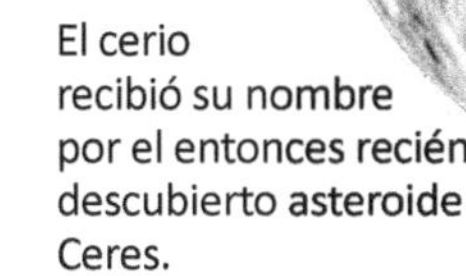

Cerio

El cerio es uno de los elementos que pueden utilizarse en los filtros de los catalizadores de los automóviles. Los filtros eliminan los gases toxicos del tubo de escape.

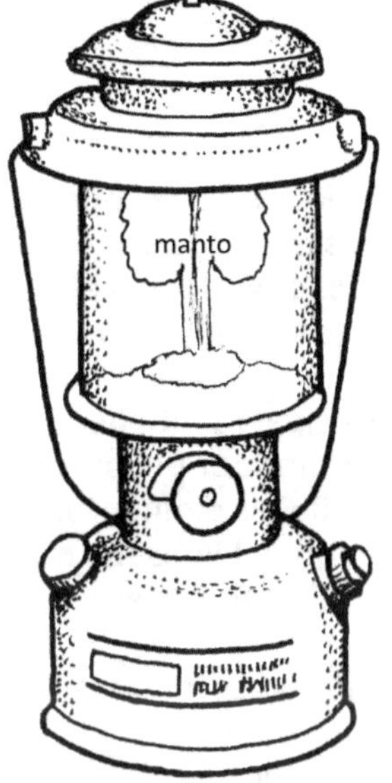

El cerio sustituyó al lantano en las camisas de las lámparas de gas.

El cerio es uno de los ingredientes utilizados para fabricar el revestimiento interior de los hornos pirolíticos.

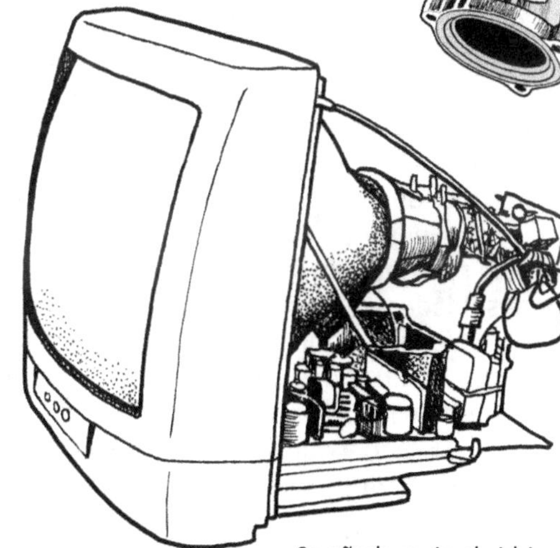

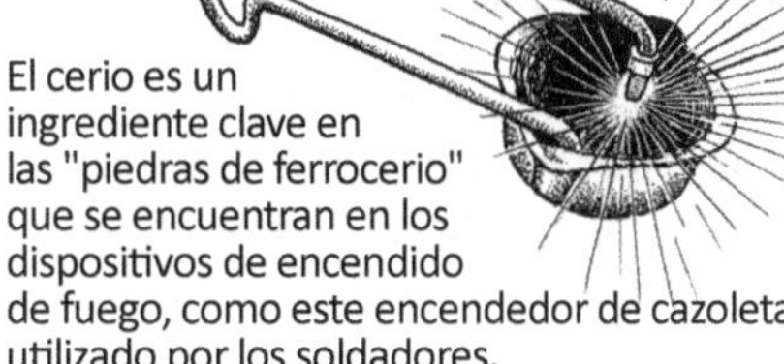

El cerio es un ingrediente clave en las "piedras de ferrocerio" que se encuentran en los dispositivos de encendido de fuego, como este encendedor de cazoleta utilizado por los soldadores.

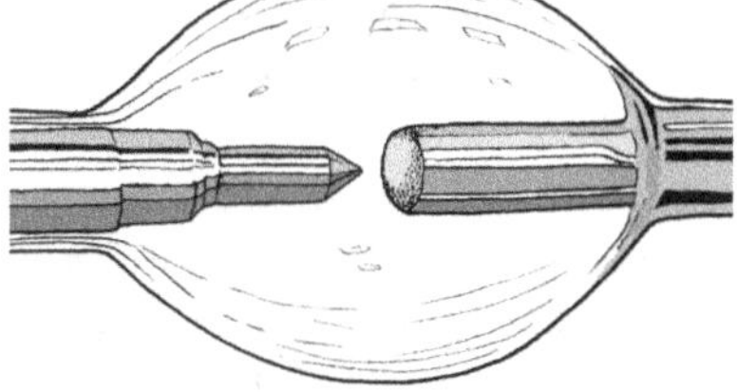

Las lámparas de arco de carbón pueden utilizar cerio en las varillas metálicas que crean una chispa brillante.

Se añade cerio al vidrio utilizado en las pantallas de televisión para evitar que el vidrio se oscurezca con el tiempo.

El óxido de cerio se utiliza para pulir el vidrio.

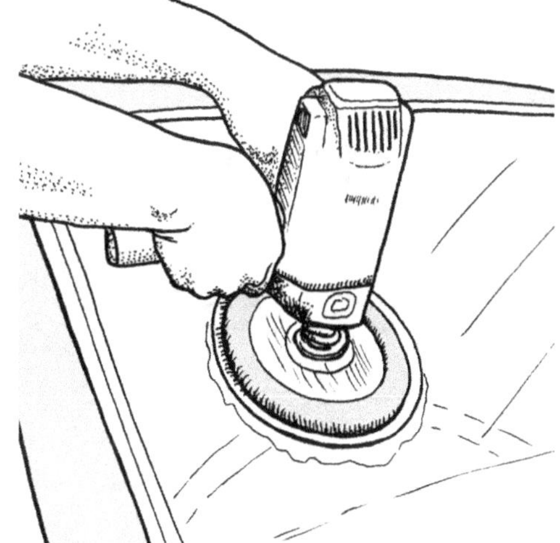

El cerio puede utilizarse para fabricar pigmentos.

Este equipo de soldadura de gas y metal utiliza un electrodo hecho de una aleación de tungsteno y cerio.

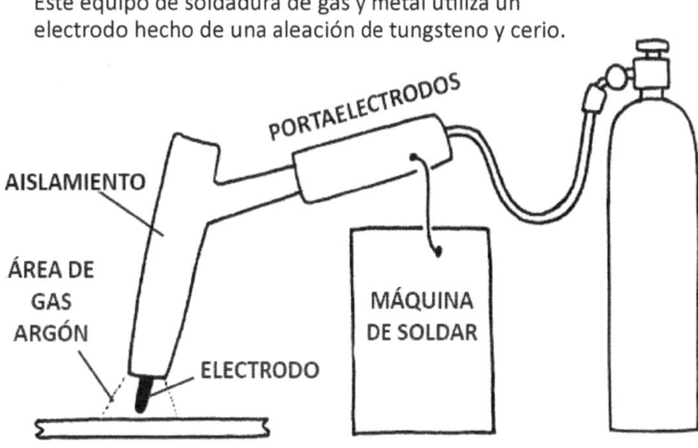

59

protones
82 neutrones
59 electrones

Masa atómica: 140.9

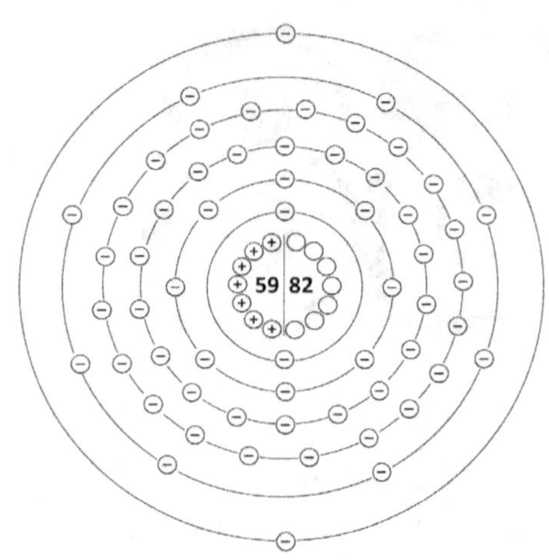

Praseodimio

Del griego "praseos" (verde) y "didymos" (gemelo)

Los elementos de la "serie de los lantánidos" (números 57-71) también se denominan elementos de "tierras raras". Si observas esos anillos de electrones a medida que avanzamos por los lantánidos, notarás que cada vez que se añade un electrón, este entra en el segundo nivel desde afuera, no en la capa más externa. ¡Ese segundo nivel estará bastante lleno cuando lleguemos al elemento 71! Estos elementos de tierras raras resultaron no ser tan raros como la gente pensaba cuando se descubrieron por primera vez. A pesar de que probablemente nunca hayas oído hablar del praseodimio, hay más en la corteza terrestre que oro, plata, estaño o mercurio. La principal fuente de praseodimio (o de cualquiera de las tierras raras) es la arena monacita. Carl von Welsbach, el descubridor del praseodimio, fue uno de los primeros científicos en darse cuenta de que esta arena contenía muchos de los elementos de tierras raras. Welsbach descubrió el neodimio al mismo tiempo que el praseodimio porque lo que él pensaba que era un elemento resultó ser dos. Si el metal praseodimio se deja caer en ácido clorhídrico, la solución se volverá de color verde claro, lo que explica el uso de "praseos" en su nombre.

El praseodimio, al igual que el neodimio, es muy magnético. Se combina con otros metales para fabricar imanes muy estables y fuertes para aplicaciones como motores, altavoces e impresoras. Cuando el praseodimio se alea con níquel, puede crear un superimán capaz de ralentizar la vibración de los átomos hasta acercarlos casi alcanzan la temperatura del cero absoluto (-273°C). Otra aleación útil se puede hacer cuando el praseodimio se combina con magnesio y algunos otros metales, para hacer un material lo suficientemente fuerte como para ser utilizado en motores de aviones.

A pesar de que su nombre proviene del color verde, cuando se añade praseodimio al vidrio, este se vuelve amarillo. El praseodimio se combina con otros elementos para fabricar el "vidrio de didimio", que se utiliza para fabricar gafas para soldadores y sopladores de vidrio. (El vidrio de didimio suele ser morado, no verde ni amarillo). El vidrio de didimio absorbe la luz amarilla y naranja producida por la combustión del sodio. En otra aplicación relacionada con la luz, el praseodimio se introduce en lámparas fluorescentes para activar luminóforos que brillarán en rojo, verde o azul. También se utiliza en la industria de la fibra óptica.

Debido a que los elementos de tierras raras (lantánidos) son tan similares, cualquiera de ellos puede utilizarse para fabricar mischmetal, el "pedernal" que produce chispas en los encendedores. Cualquiera de las tierras raras, incluido el praseodimio, puede utilizarse en los electrodos que se encuentran en las bombillas de "arco de carbono", que se utilizan en proyectores de cine y otros dispositivos que necesitan una luz blanca muy fuerte y brillante.

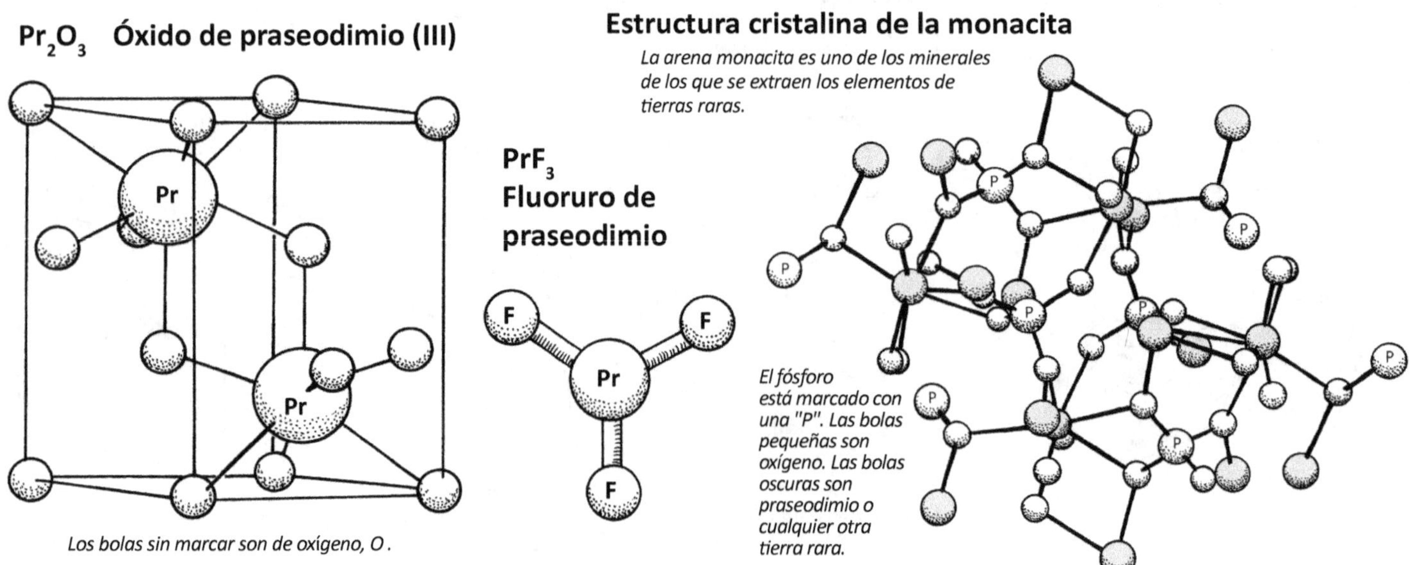

Pr_2O_3 Óxido de praseodimio (III)

Los bolas sin marcar son de oxígeno, O .

PrF_3 Fluoruro de praseodimio

Estructura cristalina de la monacita

La arena monacita es uno de los minerales de los que se extraen los elementos de tierras raras.

El fósforo está marcado con una "P". Las bolas pequeñas son oxígeno. Las bolas oscuras son praseodimio o cualquier otra tierra rara.

59 Pr

Praseodimio

Los vidrios de didimio tienen lentes moradas y las utilizan los sopladores de vidrio y los soldadores porque absorben la luz amarilla brillante.

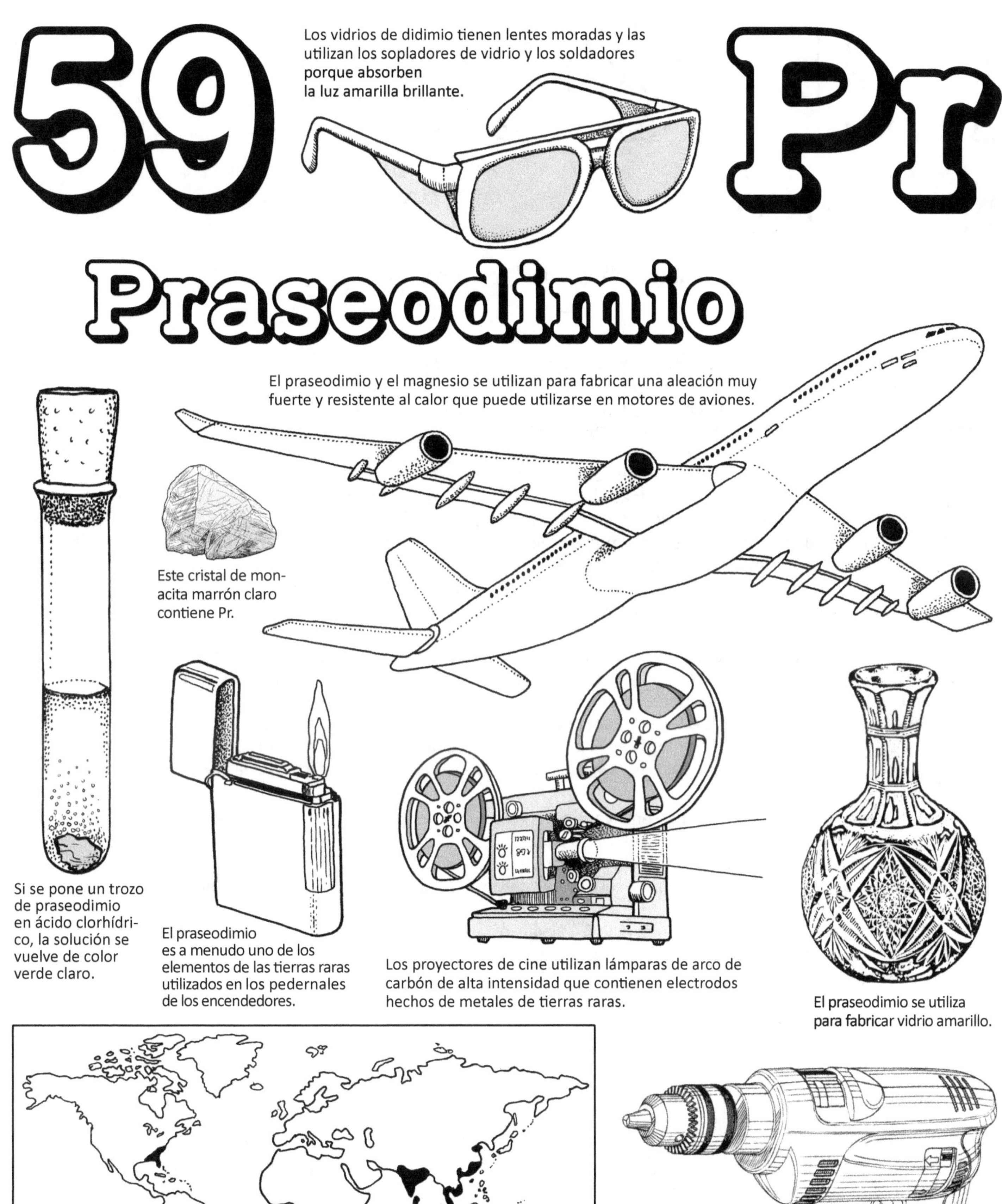

El praseodimio y el magnesio se utilizan para fabricar una aleación muy fuerte y resistente al calor que puede utilizarse en motores de aviones.

Este cristal de monacita marrón claro contiene Pr.

Si se pone un trozo de praseodimio en ácido clorhídrico, la solución se vuelve de color verde claro.

El praseodimio es a menudo uno de los elementos de las tierras raras utilizados en los pedernales de los encendedores.

Los proyectores de cine utilizan lámparas de arco de carbón de alta intensidad que contienen electrodos hechos de metales de tierras raras.

El praseodimio se utiliza para fabricar vidrio amarillo.

La arena monacita solo se encuentra en unos pocos lugares del mundo.

Muchas herramientas contienen imanes muy potentes en sus motores. El praseodimio (en aleaciones) se utiliza a menudo para fabricar estos imanes.

protones
84 neutrones
60 electrones

Masa atómica: 144.2

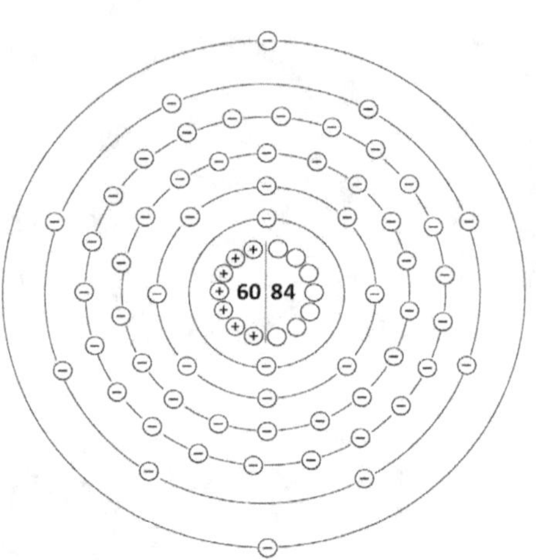

Neodimio

De las palabras griegas "neo" (nuevo) y "didymos" (gemelo)

El neodimio se descubrió al mismo tiempo que el praseodimio. Corría el año 1885. Carl von Welsbach, uno de los primeros expertos del mundo en minerales de tierras raras, pensó que había descubierto un nuevo elemento: el didimio. Sin embargo, tras una investigación más profunda, descubrió que su muestra mineral no contenía un nuevo elemento, sino dos, y los llamó praseodimio y neodimio.

El neodimio se puede encontrar en dos minerales: la monacita y la bastnasita. La monacita se encuentra principalmente en forma de arena, aunque de vez en cuando aparecen cristales más grandes. La bastnasita es un tipo de roca que recibe su nombre de la ciudad de Suecia donde se identificó por primera vez. La extracción de elementos de tierras raras de los minerales es un proceso largo y complicado, independientemente del mineral que se utilice. Estos minerales siempre contienen muchos de los elementos de tierras raras, por lo que la extracción de neodimio siempre produce también muchos otros elementos.

Al igual que todos los elementos de tierras raras (números 57-71), el neodimio limita el número de electrones en su capa exterior. Esta disposición mejora sus propiedades magnéticas y lo hace ideal para aleaciones (como $Nd_2Fe_{14}B$) que se utilizan para fabricar imanes pequeños, pero extremadamente fuertes. Los imanes pequeños pero fuertes son necesarios para fabricar dispositivos electrónicos como ordenadores, teléfonos, micrófonos, auriculares, pastillas de guitarras eléctricas y muchas máquinas utilizadas en industrias técnicas. Los imanes de neodimio son lo suficientemente fuertes como para levantar un objeto 1000 veces su propio peso.

Los láseres de granate de itrio e aluminio dopado con neodimio (Nd-YAG) se utilizan para crear rayos láser para las "pinzas ópticas". Se pueden atrapar y mantener en el punto focal de los rayos de luz láser cosas microscópicas como bacterias, ADN o incluso átomos individuales. Las pinzas ópticas son esenciales para muchas ramas de la investigación en biología, química y física.

El neodimio puede utilizarse con, o en lugar de, el praseodimio en muchas aplicaciones. Por ejemplo, el neodimio es un ingrediente del mischmetal, el material utilizado para fabricar "piedras" para encendedores y otros dispositivos para encender fuego. El neodimio se combina con el praseodimio para fabricar "vidrio de didimio", que se utiliza para fabricar filtros para telescopios y gafas protectoras para sopladores de vidrio y soldadores, ya que es capaz de absorber la luz amarilla y naranja.

Cuando se añade óxido de neodimio (Nd_2O_3) al vidrio, se produce un efecto muy inusual: el vidrio cambia de color dependiendo del tipo de luz a la que esté expuesto. El vidrio puede parecer de color púrpura rojizo a la luz del día, pero azul bajo luces fluorescentes.

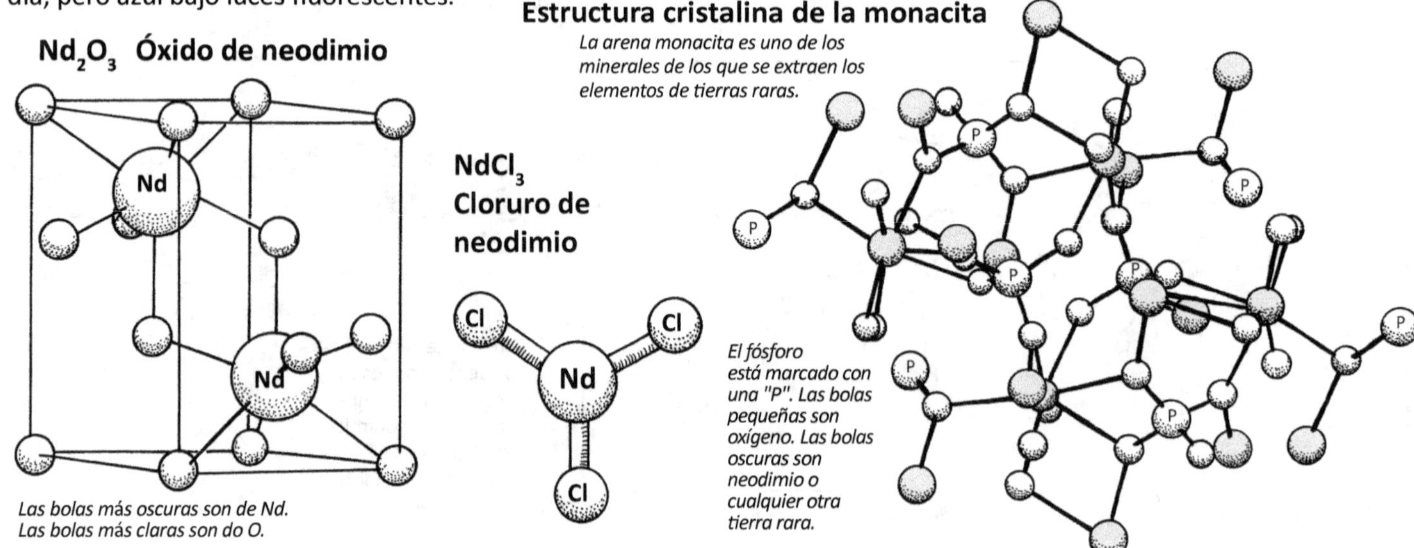

Las bolas más oscuras son de Nd. Las bolas más claras son do O.

La arena monacita es uno de los minerales de los que se extraen los elementos de tierras raras.

El fósforo está marcado con una "P". Las bolas pequeñas son oxígeno. Las bolas oscuras son neodimio o cualquier otra tierra rara.

60 Nd

Neodimio

¡Los imanes de neodimio pueden soportar 1000 veces su peso! Aquí, una barra magnética larga sostiene herramientas pesadas.

Los vidrieros y soldadores utilizan vidrios de didimio porque absorben la molesta luz amarilla brillante que dificulta la visión del objeto en el que están trabajando.

lentes morados

Los láseres Nd-YAG se utilizan en "pinzas ópticas" que pueden atrapar y retener cosas microscópicas, desde bacterias y ADN hasta átomos individuales.

La mayoría de los diagramas colorean de rojo estos rayos láser triangulares.

Los ordenadores utilizan imanes potentes en sus discos duros. Estos imanes suelen contener neodimio.

Los imanes de neodimio se utilizan a veces para fabricar pastillas que convierten la vibración de las cuerdas en una señal eléctrica que va al amplificador.

pastillas

Los auriculares y micrófonos suelen utilizar imanes de neodimio.

El vidrio de neodimio suele presentar tonos de azul, verde, rosa o morado. El color del vidrio puede cambiar en función de la fuente de luz.

Los dispositivos para encender fuego, como los chisperos de soldadura y los encendedores, tienen piedras hechas de aleaciones de tierras raras que a menudo incluyen Nd.

61 protones

84 neutrones
61 electrones

Masa atómica: 145

Prometio

Lleva el nombre de Prometeo, el dios griego que dio el fuego

Al igual que el tecnecio, el prometio es un elemento artificial, producido en laboratorios que trabajan con elementos radiactivos. La existencia del elemento 61 se reconoció ya en 1902, pero nadie fue capaz de producir una muestra real hasta 1944. Tres científicos que trabajaban en lo que ahora se llama Laboratorio Nacional de Oak Ridge (en Tennessee) estaban examinando los átomos radiactivos más pequeños producidos por la fisión de los átomos de uranio. Esto sucedió justo al final de la Segunda Guerra Mundial, por lo que la razón por la que investigaban el uranio era para ayudar a crear armas atómicas. No pudieron anunciar su descubrimiento hasta 1947. Iban a llamar al nuevo elemento "clintonio" por el nombre del laboratorio en ese momento (Clinton Lab), pero la esposa de uno de los científicos sugirió nombrarlo en honor al dios griego Prometeo, de quien se decía que había traído la tecnología del fuego a los primeros humanos. Esto ocurrió justo después de que se lanzaran dos bombas atómicas sobre Japón para poner fin a la guerra, por lo que el nombre de este elemento pretendía sugerir "los beneficios y el posible mal uso del intelecto de la humanidad".

En 1963, se obtuvo el fluoruro de prometio y se hizo reaccionar con iones de litio para que los átomos de flúor salieran del prometio y se unieran al litio para formar moléculas de fluoruro de litio. Esto dejó a los científicos con suficiente prometio metálico puro como para poder realizar experimentos para determinar sus propiedades. Existen varios isótopos de prometio (átomos con más o menos de 84 neutrones), pero la mayoría se desintegran rápidamente y se convierten en neodimio o samario. El isótopo más estable, el Pm-145, tiene una vida media de unos 17 años, lo que significa que después de 17 años la mitad de la muestra original habrá desaparecido y en otros 17 años la mitad de esa mitad restante habrá desaparecido. Después de 68 años solo te quedará 1/16 de la muestra original.

El único isótopo útil del prometio es el Pm-147, que no emite rayos gamma mortales como muchos átomos radiactivos. La radiación "beta" que emite (esencialmente electrones) tiene un alcance extremadamente corto y es fácilmente absorbida por otros elementos. Puede utilizarse para fabricar pintura luminiscente que brilla utilizando la energía que sale de los átomos de prometio. El Pm-147 tiene una vida media de solo 2,6 años, por lo que debe usarse en lugares que solo necesitan un brillo intenso durante unos años. El mdulo lunar Apolo, utilizado en 1971 y 1972 en las misiones 15, 16 y 17, tenía los paneles de control pintados con pintura luminosa de prometio (cloruro de prometio mezclado con sulfuro de zinc). A mediados del siglo XX, el Pm-147 se utilizó como sustituto más seguro de la pintura de radio, que se había utilizado durante décadas para hacer que las esferas de los relojes brillaran en la oscuridad, sin darse cuenta de lo peligroso que era el radio.

$PmCl_3$ Cloruro de prometio (III) **Pm_2O_3 Óxido de prometio (III)**

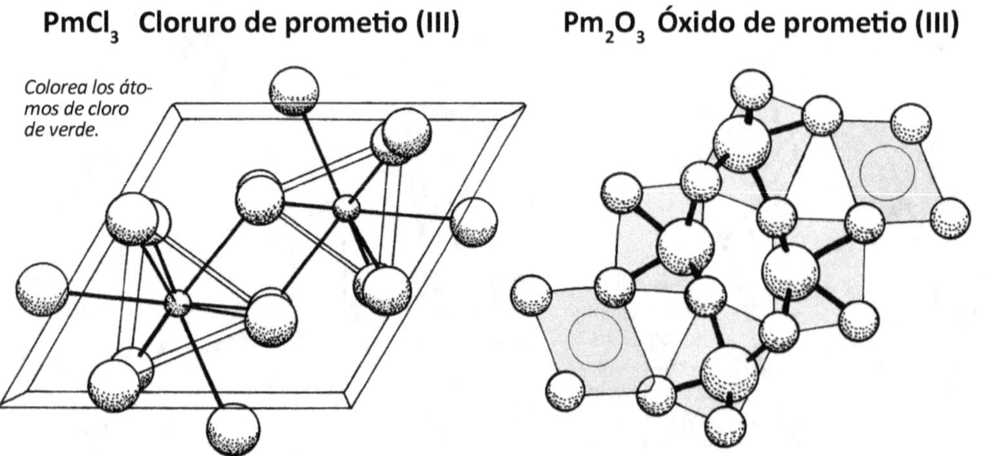

Las bolas más grandes son Cl. Las bolas más pequeñas son Pm.

Las bolas más grandes son Pm. Las bolas más pequeñas son O.

PmF_3 Fluoruro de prometio

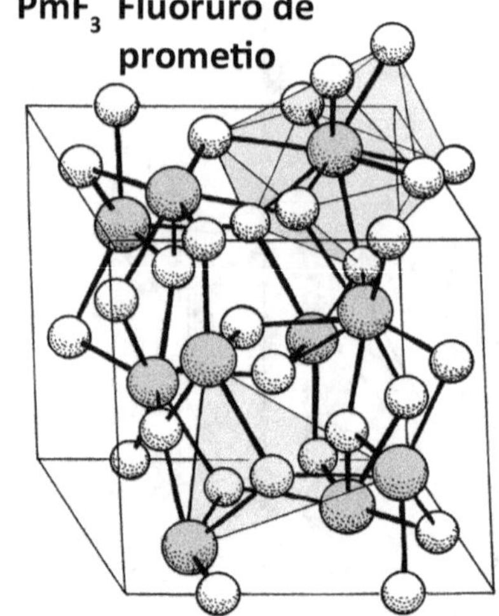

Las bolas oscuras son Pm. Las bolas claras son F.

61 Pm

El prometio-147 se utiliza para fabricar pequeñas baterías atómicas que duran unos cinco años.

El prometio se descubrió en 1944 como un producto de desecho producido durante experimentos con átomos de uranio.

Prometio

En cierto modo, muchas personas ayudaron a descubrir el prometio, aunque no lo sabían en aquel momento. Muchos trabajadores no especializados trabajaban en las instalaciones de alto secreto de Oak Ridge, Tennessee, donde los científicos enriquecían uranio para desarrollar la bomba atómica. A esta mujer le enseñaron a pulsar botones en un orden

Este dibujo se inspiró en una fotografía tomada en 1944 en Oak Ridge.

El reactor nuclear del laboratorio que descubrió el prometio (ahora Laboratorio Nacional de Oak Ridge) utilizaba un núcleo de grafito para ralentizar los neutrones libres que bombardeaban los átomos de uranio. (Este es un núcleo de grafito más moderno y pequeño que el utilizado en Oak Ridge).

La radiactividad del prometio proporcionó la energía para la pintura luminiscente que se utilizó para iluminar los controles de módulo lunar utilizado en las misiones Apolo 15, 16 y 17.

El prometio sustituyó al radio en la pintura luminiscente después de que se descubriera lo peligrosa que es la radiactividada del radio.

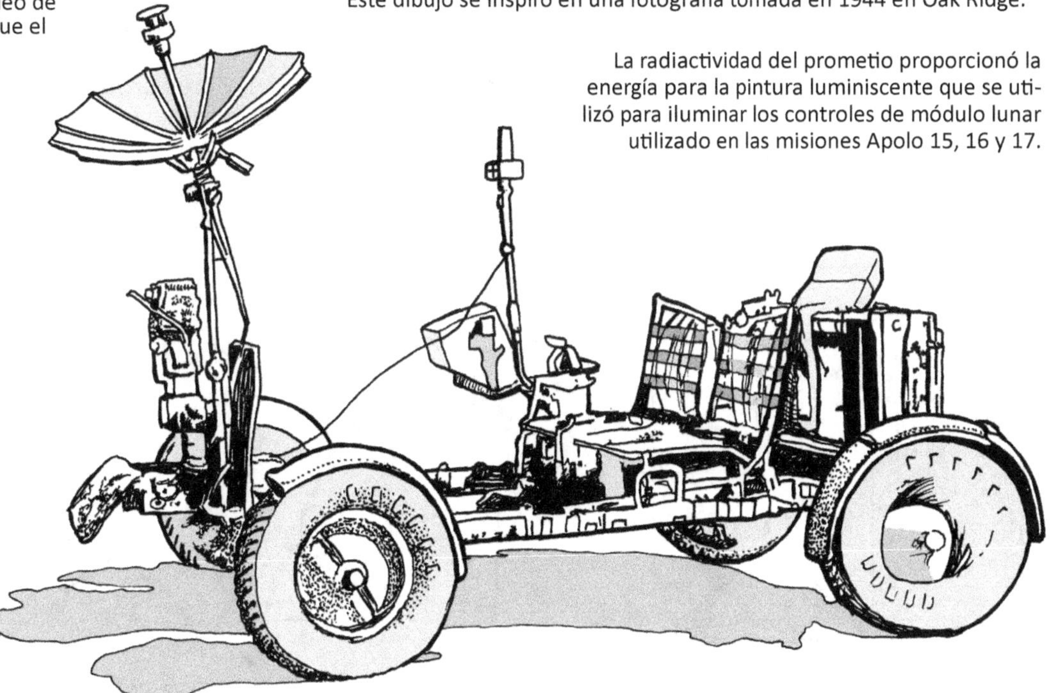

protones
88 neutrones
62 electrones

Samario

Masa atómica: 150.3

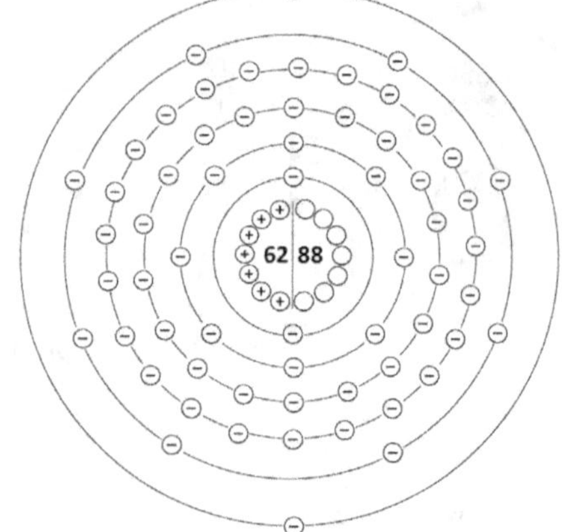

Lleva el nombre del ingeniero de minas ruso Vasili Samarsky-Bykhovets

El samario fue descubierto en 1879 por Paul-Émile Lecoq de Boisbaudran, quien también descubrió los elementos galio y disprosio. El samario recibe su nombre de su mineral, la samarskita, que a su vez recibe el nombre de Vasili Samarsky-Bykhovets, presidente del Cuerpo de Ingenieros de Minas de Rusia. En 1839, Samarsky concedió permiso a dos geólogos alemanes para entrar en Rusia, en los montes Urales, en busca de nuevos minerales. Nombrar el nuevo mineral que encontraron en honor a Samarsky fue la forma que tuvieron los geólogos de agradecer que se les concediera acceso a las zonas mineras rusas. El samario fue el primer elemento que recibió el nombre de una persona.

Como todos los elementos de la serie de los lantánidos (los elementos de las "tierras raras"), el samario puro es un metal blando y plateado que se empaña (pierde su brillo) cuando se expone al aire. Todos los elementos de las tierras raras se encuentran juntos en minerales como la monacita y una roca llamada bastnasita. No son nada raros, solo que son difíciles de extraer.

Al igual que el neodimio, el samario es altamente magnético. El samario se combina con el cobalto para fabricar imanes que son casi tan fuertes como los de neodimio (NdFeB), pero que superan a estos en su capacidad para mantener el magnetismo incluso a altas temperaturas. Los imanes de samario-cobalto (SmCo5) se pueden encontrar en motores de alto rendimiento, como los motores de tracción de locomotoras de ferrocarril, generadores industriales y motores para barcos.

Los imanes de SmCo también se utilizan en lugares donde la temperatura no es un problema, como micrófonos, auriculares, altavoces, teléfonos móviles y pastillas "silenciosas" para guitarras eléctricas. Los imanes de SmCo se utilizaron en el motor del "Solar Challenger", uno de los primeros aviones eléctricos del mundo propulsados por energía solar.

Los compuestos de samario son importantes en las industrias químicas, a menudo como catalizadores. Un catalizador es un "ayudante" que estimula las reacciones químicas para que se produzcan más rápidamente de lo que lo harían de otro modo. Un catalizador no se ve modificado por la reacción, por lo que puede utilizarse una y otra vez. Algunos compuestos de samario ayudan a descomponer los plásticos, incluidos los PCBs, que se consideran contaminantes medioambientales.

El samario es uno de los metales que se utilizan para dopar los cristales que se emplean en láseres especiales. Los cristales de fluoruro de calcio dopados con samario se utilizaron para fabricar uno de los primeros láseres de estado sólido del mundo en IBM en 1961.

El samario es muy bueno capturando y reteniendo neutrones libres producidos por la fisión nuclear, por lo que se utiliza en barras de control en reacciones nucleares. Las barras de control ralentizan el proceso de fisión cuando la fisión va demasiado rápido.

Sm_2O_3 Óxido de samario

Sm
Sm

Las bolas sin marcar son de oxígeno, O.

SmI_2 Yoduro de samario (III)

Los átomos de yodo suelen representarse en púrpura o rose, aunque los cristales reales de SmI_2 son verdes.

Las bolas más oscuras son Sm. Las bolas más claras son I (yodo).

SmB_6 Hexaboruro de samario

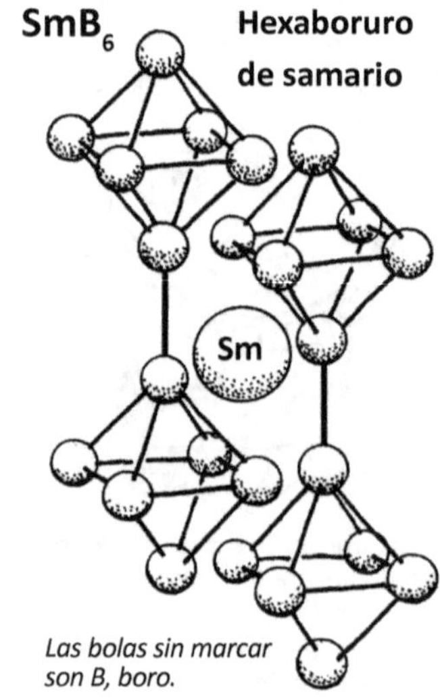

Las bolas sin marcar son B, boro.

62 Sm

Samario

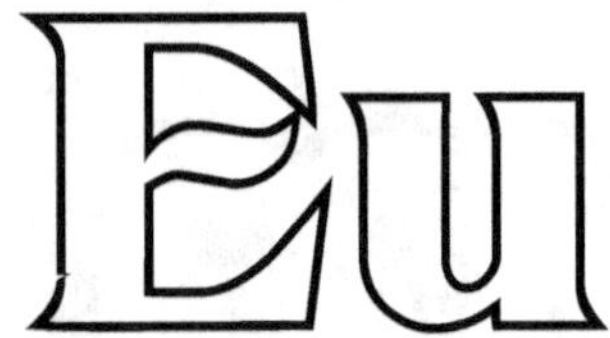

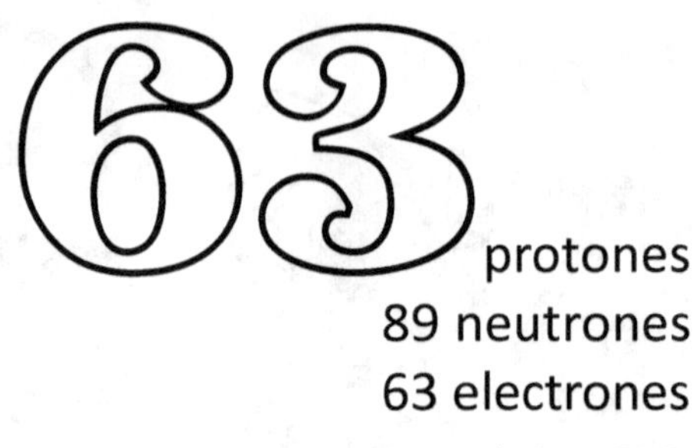

protones
89 neutrones
63 electrones
Masa atómica: 151.9

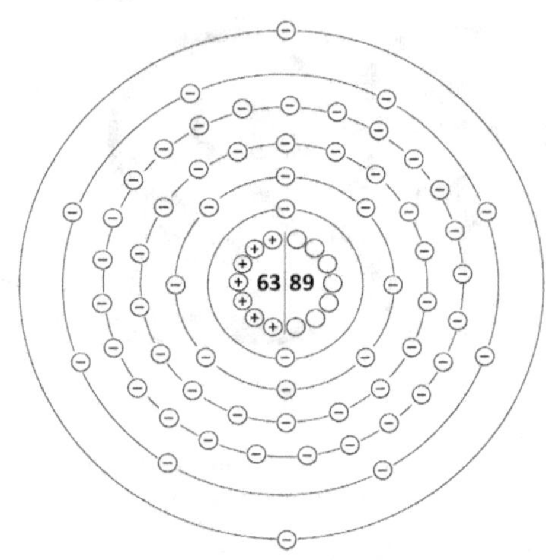

Europio

Lleva el nombre de Europa

En 1892, Paul-Émile Lecoq de Boisbaudran utilizaba un espectrómetro para analizar muestras de minerales que contenían samario, y vio algunas líneas espectrales que sugerían que tal vez había algo más en su muestra además de samario. Sin embargo, no pudo aislarlo para demostrar su existencia. Otro químico francés, Eugène-Anatole Demarçay, pudo encontrar y extraer este elemento oculto en 1901, por lo que fue declarado su descubridor. Decidió nombrar este nuevo elemento en honor a Europa.

El europio puro es el más reactivo de todos los elementos de tierras raras. Su reactividad se suele comparar con la del litio. Las muestras de europio metálico deben mantenerse selladas en tubos que las protejan del contacto con el oxígeno o el agua. Si se deja caer una pieza de europio en un tubo de ensayo con agua, esta se volverá de color amarillo brillante y producirá burbujas de gas hidrógeno. ($2\ Eu + 6\ H_2O \rightarrow 2\ Eu(OH)_3 + 3\ H_2$)

El europio debe su fama a su capacidad de fluorescencia. Esto significa que cuando las moléculas que contienen europio se energizan con ciertas formas de radiación electromagnética (a menudo incluyendo luz ultravioleta), liberan luz. En la década de 1960, cuando se estaban desarrollando los televisores en color, se descubrió que cuando los cristales de ortovanadato de itrio (YVO_4) se "dopaban" con europio (se añadían átomos de europio a los cristales), emitían una luz roja muy brillante. Esto permitió una mejora asombrosa en el brillo de los televisores en color. Cuando el europio se introduce en otros compuestos, puede producir tonos de azul, verde, amarillo o naranja. Los compuestos de europio se utilizan principalmente en los billetes de euro para detectar falsificaciones. Si sostiene un billete de euro auténtico bajo una luz ultravioleta, verá estrellas de color rojo brillante u otros patrones que no son visibles bajo la luz normal. El proceso de impresión con pigmentos de europio es lo suficientemente difícil como para que la mayoría de los falsificadores no puedan hacerlo.

Otros elementos de tierras raras también pueden brillar. El terbio emite una luz verde amarillenta brillante. Cuando los compuestos de europio rojos y azules se combinan con los compuestos de terbio amarillo verdoso, el resultado es una luz blanca muy limpia. El interior de las bombillas fluorescentes está recubierto con estos "luminóforos" hechos de compuestos de Eu y Tb en polvo.

El europio se utiliza como dopante (aditivo) para el vidrio empleado en ciertos tipos de láseres.

En 2015, se descubrió que el europio puede ser útil en los chips de memoria cuántica.

Eu_2O_3 Óxido de europio

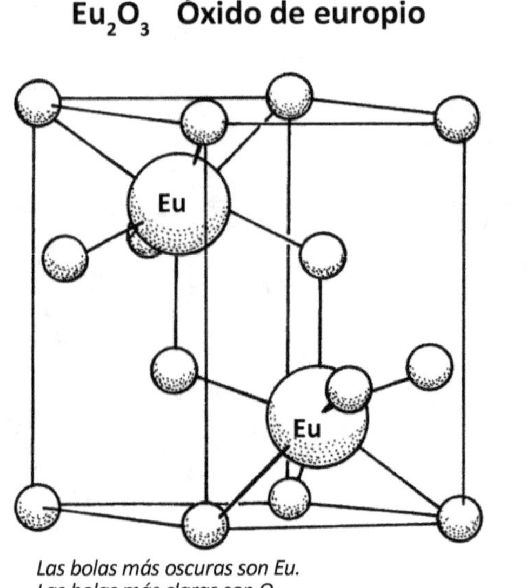

Las bolas más oscuras son Eu.
Las bolas más claras son O.

Bastnasita El principal mineral de europio.

YVO_4-Eu Ortovanadato de itrio dopado con europio

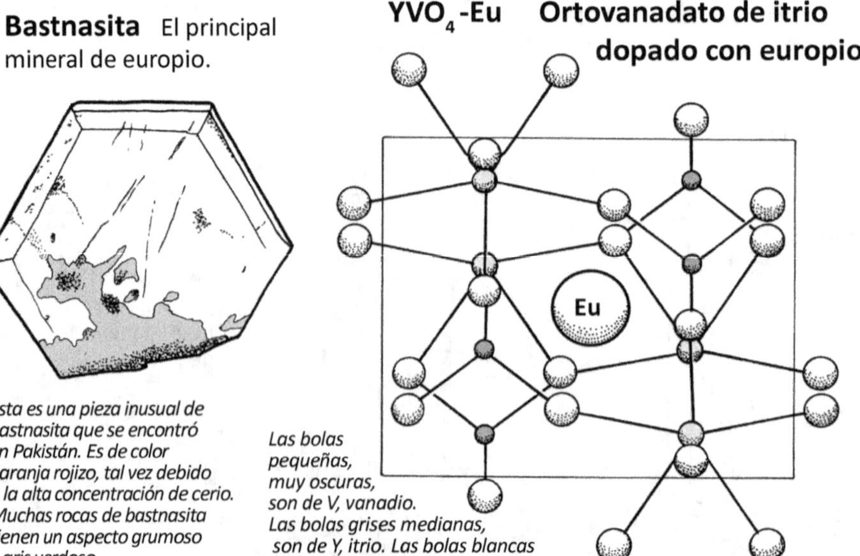

Esta es una pieza inusual de bastnasita que se encontró en Pakistán. Es de color naranja rojizo, tal vez debido a la alta concentración de cerio. Muchas rocas de bastnasita tienen un aspecto grumoso y gris verdoso.

Las bolas pequeñas, muy oscuras, son de V, vanadio. Las bolas grises medianas, son de Y, itrio. Las bolas blancas son de O, oxígeno.

63 Eu

Europio

El europio recibió su nombre de Europa, donde fue descubierto.

La luz blanca producida por las lámparas fluorescentes compactas se genera medianate luminóforos tanto de europio como de terbio.

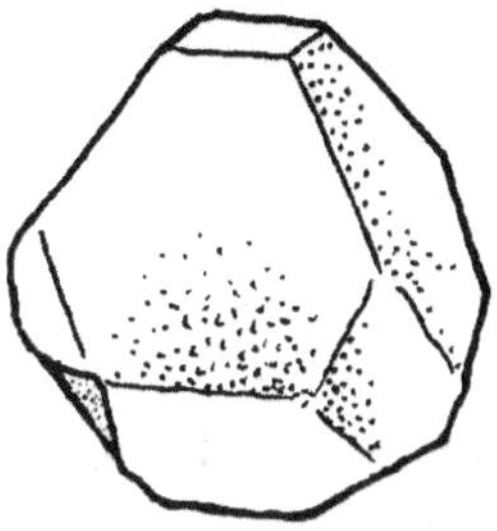

Los cristales de fluorita (CaF_2) que contienen pequeñas cantidades de europio, se ven azules bajo la luz ultravioleta. (Este es un ejemplo de fluorescencia).

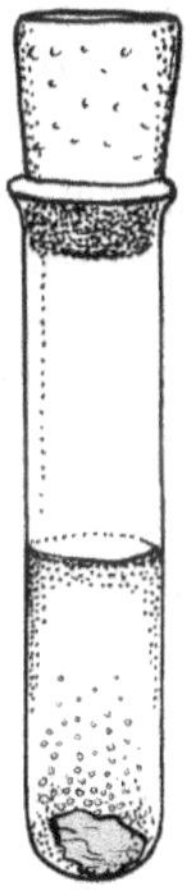

Si se pone europio puro en agua, la solución se volverá amarilla.

Los billetes en euros se imprimen utilizando europio para crear diseños que solo se pueden ver bajo luz ultravioleta.

Abajo, a la izquierda, hay un billete de 50 euros visto bajo luz normal. El diagrama de la derecha muestra los patrones que aparecen bajo luz ultravioleta.

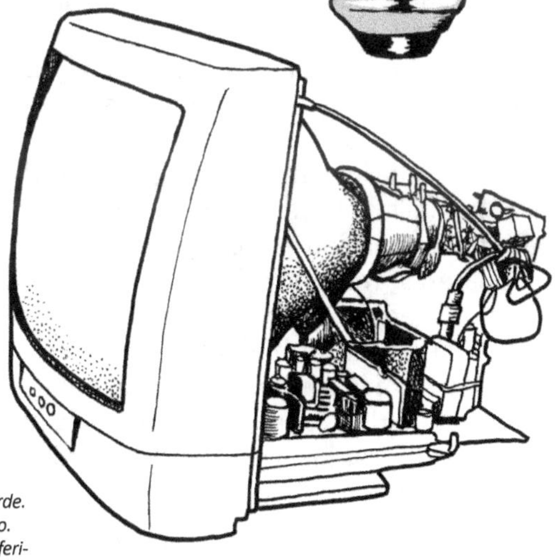

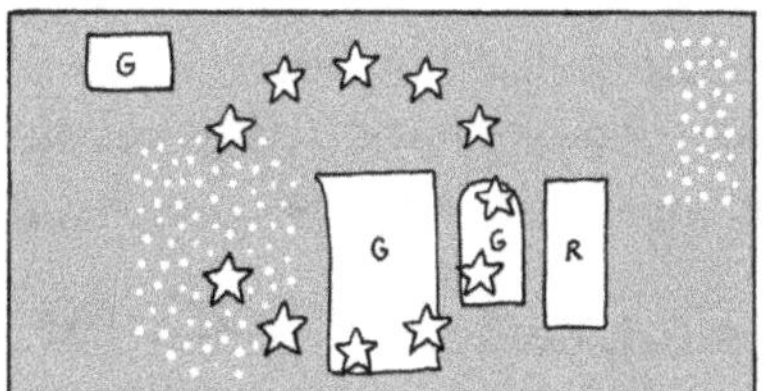

La G significa verde. La R significa rojo. Las 6 estrellas inferiores son verdes, l as 5 estrellas superiores son rojas. Los puntos son rojos.

Los televisores CRT (tubo de rayos catódicos) fabricados desde la década de 1960 hasta aproximadamente el año 2000 utilizaban ortovanadato de itrio dopado con europio para crear sus colores rojos brillantes.

Se añaden pequeñas cantidades de europio a polvos de sulfuro de zinc o aluminato de estroncio para crear una amplia gama de pigmentos que brillan en la oscuridad. *(Utilice colores pastel brillantes (o neón) para colorear los polvos de pigmento de estos frascos).*

64 protones
93 neutrones
64 electrones
Masa atómica: 157.25

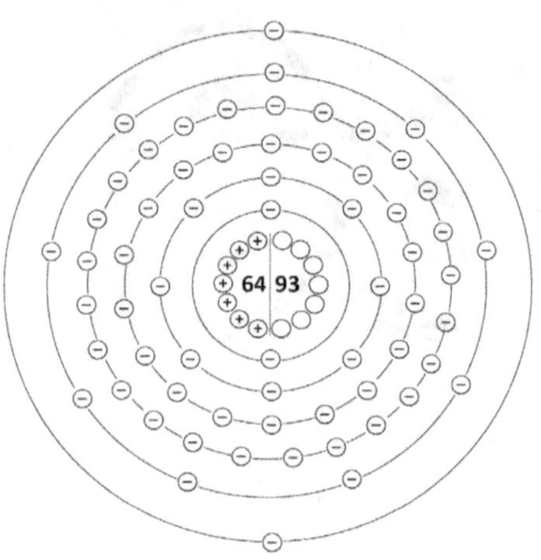

Gadolinio

Lleva el nombre del químico finlandés Johan Gadolin

El gadolinio recibió su nombre del mineral en el que se encontró, la gadolinita, que contiene varios elementos de tierras raras, además de hierro, berilio, silicio y oxígeno: $(Ce,La,Nd,Y)_2FeBe_2Si_2O_{10}$. Como puede ver, el gadolinio no está en la fórmula química oficial. Esto se debe a que se encuentra en cantidades tan pequeñas.

El científico que dio nombre a la gadolinita, Johan Gadolin, no nombró ni descubrió ni el mineral ni el elemento. Encontró lo que llamó "itrio" en 1792, pero la gadolinita recibió ese nombre de otra persona en 1800. En 1880, el químico suizo Jean Charles Galissard de Marignac observó nuevas y extrañas líneas espectroscópicas procedentes de una muestra de gadolinita y supuso correctamente que debía tratarse de un nuevo elemento. En 1886 consiguió producir gadolinio metálico puro a partir de mineral de gadolinita, y bautizó el elemento con el nombre del mineral.

Como la mayoría de los elementos de tierras raras de la serie de los lantánidos, el gadolinio es magnético. Sin embargo, su magnetismo es único entre las tierras raras porque cambia a 20°C (68°F). Por debajo de esta temperatura, el gadolinio actúa como un imán normal (ferromagnético). Por encima de esta temperatura, el magnetismo disminuye significativamente, volviéndose "paramagnético", lo que le permite responder a los campos magnéticos aunque haya perdido su propio magnetismo fuerte. Muchas sustancias que no son "magnéticas" (incluso el vidrio) pueden ser paramagnéticas. Las propiedades magnéticas del gadolinio lo hacen especialmente útil en las resonancias magnéticas. Las soluciones que contienen compuestos de gadolinio se inyectan a los pacientes antes de que entren en el escáner. El gadolinio se acumula en los tejidos anormales y los hace visibles en las exploraciones (magnéticas).

Al igual que muchas de las tierras raras, el gadolinio se ha utilizado para fabricar luminóforos que producen luz en las bombillas fluorescentes. El gadolinio produce luz verde, por lo que se combina con fósforos que producen luz roja y azul. La combinación de luz roja, verde y azul produce luz blanca. La proporción de los fósforos puede ajustarse para que la luz parezca "más cálida" o "más fría". A finales de 1900, el verde gadolinio se utilizaba en los televisores.

El gadolinio Gd-153, un isótopo radiactivo, se produce en reactores nucleares. Emite rayos gamma peligrosos, pero no crea problemas de eliminación a largo plazo porque su vida media es de solo 240 días. El Gd-153 puede utilizarse en máquinas que calibran equipos de alta tecnología, así como en diversos instrumentos médicos, como escáneres de densidad ósea y unidades portátiles de rayos X. Estas unidades portátiles son especialmente útiles para los veterinarios que atienden a animales grandes. El gadolinio también puede absorber neutrones libres. Se ha utilizado en los sistemas de control de los submarinos de propulsión nuclear.

El granate de gadolinio y galio ($Gd_3Ga_5O_{12}$) se utilizan como imitación de diamantes. A los cristales de granate de itrio se les puede añadir gadolinio (un proceso llamado "dopaje") para que sean mejores para aplicaciones láser.

Cristal de óxido de cerio dopado con Gd, CeO_2

Se han "dopado" átomos de gadolinio en este cristal de óxido de cerio, sustituyendo dos átomos de cerio. El resultado es un incómodo "punto en blanco" justo donde está la X, lo que hace que el cristal sea inestable en esta zona. Lejos de ser algo malo, esto hace que el cristal sea útil para la optoelectrónica (por ejemplo, los láseres).

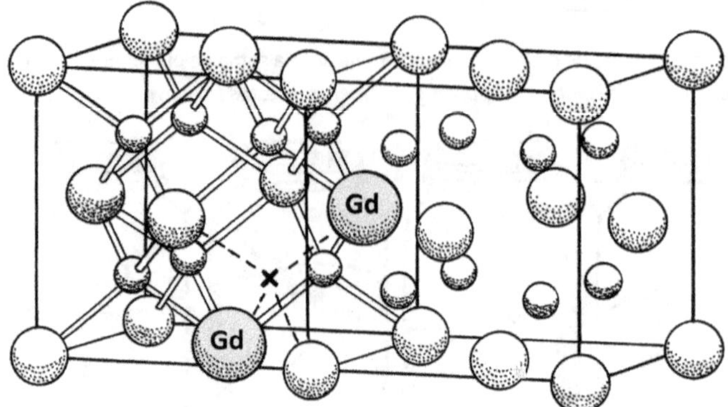

Las bolas más grandes son Ce.
Las más pequeñas son O. El lado izquierdo muestra los enlaces.

Gd(DOTA) agente de contraste utilizado en la resonancia magnética

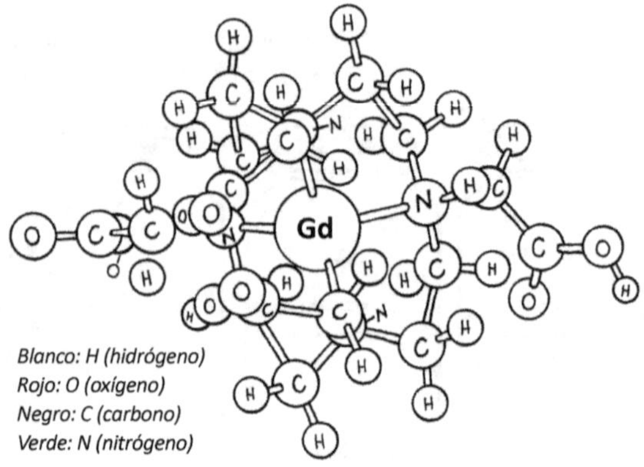

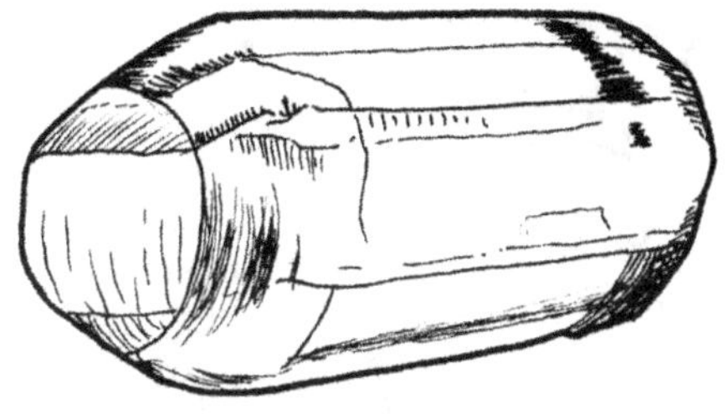

Este cristal de granate de itrio púrpura ha sido "dopado" con Gd para hacerlo más útil en láseres.

Gadolinio

El gadolinio se utiliza en luminóforos que producen luz verde. Las bombillas fluorescentes utilizan una mezcla de fósforos rojos, verdes y azules para producir luz blanca.

Los diamantes de imitación GGG se fabrican con galio y gadolinio.

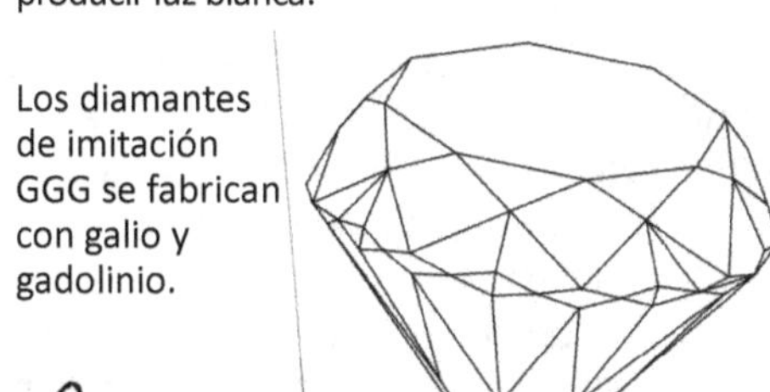

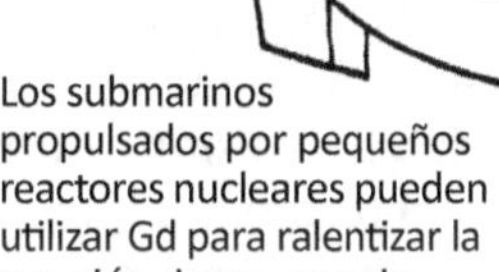

Los submarinos propulsados por pequeños reactores nucleares pueden utilizar Gd para ralentizar la reacción si es necesario.

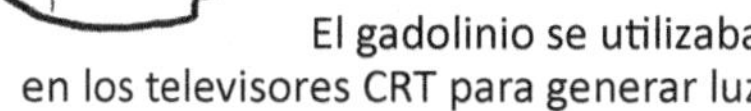

El gadolinio se utilizaba en los televisores CRT para generar luz

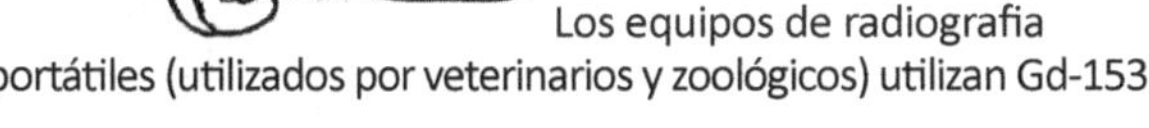

Los equipos de radiografia portátiles (utilizados por veterinarios y zoológicos) utilizan Gd-153.

Los densitómetros óseos utilizan rayos gamma producidos por Gd-153.

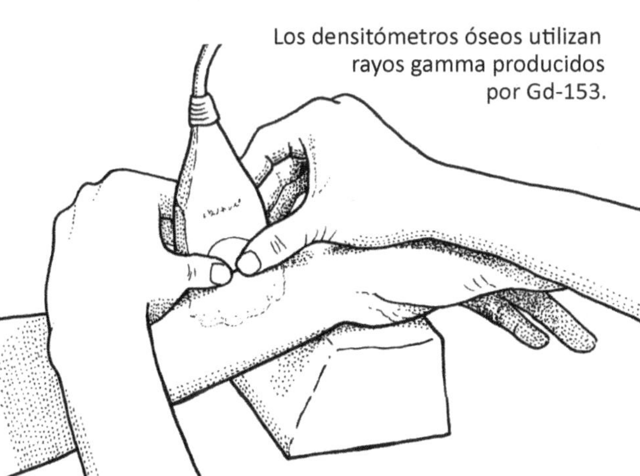

Las propiedades magnéticas del gadolinio lo hacen útil para las resonancias magnéticas. Los tejidos enfermos absorberán más gadolinio, lo que hará que aparezcan en la resonancia.

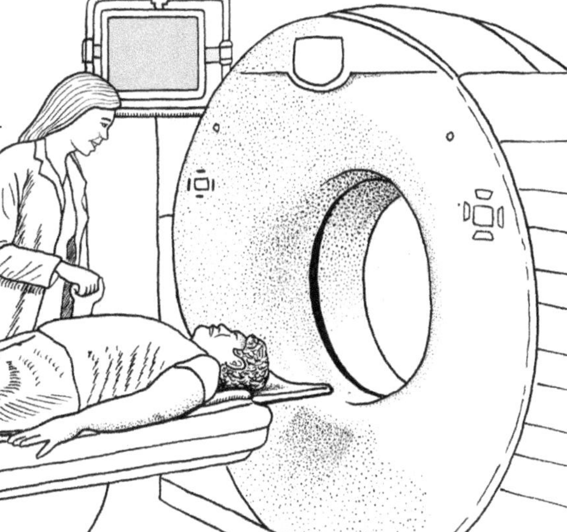

protones
94 neutrones
65 electrones
Masa atómica: 158.9

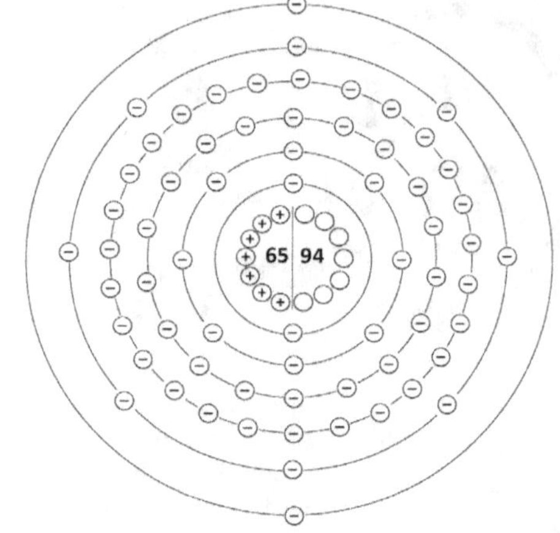

Terbio

Lleva el nombre de la ciudad sueca de Ytterby

El terbio fue descubierto en 1843 por el químico sueco Carl Gustaf Mosander y recibió su nombre por el pequeño pueblo de Ytterby, Suecia. A las afueras de este pueblo había una pequeña explotación minera a cielo abierto donde se estaban descubriendo interesantes minerales. Muchos de los elementos de tierras raras de la serie de los lantánidos se descubrieron utilizando rocas de la cantera de Ytterby. Mosander había aislado óxido de itrio (Y_2O_3) a partir de un mineral de Ytterby, y descubrió el terbio como una "impureza" en su muestra. Sin embargo, no pudo extraer el terbio. Esto solo fue posible años después, cuando los químicos comenzaron a utilizar la electricidad para aislar elementos. Hoy en día, la mayor parte del terbio se extrae de la monacita, pero también se puede encontrar en la euxenita y la bastnasita.

Mosander determinó que en realidad había tres óxidos presentes en su muestra, a los que llamó itrio, erbio y terbio. La única diferencia entre el erbio y el terbio era que uno producía un color rosa y el otro era incoloro. Cuando otros científicos comenzaron a investigar estos nuevos óxidos, hubo cierta confusión entre el erbio y el terbio, y el resultado fue que los nombres se intercambiaron. El erbio de Mosander es ahora nuestro terbio.

El terbio tiene propiedades muy similares a las del gadolinio. Se utiliza para fabricar luminóforos que brillan en verde intenso. Por lo tanto, se suele combinar con polvos de europio, que producen rojo y azul. La luz roja, azul y verde se mezclan para producir luz blanca. Esto puede parecer extraño, ya que probablemente tengas experiencia en la combinación de pinturas y sepas que la pintura roja, verde y azul no produce pintura blanca. Sin embargo, la luz no actúa como la pintura. (Varios físicos famosos tardaron en descubrirlo, así que no te preocupes si te parece confuso).

El terbio puede "doparse" (añadirse) a cristales como el fluoruro de calcio y el tungstato de calcio, que se utilizan en dispositivos de estado sólido (electrónica basada en procesadores de microchips). También puede añadirse a otros metales para crear una aleación llamada Terfenol-D®, que cambiará de forma en función de los campos magnéticos que la rodeen. Materiales como este se utilizan para fabricar actuadores, que se utilizan para fabricar cosas como sonares para barcos y submarinos, e incluso productos de consumo como el SoundBug®, que puede convertir cualquier superficie grande y plana en un altavoz.

En biología, el terbio se utiliza como marcador fluorescente para detectar endosporas bacterianas. En ciencias medioambientales, el terbio puede añadirse a moléculas que detectan contaminantes nitrogenados producidos por fábricas que fabrican productos nitrogenados como tintes, pesticidas y explosivos.

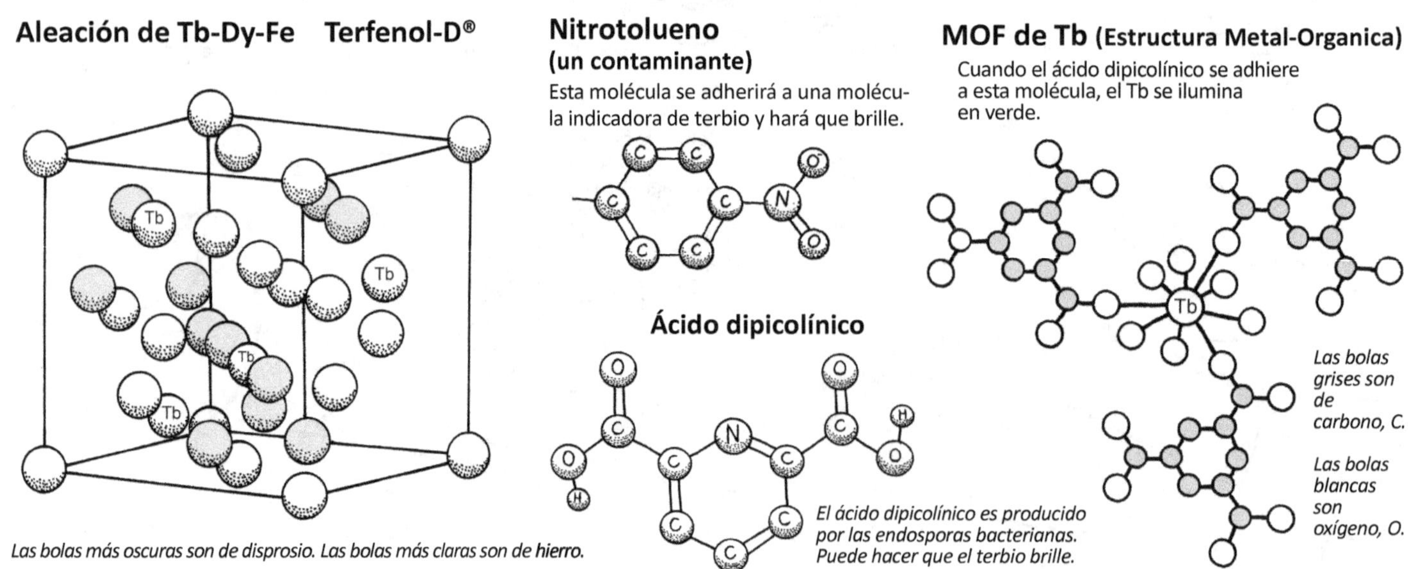

Las bolas más oscuras son de disprosio. Las bolas más claras son de hierro.

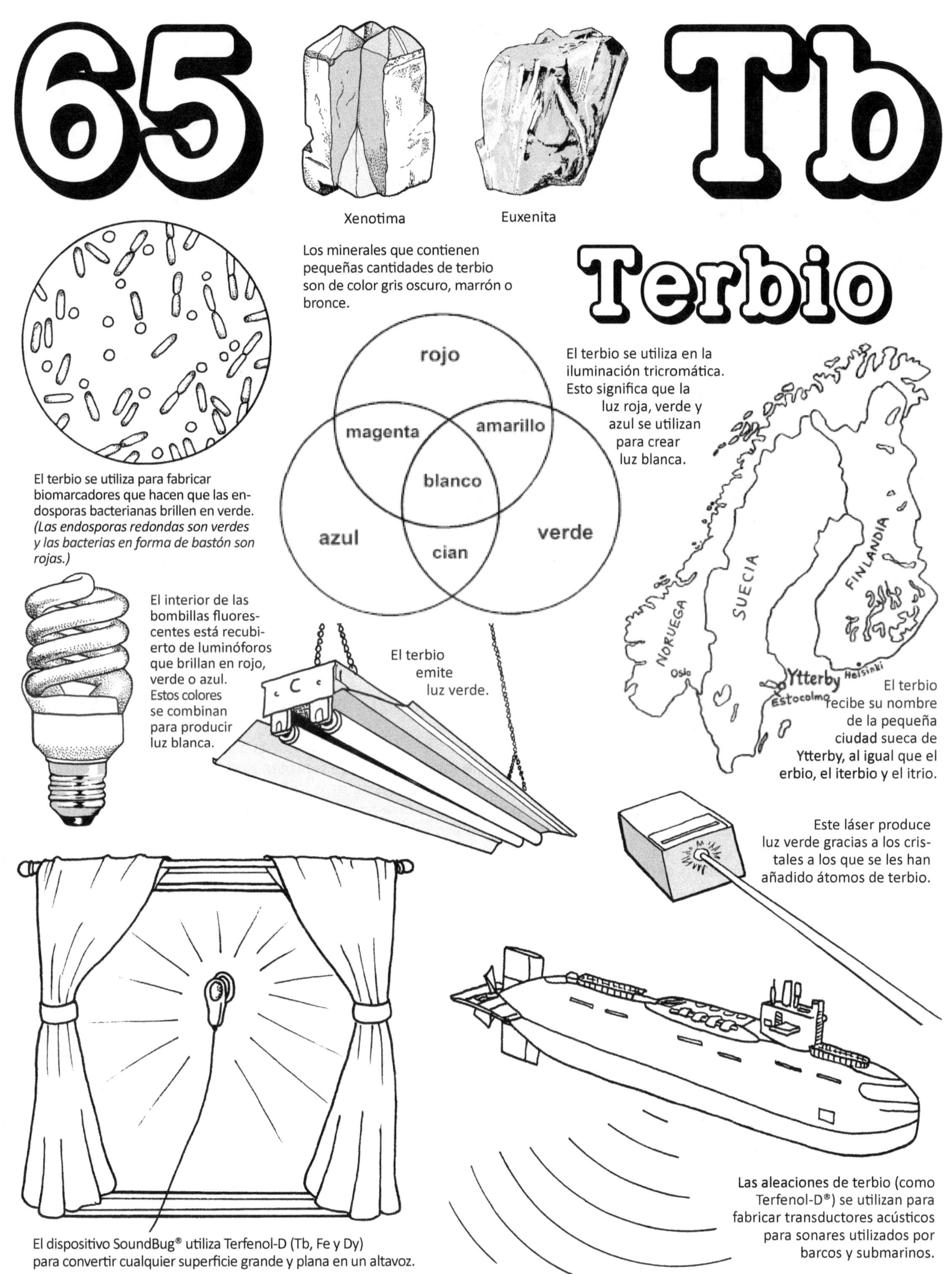
65
Tb
Xenotima
Euxenita
Los minerales que contienen pequeñas cantidades de terbio son de color gris oscuro, marrón o bronce.
Terbio
rojo
magenta
amarillo
blanco
azul
cian
verde
El terbio se utiliza en la iluminación tricromática. Esto significa que la luz roja, verde y azul se utilizan para crear luz blanca.
El terbio se utiliza para fabricar biomarcadores que hacen que las endosporas bacterianas brillen en verde. *(Las endosporas redondas son verdes y las bacterias en forma de bastón son rojas.)*
NORUEGA
SUECIA
FINLANDIA
Oslo
Ytterby
Helsinki
Estocolmo
El terbio recibe su nombre de la pequeña ciudad sueca de Ytterby, al igual que el erbio, el iterbio y el itrio.
El interior de las bombillas fluorescentes está recubierto de luminóforos que brillan en rojo, verde o azul. Estos colores se combinan para producir luz blanca.
El terbio emite luz verde.
Este láser produce luz verde gracias a los cristales a los que se les han añadido átomos de terbio.
Las aleaciones de terbio (como Terfenol-D®) se utilizan para fabricar transductores acústicos para sonares utilizados por barcos y submarinos.
El dispositivo SoundBug® utiliza Terfenol-D (Tb, Fe y Dy) para convertir cualquier superficie grande y plana en un altavoz.

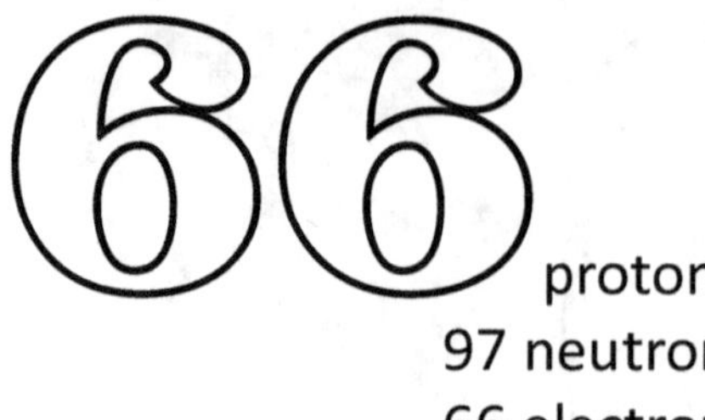

protones
97 neutrones
66 electrones

Disprosio

Masa atómica: 162.5

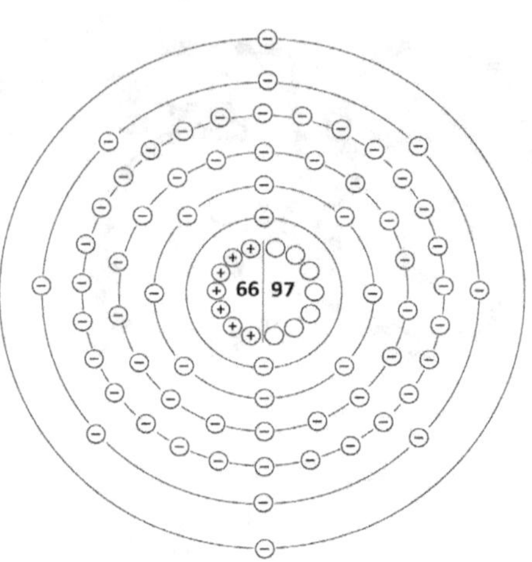

Su nombre proviene del griego "dysprositos" ("difícil de conseguir")

El disprosio fue descubierto por Paul Émile Lecoq de Boisbaudran en 1886 mientras trabajaba con minerales que contenían erbio, holmio y tulio. Sabía que había otro elemento nuevo escondido en este mineral y quería ser su descubridor. Le llevó más de 30 intentos aislarlo, así que cuando finalmente lo encontró, decidió que su nombre debía reflejar su experiencia, y utilizó una palabra griega que significa "difícil de conseguir".

No se produjo una muestra muy pura de disprosio hasta la década de 1950, cuando se inventó un procedimiento llamado "intercambio iónico". El proceso permite que los elementos de tierras raras se unan a elementos como el cloro o el litio, y luego, en un segundo paso, se extraen los "iones" de cloro o litio, y las tierras raras quedan solas. Este método de extracción se utiliza para extraer el disprosio de la arena y la arcilla de monacita. El sur de China tiene las fuentes más ricas de disprosio y produce el 99 % del suministro mundial.

Al igual que los demás elementos de tierras raras de la serie de los lantánidos, el disprosio metálico puro es blando y brillante. Siempre se combina con otros elementos para formar compuestos o aleaciones. Es lo suficientemente similar al neodimio como para poder sustituir parte del neodimio en los imanes de NdFeB. Cuando se combina con terbio y hierro, la aleación resultante tiene una propiedad interesante llamada "magnetostricción". Esto significa que el metal cambiará ligeramente de forma para alinearse con los campos magnéticos que lo rodean. El Laboratorio de Artillería Naval (NOL) fue el primero en crear esta aleación, por lo que la llamó Terfenol-D® ("Ter" por terbio, "Fe" por hierro, "NOL" por el nombre del laboratorio y "D" por disprosio). El Terfenol-D causa vibraciones como resultado del magnetismo, por lo que se utilizó para fabricar dispositivos de audio (como el SoundBug®) que pueden convertir cualquier superficie plana en un altavoz. El Terfenol-D también se utiliza en la fabricación de sistemas de sonar para barcos y submarinos.

El disprosio se encuentra en imanes muy potentes utilizados en turbinas eólicas que generan electricidad, y en los motores de los coches eléctricos. Los discos duros de los ordenadores también pueden contener potentes imanes hechos de aleaciones que incluyen Dy. Al igual que los demás elementos de tierras raras, el disprosio puede encontrarse en dispositivos que producen luz. El disprosio se encuentra con mayor frecuencia en las lámparas de halogenuros metálicos, en el compuesto yoduro de disprosio DyI_3.

El disprosio puede "doparse" (añadirse) a cristales como el fluoruro de calcio para utilizarlos como detectores de radiación, como los que se encuentran en los dosímetros que miden la cantidad de radiación a la que se ha expuesto una persona. El disprosio puede capturar o ralentizar neutrones libres, por lo que puede utilizarse en barras de control en reactores nucleares.

Dy_2O_2 Óxido de disprosio

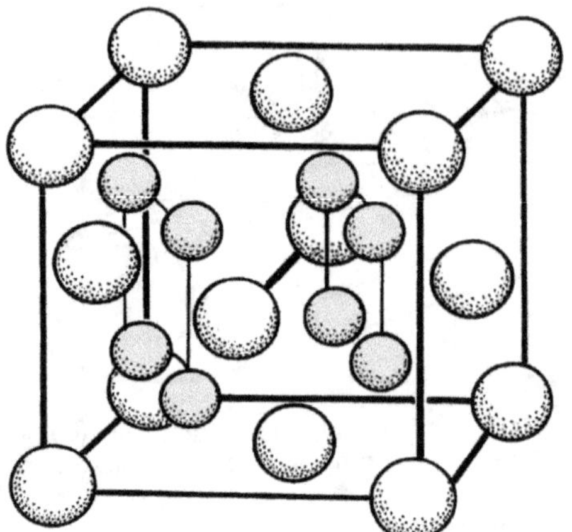

Las bolas más oscuras son de disprosio.
Las bolas más claras son de oxígeno.

DyI_3 Yoduro de disprosio

Se utiliza en bombillas de alta intensidad.

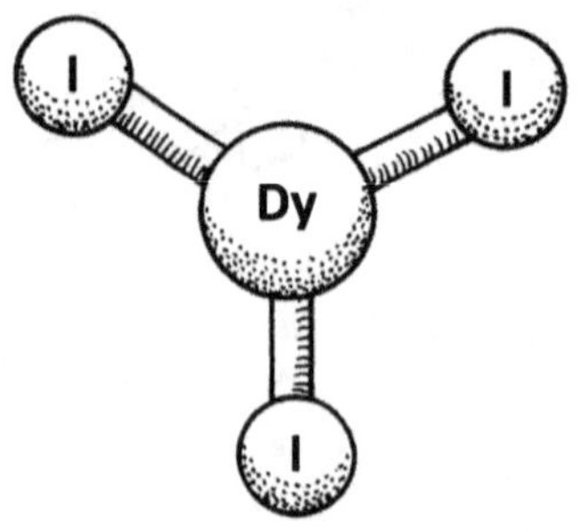

El disprosio forma moléculas similares cuando se combina con flúor, bromo o cloro.

Aleación Tb-Dy-Fe Terfenol-D®

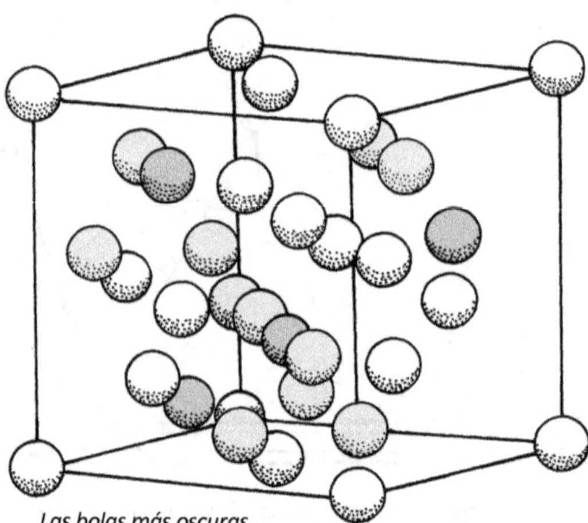

Las bolas más oscuras son Tb, las bolas grises más claras son Dy, las blancas son Fe.

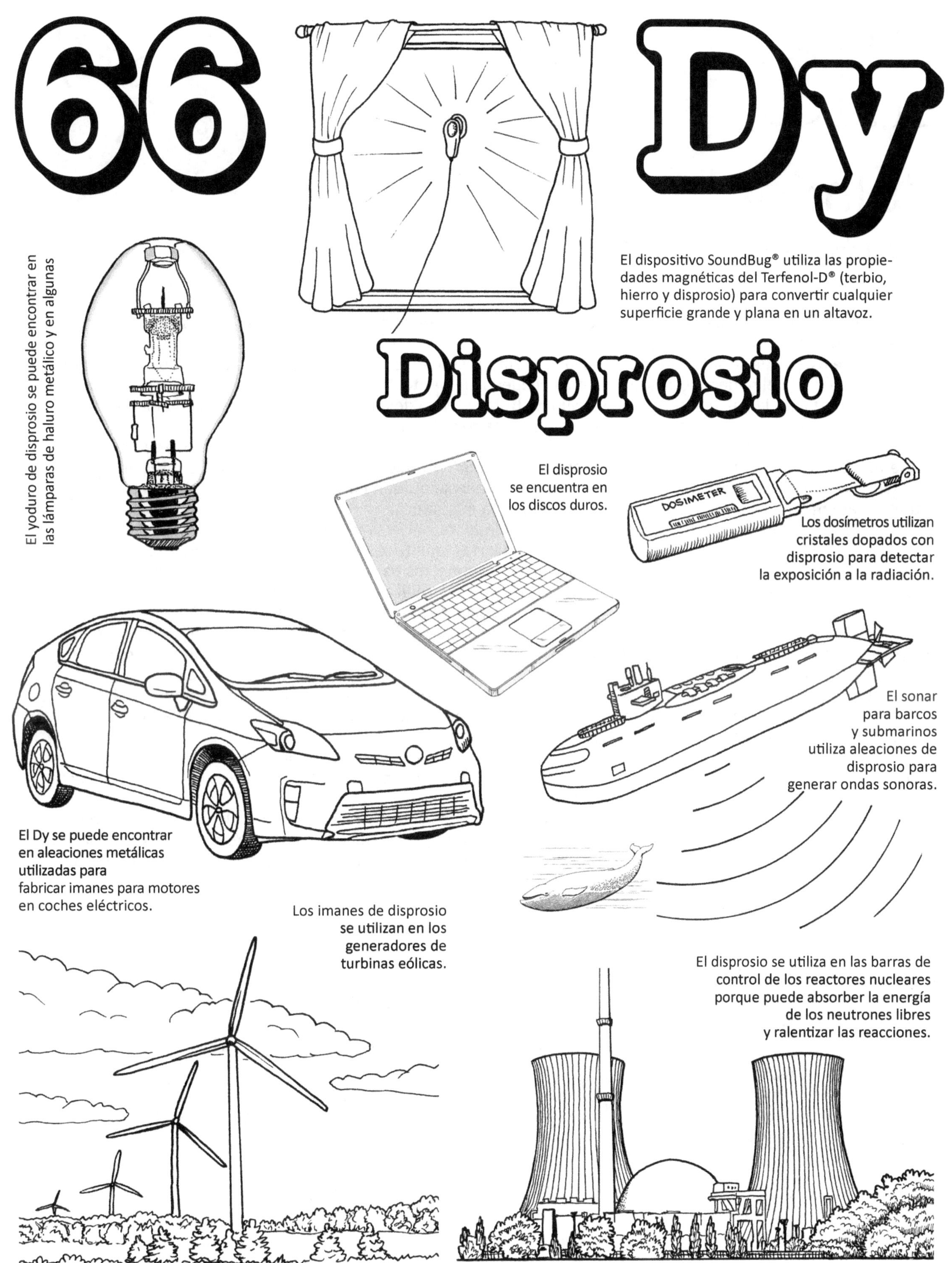
66
Dy
El yoduro de disprosio se puede encontrar en las lámparas de haluro metálico y en algunas
El dispositivo SoundBug® utiliza las propiedades magnéticas del Terfenol-D® (terbio, hierro y disprosio) para convertir cualquier superficie grande y plana en un altavoz.
Disprosio
El disprosio se encuentra en los discos duros.
DOSIMETER
Los dosímetros utilizan cristales dopados con disprosio para detectar la exposición a la radiación.
El sonar para barcos y submarinos utiliza aleaciones de disprosio para generar ondas sonoras.
El Dy se puede encontrar en aleaciones metálicas utilizadas para fabricar imanes para motores en coches eléctricos.
Los imanes de disprosio se utilizan en los generadores de turbinas eólicas.
El disprosio se utiliza en las barras de control de los reactores nucleares porque puede absorber la energía de los neutrones libres y ralentizar las reacciones.

protones
98 neutrones
67 electrones

Holmio

Masa atómica: 164.9

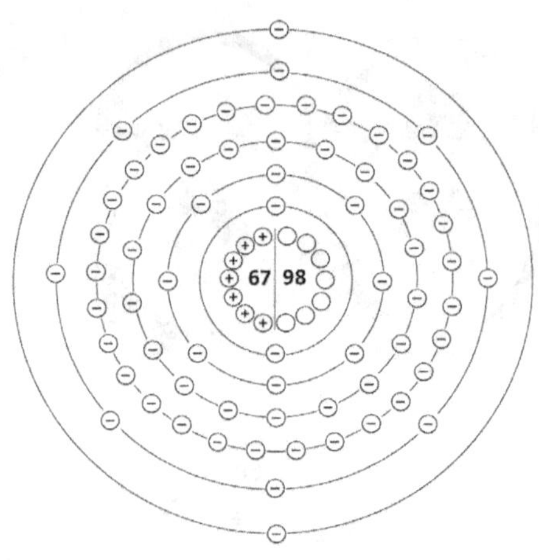

Lleva el nombre de Estocolmo, Suecia

El holmio fue descubierto en 1879 por Per Teodor Cleve, el químico sueco que también descubrió el tulio. Al igual que los descubrimientos de los otros elementos de tierras raras de la serie de los lantánidos, trabajaba con un mineral de óxido que se sabía que contenía una tierra rara (en este caso, erbio), y sospechaba que había otro elemento escondido en el mineral. Cuando encontró el nuevo elemento, lo nombró en honor a su lugar de nacimiento, Estocolmo, utilizando la palabra latina para la ciudad, Holmia. Poco después, descubrió un segundo elemento en el mineral y lo llamó tulio, utilizando la antigua palabra latina para Escandinavia: Thule.

El holmio es el elemento más magnético de la tabla periódica, y su magnetismo más fuerte se produce a temperaturas muy bajas. No se puede utilizar en su forma pura porque es demasiado blando. Se mezclan pequeñas cantidades de holmio en aleaciones metálicas magnéticas que se utilizan para fabricar imanes extremadamente potentes para máquinas como los escáneres de resonancia magnética.

El magnetismo no es la única cualidad útil del holmio; también se puede utilizar para colorear el vidrio de rojo o amarillo. El vidrio coloreado con holmio produce ciertas longitudes de onda de luz con tanta consistencia que estas piezas de vidrio pueden utilizarse para calibrar espectrómetros para mayor precisión. El holmio también puede proporcionar color rojo a la circonita, una piedra preciosa que se utiliza a menudo como sustituto del diamante. El polvo de óxido de holmio tendrá un aspecto rosado o amarillo, dependiendo de la fuente de luz.

Los cristales de granate de itrio y hierro (YIG) y granate de itrio y aluminio (YAG) pueden "doparse" con holmio para hacerlos más útiles para los láseres de estado sólido. Los láseres de holmio-YAG se utilizan en odontología y en algunas operaciones quirúrgicas, especialmente en la extracción de depósitos minerales ("piedras") en los riñones. Los láseres producen longitudes de onda de luz más allá del espectro visible. La energía del rayo láser es lo suficientemente alta como para que el láser pueda cortar el tejido mejor que incluso un bisturí afilado, y también puede cauterizar (sellar) los vasos sanguíneos para que no sangren.

Al igual que algunos de los otros elementos de tierras raras, el holmio puede absorber neutrones libres rápidos, por lo que puede introducirse en las barras de control de los reactores nucleares. Las barras de control se bajan cuando se quiere que la reacción se ralentice.

El holmio es uno de los elementos de tierras raras menos abundantes (siendo los elementos pares más abundantes que los impares), pero sigue siendo más abundante que la plata, el oro o el mercurio. Al igual que las demás tierras raras, la mayor parte del holmio se extrae de la arena o arcilla de monacita mediante un proceso llamado "intercambio iónico".

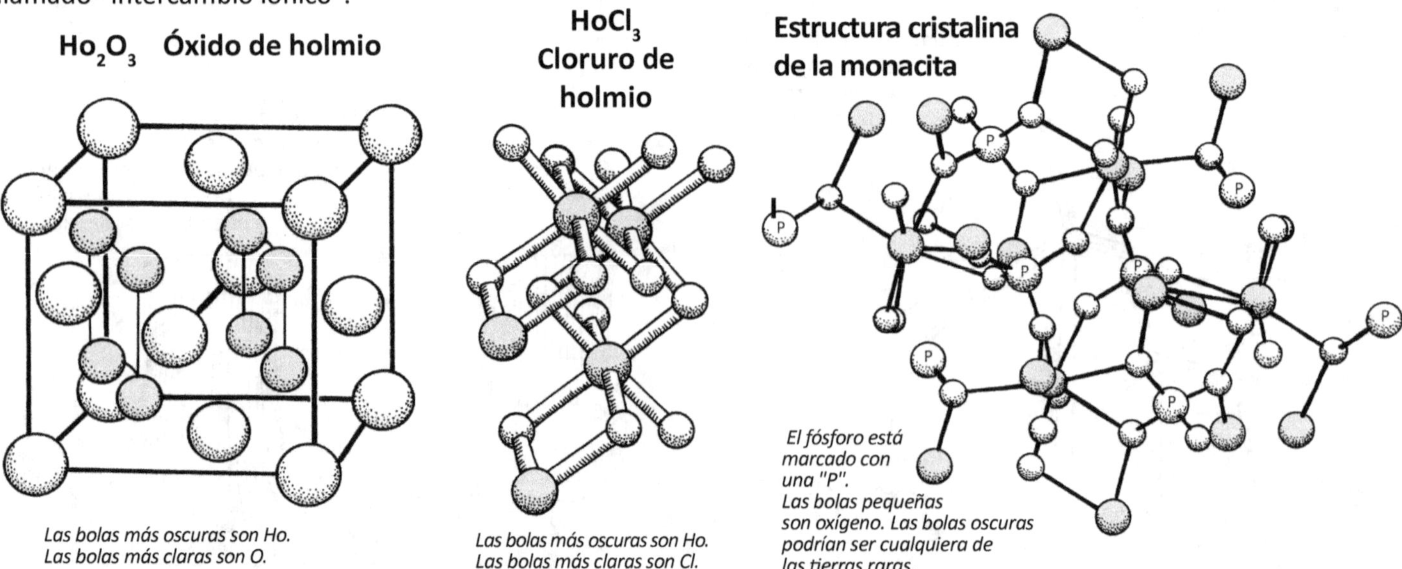

Las bolas más oscuras son Ho.
Las bolas más claras son O.

Las bolas más oscuras son Ho.
Las bolas más claras son Cl.

67 Ho

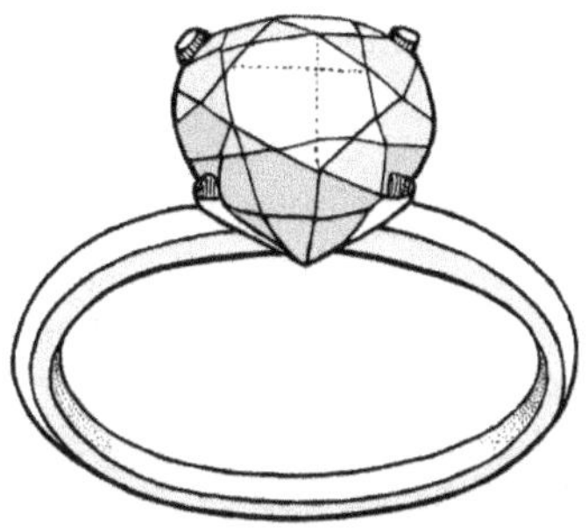

El holmio en la circonita (ZrO2) puede añadir un tinte rojo al cristal.

Estocolmo, Suecia, tiene muchos edificios históricos.

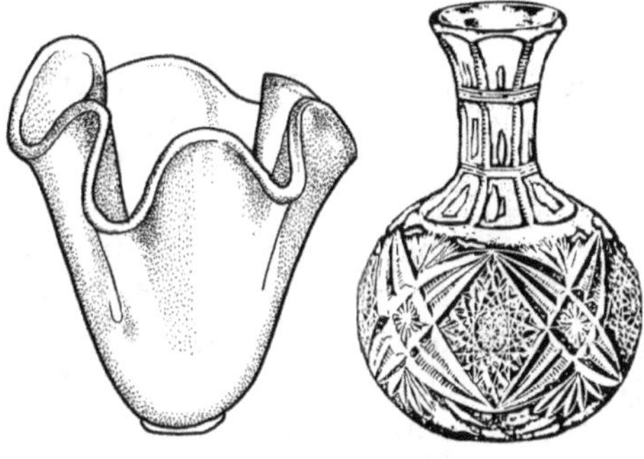

El holmio puede colorear el vidrio de rojo o amarillo.

Holmio

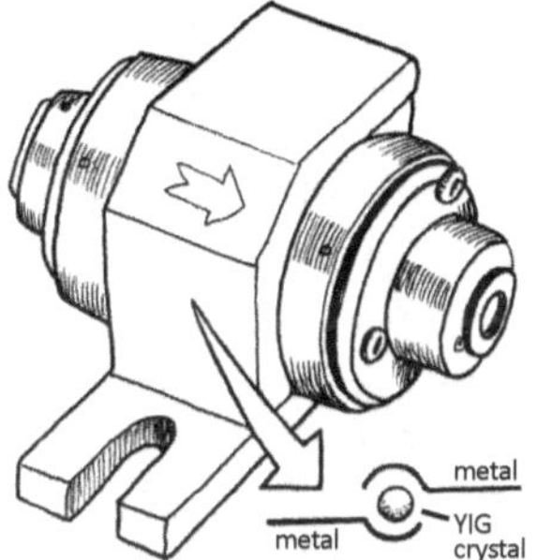

Este aislador óptico utiliza un diminuto cristal Ho-YIG como "válvula unidireccional" para la luz láser.

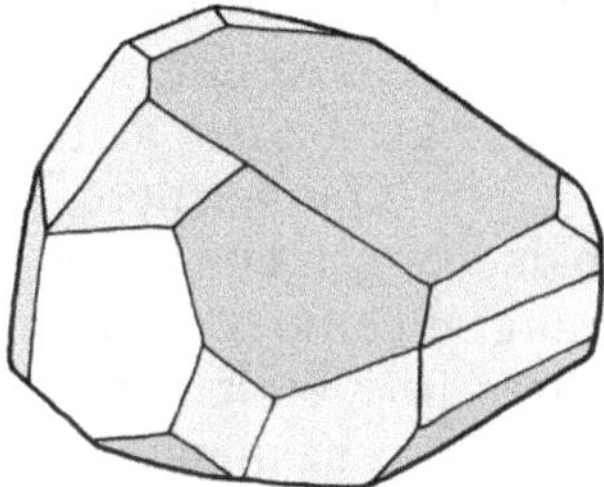

Este cristal de granate de itrio-hierro (YIG) es de color púrpura rojizo intenso.

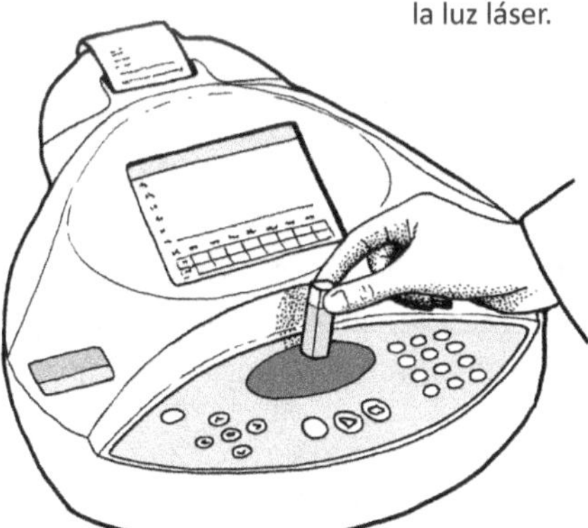

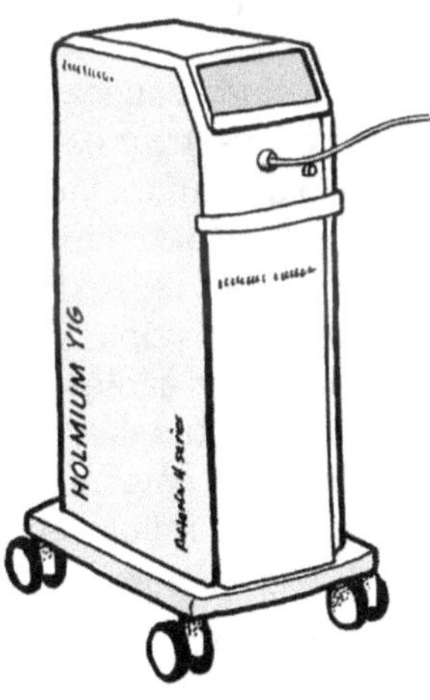

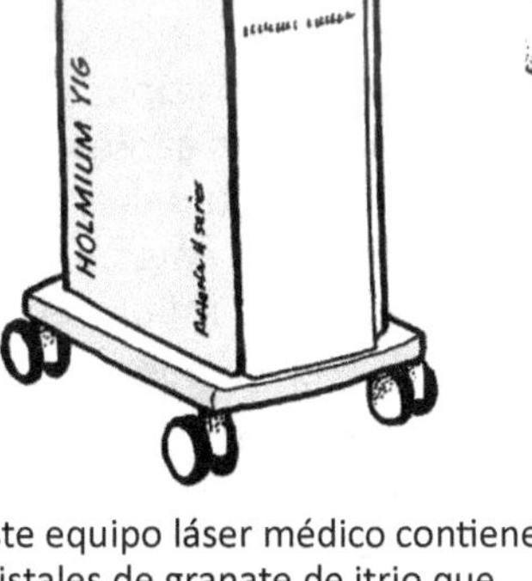

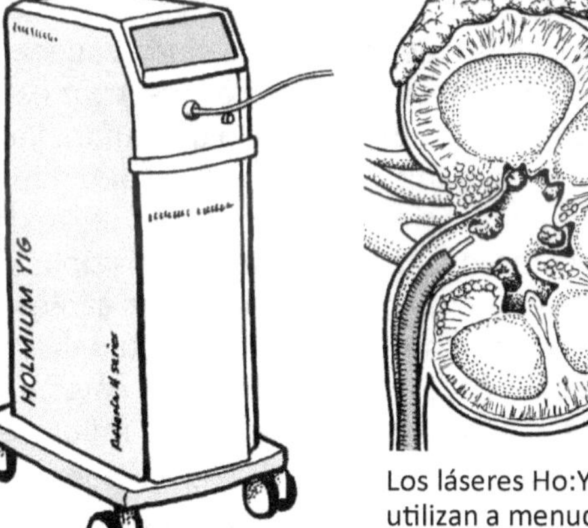

Los láseres Ho:YAG se utilizan a menudo para fragmentar cálculos renales.

El Ho_2O_3 se ve amarillo a la luz del día, rosa bajo luz fluorescente.

Este equipo láser médico contiene cristales de granate de itrio que han sido "dopados" con holmio.

El vidrio de holmio se utiliza para calibrar (comprobar la precisión) los espectrofotómetros que utilizan luz para analizar muestras.

El holmio es un absorbedor de neutrones utilizado en la composición de las barras de control de los reactores nucleares.

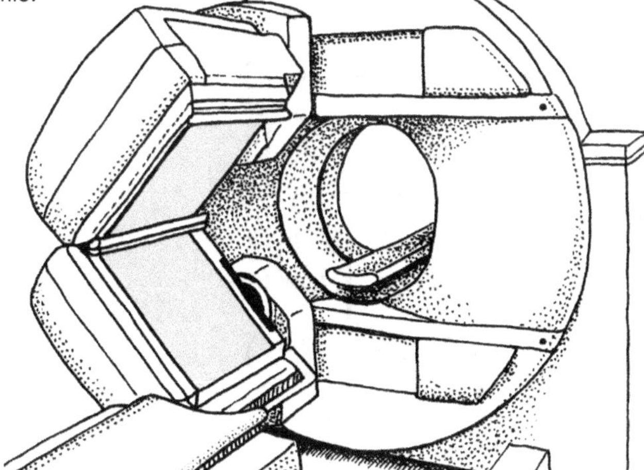

Los equipos de resonancia magnética utilizan imanes extremadamente potentes que contienen holmio.

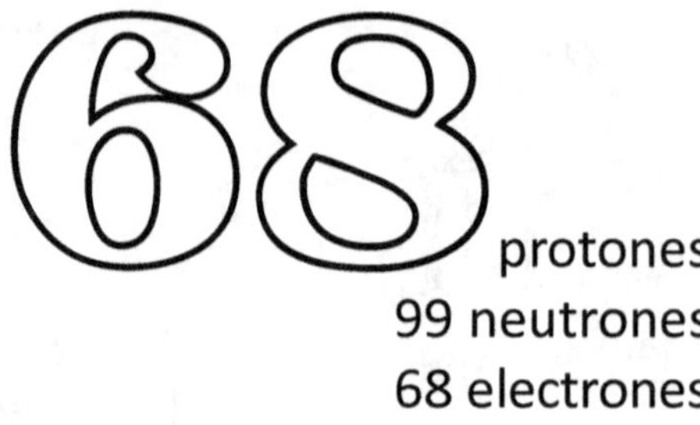

protones
99 neutrones
68 electrones

Masa atómica: 167.25

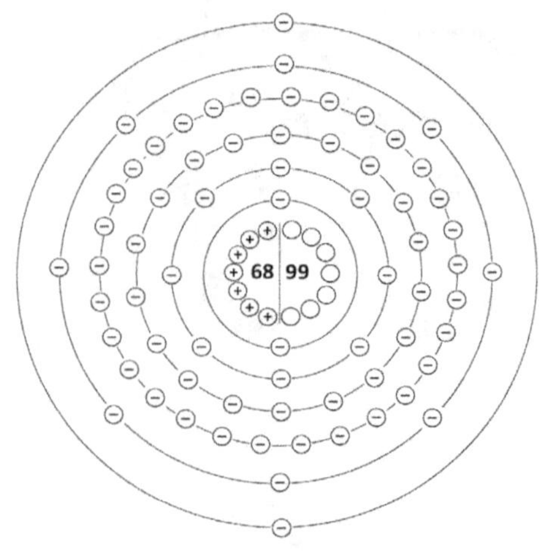

Erbio

Lleva el nombre de la ciudad sueca de Ytterby

El erbio está fuertemente asociado con el color rosa. Los compuestos y soluciones que contienen erbio son de color rosa, y pueden utilizarse para añadir color rosa al vidrio, la cerámica y la circonia cúbica, ZrO2. Como todos los elementos de tierras raras de la serie de los lantánidos, el erbio no es realmente raro. Hay más átomos de erbio en nuestro planeta que de plata, oro o mercurio, o incluso de algunos gases como el neón y el helio. Actualmente, el mayor productor de erbio es el sur de China, donde tienen grandes cantidades de un tipo especial de arcilla que es muy rica en estos elementos. Sin embargo, el erbio también puede extraerse de la monacita que se encuentra en Florida, Brasil y la India, y de los minerales xenotima y euxenita. El proceso de extracción y aislamiento de cada elemento de la arcilla se denomina "intercambio iónico". Requiere una serie de reacciones químicas en las que se ofrece a los elementos una situación mejor que aquella en la que se encuentran, de modo que abandonan esas moléculas y se unen a otras. Finalmente, en el último paso, el elemento de tierra rara queda solo.

El erbio fue descubierto al mismo tiempo que el terbio, por Carl Gustaf Mosander en 1843. Estaba trabajando con una muestra de lo que él llamó "itria" (Y_2O_3), pero descubrió que había varias impurezas. Consiguió aislar estas impurezas como compuestos de óxido y las llamó erbia y terbia. Los elementos en sí serían entonces erbio y terbio. Los tres, itrio, erbio y terbio, reciben su nombre de la pequeña ciudad sueca de Ytterby, el lugar del que se extrajeron las muestras de mineral. Cuando otros científicos empezaron a investigar estos compuestos mediante espectrometría, intercambiaron accidentalmente los nombres, de modo que lo que ahora llamamos erbio era el terbio de Mosander.

Los cristales de granate de itrio y aluminio (YAG) pueden "doparse" con erbio para hacerlos más útiles para los láseres de estado sólido utilizados en aplicaciones médicas. Los dermatólogos utilizan los láseres Er:YAG para eliminar cicatrices y arrugas, y los dentistas los utilizan para algunos tipos de cirugías dentales.

El erbio se añade a las fibras de vidrio que se utilizan en los cables de fibra óptica que pueden transportar información a largas distancias. Todos los continentes están conectados a Internet a través de cables de fibra óptica que se encuentran en el fondo del océano. La función del erbio en estas fibras ópticas es amplificar la señal. Sin el erbio, la señal se debilitaría cada vez más a medida que viajara los miles de kilómetros entre los continentes.

Al igual que muchos otros elementos de tierras raras, el erbio puede absorber neutrones libres de movimiento rápido y, por lo tanto, puede utilizarse en barras de control en reactores nucleares. El erbio también puede añadirse a otros metales para fabricar aleaciones que son útiles en ciertas industrias. El erbio-níquel, Er3Ni, se utiliza para fabricar refrigeradores de temperatura ultrabaja llamados criorrefrigeradores.

Er_2O_3 Óxido de erbio

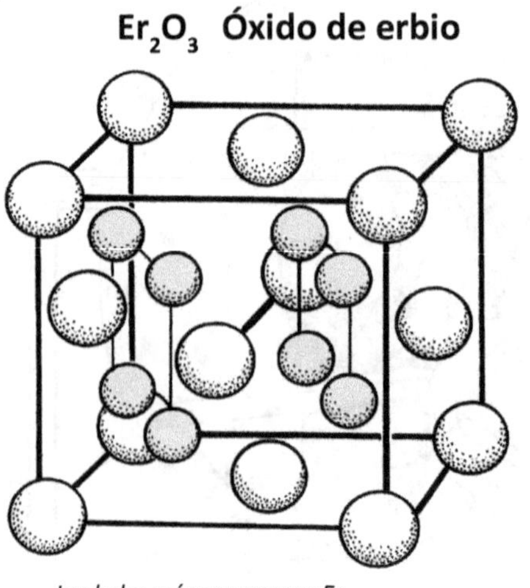

Las bolas más oscuras son Er.
Las bolas más claras son O.

$ErCl_3$ Cloruro de erbio

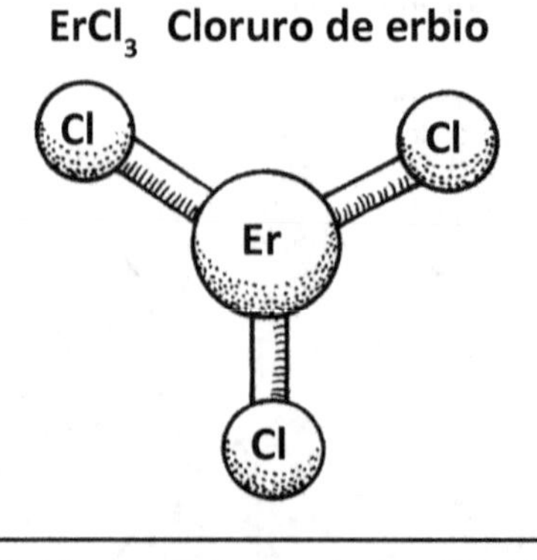

Er_3NC_{80}

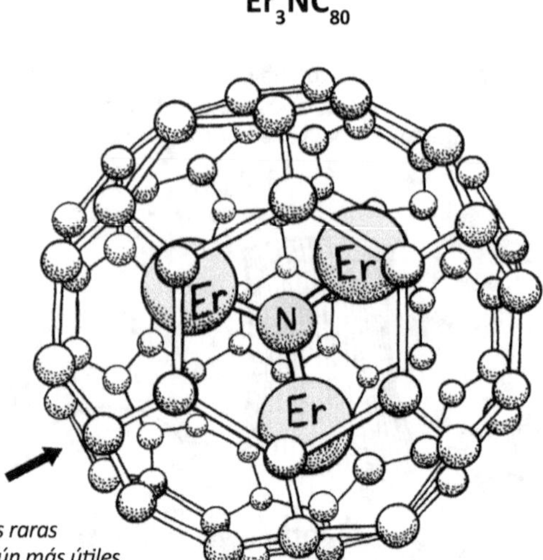

El carbono puede formar estructuras llamadas fullerenos (o "buckyballs"). Se están estudiando para su uso en muchos campos de la ciencia, como la medicina y la electrónica. Para algunas aplicaciones, las moléculas de elementos de tierras raras pueden introducirse en una esfera para hacerlas aún más útiles.

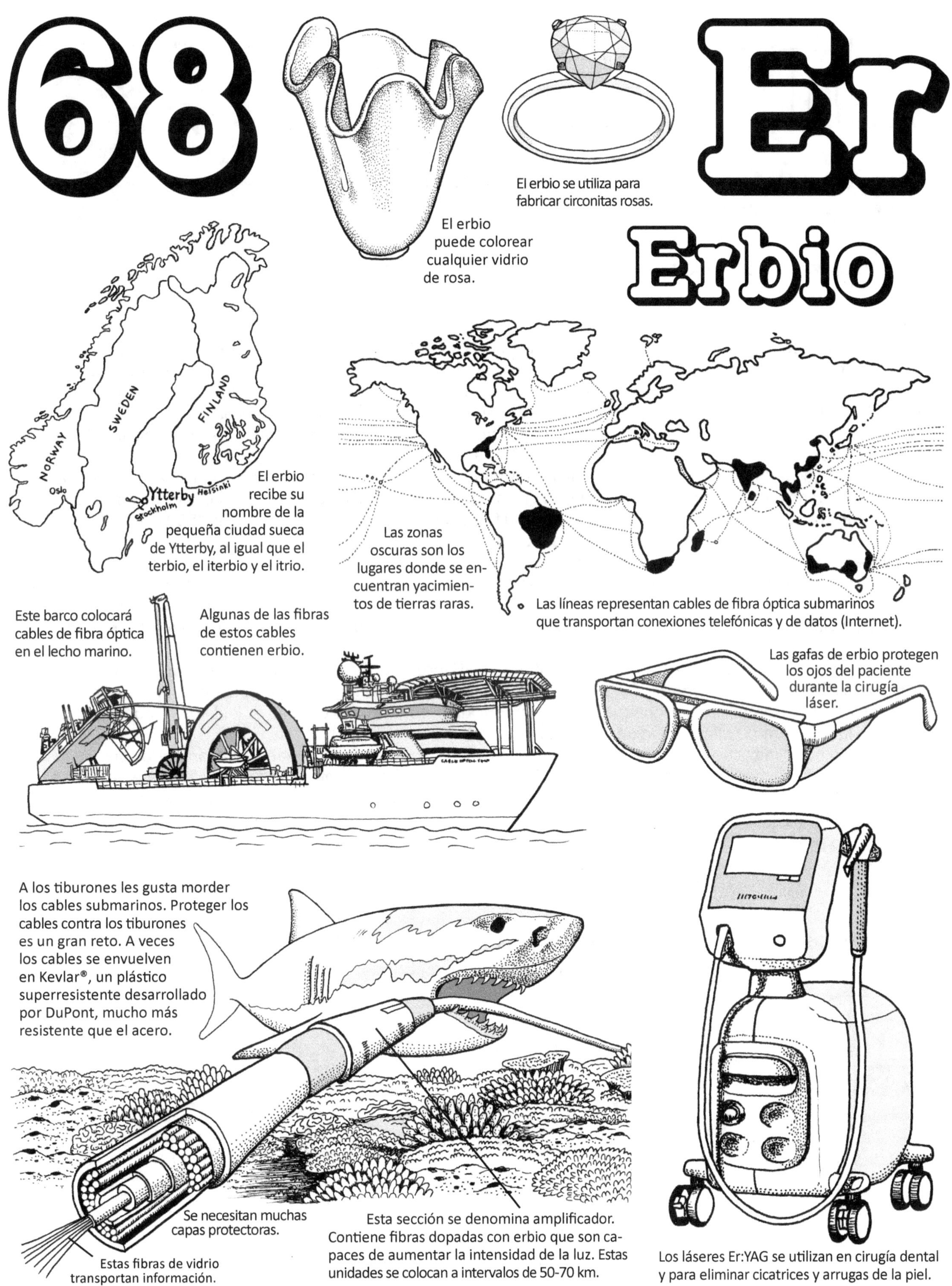
68
Er
Erbio
El erbio se utiliza para fabricar circonitas rosas.
El erbio puede colorear cualquier vidrio de rosa.
NORWAY
SWEDEN
FINLAND
Oslo
Ytterby
Stockholm
Helsinki
El erbio recibe su nombre de la pequeña ciudad sueca de Ytterby, al igual que el terbio, el iterbio y el itrio.
Las zonas oscuras son los lugares donde se encuentran yacimientos de tierras raras.
Las líneas representan cables de fibra óptica submarinos que transportan conexiones telefónicas y de datos (Internet).
Este barco colocará cables de fibra óptica en el lecho marino.
Algunas de las fibras de estos cables contienen erbio.
Las gafas de erbio protegen los ojos del paciente durante la cirugía láser.
A los tiburones les gusta morder los cables submarinos. Proteger los cables contra los tiburones es un gran reto. A veces los cables se envuelven en Kevlar®, un plástico superresistente desarrollado por DuPont, mucho más resistente que el acero.
Se necesitan muchas capas protectoras.
Estas fibras de vidrio transportan información.
Esta sección se denomina amplificador. Contiene fibras dopadas con erbio que son capaces de aumentar la intensidad de la luz. Estas unidades se colocan a intervalos de 50-70 km.
Los láseres Er:YAG se utilizan en cirugía dental y para eliminar cicatrices y arrugas de la piel.

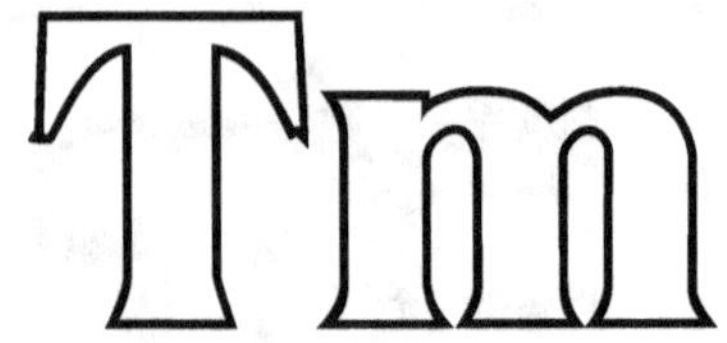

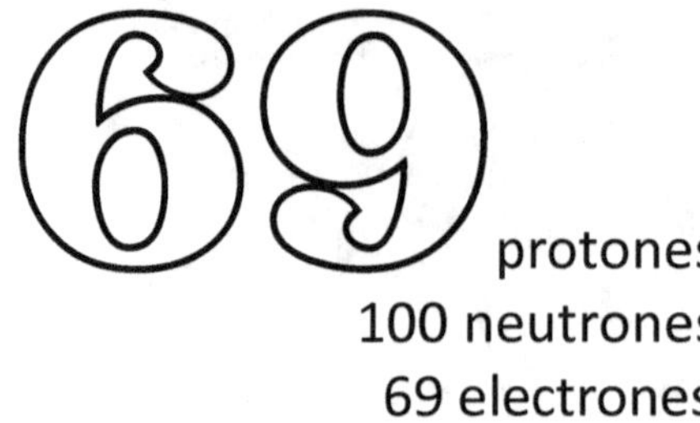

protones
100 neutrones
69 electrones

Tulio

Masa atómica: 168.9

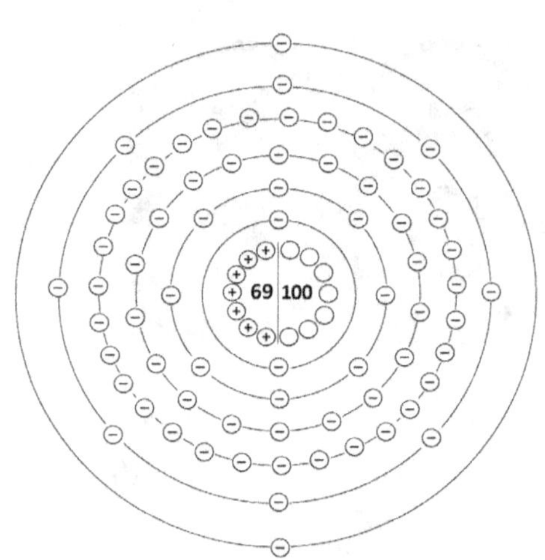

Llamada así por una antigua palabra para Escandinavia, "Thule"

El tulio es el menos abundante de todos los elementos de tierras raras de la serie de los lantánidos. Aun así, todavía hay más átomos de tulio en la corteza terrestre que átomos de oro, plata o mercurio. El tulio fue descubierto al mismo tiempo que el holmio, por el químico sueco Per Teodor Cleve en 1879. Cleve estaba trabajando con una muestra de óxido de erbio e intentando aislar impurezas que sabía que no eran erbio. Consiguió aislar dos óxidos minerales, uno marrón y otro verde. Al marrón lo llamó "holmia", en honor a Estocolmo, y al verde lo llamó "thulia", utilizando un nombre muy antiguo para Escandinavia, Thule.

Al igual que todos los demás elementos de tierras raras, el tulio se puede encontrar en la monacita. También se encuentra en la gadolinita, el xenotima y la euxenita. El tulio se añadió a la lista de elementos conocidos mucho antes de que nadie hubiera visto realmente una muestra de él en su forma pura. No fue hasta la década de 1950, con la invención del proceso de intercambio iónico, que alguien pudo producir una pieza de tulio metálico muy puro. El tulio brillará en azul bajo la luz ultravioleta. Por esta razón, el tulio se utiliza en los billetes de euro para crear un diseño que solo se vea bajo luz ultravioleta. A los falsificadores que intentan hacer billetes de euro les resultará difícil imitar los efectos del tulio. La capacidad del tulio para brillar también es útil para fabricar dosímetros que miden los niveles de radiactividad a los que alguien ha estado expuesto. Los dosímetros utilizan cristales que han sido "dopados" con tulio.

Los cristales dopados con tulio también se utilizan en láseres, normalmente en combinación con holmio y cromo. Los láseres conocidos como Ho,Cr,Tm:YAG se utilizan para radares meteorológicos, equipos militares de infrarrojos y en dispositivos médicos. La longitud de onda producida por los láseres de tulio es ideal para procedimientos médicos en la piel, como la eliminación de cicatrices o tatuajes.

El tulio no es radiactivo de forma natural, pero los laboratorios nucleares pueden bombardearlo con neutrones y crear un isótopo radiactivo llamado tulio-170. El Tm-170 es una fuente relativamente segura de rayos X y puede utilizarse en equipos de radiografía portátiles. Estas unidades no solo son útiles en medicina y odontología, sino también en industrias mecánicas donde necesitan rastrear defectos en estructuras metálicas y componentes eléctricos.

El tulio se añade a menudo a las aleaciones metálicas utilizadas en lámparas de arco. La luz se produce mediante una chispa que salta de una pieza de metal a otra. El color de la luz proviene de los metales calientes. La contribución del tulio es la luz en la parte verde del espectro, un área que rara vez se ve procedente de otros metales.

Tm_2O_3 Óxido de tulio

Tm

Tm

Las bolitas son O.

Cristal de CaF_2 dopado con tulio

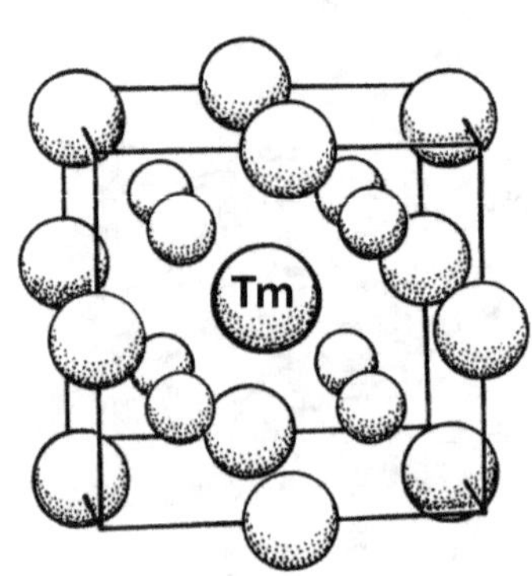

Las bolas más pequeñas son F, flúor. Las bolas más grandes son Ca, calcio.

Estructura cristalina de la monacita

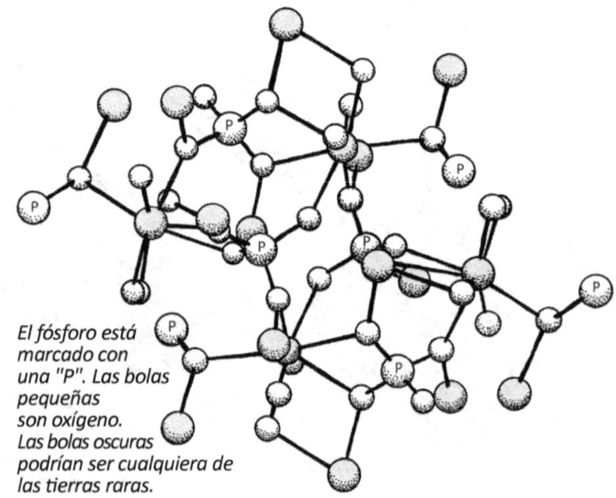

El fósforo está marcado con una "P". Las bolas pequeñas son oxígeno. Las bolas oscuras podrían ser cualquiera de las tierras raras.

69

THULE es un antiguo nombre de ESCANDINAVIA.

Tulio

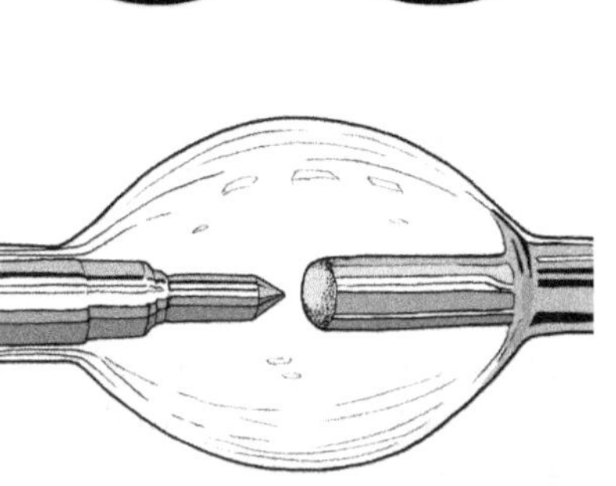

El tulio se utiliza en las lámparas de arco porque puede producir luz en la parte verde del espectro, a diferencia de la mayoría de los demás metales empleados para las luces de arco.

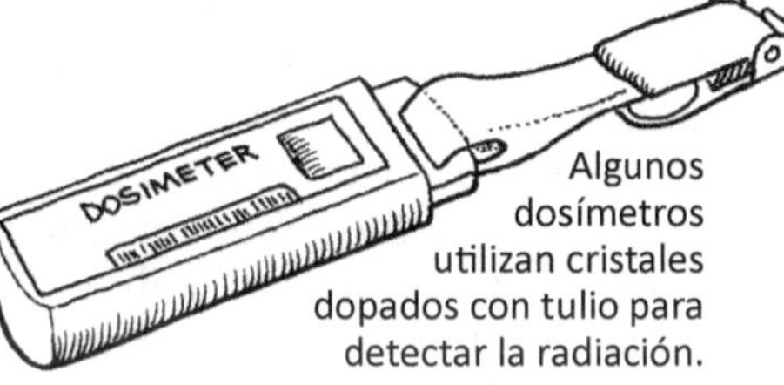

Algunos dosímetros utilizan cristales dopados con tulio para detectar la radiación.

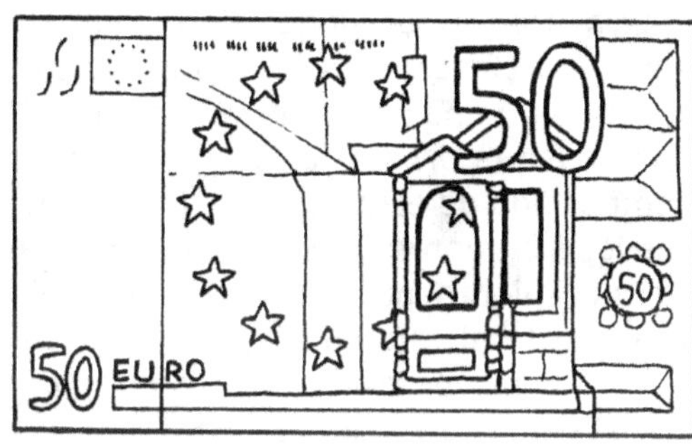

El tulio se encuentra en los billetes de euro. Hace que brillen en azul bajo la luz ultravioleta.

galgo italiano

El Tm-170 radiactivo puede utilizarse en equipos de radiografia portátiles.

Al igual que los demás elementos de tierras raras, uno de los minerales en los que se puede encontrar el Tm es la monacita. Este gran cristal es de color marrón claro. Sin embargo, la mayor parte de la monacita se presenta en forma de arena.

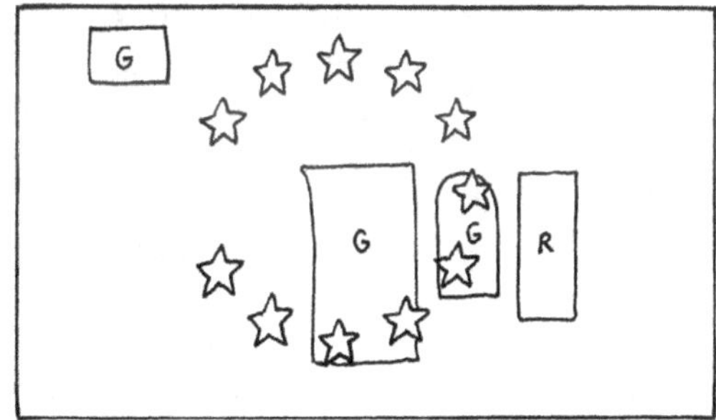

G significa verde, R significa rojo. Las 6 estrellas inferiores son verdes, las 5 estrellas superiores son rojas. El fondo es azul.

Los láseres que utilizan cristales dopados con tulio son perfectos para los procedimientos médicos que tienen que ver con la piel.

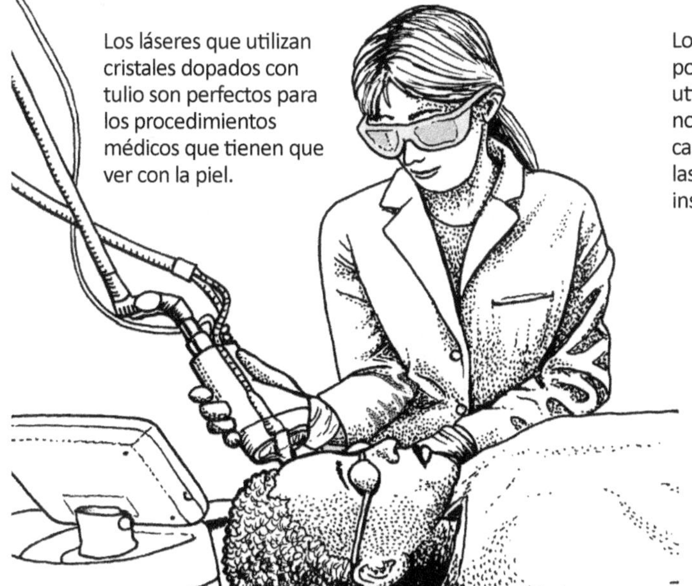

Los equipos de radiografia portátiles tanbien son utilizados por industrias no médicas. En este caso, los trabajadores las utilizan para inspecciones.

70

protones
103 neutrones
70 electrones

Masa atómica: 173

Iterbio

Lleva el nombre de Ytterby, Suecia

El iterbio fue descubierto varias veces. La primera vez fue por el químico suizo Jean Charles Galissard de Marignac en 1878. Estaba trabajando con una muestra de erbia, Er2O3. Sospechó que había algo más en la muestra y logró aislar su forma de óxido, nombrándola iterbia. En 1907, el químico francés Georges Urbain decidió echar un segundo vistazo a la iterbia y, para su sorpresa, sus pruebas químicas revelaron que la iterbia no era un solo compuesto, sino una combinación de dos, a los que llamó neoitria y lutecia. (Lutecia es el antiguo nombre romano de París). Lo que Urbain no sabía era que otros dos químicos estaban trabajando en los mismos experimentos al mismo tiempo. Uno de estos químicos, Carl von Welsbach (que descubrió el neodimio y el praseodimio), quería llamar a los nuevos elementos aldebaranio y casio. Un comité internacional decidió finalmente atribuir a Urbain el mérito del descubrimiento, pero también honrar el trabajo de Marignac, y nombraron oficialmente a los elementos iterbio y lutecio. (Urbain era una de las tres personas del comité. ¿Estaba haciendo trampa?)

El mayor uso del iterbio es en láseres de estado sólido. El iterbio se "dopa" en un cristal (a menudo YAG, granate de itrio y aluminio) para que el cristal sea mejor para producir una determinada longitud de onda de luz. Estos láseres son capaces de realizar cortes extremadamente precisos, y pueden hacer "cortes" tan superficiales que solo se eliminan cantidades microscópicas de material. Esto es ideal para limpiar pinturas muy antiguas, monumentos de piedra o incluso la superficie de los aviones. Estos láseres también se pueden utilizar en odontología, para cirugía médica y para grabar letras o patrones en anillos y joyas.

Los átomos de iterbio se están utilizando para fabricar relojes atómicos nuevos y mejorados que son aún más precisos que los relojes de cesio. Los átomos de iterbio deben enfriarse hasta casi el cero absoluto (-273,15° C).
Un haz láser atrapa unos 10 000 átomos de iterbio mientras otro haz los atraviesa.

Los átomos de iterbio radiactivos pueden utilizarse como fuente de rayos gamma en unidades de pruebas de radiografía portátiles.

Los investigadores militares están experimentando con el uso del iterbio como sustituto de los compuestos de magnesio en las bengalas de señuelo. Los aviones militares pueden disparar señuelos para confundir a los misiles guiados por calor que intentan rastrear el avión mediante sensores infrarrojos. El iterbio es capaz de producir aún más radiación infrarroja, por lo que podría ser un mejor señuelo.

Las propiedades eléctricas del iterbio cambian cuando se somete a altos niveles de estrés mecánico, por lo que puede utilizarse en máquinas que controlan terremotos y grandes explosiones.

El YbF_3 se puede utilizar para empastes dentales. Tiene la ventaja añadida de liberar lentamente átomos de flúor que pueden ser absorbidos por los dientes, haciéndolos más fuertes y sanos.

Yb_2O_3 Óxido de iterbio (III)

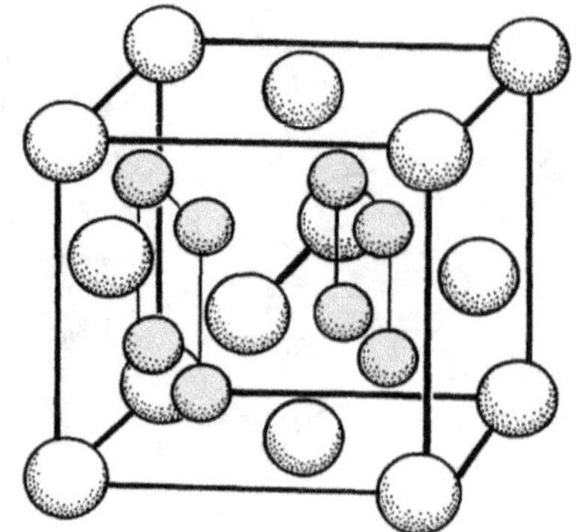

Las bolas más oscuras son de iterbio.
Las bolas más claras son de oxígeno.

YbF_3 Fluoruro de iterbio

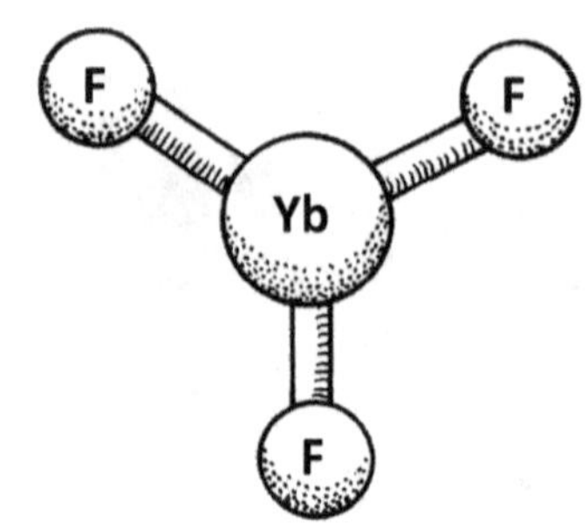

YbO Óxido de iterbio (II)

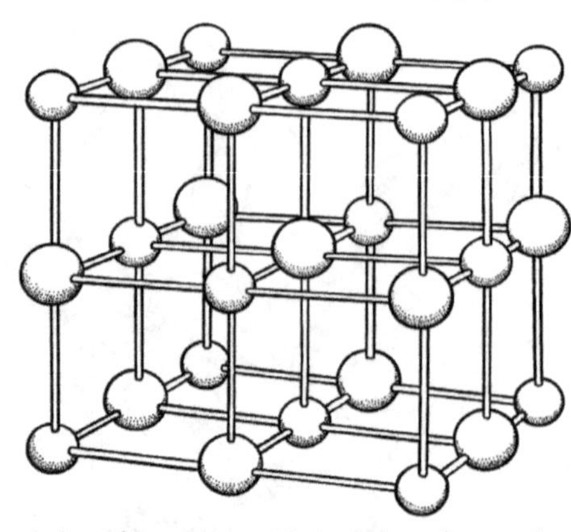

Las bolas más grandes son Yb. Las bolas más pequeñas son O.

70 Yb

Iterbio

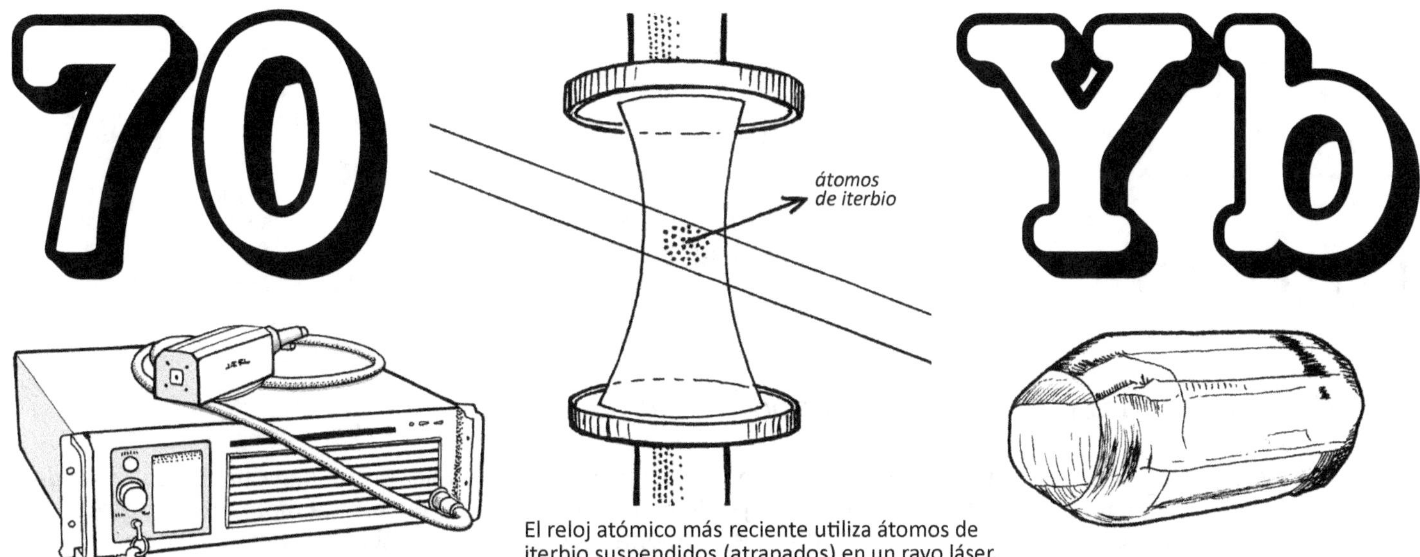

El reloj atómico más reciente utiliza átomos de iterbio suspendidos (atrapados) en un rayo láser.

Los láseres YAG dopados con iterbio se utilizan en industrias para grabado, corte, soldadura o limpieza de superficies (ablación).

Yb: CALGO Aluminato de calcio y gadolinio dopado con iterbio.

El iterbio podría sustituir al magnesio para fabricar señuelos ardientes que produzcan un calor intenso.

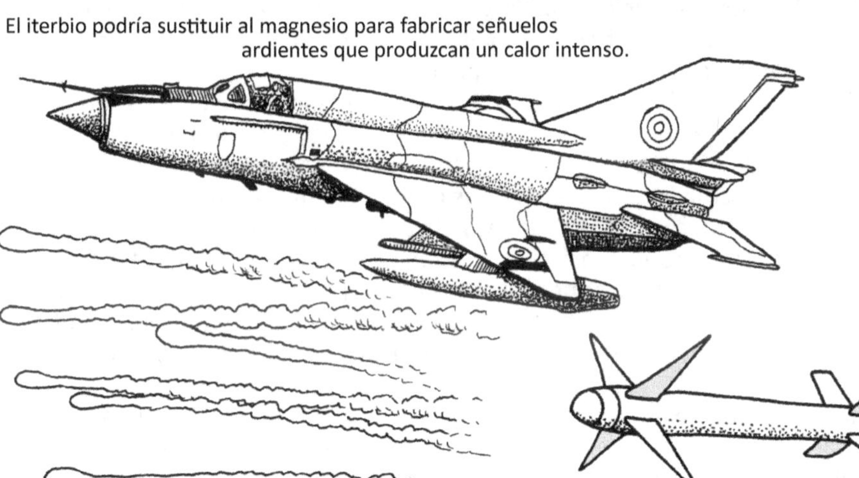

Los señuelos brillan con color amarillo, con colas anaranjadas.

Este misil busca calor y detecta la intensa radiación infrarroja de los señuelos, lo que hace que se desvíe de su rumbo, alejándose del avión.

El fluoruro de iterbio se puede utilizar para empastes dentales. Si los iones de fluoruro se filtran en el diente, no pasa nada, ¡son buenos para los dientes!

El iterbio radiactivo es útil como fuente de rayos gamma para los equipos de radiografía portátiles utilizadas para inspeccionar soldaduras.

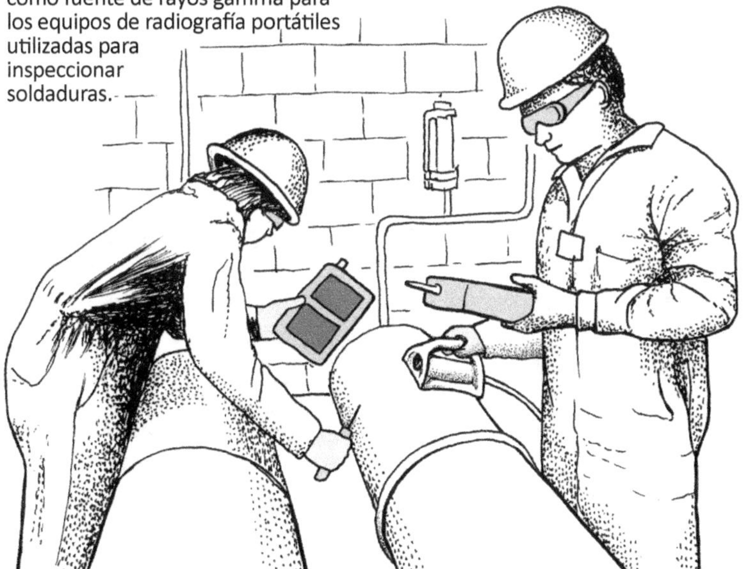

Los láseres YAG (granate de itrio y aluminio) dopados con iterbio se pueden utilizar para la restauración de cuadros antiguos porque su precisión permite eliminar solo la suciedad, no la pintura.

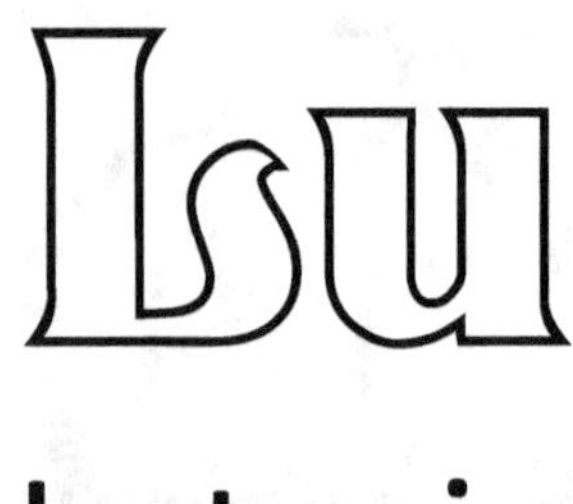

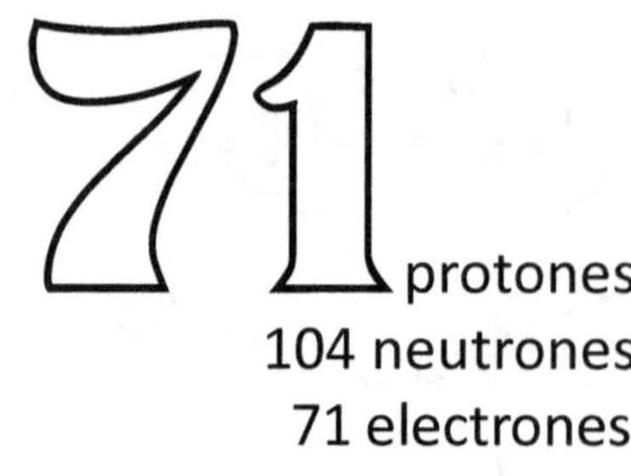

protones
104 neutrones
71 electrones

Masa atómica: 174.9

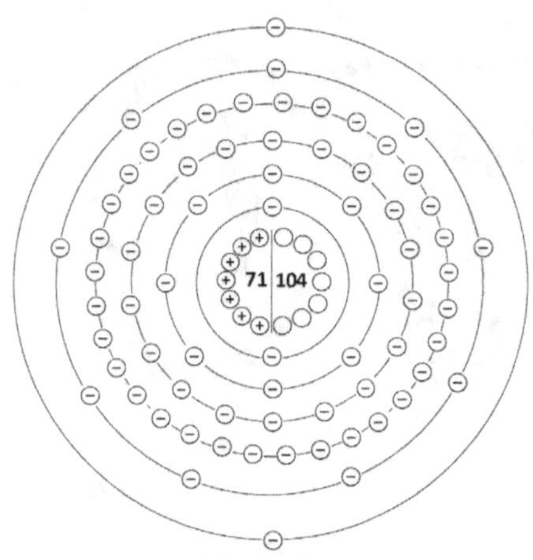

Lutecio

Lleva el nombre de París, utilizando su antiguo nombre en latín, Lutetia

La historia del lutecio comenzó con el descubrimiento del iterbio por el químico suizo Jean Charles Galissard de Marignac en 1878. Otros químicos también estaban trabajando con el mineral de iterbio en ese momento, y descubrieron que el "iterbio" era en realidad una mezcla de dos nuevos elementos. Surgió una discusión sobre cuál de estos científicos había sido el primero en descubrir estos nuevos elementos. Georges Urbain quería llamar a los elementos neoiterbio y "lutecio" (utilizando el antiguo nombre latino de París, Lutetia). Carl von Welsbach quería ponerles nombres de estrellas y eligió los nombres aldebaranio y casio. Un comité internacional (que casualmente incluía a Urbain) tuvo que resolver la disputa, y en 1909 se eligieron finalmente los nombres iterbio y lutecio.

Al igual que los demás elementos de tierras raras de la serie de los lantánidos, el lutecio se encuentra principalmente en la arena de monacita. El proceso de extracción es difícil e implica el uso de muchos productos químicos, por lo que los elementos de tierras raras tienden a ser caros. Sin embargo, para la mayoría de las aplicaciones, solo se necesitan pequeñas cantidades de estos elementos, por lo que un poco rinde mucho.

El lutecio es un ingrediente de las aleaciones que se utilizan para fabricar placas metálicas que actúan como catalizadores en el refinado del petróleo. El petróleo crudo (el petróleo tal como sale del suelo) está formado por cadenas muy largas de átomos de carbono con átomos de hidrógeno unidos. Las cadenas se dividen en cadenas más pequeñas de varias longitudes. Las cadenas más largas se convierten en ceras. Las cadenas de tamaño medio se convierten en combustible diésel, combustible para aviones y fuelóleo. Las cadenas más cortas, con entre 8 y 10 carbonos, se convierten en gasolina para automóviles. Las fábricas que fabrican plásticos utilizan cadenas muy cortas de solo unos pocos átomos de carbono. La molécula más pequeña que se produce es el gas natural, metano, CH_4. La función del catalizador es hacer que las cadenas se rompan en trozos más pequeños. Las aleaciones de lutecio también se utilizan en catalizadores que hacen lo contrario: juntar moléculas pequeñas para formar otras más grandes. Este proceso se utiliza para fabricar plásticos y otros polímeros.

El tantalato de lutecio ($LuTaO_4$) es blanco y denso, y es ideal para fabricar la "película" de las máquinas de rayos X; se le añaden luminóforos (que suelen contener otros elementos de tierras raras) que brillan cuando se exponen a los rayos X. Otro uso del lutecio en el diagnóstico por imagen es en las tomografías por emisión de positrones (PET), donde se utiliza el oxiortosilicato de lutecio (LSO) dopado con cerio para detectar positrones.

El radioactivo Lu-177 se utiliza en un medicamento que trata tumores que se encuentran en glándulas y nervios.

El granate de aluminio de lutecio (LuAG) se utiliza en láseres de estado sólido, en fibras y conmutadores ópticos, y en dispositivos de envío de infrarrojos como misiles autoguiados por calor y equipos de visión nocturna.

$LuSiO_4$ Orsilicato de lutecio

Cristal que puede doparse con cerio y utilizarse para la detección de positrones.

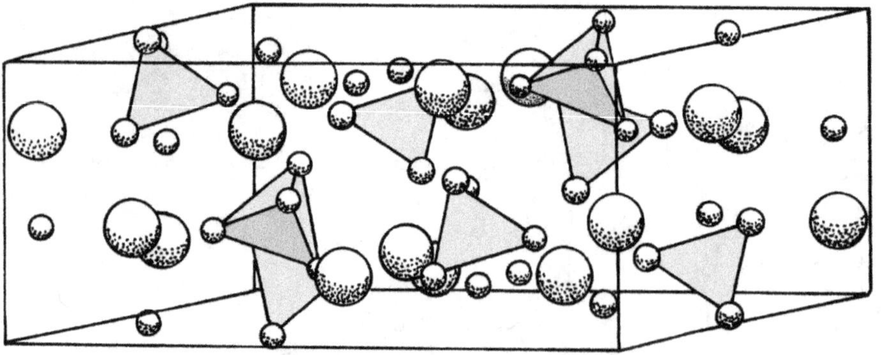

Las bolas grandes son Lu, lutecio. Las bolas pequeñas son O, oxígeno. No se pueden ver los átomos de silicio porque están dentro de las formas triangulares.

Fluoruro de lutecio (III)

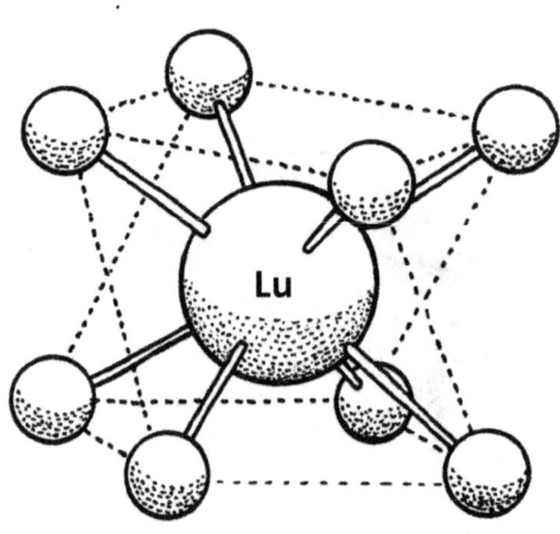

Todas las bolas sin marcar son F, flúor.

71 Lu

La Torre Eiffel se construyó en 1889 para la Exposición Universal de París. Este dibujo muestra la torre y sus alrededores en 1890.

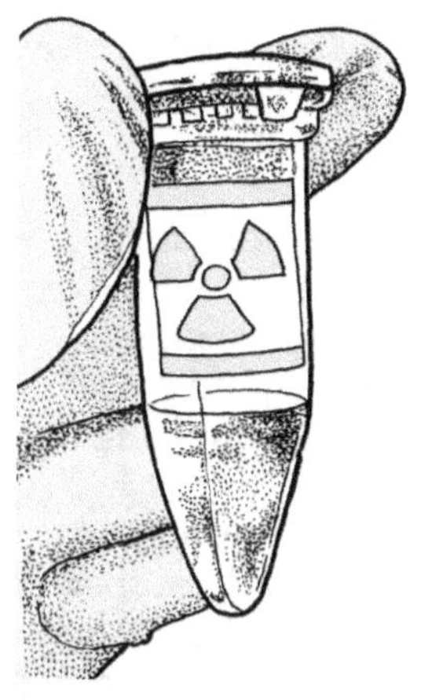

El 177-Lu se utiliza en medicamentos radioactivos.

El granate de aluminio de lutecio ($Lu_3Al_5O_{12}$), o LuAG, se utiliza en láseres, interruptores ópticos, fibras ópticas y dispositivos de detección de infrarrojos.

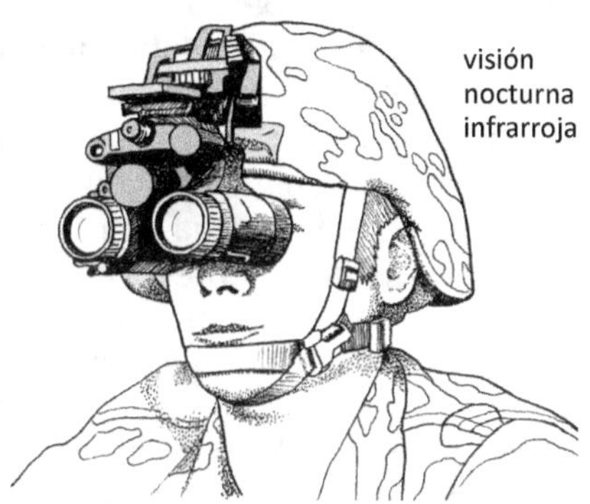

visión nocturna infrarroja

Lutecio

Los cristales de monacita son una fuente importante de lutecio. Es difícil separar el lutecio del iterbio.

El lutecio se utiliza en aleaciones que funcionan como catalizadores para el craqueo del petróleo. Las cadenas largas de átomos de carbono se rompen en cadenas más cortas, la mayoría de las cuales se utilizan como combustible.

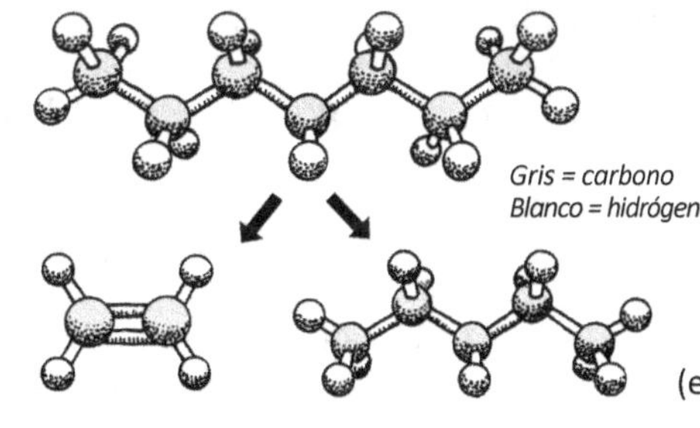

Los cristales de LuAG se utilizan en los láseres.

El $LuTaO_4$ es útil como material "anfitrión" para luminóforos que brillan cuando se exponen a rayos X.

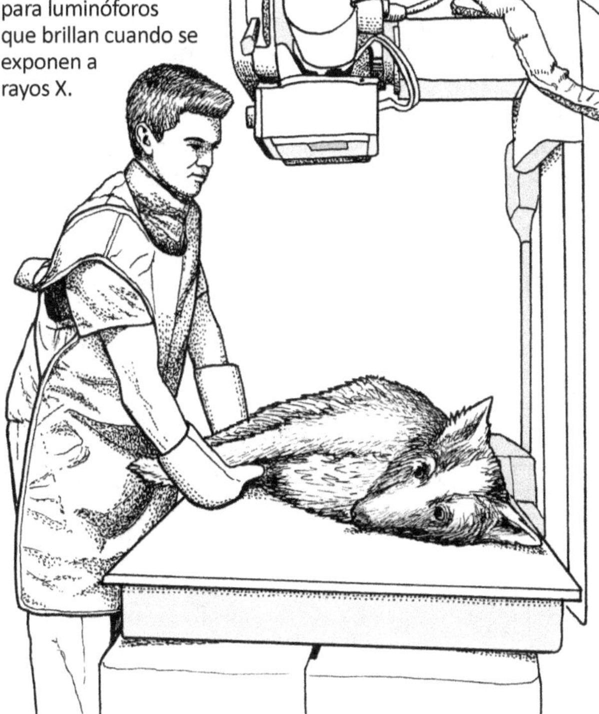

El ortosilicato de lutecio dopado con cerio se utiliza para detectar positrones (electrones con carga positiva) en los escáneres PET.

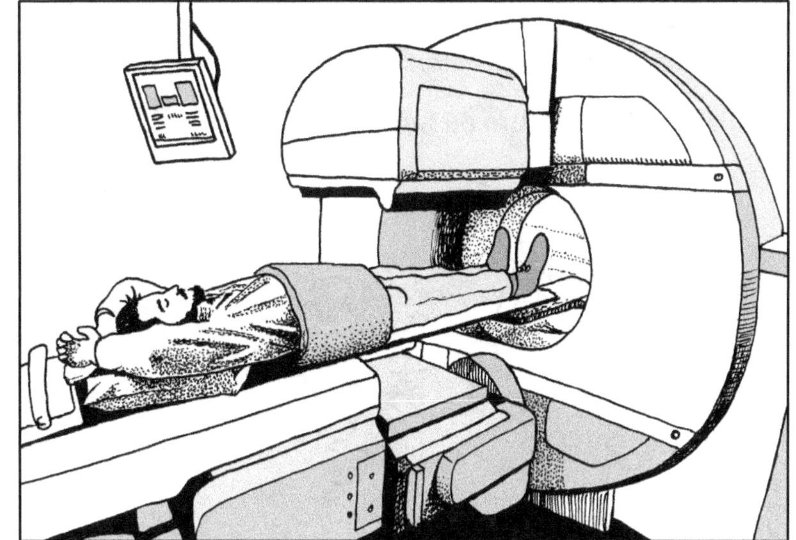

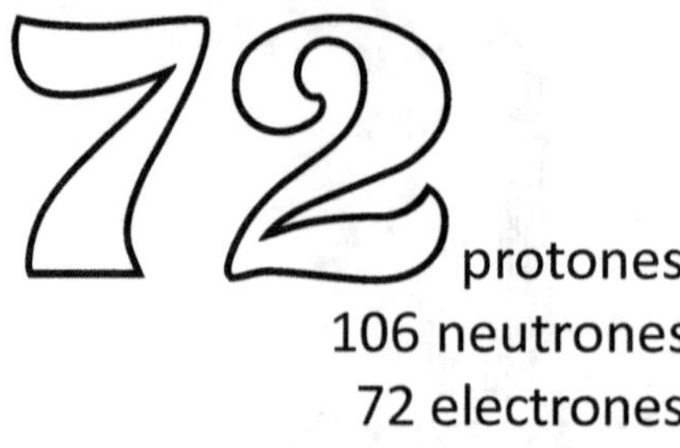

protones
106 neutrones
72 electrones

Masa atómica: 178.4

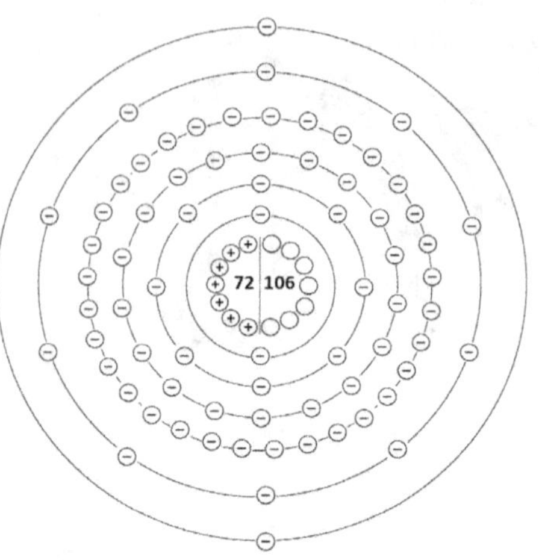

Hafnio

Lleva el nombre de Copenhague, utilizando su antiguo nombre, Hafnia.

Incluso las personas que han estudiado química pueden no estar muy familiarizadas con el elemento hafnio. No se considera un elemento de las tierras raras, pero a menudo se encuentra en los mismos lugares de todo el mundo. Casi siempre se encuentra dentro de los cristales de circón, $ZrSiO_4$. Los circones suelen tener el tamaño de granos de arena y forman parte de una mezcla llamada arenas minerales pesadas. Otros elementos que se encuentran en las arenas minerales pesadas son el tungsteno, el titanio, el torio y el hierro. Los mejores yacimientos de este mineral se encuentran en Brasil, Malawi y Australia occidental, en particular en una zona llamada Monte Weld.

El hafnio se encuentra justo debajo del circonio en la tabla periódica, lo que significa que tienen la misma disposición de electrones en su capa exterior y, por lo tanto, son químicamente muy similares. El hafnio puede ocupar el lugar del circonio en cualquier molécula. Hasta el 5 % de las moléculas de $ZrSiO_4$ en un circón pueden ser HfSiO4. Sin embargo, una diferencia entre los dos elementos es lo que ocurre cuando son bombardeados con neutrones libres que se mueven rápidamente. El hafnio "atrapa" los neutrones y los añade a su núcleo. El circonio no interactúa en absoluto con los neutrones y estos lo atraviesan. En un reactor nuclear, encontrará hafnio en las barras de control y circonio en la carcasa metálica que rodea las barras de control.

Dmitri Mendeleyev, inventor de la tabla periódica, predijo el descubrimiento de un elemento por debajo del circonio en la tabla, pero este elemento resultó ser tan difícil de encontrar que no se descubrió oficialmente hasta 1923, mediante espectroscopia de rayos X. El lugar donde se descubrió fue un laboratorio en Copenhague, Dinamarca, por lo que recibió el nombre de este lugar, pero utilizando su antiguo nombre en latín, Hafnia. El hafnio fue el último elemento no radiactivo descubierto.

El hafnio se utiliza en aleaciones con hierro, titanio, niobio, tántalo y otros metales. Dado que estas aleaciones son extremadamente resistentes al calor, se utilizan para fabricar toberas de motores de cohete. El motor principal del módulo lunar Apolo estaba hecho de una aleación que contenía un 10 % de hafnio. El carburo de hafnio es el material más resistente compuesto por dos elementos.

En 2007, el hafnio fue noticia por formar parte de nuevos y mejorados microprocesadores. Intel e IBM competían por reducir el tamaño de las "compuertas" por las que viajaban los electrones en sus microchips. Cuanto más pequeñas fueran las puertas, más transistores se podrían poner en los microchips, y más chips significaban más potencia de procesamiento. El óxido de hafnio fue parte de la solución para reducir el tamaño de las puertas de 90 nanómetros a 45 nanómetros. A partir de 2020, los nuevos ordenadores se fabrican con puertas de tan solo 5 nanómetros de ancho.

El hafnio es muy bueno para atrapar moléculas de gas, por lo que puede utilizarse en bombillas incandescentes para eliminar las pocas moléculas de nitrógeno y oxígeno que entran accidentalmente en las bombillas. La resistencia del hafnio al calor hace que sea adecuado para su uso como electrodo en el "corte por plasma", un tipo de corte de metal que crea temperaturas extremas.

$HfCl_4$ Tetracloruro de hafnio

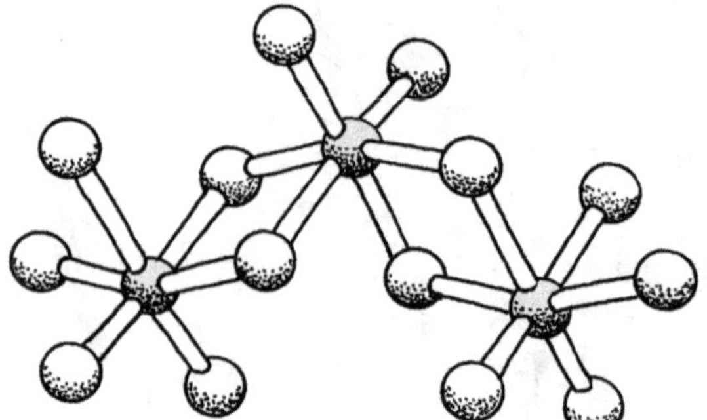

Las bolas grises son de hafnio. Las bolas blancas son de cloro.

HfC Carburo de hafnio

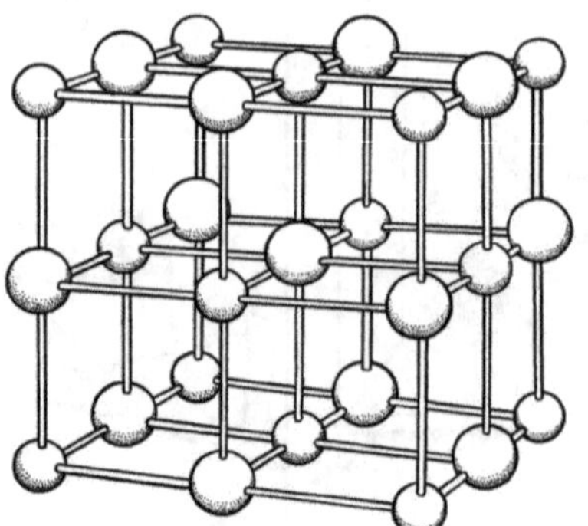

Las bolas más grandes son Hf.
Las bolas más pequeñas son C.

HfO_2 Óxido de hafnio

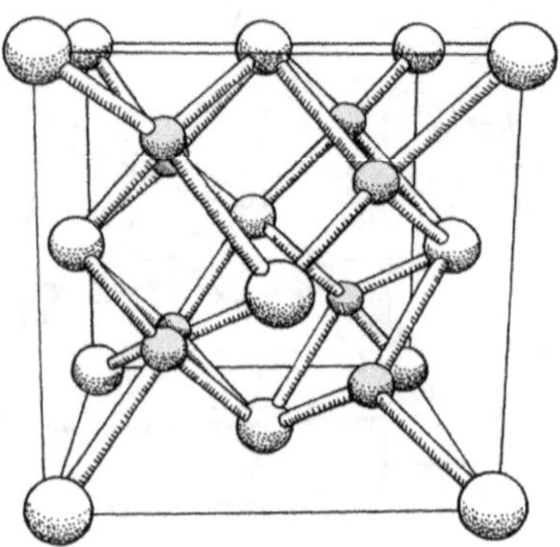

Las bolas blancas son Hf.
Las bolas grises son O.

72 Hf

El hafnio recibió su nombre de Copenhague, Dinamarca.

Hafnio

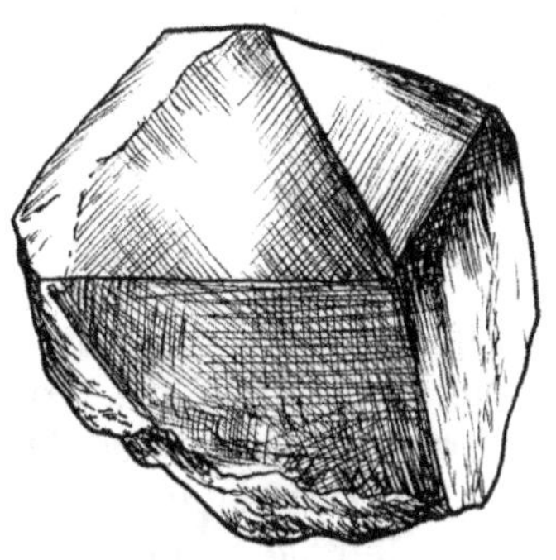

Este cristal de color marrón rojizo es un circón ($ZrSiO_4$). Hasta el 5 % de los átomos de circonio han sido sustituidos por átomos de hafnio.

El Rundetaarn en Copenhague. El tejado de este edificio se utilizaba como observatorio; el edificio de detrás albergaba una gran biblioteca científica.

rosa

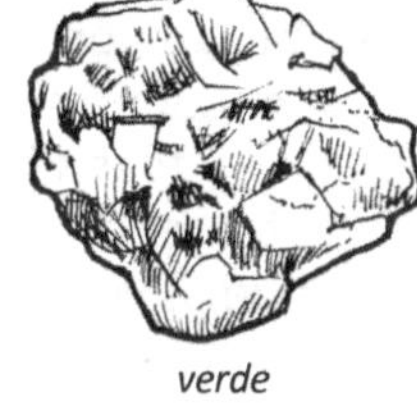

verde

rojo

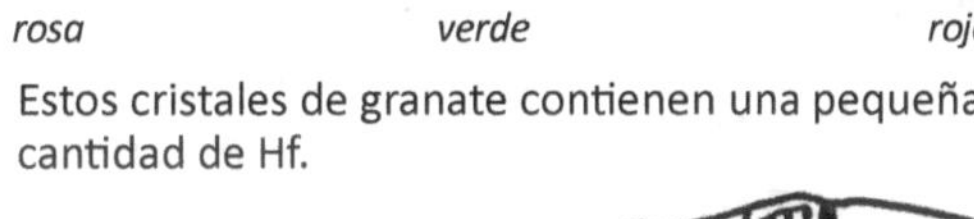

Estos cristales de granate contienen una pequeña cantidad de Hf.

El HfO_2 desempeñó un papel en el desarrollo de la tecnología informática al permitir que el tamaño de las compuertas de los transistores se redujera a la mitad.

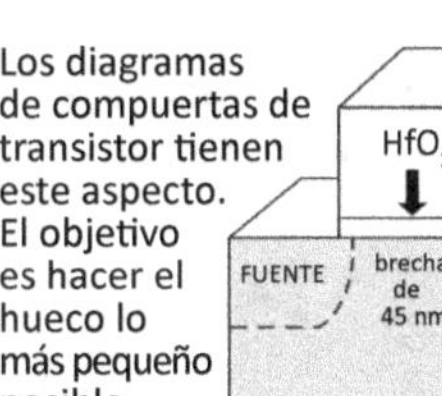

Los diagramas de compuertas de transistor tienen este aspecto. El objetivo es hacer el hueco lo más pequeño posible.

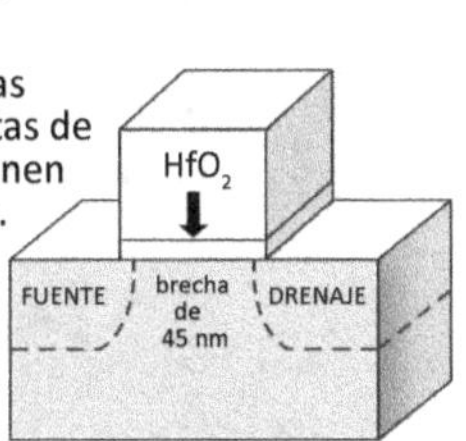

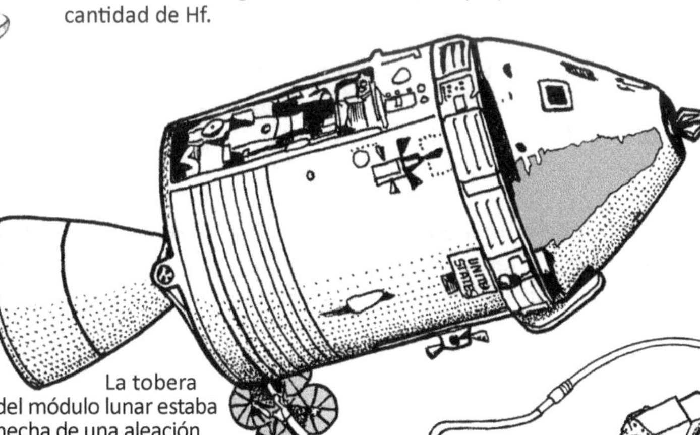

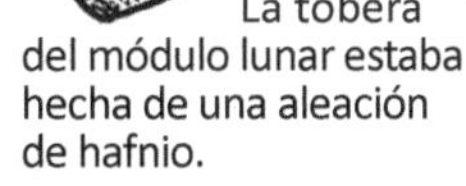

La tobera del módulo lunar estaba hecha de una aleación de hafnio.

El hafnio puede eliminar las moléculas de gas que no deberían estar en las bombillas.

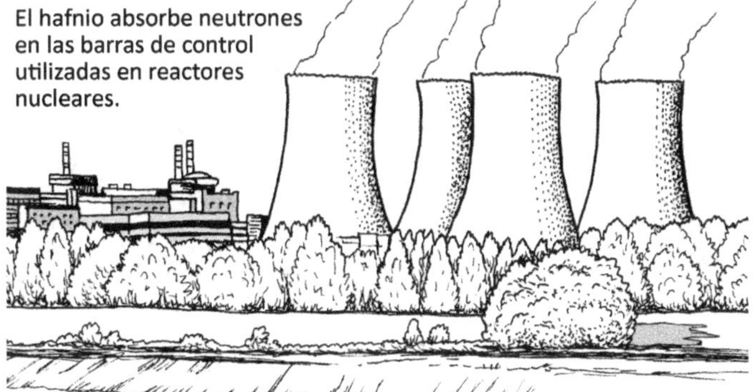

El hafnio absorbe neutrones en las barras de control utilizadas en reactores nucleares.

El hafnio puede soportar mucho calor, por lo que se utiliza para fabricar puntas (electrodos) para cortadoras de plasma. Salpica chispas cuando este brazo robótico utiliza plasma caliente para cortar metal.

El brazo del robot es amarillo.

73 protones

108 neutrones

73 electrones

Masa atómica: 180.9

Tántalo

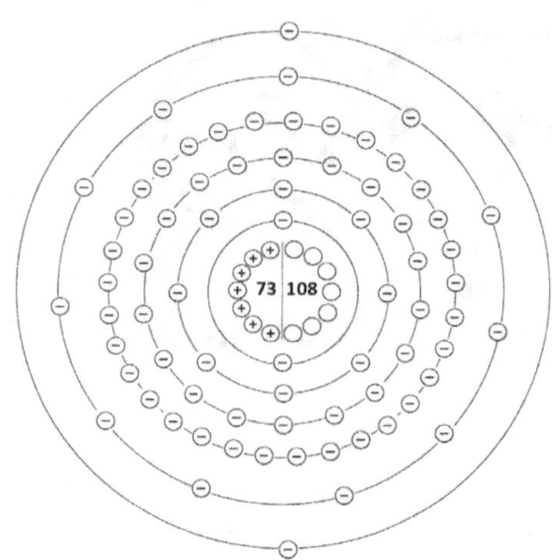

Lleva el nombre de Tántalo, de la mitología griega

El tántalo fue descubierto en 1802 por Anders Ekeberg, en muestras minerales de Suecia y Finlandia. Dado que el tántalo se encuentra justo debajo del niobio en la tabla periódica, tienen muchas propiedades químicas similares, lo que ha generado bastante confusión. Los químicos no estaban completamente seguros de la identidad de estos elementos hasta la década de 1860. El nombre "tántalo" había sido elegido por Ekeberg porque algunas de las propiedades químicas de este metal le recordaban la historia de Tántalo en la mitología griega. Tántalo es recordado por el castigo que recibió de Zeus por su crimen de robar comida de la mesa del banquete divino. Zeus ordenó que Tántalo fuera condenado eternamente a permanecer de pie en un estanque de agua con fruta madura colgando sobre su cabeza. Si se inclinaba para beber el agua, esta se agotaría, y si intentaba recoger la fruta, la rama se levantaría y la alejaría de su alcance. (El elemento niobio recibió su nombre de la hija de Tántalo, Níobe).

Los minerales de los que se extrae el tantalio se encuentran principalmente en Australia y África. En África Central, especialmente en la República Democrática del Congo, ha habido muchas luchas por el control de los minerales y muchas personas trabajan en operaciones de contrabando.

El tántalo puro es un metal dúctil, lo que significa que puede estirarse y moldearse, a menudo en alambres finos. Se utilizó en las primeras bombillas, antes de que se descubriera que el tungsteno era aún mejor para este fin. El tantalio también es muy resistente a la corrosión, por lo que se utilizaba para fabricar tubos y tuberías para industrias que procesan productos químicos agresivos. Las aleaciones de tantalio son duraderas incluso cuando se exponen a un calor intenso, por lo que pueden utilizarse para fabricar piezas para motores de reacción, reactores nucleares, misiles y tanques.

El mayor uso industrial del tántalo se da en la industria electrónica, sobre todo en la fabricación de capacitores y resistores. El tántalo es útil en los condensadores principalmente porque puede combinarse con el oxígeno para formar un compuesto de óxido. Los capacitores de tántalo, que almacenan carga eléctrica como una batería, se utilizan en muchos productos electrónicos, como ordenadores, tabletas y teléfonos móviles, y en las piezas electrónicas que se encuentran en los coches.

Las aleaciones de tántalo también pueden utilizarse con fines decorativos, como joyas, relojes y monedas. Kazajistán acuñó una moneda hecha de plata y tántalo, con imágenes del Apolo-Soyuz y la Estación Espacial Internacional. Algunas aleaciones de tántalo pueden utilizarse para fabricar articulaciones artificiales. La ventaja de las aleaciones de tántalo es que no son magnéticas y, por lo tanto, no suponen un riesgo para la seguridad de los pacientes que necesitan una resonancia magnética.

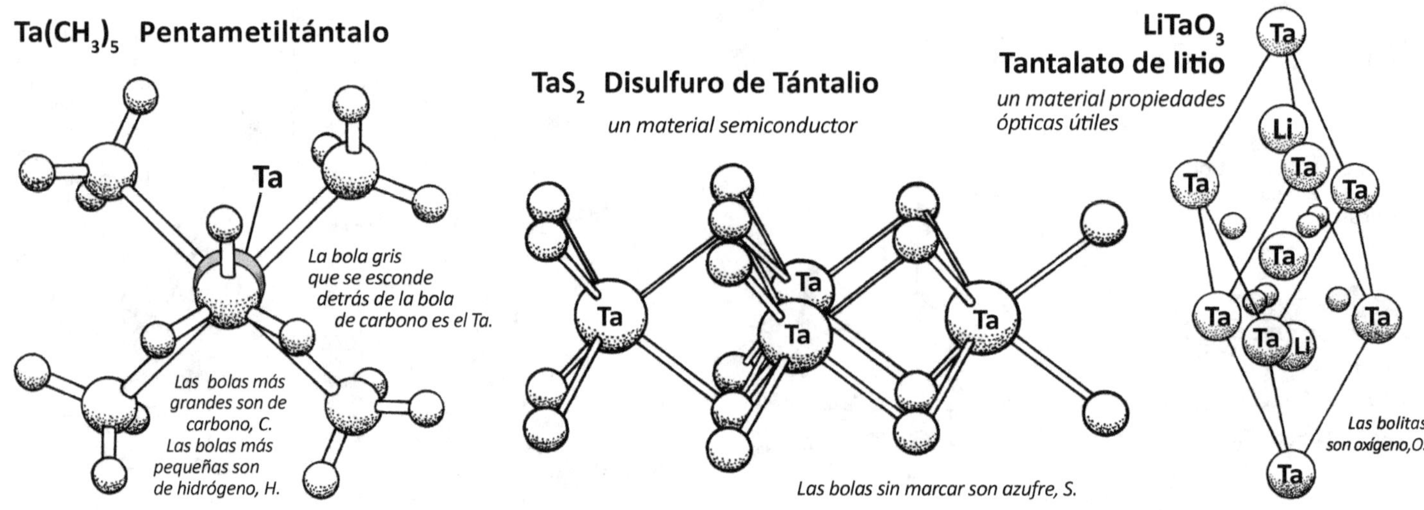

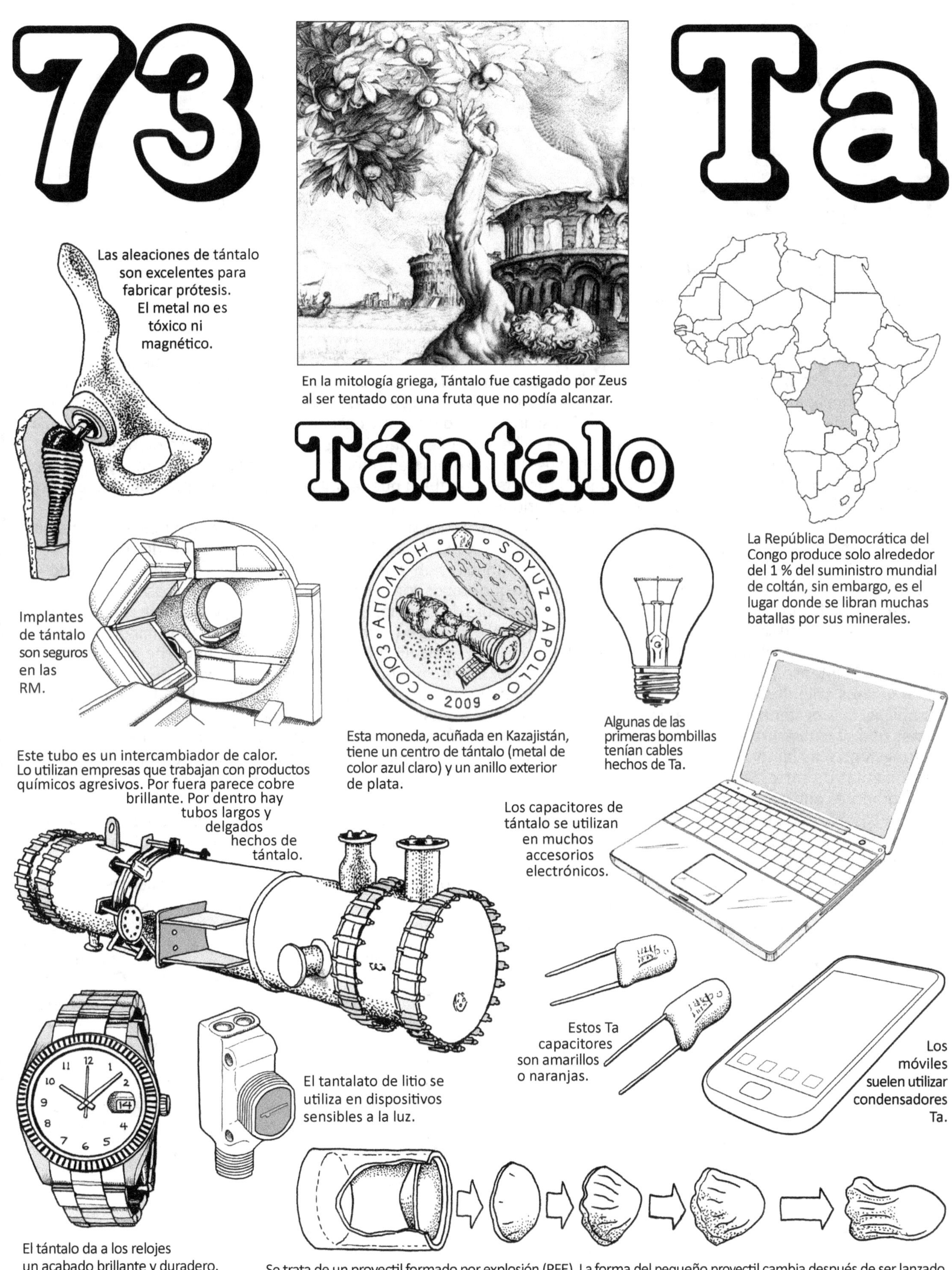

73
Ta
Tántalo
Las aleaciones de tántalo son excelentes para fabricar prótesis. El metal no es tóxico ni magnético.
En la mitología griega, Tántalo fue castigado por Zeus al ser tentado con una fruta que no podía alcanzar.
La República Democrática del Congo produce solo alrededor del 1 % del suministro mundial de coltán, sin embargo, es el lugar donde se libran muchas batallas por sus minerales.
Implantes de tántalo son seguros en las RM.
СОЮЗ • АПОЛЛОН • SOYUZ • APOLLO • 2009
Esta moneda, acuñada en Kazajistán, tiene un centro de tántalo (metal de color azul claro) y un anillo exterior de plata.
Algunas de las primeras bombillas tenían cables hechos de Ta.
Este tubo es un intercambiador de calor. Lo utilizan empresas que trabajan con productos químicos agresivos. Por fuera parece cobre brillante. Por dentro hay tubos largos y delgados hechos de tántalo.
Los capacitores de tántalo se utilizan en muchos accesorios electrónicos.
Estos Ta capacitores son amarillos o naranjas.
Los móviles suelen utilizar condensadores Ta.
El tantalato de litio se utiliza en dispositivos sensibles a la luz.
12
1
2
4
5
6
7
8
9
10
11
14
El tántalo da a los relojes un acabado brillante y duradero.
Se trata de un proyectil formado por explosión (PFE). La forma del pequeño proyectil cambia después de ser lanzado.

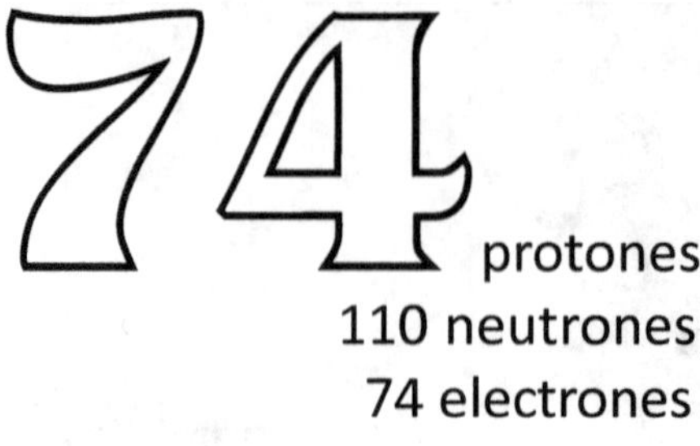

protones
110 neutrones
74 electrones

Masa atómica: 183.8

Tungsteno

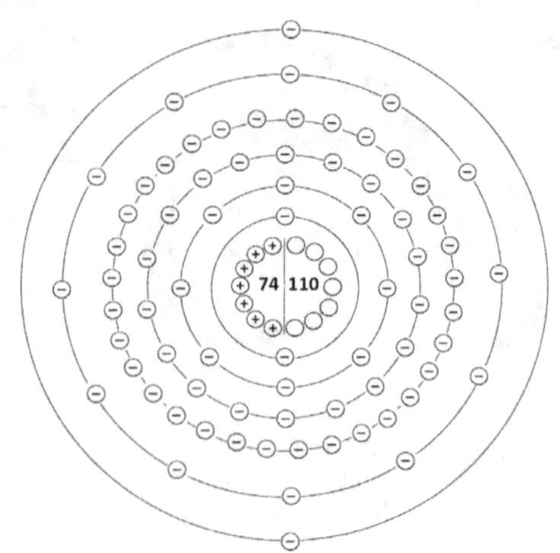

Tungsteno significa "piedra pesada" en sueco
El símbolo, W, es de "wolframio", otro nombre de este elemento

En 1546, Georg Agricola experimentaba con un mineral que llamó "lupi spuma", que en latín significa "espuma de lobo". Le sorprendió la cantidad de estaño que se consumía en el proceso de extracción de este mineral, y le recordó al gran apetito de un lobo. Este nombre se tradujo al alemán en 1747, y se convirtió en "wolf rahm".

La wolframita es un mineral de color gris oscuro o negro y es muy pesado. Es tan pesado que puede reemplazar al plomo en casi cualquier aplicación. Dado que se ha descubierto que el plomo es tóxico, el uso de tungsteno no tóxico suele ser la mejor opción. El tungsteno ha sustituido al uranio empobrecido (usado) como contrapeso en barcos, aviones, helicópteros y coches de carreras. El tungsteno también puede utilizarse como sustituto del molibdeno, ya que se encuentra justo debajo de él en la tabla periódica.

Los elementos que se encuentran en la misma columna comparten muchas propiedades químicas porque tienen la misma disposición de electrones en su capa exterior. Por ejemplo, el disulfuro de tungsteno, WS_2, y el disulfuro de molibdeno, MoS_2, pueden utilizarse casi indistintamente. Ambos se utilizan como lubricantes secos y para la eliminación de azufre del petróleo. Recientemente, se ha descubierto que ambos compuestos pueden formar láminas de hexágonos moleculares de la misma manera que el carbono forma láminas de grafeno. Las láminas de WS_2 y MoS_2 pueden tener ventajas de seguridad sobre el grafeno, a la vez que son igual de útiles en el mundo de la electrónica y la nanociencia.

Una de las cualidades más destacadas del tungsteno es su alto punto de fusión. No se derrite ni siquiera si se expone al intenso calor de los motores de cohetes, por lo que puede utilizarse para las toberas de los motores. Otros lugares calientes en los que se encuentra el tungsteno son los electrodos de soldadura y los filamentos de las bombillas. El tungsteno también es muy duro y resistente al desgaste y la corrosión, por lo que se utiliza en aleaciones que se convertirán en casi cualquier pieza metálica que se te ocurra que tenga que ser resistente. La aleación de tungsteno más famosa es el carburo de tungsteno, que se utiliza para brocas, hojas de sierra, cuchillos y otras herramientas de corte. El tungsteno también se utiliza ampliamente en vehículos y armas militares, como granadas y perforadores antitanque.

Los óxidos de tungsteno se utilizan para recubrir cerámicas, en el interior de la iluminación fluorescente y como detectores de radiación. Los satélites Voyager tenían detectores de rayos cósmicos (gamma) que utilizaban tungsteno en sus sensores.

Un uso menos conocido del tungsteno es en las cuerdas Do para violonchelos. Se dice que estas cuerdas producen un tono más fuerte. El tungsteno tiene una densidad lo suficientemente similar a la del oro como para que los falsificadores hayan intentado fabricar lingotes de oro falsos colocando una capa exterior de oro sobre un núcleo interno de tungsteno.

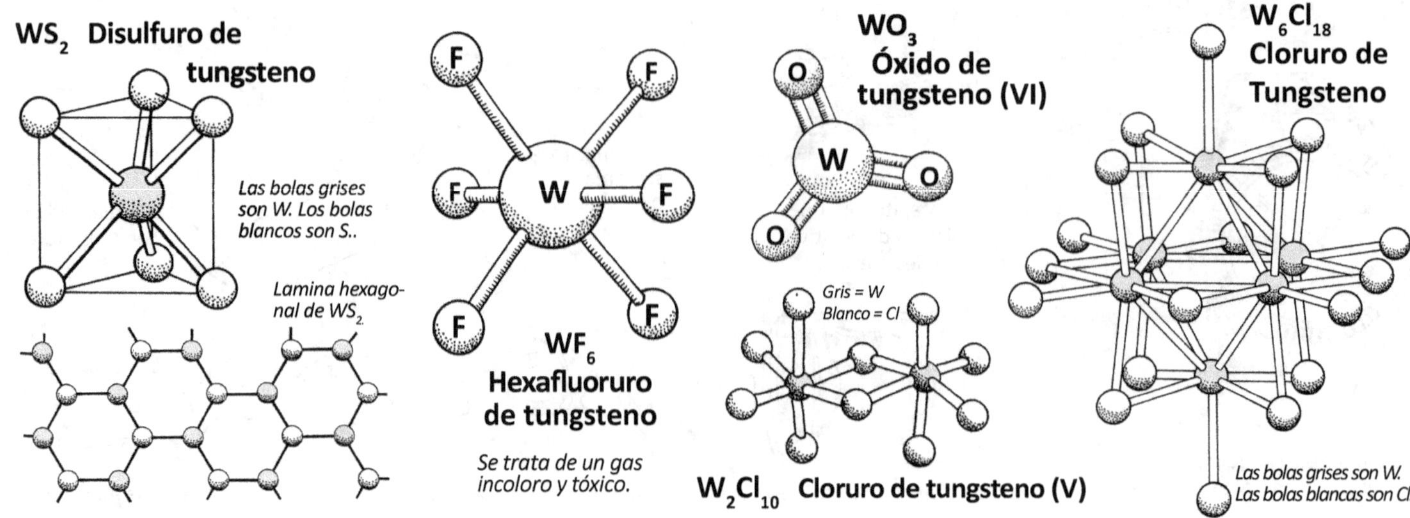

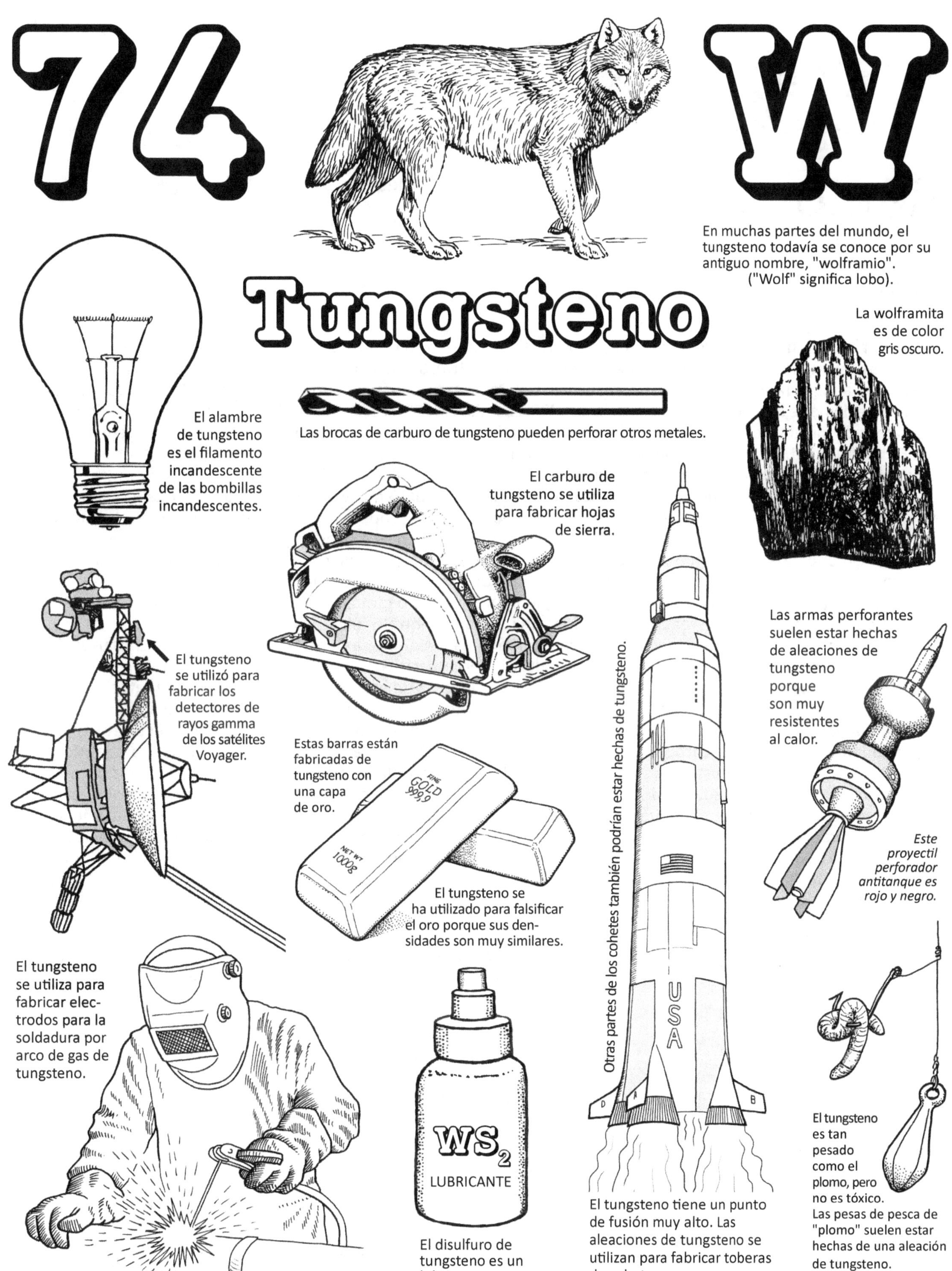

74
W
En muchas partes del mundo, el tungsteno todavía se conoce por su antiguo nombre, "wolframio". ("Wolf" significa lobo).
Tungsteno
La wolframita es de color gris oscuro.
El alambre de tungsteno es el filamento incandescente de las bombillas incandescentes.
Las brocas de carburo de tungsteno pueden perforar otros metales.
El carburo de tungsteno se utiliza para fabricar hojas de sierra.
El tungsteno se utilizó para fabricar los detectores de rayos gamma de los satélites Voyager.
Otras partes de los cohetes también podrían estar hechas de tungsteno.
Las armas perforantes suelen estar hechas de aleaciones de tungsteno porque son muy resistentes al calor.
Estas barras están fabricadas de tungsteno con una capa de oro.
FINE GOLD 999,9
NET WT 1000g
El tungsteno se ha utilizado para falsificar el oro porque sus densidades son muy similares.
Este proyectil perforador antitanque es rojo y negro.
USA
El tungsteno se utiliza para fabricar electrodos para la soldadura por arco de gas de tungsteno.
WS_2
LUBRICANTE
El disulfuro de tungsteno es un lubricante seco.
El tungsteno tiene un punto de fusión muy alto. Las aleaciones de tungsteno se utilizan para fabricar toberas de cohetes.
El tungsteno es tan pesado como el plomo, pero no es tóxico. Las pesas de pesca de "plomo" suelen estar hechas de una aleación de tungsteno.

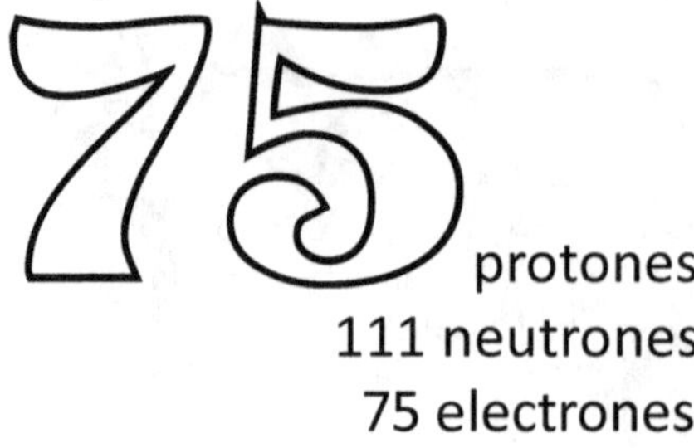

protones
111 neutrones
75 electrones

Renio

Masa atómica: 186.2

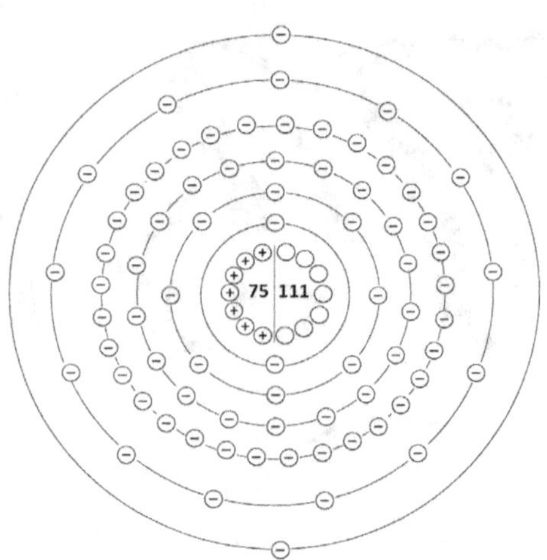

Lleva el nombre del río Rin

El renio es uno de los elementos más raros. Hay menos renio en la tierra que cualquiera de las "tierras raras". De hecho, es el elemento sólido menos abundante que no es radiactivo. Se presenta como una impureza en los minerales de molibdeno, aunque rara vez se encuentra un trozo de sulfuro de renio en los bordes de un volcán (Kudriavy, Islas Kuriles, 1994). El renio no se descubrió hasta la década de 1920, cuando tres químicos alemanes lograron aislar 1 gramo de 660 kilogramos de mineral de molibdenita. Decidieron nombrarlo en honor a un famoso punto de referencia en Alemania, el río Rin. En la actualidad, los principales productores de renio metálico son Chile, Estados Unidos, Perú y Polonia. Chile tiene los mayores recursos, ya que el renio es una impureza que se encuentra en sus minerales de cobre.

El renio no es muy útil como elemento puro, aunque algunas empresas productoras de metales venden alambres y varillas de renio puro para aplicaciones especiales, como bobinas de calentamiento en espectrómetros de masas, medidores de iones y unidades de flash para fotografía. En su mayoría, el renio se añade a otros metales para fabricar superaleaciones que pueden soportar una inmensa cantidad de calor y son resistentes a la corrosión. Las superaleaciones suelen contener grandes cantidades de níquel, hierro y cobalto, y pequeñas cantidades de otros elementos como renio, molibdeno, titanio, cromo, aluminio, hafnio o tántalo. Las superaleaciones se utilizan para fabricar cosas como motores a reacción y turbinas utilizadas en centrales eléctricas.

Cuando se añade renio al tungsteno, la aleación se llama renio-tungsteno. Esta aleación tiene muchos usos en las áreas de electrónica, soldadura, calefacción y en la industria aeroespacial. Los termómetros que utilizan cables de renio-tungsteno pueden medir temperaturas de hasta 22 000 °C. El renio-tungsteno también puede generar rayos X cuando se expone al tipo adecuado de haz de alta energía, por lo que estos cables se pueden encontrar en máquinas de rayos X.

Cuando el renio se alea con el platino, se convierte en un catalizador útil para el refinado del petróleo. Las largas cadenas de átomos de carbono del petróleo crudo deben dividirse en cadenas más pequeñas para fabricar productos como cera, combustible diésel, aceites de calefacción, gasolina y productos químicos para fabricar plásticos, pinturas y tintes. El catalizador debe ser un metal que no se una a ninguna de las moléculas de petróleo, sino que las anime a separarse. Los catalizadores metálicos, si se introducen en la situación química adecuada, pueden hacer lo contrario y ayudar a que las moléculas pequeñas se unan. Las aleaciones de renio pueden ser catalizadores para procesos químicos que producen moléculas para detergentes, medicamentos y plásticos.

Los isótopos radiactivos del renio pueden producirse en un laboratorio y son útiles para tratar el cáncer de hígado y de piel. El renio radiactivo tiene una vida corta y dejará de ser radiactivo en cuestión de días o semanas.

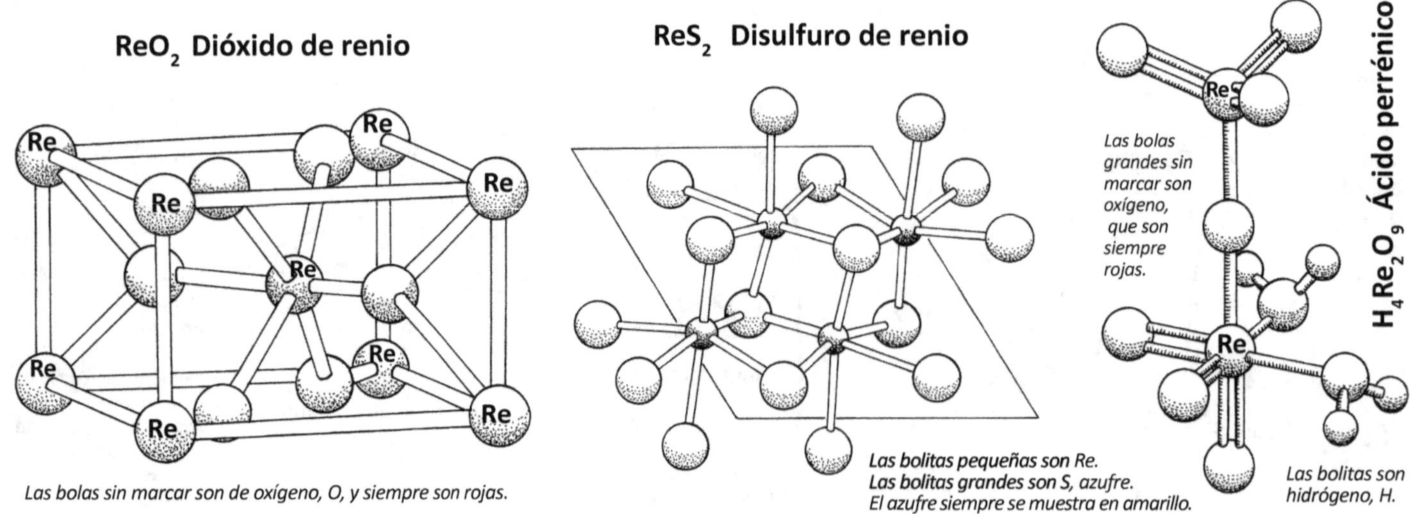

Las bolas sin marcar son de oxígeno, O, y siempre son rojas.

Las bolitas pequeñas son Re.
Las bolitas grandes son S, azufre.
El azufre siempre se muestra en amarillo.

Las bolitas son hidrógeno, H.

75 Re

Renio

El proceso de convertir el petróleo crudo en gasolina necesita metales como el renio que ayudan a romper las largas cadenas de átomos de carbono.

El renio debe su nombre al río Rin.

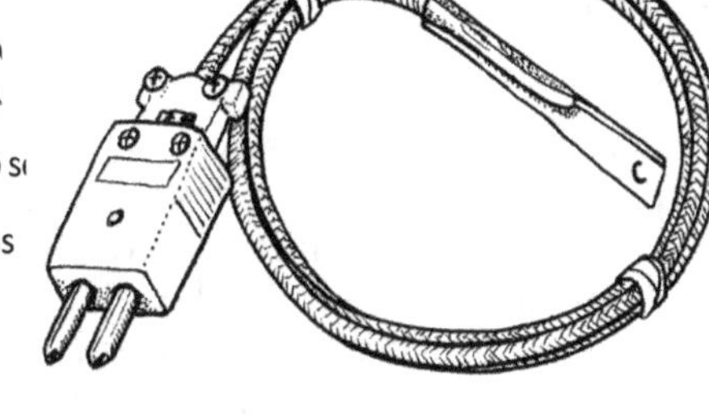

El renio-tungsteno se utiliza para cables y piezas empleadas en calentadores y termopares.

Las superaleaciones que contienen renio se utilizan para fabricar motores tanto para aviones militares como para aviones comerciales.

Los tanques se calientan mucho.

gas natural

productos químicos

gasolina

combustible para aviones

combustible diésel

aceites lubricantes, cera

combustible para barcos

asfalto, betún para techos

Petróleo crudo canalizado aquí.

Las placas de aleación son catalizadores que rompen las cadenas de carbono.

Chile es el principal productor de renio, pero Perú también posee yacimientos de renio.

Las unidades de flash fotográfico pueden utilizar cables hechos de renio.

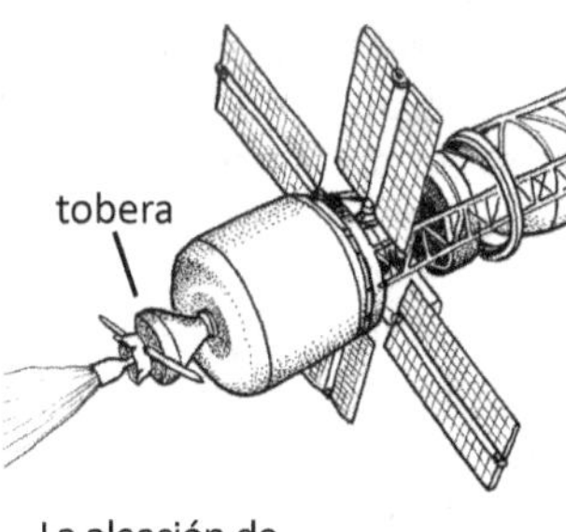

Las toberas de los propulsores de los satélites pueden estar hechas de aleaciones de Re.

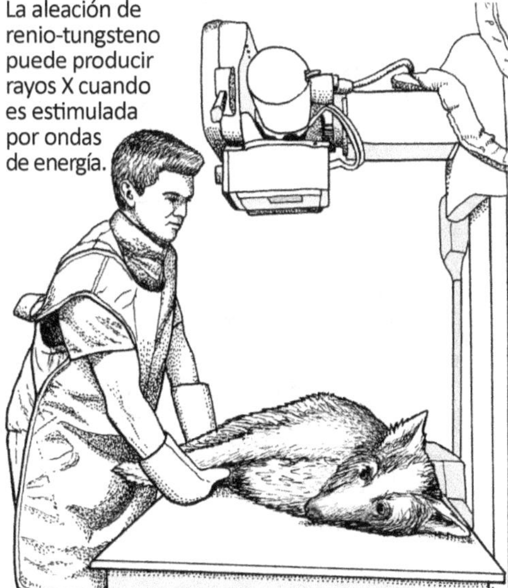

La aleación de renio-tungsteno puede producir rayos X cuando es estimulada por ondas de energía.

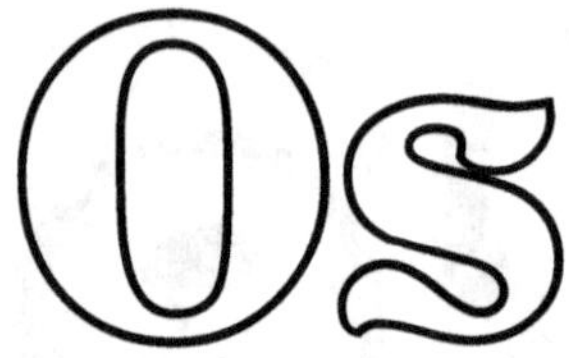

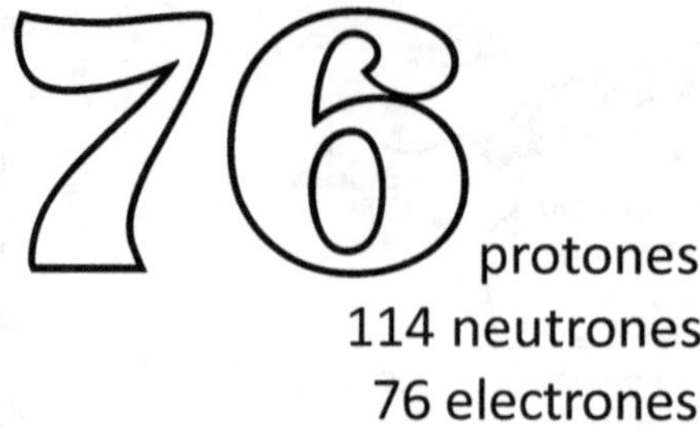

protones
114 neutrones
76 electrones

Osmio

Masa atómica: 190.2

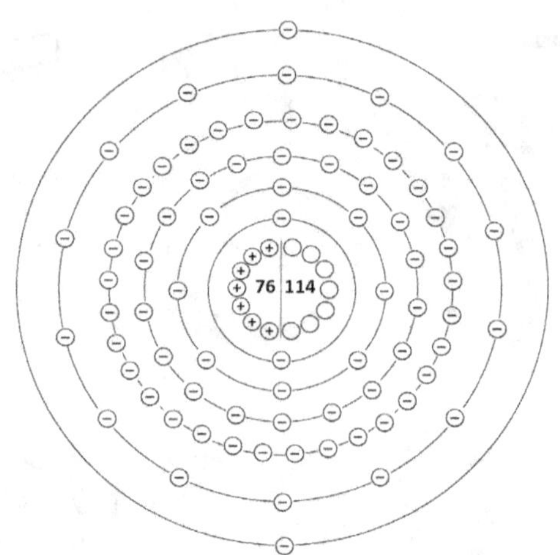

Llamado así por la palabra griega para olor, "osme"

El osmio es miembro del "grupo del platino", que también incluye el rutenio, el rodio, el paladio, el iridio y el platino. Todos estos metales tienen propiedades similares y muchos de ellos pueden utilizarse para los mismos fines. Suelen encontrarse como impurezas en los depósitos de cobre o níquel y, debido a que se necesita mucho trabajo para extraerlos de los minerales, los metales puros son caros de comprar.

El osmio y el iridio se encuentran muy a menudo juntos y pueden ser difíciles de separar. Smithson Tennant los descubrió juntos en 1803, en un residuo negro que quedó después de disolver una pieza de platino en una mezcla de ácido clorhídrico y ácido nítrico. Tennant hizo más experimentos con el residuo y uno de los resultados fue una solución amarilla que olía fatal. Fue este olor el que le llevó a elegir el nombre de osmio para el nuevo elemento, porque "osme" significa "olor" en griego.

El osmio ostenta el récord de ser el elemento más denso. Todos sabemos que el plomo es denso y muy pesado, pero el osmio es el doble de denso que el plomo. El osmio puro también es quebradizo y tiene un punto de fusión muy alto, lo que dificulta su trabajo. El osmio se combina con otros metales, a menudo iridio o platino, para fabricar aleaciones útiles. Dado que estas aleaciones son caras, solo se utilizan en objetos pequeños como puntas de bolígrafo y contactos eléctricos.

Uno de los primeros usos de una aleación de osmio fue como filamento en bombillas. En 1902, Carl Auer von Welsbach fundó una empresa de fabricación de "Oslamps". Solo unos años después, la empresa empezó a utilizar tungsteno en su lugar. Otro de los primeros usos del osmio fue como catalizador en un proceso químico que podía extraer nitrógeno del aire y convertirlo en NH_3, que se puede utilizar para fertilizar plantas. Una vez más, pronto se encontraron sustitutos para el osmio, por lo que ya no se utiliza para este fin. En las décadas de 1940 y 1950, las aleaciones de osmio se utilizaban para fabricar "agujas" para fonógrafos. En la década de 1990, los transbordadores espaciales utilizaban espejos de osmio como parte de su equipo de detección de rayos ultravioleta, pero desde entonces el osmio ha sido sustituido por otros elementos debido a la tendencia del osmio a atraer átomos de oxígeno destructivos.

Aunque el osmio puro no es tóxico, se une rápidamente a los átomos de oxígeno para formar tetróxido de osmio (OsO_4), que es muy tóxico. A pesar de su toxicidad, el OsO_4 es útil para los científicos. Se adhiere a las moléculas de fosfolípidos que forman las membranas celulares, por lo que se utiliza como tinte en la microscopía electrónica. (En 2020, un investigador lo utilizó para encontrar células nerviosas no fosilizadas en huesos de dinosaurios). Su capacidad para adherirse a ciertas partes de la molécula de ADN permitió a los científicos estudiar la forma del ADN en profundidad y descubrieron el ADN levógiro, también llamado ADN-Z. El compuesto OsO_2 es menos tóxico, pero también menos útil. El $KOSO_4$ es utilizado como catalizador por los químicos que trabajan con moléculas basadas en carbono. Desempea un papel importante en la preparación de muestras para microscopía electrónica, actuando como un tinte que se adhiere a los moléculas que forman la membrana celular.

OsO_4 Tetróxido de osmio

Las bolas grises son Os, osmio. Las bolas blancas son O,

OsF_6
Hexafluoruro de osmio

Os

Las bolas sin marcar son F, flúor.

$Os_3(CO)_{12}$
Dodecacarbonilo de triosmio

Os
Os
Os

Las bolas grises son C, carbono. Las bolas blancas son O, oxigéno.

Os

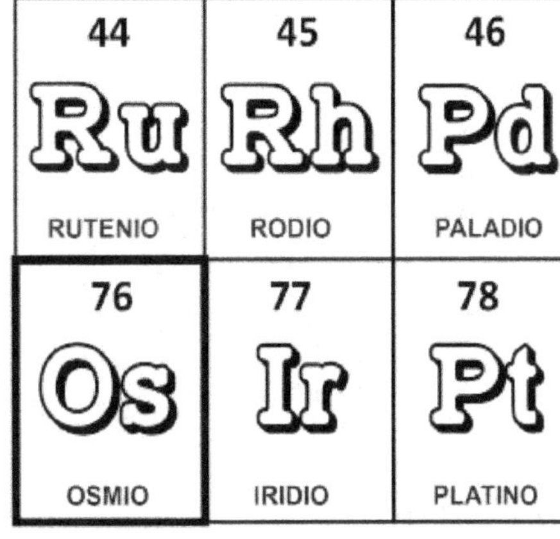

44 Ru RUTENIO	45 Rh RODIO	46 Pd PALADIO
76 Os OSMIO	77 Ir IRIDIO	78 Pt PLATINO

Grupo del platino

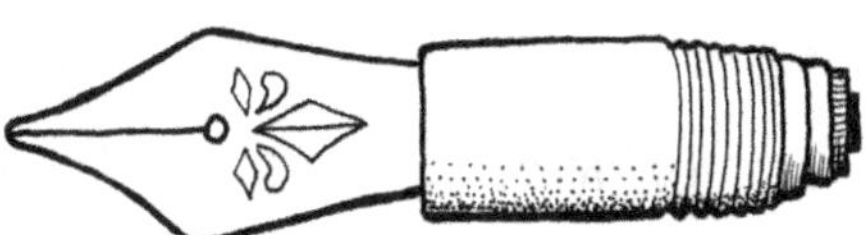

Las puntas de las plumas se fabrican con aleaciones de osmio.

Osmio

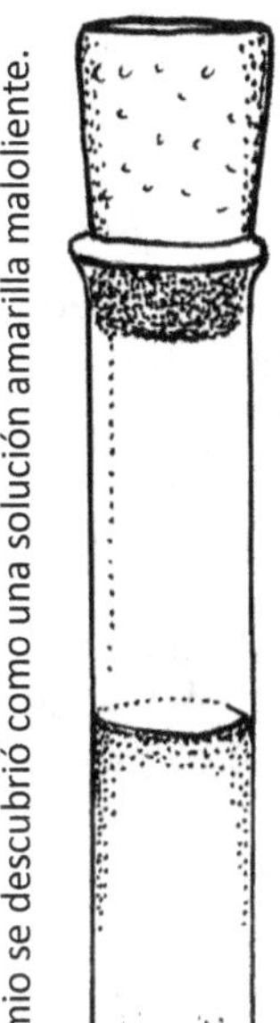

El osmio se descubrió como una solución amarilla maloliente.

Uno de los primeros usos del Os fue como filamento en las bombillas.

Este sello honra la labor de Carl von Welsbach.

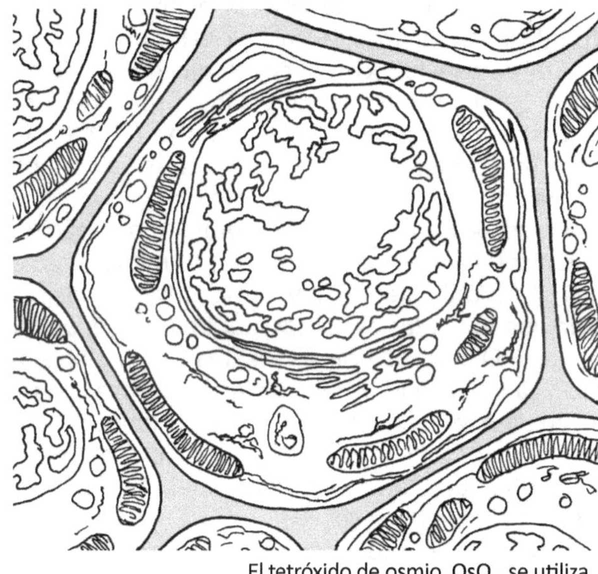

El tetróxido de osmio, OsO_4, se utiliza para teñir las células de modo que su membrana aparezca cuando se observan con un microscopio electrónico.

Los "peldaños" de la "escalera" del ADN se dibujan con 4 colores.

ADN zurdo *ADN diestro*

El osmio fue clave en el descubrimiento del ADN zurdo, o ADN-Z.

El osmio se utilizaba para revelar las huellas dactilares hasta que se descubrió que era muy tóxico.

El osmio se utilizó como "aguja" para fonógrafos durante las décadas de 1940 y 1950..

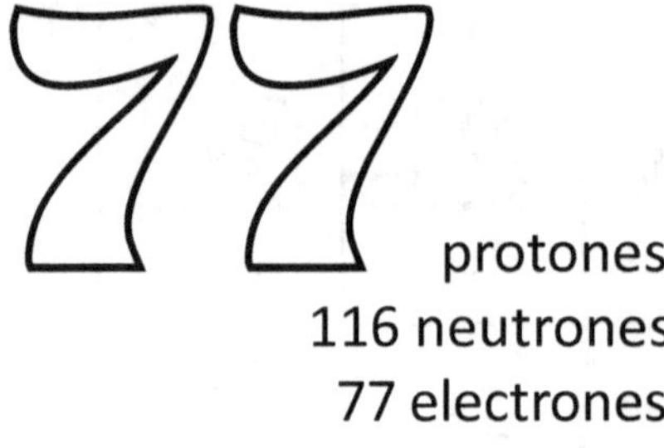

protones
116 neutrones
77 electrones

Masa atómica: 192.2

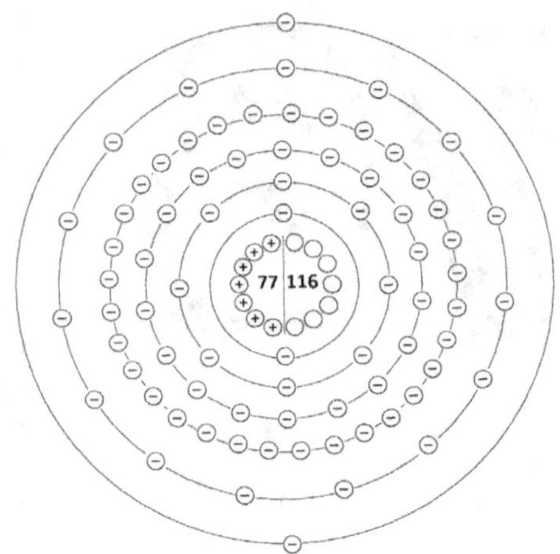

Iridio

Lleva el nombre de Iris, diosa griega del arco iris

El iridio y el osmio fueron descubiertos por Smithson Tennant en 1803. Había estado disolviendo platino en agua regia, una mezcla de ácido clorhídrico y ácido nítrico. La reacción dejó un residuo negro y se preguntó qué era. Al hacer más experimentos con el residuo, descubrió que contenía dos nuevos elementos, el osmio y el iridio. El iridio recibió su nombre de Iris, la diosa griega del arcoíris, porque sus compuestos eran de varios colores. Tennant conocía el iridio a través de sus compuestos; el iridio metálico no se vio hasta 1813, cuando un nuevo invento, la pila eléctrica, hizo posible obtener muestras de elementos que nunca se dan solos en la naturaleza.

En la década de 1840, se había producido suficiente iridio como para utilizarlo en la fabricación de plumines (puntas) para plumas de tinta y ciertas piezas de cañones que recibían mucho desgaste. En 1889, el iridio y el platino se utilizaron para fabricar un objeto que no recibía ningún desgaste: la vara de medir oficial para la longitud de 1 metro.

En 1933, el rutenio y el iridio se combinaron para fabricar termopares que se utilizaban en termómetros capaces de medir temperaturas de hasta 2000 °C. El iridio puede combinarse con otros miembros del grupo del platino para fabricar aleaciones muy duraderas que se utilizan para piezas pequeñas de máquinas. Dado que el iridio es el elemento más resistente a la corrosión, las aleaciones de iridio se utilizan para fabricar tuberías que permanecerán en agua salada durante mucho tiempo, y para máquinas que se utilizan en procesos industriales que implican productos químicos agresivos o altas temperaturas. Algunas aleaciones de iridio pueden utilizarse para fabricar crisoles (recipientes de fusión) para fundir y formar cristales de granate (como el YAG) utilizados en láseres. El iridio también es perfecto para los contactos eléctricos, por lo que lo encontrará en lugares como las bujías de alta resistencia.

El iridio se utiliza para una serie de aplicaciones de alta tecnología. Las muestras para microscopía electrónica de barrido (MEB) suelen recubrirse con una capa muy fina de iridio para que los electrones reboten y creen la imagen MEB. Y hablando de capas finas, el satélite Chandra X-ray Observatory tiene espejos recubiertos con una capa microscópicamente fina de iridio, y perfectamente planos hasta unos pocos átomos. Estos espejos reflejan los rayos X en un punto focal dentro del tubo del telescopio, donde formarán una imagen del objeto astronómico que está enviando los rayos.

Los geólogos encuentran más iridio en algunas capas geológicas que en otras y se preguntan si esto está relacionado con un evento astronómico. Los meteoritos tienen una mayor concentración de iridio que cualquier roca natural.

El iridio-192 es un isótopo radiactivo producido por laboratorios nucleares con fines científicos y médicos. Se utiliza como fuente de radiación gamma para unidades de radiografía que inspeccionan estructuras y para la terapia contra el cáncer.

Los físicos de partículas utilizan el iridio para producir antiprotones, un tipo de antimateria.

IrO_2 Óxido de iridio (IV)

Todas las bolas sin marcar son O, oxígeno..

IrF_6 Hexafluoruro de iridio

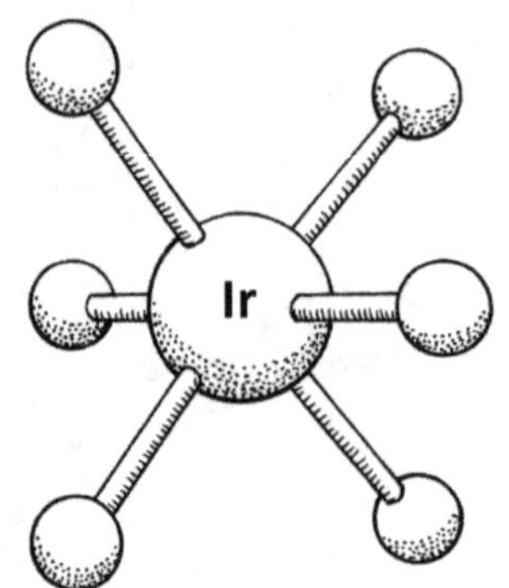

Todas las bolas sin marcar son F, flúor..

IrS_2 Disulfuro de iridio

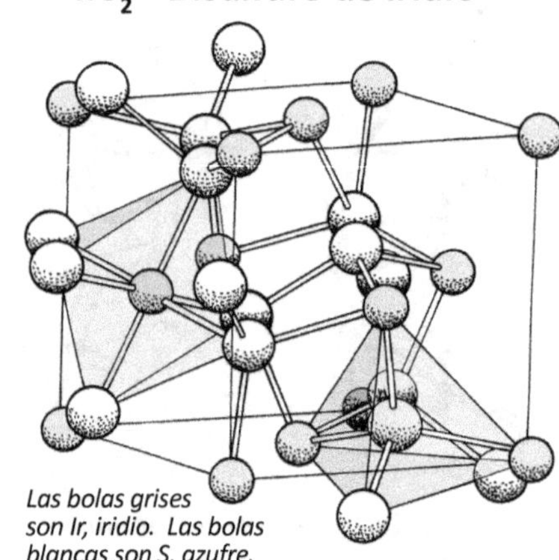

Las bolas grises son Ir, iridio. Las bolas blancas son S, azufre.

77 Iridio Ir

44 Ru RUTENIO	45 Rh RODIO	46 Pd PALADIO
76 Os OSMIO	77 Ir IRIDIO	78 Pt PLATINO

Grupo del platino

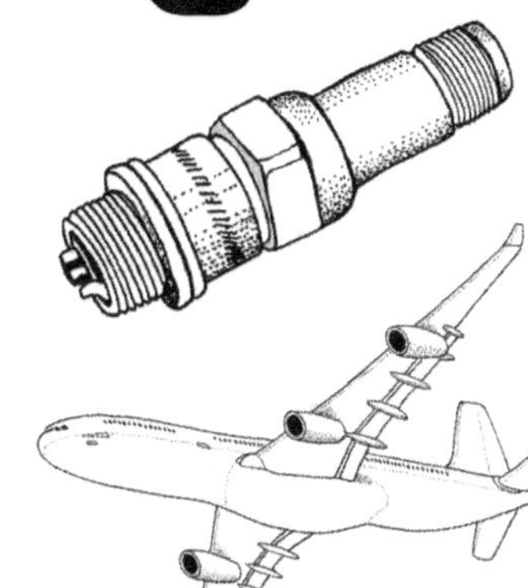

El iridio se utiliza en las bujías de los aviones.

Iris, la diosa griega del arco iris. Era una mensajera, como Mercurio.

Imagen de glóbulos rojos MEB

Las imágenes MEB (microscopía electrónica de barrido) requieren que las muestras estén recubiertas con una fina capa de metal, a menudo iridio.

Los crisoles de iridio pueden soportar el calor necesario para fundir otros metales. Los cristales de granate (como el YAG) se fabrican en crisoles.

A partir de 1943, las puntas de las plumas estilográficas se fabricaron con iridio o rutenio recubiertos de oro.

Los paneles solares tienden a tener un aspecto azul.

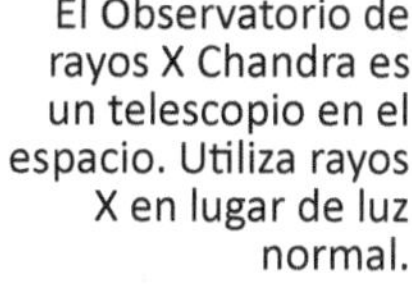

El Observatorio de rayos X Chandra es un telescopio en el espacio. Utiliza rayos X en lugar de luz normal.

Los espejos de iridio están dentro del tubo.

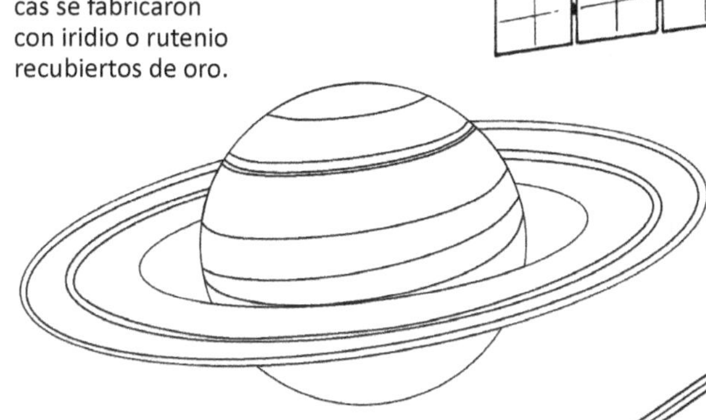

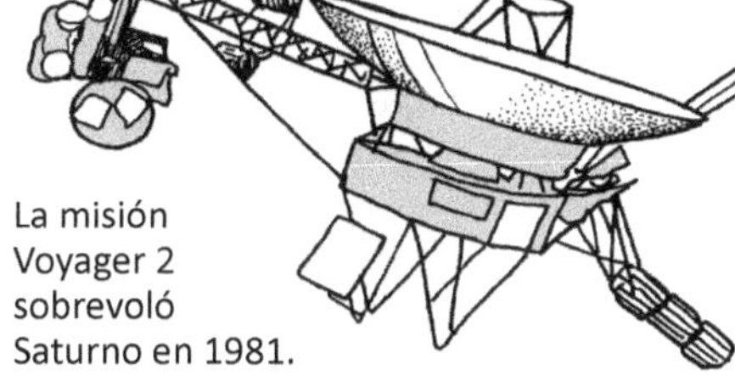

La misión Voyager 2 sobrevoló Saturno en 1981.

Los contenedores hechos de iridio contienen el plutonio radiactivo que proporciona energía a satélites como Voyager, Pioneer, Galileo y Cassini.

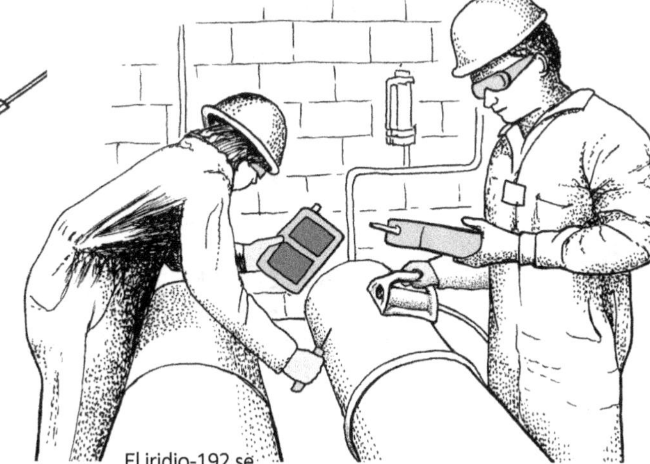

El iridio-192 se utiliza en unidades de radiografía gamma que inspeccionan equipos.

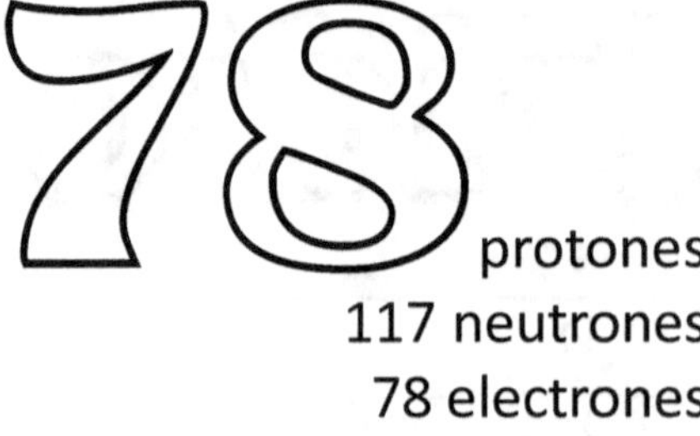

protones
117 neutrones
78 electrones

Platino

Masa atómica: 195.0

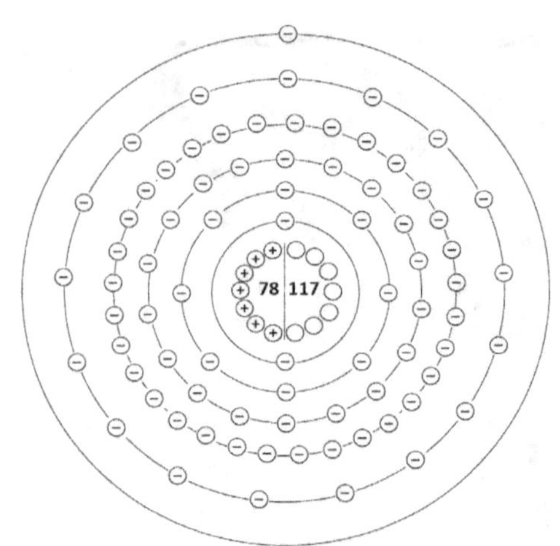

Nombre que significa "plata pequeña" en español

En 1743, un joven científico español llamado Antonio de Ulloa se unió a una expedición de ocho años de duración a la zona que hoy llamamos Ecuador. Durante su estancia en esta parte de Sudamérica, realizó numerosas observaciones científicas. Su descubrimiento más famoso resultó ser el elemento platino. Había visto a los nativos extrayendo minerales y recogió muestras de las rocas blanquecinas que estaban excavando. Estudió estos minerales cuando regresó a España y publicó un artículo en el que daba los resultados de su investigación y el interesante metal que contenían, pero luego dejó la investigación y pasó a hacer otras cosas, entre ellas ser el primer gobernador español de lo que se convirtió en el estado estadounidense de Luisiana. Otros científicos retomaron la investigación sobre el platino. Durante años hubo mucha confusión en torno a la identidad del platino porque los minerales también contenían pequeñas cantidades de los otros miembros del grupo del platino.

Hoy en día, el platino puro se produce como subproducto de la minería del níquel y el cobre. Sudáfrica tiene los mejores yacimientos naturales de minerales ricos en platino y produce el 80% por ciento del suministro mundial. El 45 % de todo el platino puro producido se utiliza para fabricar convertidores catalíticos para automóviles. Los convertidores eliminan las toxinas de los gases de escape. Más del 30 % del platino se destina a la joyería. Alrededor del 10 % lo utiliza la industria petrolera para refinar el petróleo crudo y convertirlo en productos útiles como ceras, aceites, combustibles y gas natural. (Las refinerías utilizan placas metálicas como catalizadores para favorecer la ruptura de las cadenas largas de carbono en cadenas más pequeñas). El 3 % del platino se destina a la industria informatica para fabricar piezas como discos duros. El porcentaje restante se destina a diversos usos, como medicamentos para el tratamiento del cáncer, equipos para la fabricación de vidrio, herramientas resistentes a la corrosión (como las herramientas quirúrgicas), implantes dentales, sensores de oxígeno y bujías. También se utiliza como catalizador en el proceso de hidrogenación de aceites. En la hidrogenación, se añaden átomos de hidrógeno a las cadenas de átomos de carbono que forman las moléculas de aceite.

En el mundo de la alta tecnología, el platino se utiliza para fabricar máquinas termogravimétricas que miden la masa de un objeto a lo largo del tiempo a medida que cambia la temperatura. El platino y el cobalto se alean para fabricar imanes de resistencia media. El ácido hexacloroplatinico, $C_{16}H_2Pt$, se utiliza en fotografía, espejos, revestimientos de porcelana y, lo más famoso, como "tinta de votación" que se aplica en un dedo cuando el votante sale del colegio electoral, evitando así que vote dos veces.

El platino es relativamente raro y a veces es más caro que el oro. Mucha gente compra platino como inversión "segura", porque los metales preciosos (oro, plata, platino) siempre mantendrán su valor; de hecho, son utilizables, a diferencia del papel moneda o el dinero digital. En épocas de seguridad económica, el precio del platino puede duplicar el del oro.En épocas de incertidumbre económica, el precio del platino cae por debajo del del oro.

$PtCl_4$ Cloruro de platino (IV)

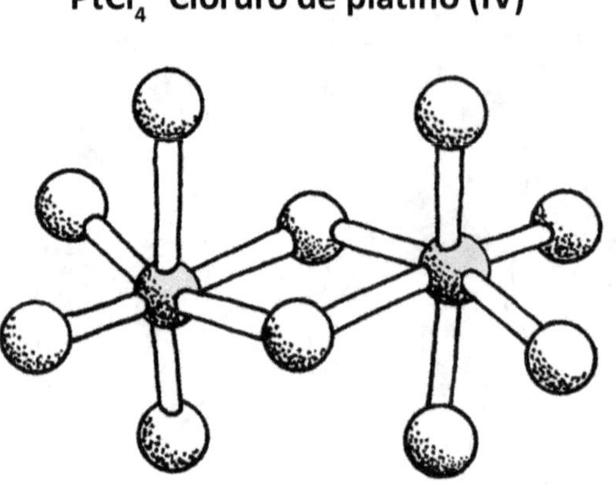

Las bolas grises son de Pt. Las bolas blancas son de Cl.

PtF_6 Hexafluoruro de platino

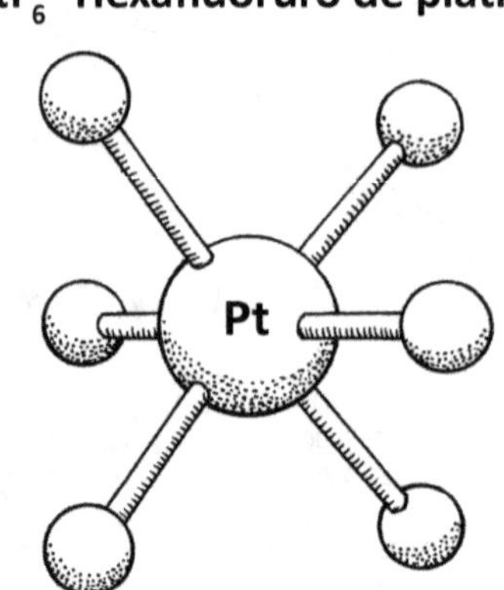

Las bolas sin marcar son F, flúor.

$Pt(NH_3)_2Cl_2$ Cisplatino

Es un medicamento que se utiliza para combatir las células cancerosas.

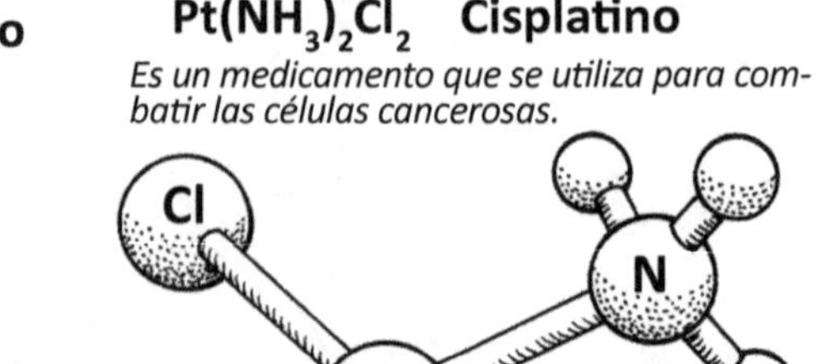

Las bolas sin marcar son H, hidrógeno.

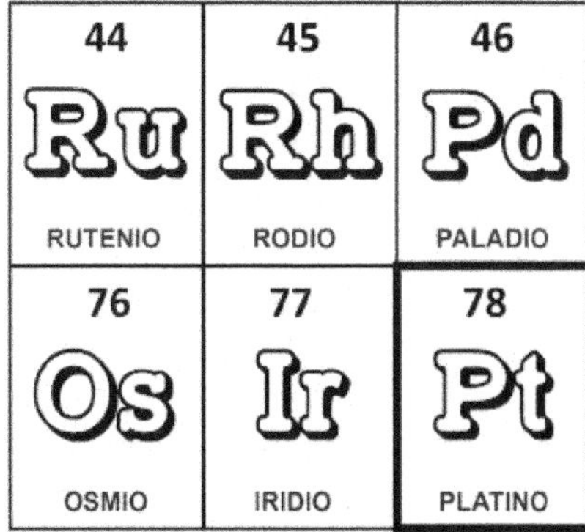

44 Ru RUTENIO	45 Rh RODIO	46 Pd PALADIO
76 Os OSMIO	77 Ir IRIDIO	78 Pt PLATINO

Grupo del platino

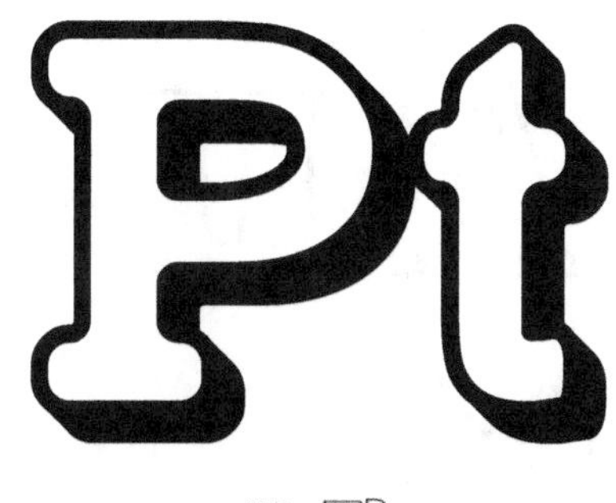

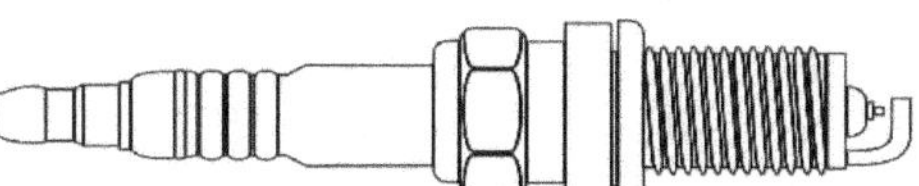

Las aleaciones de platino se utilizan en las bujías.

Platino

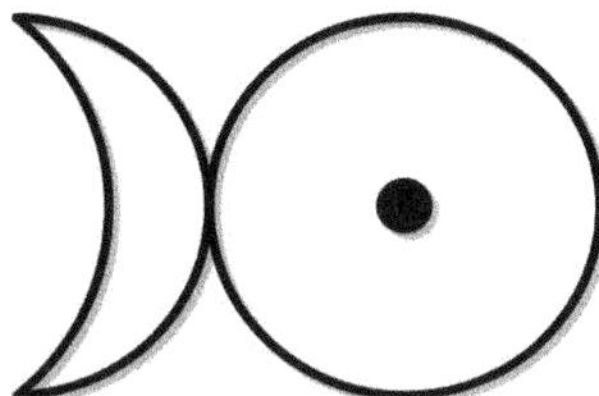

Este símbolo se utilizó en el siglo XVIII para representar el platino. Combina los símbolos de la Luna (plata) y el Sol (oro).

Las aleaciones de platino se utilizan para fabricar instrumental quirúrgico resistentes a la corrosión.

Fabricada en 1937, la corona tiene 2800 diamantes.

El marco de la corona de la Reina Madre (madre de Isabel II) está hecho de platino. La tela es de terciopelo morado.

El platino proporciona a los relojes una superficie brillante y duradera.

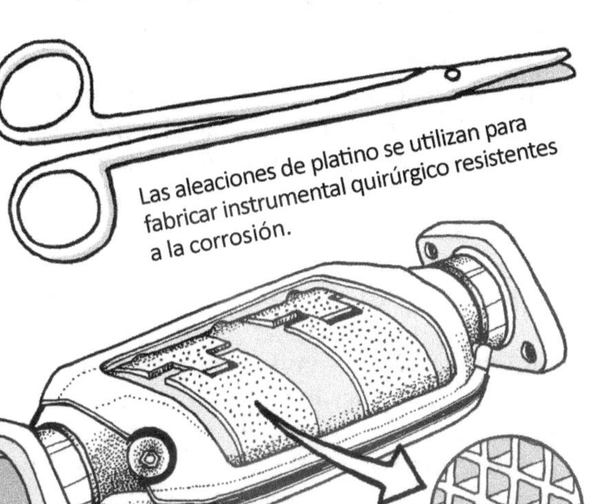

Las aleaciones de platino se utilizan en los convertidores catalíticos de los coches. Los convertidores eliminan los gases tóxicas del escape.

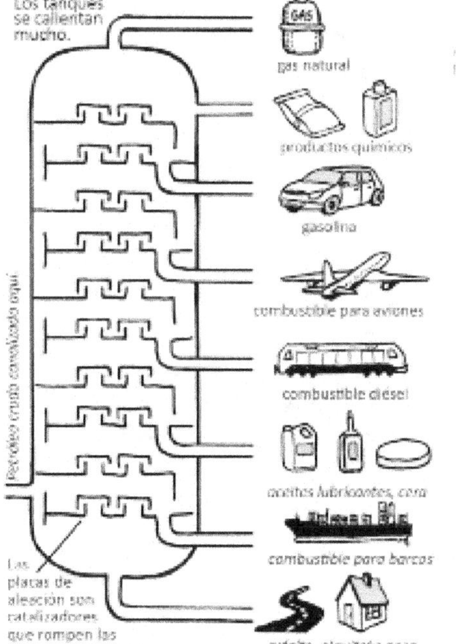

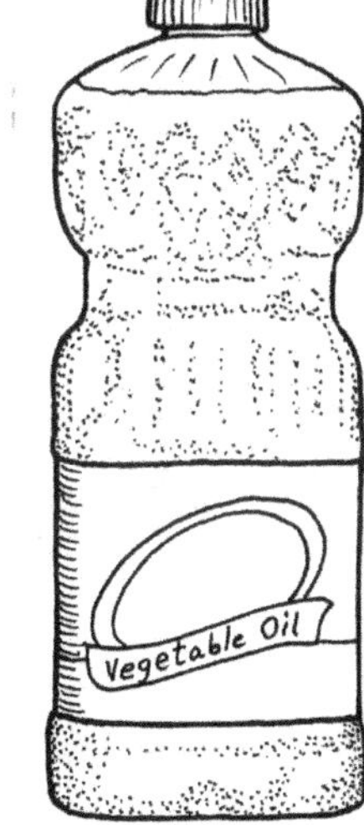

Las placas de aleación de platino también se utilizan en el proceso de hidrogenación de aceites (añadiendo átomos de H a las cadenas de carbonos).

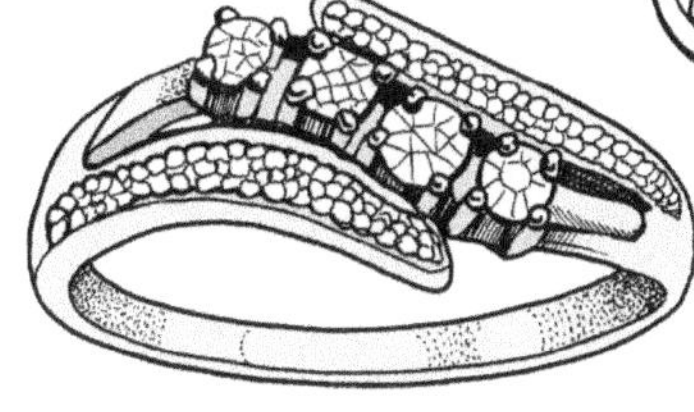

Alrededor de un tercio del suministro mundial de platino se utiliza para fabricar joyas.

Los implantes dentales utilizan aleaciones de platino.

Es posible que encuentre platino en algunos discos duros.

protones
118 neutrones
79 electrones

Oro

Masa atómica: 196.9

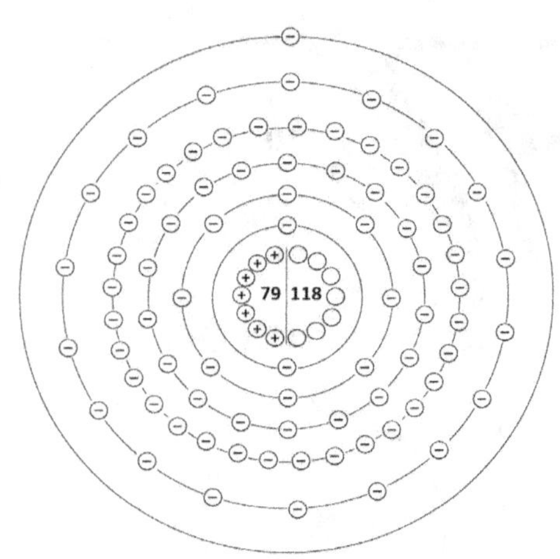

El símbolo Au proviene de la palabra latina para oro, aurum

El oro es uno de los elementos que descubrieron los pueblos antiguos. Es uno de los pocos elementos que se pueden encontrar en su forma pura ("nativa") en la corteza terrestre, a menudo mezclado con depósitos de cuarzo o plata. Las partículas suelen ser pequeñas, a veces incluso más pequeñas que los granos de arena. La pepita más grande registrada se encontró en Australia en 1869 y pesaba 78 kg. La gente de hoy en día sigue valorando el oro tanto como lo hacían los pueblos antiguos. Tiene un brillo precioso y es fácil de trabajar. El oro puede enrollarse en láminas más finas que el papel y puede estirarse y transformarse en alambres de un ancho de solo unas moléculas. Debido a que permite fabricar alambres finos que pueden transportar electricidad, el oro es muy útil para la industria electrónica y se ha utilizado para fabricar placas de circuitos y microchips.

Debido a que el oro es tan blando, los artículos hechos de oro pueden abollarse y rayarse. Esto plantea un problema para su uso en joyas y monedas. Se puede añadir plata, cobre, níquel o zinc al oro para hacerlo más duro. Una mezcla de plata y oro se llama "electro". Si los otros metales cambian el color del oro, los joyeros simplemente lo anuncian como oro de color, como "oro blanco" u "oro rojo". A veces, el oro se utiliza como una fina capa sobre metales más duros.

Dado que el oro refleja la luz ultravioleta, se roció una fina capa de oro en el interior de los cascos que llevaban los astronautas del Apolo. En muchas de las fotografías de las misiones Apolo, los cascos lucen brillantes y dorados. La capacidad del oro para reflejar el calor (rayos infrarrojos) se probó en un coche deportivo llamado McLaren F1. Algunas partes del motor se recubrieron con finas capas de oro. Esto no supuso un gran aumento del precio del coche, ya que solo se utilizaron unos pocos gramos de oro.

A lo largo de la historia, la gente ha comprado oro como inversión financiera. Incluso hoy en día, el oro se considera una de las inversiones más seguras porque nunca pierde valor. Es útil, hermoso y no se oxida ni se deteriora.

Los océanos del mundo contienen 15 000 toneladas de oro si se pudieran recoger todos los átomos en un solo lugar. El oro se va arrastrando por los ríos hasta el mar. Los lechos de los ríos de algunas partes del mundo son lugares excelentes para "buscar" oro, filtrando pequeñas escamas de oro de la arena y la suciedad. Los yacimientos de oro suelen denominarse "vetas".

El oro no es tóxico. Se pueden comprar láminas de oro extremadamente finas, llamadas "pan de oro", para decorar postres. El pan de oro también se utilizaba en la Edad Media para decorar manuscritos elegantes.

Cu_3Au Auricúprido

Au
Au
Au
Au
Au
Au

Las bolas grises son de Cu, cobre.

Au_2Br_6 Bromuro de oro (III)

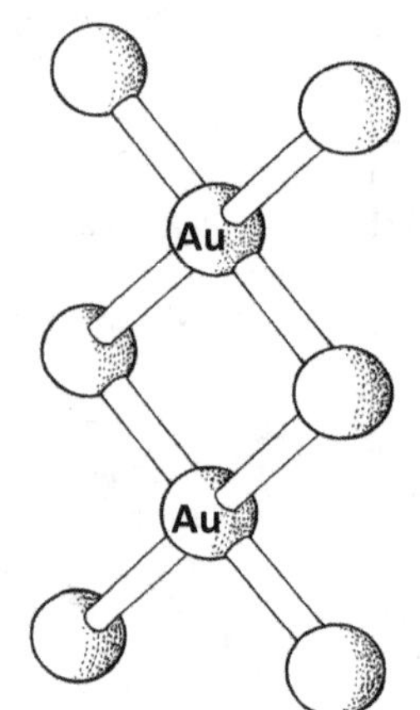

Las bolas sin marcar son Br, bromo.

AuCl Cloruro de oro

Las bolas grandes son Au, oro. Las bolas pequeñas son Cl, cloro.

79 Au
Oro

Muchos artefactos de la tumba del rey Tut están decorados con oro.

El oro se moldea en lingotes para su almacenamiento.

Atenea *El búho de Atenea.*

Moneda de oro griega de alrededor del año 400 a. C.

El "Águila de oro americana" es una moneda de inversión que apareció por primera vez en 1986.

Este dibujo procede de un manuscrito escrito en el siglo XVI, que muestra a los conquistadores españoles (dirigidos por Cortés) durante su búsqueda de oro en Sudamérica.

El interior de este casco de astronauta fue rociado con una capa muy fina de oro. El oro refleja los dañinos rayos de luz ultravioleta.

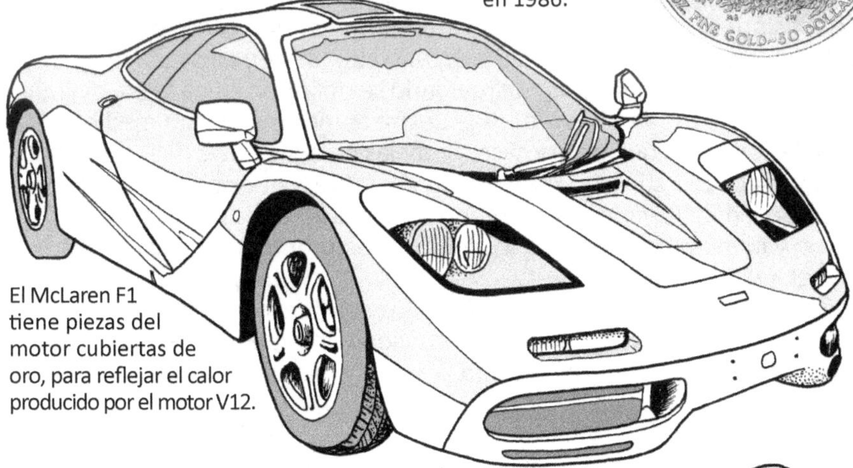
El McLaren F1 tiene piezas del motor cubiertas de oro, para reflejar el calor producido por el motor V12.

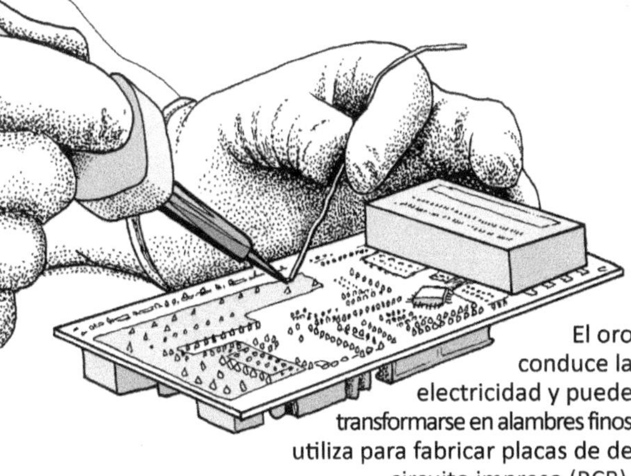
El oro conduce la electricidad y puede transformarse en alambres finos utiliza para fabricar placas de de circuito impreso (PCB).

El oro no es tóxico. De hecho, se pueden comprar láminas extremadamente finas de "pan de oro" y utilizarlas para decorar los postres.

En la Edad Media, los escribas copiaban manuscritos. A menudo decoraban la primera letra de cada párrafo y utilizaban pan de oro junto con pinturas.

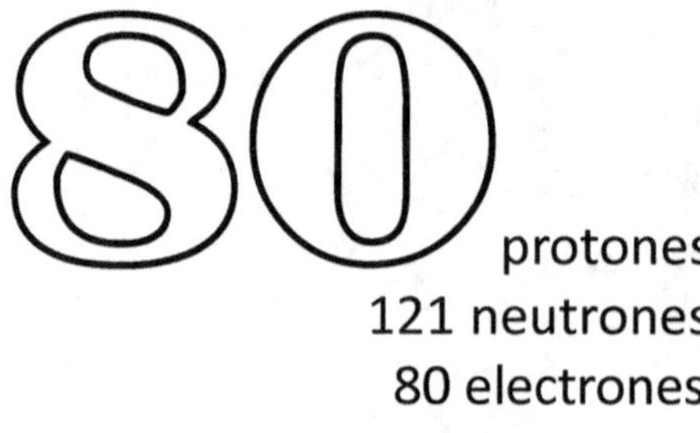

protones
121 neutrones
80 electrones

Mercurio

Masa atómica: 200.6

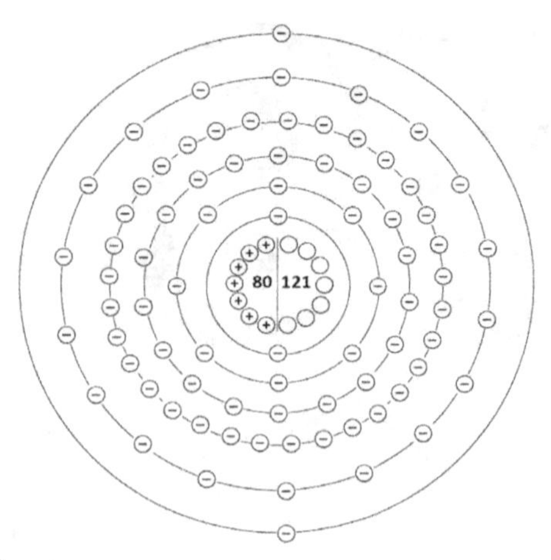

Lleva el nombre del dios romano de los mensajeros
"Hg" proviene del latín "hydragyrum", que significa "plata acuosa".

Este elemento se conoce desde la antigüedad. Suele encontrarse en un mineral llamado cinabrio (HgS). Si se pone cinabrio al fuego, el mercurio líquido rezumará de la roca. Esto debió parecer casi mágico a los pueblos antiguos: ¡líquido saliendo de una roca! El líquido era de un hermoso color plateado y se movía de una manera muy inusual, casi como si estuviera vivo, lo que dio lugar a su apodo: mercurio. ("Quick" significa "vivo"). Debido a que el mercurio era tan extraño e interesante, no pasó mucho tiempo hasta que comenzaron a surgir creencias supersticiosas sobre él. Se decía que el mercurio tenía poderes asombrosos para curar muchas enfermedades y tal vez incluso para prolongar la vida. Lamentablemente, esto estaba lejos de la verdad. El mercurio es altamente tóxico. Es sorprendente la cantidad de personas que sobrevivieron tomando "medicamentos" de mercurio. Mucho menos perjudicial ha sido el uso de "amalgamas" de mercurio (aleaciones con Ag, Cu, Sn) por parte de los dentistas para rellenar las caries.

El primer emperador chino, Qin Shi Huangdi (259-210 a. C.), estaba obsesionado con el mercurio. Pensaba que le haría vivir para siempre. Sus médicos estaban de acuerdo y le prepararon pastillas de mercurio para que se las tomara todos los días. Antes de morir (por envenenamiento por mercurio, por supuesto) ordenó que se construyera una tumba subterránea secreta, con una maqueta a gran escala de su ciudad, con ríos de mercurio líquido. La tumba nunca se ha abierto, pero los científicos detectan altos niveles de mercurio que salen del suelo sobre ella.

El primer uso práctico del cinabrio fue como pigmento. El rojo bermellón, hecho de cinabrio en polvo, fue utilizado por los pintores en la Edad Media y el Renacimiento. Más tarde fue sustituido por el rojo cadmio.

En el siglo XVII, un científico llamado Torricelli descubrió que un tubo de mercurio alto (80 cm) colocado en un recipiente de mercurio podía medir la presión atmosférica. Estos "barómetros" de mercurio se utilizaron hasta la era digital. Un dispositivo similar es el termómetro, que también utiliza la expansión predecible del mercurio líquido para medir.

En los faros también se utilizaban recipientes de mercurio líquido para hacer flotar las pesadas lentes de Fresnel que aumentaban la luz de las bombillas. El mercurio líquido creaba una superficie casi sin fricción sobre la que podía girar la lente.

El mercurio líquido se vaporiza con bastante facilidad. El vapor de mercurio se utiliza en dos aplicaciones: en las lámparas fluorescentes compactas (aún se utiliza) y como propulsor para los motores de propulsión iónica de los satélites (ahora sustituidos por gases nobles, como el Xe).

El mercurio fue uno de los productos químicos utilizados en el siglo XIX por los sombrereros. Desafortunadamente, muchos sombrereros desarrollaron problemas cerebrales debido a la exposición a los vapores de mercurio. Este desafortunado fenómeno es lo que inspiró al autor Lewis Carroll a crear un personaje llamado "el Sombrerero Loco" en su libro Alicia en el País de las Maravillas.

$Hg(NO_3)_2$ Nitrato de mercurio (III)

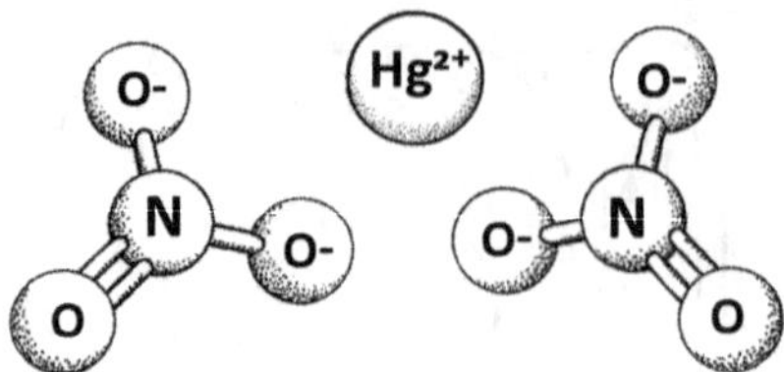

Hg_2Cl_2 Cloruro de mercurio (I)

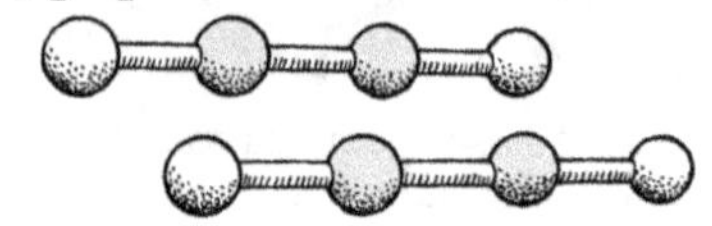

Las bolas grises son de Hg.
Las bolas blancas son de Cl.

HgO Óxido de mercurio

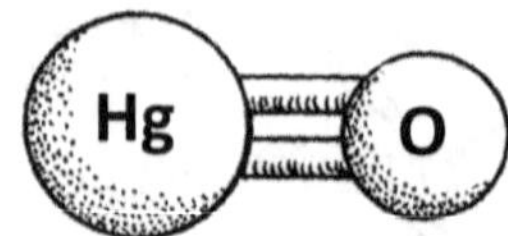

El HgO es un sólido rojo. En 1774, Joseph Priestly utilizó óxido de mercurio para descubrir el elemento oxígeno, aunque el nombre "oxígeno" lo dio más tarde Lavoisier.

HgTe
Telururo de mercurio (III)

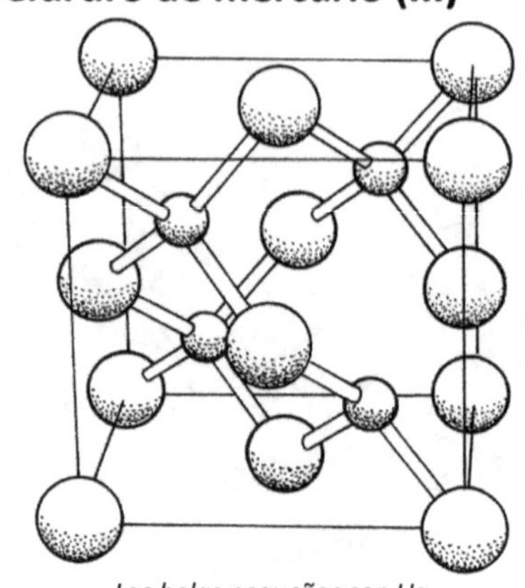

Las bolas pequeñas son Hg.
Las bolas grandes son Te.

El cinabrio es de color tostado con manchas rojas.

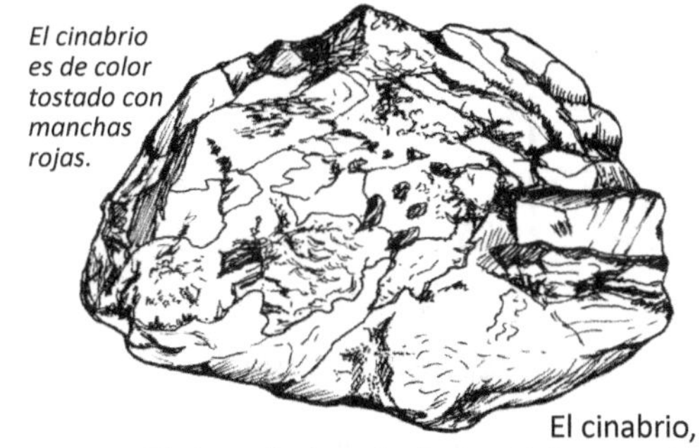

El cinabrio, HgS, es el mineral principal del mercurio.

"Hydragyrum"

Mercurio

Las bombillas fluorescentes suelen contener vapores de mercurio.

El mercurio se utilizó en los termómetros hasta finales del siglo XX.

Mercurio es la versión romana del dios griego Hermes.

Mercurio, el dios del comercio, las finanzas, los viajes y los mensajeros. Lleva una varita llamada caduceo.

El rojo bermellón se hace con cinabrio en polvo. Es tóxico, por lo que debe usarse con cuidado.

En 1643, Evangelista Torricelli demostró que un tubo de mercurio de 80 cm de altura podía utilizarse para fabricar un barómetro para medir la presión atmosférica.

El "Sombrerero Loco" se basó en casos de envenenamiento por mercurio que se produjeron en la industria de la fabricación de sombreros.

Las amalgamas de mercurio se utilizaban para empastar los dientes.

Las potentes lentes de Fresnel de las luces de los faros solían flotar en un recipiente de líquido Hg sin fricción.

El emperador chino Qin Shi Huangdi (259-210 a. C.) tomaba pastillas de mercurio todos los días y construyó una tumba subterránea secreta con ríos de mercurio.

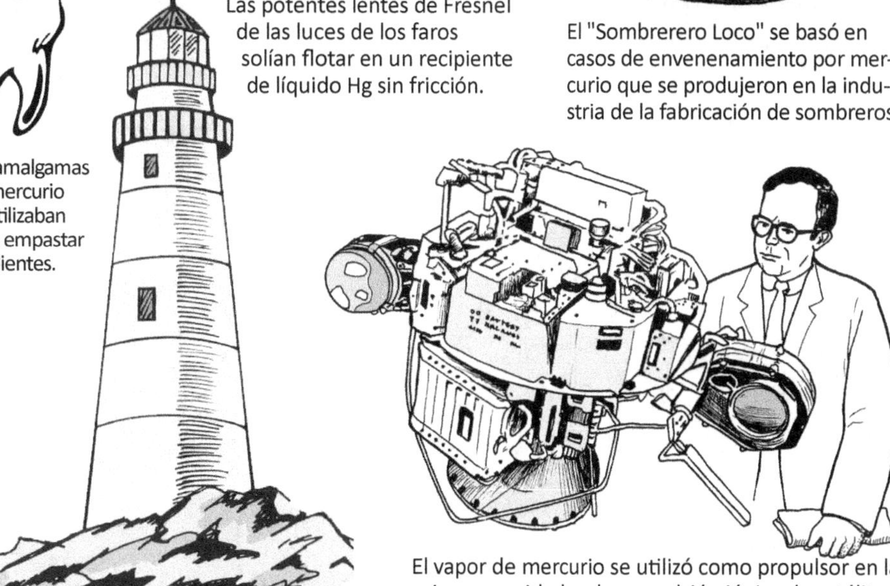

El vapor de mercurio se utilizó como propulsor en las primeras unidades de propulsión iónica de satélites en la década de 1960, como el SERT-1.

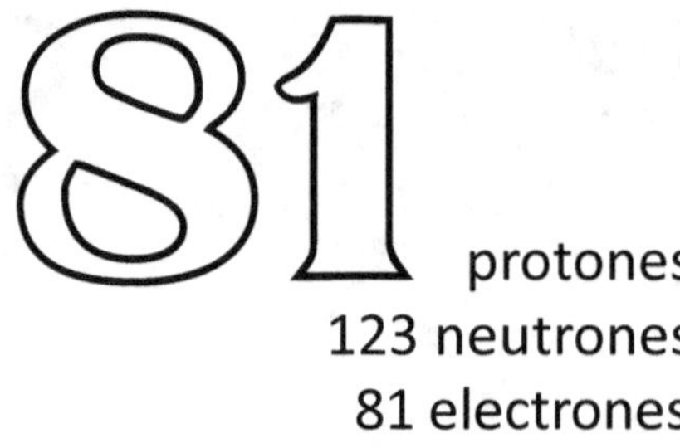

protones
123 neutrones
81 electrones

Talio

Masa atómica: 204.4

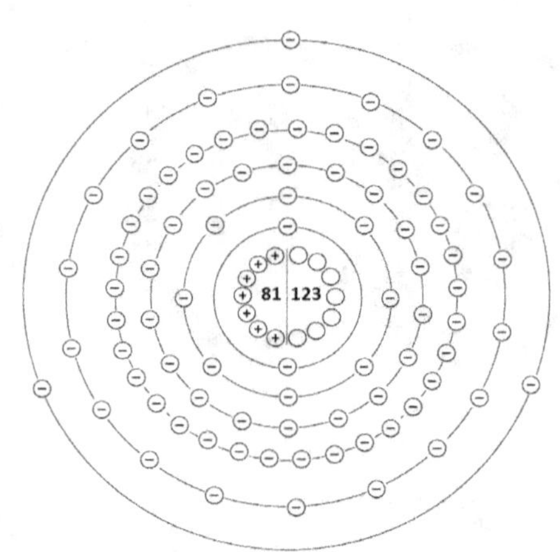

Su nombre proviene de la palabra griega para designar una ramita verde, "thallos"

William Crookes y Claude Lamy descubrieron este elemento en 1861, utilizando la espectroscopía. Trabajaban de forma independiente, no juntos, por lo que esto dio lugar a una controversia constante sobre quién debía ser reconocido como el descubridor oficial. Crookes logró publicar sus hallazgos primero y eligió nombrar al nuevo elemento talio, utilizando la palabra griega para "ramita verde" debido a la línea verde brillante en el patrón del espectro de emisión del talio. Lamy recibió varios premios por su trabajo, así que al final, ambos hombres acabaron recibiendo reconocimiento.

Varios minerales contienen talio, todos los cuales se consideran relativamente raros. La lorándita, $TlAsS_2$, se encuentra en Macedonia (al norte de Grecia) y en Tayikistán. Otros minerales de talio se encuentran en minas de cobre y plomo. El talio es uno de los elementos más tóxicos. El sulfato de talio se untilizó como raticida hast que se prohibió en la década de 1970. Los compuestos de talio también se utilizaban para eliminar gérmenes (antibióticos orales y tópicos) hasta mediados del siglo XX).

Si un ser humano ingiere demasiado talio (normalmente como resultado de un accidente en una fábrica que utiliza talio en sus procesos de fabricación), la cura consiste en ingerir un pigmento azul en polvo llamado azul de Prusia. La molécula del pigmento, que está compuesta de hierro, carbono y nitrógeno, tiene la capacidad de captar los átomos de talio y retenerlos el tiempo suficiente para que toda la molécula sea expulsada del cuerpo.

El talio se utiliza en la industria electrónica para fabricar fotorresistores, que pueden detectar la intensidad de la luz y ajustar los circuitos en consecuencia. Los fotorresistores permiten que las luces exteriores se enciendan automáticamente después de la puesta del sol. El talio puede "doparse" en cristales como el yoduro de sodio para fabricar detectores de rayos gamma, útiles en la inspección de equipos. Más recientemente, se ha descubierto que algunos compuestos de talio son superconductores, lo que puede resultar útil en el futuro.

El chapado en oro es un proceso en el que se puede aplicar una fina capa de oro a la superficie de objetos metálicos. Si se añaden sales de talio a la solución de galvanoplastia, el proceso será más rápido y producirá una superficie más lisa.

La industria del vidrio utiliza óxido de talio para fabricar vidrio más denso y, por lo tanto, mejor para ciertas aplicaciones, como lentes especiales para cámaras. El bromuro y el yoduro de talio se utilizan para fabricar lentes que transmitan luz infrarroja. Las lámparas de halogenuros metálicos que producen luz intensa a veces añaden talio a sus mezclas metálicas.

El talio-201, un isótopo radiactivo, se utiliza en cardiografía nuclear, porque el Tl-201 revela los tejidos con bajo

TlCl Cloruro de talio

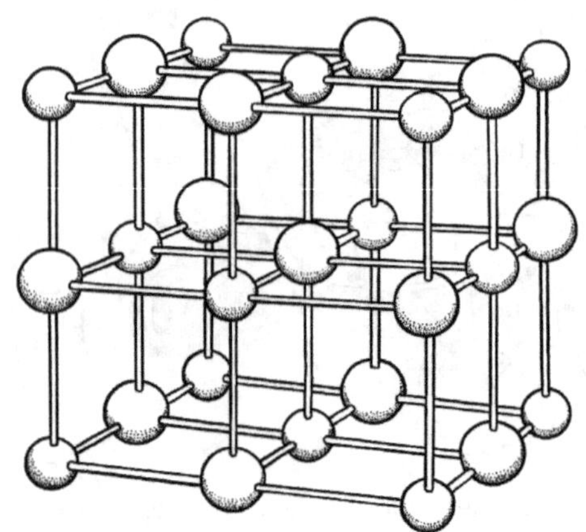

Las bolas grandes son Tl. Las bolas pequeñas son Cl.

Tl_2SO_4 Sulfato de talio

El sulfato de talio se utilizaba para envenenar ratas.

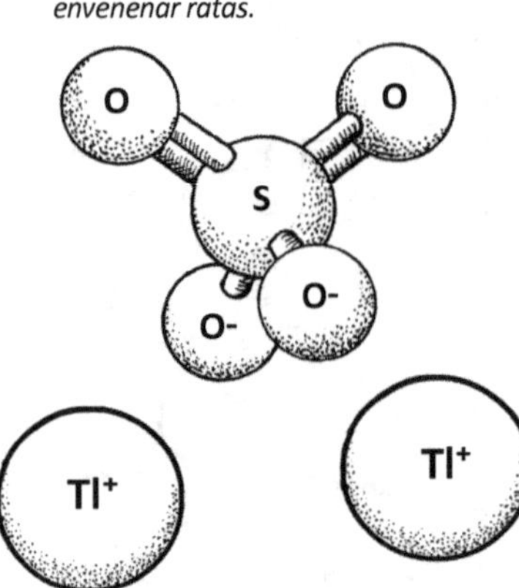

TlI Yoduro de talio

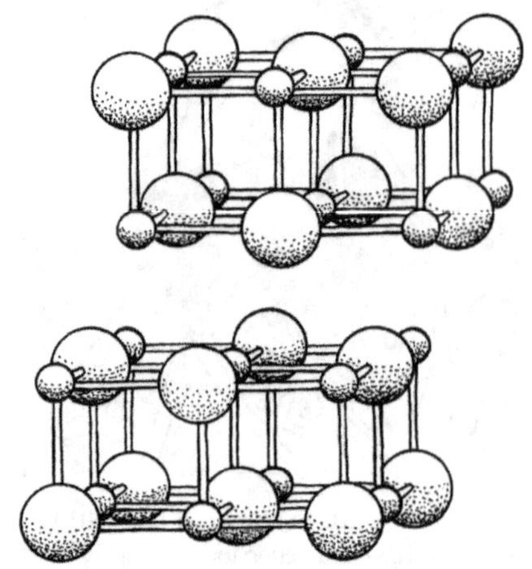

Las bolas pequeñas son I. Las bolas grandes son Tl.

81

Los cristales de lorándita son rojos.

La lorándita, $TlAsS_2$, se encuentra en Macedonia y Tayikistán.

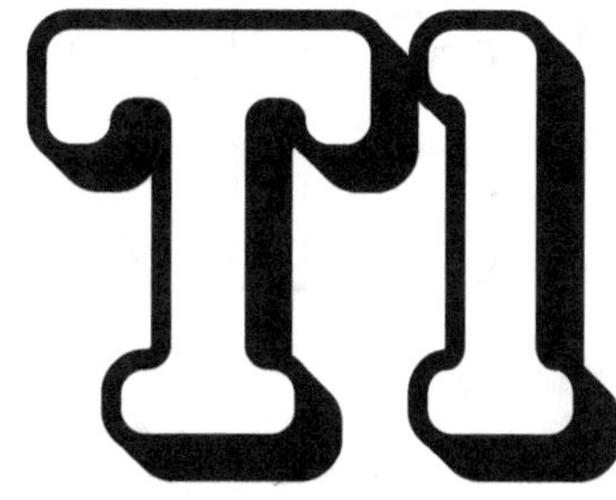

Talio

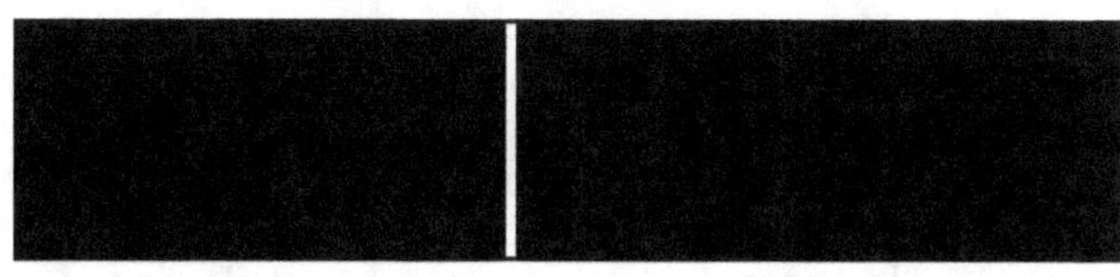

El nombre de talio proviene de su inusual espectro: una línea verde brillante.

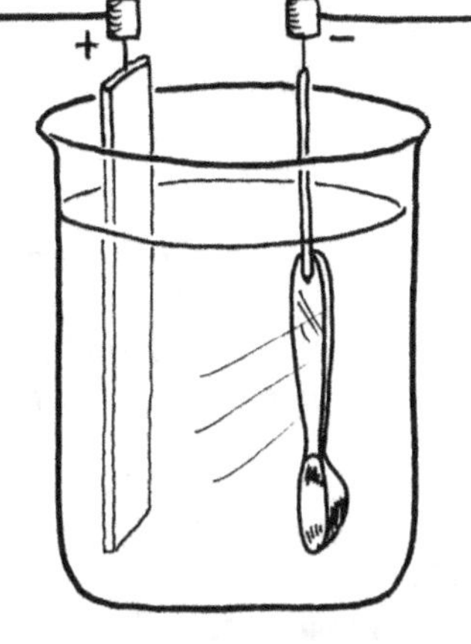

Esta cuchara se está siendo bañada en oro (procedente de la barra de oro de la izquierda). El talio de la solución ayuda a acelerar el proceso.

El talio se utiliza para fabricar lentes especiales para cámaras.

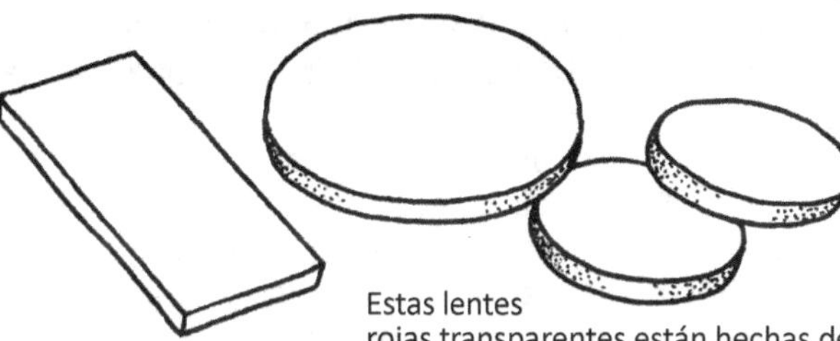

Estas lentes rojas transparentes están hechas de yoduro de bromuro de talio. Se utilizan con luz infrarroja.

B=negro P=morado O=naranja

B B B B O P

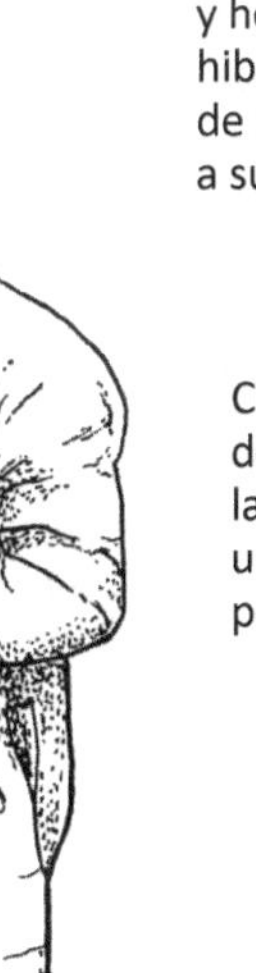

El talio-201 se utiliza en cardiografía nuclear (imágenes del corazón). El talio resalta los tejidos que no reciben suficiente oxígeno.

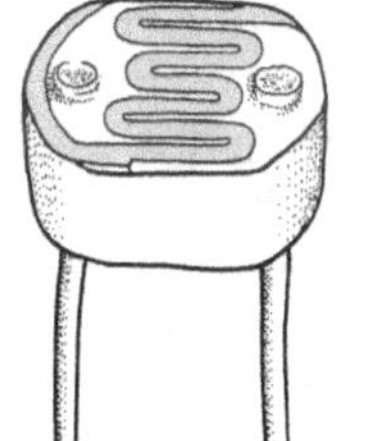

fotoresistor

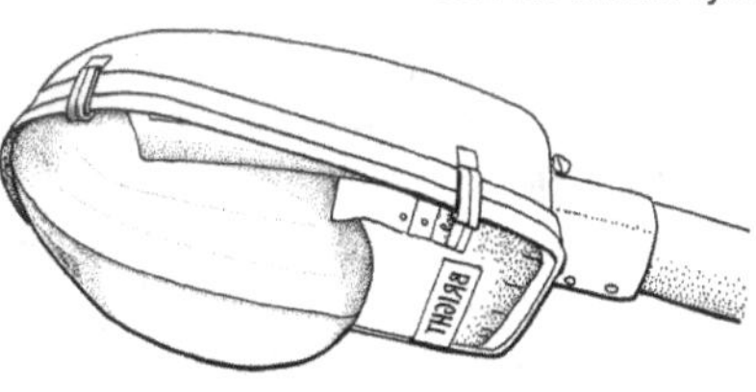

Los fotorresistores detectan la luz y permiten que las farolas se enciendan automáticamente.

Los detectores de rayos gamma pueden utilizar cristales de yoduro de sodio dopados con talio.

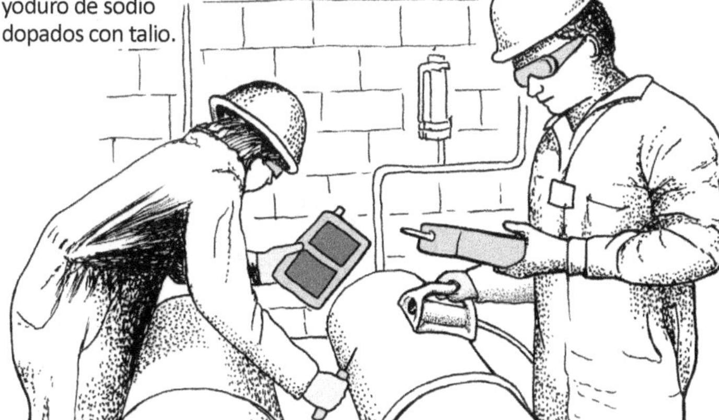

El sulfato de talio se utilizaba como veneno para ratas y hormigas. Se prohibió en la década de 1970 debido a su toxicidad.

Cuando los humanos consumen accidentalmente una dosis tóxica de talio, la cura es comer azul de Prusia, un pigmento en polvo utilizado por los artistas.

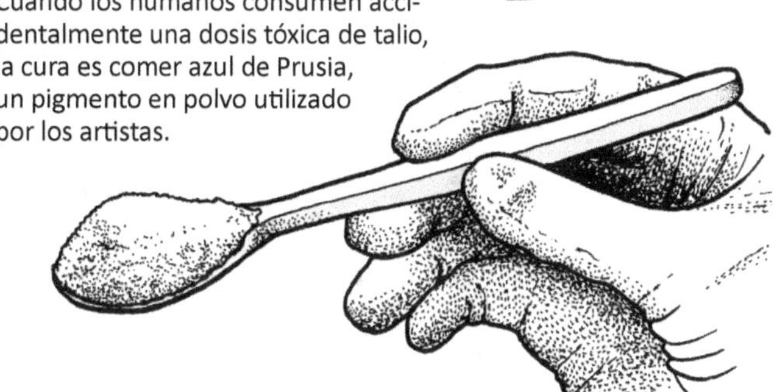

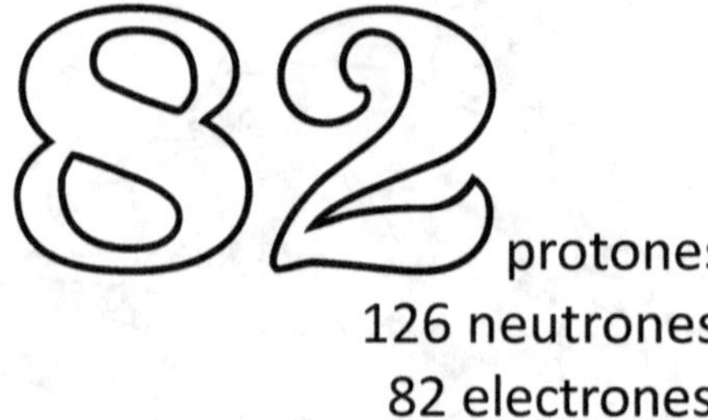

protones
126 neutrones
82 electrones

Masa atómica: 207.2

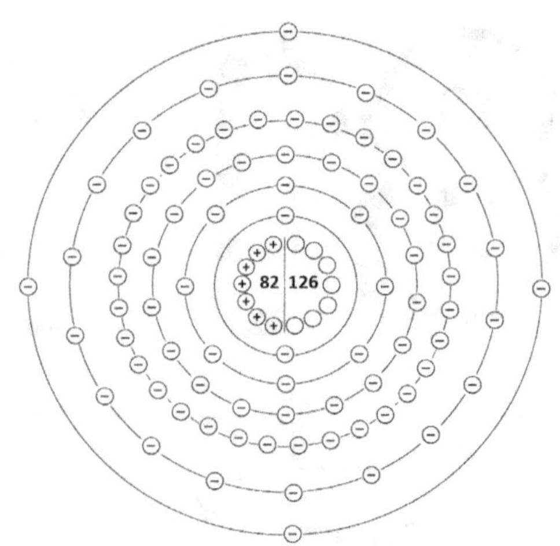

Plomo

Del latín plumbum, que significa plomo

El elemento plomo tiene una larga historia. Las culturas antiguas de todo el mundo lo utilizaban porque era fácil de encontrar y no era difícil de extraer de sus minerales. El mineral principal es la galena, una mezcla de plomo y azufre, PbS, que se encontraba a menudo en zonas donde se extraía plata. Los antiguos utilizaban el plomo para fabricar cuentas y monedas, y para lastrar las redes de pesca, pero también fabricaban polvos de albayalde para pintar vasijas y para elaborar cosméticos y medicinas.

En la época del Imperio romano, el plomo tenía muchos usos: tejas, tuberías de agua, monedas, tablillas de escritura, pesos para redes de pesca, pesos utilizados como munición (en hondas) e incluso, por desgracia, recipientes para contener alimentos. No fue hasta el siglo XX cuando se comprendió por completo la toxicidad del plomo.

Durante la Edad Media, el plomo se utilizaba para sujetar los trozos de vidrio en las vidrieras gigantes de las catedrales. También durante esta época, el plomo se utilizó ampliamente en tejas y tuberías de agua. Cuando se inventó la imprenta, se utilizaron aleaciones de plomo para crear los pequeños bloques en los que se tallaban las letras.

Durante el Renacimiento, los compuestos de plomo se utilizaban para fabricar polvos cosméticos blancos. Se consideraba de alta costura y un símbolo de modestia que las mujeres se blanquearan la cara. El plomo también se utilizaba para fabricar pintura blanca. Las pinturas con plomo siguieron utilizándose hasta bien entrado el siglo XX porque tenían la deseable cualidad de ser muy opacas.

A partir del siglo XVIII, el estaño mezclado con plomo se utilizó para fabricar juguetes, como los "soldaditos de plomo". A finales del siglo XIX, se hizo evidente que el plomo era peligroso, por lo que los fabricantes de juguetes dejaron de utilizarlo. Otros usos del plomo durante esta época incluían la fabricación de enormes tubos para órganos de tubos, como lastre en el fondo de los veleros y para fabricar balas esféricas ("perdigones") para mosquetes y pistolas de chispa. (La galena se utilizaba a menudo como fuente de plomo para las balas de mosquete).

En la década de 1920, se encontró un nuevo uso para el plomo. Se descubrió que un compuesto de plomo llamado tetraetilo de plomo reducía el ruido de detonación de los motores de gasolina. Este "gasolina con plomo" fue prohibida en Estados Unidos en la década de 1970, y en el año 2000 la mayoría de los demás países también habían aprobado leyes contra su uso.

El mayor uso del plomo hoy en día es en la fabricación de baterías de plomo-ácido para automóviles, barcos y fuentes de alimentación de reserva. Otro uso importante es la fabricación de dispositivos de protección contra rayos X y rayos gamma. Los delantales de plomo proporcionan protección a los pacientes y técnicos que utilizan máquinas de rayos X médicas. El plomo es un ingrediente menor en varios compuestos utilizados en acústica y fibra óptica. Por ejemplo, el titanato de circonio y plomo se utiliza en equipos de ultrasonido.

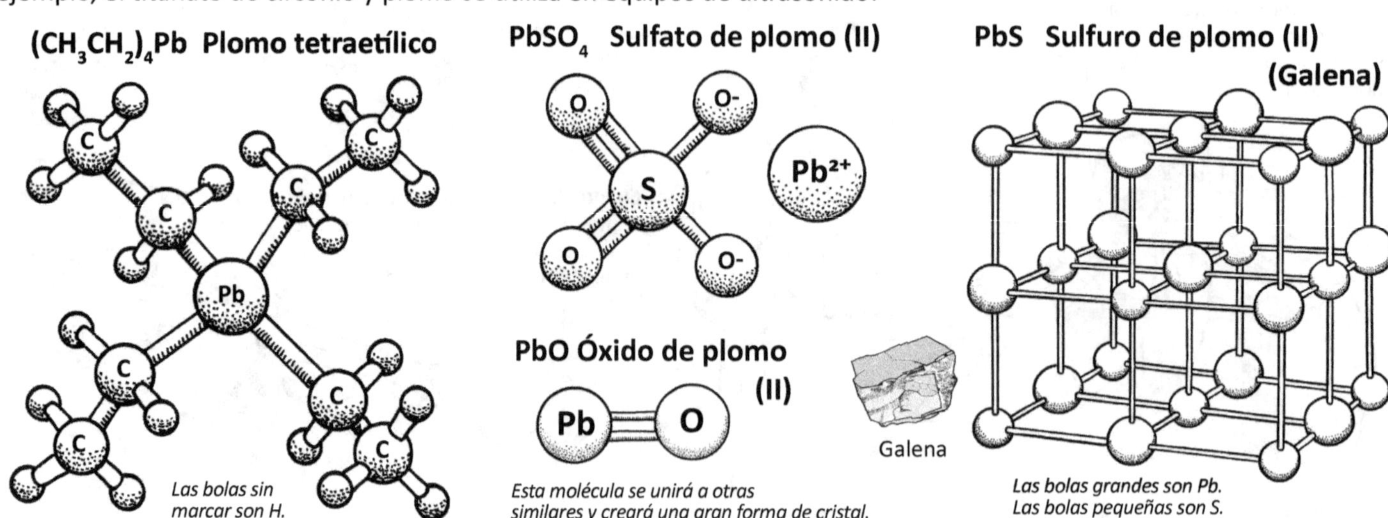

Las bolas sin marcar son H.

Esta molécula se unirá a otras similares y creará una gran forma de cristal.

Las bolas grandes son Pb. Las bolas pequeñas son S.

82 Pb Plomo

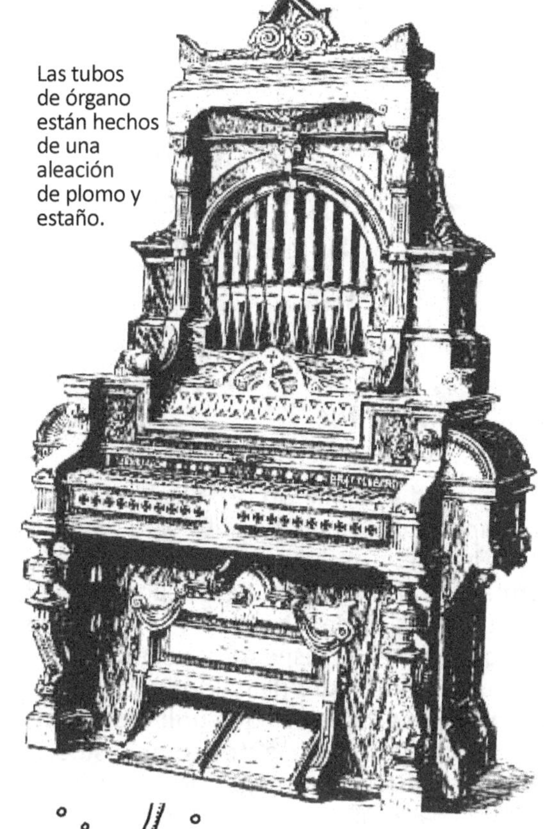

Las tubos de órgano están hechos de una aleación de plomo y estaño.

En la Edad Media, el plomo se utilizaba para hacer vidrieras.

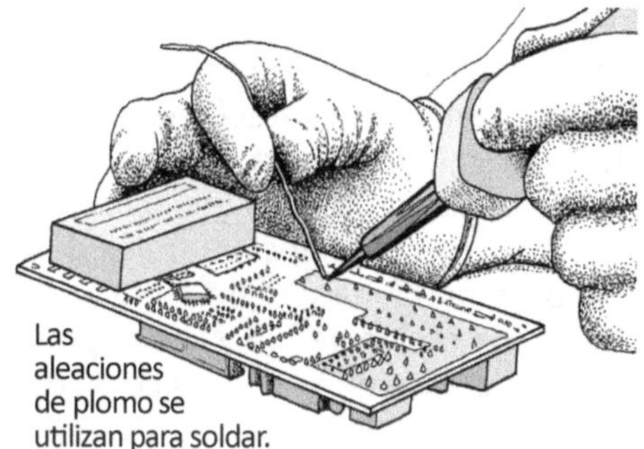

Las aleaciones de plomo se utilizan para soldar.

A la reina Isabel I se maquillaba el rostro de blanco, según la moda de la época. Los cosméticos blancos contenían plomo y probablemente enfermaron a mucha gente.

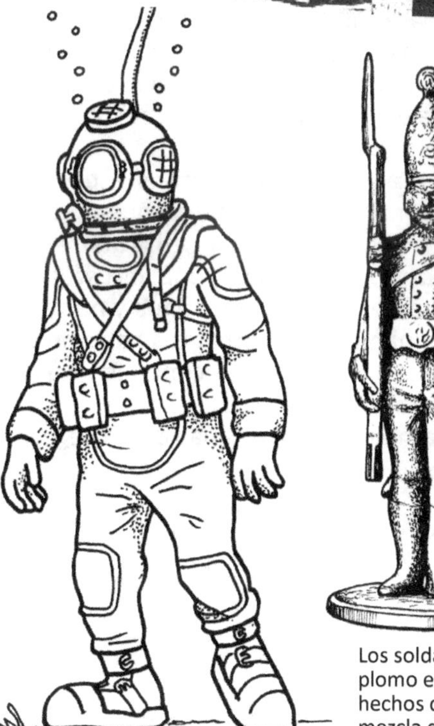

Los buceadores de aguas profundas llevaban cinturones y botas pesados de plomo para evitar que flotaran.

Los soldaditos de plomo estaban hechos de una mezcla de estaño y plomo.

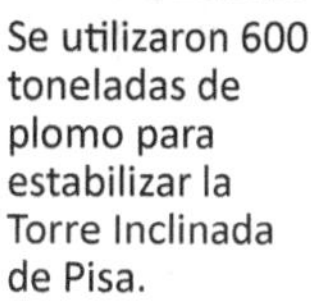

Se utilizaron 600 toneladas de plomo para estabilizar la Torre Inclinada de Pisa.

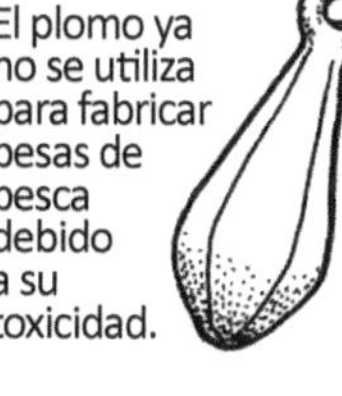

El plomo ya no se utiliza para fabricar pesas de pesca debido a su toxicidad.

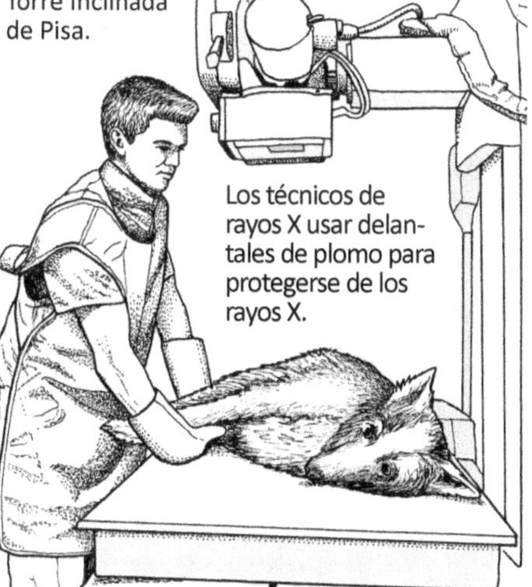

Los técnicos de rayos X usar delantales de plomo para protegerse de los rayos X.

El plomo se utilizaba para fabricar balas de plomo para mosquetes y pistolas de chispa.

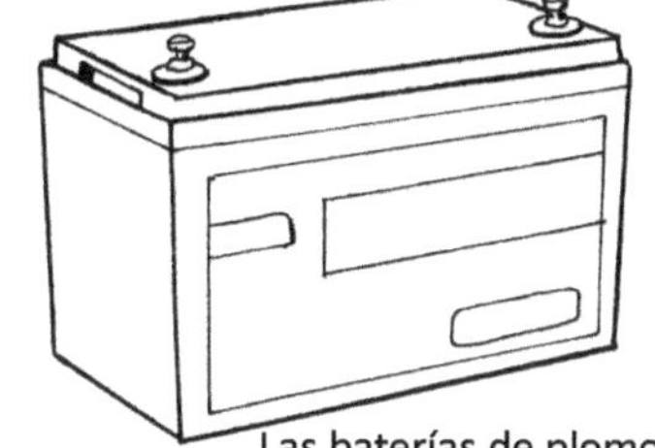

Las baterías de plomo-ácido se utilizan en automóviles y barcos.

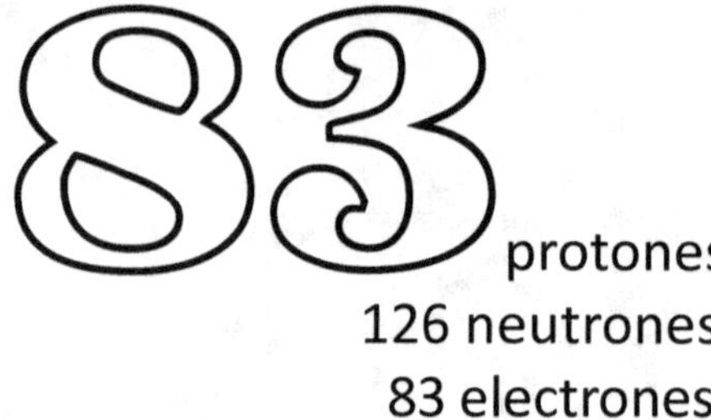

protones
126 neutrones
83 electrones

Masa atómica: 208.9

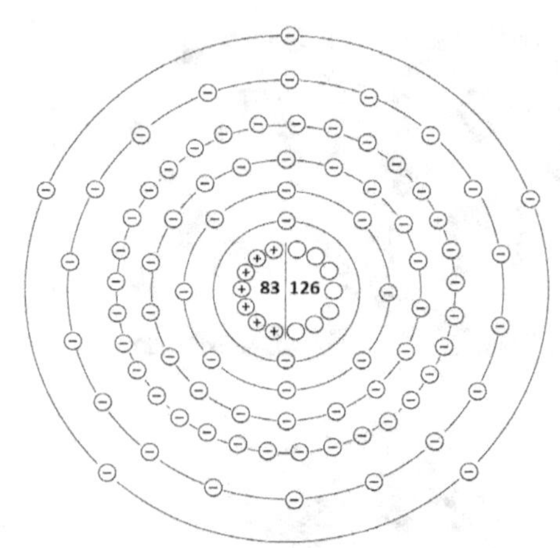

Bismuto

De la palabra alemana "bismuto" (o "wismut")

El bismuto se conoce desde la antigüedad y se utilizaba en aleaciones que incluían cobre, estaño o plomo. Incluso los antiguos incas (en Perú) utilizaban aleaciones de bismuto para fabricar herramientas y armas. Debido a que el bismuto se parecía mucho a la plata, los mineros durante la Edad Media llamaban al bismuto "tectum argenti", que significa "plata en proceso de formación". Los mineros pensaban que los depósitos de plata eran el resultado de un largo proceso geológico y el bismuto era uno de los primeros pasos de este proceso.

Los minerales naturales de bismuto no tienen un aspecto espectacular, pero los químicos modernos han encontrado la manera de fabricar cristales de bismuto puro (llamados cristales de tolva) que tienen una geometría cuadrada casi increíble y una superficie iridiscente asombrosa que brilla con todos los colores del arcoíris. La iridiscencia proviene de la reacción del oxígeno con la superficie. Los compuestos de bismuto iridiscentes, como el oxicloruro de bismuto, se utilizan para fabricar pinturas y esmaltes de uñas iridiscentes. El oxicloruro de bismuto proporciona un blanco nacarado que se utiliza para simular la "madreperla".

El uso del bismuto con fines médicos comenzó hace cientos de años. Los compuestos de bismuto se utilizaban para tratar problemas digestivos y enfermedades de la piel. Todavía utilizamos algunos de estos medicamentos hoy en día. El "bis" de Pepto-Bismol® representa el ingrediente activo, el subsalicilato de bismuto. Otro compuesto de bismuto se utiliza para las infecciones oculares.

El vanadato de bismuto se utiliza para fabricar pigmentos amarillos, especialmente el "amarillo limón". Los amarillos de bismuto pueden utilizarse en lugar de los amarillos de cadmio, ya que el bismuto es menos tóxico que el cadmio.

Debido a que el bismuto es casi tan denso como el plomo, se ha utilizado como sustituto del plomo en cosas como balas, pesas de pesca y alambre de soldadura. Se descubrió que los cazadores de patos disparaban docenas de perdigones de plomo a los patos, que caían en las masas de agua y no se recuperaban. El plomo acababa disolviéndose en el agua y comenzaba a contaminar el ecosistema. Las balas de plomo han sido prohibidas en la mayoría de los países. El alambre de soldadura solía tener un alto contenido de plomo, pero ahora se utilizan otros metales, como el bismuto, para fabricar soldaduras sin plomo.

La similitud del bismuto con el plomo también lo hace capaz de proteger contra los rayos X, por lo que puede utilizarse para fabricar escudos protectores.

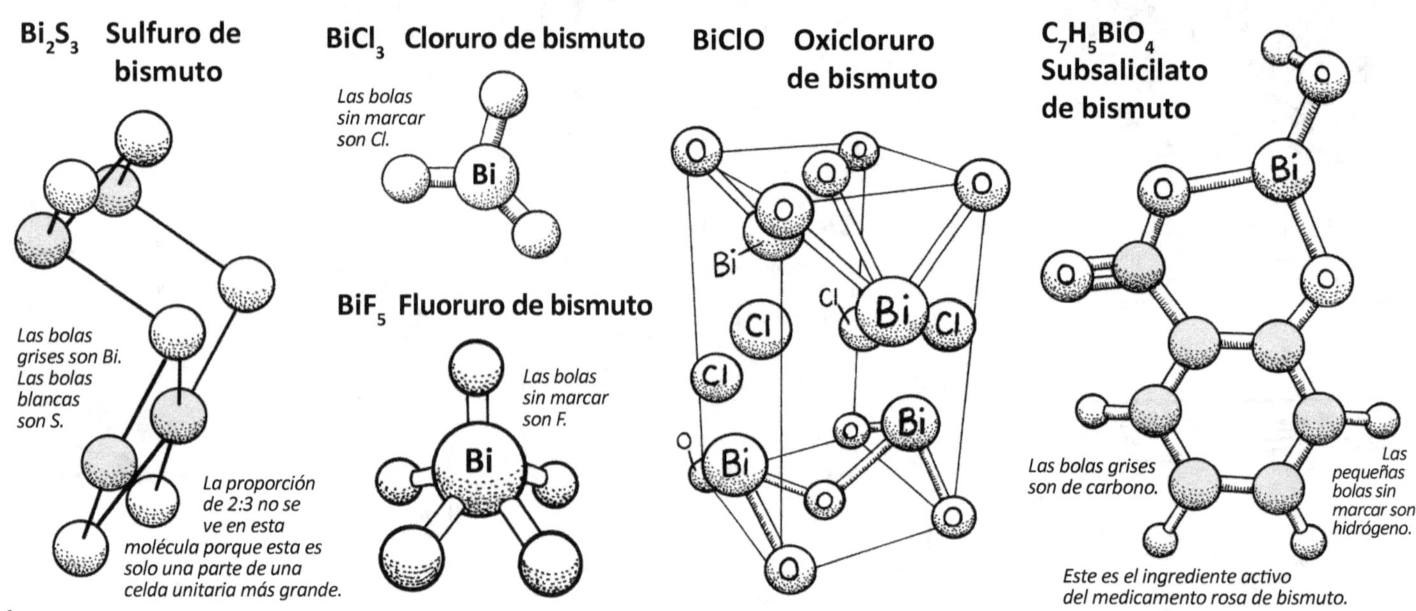

83 Bi

Bismuto

El bismuto es el "bis" de Pepto-Bismol®, un medicamento de venta libre que alivia el malestar estomacal.

El bismuto puro puede utilizarse para fabricar "cristales de bismuto" artificiales que brillan con colores iridiscentes del arcoíris.

El bismuto se utiliza en aleaciones que sustituyen a la soldadura de plomo.

El vanadato de bismuto se utiliza para fabricar varios tonos de pintura amarilla.

El esmalte de uñas iridiscente puede estar hecho con bismuto.

Las aleaciones de bismuto se están utilizando para sustituir la "munición" de plomo utilizada por los cazadores de patos.

Este grabado muestra el procesamiento del bismuto en el siglo XVI.

El bismuto es lo suficientemente similar al plomo como para que pueda utilizarse para fabricar blindaje contra la radiación.

(Los perdigones de plomo son una de las formas en que el plomo puede llegar al agua y afectar el ecosistema).

Las aleaciones de bismuto pueden sustituir a los viejos plomos de pesca de plomo.

Las aleaciones de bismuto se utilizan para fabricar sensores de incendios para sistemas de rociadores.

El germanato de bismuto es un centelleador que brilla cuando se expone a rayos X, lo que lo hace útil en las máquinas de tomografía axial computarizada (TC).

84 Polonio Po

84 protones
125 neutrones
84 electrones

Masa atómica: 209

BANDERA DE POLONIA

La franja superior es blanca, la franja inferior es roja. El área alrededor del águila es roja.

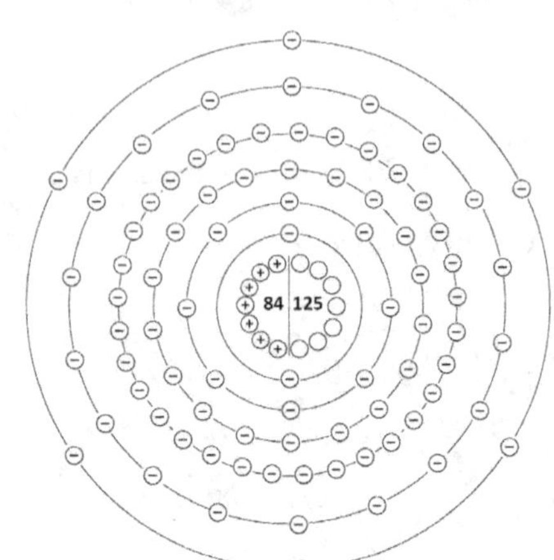

Este símbolo significa "radio activo". Suele ser negro y amarillo.

Se trata de un cepillo antiestático que se utiliza para eliminar cargas eléctricas de superficies como placas fotográficas y láminas de plástico.

PoO_2 Óxido de polonio (IV)

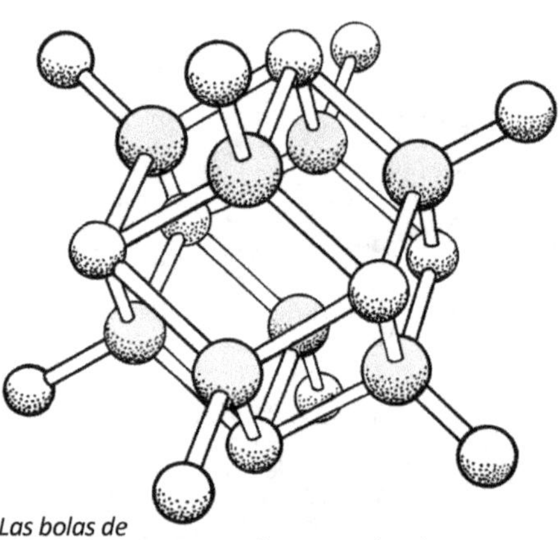

Las bolas de color gris claro son O, oxígeno. Las demás son Po.

Marie Curie nació en Polonia y se mudó a Francia.

El gas radón sale del suelo y se adhiere a las hojas de las plantas de tabaco. Algunos de los átomos de radón se descomponen y se convierten en polonio. Los fumadores inhalan el polonio y aumentan el riesgo de cáncer.

El polonio fue descubierto en Francia por Marie y Pierre Curie en 1898. Decidieron nombrar el elemento en honor a la tierra natal de Marie, Polonia, aunque en ese momento Polonia no existía como país independiente. Marie había estado investigando un mineral llamado pechblenda, que contenía mucho uranio. Después de extraer todo el uranio y el torio de la pechblenda, esta seguía siendo radiactiva, por lo que tenía que haber otro elemento radiactivo en el mineral. Tras extraer todo el polonio, ¡el mineral seguía siendo radiactivo! Cinco meses después encontraron el radio.

El polonio es extremadamente raro porque todos sus isótopos, excepto uno, existen solo unos minutos. Básicamente, el elemento polonio no es más que un producto intermedio en el proceso de desintegración de elementos radiactivos más grandes. Solo el Po-210 existe el tiempo suficiente para ser útil. 7l.Hoy en día, el Po-210 se produce en laboratorios nucleares, normalmente bombardeando bismuto (Bi-209) con protones. Si un protón se adhiere a un átomo de bismuto, inmediatamente se convierte en polonio, ya que es el número de protones lo que determina la identidad de un elemento. El Po-210 se produjo en una instalación de investigación en Dayton, Ohio, como parte del Proyecto Manhattan durante la Segunda Guerra Mundial, y se combinó con BeO, óxido de berilio, para fabricar los detonadores (que inician el proceso de fisión) de las bombas atómicas.

Hoy en día, el Po-210 puede utilizarse de forma segura en laboratorios con fines educativos. El Po-210 se utilizó en los años 60 y 70 en los diseños rusos de vehículos lunares y algunos satélites, utilizando el calor creado por el polonio para evitar que el equipo se congelara. Además, el Po-210 puede utilizarse de forma segura en dispositivos antiestáticos que eliminan las cargas eléctricas de superficies como placas fotográficas y láminas de plástico. A medida que el polonio se desintegra, emite partículas alfa (formadas por 2 protones y 2 neutrones) y estas partículas alfa provocan la eliminación de los iones cargados de las superficies.

85 Astato

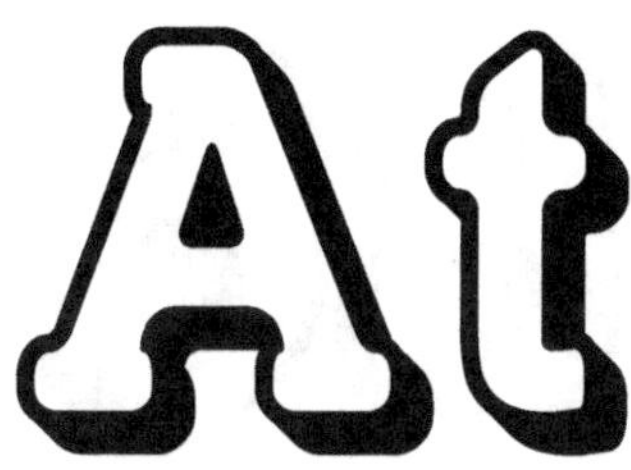

del griego "astatos", que significa "inestable"

85 protones
125 neutrones
85 electrones

Masa atómica: 210

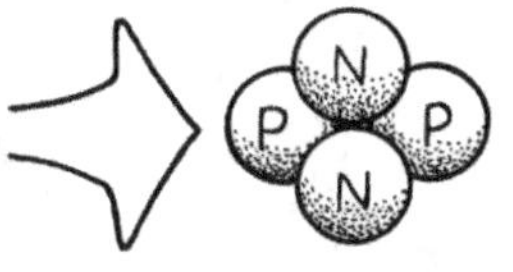

El astato es un "emisor alfa". Las partículas alfa están formadas por dos protones y dos neutrones.

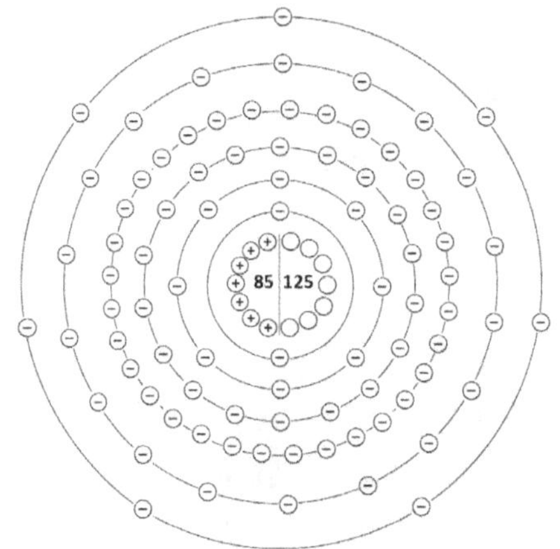

Este símbolo significa "radiactivo". Suele ser de color negro y amarillo.

El astato puede sustituir a uno de los carbonos de la molécula de benceno.

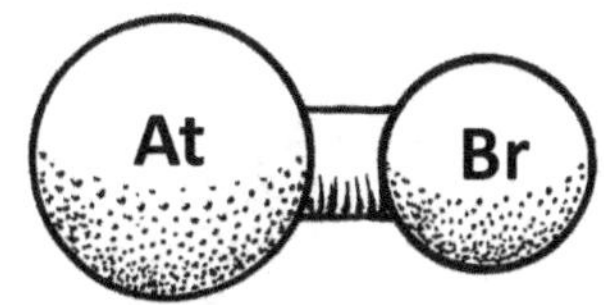

Los halógenos (F, Cl, Br, I) no suelen conectarse para formar moléculas, pero el astato se unirá a otros halógenos.

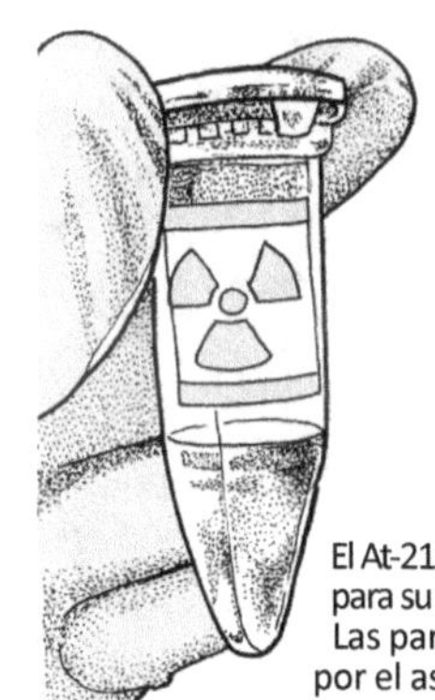

El At-211 está siendo investigado para su uso en medicina nuclear. Las partículas alfa producidas por el astato pueden matar las células tumorales.

Esta imagen muestra el laboratorio nuclear de la Universidad de California en Berkeley en 1940. Su máquina ciclotrón se utilizó para crear los primeros átomos artificiales de astato.

El astato es el elemento natural más raro de la Tierra. Si buscara astato en las masas terrestres combinadas de América del Norte y del Sur, a una profundidad de 16 km, solo podría recolectar alrededor de un billón de átomos, lo que sería una mota microscópica. Cualquier astato que encontrara habría sido producido recientemente porque el astato es muy inestable; incluso el isótopo de mayor vida tiene una vida media de solo unas 8 horas. A medida que los átomos radiactivos más grandes, como el uranio y el torio, comienzan a descomponerse, emiten partículas alfa que contienen dos protones. Dado que el número de protones define la identidad de un elemento, la pérdida de protones hace que el átomo cambie de identidad. Esto puede suceder muchas veces, en un proceso llamado cadena de desintegración. El astato es una de las "paradas" de la cadena de desintegración. El proceso de desintegración se detiene cuando el número de protones alcanza un número estable (normalmente 82, el plomo, o 83, el bismuto).

Muchos científicos a principios del siglo XX afirmaron haber descubierto el elemento 85, pero el descubrimiento nunca pudo verificarse de forma sólida. Luego, en 1940, tres científicos que trabajaban en la Universidad de California en Berkeley hicieron un experimento con la nueva máquina ciclotrón. Esta máquina podía "lanzar" partículas alfa a los átomos y, de este modo, aumentar el número de protones de un núcleo. Cuando bombardearon bismuto (83) con partículas alfa, se crearon átomos con 85 protones. Esta fue la primera vez en la historia que se descubrió un nuevo elemento creándolo en un laboratorio. Por supuesto, el elemento recién descubierto pronto se descompuso y volvió a convertirse en bismuto. Nadie ha sido capaz de producir suficiente astato para estudiar sus propiedades. No sabemos cómo sería una muestra grande de astato. Sin embargo, podemos hacer una buena suposición porque es el elemento inferior en la columna de halógenos, y conocemos las propiedades de los otros halógenos. Su color se vuelve más oscuro a medida que se desciende por la columna, por lo que el astato probablemente sería muy oscuro, quizás incluso negro.

86 Radón Rn

86 protones
136 neutrones
86 electrones

Masa atómica: 222

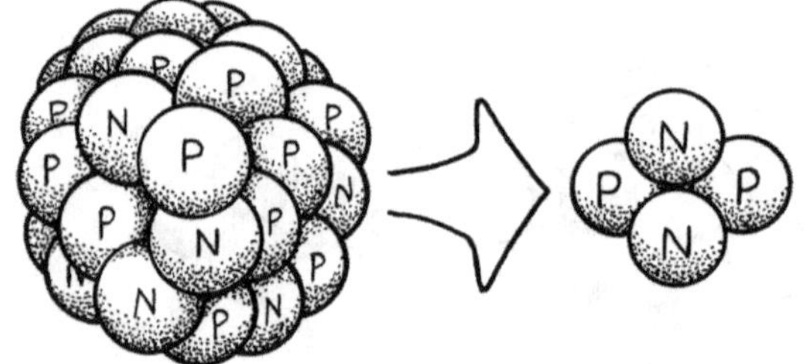

El Rn-222 emite una partícula alfa y se convierte en Po-218.

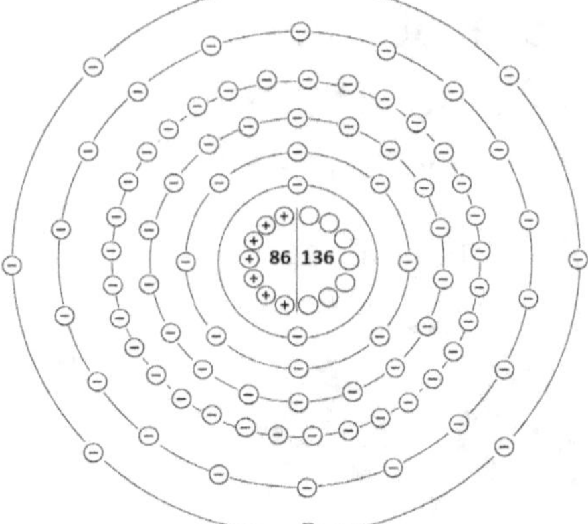

Este símbolo significa "radiactivo". Suele ser de color negro y amarillo.

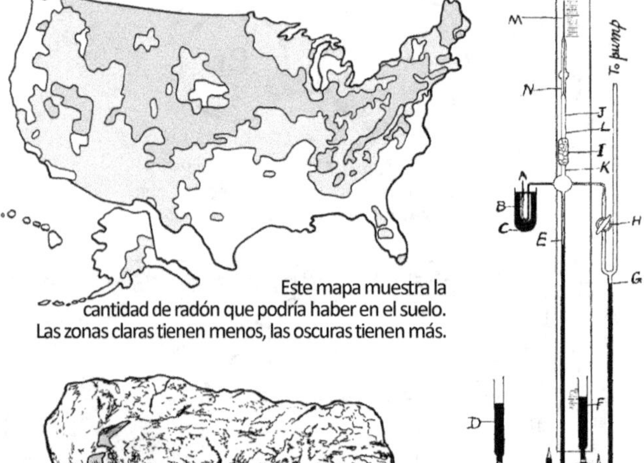

Este mapa muestra la cantidad de radón que podría haber en el suelo. Las zonas claras tienen menos, las oscuras tienen más.

Los descubridores del radón hicieron este dibujo del equipo que utilizaron. Los tubos son de vidrio. Las zonas oscuras son de mercurio.

El radón se filtra en las aguas subterráneas y llega a las masas de agua. Los científicos pueden medir el radón en el agua para conocer las rocas subyacentes.

RnF_2 Difluoruro de radón

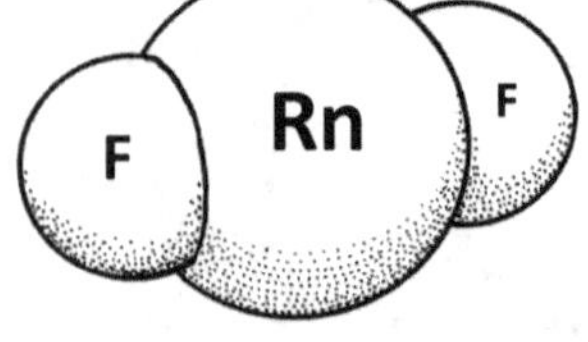

Este es un modelo de espacio lleno que no tiene varillas.

Esta uranita es amarilla con manchas negras.

La uranita, UO2, es uno de los minerales que produce gas radón a medida que el uranio se desintegra.

El radón es el más grande y pesado de los gases nobles. Los átomos de radón son muy inestables y empiezan a descomponerse en unos 4 días, expulsando una partícula alfa (dos protones y dos neutrones) para convertirse en polonio-218. Si tuvieras un globo lleno de gas radón, cuatro días después la mitad del radón de tu globo se habría convertido en polonio. En otros cuatro días, solo te quedaría una cuarta parte del radón con el que empezaste. Tu radón habría empezado originalmente como uranio, radio o torio. Estos elementos sólidos se descomponen para producir gas radón.

En 1899, Marie y Pierre Curie observaron que sus muestras de radio parecían producir un gas radiactivo. No sabían que se trataba en realidad de un nuevo elemento. En la década siguiente, muchos científicos observaron gases radiactivos similares procedentes de otros elementos radiactivos. Luego, en 1909, William Ramsay y Robert Whytlaw-Gray aislaron suficiente radón para poder determinar su número atómico, masa, densidad y punto de fusión.

Al igual que los demás gases nobles, el radón no es reactivo y no le gusta unirse a otros átomos. Sin embargo, en 1962, unos investigadores estadounidenses consiguieron forzar al radón a unirse al flúor, creando difluoruro de radón.

El radón-222 proviene principalmente de la descomposición de los átomos de uranio. Se encuentran grandes cantidades de uranio en un mineral llamado uranita, UO_2, también conocido como pechblenda. Se encuentran cantidades más pequeñas de uranio en granitos y en algunas pizarras. En las zonas con gran cantidad de uranio subterráneo, el gas radón emana de las rocas y el suelo y penetra en las aguas subterráneas. Si el gas radón se libera a la atmósfera, causa pocos daños. Sin embargo, si el gas radón se filtra a las minas o edificios, los seres humanos pueden estar expuestos a niveles peligrosos de radiactividad. El radón-222, un gas, se desintegra perdiendo una partícula alfa y se convierte en polonio-218, un sólido que se adhiere al tejido pulmonar. El Po-218 seguirá desintegrándose en elementos radiactivos más pequeños y, con cada desintegración, saldrán del átomo partículas peligrosas, o rayos gamma, que dañarán las células cercanas. La exposición prolongada al radón se ha relacionado con un mayor riesgo de cáncer de pulmón.

87 Francio

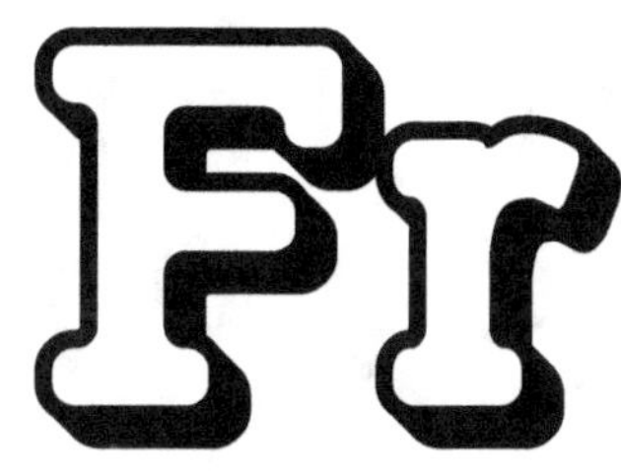

87 protones
136 neutrones
87 electrones

Masa atómica: 223

Marguerite Perey fue alumna de Marie Curie.

Esta muestra de uranita contiene unos 100 000 átomos de francio.

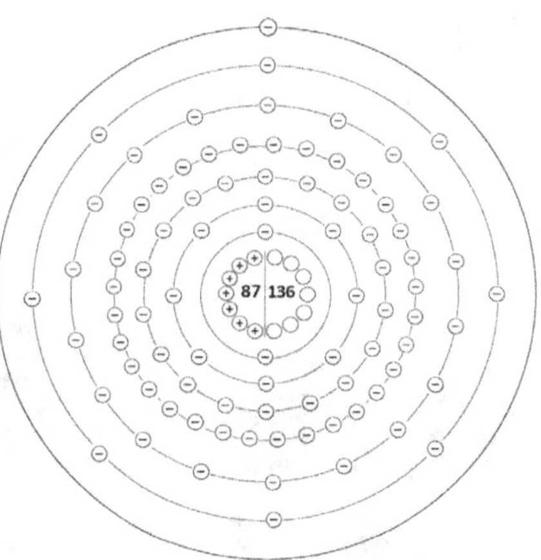

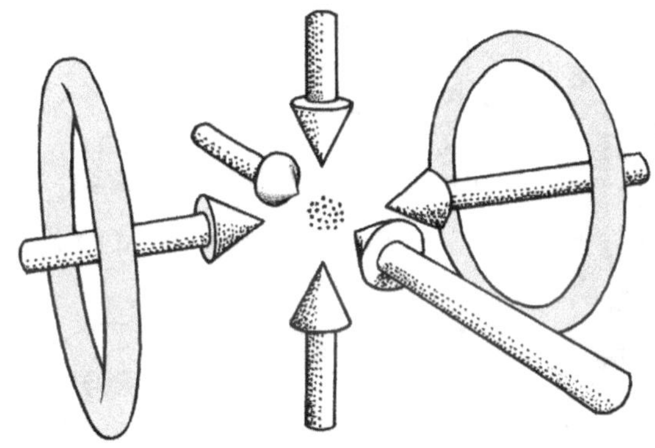

Los investigadores han sido capaces de atrapar y retener hasta 300 000 átomos de francio en un dispositivo llamado trampa magneto-óptica (TMO).

El francio se puede producir en aceleradores de partículas mediante la colisión de átomos de oxígeno contra átomos de oro.

La existencia del francio fue predicha por Dmitri Mendeleyev, quien inventó la tabla periódica en 1869. Pensó que debería haber un elemento debajo del cesio en la primera columna. Sabía que el elemento tendría un electrón en su capa electrónica exterior y sería muy reactivo. Lo que no pudo haber imaginado es que el elemento 87 sería radiactivo, porque la radiactividad aún no se había descubierto.

A principios del siglo XX, muchos científicos afirmaron haber descubierto el elemento 87, pero cada vez se demostró que su afirmación era falsa. Los nombres que propusieron para este elemento incluían rusio, alcalinio, virginio, moldavio y catio. En 1939, Marguerite Perey, que trabajaba bajo la dirección de Irène, la hija de Marie Curie, en el Instituto Curie de París, identificó un producto de desintegración procedente del actinio con el que estaba trabajando. (Como puede imaginar, era un trabajo muy peligroso y casi todos los que trabajaban en el laboratorio acabaron muriendo de una enfermedad causada por la radiactividad). Se confirmó que lo que había encontrado eran, efectivamente, unos pocos átomos del elemento 87, y decidió llamarlo francio.

El francio es el segundo elemento más escaso que se encuentra en la naturaleza. Solo hay un átomo de francio por cada 1 000 000 000 000 000 000 (trillón) de átomos de uranio. El francio aparece y desaparece constantemente, ya que se crea y destruye como parte del proceso de desintegración del uranio. El isótopo de vida más larga tiene una vida media de solo 22 minutos. El francio puede perder una partícula alfa para convertirse en astato, o puede emitir una partícula beta y convertirse en radio.

Ahora se puede producir francio utilizando un acelerador de partículas que bombardea átomos de oro con átomos de oxígeno. (El oro tiene 79 protones, el oxígeno tiene 8; si los combinamos obtenemos 87 protones). La muestra más grande que se ha producido hasta ahora solo tenía unos 300 000 átomos. Esto fue suficiente para hacer algunos experimentos (¡rápidamente, antes de que se descompusiera!), pero no lo suficiente como para poder determinar cómo sería el francio si tuviéramos un trozo lo suficientemente grande como para verlo.

88

Ra

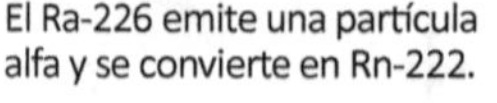

88 protones
138 neutrones
88 electrones

Masa atómica: 226

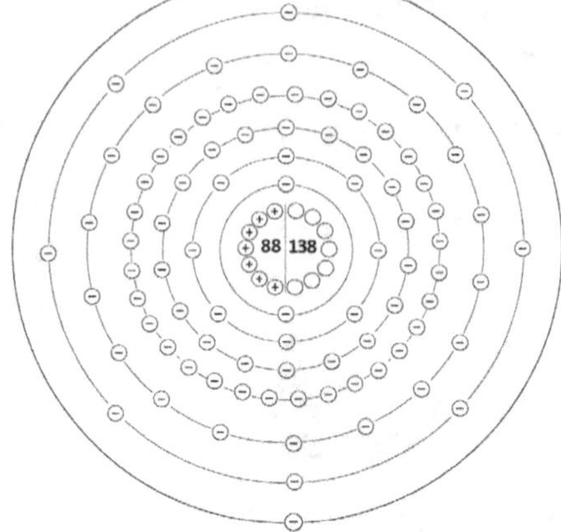

Este símbolo significa "radiactivo". Suele ser de color negro y amarillo.

El radio se vendía como medicamento.

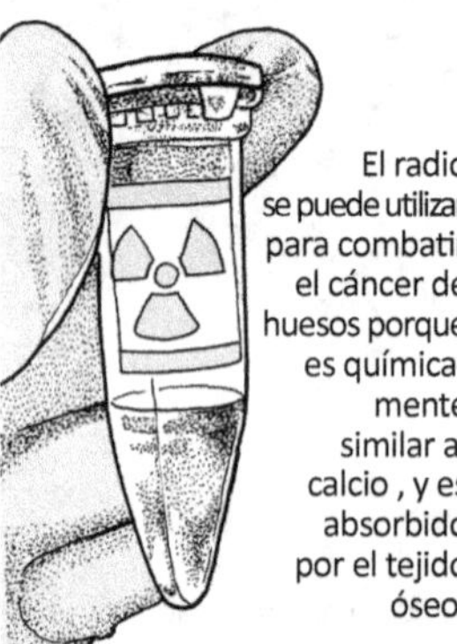

El radio se puede utilizar para combatir el cáncer de huesos porque es químicamente similar al calcio , y es absorbido por el tejido óseo.

Entre 1900 y 1920, se contrató a mujeres jóvenes para pintar esferas de reloj con pintura de radio. Todas ellas murieron de enfermedades causadas por la radiación.

A principios del siglo XX, se podía comprar pasta de dientes con radio.

El radio se añadía a los productos alimenticios antes de que se descubriera que la radiactividad er a perjudicial.

cristales negros

El radio se descubrió en la uranita (pechblenda).

$RaCl_2$ Cloruro de radio

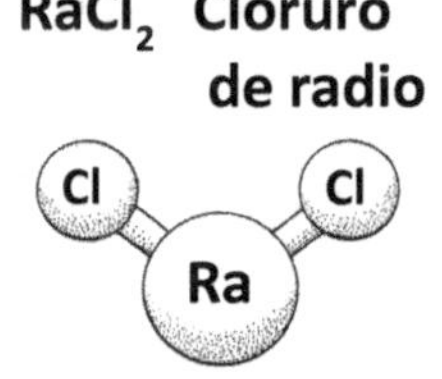

$RaSO_4$ Sulfato de radio

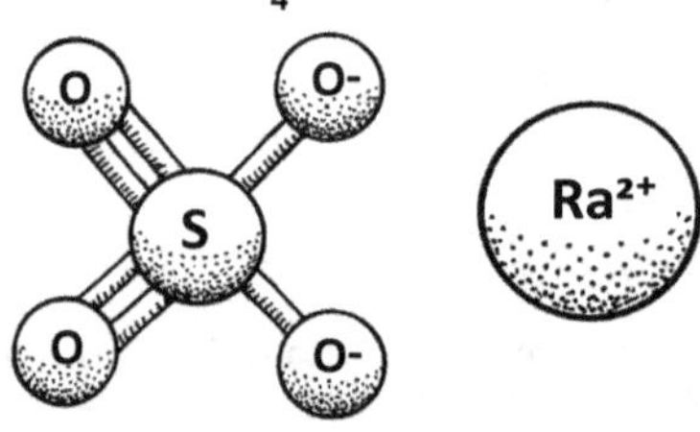

Marie Curie descubrió el radio en diciembre de 1898, solo cinco meses después de descubrir el polonio. Había estado trabajando con muestras de pechblenda (uraninita) que contenían grandes cantidades de uranio. Para extraer el radio, Marie trituraba y hervía las rocas y añadía varios productos químicos, como ácido sulfúrico e hidróxido de sodio. Después de que todo el uranio desapareció, el mineral seguía registrando radiactividad. Continuó con la serie de procedimientos de extracción química y logró aislar una muestra de polonio. Pero, una vez eliminado el polonio, ¡el mineral seguía siendo radiactivo! Continuó con los procedimientos de extracción hasta que aisló una pequeña cantidad de polvo que brillaba en la oscuridad. Estaba segura de haber encontrado el elemento 88 porque la química de este nuevo elemento era muy similar a la del bario, el elemento justo por encima del 88 en la tabla periódica. Todos los elementos de una columna tienen propiedades similares. Sin embargo, el radio podía hacer algo que ninguno de los otros elementos de su columna podía hacer: brillaba en la oscuridad.

Se conocen 33 isótopos de radio, con períodos de semidesintegración que van desde unos pocos segundos hasta 1600 años para el Ra-226. Cuando el radio-226 se desintegra, emite una partícula alfa y se convierte en radón-222. (El Rn-222 se desintegra luego en Po-218).

A principios del siglo XX, aún no se conocían los terribles peligros de la radiactividad. Las empresas de EE. UU. y Europa empezaron a producir cantidades de radio y encontraron docenas de formas divertidas de venderlo. Pintaban esferas de reloj, fabricaban cosméticos brillantes y lo introducían en pasta de dientes y caramelos. Algunas personas afirmaban que el radio podía curar muchas enfermedades, por lo que los balnearios ofrecían baños de radio. Las empresas que fabricaban relojes contrataban a chicas jóvenes (conocidas como las "Radio Girls") para pintar números que brillaban en la oscuridad en las esferas de los relojes. Se les decía que debían lamer las puntas de sus pinceles para mantenerlas afiladas. Aproximadamente diez años después, todas las chicas habían muerto por envenenamiento por radiación. Las empresas continuaron utilizando pintura de radio, pero establecieron procedimientos de seguridad que impedían el contacto con el radio. En la década de 1960, se encontraron sustitutos del radio: el prometeo y el tritio (hidrógeno "pesado" radiactivo).

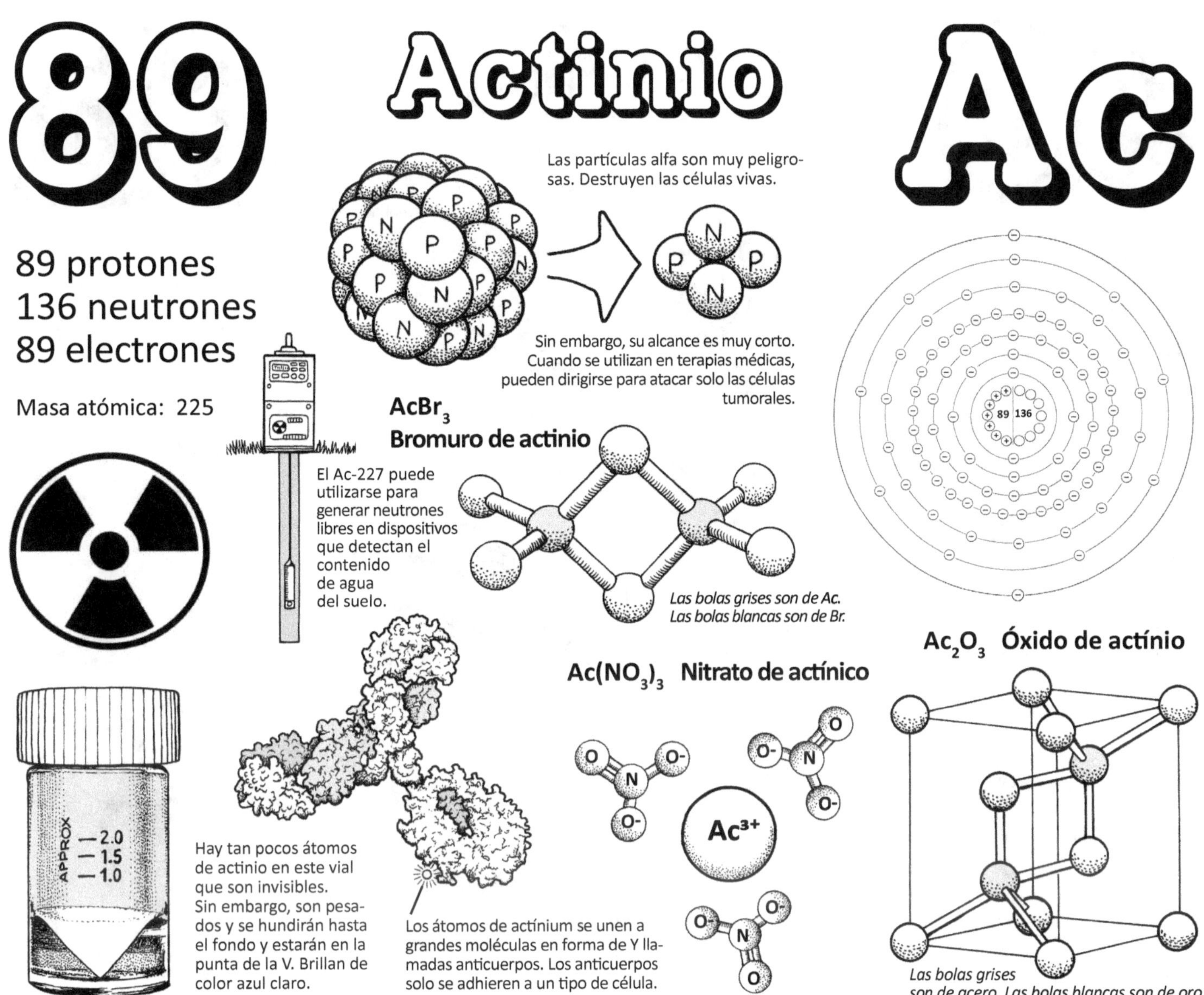

El actinio se encuentra debajo del lantano en la tabla periódica y, por lo tanto, comparte propiedades químicas similares. Puede formar moléculas como las que forma el lantano. Sin embargo, el actinio es radiactivo, lo que significa que cualquier molécula que forme también será inestable. El Ac-225, uno de los isótopos más estudiados, tiene una vida media de diez días y emitirá una partícula alfa para convertirse en francio-221. El Fr-221 se desintegrará en una fracción de segundo y se convertirá en bismuto-213. El bismuto ordinario es muy estable, pero el Bi-213 no lo es. En menos de una hora, se desintegrará en polonio-213 o talio-209. En cuestión de minutos, ambos se convertirán en plomo-209, que rápidamente se transformará en bismuto-209. El bismuto-209 es estable y la desintegración se detendrá. El Laboratorio Nacional de Oak Ridge fabrica Ac-225 utilizando lo que ellos llaman una "vaca de torio". Tienen un gran tubo de solución de torio que produce continuamente Ac-225 (por desintegración a radio y luego a actinio).

Probablemente, el actinio fue descubierto por André-Louis Debierne, que había estado trabajando con Marie y Pierre Curie y los vio descubrir el polonio y el radio. Se dice que tomó los residuos finales y pudo demostrar que había otro elemento radiactivo que se había pasado por alto. La investigación de Friedrich Giesel en 1902 hizo que no se supiera con certeza si Debierne había encontrado actínium o protactinio, y no había forma de volver atrás y comprobarlo porque, por supuesto, las muestras se habían descompuesto hacía mucho tiempo. Por ello, Giesel y Debierne suelen considerarse codescubridores.

Recientemente, los investigadores médicos se han dado cuenta de que el Ac-225 es el isótopo radiactivo ideal para combatir el cáncer. Los investigadores llaman en broma al Ac-225 el isótopo "Ricitos de oro" porque es perfecto para este uso. Su semivida de diez días es lo suficientemente larga como para permitir la fabricación y el envío, pero lo suficientemente corta como para no causar daños a largo plazo a los pacientes. El Ac-225 puede unirse a una molécula biológica (anticuerpo) que solo se adhiere a las células cancerosas, no a las células normales, y esto evita muchos efectos secundarios no deseados. El problema es generarlo en cantidad suficiente. En este momento, solo se puede tratar a unos mil pacientes al año. Los líderes mundiales en la fabricación de Ac-225 son TRIUMF, en Canadá, y Oak Ridge National Lab, en Tennessee. Bombardean el torio con protones, y este se desintegra en Ac-225.

90 Torio Th

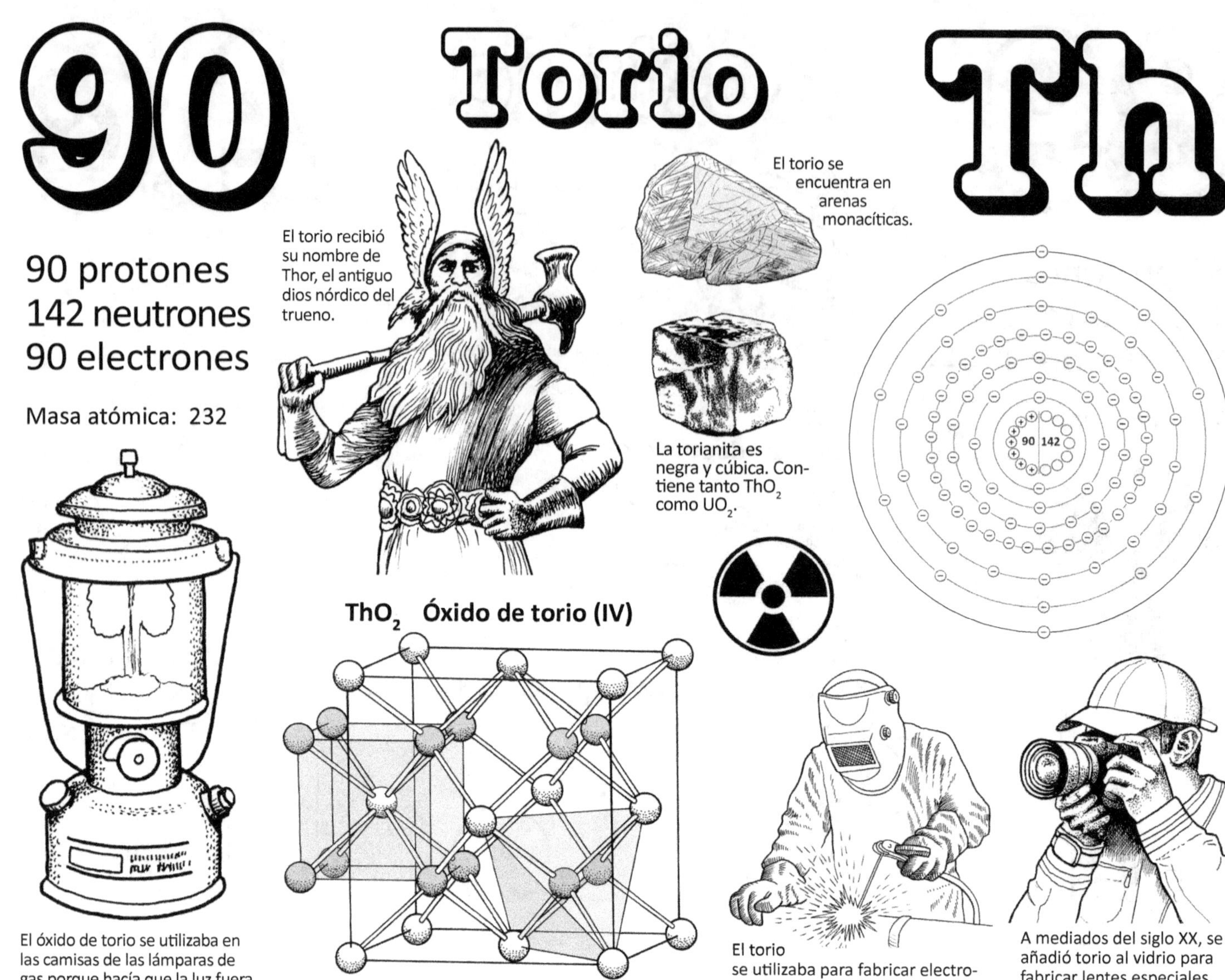

El torio recibió su nombre de Thor, el antiguo dios nórdico del trueno.

El torio se encuentra en arenas monacíticas.

La torianita es negra y cúbica. Contiene tanto ThO_2 como UO_2.

El óxido de torio se utilizaba en las camisas de las lámparas de gas porque hacía que la luz fuera mucho más brillante.

Las bolas blancas son torio. Las bolas grises son oxígeno.

El torio se utilizaba para fabricar electrodos para la soldadura gas-metal.

A mediados del siglo XX, se añadió torio al vidrio para fabricar lentes especiales para cámaras.

El torio fue descubierto en 1828 por Morten Esmark, un sacerdote noruego al que le gustaba coleccionar rocas. Encontró una inusual roca negra con forma de cubo y se la envió a su padre geólogo, quien a su vez se la envió al químico sueco Jöns Jacob Berzelius (descubridor del cerio y el selenio). Berzelius confirmó que esta roca contenía, en efecto, un nuevo elemento. Como la roca procedía de Noruega, parecía apropiado elegir un nombre noruego, por lo que Berzelius llamó al elemento torio en honor al antiguo dios nórdico del trueno, Thor.

El torio es muy similar a los elementos de la serie de los lantánidos. A menudo se encuentra en las mismas arenas de monacita que el itrio, el cerio, el praseodimio, el neodimio, el europio y el samario. Las empresas que extraen y refinan los lantánidos también pueden extraer torio. El isótopo más común del torio, el Th-232, es muy estable, con una vida media de más de 14 000 millones de años; por lo que, a efectos prácticos, no es radiactivo. Sin embargo, el núcleo del torio se divide más fácilmente que los núcleos de los lantánidos, lo que le da un lugar en la industria de la energía nuclear. Puede utilizarse para crear isótopos más seguros del uranio que no se desintegren en plutonio (que se utiliza para fabricar bombas). Otros isótopos de torio tienen vidas medias que van desde días hasta años, y se encuentran en las cadenas de desintegración de elementos más grandes como el uranio y el neptunio. Cualquier átomo con 90 protones es, por definición, torio, por lo que si el uranio pierde dos protones, se convierte en torio, aunque no en el isótopo 232 estable, sino en uno inestable que se desintegrará en radio y luego en radón.

El torio que se encuentra en las rocas es principalmente Th-232 estable, por lo que el torio no se identificó inmediatamente como un elemento radiactivo. Se utilizó en muchas de las mismas aplicaciones que los elementos lantánidos. El óxido de torio producía una luz blanca y brillante cuando se utilizaba en las capas de las lámparas de gas. También se utilizaba para fabricar electrodos metálicos para la soldadura por arco de gas y metal, como aditivo en aleaciones metálicas (especialmente para motores a reacción) y en la fabricación de vidrio, sobre todo para lentes de cámaras. El torio no suponía un riesgo importante para la salud de los consumidores, pero se ha ido sustituyendo gradualmente por otros elementos, como el itrio, para proteger a los trabajadores de las fábricas que estaban en contacto diario con el torio.

91  Pa

Este dispositivo recoge partículas que caen en el agua del océano.

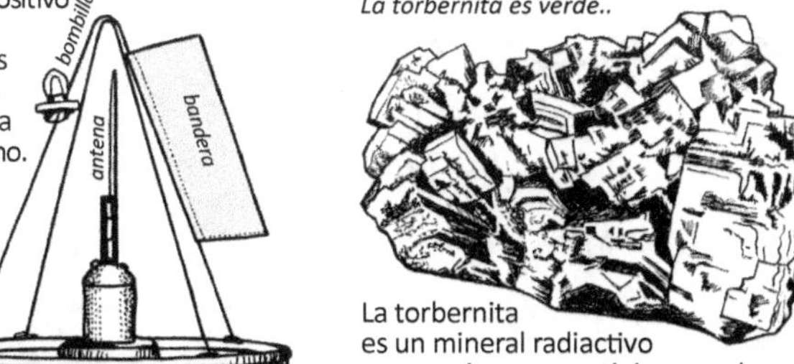

Los sedimentos podrían ser analizados para determinar la presencia de torio y protactinio y así determinar su edad.

La torbernita es verde..

La torbernita es un mineral radiactivo que contiene protactinio procedente de la desintegración del uranio.

Lise Meitner y Otto Hahn son dos de los descubridores del protoctinio.

91 protones
140 neutrones
91 electrones

Masa atómica: 231.03

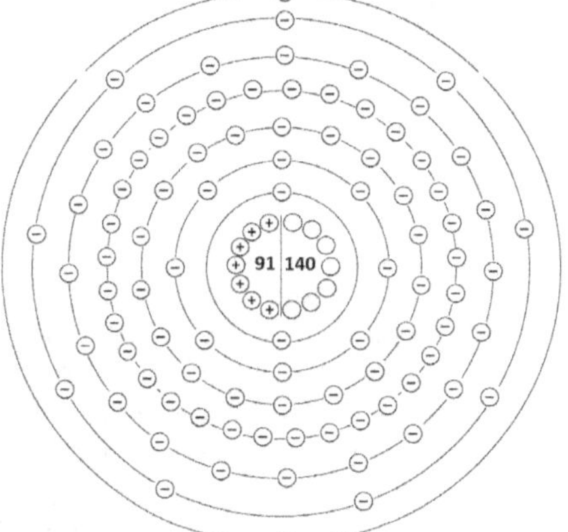

El protactinio se encuentra en los residuos producidos por la fisión del uranio en las centrales nucleares.

Pa_2O_5 Óxido de protactinio

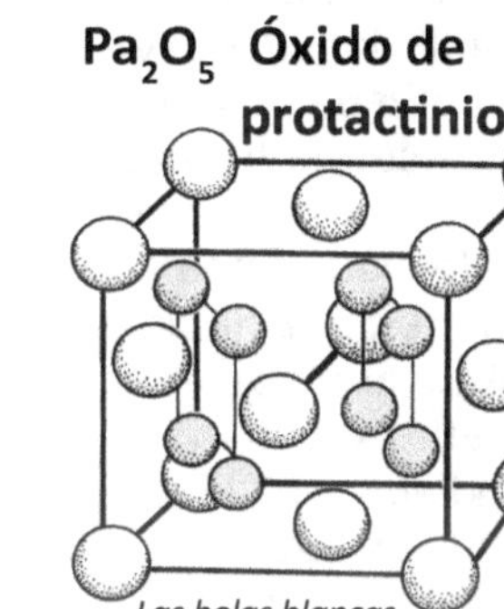

Las bolas blancas son Pa. Las bolas grises son O.

$PaBr_5$ Bromuro de protactinio

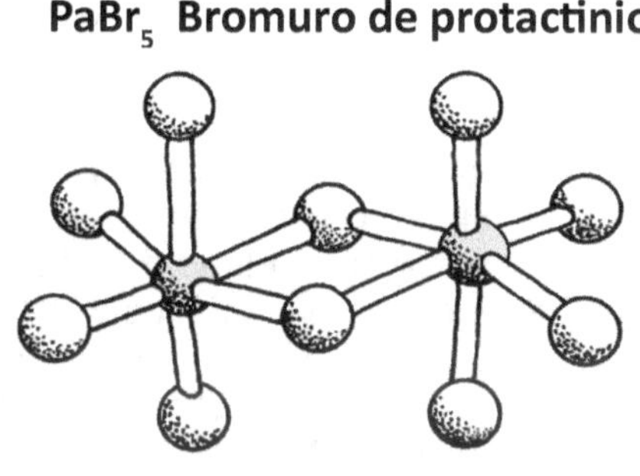

Las bolas grises son Pa. Las bolas blancas son Br.

En 1871, Dmitri Mendeleyev predijo que debería haber un elemento entre el torio y el uranio. Esto nos parece obvio ahora, ya que podemos ver la tabla completa, pero la predicción de Mendeleyev en 1871 fue bastante visionaria. Todavía no existía la "serie de los actínidos" y la radiactividad no se había descubierto formalmente. El elemento 91 fue identificado por primera vez por Kasimir Fajans y Oswald Helmuth Göhring en 1913, cuando encontraron el isótopo Pa-234 mientras investigaban la desintegración del uranio. Tenía una vida media muy corta, por lo que lo llamaron "brevium", que significa "breve". En 1918, dos equipos de científicos, que trabajaban de forma independiente, descubrieron el isótopo Pa-231, que tiene una vida media de 33 000 años. Uno de estos equipos, Lise Meitner y Otto Hahn (que más tarde se harían famosos por su papel en la invención de la bomba atómica) decidieron utilizar el nombre de "protoactinio" porque precedía al actinio en la cadena de desintegración. Finalmente, en 1949, la Unión Internacional de Química Pura y Aplicada (IUPAC) decidió cambiar el nombre a "protactinio" porque era más fácil de pronunciar.

El protactinio tiene muy pocos usos prácticos. El Pa-234 tiene una vida media de poco más de un minuto y es relativamente seguro de usar, por lo que los laboratorios de química de las universidades y escuelas secundarias a menudo lo utilizan para un experimento en el que los estudiantes tienen que observar un contador Geiger que cuenta el número de desintegraciones cada diez segundos, y luego ellos mismos hacen los cálculos para determinar la vida media. El otro uso práctico es tratar de rastrear los sedimentos marinos. Los sedimentos recogidos contendrán cantidades muy pequeñas de Pa-231 y Th-230, que forman parte de la cadena de desintegración de un isótopo del uranio. Las sales de uranio se disuelven en el océano, donde se descomponen en todos los elementos hijos. Midiendo la proporción de Pa-231 y Th-230, los oceanógrafos pueden adivinar qué sedimentos oceánicos son más antiguos que otros. Una de las zonas más estudiadas es el Atlántico Norte, donde los glaciares pueden haber desempeñado un papel importante en el pasado.

La energía nuclear produce Pa-231 y Pa-233 como subproductos de la división de los átomos de uranio. Ambos isótopos son indeseables. El Pa-233 absorbe neutrones y ralentiza el proceso de fisión. El Pa-231 tiene una vida media muy larga y crea problemas de almacenamiento de residuos. Existe un proceso químico que implica bismuto fundido y litio que intenta eliminar estos isótopos de los residuos nucleares.

protones
140-146 neutrones
92 electrones
Masa atómica: 238.02

Uranio

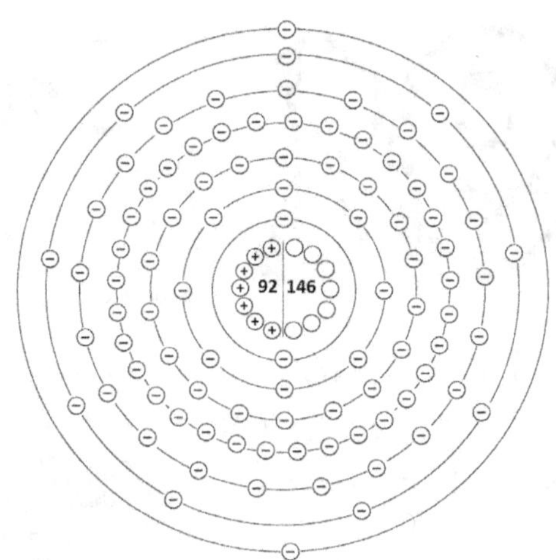

Lleva el nombre del planeta Urano

Martin Klaproth descubrió oficialmente el uranio en 1789. Disolvió la pechblenda en ácido nítrico y luego añadió un poco de hidróxido de sodio. El resultado fue un compuesto de uranio (Na2U2O7), no uranio puro, pero como determinó correctamente que había un nuevo elemento presente, se le atribuye el descubrimiento. Llamó al nuevo elemento en honor al planeta Urano, que había sido descubierto a principios de la década de 1780. Antes de su descubrimiento oficial, la gente había estado usando uranio sin saber lo que era. La pechblenda, el mineral de uranio más común, se había extraído en Europa (Austria y República Checa) desde la Edad Media, y se utilizaba para fabricar un pigmento amarillo para colorear vidrio. Este uso del uranio por parte de los fabricantes de vidrio continuó hasta el siglo XX. Dado que el isótopo más común que se encuentra en la pechblenda es el U-238, con una vida media de más de 4000 millones de años, la cantidad de radiación procedente del vidrio era mínima. La industria de los azulejos de cerámica a principios del siglo XX también utilizaba uranio para fabricar una amplia variedad de esmaltes de colores.

La radiactividad del uranio no se descubrió hasta 1896, cuando Henri Becquerel dejó accidentalmente una muestra de sales de uranio encima de una placa fotográfica y notó que la placa se había "empañado". Pensó que la muestra de uranio debía de estar emitiendo algún tipo de rayos invisibles que habían afectado a la placa.

El descubrimiento del radio por Marie Curie había provocado un gran aumento de la extracción de pechblenda para extraer el radio y fabricar pintura luminiscente. El proceso de extracción produjo una enorme reserva de "residuos" de pechblenda baratos que aún podían utilizarse para fabricar pigmentos de uranio y crear aleaciones metálicas. Durante la Primera Guerra Mundial, los residuos de pechblenda se utilizaron para fabricar aleaciones de uranio y hierro como sustituto de otros metales que escaseaban. El potencial del uranio para fabricar armas atómicas no se conoció hasta la década de 1930. Entre los primeros investigadores se encontraban Enrico Fermi en Italia, Irène Curie en Francia y Lise Meitner y Otto Hahn en Alemania. En la década de 1940, durante la Segunda Guerra Mundial, ambos bandos compitieron por descubrir cómo construir una bomba atómica, utilizando uranio como combustible explosivo. El uranio-238, el isótopo que se encuentra en la pechblenda, no explota de forma natural; el uranio tuvo que ser "enriquecido" bombardeándolo con neutrones para crear plutonio. En las centrales nucleares se utiliza U-235, pero con mucho cuidado, para que el proceso de fisión no se descontrole. Las barras de control hechas de otros elementos pueden ralentizar la reacción cuando sea necesario.

Después de la Segunda Guerra Mundial, hubo de nuevo un excedente de residuos de pechblenda, el uranio empobrecido. Se suponía que la mayor parte del uranio peligroso había desaparecido. El ejército comenzó a fabricar balas, proyectiles y blindajes para tanques con aleaciones que contenían uranio empobrecido. Años más tarde, los países en los que se utilizaron estas armas empezaron a quejarse de los problemas de salud de la población civil y culparon al uranio empobrecido, que según ellos seguía siendo radiactivo.

U_3O_8 Octaóxido de triuranio

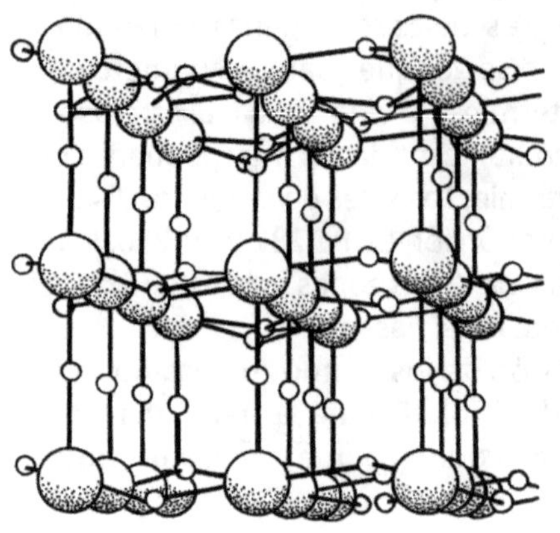

El U_3O_8 se conoce a menudo como "yellowcake". Es muy estable y se puede encontrar en los minerales.

El UO_2 también es bastante estable, pero tiene algunas cualidades que lo hacen mejor para el proceso de fisión utilizado en las centrales nucleares.

UO_2 Dióxido de uranio

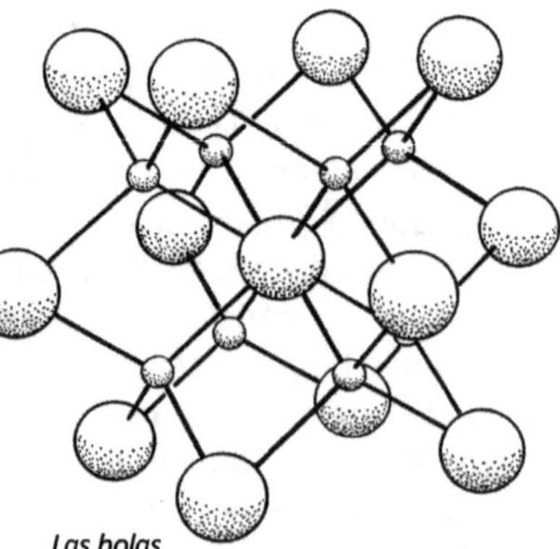

Las bolas grandes son U. Las bolas pequeñas son O.

UF_6 Hexafluoruro de uranio

Esta es la molécula de uranio menos estable y forma parte del proceso de "enriquecimiento" del uranio para fabricar bombas.

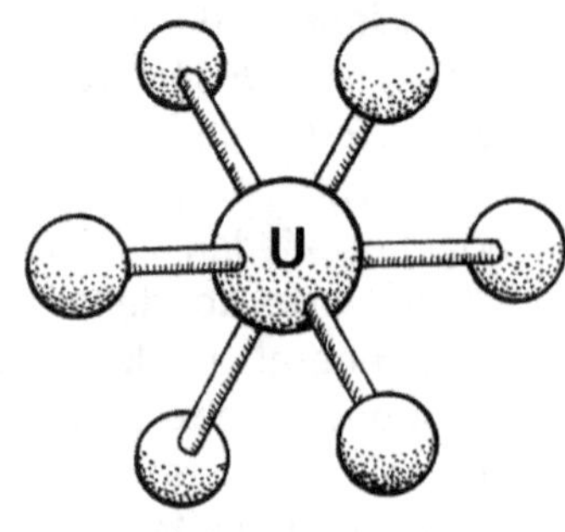

Las bolas sin marcar son F.

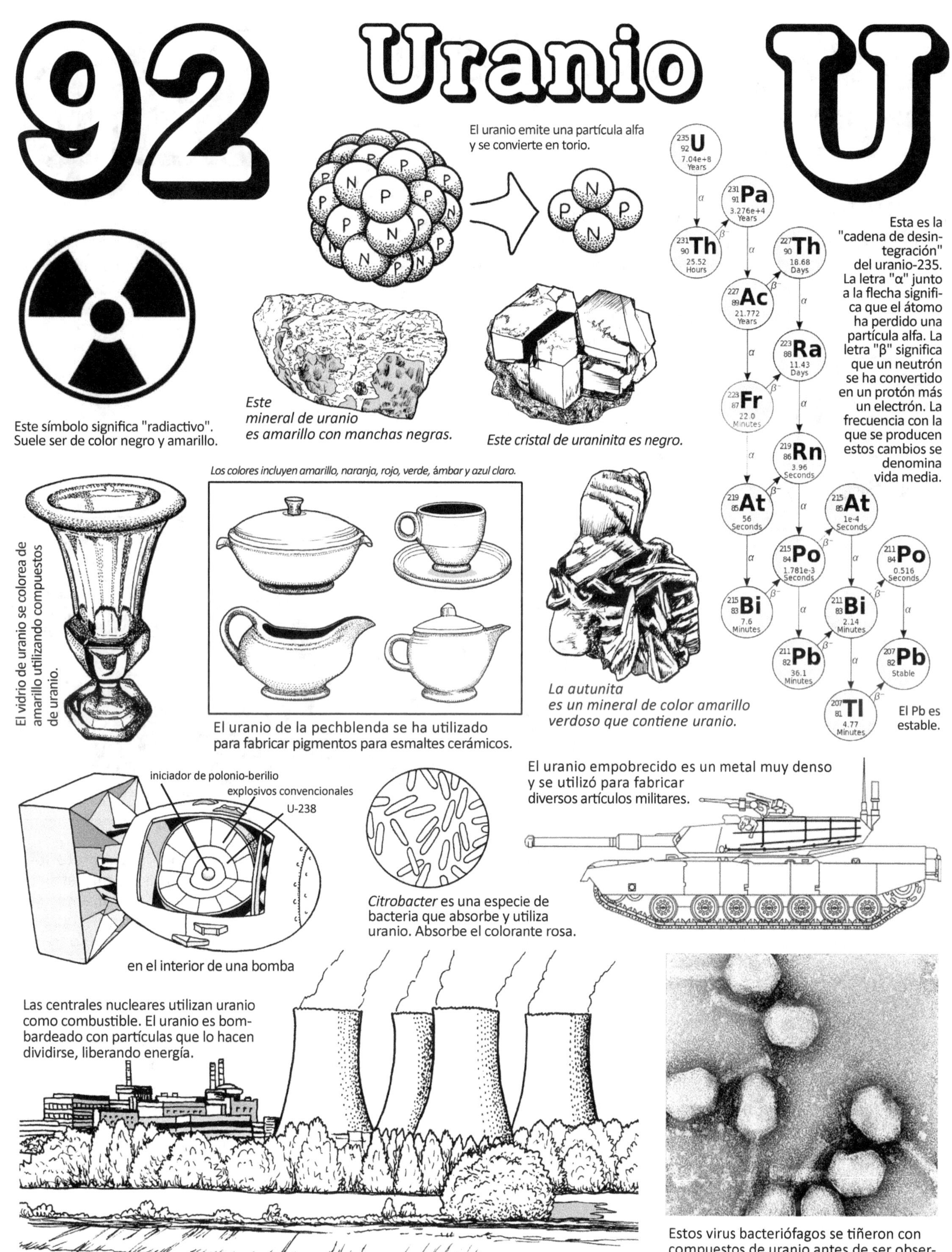
92
Uranio
U
El uranio emite una partícula alfa y se convierte en torio.
P
N
235 92 U 7.04e+8 Years
231 91 Pa 3.276e+4 Years
231 90 Th 25.52 Hours
227 90 Th 18.68 Days
227 89 Ac 21.772 Years
223 88 Ra 11.43 Days
223 87 Fr 22.0 Minutes
219 86 Rn 3.96 Seconds
219 85 At 56 Seconds
215 85 At 1e-4 Seconds
215 84 Po 1.781e-3 Seconds
211 84 Po 0.516 Seconds
215 83 Bi 7.6 Minutes
211 83 Bi 2.14 Minutes
211 82 Pb 36.1 Minutes
207 82 Pb Stable
207 81 Tl 4.77 Minutes
α
β⁻
Esta es la "cadena de desintegración" del uranio-235. La letra "α" junto a la flecha significa que el átomo ha perdido una partícula alfa. La letra "β" significa que un neutrón se ha convertido en un protón más un electrón. La frecuencia con la que se producen estos cambios se denomina vida media.
Este símbolo significa "radiactivo". Suele ser de color negro y amarillo.
Este mineral de uranio es amarillo con manchas negras.
Este cristal de uraninita es negro.
Los colores incluyen amarillo, naranja, rojo, verde, ámbar y azul claro.
El vidrio de uranio se colorea de amarillo utilizando compuestos de uranio.
El uranio de la pechblenda se ha utilizado para fabricar pigmentos para esmaltes cerámicos.
La autunita es un mineral de color amarillo verdoso que contiene uranio.
El Pb es estable.
iniciador de polonio-berilio
explosivos convencionales
U-238
en el interior de una bomba
Citrobacter es una especie de bacteria que absorbe y utiliza uranio. Absorbe el colorante rosa.
El uranio empobrecido es un metal muy denso y se utilizó para fabricar diversos artículos militares.
Las centrales nucleares utilizan uranio como combustible. El uranio es bombardeado con partículas que lo hacen dividirse, liberando energía.
Estos virus bacteriófagos se tiñeron con compuestos de uranio antes de ser observados con un microscopio electrónico.

93 Neptunio

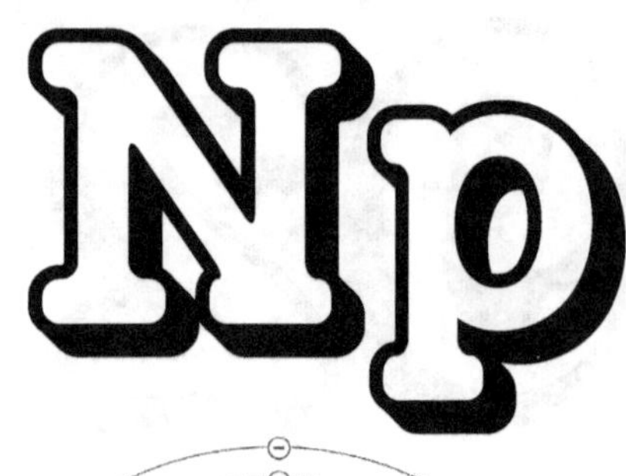

El neptunio-237 emite una partícula alfa y se convierte en protactinio-233.

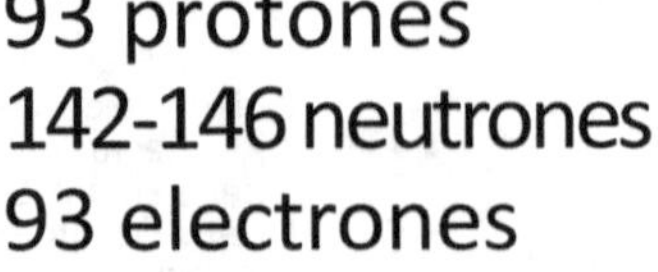

Masa atómica: 237

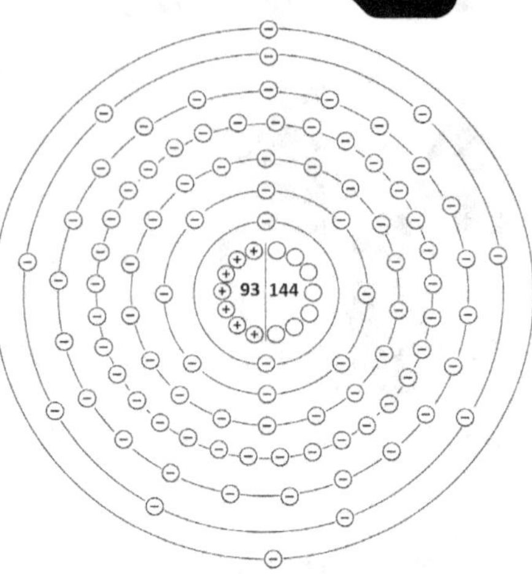

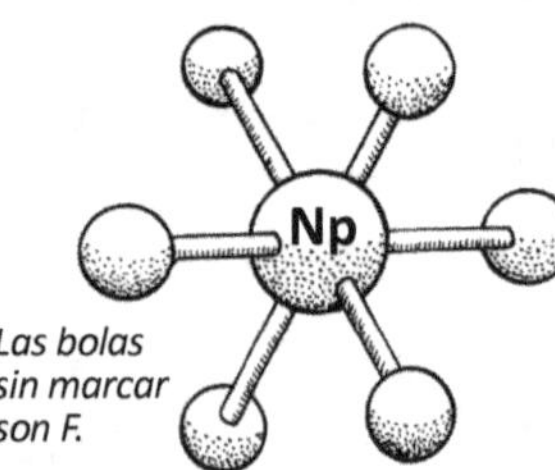

Las bolas sin marcar son F.

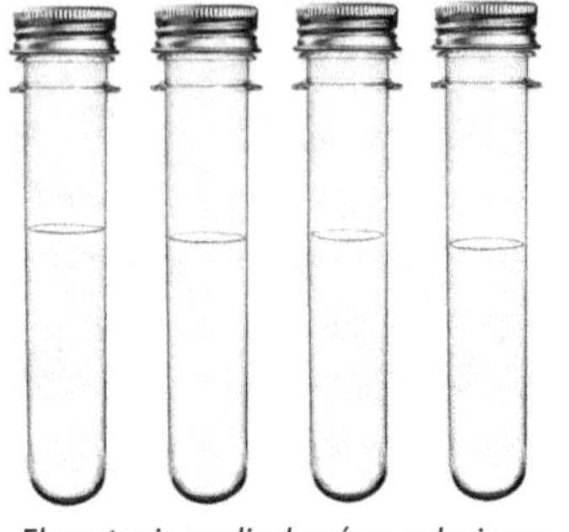

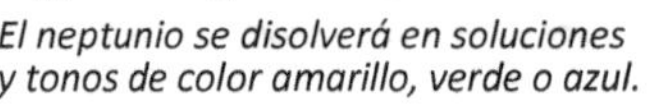

El neptunio se disolverá en soluciones y tonos de color amarillo, verde o azul.

NpO_2 Dióxido de neptunio

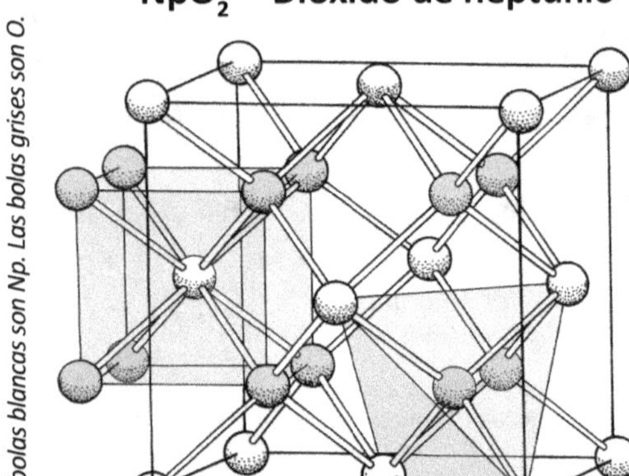

Las bolas blancas son Np. Las bolas grises son O.

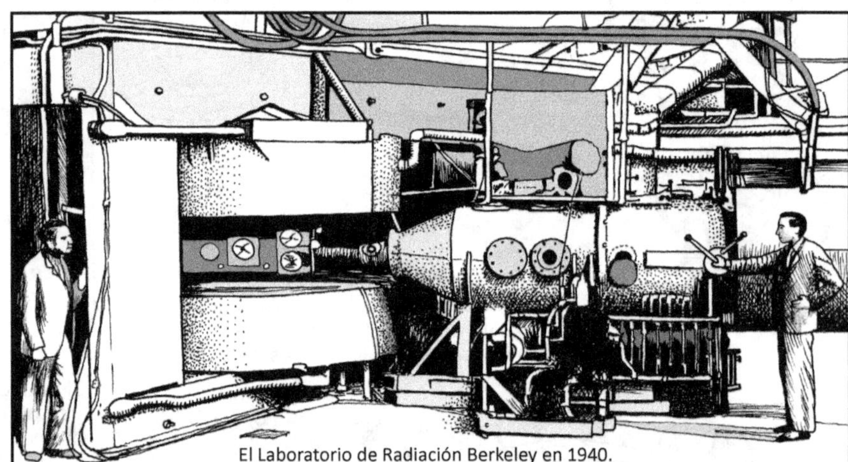

El Laboratorio de Radiación Berkeley en 1940.

El neptunio fue descubierto en 1940 por Edwin McMillan y Philip H. Abelson en el ciclotrón del Laboratorio de Radiación de Berkeley, en la Universidad de California. Estaban haciendo experimentos con uranio al bombardiarlo con neutrones de movimiento rápido. Sabían que esto causaría la división de algunos de los átomos de uranio, y querían observar los átomos y partículas que este proceso producía. Observaron un átomo desconocido que tenía una vida media de 2,3 días. Esta medida de vida media no coincidía con ningún isótopo de ningún elemento conocido en ese momento. Hicieron más experimentos y finalmente llegaron a la conclusión de que debía ser un isótopo del elemento 93. Dado que el uranio había recibido su nombre por Urano, parecía lógico nombrar al siguiente elemento "neptunio", por el planeta Neptuno.

El neptunio fue el primer elemento descubierto mediante su fabricación artificial. El neptunio existe en la naturaleza en pequeñas cantidades, como resultado de la desintegración del uranio, pero esto aún no se sabía cuando se observó en el laboratorio de Berkeley. El isótopo más estable del neptunio es el Np-237, con una vida media de más de 2 millones de años. Esto permite su recolección y estudio, pero también lo convierte en un peligro a largo plazo. El neptunio es un metal plateado y forma diversos compuestos, algunos de los cuales muestran una variedad de colores cuando se disuelven en soluciones ácidas o alcalinas.

El neptunio siempre es el resultado de la desintegración de otros elementos radiactivos. Los detectores de humo suelen utilizar el isótopo radiactivo americio-241 como parte del dispositivo de detección. Al cabo de unos 20 años, el 3 % del Am-241 se desintegrará en neptunio. Además, los isótopos de neptunio se encuentran en las barras de combustible "gastadas" (usadas) de los reactores nucleares.

Si el Np-237 se irradia con neutrones, producirá plutonio-238, que se utiliza como fuente de energía en generadores térmicos radioisotópicos que alimentan satélites como el Voyager, el Cassini y el Galileo, así como el Curiosity Mars Rover. Debido a que puede convertirse en plutonio, el neptunio desempeña un papel importante en la exploración espacial.

94 Plutonio Pu

El plutonio-238 emite una partícula alfa y se convierte en uranio-234..

El Pu-238 se utilizó en su día como fuente de energía para marcapasos. Ha sido sustituido por baterías que no son radiactivas.

94 protones
144-150 neut.
94 electrones

Masa atómica: 232

El Pu-238 se utiliza como fuente de energía para los satélites que viajan lejos en el espacio, más allá del alcance de la energía solar.

El Pu-238 se utiliza como fuente de energía en los vehículos que exploran la superficie de la Luna o de Marte.

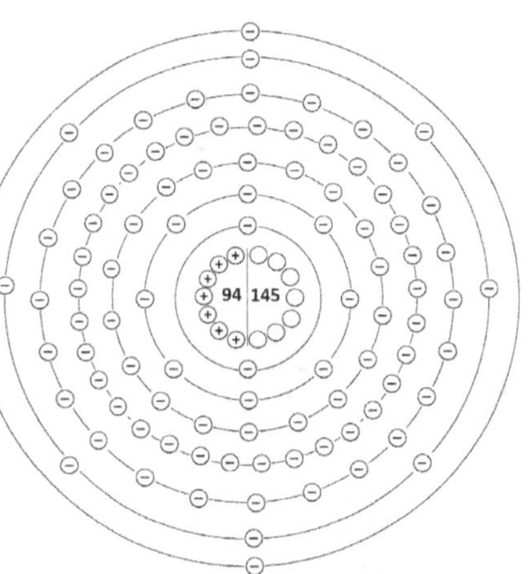

en el interior de una bomba

PuO_2 dióxido de plutonio

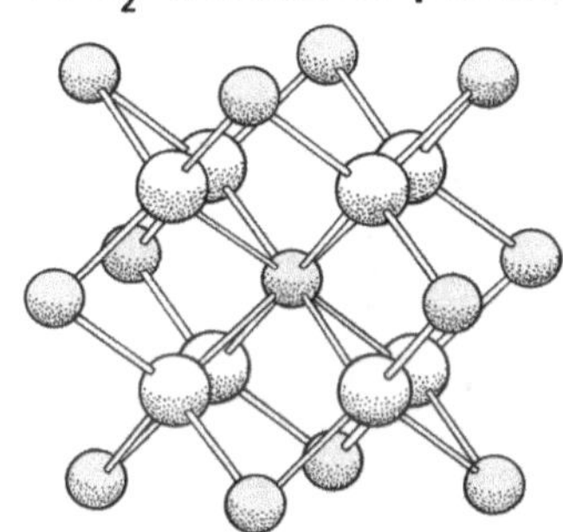

Las bolas grises son de Pu.
Las bolas blancas son de O.

El plutonio se descubrió en el Laboratorio de Radiación de Berkeley, poco después de que se encontrara el neptunio.

El plutonio se fabricó y descubrió en el Laboratorio de Radiación de Berkeley en febrero de 1941. Varios físicos trabajaban en este proyecto, entre ellos Edwin McMillan, que inició el descubrimiento del neptunio. El líder del equipo era Glenn Seaborg. Otro físico famoso, Emilio Segrè, también formaba parte del equipo. Utilizaron la máquina ciclotrón para bombardear el uranio con "deuterones" (un neutrón pegado a un protón). Los físicos no tardaron en darse cuenta de que el plutonio tenía el potencial de ser un potente explosivo y la clave para poder fabricar armas atómicas. Durante la Segunda Guerra Mundial, el secreto "Proyecto Manhattan" en EE. UU. utilizó plutonio para fabricar una bomba atómica que finalmente sería lanzada sobre Japón en 1945. El plutonio se fabricó en reactores de Oak Ridge, Tennessee, y de Hanford, Washington, y se envió a Los Álamos, Nuevo México, donde se ensamblaron las bombas.

El plutonio es un metal pesado y plateado que puede alearse con otros elementos. Para fabricar la bomba atómica, se añadieron berilio y galio al plutonio. El berilio proporcionó una fuente adicional de neutrones libres para acelerar la fisión, y el galio hizo que el plutonio, normalmente duro y quebradizo, fuera más fácil de moldear. El plutonio tuvo que moldearse en una esfera perfecta para que la bomba funcionara correctamente.

El Pu-238, el isótopo más común del plutonio, tiene una vida media de unos 87 años. Emite partículas alfa y puede generar bastante calor. Un trozo de plutonio estaría muy caliente si pudieras tocarlo. El Pu-238 se ha utilizado como fuente de energía para satélites que viajan muy lejos del sol, demasiado lejos para depender de la energía solar. Los vehículos exploradores de Marte también utilizan Pu-238. A finales del siglo XX, el Pu-238 se utilizaba en marcapasos cardíacos. Esto no era tan peligroso como parece. Las partículas alfa emitidas por el plutonio eran fácilmente detenidas por la carcasa que rodeaba el marcapasos.

Hoy en día, el Pu-238 se fabrica a partir del Np-237 en instalaciones que mantienen a los trabajadores seguros mediante robots y brazos robóticos que realizan el procesamiento dentro de áreas de trabajo a prueba de radiación.

95 Americio

95 protones
146-148 neutrones
95 electrones

Masa atómica: 208.9

el símbolo de la radiactividad

Estos hombres están utilizando un medidor de densidad para evaluar la superficie de una carretera. El dispositivo utiliza neutrones producidos por Am-241 y berilio.

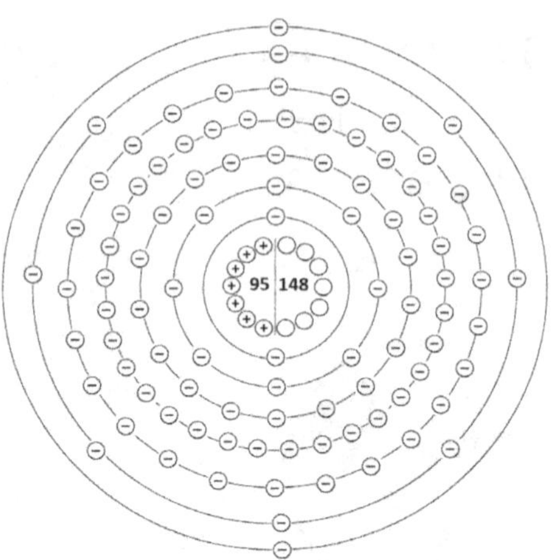

AmO_2 Dióxido de americio

El Am-241 se utiliza en detectores de humo.

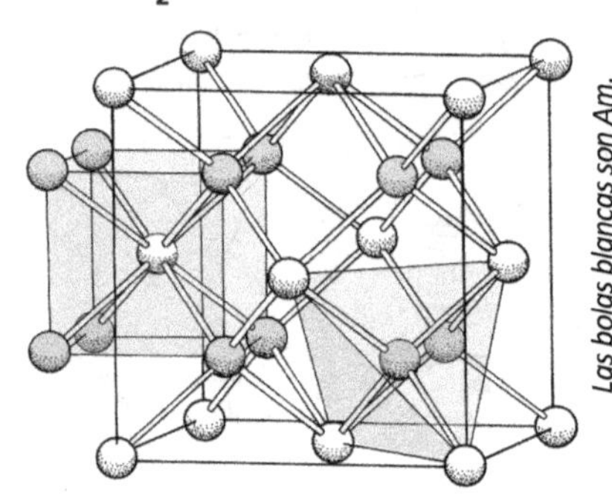

Las bolas blancas son Am.
Las bolas grises son O.

El americio recibe su nombre de América, donde fue descubierto en 1944 durante el proyecto secreto Manhattan, que fabricó la primera bomba atómica. Glenn Seaborg era el líder de un equipo que trabajaba para identificar los elementos pesados que se estaban creando como resultado de esta investigación atómica. Después de bombardear uranio con neutrones en un ciclotrón, se produjo una amplia variedad de átomos e isótopos radiactivos. Acababan de identificar el neptunio, el plutonio y el curio, por lo que el americio fue el cuarto elemento "transuránico" (más allá del uranio) en ser descubierto. Tras el descubrimiento de estos cuatro nuevos elementos, Glenn Seaborg decidió que era necesario reorganizar la tabla periódica. Colocó la serie de los actínidos justo debajo de la serie de los lantánidos, como filas separadas debajo de la tabla principal. Con esta nueva disposición, el elemento 95 estaría justo debajo del europio. Seaborg pensó que era apropiado tener los continentes, Europa y América, juntos como un par arriba/abajo.

El isótopo más común y útil es el Am-241. Se desintegra emitiendo una partícula alfa y convirtiéndose en Np-237. Su vida media es de 432 años, lo que es suficiente para que sea útil. La mayoría de nosotros tenemos una pequeña cantidad de Am-241 en nuestros hogares porque se utiliza en los detectores de humo. La pequeña cantidad de radiación procedente del Am-241 completa continuamente un circuito electrónico que evita que la alarma se active. Si el humo entra en el detector, bloquea los rayos e impide que completen el circuito eléctrico. Cuando el circuito se interrumpe, la alarma se activa.

El Am-241 puede combinarse con berilio para crear una fuente de neutrones libres. Las partículas alfa del americio hacen que los átomos de berilio pierdan uno de sus neutrones. El berilio sigue siendo estable con un neutrón menos, por lo que la combinación Am/Be constituye una fuente segura de neutrones para su uso en dispositivos como medidores de densidad y sensores de aguas subterráneas. Los átomos de hidrógeno ralentizan los neutrones. El agua y el petróleo contienen mucho hidrógeno, por lo que el sensor podrá detectar agua o petróleo a varios metros de profundidad bajo tierra. Estos medidores también se utilizan para comprobar la densidad del asfalto.

En los laboratorios de investigación de física nuclear, el americio es una opción popular para crear elementos superpesados. Si bombardeas el americio con átomos de neón, puedes crear el elemento 105, el dubnio. (95+10=105) Si bombardeas el americio con átomos de calcio, puedes crear el elemento 105, el dubnio. (95+20=115)

Curio

El curio emite partículas alfa y se convierte en plutonio.

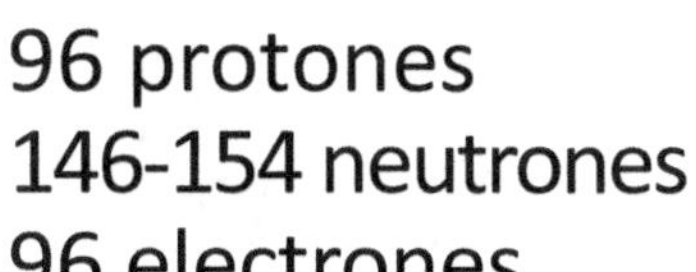

96 protones
146-154 neutrones
96 electrones

Masa atómica: 232

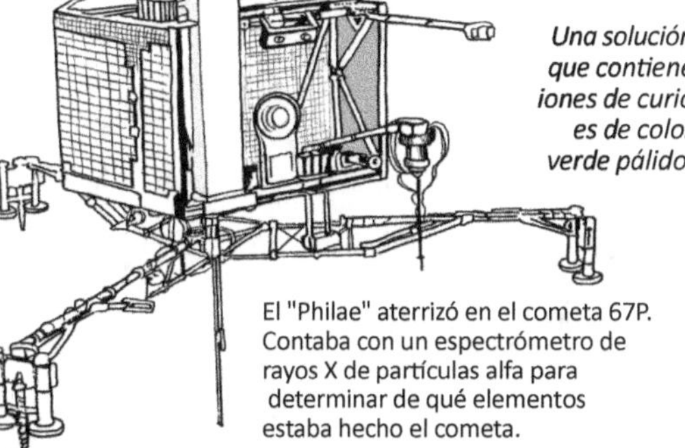

El "Philae" aterrizó en el cometa 67P. Contaba con un espectrómetro de rayos X de partículas alfa para determinar de qué elementos estaba hecho el cometa.

Una solución que contiene iones de curio es de color verde pálido.

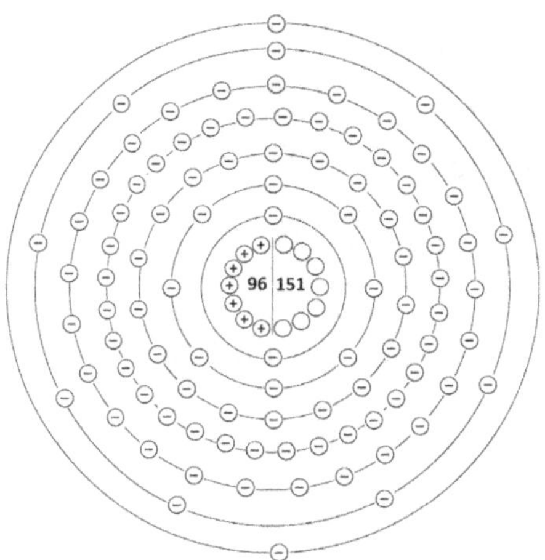

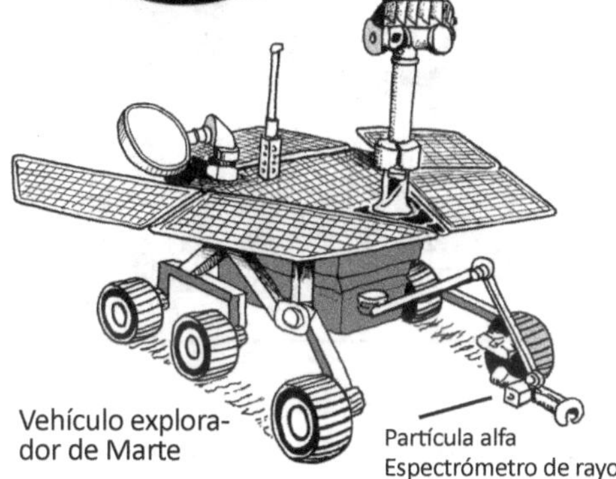

Vehículo explorador de Marte

Partícula alfa
Espectrómetro de rayos X

Cm_2O_3 Óxido de curio (III)

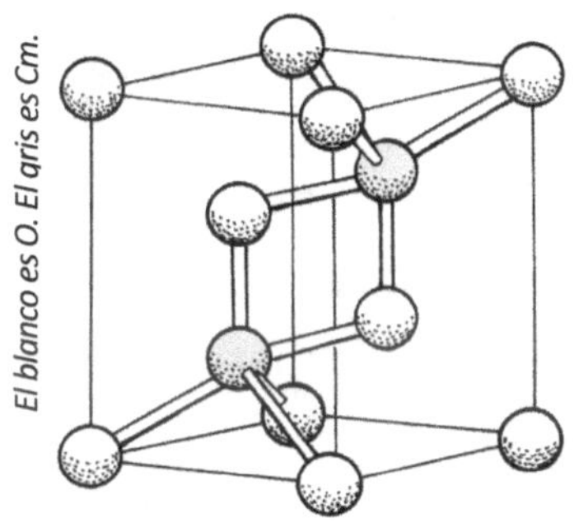

El blanco es O. El gris es Cm.

El curio recibe su nombre en honor a Marie y Pierre Curie, por toda su investigación pionera sobre la radiactividad. Este elemento fue observado por primera vez en 1944 por Glenn Seaborg y su equipo de investigadores de la Universidad de Berkeley. Utilizaron su máquina ciclotrón para bombardear átomos de plutonio con partículas alfa. Cuando una partícula alfa se adhiere al plutonio, el número de protones pasa de 94 a 96. (El elemento 96 se identificó antes que el elemento 95). Cuando un elemento radiactivo es bombardeado por neutrones o partículas alfa, se forma una variedad de isótopos de muchos elementos. Separar solo uno de ellos para crear una muestra pura es muy complicado. Implica mucha química complicada, aunque los principios químicos son básicamente los mismos que utilizan para los elementos no radiactivos. Una muestra pura de curio parece un metal plateado, aunque en la oscuridad puede verse que brilla en color púrpura. Los experimentos parecen indicar que puede tener propiedades magnéticas similares a las del elemento que está justo encima, el gadolinio.

El curio es uno de los elementos pesados que se encuentran en las barras de combustible "gastadas" (usadas) de los reactores nucleares. Se producirán varios isótopos de curio. Algunos se convertirán en combustible adicional y sufrirán fisión. Otros isótopos son más estables y tienen vidas medias muy largas (millones de años) y se convertirán en residuos nucleares problemáticos y peligrosos. En el pasado, el plan siempre fue enterrar permanentemente los residuos peligrosos, pero recientemente se han inventado nuevos métodos para tratar los átomos especialmente peligrosos. Se irradian con partículas que los transforman en isótopos más seguros.

El curio es un potente emisor de partículas alfa, lo que significa que puede utilizarse en espectrómetros de rayos X de partículas alfa. Estos dispositivos son una herramienta importante que siempre se incluye en cualquier satélite o nave espacial que se envía para recopilar información sobre un planeta o un cometa. Por ejemplo, los vehículos exploradores de Marte utilizan estos dispositivos para identificar los elementos presentes en las rocas y el suelo marcianos.

El curio se estudió como posible fuente de energía para los generadores termoeléctricos de radioisótopos que proporcionan calor y movimiento a los satélites en el espacio profundo, pero el precio de fabricación del isótopo adecuado (Cm-242) era demasiado alto, y otros isótopos producían elementos secundarios que emitían mucha radiación beta y gamma, en lugar de partículas alfa.

97 Berkelio Bk

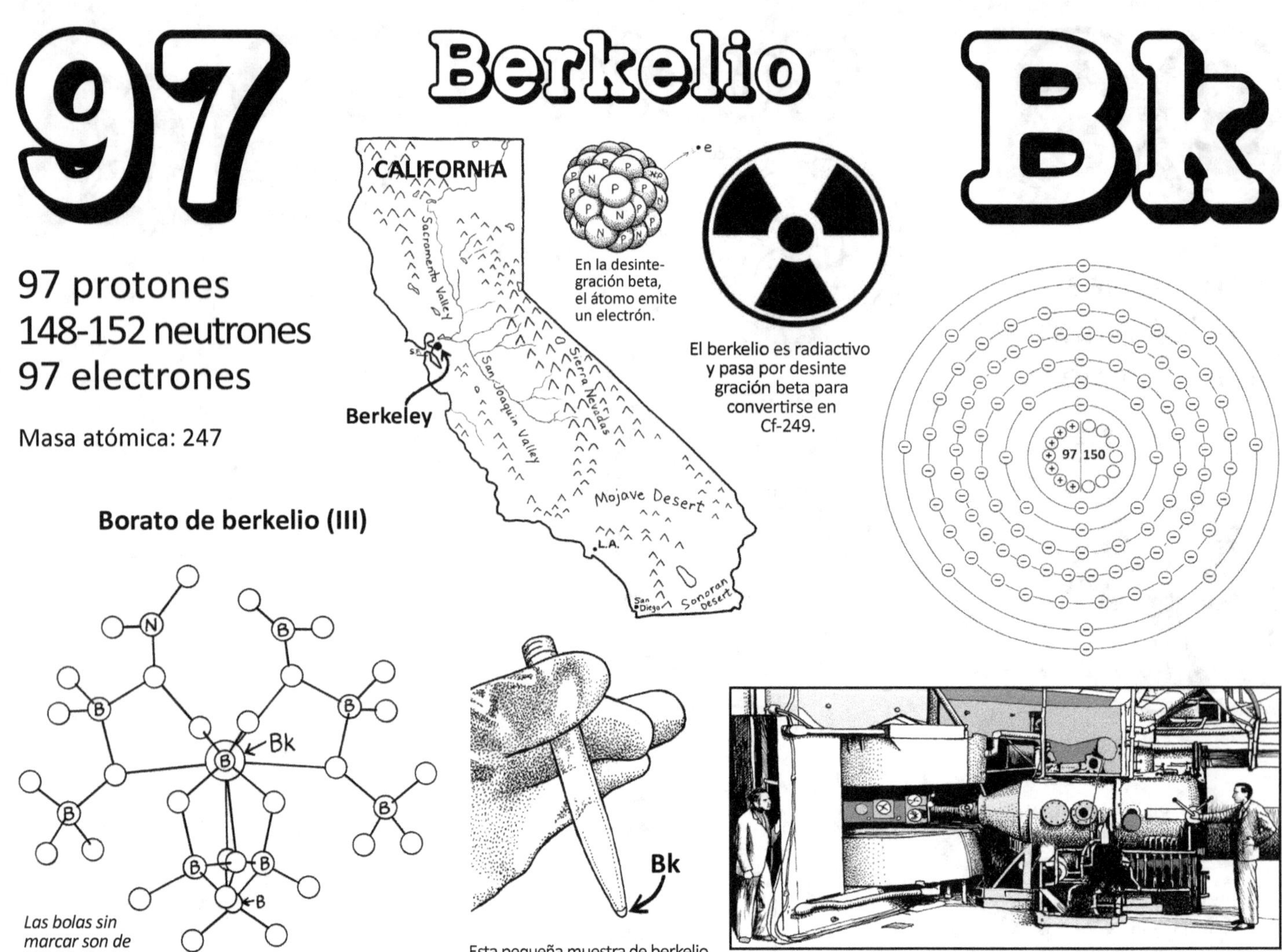

Esta pequeña muestra de berkelio parece un líquido azul claro.

El berkelio se creó en el ciclotrón de Berkeley, California, en 1949. Glenn Seaborg era el líder del equipo de investigación ese año, pero justo a su lado estaba Albert Ghiorso, que se encargaría del nuevo acelerador de partículas de Berkeley en la década de 1950. Ghiorso ayudaría a descubrir 12 nuevos elementos.

Seaborg y su equipo fabricaron berkelio para descubrirlo. Utilizaron un "blanco" hecho de Am2O3. (Este blanco se había fabricado utilizando una solución de nitrato de americio-241 recubierta sobre una lámina de platino. Después de que la solución se hubiera evaporado y creado el Am2O3, el blanco se introdujo en el ciclotrón y se bombardeó con partículas alfa durante 6 horas. El blanco se retiró y luego se sometió a una serie de procesos químicos que involucraron sustancias químicas como ácido nítrico, amoníaco, sulfato de amonio, ácido fluorhídrico, hidróxido de potasio y ácido perclórico. El resultado previsto de toda esta química era que los átomos de berkelio se separaran de todos los demás tipos de átomos, y la muestra pura (por pequeña que fuera) pudiera analizarse con un espectrómetro. Cada elemento tiene un patrón espectral único, casi como su "huella dactilar", así que si veían un nuevo patrón, sabían que habían descubierto un nuevo elemento. Cuando se confirmó el descubrimiento, observaron dónde se ubicaría en la tabla, justo debajo del terbio, y pensaron que, dado que el terbio había recibido el nombre de una ciudad, nombrarían el elemento 97 en honor a una ciudad. Dado que este nuevo elemento se descubrió en la ciudad de Berkeley, el nombre "berkelio" fue la elección obvia.

El berkelio no tiene aplicaciones prácticas. No es adecuado para uso médico, ni para ninguna aplicación en tecnología espacial o en energía nuclear. Esto se debe principalmente a la vida media y a los productos de desintegración de sus isótopos, pero también a que es muy difícil de fabricar. Desde 1967 solo se ha producido 1 gramo de berkelio. El berkelio es utilizado principalmente por investigadores para crear elementos superpesados aún más grandes, como el teneso. Para crear el teneso, el Laboratorio Nacional de Oak Ridge fabricó (en 2009) un pequeño lote de solo 22 miligramos de berkelio, que luego envió al Instituto Conjunto de Investigación Nuclear de Dubná (Rusia), donde se expuso a átomos de calcio (Ca-48) en rápido movimiento durante 150 días. Algunos de los átomos de calcio se unieron a los átomos de berkelio para formar un átomo con 117 protones.

Actualmente, el Laboratorio Oak Ridge fabrica berkelio introduciendo plutonio-239 en su reactor de isótopos de alto flujo para crear americio, que se desintegra en curio, que a su vez se desintegra en berkelio. (El berkelio se desintegra en californio).

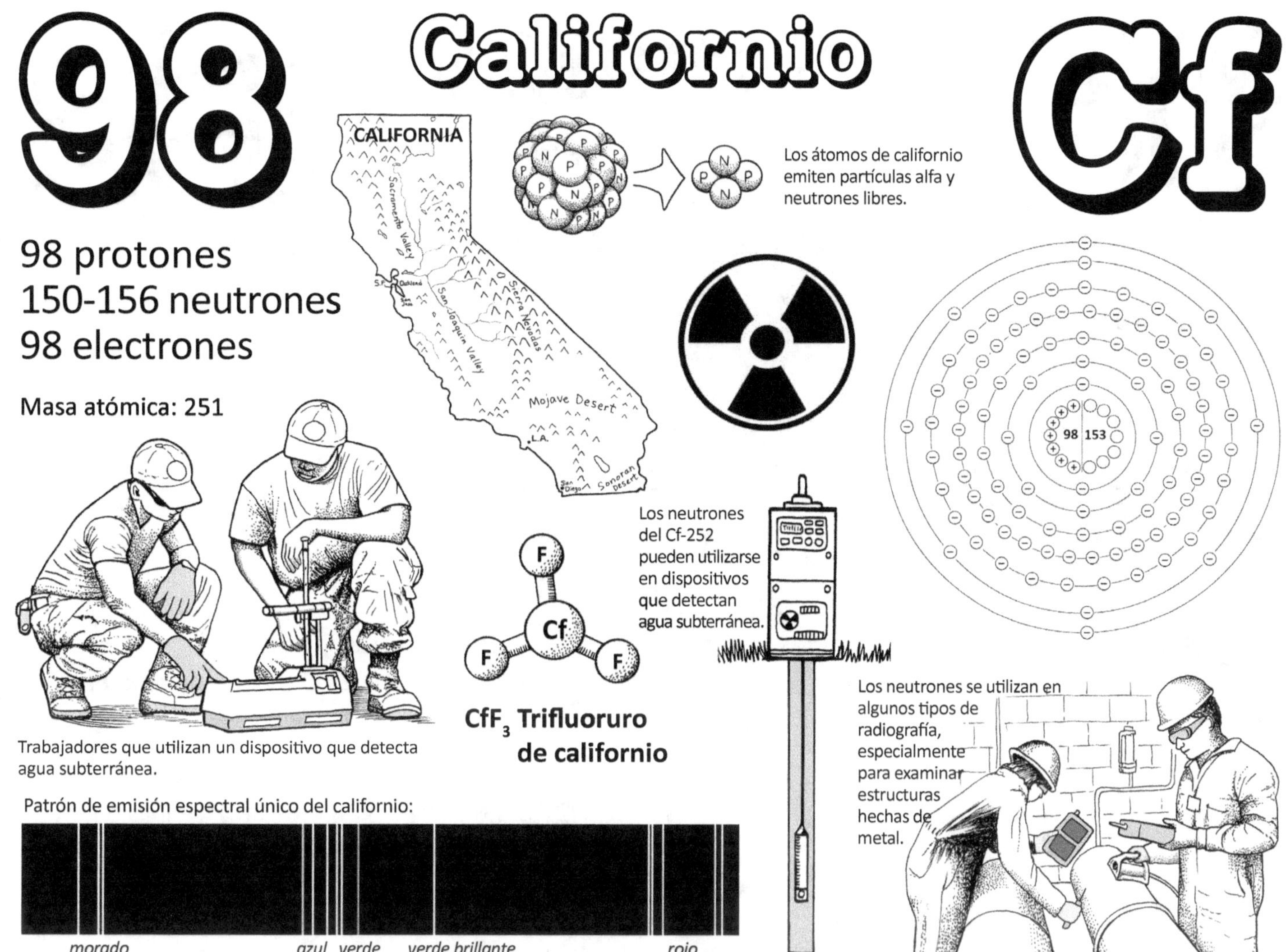

Trabajadores que utilizan un dispositivo que detecta agua subterránea.

Solo unas semanas después del descubrimiento del berkelio, Glenn Seaborg y su equipo del Laboratorio de Radiación de Berkeley (ahora llamado Laboratorio Nacional de Berkeley) decidieron continuar con la serie de los actínidos y ver si podían crear (y, por lo tanto, descubrir) el elemento 98. Pusieron una muestra de curio-242 en su máquina ciclotrón y la bombardearon con partículas alfa. El curio tiene 96 protones, por lo que cuando una partícula alfa que contenía dos protones se unió a un átomo de curio, el número de protones aumentó a 98. Este primer experimento produjo solo unos 5000 átomos del elemento 98, pero fue suficiente para hacer las observaciones necesarias y poder anunciar el descubrimiento de un nuevo elemento. En la denominación de los tres elementos actínidos anteriores, se había hecho un esfuerzo por coordinar con el elemento de la serie de los lantánidos justo por encima. En este caso, el lantánido por encima del elemento 98 es el disprosio, cuyo nombre significa "difícil de alcanzar". El equipo de Seaborg decidió que no era posible elegir un nombre que fuera de alguna manera similar al de disprosio, por lo que lo nombraron en honor al estado donde fue descubierto, California. Después de elegir el nombre, alguien señaló que cuando la gente intentó viajar a California por primera vez a principios del siglo XIX, era, de hecho, muy difícil llegar, por lo que el nombre (en cierto modo) se coordinaba con el de disprosio después de todo.

El californio (Cf-252 en particular) es uno de los pocos actínidos superpesados que tiene aplicaciones prácticas, ya que es una buena fuente de neutrones. Para producir Cf-252, el Bk-249 se bombardea con neutrones para producir Bk-250, que decae rápidamente en Cf-250. (Esto es la desintegración beta, en la que un neutrón se convierte en un protón y un electrón). El Cf-250 puede seguir saturándose de neutrones hasta que se produzcan Cf-251 y Cf-252. Por lo tanto, el Cf-252 tiene varios neutrones adicionales que puede perder. Un microgramo de Cf-252 puede emitir hasta 139 millones de neutrones por minuto.

Los neutrones del Cf-252 pueden utilizarse como combustible de arranque en reactores nucleares, como escáner de barras de combustible (para analizar los elementos restantes en las barras de combustible nuclear) y como fuente portátil de neutrones para dispositivos de detección que buscan grietas, soldaduras defectuosas y corrosión en grandes estructuras metálicas, incluidos los aviones. También se utiliza en medidores de humedad que buscan depósitos de agua y petróleo bajo tierra. Los neutrones interactúan con los átomos de hidrógeno del agua o el petróleo.

Al igual que el curio y el berkelio, el californio puede utilizarse como punto de partida para fabricar elementos aún más grandes. En 2006 se fabricaron tres átomos de oganesón bombardeando Cf-249 con átomos de calcio (Ca-48) en rápido movimiento.

99 Einstenio Es

Muchos países han emitido sellos en honor a Einstein.

99 protones
153-156 neut.
99 electrones

Masa atómica: 208.9

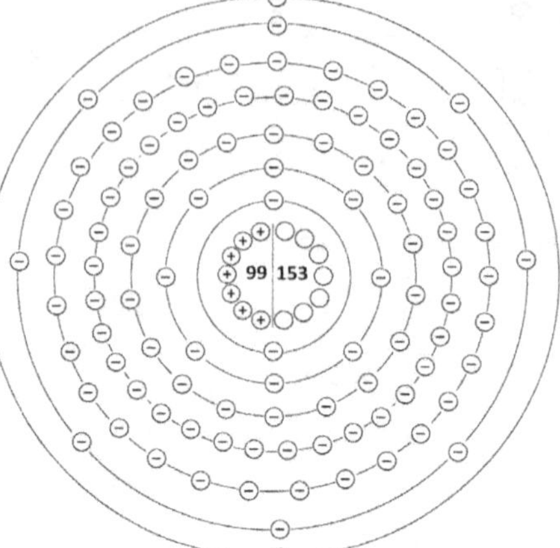

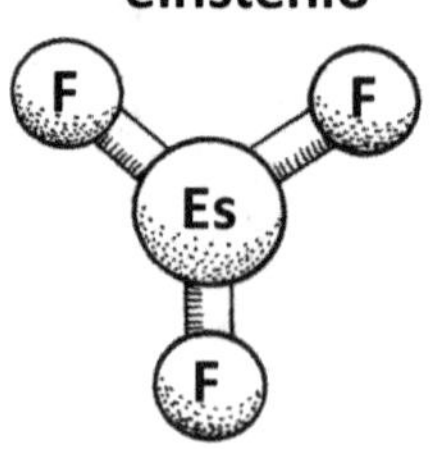

Los aviones B-17 volaron alrededor de la nube en forma de hongo creada por la prueba de la primera bomba H. Recogieron átomos radiactivos.

La bomba de hidrógeno "Ivy Mike" creó algo de einstenio.

EsF_3 Trifluoruro de einstenio

F F Es F

Es_2O_3 Óxido de einstenio

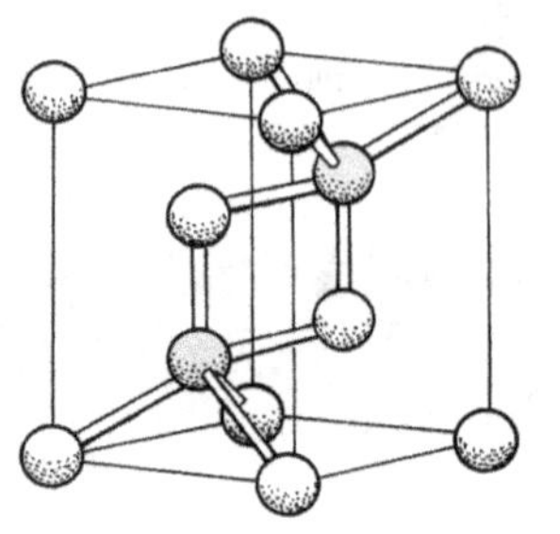

El gris es Es. El blanco es O.

El elemento 99 se descubrió por primera vez en residuos radiactivos recogidos durante la explosión de la primera bomba de hidrógeno en 1952. El Laboratorio Nacional de Los Álamos (en Nuevo México) había desarrollado un nuevo tipo de bomba atómica que utilizaba isótopos pesados de hidrógeno llamados deuterio (un neutrón) y tritio (dos neutrones). La bomba recibió el apodo de "Ivy Mike" y el lugar de prueba fue el atolón de Enewetak, en el Océano Pacífico. Se descubrió que esta bomba era 500 veces más poderosa que las bombas que se lanzaron sobre Japón al final de la Segunda Guerra Mundial. Los científicos que habían diseñado la bomba querían información sobre qué tipos de elementos superpesados se produjeron en la explosión, por lo que se enviaron aviones equipados con dispositivos de muestreo de papel de filtro para volar a través de los bordes de la gigantesca nube en forma de hongo. Los papeles de filtro se enviaron luego al Laboratorio Nacional de Berkeley, donde Albert Ghiorso y su equipo los analizaron y observaron muchos elementos pesados, incluidos algunos átomos con 99 protones. Sin embargo, esta información se mantuvo en secreto durante varios años, porque saber qué isótopos produjo la explosión proporcionaba información valiosa sobre el proceso de fisión nuclear y la capacidad de fabricar bombas aún mejores. Estados Unidos no quería que esta información se filtrara a los científicos rusos que también estaban trabajando en la fabricación de bombas atómicas durante esta época de la "Guerra Fría".

Se presentaron muchas sugerencias para nombrar el elemento 99, la mayoría de ellas en honor al Laboratorio Nacional de Los Álamos o Argonne: losalium, losalamium, losalamosium, lasium, alamosium, laslucium, uclasium, argonnium, phoenicium, arconium, ucalium, anlium, athenium. Al final, decidieron honrar a Albert Einstein, cuya famosa ecuación E=mc2 desempeñó un papel clave en la comprensión de la relación entre los átomos y la energía.

Hoy en día, el einstenio se produce en cantidades muy pequeñas (unas pocas millonésimas de gramo) en el Laboratorio Nacional de Oak Ridge, en Tennessee, y en una instalación similar en Dimitrovgrad, Rusia. Existen muchos isótopos de einstenio (variación en el número de neutrones) y el más estable tiene una vida media de unos 471 días. Los investigadores utilizan el einstenio para obtener más conocimientos sobre cómo se comportan los electrones en los átomos de los grupos de lantánidos y actínidos, y también para producir elementos aún más pesados. En 1955, el elemento mendelevio se creó en el Laboratorio Nacional de Berkeley bombardeando un blanco de Es con partículas alfa. La única aplicación práctica que se ha encontrado para el einstenio fue el uso de Es-254 para calibrar el espectrómetro utilizado por la sonda lunar no tripulada Surveyor 5 en 1967.

100 Fermio

Estados Unidos emitió este sello en honor a Enrico Fermi. Diseñó el primer reactor de Estados Unidos, el Chicago Pile-1 (que se muestra a continuación).

100 protones
152-157 neut.
100 electrones

Masa atómica: 208.9

Los aviones B-17 recogieron muestras de la nube en forma de hongo de la bomba H en 1952.

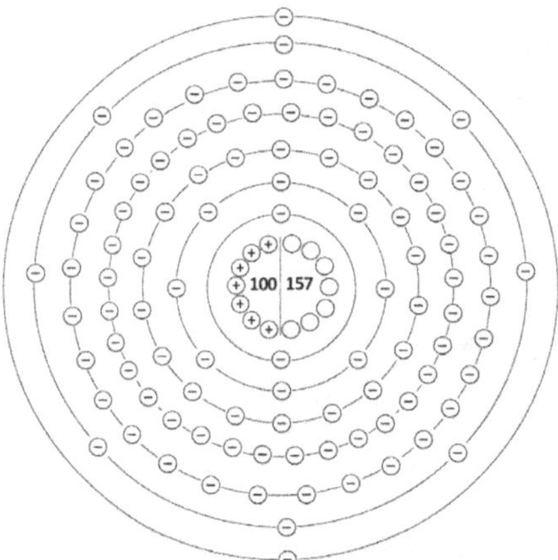

$FmCl_2$
Cloruro de fermio

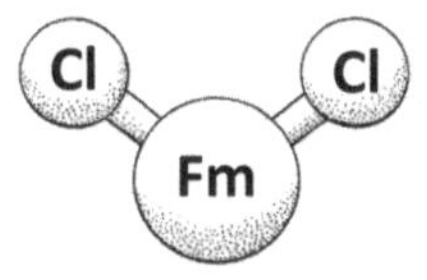

Se conocen muy pocos compuestos del fermio.

Este sello de 1955 honraba un discurso del presidente Eisenhower en el que se alentaba a que la ciencia nuclear se utilizara con fines pacíficos.

El elemento 100 se descubrió al mismo tiempo que el elemento 99. Ambos elementos se encontraron en los papeles de filtro que se habían diseñado para recoger muestras tras la explosión de la bomba "H Ivy Mike" en 1952 en el atolón de Enewetak, en el Océano Pacífico. Los papeles de recogida se habían montado en el exterior de los aviones B-17 que volaron en el interior y alrededor de la nube en forma de hongo. Los papeles de filtro fueron analizados en el Laboratorio Nacional de Berkeley por Albert Ghiorso y su equipo, quienes identificaron rápidamente dos elementos previamente desconocidos que tenían 99 y 100 protones. Nombraron los nuevos elementos en honor a científicos famosos, con el elemento 100 en honor a Enrico Fermi, quien fue pionero en el uso de neutrones para inducir la radiactividad y luego diseñó el primer reactor nuclear de Estados Unidos.

Fermi llegó a Estados Unidos en 1938 debido a la inestabilidad política en Italia. Él y su familia volaron a Suecia, donde aceptó el Premio Nobel de Física, y luego, en lugar de regresar a Italia, volaron a Nueva York y solicitaron asilo político. Estados Unidos recibió con alegría a este destacado físico y fue contratado inmediatamente por la Universidad de Columbia en la ciudad de Nueva York, donde continuó su investigación sobre la radiactividad y la fisión de los átomos de uranio. Al enterarse de que los científicos alemanes estaban estudiando la fisión nuclear utilizando uranio, Fermi fue trasladado a la Universidad de Chicago, donde su tarea consistía en diseñar y construir (con ayuda) un reactor. El resultado fue el "Chicago Pile-1", un reactor muy simple en comparación con los que utilizamos hoy en día. Básicamente, consistía en unas varillas de uranio rodeadas de muchos bloques de grafito. El grafito absorbía las partículas radiactivas producidas por la fisión (división) de los átomos de uranio. Con el éxito de este proyecto, Fermi fue transferido al "Proyecto Manhattan", con sede en Los Álamos, Nuevo México, donde él y otros científicos se encargaron de construir una bomba utilizando átomos radiactivos que liberarían una inmensa cantidad de energía. Aunque participó en la ciencia, a Fermi no le gustaba la guerra y se oponía al uso de la energía atómica para fabricar armas de destrucción masiva.

Los átomos de fermio varían en su número de neutrones. El más estable de estos isótopos, el Fm-257, tiene una vida media de unos 100 días. Cuando los investigadores producen fermio (a menudo en el Laboratorio Nacional de Oak Ridge), fabrican Fm-255, que tiene una vida media de solo 20 horas, pero es más fácil de separar de todos los demás isótopos producidos. El fermio no tiene aplicaciones prácticas y solo se utiliza para investigar la radiactividad.

101 Mendelevio

Rusia emitió este sello en 2009 para conmemorar el 175.º aniversario del nacimiento de Dmitri Mendeleev, inventor de la tabla periódica. Lamentablemente, durante su vida, Mendeleev fue perseguido por el gobierno ruso por atreverse a criticar las políticas gubernamentales.

101 protones
143-152 neutrones
101 electrones

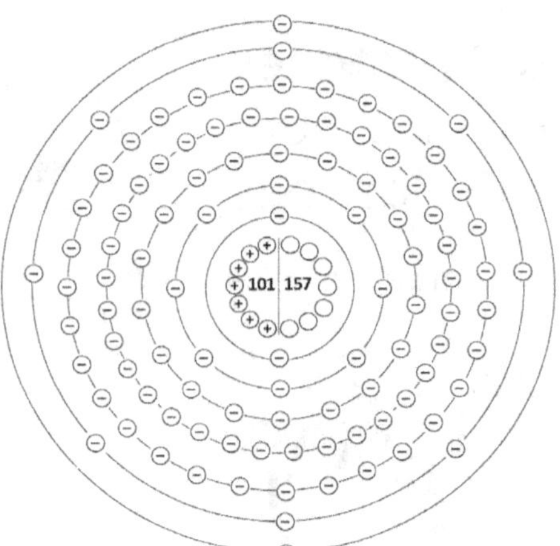

Se utilizaron partículas alfa para crear átomos de mendelevio.

El mendelevio fue creado en el ciclotrón del Laboratorio de Berkeley en 1955 por Albert Ghiorso, Glenn Seaborg, Stanley Thompson y su equipo.

La Academia de Ciencias de Rusia entrega una medalla de oro creada para honrar la memoria de Mendeleev.

Cuando se descubrió el elemento 101, los científicos empezaron a darse cuenta de que la tabla periódica aún no tenía un elemento nombrado en honor al hombre que la creó. Así que en febrero de 1955, cuando el equipo de la Universidad de Berkeley confirmó la existencia de un átomo con 101 protones, decidieron que debían aprovechar la oportunidad para honrar a Dmitri Mendeleev. Habían utilizado un blanco hecho de aproximadamente mil millones de átomos de einstenio-253 y lo habían bombardeado con partículas alfa utilizando su máquina ciclotrón. Si las partículas alfa se pegaban a los núcleos de los átomos de einstenio, el recuento de protones pasaría de 99 a 101. El número de neutrones no importaba, ya que son los protones los que determinan la identidad del átomo. El isótopo de mendelevio producido fue el Md-256 y tenía una vida media de solo 77 minutos. Los científicos tuvieron que correr literalmente de una habitación a otra (e incluso conducir hasta otro laboratorio) para realizar rápidamente todos los experimentos necesarios para analizar las nuevas muestras. Fue un proceso muy complicado separar todos los átomos e intentar aislar solo el mendelevio. Sin embargo, documentaron con éxito su descubrimiento y publicaron sus resultados.

El mendelevio se puede producir de varias maneras. Cada proceso generará un conjunto diferente de isótopos (número de neutrones). Para obtener isótopos más ligeros (244 a 247) se puede empezar con un blanco de bismuto y bombardearlo con átomos de argón. Para obtener isótopos de tamaño medio (248 a 253), se empieza con blancos de plutonio y americio y se los bombardea con átomos de carbono y nitrógeno. Para obtener los isótopos más grandes y estables (del 254 al 258), lo mejor es hacer lo que hizo el equipo de Berkeley y bombardear un blanco de einstenio con partículas alfa.

Dmitri Mendeleev (a veces escrito "Mendeleyev" para que lo pronunciemos correctamente) nació en 1834 en el norte siberiano de Rusia. Su familia era pobre y él era el menor de al menos 14 hermanos. A los 15 años, tras la muerte de su padre, él y su madre se mudaron a San Petersburgo para que Dmitri pudiera asistir a una buena escuela. Le fue bien y decidió centrarse en la química como el trabajo de su vida. También le gustaba escribir, así que empezó a escribir libros de texto sobre química. Mientras escribía, pensó mucho en cada elemento conocido (56 en ese momento) y empezó a darse cuenta de que había pequeños grupos de elementos que tenían características similares. Se preguntó cómo utilizar las similitudes para ordenar los elementos en una tabla. Un día pasó muchas horas tratando de alinear las pequeñas tarjetas de elementos que había hecho. Esa noche se quedó dormido mientras seguía pensando, y en su sueño vio todas las tarjetas alineadas de una manera que no se le había ocurrido antes. Este fue el comienzo de la tabla que conocemos hoy.

102 Nobelio

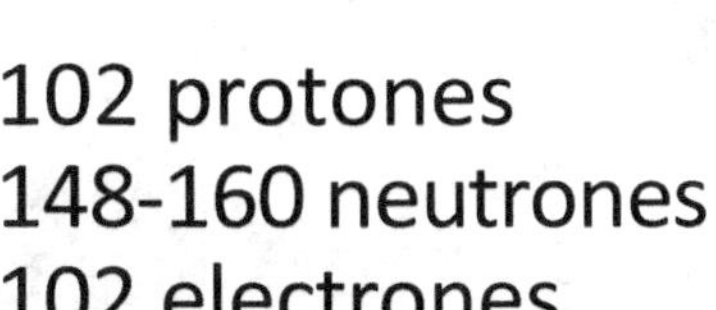

102 protones
148-160 neutrones
102 electrones

Un sello coreano que conmemora a Alfred Nobel.

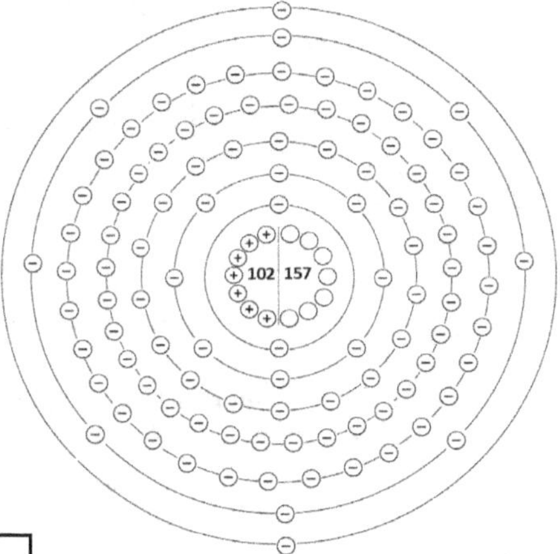

Alfred Nobel inventó la dinamita, un explosivo mucho más seguro que la mayoría de los utilizados en el siglo XIX.

$NoCl_2$ Cloruro de nobelio (II)

Cl Cl No

El nobelio forma moléculas con varios elementos, pero deben estudiarse rápidamente antes de que el nobelio se desintegre.

Esta es la fachada del Instituto Conjunto de Investigación Nuclear. Las paredes amarillas, las columnas blancas y las banderas en su mayoría rojas, blancas y azules.

$NoCl_3$ Cloruro de nobelio (III)

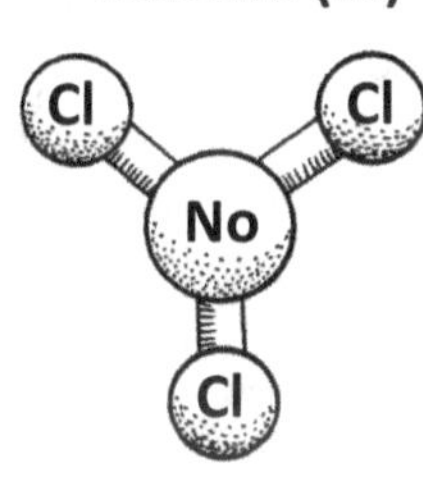

El descubrimiento del elemento 102 es una historia complicada. Científicos de tres países afirmaron ser los primeros en fabricar y, por tanto, descubrir este elemento. El primer anuncio lo hicieron los científicos del Instituto Nobel de Suecia en 1957. Habían bombardeado un blanco de curio con átomos de carbono. Naturalmente, bautizaron el nuevo elemento en honor a Alfred Nobel, el científico sueco que dio nombre a su instituto. Al enterarse de esto, el equipo del Laboratorio de Berkeley intentó repetir el experimento para ver si podían lograr los mismos resultados. No pudieron producir elementos con 102 protones, por lo que cuestionaron la afirmación de los científicos suecos. Durante los años siguientes, los científicos del Instituto Conjunto de Investigación Nuclear de Dubna, Rusia, probaron diferentes métodos para producir el elemento 102. En un experimento utilizaron un blanco de Pu-239 y lo bombardearon con átomos de oxígeno. El JINR afirmó entonces ser el primero en fabricar el elemento 102 y propuso que se llamara joliotio, en honor a la hija de Marie Curie, Irène Joliot-Curie, que era una excelente química como su madre. El JINR continuó su trabajo sobre el elemento 102 durante varios años más, utilizando diferentes elementos como blancos y "balas", y en 1966 presentó su evidencia más convincente para la creación del elemento 102. Sin embargo, los estadounidenses y los suecos seguían pensando que sus afirmaciones eran válidas.

No fue hasta 1992 que se resolvió la controversia. La organización que tiene la máxima autoridad para nombrar elementos, la Unión Internacional de Química Pura y Aplicada (IUPAC), dio crédito al JINR por el descubrimiento, pero determinó que se mantuviera el nombre original, nobelio, ya que llevaba muchos años en uso.

Alfred Nobel nació en Suecia en 1833. Siguió los pasos de su padre y se convirtió en un experto en la química de los explosivos. En el siglo XIX, los explosivos eran mucho más peligrosos de lo que son hoy en día; los productos químicos eran inestables y explotaban en el momento equivocado. El hermano de Alfred murió en una explosión accidental, por lo que Alfred estaba decidido a hacer los explosivos más seguros. Encontró una forma de combinar la nitroglicerina con minerales muy estables y recibió una patente para la "dinamita". La venta de dinamita hizo que Alfred ganara mucha riqueza. Cuando uno de sus hermanos murió, un periódico de Francia cometió un gran error e imprimió un obituario de Alfred, no del hermano. El periódico llamó a Alfred "el mercader de la muerte" porque algunas personas estaban utilizando la dinamita con fines malvados. Alfred estaba horrorizado de que alguien lo recordara de esa manera, así que utilizó toda su riqueza para crear una fundación que otorgaría premios anuales (los Premios Nobel) a personas que hubieran hecho contribuciones destacadas a la ciencia, la economía, la literatura y la paz mundial.

103 Lawrencio Lr

103 protones
151-163 neut.
103 electrones

Ernest O. Lawrence (1901-1958)

El ciclotrón de Berkeley tenía un color azul grisáceo metálico.

El nombre de lawrencio se debe a Ernest Lawrence, inventor del ciclotrón. El ciclotrón de 152,4 centímetros del Laboratorio de Berkeley se utilizó para descubrir muchos elementos superpesados. El Laboratorio de Berkeley y el Instituto Conjunto de Investigación Nuclear de Dubná (Rusia) reivindicaron el primer descubrimiento del elemento 103. Albert Ghiorso y su equipo en Berkeley anunciaron que habían creado el elemento 103 en febrero de 1961, utilizando un blanco de californio y bombardeándolo con átomos de boro. Los científicos de Dubna examinaron los resultados de su investigación y plantearon algunas dudas sobre si estos isótopos con una vida media de solo 8 segundos eran, de hecho, el elemento 103, pero la investigación fue lo suficientemente convincente como para que la Unión Internacional de Química Pura y Aplicada (IUPAC) aceptara el descubrimiento y aprobara el nombre. Más tarde, a medida que pasaron los años y se realizaron más experimentos tanto en los laboratorios estadounidenses como en los rusos, se perfeccionaron las mediciones y los datos sobre este elemento. En 1992, la IUPAC examinó todas las investigaciones realizadas por estos laboratorios y decidió que debían compartir el mérito y figurar como codescubridores.

---

104 Rutherfordio Rf

104 protones
157-163 neut.
104 electrones

Este sello es de color morado claro.

Rutherford es el "padre de la física nuclear".

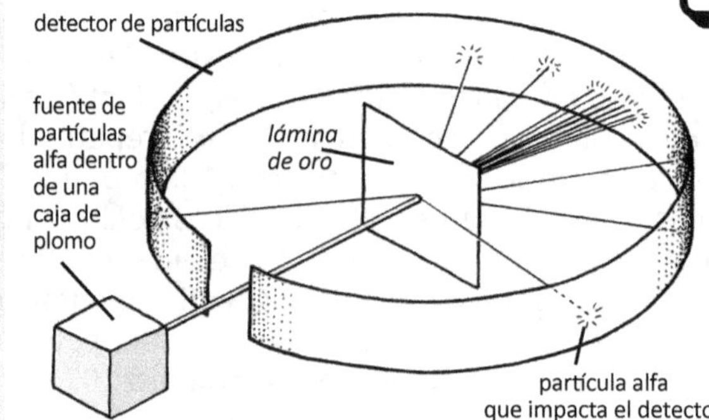

Esto muestra el concepto detrás del famoso experimento de la lámina de oro de Rutherford. La mayoría de las partículas alfa atravesaron la lámina de oro, lo que demuestra que los átomos eran en su mayoría espacio vacío.

El famoso experimento de la lámina de oro de Rutherford: la mayoría de las partículas alfa atravesaron la lámina de oro, lo que demostró que los átomos eran en su mayoría

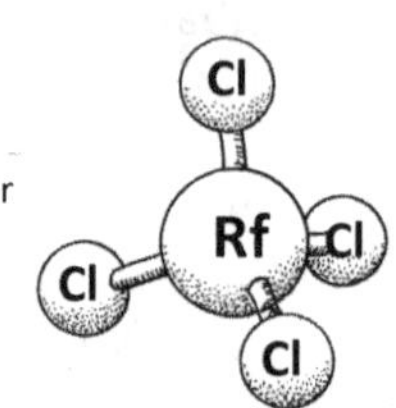

El rutherfordio fue nombrado en honor a Ernest Rutherford, quien trabajó con J. J. Thomson para descubrir el electrón. Rutherford pasó a investigar la radiactividad y nos dio los nombres de las partículas alfa y beta. También trabajó con Hans Geiger (de quien recibe el nombre el "contador Geiger") para desarrollar nuevas formas de detectar y contar las partículas alfa y beta. Su experimento más famoso se produjo en 1908, cuando él, Geiger y Ernest Marsden bombardearon partículas alfa a través de una lámina de oro. La mayoría de las partículas atravesaron la lámina, y solo unas pocas rebotaron. Esto llevó a la conclusión de que los átomos eran en su mayoría espacio vacío. Rutherford sugirió que los átomos tenían un pequeño "núcleo" formado por protones positivos y neutrones sin carga. Rutherford recibió muchos premios a lo largo de su vida y fue presidente de la Royal Society durante 5 años.

El hecho de que el rutherfordio forme moléculas con átomos como el cloro y el bromo se debe a que está justo debajo del titanio, el circonio y el hafnio. Los químicos esperan que los elementos de la misma columna tengan propiedades químicas similares. La vida media de los isótopos de Rf oscilan entre aproximadamente una hora y unas pocas millonésimas de segundo.

El rutherfordio fue descubierto por primera vez por el laboratorio JINR en Dubna, Rusia, en 1964, y luego por Berkeley en 1969.

105 Dubnio Db

105 protones
157-165 neutrones
105 electrones

Instituto Conjunto de Investigación Nuclear

Paredes: amarillas
Columnas: blancas
Banderas: en su mayoría rojas, blancas y azules

La bandera de Dubna, Rusia

El átomo y el triángulo: amarillo
La copa del árbol: verde
El agua: azul

La existencia del elemento 105 fue reportada por primera vez en 1968 por el Instituto Conjunto de Investigación Nuclear (JINR) en Dubna, Rusia (un poco al norte de Moscú). Los investigadores bombardearon un blanco de átomos de americio (95 protones) con átomos de neón (10 protones). En 1970, el equipo del laboratorio de Berkeley utilizó californio y nitrógeno para crear átomos con 105 protones. Ambos equipos se basaron en gran medida en la observación de la desintegración alfa que produce el elemento 103. Esto implicaba que algo había comenzado con 105 protones y había perdido 2 para convertirse en el elemento 103.

El equipo ruso propuso el nombre "nielsbohrio", en honor al físico danés Niels Bohr, y el equipo estadounidense propuso el nombre hahnio, en honor a Otto Hahn, que había trabajado con Lise Meitner para descubrir el proceso de fisión. Tras dos décadas de discusiones entre el laboratorio de Berkeley, el JINR y la IUPAC, y de sugerencias para cambiar el nombre de muchos de estos nuevos elementos, finalmente se decidió que ambos laboratorios compartirían el mérito del descubrimiento, pero el nombre sería dubnio.

---

106 Seaborgio Sg

106 protones
152-165 neut.
106 electrones

Glenn Seaborg de pie frente al equipo de intercambio iónico que aisló los actínidos.

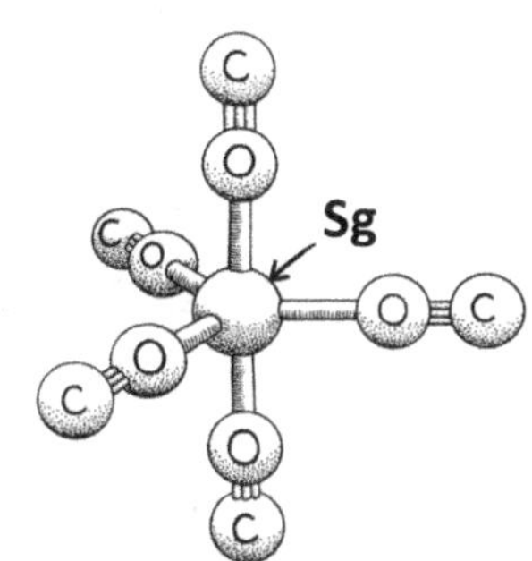

El hexacarbonilo de seaborgio se creó en un laboratorio en 2014. Sin embargo, el Sg pronto se descompuso.

La observación de las desintegraciones alfa fue el método principal utilizado para determinar si se había creado el elemento 106. Fueron capaces de predecir con precisión cómo se desintegraría cada isótopo del 106, de modo que si observaban un determinado patrón de desintegración, suponían que procedía del elemento 106.

En 1974, se observaron unos pocos átomos del elemento 106 tanto en el laboratorio de Berkeley como en el JINR de Dubna, Rusia. Los rusos utilizaron plomo y cromo (82+24) en sus experimentos, y los estadounidenses utilizaron californio y oxígeno (98+8). La denominación de este elemento fue objeto de controversia durante años, hasta que el problema se resolvió en 1997, cuando la IUPAC decidió que este elemento podía llevar el nombre de Glenn T. Seaborg, que fue el director del laboratorio de Berkeley a finales de la década de 1950 y ayudó a descubrir el americio, el berkelio, el californio y el lawrencio. Seaborg aún vivía cuando se propuso el nombre, y esto se convirtió en una controversia porque ningún elemento anterior había recibido el nombre de una persona viva. En 1997, la IUPAC evaluó muchas controversias de nomenclatura y renombró varios elementos, pero mantuvo el nombre de seaborgio para el 106.

La investigación sobre el seaborgio es difícil porque debe producirse un átomo a la vez, y el isótopo de vida más larga tiene una vida media de solo 14 minutos. El isótopo menos estable solo existe durante unas millonésimas de segundo. Sin embargo, en 2014 los científicos pudieron crear una molécula llamada hexacarbonilo de seaborgio, Sg(CO)6. Esperaban que el Sg pudiera formar este compuesto porque los elementos que están justo encima de él en la tabla periódica pueden hacerlo.

107 Borio Bh

107 protones
153-171 neutrones
107 electrones

Dinamarca emitió varios sellos conmemorativos en honor a uno de los principales científicos, Niels Bohr.

25 Mn
43 Tc
75 Re
107 Bh

El bohrio es el último elemento de las columnas del grupo 7, por lo que debería tener similitudes químicas con el manganeso, el tecnecio y el renio.

Niels Bohr fue la primera persona en darse cuenta de que los electrones están dispuestos en niveles de energía.

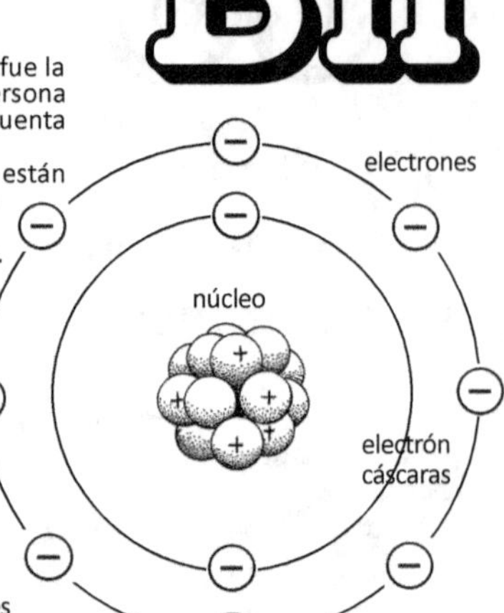

El elemento 107 fue descubierto por primera vez por un equipo de científicos rusos en 1976. Utilizaron blancos de plomo y bismuto y los bombardearon con cromo y manganeso, respectivamente. En 1981, un equipo alemán de un laboratorio nuclear de Darmstadt dijo que también habían fabricado 5 átomos del elemento 107 utilizando bismuto y cromo. Cuando la IUPAC investigó las afirmaciones de ambos grupos, consideró que la investigación del equipo alemán era más convincente, por lo que otorgó el mérito del descubrimiento a Darmstadt. El equipo alemán propuso el nombre de "nielsbohrio", pero la IUPAC dijo que ningún elemento anterior había incluido el nombre de pila de alguien, por lo que insistió en llamarlo simplemente "bohrio". Niels Bohr fue un físico danés que acabó visitando y viviendo en muchos otros países debido a los trastornos de la Segunda Guerra Mundial. Es más conocido por descubrir que los electrones se encuentran en niveles de energía específicos, o capas. Creó el "modelo del sistema solar" atómico.

El período de semidesintegración más largo es el del Bh-274, con 40 segundos. Otros isótopos desaparecen en cuestión de milésimas de segundo. Hasta ahora nadie ha podido confirmar la existencia de moléculas hechas con bohrio.

---

108 Hasio Hs

108 protones
155-169 neut.
108 electrones

ALEMANIA

Los investigadores alemanes utilizaron un acelerador lineal de partículas para fusionar átomos de plomo con átomos de hierro. *(82+26= 108)*

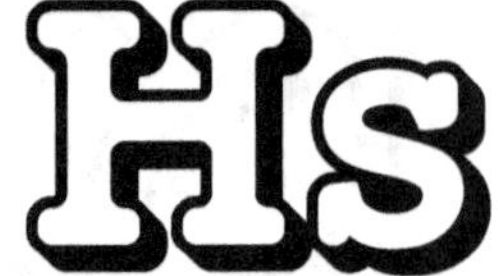

HsO_4 Tetróxido de cromo

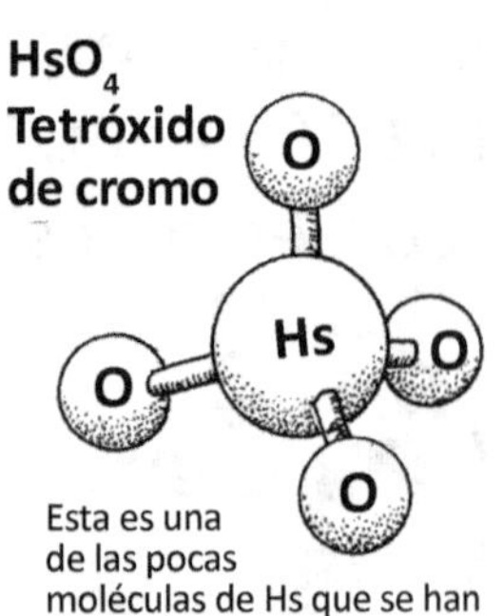

Esta es una de las pocas moléculas de Hs que se han fabricado.

El nombre de hasio proviene de Hesse, el estado alemán en el que se encuentra el Instituto Helmholtz de Investigación de Iones Pesados GSI. Alemania quería ponerse al día con EE. UU. en el juego de los nombres. Los investigadores de Berkeley habían utilizado la ciudad, el estado y el país de su centro de investigación. Los alemanes ya tenían un elemento que llevaba el nombre de su país (germanio), por lo que querían conseguir también una ciudad y un estado. El hasio sería su elemento estatal, y el darmstadtio acabaría convirtiéndose en su elemento urbano. Los investigadores del JINR y de Berkeley habían estado intentando sintetizar el elemento 108 durante varios años, pero no pudieron presentar la documentación adecuada a la IUPAC. Aunque la investigación alemana se realizó en 1984, no fue hasta 1997 cuando la IUPAC anunció oficialmente el hasio como elemento 108.

El isótopo más longevo del hasio tiene una vida media de solo 110 segundos. La mayoría de los isótopos se descomponen mucho más rápido que esto. Sin embargo, a pesar de esta ventana de oportunidad tan pequeña, los científicos han podido observar brevemente cómo el hasio se une al oxígeno para crear tetróxido de hasio. Esto no es sorprendente, ya que el hasio pertenece al grupo del platino.

109 Meitnerio

109 protones
157-173 neut.
109 electrones

Estas son algunas de las máquinas de las instalaciones de Darmstadt.

Los elementos superpesados suelen emitir partículas alfa. Cada isótopo de cada elemento pesado tiene un patrón de desintegración único de semividas cronometradas con precisión.

El meitnerio es el primer elemento de la tabla periódica cuyas propiedades químicas no se han investigado. Esto se debe principalmente a que las vidas medias de sus isótopos son muy cortas; la mayoría son milésimas de segundo. Este elemento fue sintetizado por primera vez en 1982 por el equipo alemán del Instituto GSI para la Investigación de Iones Pesados en Darmstadt. Utilizaron un blanco de bismuto y lo bombardearon con átomos de hierro; el resultado fue la detección de un solo átomo del elemento 109. El elemento recibió su nombre oficial en 1997, y todos estuvieron de acuerdo en que la física austriaca Lise Meitner debía recibir el honor de que este elemento llevara su nombre. Meitner trabajó con Otto Hahn para descubrir el elemento protactinio y el proceso de fisión nuclear. El único otro elemento que lleva el nombre de una mujer es el curio.

Dado que el meitnerio está en la misma columna que el cobalto, el iridio y el rodio, lo más probable es que sea un sólido si pudiéramos reunir suficientes átomos. El meitnerio está en la cadena de desintegración de elementos más grandes con números impares, como el teneso y el nihonio. Estos átomos liberan partículas alfa, disminuyendo su número atómico en 2 cada vez.

---

110 Darmstadtio

110 protones
157-171 neut.
110 electrones

La bandera de la ciudad de Darmstadt: *Arriba: azul, abajo: blanco. El león es rojo sobre fondo amarillo. La corona es roja y dorada. La flor de lis es blanca sobre fondo azul.*

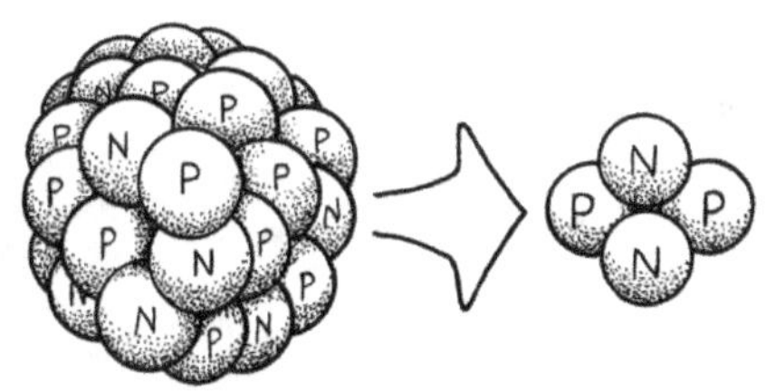

Los investigadores no "ven" realmente los átomos que están creando. La prueba de que han creado un nuevo elemento se basa en el análisis de los patrones de desintegración nuclear que ven y en el intento de averiguar de dónde proceden todas las partículas alfa. Cada isótopo de cada elemento tiene una vida media única que les da pistas adicionales.

El mérito del descubrimiento del elemento 110 corresponde al equipo de investigación del Instituto GSI para la Investigación de Iones Pesados de Darmstadt (Alemania). En 1994, utilizaron plomo (82) y níquel (28) para crear un único átomo con 110 protones. En la creación de elementos superpesados, es importante elegir los isótopos adecuados para los blancos y las corrientes de iones. Por ejemplo, los científicos alemanes descubrieron que cambiar de níquel-62 a níquel-64 (ajustando el número de neutrones) daba como resultado la capacidad de producir más átomos del elemento 101.

El equipo alemán, que incluía a Sigurd Hofmann, Peter Armbruster y Gottfried Münzenberg, estaba listo con su sugerencia de nombre. Muchos científicos alemanes estaban algo resentidos por el hecho de que los científicos del laboratorio de Berkeley pudieran nombrar tres elementos en honor a la ubicación de su laboratorio: berkelio, californio y americio (ciudad, estado y país). Ahora Alemania tenía la oportunidad de igualar el marcador. Después de elegir el nombre "darmstadtio", ya tenían su conjunto de tres elementos: darmstadtio, hasio y germanio.

111 Roentgenio

111 protones
161-175 neut.
111 electrones

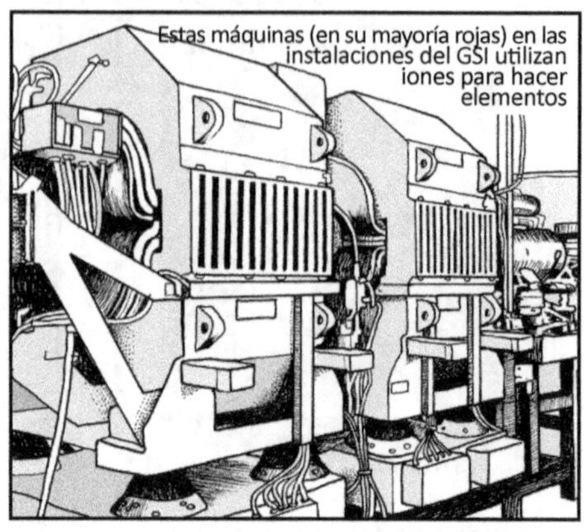

Estas máquinas (en su mayoría rojas) en las instalaciones del GSI utilizan iones para hacer elementos

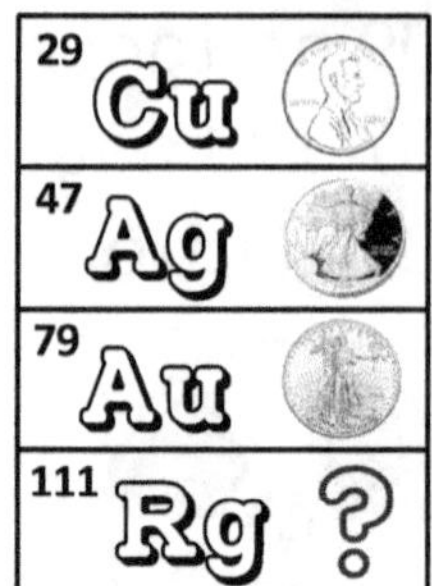

Si tuviéramos suficiente Rg, ¿podríamos hacer una moneda radiactiva?

El primer laboratorio en sintetizar unos pocos átomos del elemento 111 fue el Instituto Helmholtz de Investigación de Iones Pesados GSI en Darmstadt, Alemania, bajo la dirección de Sigurd Hofmann en 1994. Utilizaron un blanco de bismuto y lo bombardearon con átomos de níquel en rápido movimiento. (83+28=111) El isótopo más estable parece ser el Rg-282, con una vida media de 100 segundos.

El equipo alemán decidió nombrar este elemento en honor al científico que descubrió los rayos X, Wilhelm Roentgen (o Röntgen). Como ocurre con muchos descubrimientos, su observación inicial fue bastante inesperada. Roentgen estaba experimentando con un tubo de Crookes (el objeto en forma de pera que se muestra en el sello de arriba) y se dio cuenta de que el tubo estaba produciendo una especie de rayos desconocidos hasta entonces, a los que llamó rayos X, con la "x" en lugar de "desconocido". No pasó mucho tiempo hasta que demostró cómo estos rayos podían tomar imágenes de huesos. Una de sus famosas imágenes aparece en el sello.

El roentgenio está en la misma columna que el cobre, la plata y el oro, por lo que podemos suponer que compartiría propiedades químicas similares, aunque sea radiactivo. ¿Deberíamos clasificarlo como un metal precioso radiactivo?

---

112 Copernicio

112 protones
165-174 neut.
112 electrones

Los aceleradores lineales de partículas son solo una de las máquinas muy grandes necesarias para fabricar elementos superpesados. Para el elemento 112, el Instituto GSI utilizó átomos de zinc y plomo. El objetivo (zinc) estaba dentro de una gran esfera metálica.

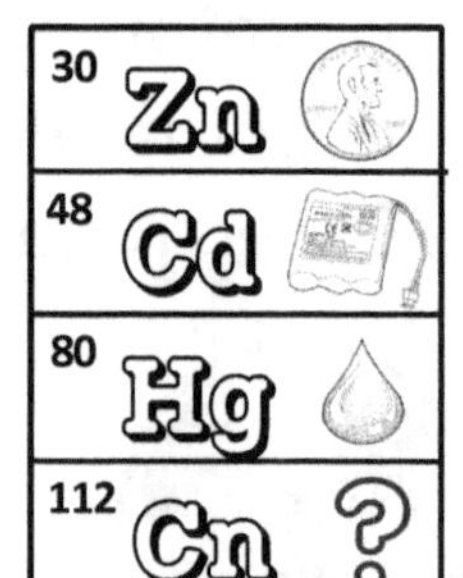

Si tuviéramos suficiente Cn, ¿ sería sólido o líquido como el Hg?

El elemento 112 fue creado por primera vez en 1996 en el Instituto Helmholtz de Investigación de Iones Pesados GSI en Darmstadt, por Sigurd Hofmann y su equipo. Dispararon átomos de zinc contra un blanco hecho de plomo utilizando un grupo de grandes máquinas conocidas colectivamente como acelerador de partículas. (El del blanco es pequeña, pero la maquinaria de apoyo puede llenar grandes edificios). La mayoría de los átomos de zinc no se unieron a los átomos de plomo, pero uno sí lo hizo, y se detectó ese nuevo átomo con 112 protones. Este experimento se repitió en el año 2000 y se detectaron algunos átomos más del elemento 112. El equipo alemán decidió nombrar este elemento en honor a un famoso científico polaco, Nicolás Copérnico, quien descubrió que la Tierra gira alrededor del Sol. El copernicio es el único elemento que lleva el nombre de un científico que no era químico ni físico y, por lo tanto, no tenía relación con la tabla periódica.

De todos los isótopos de copernicio que se han producido, el Cn-285 es el más estable, con una vida media de 29 segundos. Si se pudiera recoger una muestra lo suficientemente grande, el copernicio probablemente sería un líquido denso, como el mercurio.

113 Nihonio

113 protones
165-177 neut.
113 electrones

Los japoneses llaman a su país "Nihon". Así es como se escribe Nihon con caracteres japoneses.

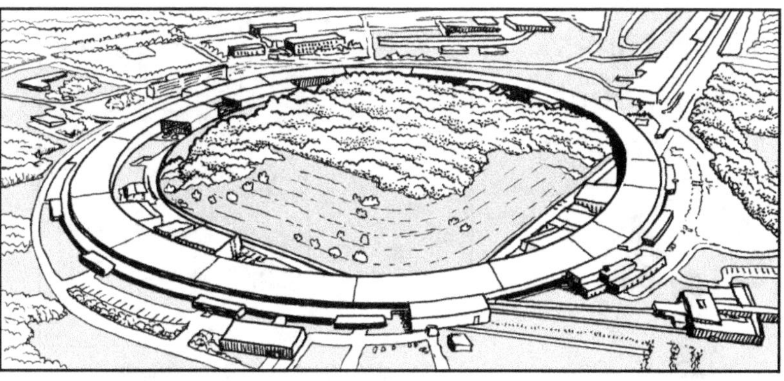

El acelerador de partículas de las instalaciones de RIKEN en Wako, Japón.

La fabricación y el descubrimiento del elemento 113 fue reivindicado por primera vez por un equipo estadounidense-ruso que trabajaba en el JINR en Dubna. Un año después, un equipo japonés de las instalaciones de RIKEN en Japón también reclamó el primer descubrimiento. En los años siguientes, equipos de Suecia, Alemania, China y Estados Unidos también afirmaron haber sintetizado este elemento. La IUPAC (Unión Internacional de Química Pura y Aplicada) tuvo que examinar las investigaciones de todos y determinar quién había sido el primero. En 2015, la IUPAC anunció que el equipo japonés recibiría el reconocimiento oficial por el descubrimiento.

El equipo del RIKEN utilizó bismuto y zinc para crear un átomo con 113 protones. El equipo del JINR lo había intentado anteriormente y no había tenido éxito, aunque dijeron que habían detectado el elemento 113 como producto de desintegración del elemento 115. El equipo del RIKEN utilizó una técnica llamada "fusión fría" y fue capaz de producir un átomo de 113. Otros experimentos han demostrado que el isótopo más estable del nihonio es el Nh-286, con una vida media de unos diez segundos.

---

114 Flerovio Fl

114 protones
170-176 neut.
114 electrones

Georgy Flyorov, homónimo del laboratorio Flerov, que forma parte del JINR.

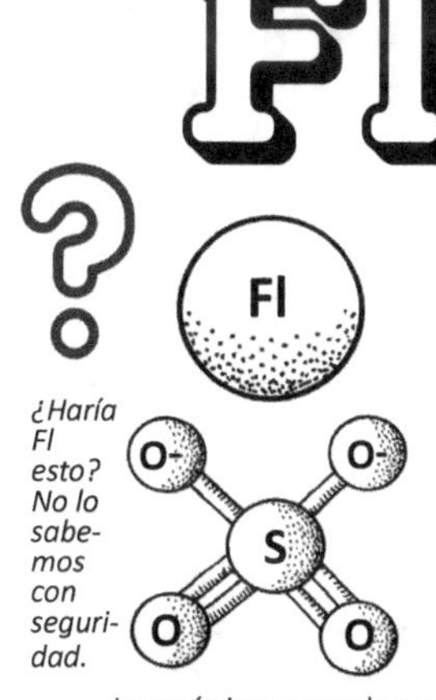

Los químicos sospechan que el Fl podría actuar como los elementos que están por encima (C, Si, Sn) y formar moléculas con SO_4.

El flerovio fue sintetizado por primera vez en 1998 por investigadores del Instituto Conjunto de Investigación Nuclear (JINR) de Dubna (Rusia), bajo la dirección de Yuri Oganessian. Utilizaron plutonio como blanco y lo bombardearon con átomos de calcio de movimiento rápido átomos de calcio (94+20) para formar un único átomo de 114. Desde entonces, solo se han creado 90 átomos de este elemento. 58 se han fabricado directamente y los demás se han observado simplemente como parte de la desintegración de elementos aún más grandes. El isótopo más estable parece ser el Fl-289, con una vida media de unos 2 segundos. El flerovio se encuentra en la parte inferior de la columna que contiene carbono, silicio, germanio, estaño y plomo, por lo que podemos suponer que podría tener algunas propiedades químicas similares si no se descompusiera tan rápido, aunque algunos experimentos han indicado que es mucho menos reactivo que cualquiera de estos elementos. Los científicos siguen fabricando estos elementos superpesados, con la esperanza de encontrar un isótopo (número de neutrones) que sea lo suficientemente estable como para que el elemento sea útil. El flerovio recibió su nombre del Laboratorio Flerov, que forma parte de las instalaciones del JINR. El laboratorio recibió su nombre de uno de los investigadores, Georgy Flyorov.

115 Moscovio Mc

115 protones
171-174 neut.
115 electrones

La entrada al JINR en Dubna, Rusia.

Técnicamente, el muscovio recibió su nombre por el estado (oblast) de Moscú, en el que se encuentra la ciudad.

La catedral de San Basilio es el edificio más famoso de Moscú. Es muy colorido. Quizá quieras encontrar una foto en color.

El elemento 115 se creó por primera vez en el Instituto Conjunto de Investigación Nuclear de Dubná, Rusia, en 2004. Científicos estadounidenses del Laboratorio Nacional Lawrence Livermore también estaban allí, ya que se trataba de un proyecto conjunto entre los dos laboratorios. Utilizaron un blanco hecho de americio y lo bombardearon con átomos de calcio en rápido movimiento. El resultado fueron 4 átomos del elemento 115. Sin embargo, cuando la IUPAC evaluó estos resultados, no fueron lo suficientemente convincentes. El laboratorio de Dubna tuvo que realizar más experimentos durante los siguientes 6 años. No fue hasta 2015 que la IUPAC finalmente dio crédito al JINR por el descubrimiento. Dado que los elementos 115 y 116 fueron el resultado de una colaboración entre los laboratorios Dubna y Livermore, la IUPAC decidió que un elemento debía tener un nombre ruso y el otro un nombre estadounidense. En marzo de 2017 se celebró en Moscú una ceremonia oficial de nombramiento de tres elementos: moscovio, teneso y oganesón.

El isótopo más estable de Mc tiene una vida media de aproximadamente medio segundo. Mc está en la misma columna que N, P, As y Sb, pero hasta ahora no se han fabricado moléculas que contengan Mc.

---

116 Livermorio

116 protones
174-178 neut.
116 electrones

Lv se fabricó en Dubna, no en Livermore.

La fabricación y el descubrimiento del elemento 116 fue un esfuerzo de colaboración entre el Laboratorio Nacional Lawrence Livermore en California y el Instituto Conjunto de Investigación Nuclear en Dubna, Rusia. El experimento se llevó a cabo en las instalaciones del JINR en el año 2000. Utilizaron un blanco hecho de curio y lo bombardearon con átomos de calcio en rápido movimiento. El resultado fue la detección de un solo átomo del elemento 116, aunque la prueba en realidad se basó en la detección de un átomo del elemento 114 (flerovio), ya que el elemento 116 se emitiendo una partícula alfa. El JINR propuso originalmente que el elemento 116 se llamara moscovio, pero la IUPAC decidió nombrar el 115 y el 116 al mismo tiempo, dando un nombre a EE. UU. y otro a Rusia, y asignando el 116 a EE. UU.

El laboratorio lleva el nombre de Ernest Lawrence, inventor del primer ciclotrón en Berkeley y homónimo del elemento lawrencio. El laboratorio se encuentra en la ciudad de Livermore, que recibió su nombre de su fundador, Robert Livermore, un inglés que llegó a California a principios del siglo XIX para ser uno de los primeros ganaderos. California formaba parte de México en esa época.

117 Teneso Ts

117 protones
176/177 neut.
117 electrones

El descubrimiento del elemento 117 llevó unos dos años y fue fruto de la cooperación entre el Laboratorio Nacional de Oak Ridge en Tennessee, el JINR en Rusia y algunos consultores del Laboratorio Nacional Lawrence Livermore en California. Los directores de estos laboratorios se reunieron en una conferencia y hablaron sobre un plan para fabricar el elemento 117. Utilizarían el berkelio como blanco y átomos de calcio como "balas". Oak Ridge era el único laboratorio que fabricaba berkelio en aquel momento (2008) y se tardó meses en hacer todos los preparativos. Cuando se fabricaron 22 mg de Bk, se introdujeron en un recipiente blindado de plomo y se enviaron por avión a Rusia. Por desgracia, la oficina de aduanas de Rusia no estaba satisfecha con la documentación, y el berkelio tuvo que cruzar el Atlántico varias veces antes de que finalmente se entregara al laboratorio JINR en Dubna. Los iones de calcio se fabricaron en un laboratorio en otra parte de Rusia y se transportaron al JINR, donde se utilizaron en su acelerador de partículas. Tras seis meses de intentos de fusionar el berkelio con el calcio, finalmente pudieron anunciar su éxito en enero de 2010. El elemento recibió el nombre del estado en el que se encuentra el laboratorio de Oak Ridge. Se eligió la terminación "o" porque este elemento está en la misma columna que el flúor, el cloro, el bromo, el yodo y el astato.

---

118 Oganesón Og

118 protones
176 neutrones
118 electrones

Yuri Oganessian, físico en JINR.

Instituto Conjunto de Investigación Nuclear en Dubna, Rusia

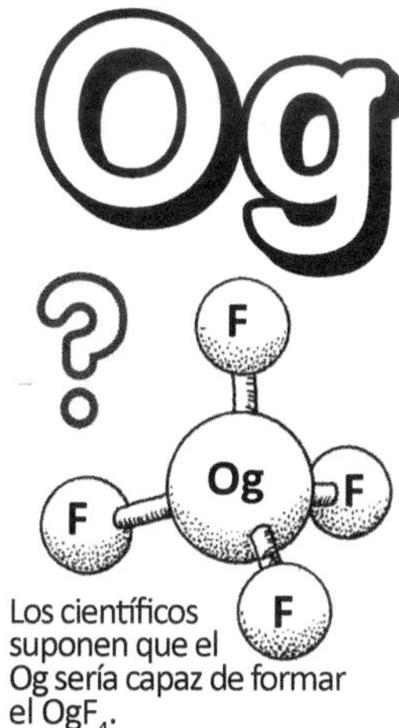

Los científicos suponen que el Og sería capaz de formar el OgF_4.

Paredes: amarillas
Columnas: blancas
Banderas: en su mayoría rojas, blancas y azules.

El elemento 118 se había predicho ya a finales del siglo XIX, después de que todos los gases nobles se hubieran colocado en la última columna de la tabla periódica. Los científicos se preguntaban si podría haber un elemento por debajo del radón. En 2002, el laboratorio JINR de Rusia inició un proyecto de colaboración con científicos del laboratorio nacional de Livermore. Los científicos de Livermore viajaron a Dubna para participar en el intento de fabricar el elemento 118. Pensaron que lo habían conseguido varias veces, pero es la IUPAC la que toma la decisión final. No fue hasta 2015 que la IUPAC vio pruebas suficientes para confirmar la existencia del elemento 118 y dar crédito al equipo internacional que había trabajado bajo la dirección de Yuri Oganessian.

El elemento lleva obviamente el nombre de Yuri Oganessian, pero se eligió el final "ón" para que coincidiera con los gases nobles que están encima en la tabla: neón, argón, criptón, xenón, radón. Oganessian había trabajado en el laboratorio durante décadas y había ayudado a desarrollar técnicas pioneras para la síntesis de elementos más allá del 106. En este momento se sabe muy poco sobre el oganesón. Los científicos continúan investigando estos elementos superpesados.

ROMPECABEZAS DE PALABRAS

La clave de respuestas se encuentra al final de este libro.

PRÁCTICA CON SÍMBOLOS

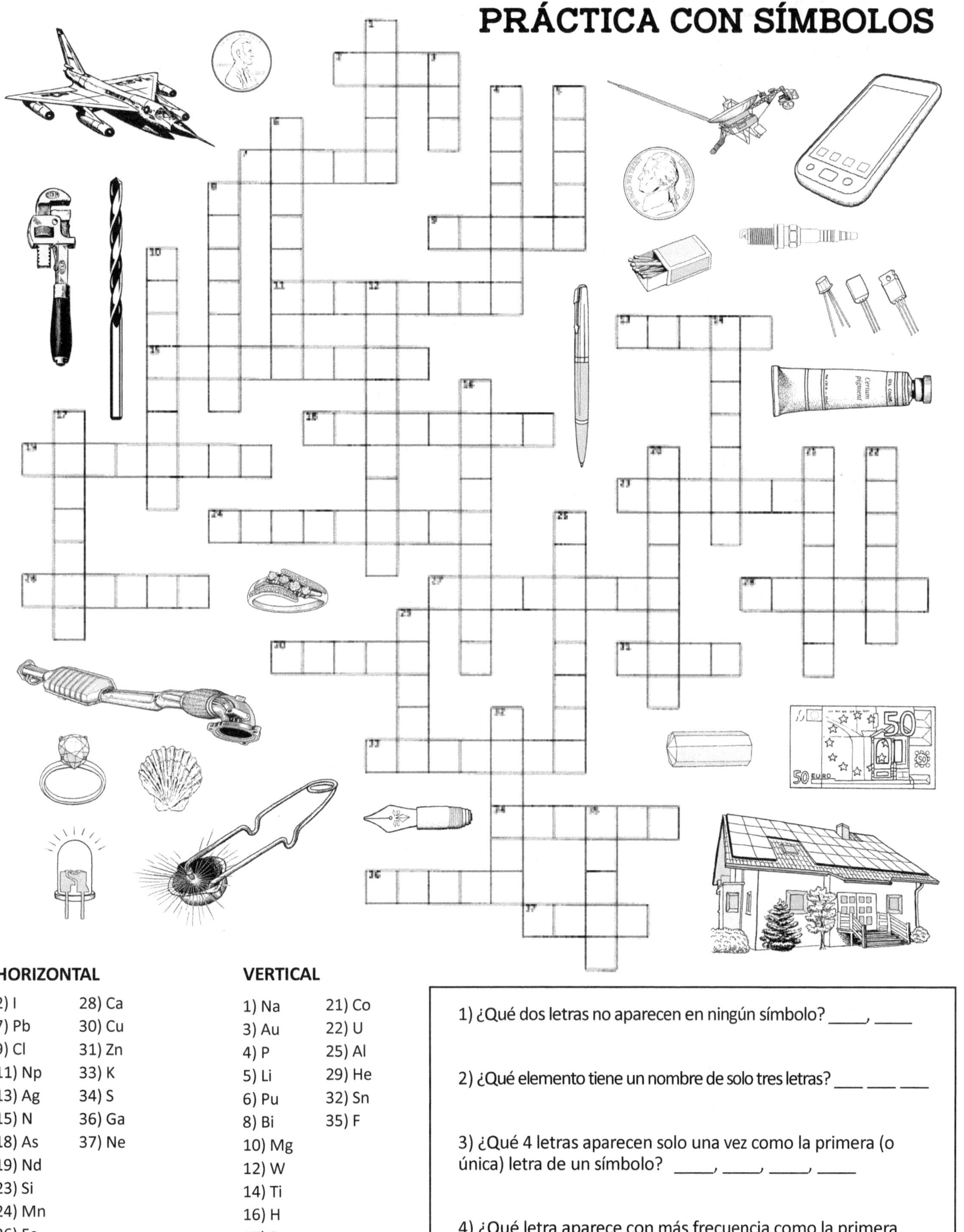

HORIZONTAL

2) I
7) Pb
9) Cl
11) Np
13) Ag
15) N
18) As
19) Nd
23) Si
24) Mn
26) Fe
27) Hg
28) Ca
30) Cu
31) Zn
33) K
34) S
36) Ga
37) Ne

VERTICAL

1) Na
3) Au
4) P
5) Li
6) Pu
8) Bi
10) Mg
12) W
14) Ti
16) H
17) Be
20) Zr
21) Co
22) U
25) Al
29) He
32) Sn
35) F

1) ¿Qué dos letras no aparecen en ningún símbolo? ____, ____

2) ¿Qué elemento tiene un nombre de solo tres letras? ___ ___ ___

3) ¿Qué 4 letras aparecen solo una vez como la primera (o única) letra de un símbolo? ____, ____, ____, ____

4) ¿Qué letra aparece con más frecuencia como la primera letra de un símbolo? ____

ELEMENTOS DESDE EL HIDRÓGENO HASTA EL KRIPTÓN

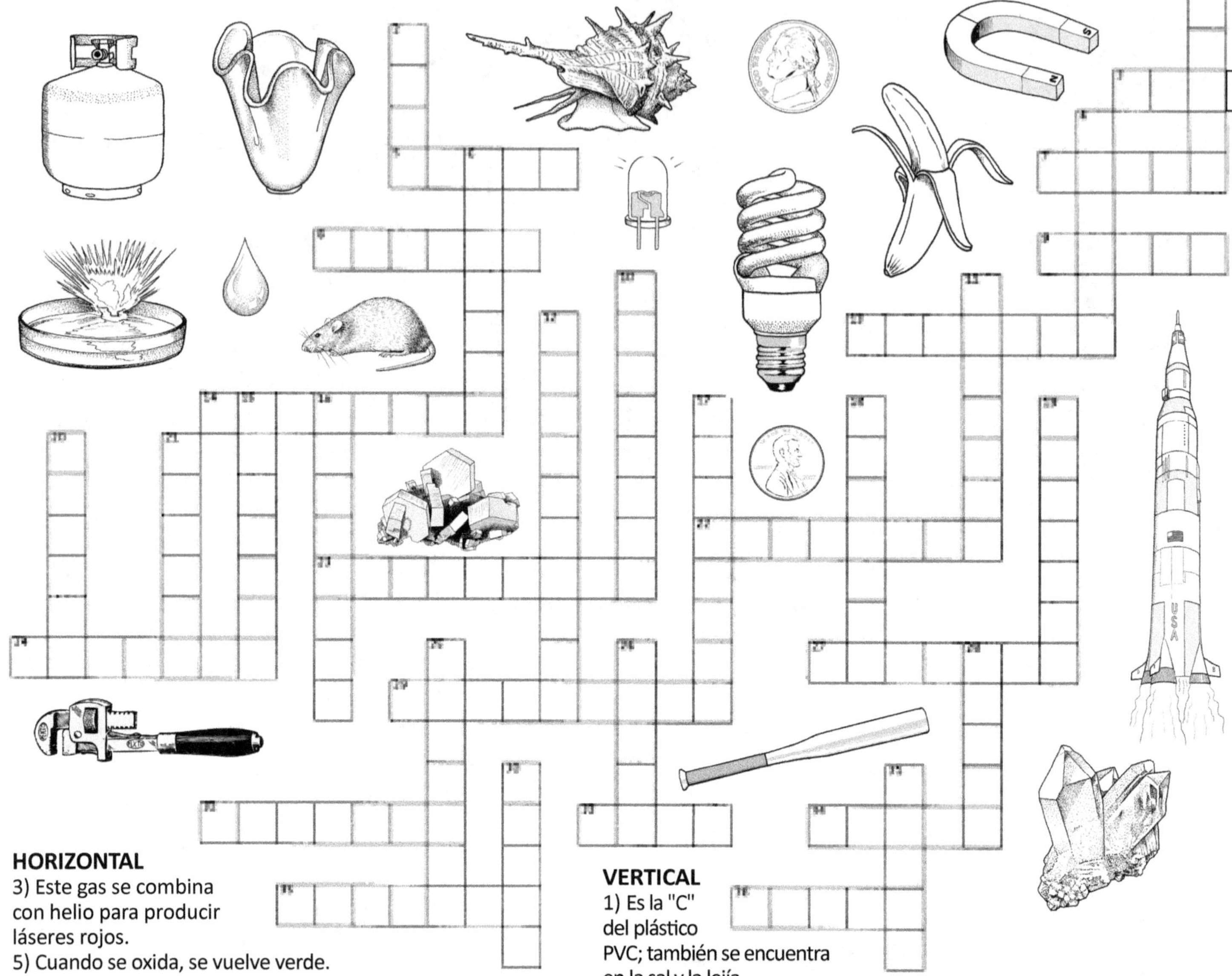

HORIZONTAL

3) Este gas se combina con helio para producir láseres rojos.
5) Cuando se oxida, se vuelve verde.
7) Este metal ligero se encuentra en lubricantes, medicamentos y baterías.
8) Se utiliza para vulcanizar el caucho; se encuentra en muchas cosas malolientes.
9) Se utilizaba para fabricar tintes morados, fotografías antiguas y medicinas.
13) El primer coche en utilizar este elemento fue el Ford modelo T.
14) Este metal ligero se utiliza para los bates de béisbol y los palos de lacrosse.
22) Este elemento es el átomo central de la molécula de clorofila.
23) Se encuentra en la pólvora, el limpiacristales y los airbags.
24) Se utiliza para fabricar imanes y para colorear el vidrio y la cerámica de azul.
27) Se encuentra en la pólvora, en los fertilizantes y en las bombas moleculares de las células.
29) Las estrellas utilizan este elemento como combustible.
32) Se utiliza para láseres, bombillas de flash brillante y como propulsor de satélites.
33) Se encuentra en el aislamiento de fibra de vidrio, el detergente en polvo y el "limo".
34) Un trozo de este elemento se derretirá en tu mano.
35) Necesario para tener huesos fuertes; brilla cuando se calienta.
36) Se utiliza para fabricar acero inoxidable y pintura amarilla.

VERTICAL

1) Es la "C" del plástico PVC; también se encuentra en la sal y la lejía.
2) Se utiliza para galvanizar (proteger) otros metales de la intemperie.
4) Ingrediente principal del acero y utilizado en imanes.
6) Se utiliza para fabricar herramientas resistentes y metales que no producen chispas.
10) Se utiliza para fabricar transistores y diodos, y recibe su nombre de un país.
11) Los diamantes, el carbón y los plásticos están hechos de este elemento.
12) Se encuentra en pinturas rupestres y en nódulos en el fondo del océano. Es necesario para los procesos de oxidación y combustión.
15) Se combina con el oxígeno para formar el cuarzo.
16) Famoso como veneno, pero también utilizado para fabricar LED y láseres.
17) Más conocido por el papel de aluminio, también se utiliza en imanes y desodorantes.
18) Lleva el nombre de la Luna, y es sensible a la luz.
19) Necesario para los procesos de oxidación y combustión.
20) Necesario para hacer conchas marinas, tiza, huesos y leche.
21) Probablemente el centro de la Tierra esté hecho de hierro y de este elemento.
25) Se encuentra en brocas, cohetes, piezas de barcos y aviones, caderas artificiales.
26) Este elemento se utiliza en láseres, tanques de buceo, cohetes y globos.
28) Elemento alcalino que se encuentra en la lejía, y en la sal.
30) Este gas inerte se utiliza en bombillas y en láseres para cirugía ocular.
31) Se utiliza para fabricar sartenes de Teflon®, cintas y pasta de dientes.

ÁLCALIS, METALES, Y METALOIDES

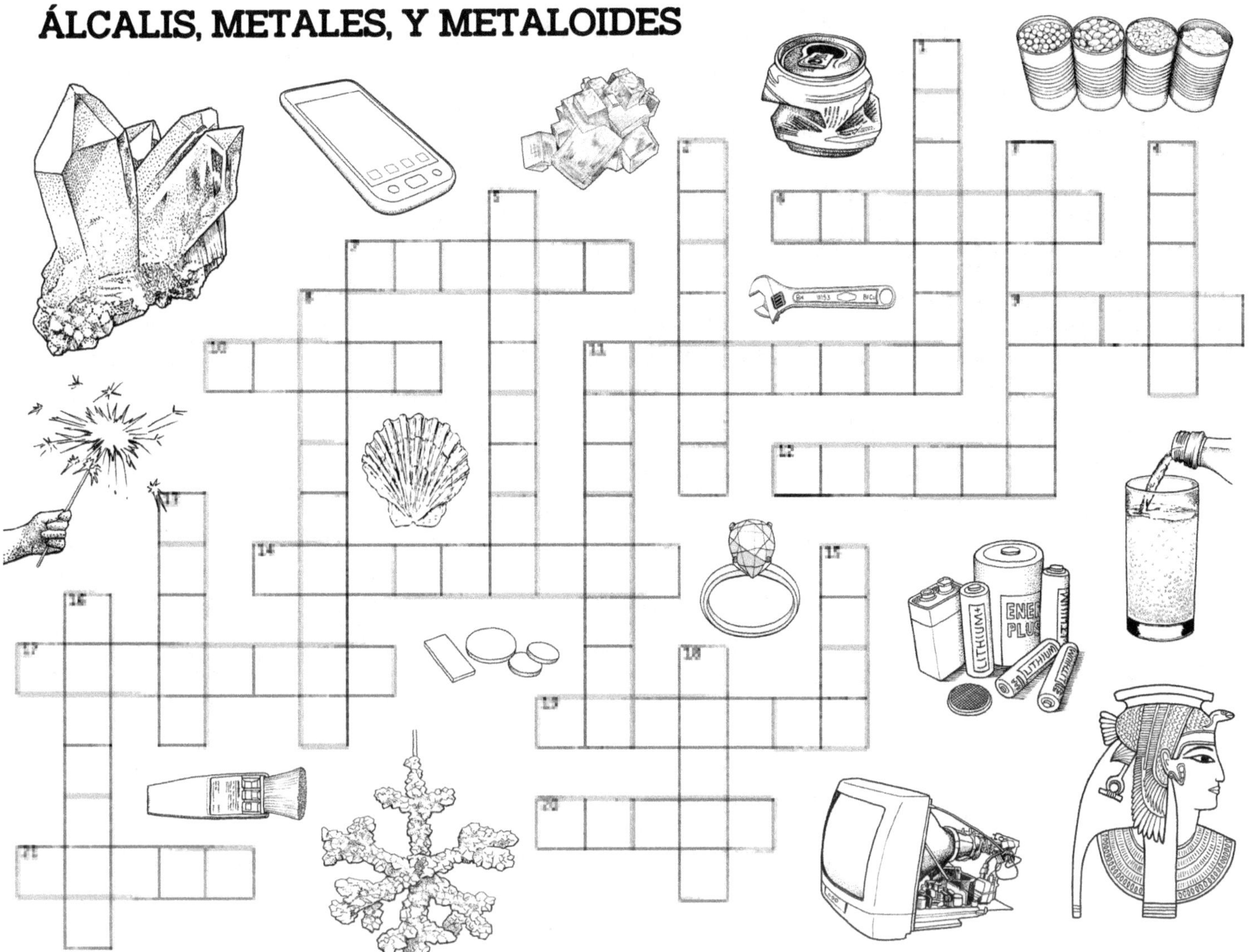

HORIZONTAL

6) Las esmeraldas verdes están hechas de un mineral que contiene este elemento.
7) Se combina con cobre para formar bronce.
9) Esta es la "I" de ITO, un recubrimiento para pantallas táctiles y parabrisas.
10) Los satélites utilizan pequeños relojes atómicos que emplean este elemento alcalino.
11) Cuando se combina con galio, este elemento es útil para fabricar paneles solares y diodos emisores de luz.
12) Se encuentra en huesos y dientes; los moluscos lo utilizan para fabricar conchas.
14) Utilizado por los antiguos como maquillaje; el mineral es estibnia.
17) Se utiliza para fabricar diodos para radios de cristal y en sensores infrarrojos.
19) El primer elemento descubierto por Marie Curie.
20) Más conocido por su uso en radiografías del sistema digestivo.
21) Se utiliza en fuegos artificiales de color rojo brillante y en pilas de larga duración.

VERTICAL

1) Su nombre significa "rojo intenso"; se quema en el agua, y se utiliza en los relojes atómicos.
2) Uno de los dos elementos necesarios en una bomba molecular en nuestras células.
3) Este elemento está hecho de cuarzo, arena y hermosos cristales de ágata.
4) El nombre significa "ramita verde"; muy venenosa, y se utilizada en lentes.
5) El compuesto sulfato de este elemento se llama sal de Epsom.
8) Se utiliza en fuegos artificiales rojos y en pantallas de televisión CRT.
11) Muy ligero; se utiliza para cuadros de bicicleta y latas de bebidas.
13) Se utiliza en tubos de órganos, vidrieras, balas y soldaduras.
15)) Puede utilizarse como veneno para hormigas, también se utiliza para fabricar fibra de vidrio.
16) Este elemento recibió su nombre por el planeta Tierra.
18) Tiene un electrón en la capa exterior, tiene y dos líneas amarillas en el espectro.

METALES DE TRANSICIÓN

VERTICAL

1) La pintura hecha de este elemento puede ocultar vehículos militares de los sensores infrarrojos.

2) Este elemento se utilizaba para fabricar latas de comida antes de que descubriéramos cómo hacer latas de aluminio.

3) Se utiliza con el cobre para fabricar latón. También se encuentra en la pintura y las pilas.

6) Se encuentra en bombillas fluorescentes y termómetros viejos.

7) Este elemento tiene propiedades antibióticas y también se utiliza para fabricar monedas.

9) Muchos imanes están hechos de aluminio, hierro, cobalto y este elemento.

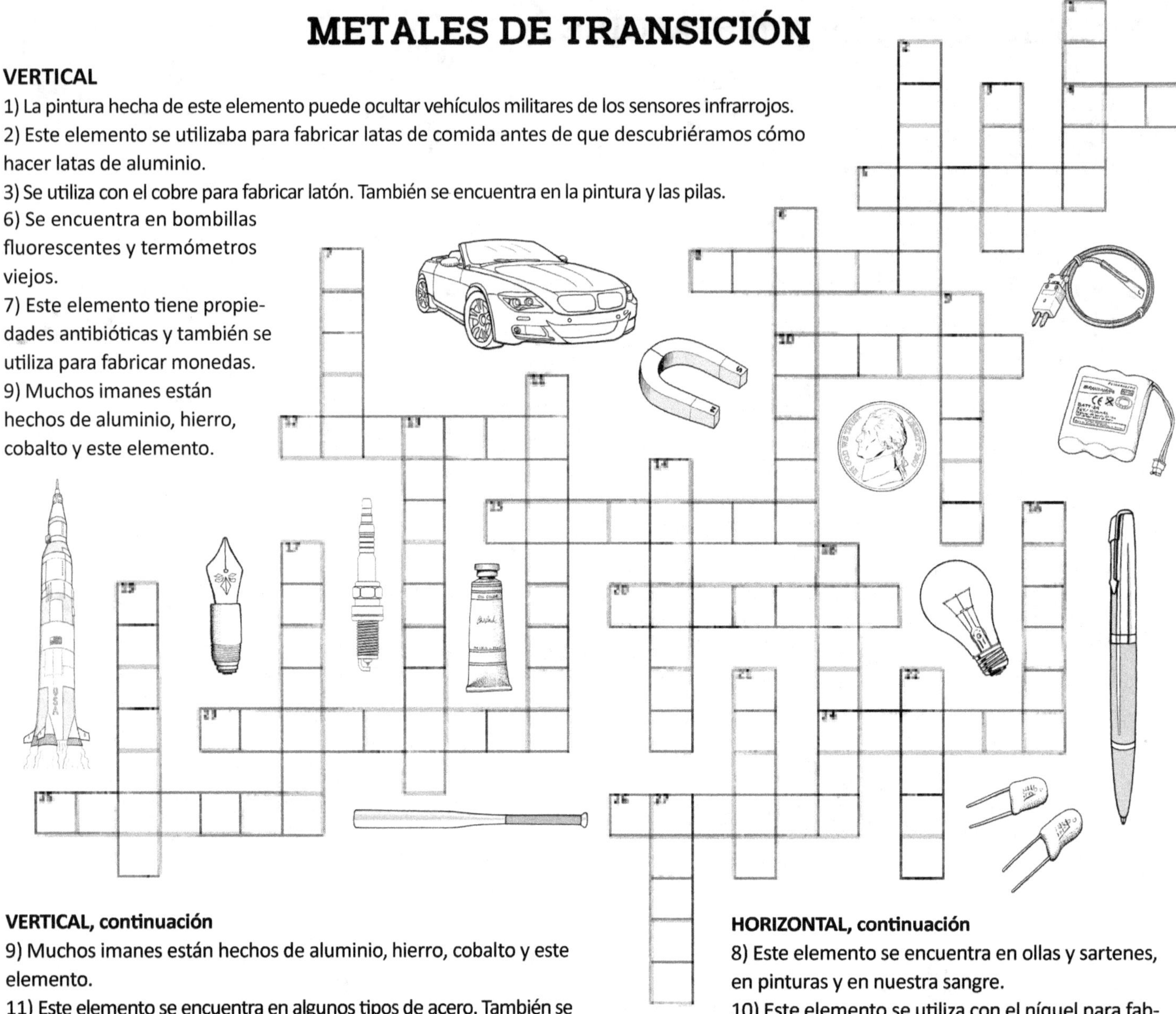

VERTICAL, continuación

9) Muchos imanes están hechos de aluminio, hierro, cobalto y este elemento.

11) Este elemento se encuentra en algunos tipos de acero. También se encuentra en las enzimas que extraen el nitrógeno del aire.

13) Este elemento era el material original del alambre que se encuentra dentro de las bombillas. También se puede encontrar en brocas y hojas de sierra.

14) Conocido por dar color azul brillante a la pintura y al vidrio.

16) Recibe el nombre de la diosa griega del arcoíris.

17) Produce una mancha roja para la microscopía de semillas. Miembro del grupo del platino.

18) Se encuentra en brocas, hojas de sierra de acero y bombillas viejas.

19) Más caro que el oro. Se utiliza en los convertidores catalíticos.

21) Este elemento recibe su nombre del río Rin.

22) Este elemento se vuelve verde a medida que se oxida.

27) Un miembro del grupo del platino, utilizado para teñir células para microscopía y para puntas de bolígrafos antiguos.

HORIZONTAL

4) Este elemento no tóxico, se puede poner en los postres y se puede estirar para formar alambres finos.

5) Se utilizó un óxido de este elemento para fabricar puertas de transistores en dispositivos electrónicos la mitad de su tamaño.

HORIZONTAL, continuación

8) Este elemento se encuentra en ollas y sartenes, en pinturas y en nuestra sangre.

10) Este elemento se utiliza con el níquel para fabricar pilas recargables. Se combina con el helio para fabricar láseres.

12) Este elemento no es tóxico ni magnético, y se utiliza en articulaciones artificiales que pueden introducirse en máquinas de resonancia magnética. También se utiliza en condensadores.

15) Los óxidos de este elemento se utilizan como sustitutos de los diamantes. También se encuentra en los antitranspirantes y el papel de lija.

20) Este elemento se encuentra en los convertidores catalíticos, las flautas, los relojes y los instrumentos quirúrgicos.

23) Un elemento que se encuentra en los nódulos del fondo del océano y en la pintura YInMn.

24) Las joyas hechas con este elemento brillan en color verde. También se encuentra en las toberas de los cohetes.

25) Este elemento se encuentra en setas rojas y en tunicados azules del océano.

26) Este metal es muy brillante y se utiliza en el interior de los faros y como recubrimiento para joyas.

METALES DE TIERRAS RARAS

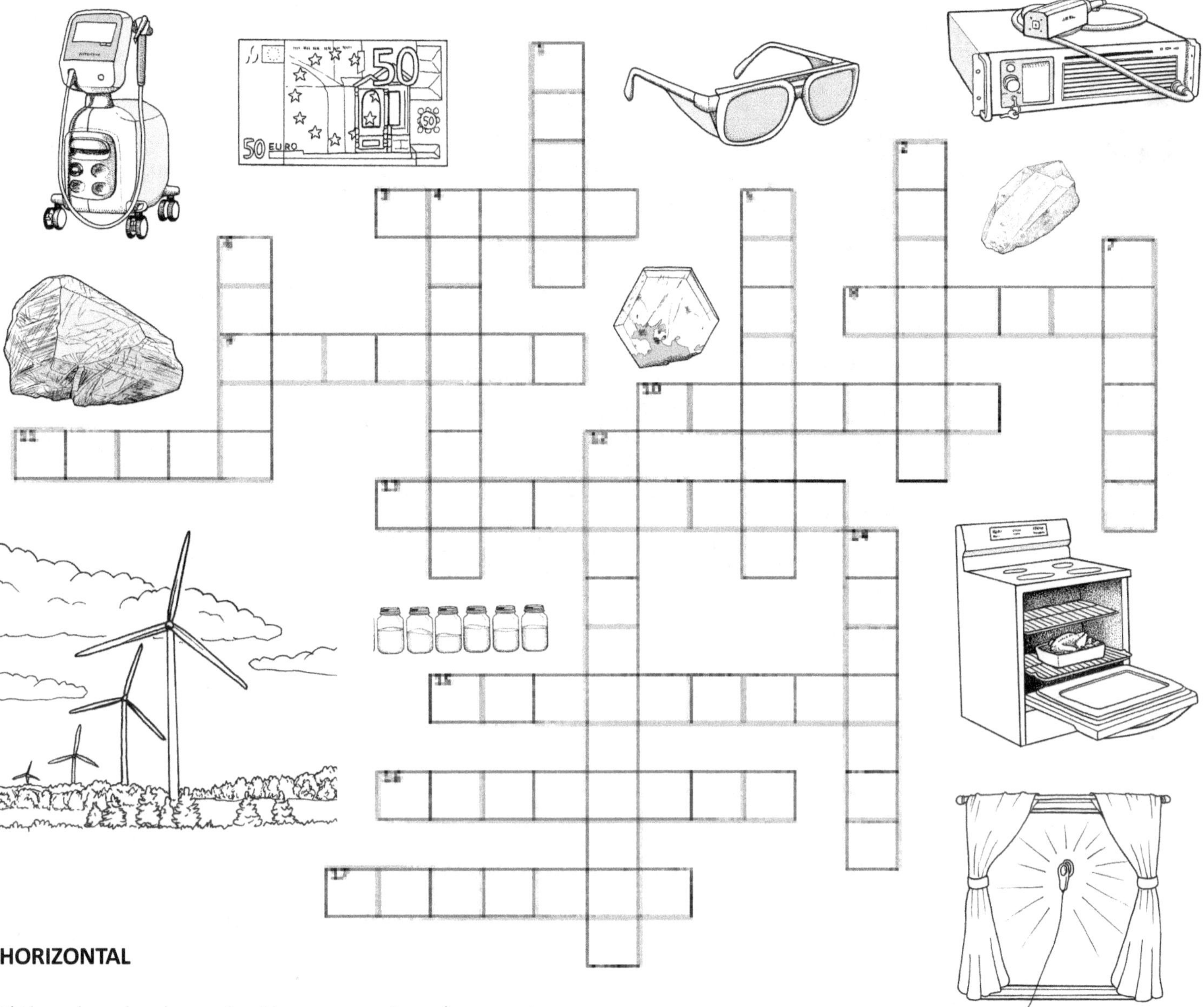

HORIZONTAL

3) Lleva el nombre de un asteroide y se encuentra en hornos autolimpiables.

8) La "Ter" de Terfenol-D® que convierte una superficie en un altavoz.

9) Nombre significa "escondido", las baterías de los autos híbridos contienen 13,6 kg de este elemento.

10) Dopado en cristales de YAG para láseres de precisión; utilizado en bengalas de señuelo. Lleva el nombre de la ciudad de Ytterby.

11) El torio sustituyó a los mantos en las lámparas de gas; en azul YInMn.

13) Es la "D" de Terfenol-D®, también utilizado en imanes para aerogeneradores.

15) Hace luz verde y isótopos radiactivos se utilizan en escáneres médicos.

16) Se utiliza en imanes potentes en auriculares y pastillas de guitarra.

17) Nombrado en honor a una persona y usado en imanes do aviones solares.

VERTICAL

1) Se utiliza para colorear el vidrio de rosa y en relés de cables de fibra óptica.

2) Lleva el nombre de París. Se utiliza en los láseres LuAG.

4) Se encuentra en bombillas de alta intensidad, equipos deportivos y aviones.

5) El único elemento radiactivo entre las tierras raras.

6) El nombre de este elemento proviene de un nombre muy antiguo para Escandinavia.

7) Dopado en cristales de YIG para láseres médicos y llamado así por una ciudad de Suecia.

12) El nombre significa "gemelo verde", utilizado en gafas moradas para soldadores.

14) Se utiliza en las franjas fluorescentes del euro y para el rojo en los televisores CRT.

URANIO Y MÁS ALLÁ

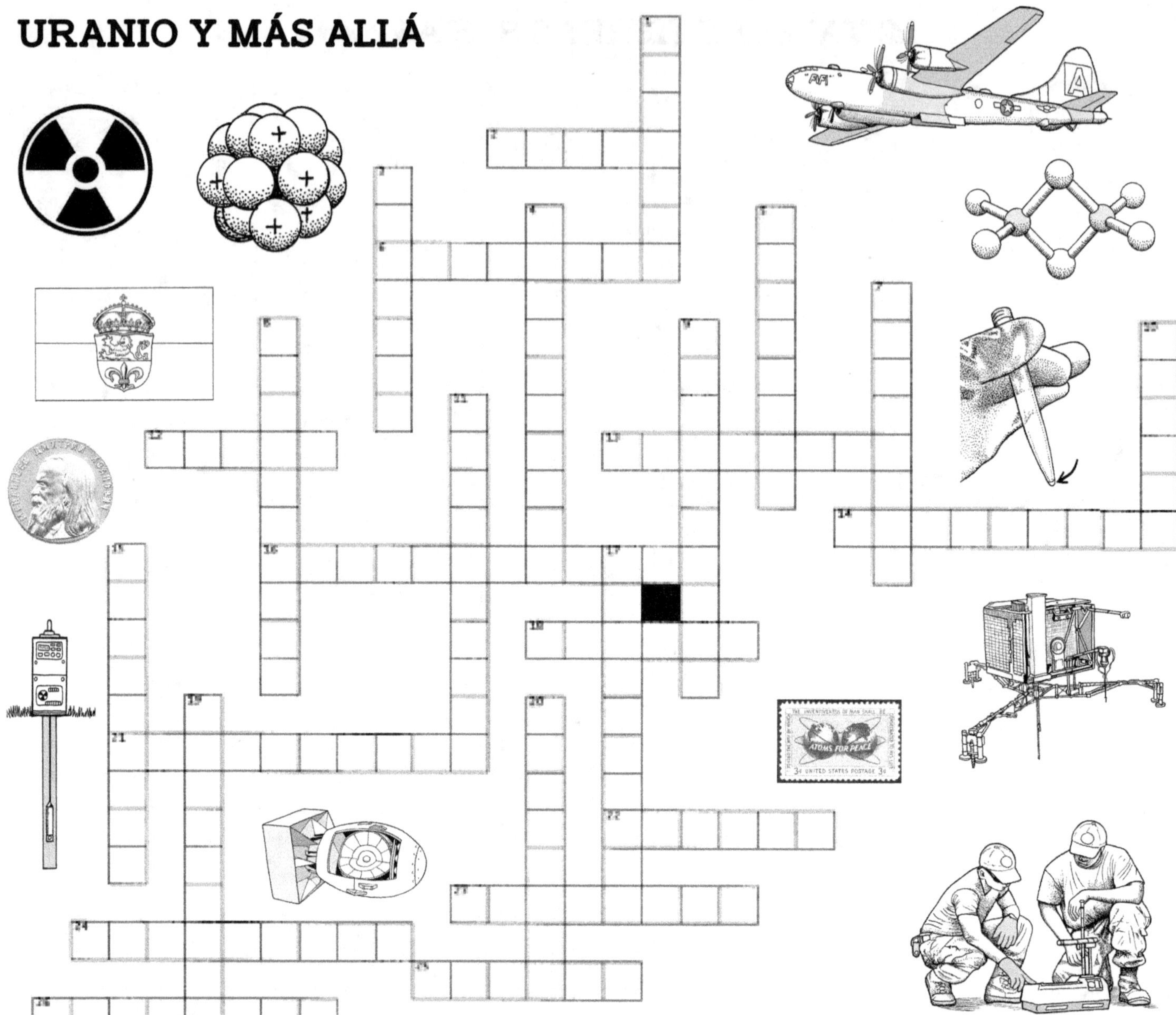

HORIZONTAL

2) Lleva el nombre de las dos personas que descubrieron a Po y a Ra.
6) Este elemento recibió el nombre de una ciudad, porque está justo debajo del terbio, que también recibe el nombre de una ciudad.
12) Elemento radiactivo situado justo debajo del grupo del platino. Recibe su nombre de un estado alemán.
13) Este elemento se puede encontrar en la mayoría de los detectores de humo.
14) Descubierto en la "nube de hongo" nuclear. Tiene 99 protones.
16) Lleva el nombre del científico que realizó el experimento de la lámina de oro que demostró que un átomo es principalmente espacio vacío.
18) Junto con el Es, este elemento fue descubierto en la nube en forma de hongo de la bomba atómica Ivy Mike, detonada en 1952.
21) Lleva el nombre del descubridor de los rayos X.
22) El penúltimo elemento de la tabla periódica.
23) Este elemento siempre tiene 115 protones.
24) Recibe su nombre del inventor del ciclotrón.
25) Este elemento siempre tiene 105 protones.
26) Este elemento se encuentra en el mismo período que el carbono.

VERTICAL

1) Lleva el nombre de Japón.
3) Lleva el nombre del inventor de la dinamita.
4) Lleva el nombre del científico al que se atribuye la invención de la tabla periódica.
5) El americio se descompondrá en este elemento. Si se bombardea con neutrones, puede convertirse en plutonio.
7) Se utiliza como fuente de energía en satélites, vehículos exploradores y marcapasos.
8) Se utiliza en dispositivos que detectan agua subterránea.
9) Lleva el nombre de una ciudad que recibió el nombre de un ganadero.
10) Lleva el nombre del descubridor de las capas electrónicas.
11) El único elemento que lleva el nombre de un astrónomo.
15) Primer elemento que recibe el nombre de una persona viva.
17) Este elemento se fabricó en Alemania utilizando átomos de níquel y plomo.
19) Lleva el nombre de la mujer que ayudó a descubrir la fisión del uranio.
20) Si pudiéramos producir suficiente cantidad de este gas, seria un gas noble.

ELEMENTOS MENOS ABUNDANTES

Los elementos menos comunes que se producen de forma natural (sin elementos manufacturados superpesados)

HORIZONTAL:

4) Hace que las endosporas bacterianas brillen en verde. Se utiliza en Terfenol-D®.
5) Del grupo Pt; fue clave para descubrir el ADN de giro derecho.
7) Alexander Graham Bell lo utilizó para fabricar su "fotófono".
10) Se utiliza como sustituto menos tóxico del plomo; se utiliza en medicamentos para el estómago.
11) Se utiliza en termopares y en el refinado de petróleo. Chile es el principal productor.
14) Recibe su nombre por las líneas de color azul cielo de su espectro de emisión.
16) Se utiliza para cultivar la bacteria de la difteria y para fabricar discos Blu-ray.
17) Se utiliza como lubricante seco y para fabricar la aleación de acero "Chromoly".
18) En pilas recargables y pinturas amarillas y rojas.
21) Este elemento siempre tiene 59 protones.
23) El primer emperador chino murió por usar esto como tónico de salud diario.
24) Se utiliza para dopar cristales, fabricando láseres Ho-YIG para uso médico.
25) Muy duradero; se encuentra en una famosa corona real.

VERTICAL:

1) Único elemento no metálico que es líquido a temperatura ambiente.
2) Empieza con Np. Haz tres desintegraciones alfa para obtener este elemento.
3) Cuando el radón se desintegra y pierde una partícula alfa, se convierte en esto.
6) Se utiliza en las bombillas de arco para la luz verde; en los billetes de euro para las franjas azules.
8) Dopado en cristales para fabricar láseres de GaAlAs.
9) Este elemento toma su símbolo de su mineral, la estibina.
12) Cuando este elemento sufre desintegración alfa, se convierte en actínico. Se utiliza para analizar los sedimentos en el agua del océano.
13) Este elemento venenoso tiene una línea verde brillante en su espectro.
15) Se utilizó para fabricar los espejos del interior del Observatorio de Rayos X Chandra.
19) Combinado con óxido de estaño para hacer ITO, una superficie transparente conductora de electricidad para pantallas táctiles.
20) El nombre de este elemento significa "inestable".
21) Se encuentra por encima del punto en la tabla; se utiliza en detectores de CO, bolígrafos, bujías.
22) Los compuestos de esta tierra rara pueden producir una amplia variedad de colores.

¿QUIÉN SOY?

1) Soy miembro del grupo de los metales de transición. Me gusta formar aleaciones con varios metales, pero la aleación más popular a lo largo de la historia ha sido con el cobre. También puedo combinarme con el oxígeno. Uno de mis óxidos es bueno para absorber la luz ultravioleta. Mi capacidad de combinarme con el oxígeno me permite ser utilizado como recubrimiento protector para otros metales. Cuando me combino con azufre, soy capaz de absorber la luz y luego liberarla de nuevo lentamente, y si apagas las luces "brillo en la oscuridad". ¿Quién soy? ________________

2) En mi forma pura soy un gas venenoso, pero soy necesario en tu dieta porque participo en funciones importantes de tu cuerpo. Me encuentro en algunos productos de purificación de agua y, cuando me combino con un elemento alcalino, puedo formar un compuesto que se ha utilizado durante siglos para conservar la carne. Desde la invención del plástico, se me ha utilizado para fabricar tuberías de plástico resistentes a la corrosión que se usan en fontanería. ¿Quién soy? ________________

3) Cuando estoy en mi forma pura, soy muy tóxico. En el pasado, una forma en la que se aprovechaba mi toxicidad era para preservar la madera de insectos y hongos. Cuando me combino con galio, puedo ser muy útil en la industria electrónica: puedo generar luz en LEDs o en pequeños láseres, o puedo ayudar a absorber la energía del sol en paneles solares. Cuando me combino con cobre, puedo formar un hermoso pigmento verde, aunque este pigmento ya no se utiliza debido a su toxicidad. ¿Quién soy? ________________

4) Fui descubierto oficialmente a principios del siglo XIX, aunque uno de mis compuestos se había utilizado durante siglos para tratar problemas menores de la piel. Otro de mis compuestos se utiliza como antiácido para el estómago. Aunque no soy un metal de transición, puedo alearme con algunos de ellos para hacer los metales más ligeros y fuertes. Algunos de mis compuestos pueden producir chispas blancas, por lo que me utilizan para hacer fuegos artificiales y dispositivos de encendido de fuego. El primer científico que obtuvo una muestra pura de mí lo hizo utilizando electricidad para extraer mis átomos de una solución. ¿Quién soy?______________

5) En mi forma pura, soy gris oscuro, con un brillo vidrioso, y soy muy ligero en comparación con muchos otros elementos. Debido a que mi capa exterior de electrones está exactamente a la mitad, soy útil para la industria electrónica. A mediados del siglo XX se me utilizó para crear una pieza electrónica que cambió el mundo: el transistor. Los diodos que me contenían se utilizaron para fabricar las primeras radios. Hoy en día, el silicio me ha reemplazado en muchos dispositivos electrónicos, pero todavía me encontrarás en satélites que se utilizan en espectrómetros de rayos gamma y paneles solares. ¿Quién soy? ______________

6) A menudo se me encuentra en cristales de cuarzo transparente que están hechos de silicio y oxígeno. Sin embargo, cuando me combino solo con oxígeno (sin silicio) puedo formar cristales transparentes que se ven casi tan hermosos como los diamantes. Estos cristales pueden ser útiles y decorativos, y a menudo se muelen en trozos pequeños y se utilizan para hacer papel de lija. Cuando me combino con plomo y titanio, puedo crear un compuesto cerámico que genera vibraciones de baja frecuencia utilizadas en sonar y ultrasonido. Se me utilizaba para fabricar tubos para reactores nucleares hasta que el desastre de Fukushima demostró que me prendía en llamas cuando entraba en contacto con hidrógeno en combustión. ¿Quién soy? ______________

7) Soy un metal blando y, como me derrito a temperaturas relativamente bajas, se me utiliza (con otros metales) como "fusible" en los sistemas de rociadores. Puedo combinarme con helio para fabricar láseres que emiten luz azul. Algunos de mis compuestos se han utilizado durante mucho tiempo para fabricar pigmentos amarillos y rojos para pinturas. Se me utiliza en ciertos tipos de pilas. Mi nombre proviene de un héroe mitológico griego oscuro poco conocido. ¿Quién soy?____________________

8) Debido a la disposición de los electrones en mis capas exteriores, soy muy magnético. La fuerza de mi magnetismo significa que los imanes muy pequeños fabricados conmigo pueden ser tan fuertes como los imanes convencionales más grandes. Los imanes fabricados conmigo se han utilizado en una amplia variedad de dispositivos electrónicos. También tengo otros talentos. Me pueden utilizar para colorear vidrio, y el vidrio se verá verde, azul, rosa o morado dependiendo de la luz en la que se encuentre. Me encuentras en el láser YAG, que se utliliza para hacer cirugía de precisión en los ojos. En la naturaleza casi siempre me encuentro en compañía de elementos similares a mí y a veces termino junto a ellos en productos diseñados para producir chispas. ¿Quién soy? ________________

9) Soy un metal pesado, pero no tan tóxico como algunos de mis "primos" de metales pesados. Puedo protegerte contra los rayos X. Tengo un punto de fusión bajo y, por lo tanto, me puedes encontrar en los sensores de incendios de los sistemas de rociadores. En mi forma pura puedo formar cristales artificiales que tienen numerosas formas cuadradas y brillan con iridiscencia. Algunos de mis compuestos se pueden utilizar para hacer pintura amarilla. Se me encuentra en la medicina y en el esmalte de uñas. Es posible que encuentres una de mis aleaciones en los campos donde se cazan patos. ¿Quién soy?__________________

10) Me puedes encontrar en el agua del océano y en las algas marinas, y ayudo a que el océano tenga ese olor a pescado. Cuando me combino con potasio, formo un compuesto sensible a la luz que también puede matar gérmenes. Cuando me combino con plata, puedo formar un compuesto que se utiliza para "sembrar" nubes para que llueva. Soy esencial para tu cuerpo, especialmente para una de tus glándulas. También puedes utilizarme como prueba para detectar el almidón. ¿Quién soy?________________

ELEMENTOS QUE SE CONFUNDEN CON FÁCILMENTE

1) A principios del siglo XIX, el famoso químico Humphry Davy, el primero en aislar una muestra pura de uno de estos elementos, advirtió que la elección del nombre para el otro elemento causaría confusión porque los nombres eran demasiado similares. No le hicieron caso y ahora tenemos que intentar no confundir estos elementos.

___ ___ _G_ ___ ___ ___ ___ ___ y ___ ___ _N_ ___ ___ ___ ___ ___ ___

2Los nombres de estos elementos suenan muy parecidos. Uno pertenece a la serie de los lantánidos (un elemento de tierras raras), pero el otro es un metal pesado similar al plomo y al bismuto.

___ ___ ___ ___ ___ y ___ ___ ___ ___ ___

3) Ambos elementos son radiactivos, pero uno es sólido y el otro es gaseoso. Sus nombres comienzan con la misma letra y están bastante cerca en la tabla periódica.

___ ___ ___ ___ ___ y ___ ___ ___ ___ ___

4) Estos metales de transición tienen características químicas similares y pueden utilizarse para algunos de los mismos fines. Sus nombres comienzan con la misma letra. Uno de los nombres proviene de una palabra española, el otro no.

___ ___ ___ ___ ___ ___ ___ y ___ ___ ___ ___ ___ ___ ___

5) Estos dos elementos son metales raros que son difíciles de extraer de las rocas minerales. Uno pertenece a la serie de los lantánidos, pero el otro no. Ambos reciben su nombre de las capitales de países escandinavos.

___ ___ ___ ___ ___ ___ y ___ ___ ___ ___ ___ ___

6) Estos dos metales de transición empiezan con las mismas dos letras. No están cerca en la tabla periódica.

___ ___ _N_ ___ ___ y ___ ___ _D_ ___ ___

7) Ambos elementos comienzan con la misma letra, pero uno es un metal de transición y el otro es un metal "verdadero". Uno de los nombres proviene de un color, pero el otro no.

___ _R_ ___ ___ ___ ___ y ___ _N_ ___ ___ ___

8) Ambos elementos son metales de transición, pero no están cerca uno del otro en la tabla periódica. Uno se encuentra en los minerales de cobre y plomo, el otro en el cuarzo. Sus símbolos comienzan con la misma letra.

___ ___ ___ ___ y ___ ___ ___ ___ ___ ___ ___ ___

9) Aunque estos elementos empiezan con la misma letra, están muy alejados en la tabla periódica. Uno de ellos tiene un número atómico muy bajo y el otro es un elemento artificial con un número atómico alto.

___ ___ ___ ___ y ___ ___ ___ ___ ___ ___

10) Los tres pertenecen a la serie de los lantánidos (elementos de tierras raras) y todos llevan el nombre de la misma pequeña ciudad sueca.

___ ___ ___ ___ ___ , ___ ___ ___ ___ ___ ___ y ___ ___ ___ ___ ___ ___ ___

ACTIVIDADES

Algunas de estas actividades utilizan cartas y/o preguntas que se proporcionan en la siguiente sección.

No dudes en adaptar los formatos y las preguntas para que sean más apropiados para las edades, habilidades e intereses de tus estudiantes.

MONTA UN CARTEL DE TABLA PERIÓDICA

El objetivo de esta actividad es proporcionar una experiencia práctica con la tabla periódica. Manipular las tarjetas y ordenarlas en el orden correcto fomentará una sensación de familiaridad con los elementos individuales y la tabla en su conjunto.

Necesitarás:

- Copias de las páginas de la cartas con la imagen del elemento (copialas en cartulina si deseas que el producto final sea más resistente)
  NOTA: Puedes imprimir las cartas en tu impresora doméstica utilizando este archivo digital: **www.ellenjmchenry.com/**
- lápices de colores o rotuladores
- tijeras y cinta adhesiva
- una superficie grande y plana para trabajar
- un rollo de papel si deseas hacer un póster permanente (papel de regalo, papel de correo marrón, etc.)
- un pegamento en barra si vas a hacer un póster permanente

Qué hacer

1) Corta las cartas por las líneas finas, dejando un "marco" blanco alrededor de cada tarjeta.
2) Separa las cartas en grupos, según sus familias en la tabla. (Mira las listas en la página siguiente).
3) Pinta los bordes exteriores ("marcos") de cada elemento, haciendo que todas las tarjetas del mismo grupo sean del mismo color.
4) Decide si quieres poner los lantánidos y actínidos debajo de la tabla principal o dentro de ella.
   Opción n.º 1: Pon esas filas debajo de la tabla principal. El producto final tendrá unos 115 cm de ancho. La altura al hacerlo de esta manera será de 60 cm.
   Opción n.º 2: Pon esas filas donde realmente pertenecen, entre el bloque "s" (las dos primeras columnas) y el bloque "d" (metales de transición). Esto hará que la tabla sea muy ancha. El ancho total al hacerlo de esta manera será de 200 cm. La altura al hacerlo de esta manera será de 45 cm.
5) Coloca las cartas de manera que formen la tabla periódica. (Si tienes problemas para mantenerlas rectas, dibuja unas líneas guía con una regla).
6) Gira unas cuantas cartas a la vez y pega los cuadrados con cinta adhesiva, manteniendo las uniones de la cinta en el reverso de las cartas. O, si vas a pegar los cuadrados en un papel muy grande, pégalos directamente al papel.

Opción n.º 1: Colocar los lantánidos y los actínidos debajo de la parte principal de la tabla.

1 H																	2 He
3 Li	4 Be											5 B	6 C	7 N	8 O	9 F	10 Ne
11 Na	12 Mg											13 Al	14 Si	15 P	16 S	17 Cl	18 Ar
19 K	20 Ca	21 Sc	22 Ti	23 V	24 Cr	25 Mn	26 Fe	27 Co	28 Ni	29 Cu	30 Zn	31 Ga	32 Ge	33 As	34 Se	35 Br	36 Kr
37 Rb	38 Sr	39 Y	40 Zr	41 Nb	42 Mo	43 Tc	44 Ru	45 Rh	46 Pd	47 Ag	48 Cd	49 In	50 Sn	51 Sb	52 Te	53 I	54 Xe
55 Cs	56 Ba	71 Lu	72 Hf	73 Ta	74 W	75 Re	76 Os	77 Ir	78 Pt	79 Au	80 Hg	81 Tl	82 Pb	83 Bi	84 Po	85 At	86 Rn
87 Fr	88 Ra	103 Lr	104 Rf	105 Db	106 Sg	107 Bh	108 Hs	109 Mt	110 Ds	111 Rg	112 Cn	113 Nh	114 Fl	115 Mc	116 Lv	117 Ts	118 Og
				57 La	58 Ce	59 Pr	60 Nd	61 Pm	62 Sm	63 Eu	64 Gd	65 Tb	66 Dy	67 Ho	68 Er	69 Tm	70 Yb
				89 Ac	90 Th	91 Pa	92 U	93 Np	94 Pu	95 Am	96 Cm	97 Bk	98 Cf	99 Es	100 Fm	101 Md	102 No

Opción n.º 2: Poner los lantánidos y los actínidos en la parte principal de la tabla, que es donde les corresponden.

1 H																															2 He
3 Li	4 Be																									5 B	6 C	7 N	8 O	9 F	10 Ne
11 Na	12 Mg																									13 Al	14 Si	15 P	16 S	17 Cl	18 Ar
19 K	20 Ca															21 Sc	22 Ti	23 V	24 Cr	25 Mn	26 Fe	27 Co	28 Ni	29 Cu	30 Zn	31 Ga	32 Ge	33 As	34 Se	35 Br	36 Kr
37 Rb	38 Sr															39 Y	40 Zr	41 Nb	42 Mo	43 Tc	44 Ru	45 Rh	46 Pd	47 Ag	48 Cd	49 In	50 Sn	51 Sb	52 Te	53 I	54 Xe
55 Cs	56 Ba	57 La	58 Ce	59 Pr	60 Nd	61 Pm	62 Sm	63 Eu	64 Gd	65 Tb	66 Dy	67 Ho	68 Er	69 Tm	70 Yb	71 Lu	72 Hf	73 Ta	74 W	75 Re	76 Os	77 Ir	78 Pt	79 Au	80 Hg	81 Tl	82 Pb	83 Bi	84 Po	85 At	86 Rn
87 Fr	88 Ra	89 Ac	90 Th	91 Pa	92 U	93 Np	94 Pu	95 Am	96 Cm	97 Bk	98 Cf	99 Es	100 Fm	101 Md	102 No	103 Lr	104 Rf	105 Db	106 Sg	107 Bh	108 Hs	109 Mt	110 Ds	111 Rg	112 Cn	113 Nh	114 Fl	115 Mc	116 Lv	117 Ts	118 Og

NOTA: Existe desacuerdo sobre algunas de estas categorías, especialmente los metales verdaderos y los semimetales. Utiliza un motor de búsqueda de Internet para encontrar varias tablas y compararlas. Si encuentras una que te guste más que esta lista, úsala.

Metales alcalinos: Elementos del grupo 1 (primera columna a la izquierda)
Metales alcalinotérreos: Elementos del grupo 2 (segunda columna a la izquierda)
Metales de transición: Elementos 21 a 30, 39 a 48 y 71 a 80 (también llamados bloque "d")
Metales "verdaderos": Al, Ga, In, Tl, Sn, Pb, Bi
Semimetales o metaloides: B, Si, Ge, As, Sb, Te, Po (algunas listas incluyen At)
No metales: C, N, O, P, S, Se
Halógenos: F, Cl, Br, I (algunas listas incluyen At)
Gases nobles: He, Ne, Ar, Kr, Xe, Rn
Lantánidos (a menudo denominados tierras raras): 57 a 70
Actinidos: 89 a 102
Elementos superpesados: 103 a 118

NOTA: A veces los lantánidos se enumeran del 58 al 71, y los actínidos del 90 al 103. Se puede encontrar de ambas formas. Esto se debe a que el lantano y el actinio pueden figurar en la tabla principal o debajo de ella.

“EL ELEMENTO FALTANTE”

El objetivo de esta actividad es familiarizarse tanto con la tabla periódica que se pueda determinar qué elemento falta si se retira una tarjeta de elemento.

NOTA: Una forma alternativa de realizar esta actividad es utilizar una gran tabla periódica a la que se le puede pegar temporalmente un trozo de papel (bloqueando un elemento en lugar de eliminarlo). Por ejemplo, puedes comprar una cortina de ducha con la tabla impresa o conseguir una tabla laminada cubierta con una capa protectora de plástico. En este caso, todo lo que necesitas es hacer un rectángulo de papel negro del mismo tamaño y forma que uno de los cuadrados de los elementos. El rectángulo de papel negro puede pegarse (sin apretar) encima de un elemento para bloquearlo. Los alumnos se turnan para mover el papel negro.

Necesitarás:
- un juego de cartas (con o sin imágenes, a tu elección)
  (Puedes imprimir las cartas en tu impresora utilizando estos archivos digitales: www.ellenjmchenry.com/)
- una superficie plana lo suficientemente grande como para montar las tarjetas en una tabla periódica completa
  O un espacio grande en una pared o pizarra blanca a la que se puedan pegar las tarjetas.
- grapas o puntos adhesivos si quieres colocar las cartas en una pared

Cómo prepararse:
1) Elige si quieres colocar las cartas sobre una superficie plana o pegarlas con cinta adhesiva a una pared o pizarra. Si quieres pegarlas a una pared, prepara tiras de cinta adhesiva que puedas colocar en el reverso de las cartas. También puedes utilizar los "puntos adhesivos" de poca adherencia que están diseñados para pegarse al papel durante un breve periodo de tiempo.
2) Elige si quieres colocar las series de lantánidos y actínidos como filas separadas en la parte inferior, o incluirlas en la parte principal de la tabla. Si van a aparecer en la tabla principal, necesitará un espacio mucho más amplio.
3) Haz que tus alumnos trabajen en equipo para formar las cartas de toda la tabla. Diles dónde irán las series de lantánidos y actínidos. Puede que quieras empezar colocando una carta central, como el tecnecio. Empezar con una carta central evitará que la tabla termine demasiado a la izquierda o a la derecha.

Qué hacer:
1) Elijan a un jugador para que empiece. Todos los demás jugadores deben darse la vuelta de modo que queden de espaldas a la mesa. ¡No se puede mirar! El jugador retira una carta de elemento y la sostiene en secreto.
2) Cuando estén listos, haz que los otros jugadores se den la vuelta y miren hacia la mesa. Deben intentar determinar qué elemento se ha retirado
3) Puede elegir entre dejar que los jugadores digan sus respuestas en voz alta o pedirles que levanten primero la mano.
4) Una vez acertado, el alumno vuelve a colocar la carta del elemento en su sitio.
5)Se elige un nuevo jugador y se repite este proceso.

NOTA: También puede empezar dejando que los jugadores tengan 30 segundos para memorizar las cartas antes de que se les quite un elemento. Dales la oportunidad de intentar retener rápidamente la información visual. Si hacen esto cada vez, antes de que se les quite un elemento, se familiarizarán con la tabla en un tiempo sorprendentemente corto.

“CUENTA ATRÁS”

El objetivo de esta actividad es revisar y reforzar los datos aprendidos en las páginas para colorear. Esta actividad puede llevar cualquier cantidad de tiempo. Puedes hacer solo uno o dos elementos, o muchos de ellos.

Necesitarás:
- un trozo de papel para cada jugador
- lápices o bolígrafos
- las listas de pistas de la LISTA DE PREGUNTAS al final de este libro

Cómo prepararse:
1) Entrega una hoja de papel y un lápiz o bolígrafo a cada participante.
2) Elige qué elementos quieres usar en el juego y haz que esas pistas estén marcadas y listas para leer.

Qué hacer:
1) Diles a los jugadores que escriban los números del 1 al 10 como si estuvieran haciendo una lista, pero que los escriban en orden inverso, del 10 al 1.
2) Para el primer elemento, lee primero la última pista, que es la más difícil. Los jugadores intentarán adivinar de qué elemento se trata. Pueden dejar el espacio en blanco si no lo saben, pero no serán penalizados por una respuesta incorrecta. Avísales que una vez que pasemos a la siguiente pista, tienen estrictamente prohibido volver atrás y escribir cualquier cosa en el espacio anterior.
3) Lee la penúltima pista, que también será difícil. Los jugadores escriben su respuesta junto al número 9 en su papel. Puede ser la misma que la del número 10 o pueden cambiar de opinión y escribir otro elemento.
4) Lee la antepenúltima pista, que será la última pista difícil. De nuevo, los jugadores hacen una suposición. Esta pista podría confirmar una suposición anterior o podría hacerles cambiar de opinión. Escriben su suposición actual junto al número 8.
5) El juego continúa así, bajando la dificultad de las pistas progresivamente. Recuerda a los jugadores que NO pueden volver atrás y cambiar ninguna respuesta anterior. (En un aula, los estudiantes suelen vigilarse bien entre sí. ¡La mayoría de los estudiantes estarán atentos a los tramposos!)
6) Una vez que se ha leído la última y más fácil pista, los jugadores hacen su última suposición.
7) Entonces se revela la respuesta. Los jugadores miran cuál fue el número que acertaron la primera vez. Esa será su puntuación. Si lo adivinaron con la primera pista, que es la más difícil, obtienen un 10. Si lo adivinaron con la última pista, que es la más fácil, obtienen un 1.
8) Avanza a la siguiente ronda. Los jugadores vuelven a escribir los números del 1 al 10 (en orden inverso, por supuesto) y comienza la siguiente ronda de pistas.
9) Se llevar una puntuación acumulativa y gana el jugador con la puntuación más alta.

"DESAFÍO DE SÍMBOLOS"

El objetivo de esta actividad es aprender los símbolos de los elementos.
Debe jugarse en grupos pequeños de 2 a 6 participantes.

Necesitarás:
- una copia del juego de cartas de símbolos por grupo pequeño (de 2 a 6 jugadores)
- lápices
- clips
- pequeños trozos de papel

Cómo prepararse:
1) Haz una copia del juego de cartas para cada grupo pequeño. Haz que cada juego sea de un color diferente, o pon una marca identificativa en las cartas de cada juego para que, si se mezclan las cartas, sea fácil separarlas
2) Elige las cartas que quieras incluir en el juego. Si tus jugadores son principiantes, elige varias docenas de elementos conocidos. Continúa con otro juego utilizando cartas un poco más difíciles. Este juego se puede jugar muchas veces, y cada vez puedes elegir qué elementos revisar y qué elementos nuevos añadir.
3) Escribe los nombres de los elementos en el reverso de las cartas. Puedes hacerlo con antelación o pedir a los jugadores que lo hagan antes de empezar el juego.

Qué hacer:
1) Reparte una pequeña tira de papel a cada jugador y pídeles que escriban su nombre en ella. Entrega un clip a cada jugador.
2) Coloca las cartas elegidas sobre la mesa de manera que se puedan ver todas. Los símbolos deben estar boca arriba y los nombres boca abajo.
3) El primer jugador debe "decir" la carta que quiere jugar diciendo el símbolo de la carta. Por ejemplo, el jugador puede decir "C". A continuación, el jugador tiene dos opciones: "adivinar" o "mirar".

--Si el jugador elige "adivinar", debe decir el nombre del elemento en voz alta. Revisa la respuesta dando la vuelta a la carta, pero asegurándote de que nadie más lo vea. Si su suposición es correcta, se queda con la carta. Si no, debe volver a poner la carta sobre la mesa.

--Si el jugador cree que no sabe lo suficiente como para hacer una suposición razonable, puede elegir la opción "mirar". Después de decir el nombre del símbolo y decir "mirar", puede dar la vuelta a la carta para ver el nombre en el reverso, pero asegurándose de que ningún otro jugador vea la respuesta correcta. Luego devuelve la carta a la mesa (¡con el nombre oculto!) y utiliza el clip para sujetar su papel con el nombre. Esto tiene el efecto de reservar esa carta para el siguiente turno.
Ningún otro jugador puede "pedir" una carta con el nombre de otra persona. Cuando vuelva el turno de este jugador, "pide" la carta que ha reservado y luego utiliza la opción de "adivinar". Con suerte, recordará el nombre del elemento y acertará esta vez y podrá quedarse con la carta. Si no, simplemente devuelve la carta como haría en cualquier turno fallido de "adivinar".
4) El juego termina cuando no quedan cartas sobre la mesa. El jugador con más cartas gana.

Group → / ↓ Period	1	2	3	4	5	6	7	8	9	10	11	12	13	14	15	16	17	18
1	1 H																	2 He
2	3 Li	4 Be											5 B	6 C	7 N	8 O	9 F	10 Ne
3	11 Na	12 Mg											13 Al	14 Si	15 P	16 S	17 Cl	18 Ar
4	19 K	20 Ca	21 Sc	22 Ti	23 V	24 Cr	25 Mn	26 Fe	27 Co	28 Ni	29 Cu	30 Zn	31 Ga	32 Ge	33 As	34 Se	35 Br	36 Kr
5	37 Rb	38 Sr	39 Y	40 Zr	41 Nb	42 Mo	43 Tc	44 Ru	45 Rh	46 Pd	47 Ag	48 Cd	49 In	50 Sn	51 Sb	52 Te	53 I	54 Xe
6	55 Cs	56 Ba		72 Hf	73 Ta	74 W	75 Re	76 Os	77 Ir	78 Pt	79 Au	80 Hg	81 Tl	82 Pb	83 Bi	84 Po	85 At	86 Rn
7	87 Fr	88 Ra		104 Rf	105 Db	106 Sg	107 Bh	108 Hs	109 Mt	110 Ds	111 Rg	112 Cn	113 Nh	114 Fl	115 Mc	116 Lv	117 Ts	118 Og
Lanthanides				57 La	58 Ce	59 Pr	60 Nd	61 Pm	62 Sm	63 Eu	64 Gd	65 Tb	66 Dy	67 Ho	68 Er	69 Tm	70 Yb	71 Lu
Actinides				89 Ac	90 Th	91 Pa	92 U	93 Np	94 Pu	95 Am	96 Cm	97 Bk	98 Cf	99 Es	100 Fm	101 Md	102 No	103 Lr

Group → / ↓ Period	1	2	3	4	5	6	7	8	9	10	11	12	13	14	15	16	17	18
1	1 H																	2 He
2	3 Li	4 Be											5 B	6 C	7 N	8 O	9 F	10 Ne
3	11 Na	12 Mg											13 Al	14 Si	15 P	16 S	17 Cl	18 Ar
4	19 K	20 Ca	21 Sc	22 Ti	23 V	24 Cr	25 Mn	26 Fe	27 Co	28 Ni	29 Cu	30 Zn	31 Ga	32 Ge	33 As	34 Se	35 Br	36 Kr
5	37 Rb	38 Sr	39 Y	40 Zr	41 Nb	42 Mo	43 Tc	44 Ru	45 Rh	46 Pd	47 Ag	48 Cd	49 In	50 Sn	51 Sb	52 Te	53 I	54 Xe
6	55 Cs	56 Ba		72 Hf	73 Ta	74 W	75 Re	76 Os	77 Ir	78 Pt	79 Au	80 Hg	81 Tl	82 Pb	83 Bi	84 Po	85 At	86 Rn
7	87 Fr	88 Ra		104 Rf	105 Db	106 Sg	107 Bh	108 Hs	109 Mt	110 Ds	111 Rg	112 Cn	113 Nh	114 Fl	115 Mc	116 Lv	117 Ts	118 Og
Lanthanides				57 La	58 Ce	59 Pr	60 Nd	61 Pm	62 Sm	63 Eu	64 Gd	65 Tb	66 Dy	67 Ho	68 Er	69 Tm	70 Yb	71 Lu
Actinides				89 Ac	90 Th	91 Pa	92 U	93 Np	94 Pu	95 Am	96 Cm	97 Bk	98 Cf	99 Es	100 Fm	101 Md	102 No	103 Lr

"20 PREGUNTAS"

El objetivo de esta actividad es que los jugadores utilicen sus conocimientos para adivinar un elemento misterioso. Es mejor realizarla después de que los estudiantes hayan estado estudiando los elementos durante un tiempo. Esta actividad funciona con cualquier número de participantes.

Necesitarás:
- una tabla periódica grande para que todos la vean o una copia pequeña para cada jugador

Cómo prepararse:
Este juego se puede jugar sin preparación previa.

Qué hacer:
1) Si hay más de dos participantes en esta actividad, tendrás que decidir una forma justa de turnarse para hacer preguntas. Puedes ir en sentido de las agujas del reloj, permitiendo a cada jugador una pregunta, o utilizar otro método que funcione bien en tu situación.
2) Selecciona a un jugador para que elija. Elegirá en secreto un elemento. También se le puede pedir a este jugador que lleve la cuenta de cuántas preguntas se han hecho.
3) Los demás jugadores se turnarán para hacer preguntas. Deberían empezar con preguntas generales como "¿Es este elemento un metal de transición?", "¿Es este elemento un gas a temperatura ambiente?" o "¿Es este elemento utilizado por el cuerpo humano?". Si no recuerdan los nombres de las "familias" (gas noble, halógeno, alcalino, alcalinotérreo, de transición, no metálico, semimetálico, lantánido, actínido), pueden preguntar si está en una determinada fila o columna. Las columnas se denominan "grupos" y las filas se denominan "períodos".
Puedes copiar las tablas que se muestran a la izquierda de esta página, que tienen los grupos y períodos etiquetados.
4) Cuando se les acaben los intentos o acierten, seleccionen a un nuevo jugador para que sea el que elija el próximo elemento.

NOTA: Puede que 20 preguntas sean demasiadas. Si los jugadores son muy buenos formulando preguntas, puede que tenga que tengas que reducir el número de preguntas a 15 o incluso 12.

"BINGO"

El objetivo de esta actividad es revisar y reforzar el aprendizaje que han estado haciendo sobre elementos individuales, y utilizar habilidades de razonamiento para hacer buenas conjeturas en los casos en que no estén seguros.

NOTA: Para este juego, solo usarás unas pocas docenas de las cartas con imágenes de los elementos, no el juego completo. Elige qué elementos quieres incluir en el juego y usa las pistas para esos elementos. Además, si estás trabajando con jugadores avanzados y no quieres que tengan imágenes como pistas, puedes usar las cartas con símbolos (letras) en su lugar.

Antes de empezar a preparar, decide qué tamaño quieres que tengan los tableros de bingo. Puedes usar 16 cartas para hacer un cuadrado de 4 por 4, o puedes usar 25 cartas para hacer un cuadrado de 5 por 5. En la disposición de 5 por 5, si quieres que el cuadrado central sea un cuadrado "libre", simplemente puedes dejarlo abierto y no poner una tarjeta allí, o puedes usar los espacios libres que se muestran después del elemento 118. (Ten en cuenta que cada página de tarjetas con imágenes tiene 12 elementos. Si deseas limitar el número de páginas que hay que copiar, puedes elegir imprimir solo 2 páginas, lo que le dará 24 elementos, y simplemente dejar el espacio central abierto como un espacio libre).

Necesitarás:
- un juego de cartas para cada jugador (puedes poner una marca identificativa en cada juego para poder ordenarlos fácilmente si se mezclan).
- Fichas para que cada jugador las coloque encima de sus cartas (por ejemplo: monedas de un centavo, cuadrados de papel, caramelos, nueces, macarrones crudos, frijoles...)
- pistas apropiadas

Cómo prepararse:
1)Haz un juego de cartas para cada jugador.
2) Asegúrate que cada jugador tenga acceso a un suministro de fichas (suficientes para cubrir casi su tablero).
3) Decide qué pistas quieres usar y cómo quieres usarlas. Puedes cortar la página en tiras y tener una pista por tira, y luego poner las tiras de pistas en una bolsa o caja para poder sacarlas al azar. Puedes considerar tener más de una bolsa de pistas, de modo que después de una o dos rondas pueda cambiar a un conjunto de pistas nuevas. Si los jugadores van a leer las pistas por turnos, será mejor que tenga tiras de pistas. Sin embargo, si un adulto va a leer todas las pistas, puede dejar las páginas intactas y leerlas en ese momento, y las elija al azar, llevando un registro de las que ha utilizado escribiendo números junto a las pistas a medida que se utilizan.

Cómo jugar:
1) Los jugadores deben colocar sus cartas de elementos para formar un cuadrado, ya sea de 4x4 o de 5x5 (según lo que hayas decidido de antemano).
La disposición de cada jugador será única, lo que reduce la posibilidad de empate. Si hay más elementos que cuadrados (lo que sucederá si se utiliza un cuadrado de 4x4), los jugadores elegirán qué elementos utilizar y cuáles dejar de lado. Entre rondas, pueden cambiar sus disposiciones y utilizar algunas de las cartas que habían dejado de lado.
2) Lee las pistas de una en una. Los jugadores colocan fichas en los cuadrados que coincidan con las pistas.
3) Cuando alguien consigue 4 en fila (o 5 en fila), grita "¡Bingo!" y luego lee sus elementos, que serán revisadas por quien de las pistas. Si este jugador acierta puedes seguir con el juego hasta que algunos jugadores más consigan un bingo, o puedes hacer que los jugadores limpien sus tableros y todos empiecen una nueva ronda. (La ventaja de seguir con el juego y permitir que haya más de un ganador es que puedes seguir con tu lista actual de pistas, aumentando la posibilidad de que se utilicen la mayoría de las pistas).

"CONEXIONES DE ELEMENTOS"

El objetivo de esta actividad es repasar datos sobre varios elementos. Se puede jugar con cualquier número de participantes. Los instructores deben elegir preguntas del banco de preguntas (o crear las suyas propias) que se ajusten a los conocimientos de los jugadores. El banco de preguntas tiene pistas fáciles, medias y difíciles, y todas las pistas se basan en la información proporcionada en la sección de colorear de este libro.

Necesitarás:
- una copia de la siguiente página de patrones para cada jugador
  (PDF para imprimir tarjetas: https://ellenjmchenry.com/baraja-de-cartas-elementos)
- lápices o rotuladores para que los jugadores puedan escribir un símbolo en cada círculo
- fichas para cada jugador (las monedas funcionan bien)
- pistas apropiadas

Cómo prepararse:
1) Haz una copia de la página del patrón para cada jugador.
2) Elige al menos 30 elementos para usar en este juego. Puedes seleccionar más de 30, dando a los jugadores cierta opción sobre cuáles les gustaría usar en su tablero. Ten en cuenta que cuanto mayor sea el número de elementos posibles, más turnos tendrá cada jugador para "pasar" porque no tiene ese elemento en su tablero. Sin embargo, no pasa nada si tienen que pasar de vez en cuando. Si has ido pasando por los elementos de forma secuencial, considera empezar por los 36 primeros (hasta el criptón). También puedes elegir un tema como "metales de transición". Si quieres cubrir elementos adicionales, simplemente haz más copias de la página de patrones y haz que los jugadores hagan un segundo tablero con nuevos elementos.
3) Prepara pistas para cada uno de los elementos que hayas elegido. Selecciona varias pistas para cada elemento para poder jugar más de una ronda. Si decides utilizar el BANCO DE PREGUNTAS proporcionado, selecciona las pistas que mejor se adapten a los conocimientos de tus jugadores. (Si tienes alumnos con niveles de conocimiento muy diferentes, puedes crear dos grupos y utilizar pistas diferentes para cada uno). Puedes hacer copias de las páginas de preguntas y cortarlas en tiras con una pregunta por tira, o puedes mantener las páginas intactas y simplemente marcar las pistas que vaya utilizando.

Qué hacer:
1) Di a los jugadores qué elementos se incluirán en este juego. Dales lápices o rotuladores y pídeles que rellenen los círculos de su tablero de juego con símbolos de elementos. Utiliza cada elemento solo una vez. Si los jugadores trabajan por su cuenta, cada tablero debe ser único. Esto reducirá las posibilidades de empate.
2) Asegúrate de que cada jugador tenga al menos dos docenas de fichas.
3) Di a los jugadores que el objetivo es conectar la barra superior y la barra inferior con una línea continua de fichas. Observen cómo los círculos están conectados por pequeñas líneas negras. Imaginen que la barra superior lleva electricidad y quieren crear una conexión hasta la barra inferior. El cable sería una ruta de círculos rellenos, todos conectados por pequeñas líneas. Esto significa que el cable no tiene que ser recto. Siempre que haya una línea entre los círculos, se puede trazar un camino. No se pueden trazar diagonales porque no hay líneas diagonales. El camino puede ir a la izquierda, a la derecha, arriba, abajo, siempre que sea continuo desde la barra superior hasta la barra inferior.
4) Empieza a leer las pistas. Si un jugador cree que la pista coincide con uno de los elementos de su tablero, coloca una ficha sobre él.
5) Cuando un jugador ha completado una ruta continua de fichas, grita "¡Conexión!". A continuación, leerá los elementos de esa ruta y la persona que da las pistas comprobará los elementos. Si no aciertan todas, el juego continúa hasta que alguien lo consigue.
6) Cuando alguien gana, los jugadores retiran las fichas de su tablero y comienza una nueva ronda. (O, si estás trabajando con estudiantes más jóvenes, puedes continuar con el mismo juego y dejar que algunos jugadores más hagan su conexión).

Aquí hay algunos ejemplos de "conexiones". Lo que quieres es una ruta continua. Puede ser recta, pero no tiene por qué serlo.

Por supuesto, los tableros de juego reales tendrán más fichas que los caminos que se muestran aquí. Al igual que en el bingo, habrá fichas en el tablero que no formarán parte de la ruta ganadora.

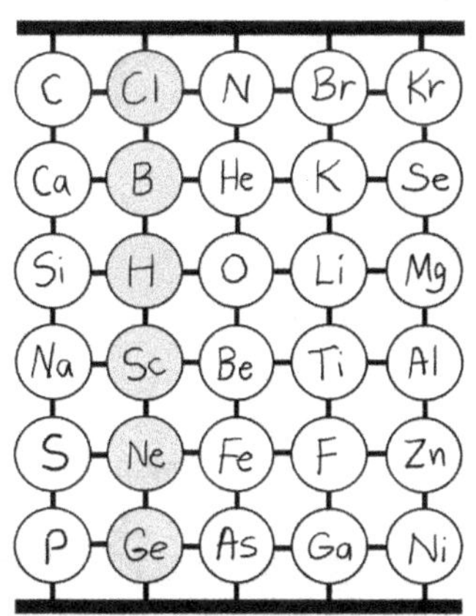

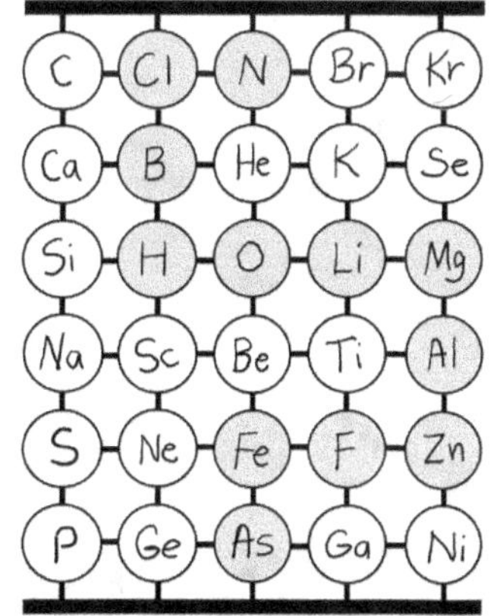

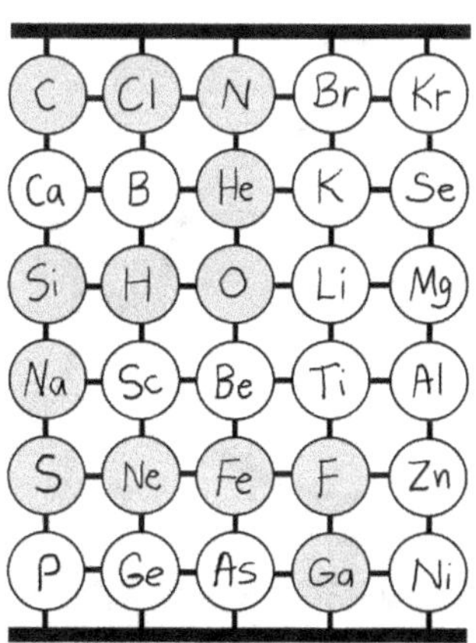

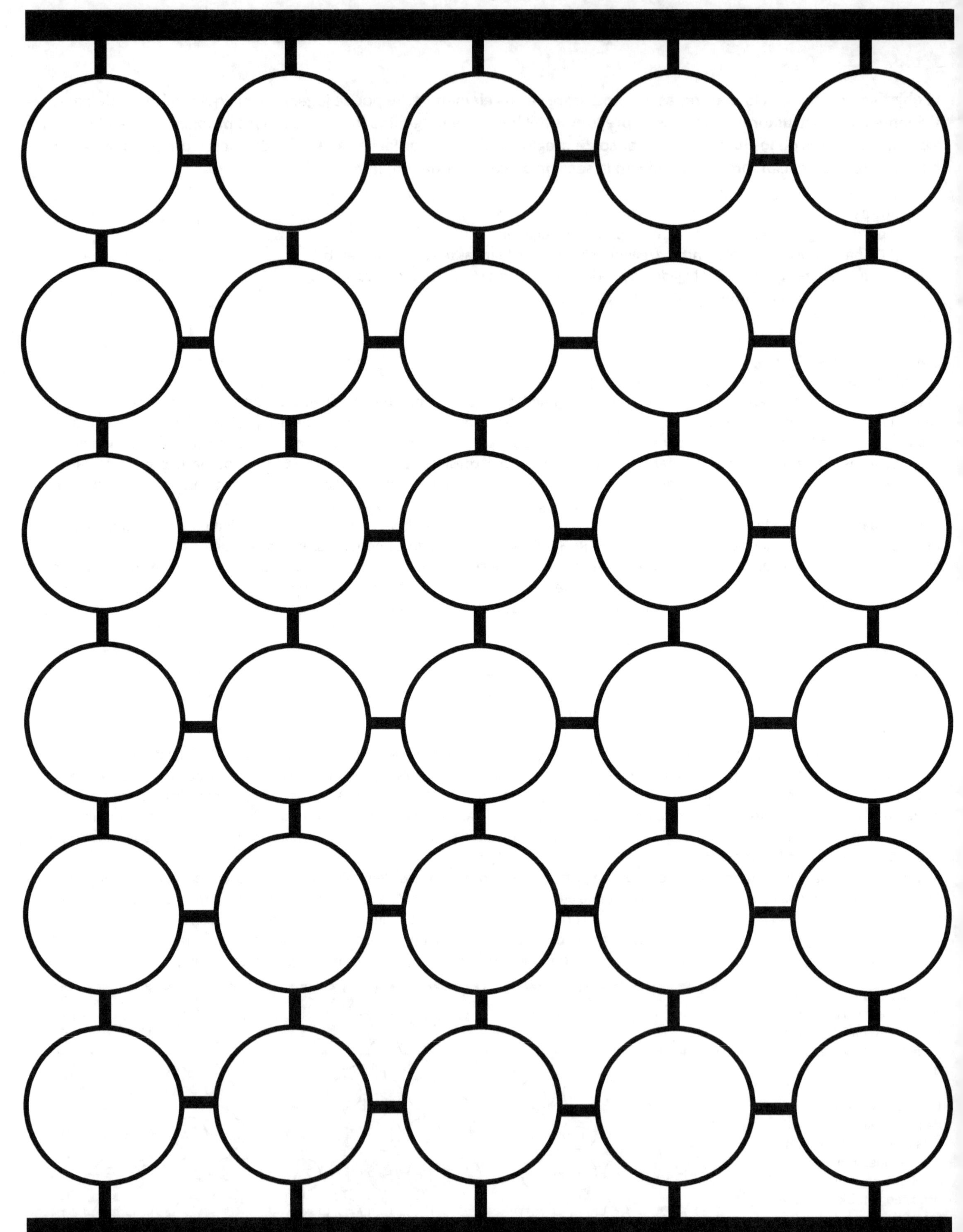

"TRES VECINOS"

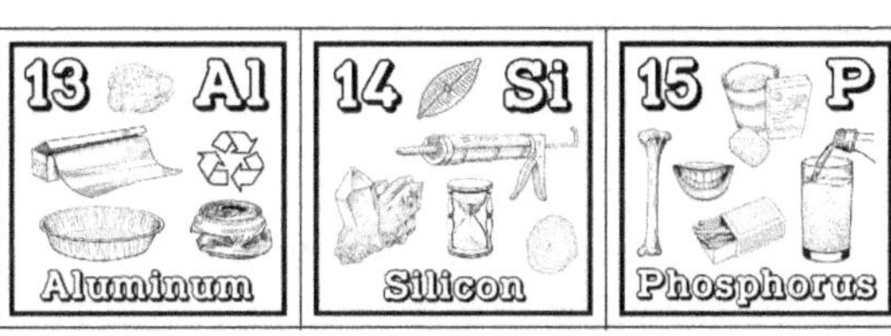

El objetivo de esta actividad es hacer que sea divertido estudiar la disposición de los elementos en la tabla. Debe jugarse en pequeños grupos de 2 a 6 participantes.

El formato del juego nos obliga a utilizar solo la sección principal de la tabla, de H a Rn. También tendremos que ignorar las series de los lantánidos y los actínidos y los elementos superpesados. Sin embargo, los elementos que utilizaremos son los más abundantes, conocidos y esenciales en el mundo de la química.

¿Por qué es tan importante la disposición? Los elementos de las mismas columnas comparten propiedades químicas similares, y en el bloque de transición, los elementos vecinos también suelen ser similares. Las propiedades químicas similares fueron las pistas que utilizó Mendeleyev para averiguar cómo configurar la primera tabla periódica.

Necesitarás:
- varios dados por grupo pequeño (lo ideal es un dado por jugador, pero se pueden compartir)
- pequeños marcadores que se pueden colocar en las casillas de las pequeñas Tablas Periódicas para ayudar a llevar un registro de la ubicación de tus cartas (Evita las cosas redondas que rueden o las cosas ligeras (como el papel) que puedan salir volando fácilmente. Puedes usar: guijarros muy pequeños [del tipo que se usan en las peceras], piñones, cacahuetes, pasas, caramelos pequeños) El número de fichas necesarias por juego variará, pero cada jugador debe tener acceso a al menos 20 fichas.
- una copia de la Tabla Periódica/reglas de los números para cada jugador
- una copia de las primeras siete páginas de las tarjetas con imágenes para cada grupo pequeño
- una copia del conjunto de tarjetas de pistas (3 páginas en total) por grupo pequeño
  (PDF para imprimir tarjetas: https://ellenjmchenry.com/baraja-de-cartas-elementos)

NOTA: Utilice cartulina, si es posible, para los juegos de cartas. La mayoría de las impresoras domésticas pueden manejar cartulina de gramaje ligero/medio (hasta 65 lb)

Cómo prepararse:
1) Haz todas las copias y corta todas las cartas.
2) Reúne las cartas con imágenes de los elementos que aparecen en las tablas de la tabla periódica utilizadas en este juego. Baraja las cartas con imágenes y ponlas en una pila boca abajo. CONSEJO: Asegúrate de que estén bien barajadas antes de empezar. No querrás que las cartas secuenciales estén apiladas juntas.
3) Baraja las cartas de pistas y colócalas en un montón boca abajo.
4) Entrega a cada jugador una de las medias páginas que muestran la tabla periódica y las reglas numéricas.
5) Asegúrate de que cada jugador tenga acceso a al menos 20 fichas pequeñas.

Cómo jugar:
1) El objetivo del juego es conseguir tres cartas que estén todas juntas en la mesa, ya sea horizontal o verticalmente.
2) Tendrás dos montones de cartas en el centro de tu área de juego, las cartas con pistas y las cartas con imágenes. Ambos son montones de robo y las cartas deben estar boca abajo. También tendrás dos montones de descarte que estarán boca arriba. Dale la vuelta a tres cartas con imágenes y colócalas boca arriba; este será el inicio del montón de descarte. No es necesario que hagas esto con las cartas con pistas.
3) Reparte cinco cartas con imágenes a cada jugador. Mantén estas cartas boca arriba. No pasa nada si los demás jugadores ven sus cartas. Mira tus cartas y coloca fichas en los cuadrados correspondientes de su copia de la tabla. Ver la ubicación de sus elementos en la mesa será de gran ayuda cuando intentes conseguir tres en fila, ya sea uno al lado del otro o arriba y abajo.
4) Los jugadores se turnan para dar la vuelta y leer las cartas de pista. Sin embargo, las pistas serán para todos. Todos los jugadores escuchan la pista y miran si alguna de sus cartas cumple los requisitos. Si tienes más de una carta que se ajusta a una pista, tú decides cuál jugar. Después de usar una carta de pista, se pone boca arriba en un montón de descartes.

5) Las imágenes están ahí para ayudarte a recordar datos sobre ese elemento, pero si conoces otros datos que no están representados en la imagen, puedes usar tus conocimientos si te benefician. Si conoces información adicional pero te pondría en desventaja, no tienes que decir nada. Sin embargo, no puedes ignorar las pistas de las imágenes. Si otro jugador señala una pista de la imagen de tu carta que no estás usando, debes usar esa información.

Por ejemplo, una carta de pista dice: "Si tienes un elemento que se utiliza en cualquier tipo de reloj...". La carta de silicio no muestra la imagen de un reloj, pero el silicio se encuentra en el cuarzo, que se utiliza para fabricar relojes de cuarzo. Si sabes de relojes de cuarzo, puedes jugar esta carta. (En realidad, la carta de silicio tiene la imagen de un reloj de arena, ¡se podría considerar un reloj de arena como un tipo de reloj!). Otro ejemplo: si la pista es "un elemento que se utiliza para algo que arde..." y sabes que el aluminio se utiliza para fabricar termita (que arde tan caliente que se utiliza para soldar vías de tren), puedes hacer uso de este conocimiento aunque la termita no aparezca en esa carta. Sin embargo, si saber sobre la termita te obliga a hacer un movimiento que crees que será en tu contra, no estás obligado a revelar ese hecho sobre el aluminio.

Algunas cartas requerirán conocimientos que no se muestran en una imagen. Por ejemplo, "un elemento que se encuentra en el aire que nos rodea". No se puede dibujar el aire, así que tendrás que recordar los elementos que se encuentran en él: nitrógeno, oxígeno, carbono (en el dióxido de carbono), hidrógeno (en la molécula de agua) y los gases nobles.

Las respuestas tontas deben desalentarse. Por ejemplo, el elemento hidrógeno podría utilizarse como respuesta a muchas de las preguntas, ya que se encuentra en muchas moléculas. Sí, los átomos de hidrógeno probablemente están presentes en algún lugar de los equipos deportivos, pero es obvio que el objetivo de la pregunta es pensar en metales que se utilizan especialmente para este fin.

6) Si recibes una carta de otro jugador como resultado de que haya sacado un 2 o un 3, no puedes usar esa carta en ese turno. Tienes que esperar hasta tu próximo turno para jugar esa carta.

7) Ten en cuenta que algunas de las pistas pueden dar lugar a una discusión en grupo sobre su interpretación. Esto es en realidad un maravilloso beneficio secundario del juego y puede dar lugar a que los jugadores compartan conocimientos. Sin embargo, debes mantener estas discusiones breves y asegurate de que alguien tenga la "última palabra" si el grupo no puede llegar a un consenso.

8) Recuerda mover las fichas por la mesa cuando sea necesario. Si pierdes una carta, deberás retirar tu ficha, y a medida que ganes cartas, deberás añadir nuevas fichas. Las fichas te permiten dar un vistazo a qué carta te gustaría obtener y cuáles son las mejores candidatas para descartar.

9) El juego termina cuando alguien consigue tres cartas adyacentes entre sí en la tabla periódica, ya sea en vertical u horizontal.

rupo → Periodo	1	2	3	4	5	6	7	8	9	10	11	12	13	14	15	16	17	18
1	1 H																	2 He
2	3 Li	4 Be											5 B	6 C	7 N	8 O	9 F	10 Ne
3	11 Na	12 Mg											13 Al	14 Si	15 P	16 S	17 Cl	18 Ar
4	19 K	20 Ca	21 Sc	22 Ti	23 V	24 Cr	25 Mn	26 Fe	27 Co	28 Ni	29 Cu	30 Zn	31 Ga	32 Ge	33 As	34 Se	35 Br	36 Kr
5	37 Rb	38 Sr	39 Y	40 Zr	41 Nb	42 Mo	43 Tc	44 Ru	45 Rh	46 Pd	47 Ag	48 Cd	49 In	50 Sn	51 Sb	52 Te	53 I	54 Xe
6	55 Cs	56 Ba	57 La	72 Hf	73 Ta	74 W	75 Re	76 Os	77 Ir	78 Pt	79 Au	80 Hg	81 Tl	82 Pb	83 Bi	84 Po	85 At	86 Rn

REGLAS PARA LOS DADOS:

1 ...quedarse con esta carta, y tomar la carta superior del montón de robo o del montón de descarte.

2 ...dar esta carta al jugador a tu izquierda y tomar una carta del mazo.

3 ...dar esta carta al jugador a tu derecha y tomar una carta del mazo.

4 ...poner esta carta en el montón de descarte, y tomar la carta superior del mazo.

5 ...colocar esta carta boca arriba en el montón de descarte.

6 ...quedarse con esta carta y tomar la carta superior del montón de descarte.

---

upo → eriodo	1	2	3	4	5	6	7	8	9	10	11	12	13	14	15	16	17	18
1	1 H																	2 He
2	3 Li	4 Be											5 B	6 C	7 N	8 O	9 F	10 Ne
3	11 Na	12 Mg											13 Al	14 Si	15 P	16 S	17 Cl	18 Ar
4	19 K	20 Ca	21 Sc	22 Ti	23 V	24 Cr	25 Mn	26 Fe	27 Co	28 Ni	29 Cu	30 Zn	31 Ga	32 Ge	33 As	34 Se	35 Br	36 Kr
5	37 Rb	38 Sr	39 Y	40 Zr	41 Nb	42 Mo	43 Tc	44 Ru	45 Rh	46 Pd	47 Ag	48 Cd	49 In	50 Sn	51 Sb	52 Te	53 I	54 Xe
6	55 Cs	56 Ba	57 La	72 Hf	73 Ta	74 W	75 Re	76 Os	77 Ir	78 Pt	79 Au	80 Hg	81 Tl	82 Pb	83 Bi	84 Po	85 At	86 Rn

REGLAS PARA LOS DADOS:

1 ...quedarse con esta carta, y tomar la carta superior del montón de robo o del montón de descarte.

2 ...dar esta carta al jugador a tu izquierda y tomar una carta del mazo.

3 ...dar esta carta al jugador a tu derecha y tomar una carta del mazo.

4 ...poner esta carta en el montón de descarte, y tomar la carta superior del mazo.

5 ...colocar esta carta boca arriba en el montón de descarte.

6 ...quedarse con esta carta y tomar la carta superior del montón de descarte.

Si tienes un elemento que lleva el nombre de un país o una región geográfica... (excepto una ciudad o pueblo)	Si tienes un elemento que lleva el nombre de un pueblo o una ciudad...	Si tienes un elemento cuyo símbolo no empieza con la letra inicial de tu nombre...
Si tienes un elemento cuyo símbolo está formado por una sola letra...	Si tienes un elemento cuyo número atómico empieza con 3...	Si tienes un elemento cuyo nombre tiene cuatro letras...
Si tienes un elemento cuyo nombre tiene dos sílabas...	Si tienes un elemento que tenga algo que ver con chispas...	Si tienes un elemento cuyo número atómico sea divisible por 5...
Si tienes un elemento que se utiliza en pilas...	Si tiene un elemento que se encuentra en algún tipo de piedra preciosa...	Si tiene un elemento que se utiliza en imanes de cualquier tipo...
Si tienes un elemento que se utiliza en láseres...	Si tienes un elemento cuyo nombre empieza con una vocal...	Si tienes un elemento que se utiliza para fabricar joyas...
Si tienes un elemento que se utiliza en medicamentos...	Si tienes un elemento cuyo número atómico es un número primo...	Si tienes un elemento que se utiliza para fabricar algo diseñado para quemar o explotar...

TARJETAS DE PISTAS PARA "TRES VECINOS"

Si tiene un elemento que se utiliza en algún tipo de foco o bombilla...	Si tienes un elemento que se encuentra en el aire que nos rodea...	Si tienes un elemento cuyo nombre termina con las letras -ón...
Si tienes un elemento que se utiliza (o se utilizaba) para fabricar monedas...	Si tienes un elemento cuyo nombre tiene una letra doble (por ejemplo, "rr" o "ll")...	Si tienes un elemento cuyo nombre proviene de un color, o una palabra que se refiere al color...
Si tienes un elemento que tenga algo que ver con los dientes...	Si tienes un elemento que tenga algo que ver con el vidrio... (no vidrio en bombillas)	Si tienes un elemento cuyo nombre contenga una de estas letras: X, Y, Z...
Si tienes un elemento que recibió el nombre de un dios o una diosa mitológicos...	Si tienes un elemento que lleva el nombre de algo del sistema solar...	Si tienes un elemento cuyos isótopos sean todos radiactivos...
Si tienes un elemento que se utiliza para fabricar herramientas...	Si tienes un elemento cuyo número atómico tiene solo un dígito...	Si tienes un elemento que está en el borde de la tabla y no está rodeado de otros elementos...
Si tienes un elemento que se utiliza para fabricar pigmentos para pinturas...	Si tienes un elemento que se utiliza en cohetes o satélites...	Si tienes un elemento que se utiliza para elaborar productos de limpieza...

TARJETAS DE PISTAS PARA "TRES VECINOS"

Si tienes un elemento que tenga relación con los dientes o los huesos...	Si tienes un elemento que se utiliza para fabricar instrumentos musicales...	Si tienes un elemento que se utiliza para fabricar recipientes o utensilios de cocina...
Si tienes un elemento que se utiliza para fabricar un producto de higiene... (jabón, pasta de dientes, etc.)	Si tienes un elemento que es conocido por su mal olor...	Si tienes un elemento que se utiliza para fabricar un dispositivo médico o una herramienta utilizada por los médicos...
Si tienes un elemento que se utiliza para reparar huesos o articulaciones...	Si tienes un elemento que se utiliza para fabricar componentes electrónicos...	Si tienes un elemento que se utiliza para fabricar equipos deportivos...
Si tienes un elemento que se utiliza para fabricar piezas para aviones, barcos o submarinos...	Si tienes un elemento que se utiliza en soldadura...	Si tienes un elemento que se conoce desde la antigüedad...
Si tienes un elemento que tiene fama de ser tóxico...	Si tienes un elemento que es esencial para fabricar algún tipo de lentes, o gafas de protección...	Si tienes un elemento que se utiliza o se utilizaba para fabricar cerámica o cristalería...
Si tienes un elemento que se utiliza en cualquier tipo de reloj...	Si tienes un elemento conocido por su uso en en equipo militar... (excepto vehículo)	Si tienes un elemento cuyo número atómico termina en 7...

TARJETAS DE PISTAS PARA "TRES VECINOS"

CARTAS DE JUEGO

Estas cartas se pueden utilizar para muchos juegos y actividades. Puedes utilizar las ideas que se enumeran en este libro o puedes crear las tuyas propias.

NOTA: Si vas a hacer varias copias de estas cartas para que cada jugador tenga su propio juego, considera la posibilidad de hacer cada juego de un color diferente (utiliza papel o cartulina de color) o poner un número, una letra o un punto de color en el reverso o en el lateral de cada carta del juego. Si los jugadores van a quedarse con sus cartas, pídeles que pongan sus nombre o sus iniciales en el reverso de cada carta. Es muy fácil que las cartas se mezclen, y puede tomar mucho tiempo ordenarlas si no están etiquetadas.

Hay un archivo digital de estas cartas disponible para que puedas imprimirlas fácilmente en tu impresora. Casi todas las impresoras pueden imprimir en cartulina de 200 g/m^2, que es el tipo de cartulina más utilizado y, por lo tanto, es probable que la consigas en cualquier papeleriá.

https://ellenjmchenry.com/baraja-de-cartas-elementos/

1
H
Hidrógeno

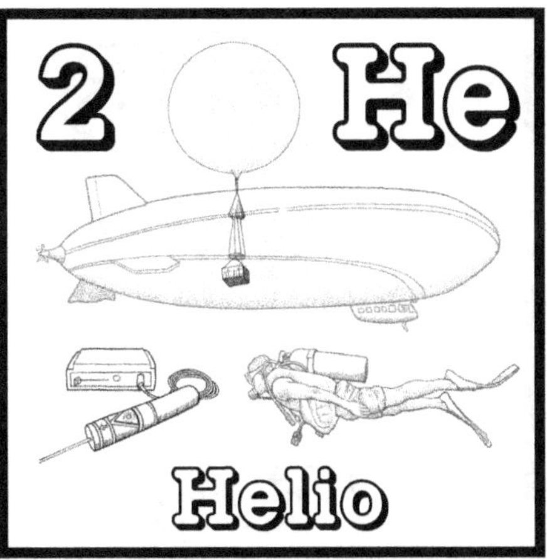
2
He
Helio

3
Li
WHITE LITHIUM
GREASE
Litio

4
Be
W153
BeCu
Berilio

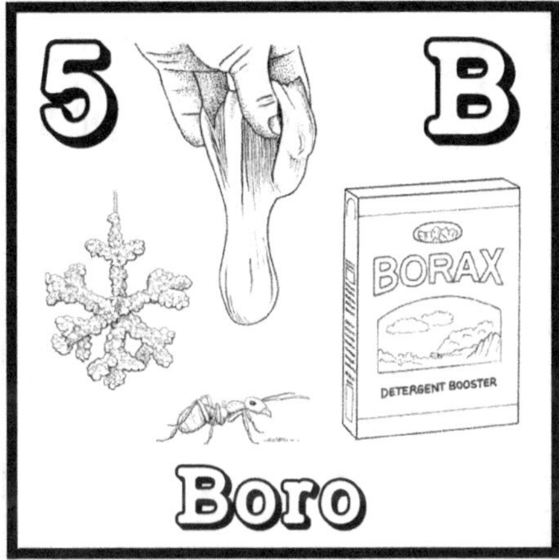
5
B
BORAX
DETERGENT BOOSTER
Boro

6
C
Carbono

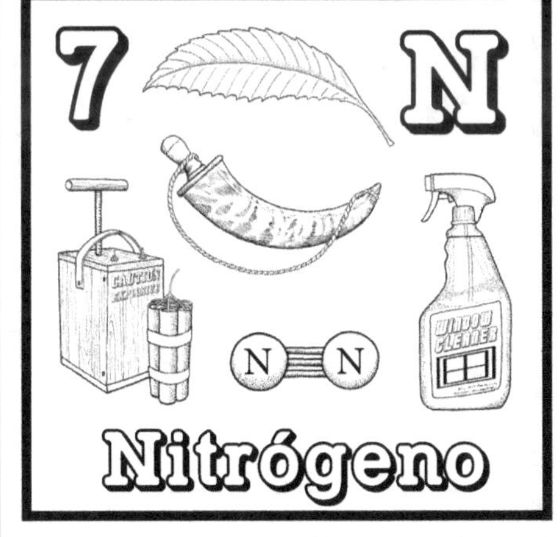
7
N
N
N
WINDOW CLEANER
Nitrógeno

8
O
Oxígeno

9
F
Flúor

10
Ne
Café
Neón

11
Na
BLEACH
Sodio

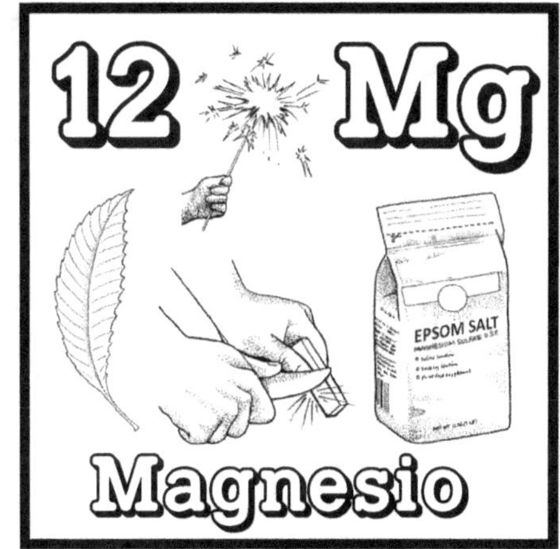
12
Mg
EPSOM SALT
Magnesio

13
Al
Aluminio

14
Si
CAULK
Silicio

15
P
TSP
Fósforo

16
S
Azufre

17
Cl
BLEACH
Cloro

18
Ar
Argón

19
K
Potash
Potasio

20
Ca
Calcio

21
Sc
Escandio

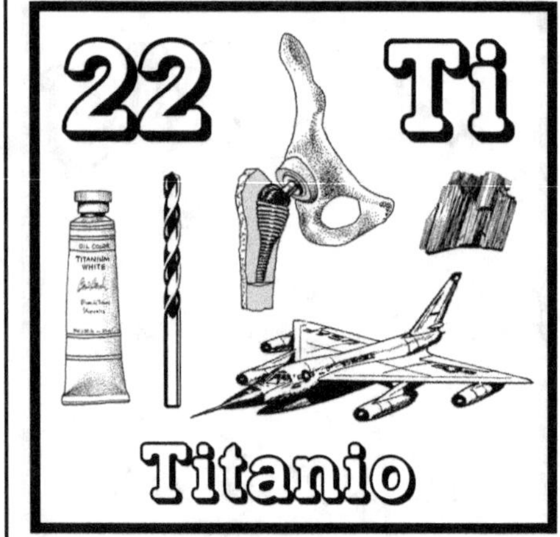
22
Ti
Titanio

23
V
ARMSTRONG-VANADIUM
Vanadio

24
Cr
Cromo

25 Mn
Manganeso

26 Fe
Hierro

27 Co
Cobalto

28 Ni
Níquel

29 Cu
Cobre

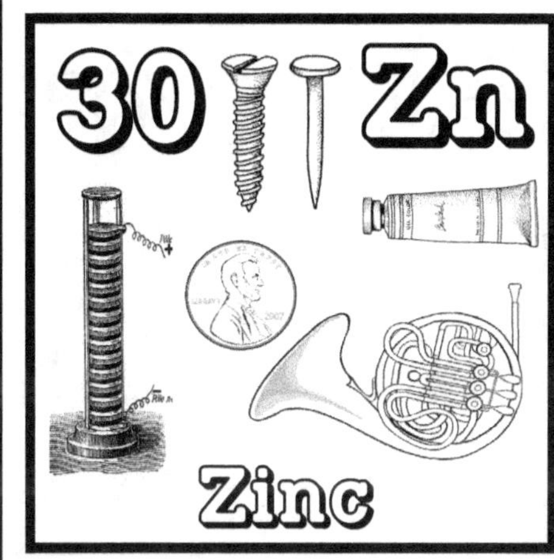
30 Zn
Zinc

31 Ga
Galio

32 Ge
Germanio

33 As
Arsénico

34 Se
Dandruff Shampoo
Selenio

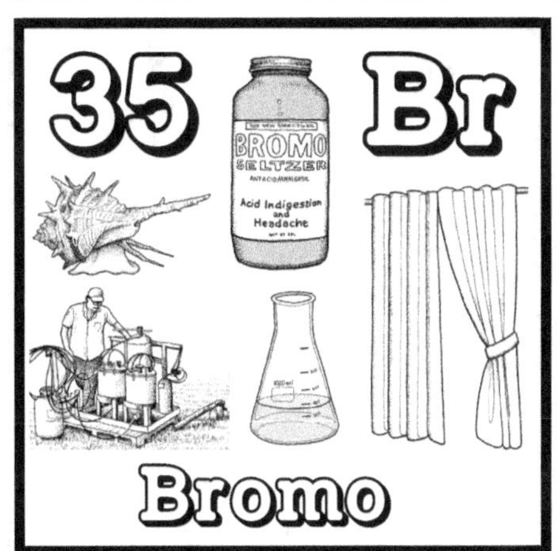
35 Br
BROMO
SELTZER
Acid Indigestion and Headache
Bromo

36 Kr
Café
Kr-Ar
Kriptón

37
Rb
Rubidio

38
Sr
Estroncio

39
Y
LiFeYPO4
Itrio

40
Zr
Special
ANTIPERSPIRANT
Circonio

41
Nb
25 EURO
Niobio

42
Mo
Molibdeno

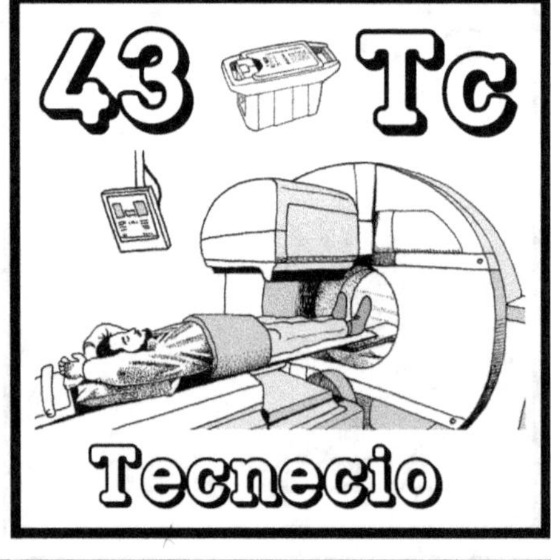
43
Tc
Tecnecio

44
Ru
Rutenio

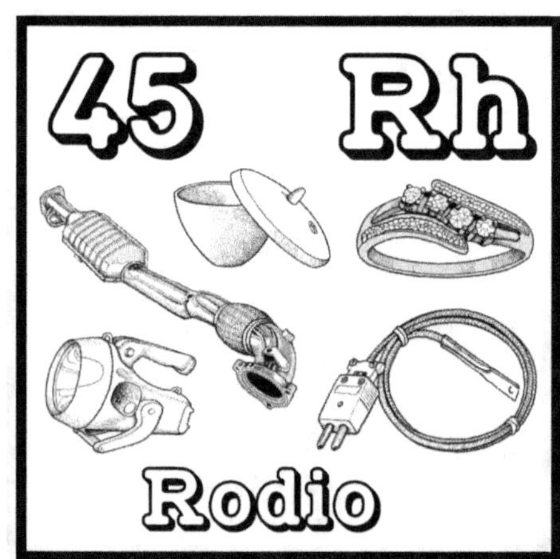
45
Rh
Rodio

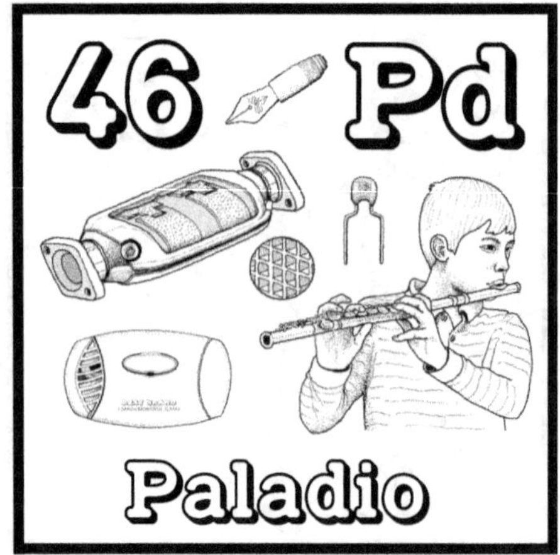
46
Pd
Paladio

47
Ag
Plata

48
Cd
Cadmio

49
In
Indio

50
Sn
Estaño
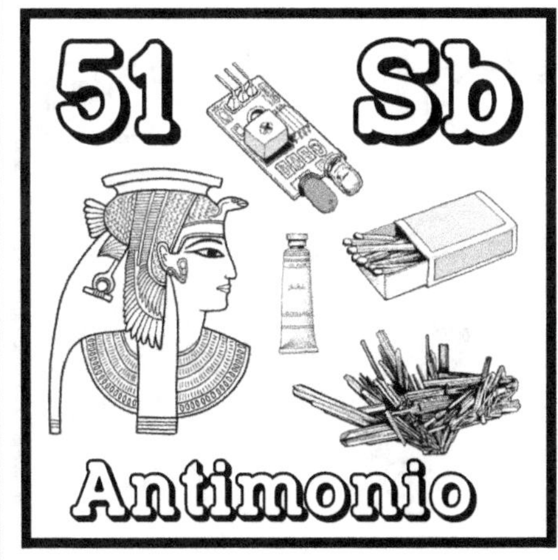
51
Sb
Antimonio

52
Te
Telurio

53
I
Yodo

54
Xe
Xenón

55
Cs
176.13
Cesio

56
Ba
LIVER
STOMACH
COLON
SMALL INTESTINES
Bario

57
La
Lantano

58
Ce
Cerio
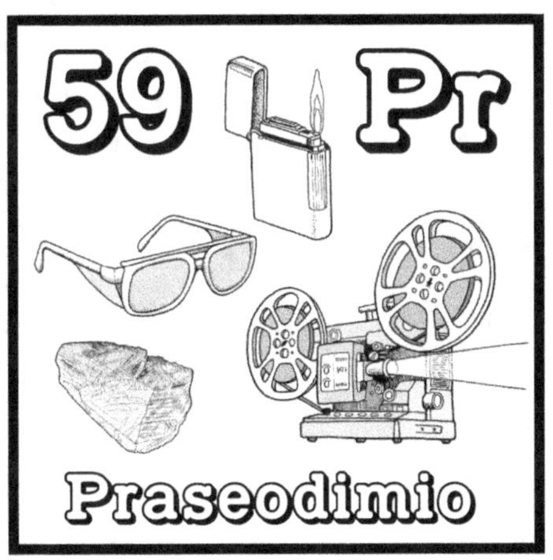
59
Pr
Praseodimio

60
Nd
Neodimio

61
Pm
Prometio

62
Sm
Samario

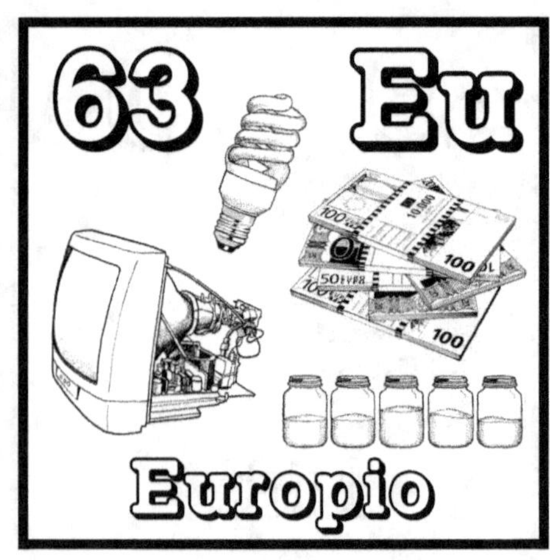
63
Eu
Europio

64
Gd
Gadolinio

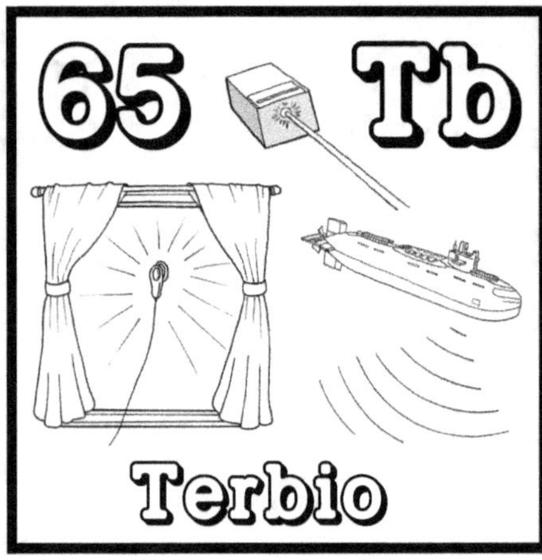
65
Tb
Terbio

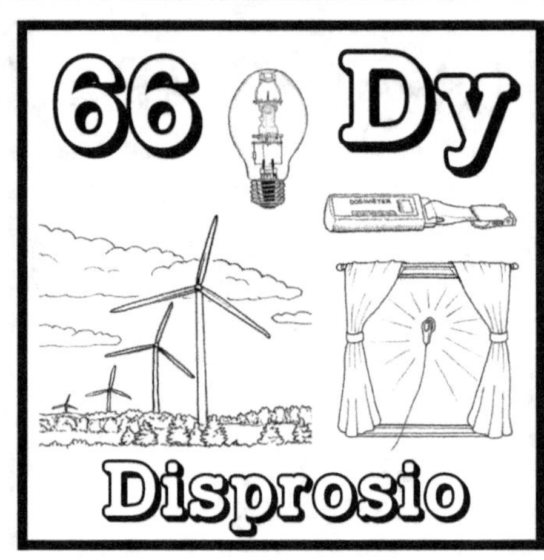
66
Dy
Disprosio

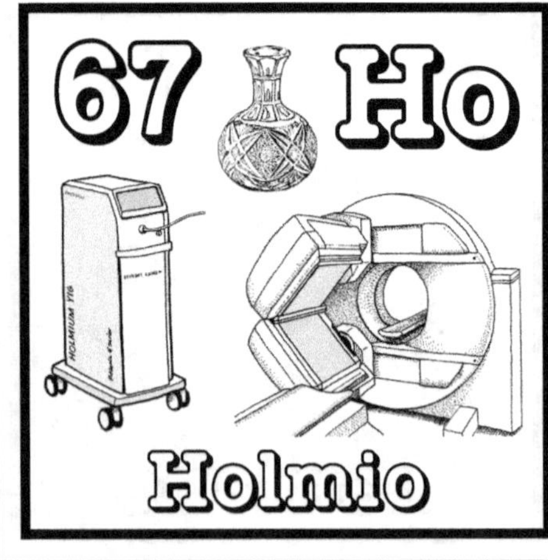
67
Ho
Holmio

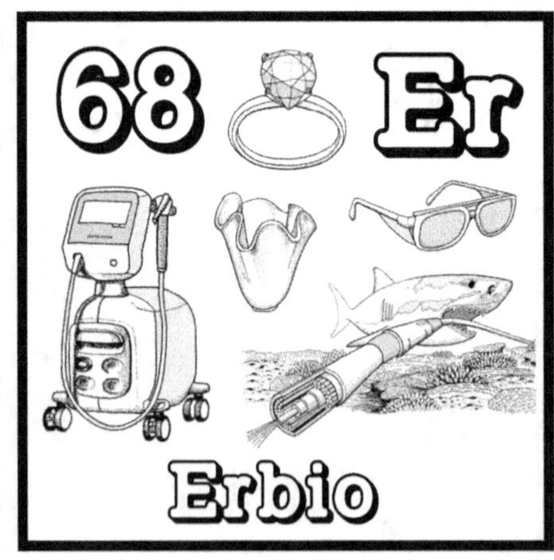
68
Er
Erbio

69
Tm
Tulio

70
Yb
Iterbio

71
Lu
Lutecio

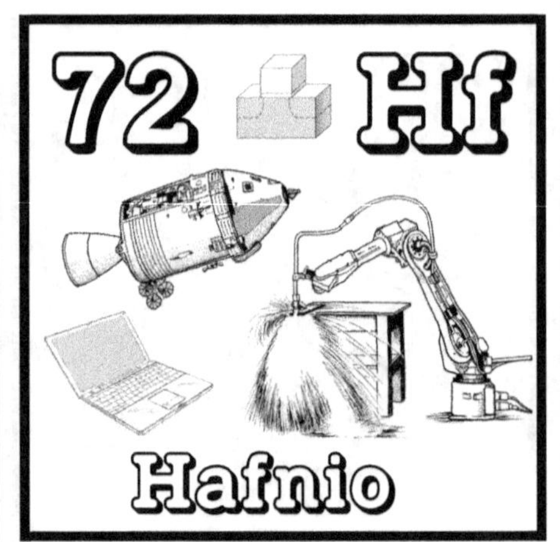
72
Hf
Hafnio

73
Ta
Tántalo

74
W
Tungsteno

75
Re
Renio

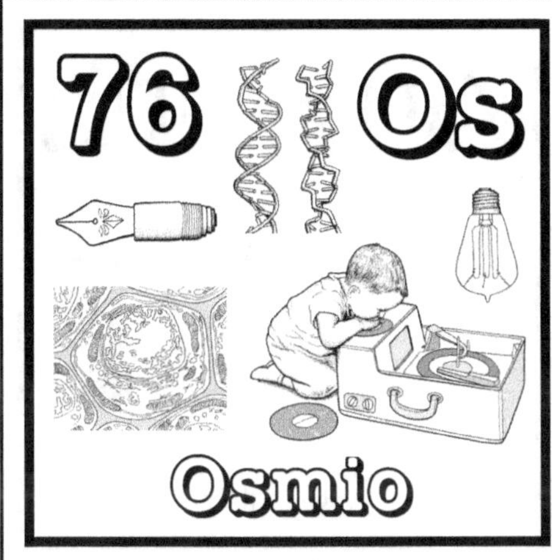
76
Os
Osmio

77
Ir
SEM images
Iridio

78
Pt
Platino

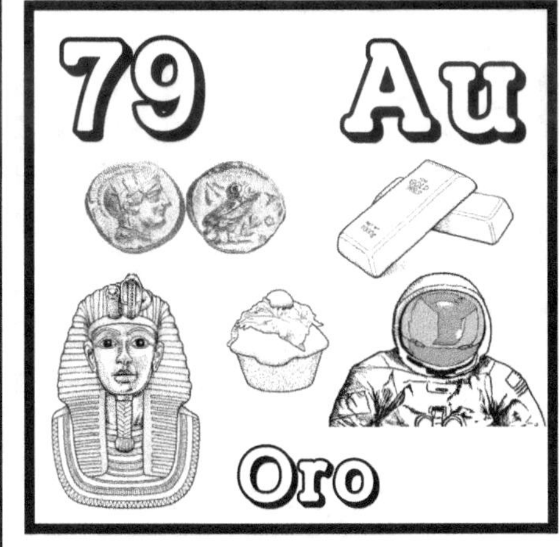
79
Au
Oro

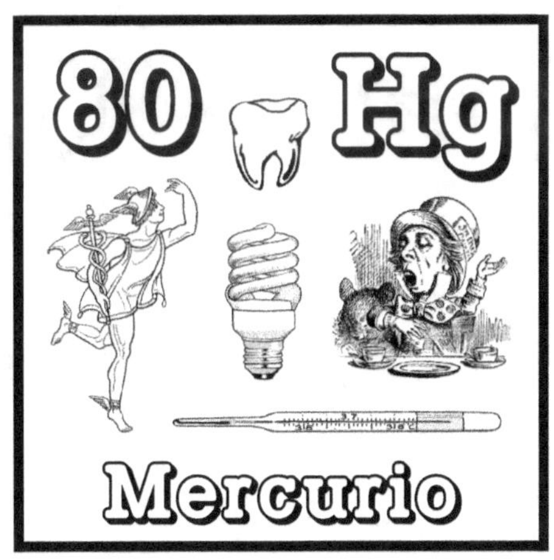
80
Hg
Mercurio

81
Tl
Talio

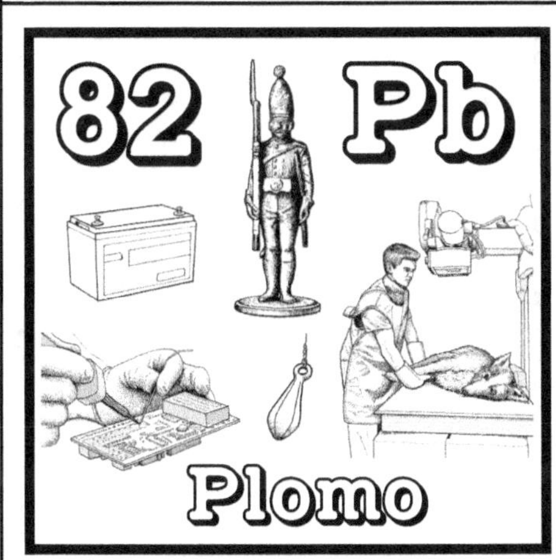
82
Pb
Plomo

83
Bi
Bismuto

84
Po
Polonio

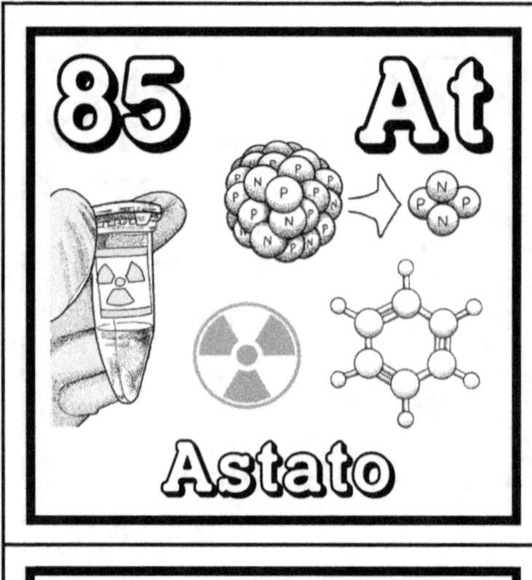
85
At
Astato

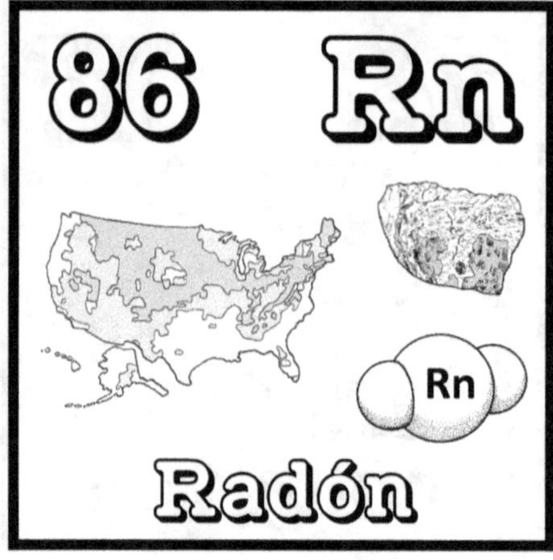
86
Rn
Rn
Radón

87
Fr
Francio

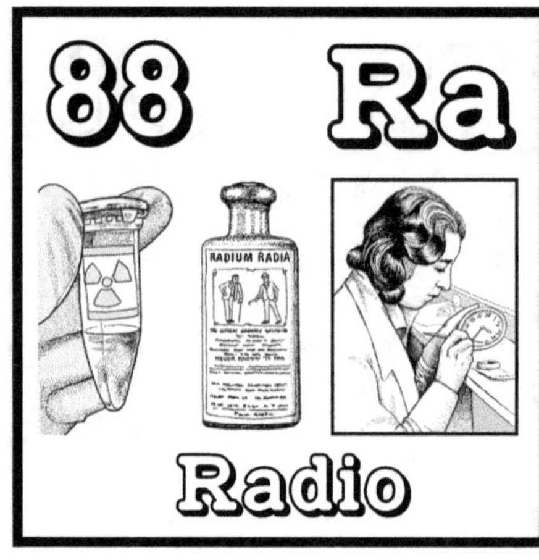
88
Ra
RADIUM RADIA
Radio

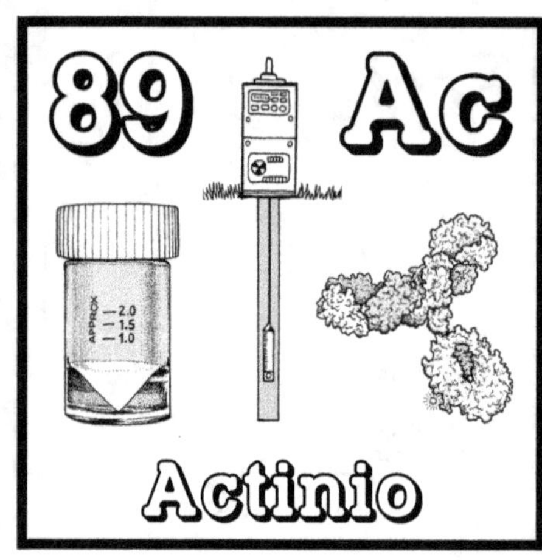
89
Ac
Actinio

90
Th
Torio

91
Pa
130
Protactinio

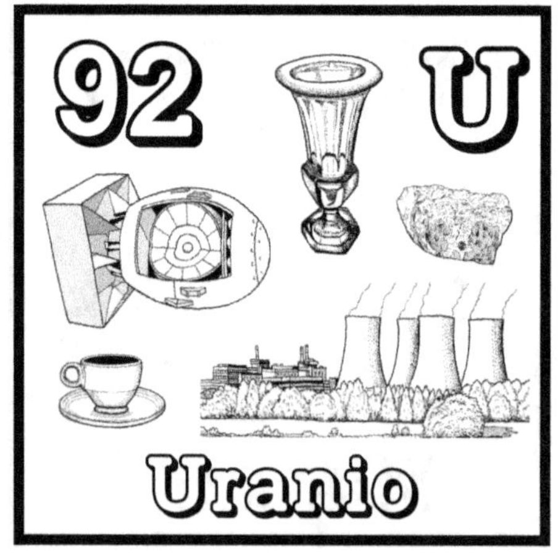
92
U
Uranio

93
Np
Neptunio

94
Pu
Plutonio

95
Am
Americio

96
Cm
PIERRE ET MARIE CURIE DÉCOUVRENT LE RADIUM
Nov. 1898
R.F.
POSTES
1f75
+50c
UNION INTERNATIONALE CONTRE LE CANCER
Curio

97
Bk
Berkeley
Mojave Desert
Berkelio

98
Cf
Mojave Desert
Californio

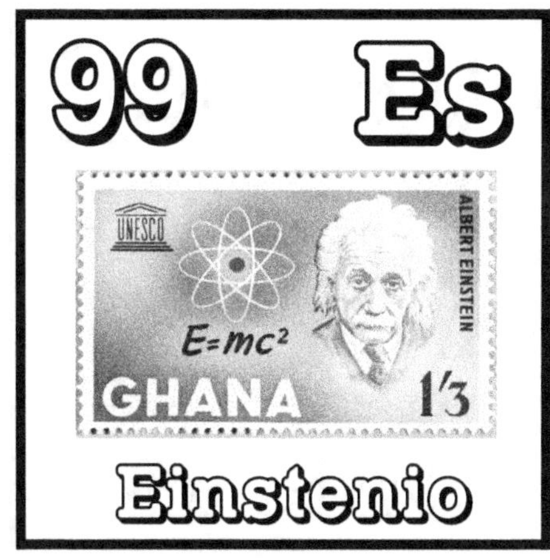
99
Es
UNESCO
ALBERT EINSTEIN
E=mc²
GHANA
1'3
Einstenio

100
Fm
USA Enrico
34 Fermi
Fermio

101
Md
15
РОССИЯ
Mendelevio

102
No
Alfred Bernhard Nobel
CAUTION EXPLOSIVES
DPR KOREA
30
Nobelio

103
Lr
Lawrencio

104
Rf
500
Premio Nobel da Química
Ernest Rutherford
(1871 - 1937)
GUINÉ-BISSAU
Rutherfordio

105
Db
Dubnio

106
Sg
Seaborgio

107
Bh
NIELS BOHR ATOMTEORI
1913-1963
hν = E₂ - E₁
35
DANMARK
Bohrio

108
Hs
Hesse
Hasio

109 Mt

Meitnerio

110 Ds

Darmstadtio

111 Rg

Roentgenio

112 Cn

Copernicio

113 Nh

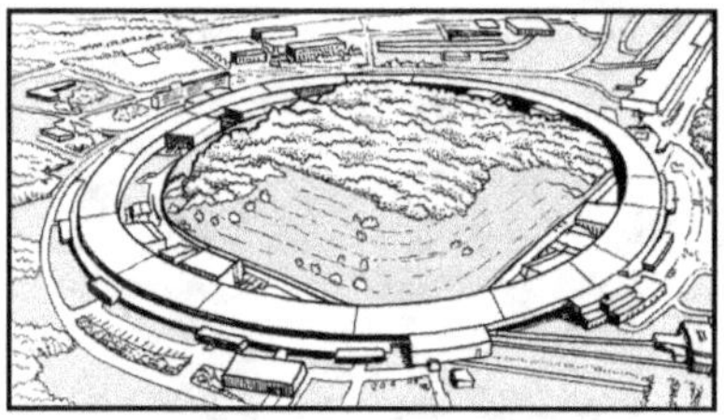

Nihonio

114 Fl

Flerovio

115 Mc

Moscovio

116 Lv

L.L.N.L.

Lawrence

Livermore

Livermorio

117 Ts

Teneso

118 Og

Oganesón

LIBRE

LIBRE

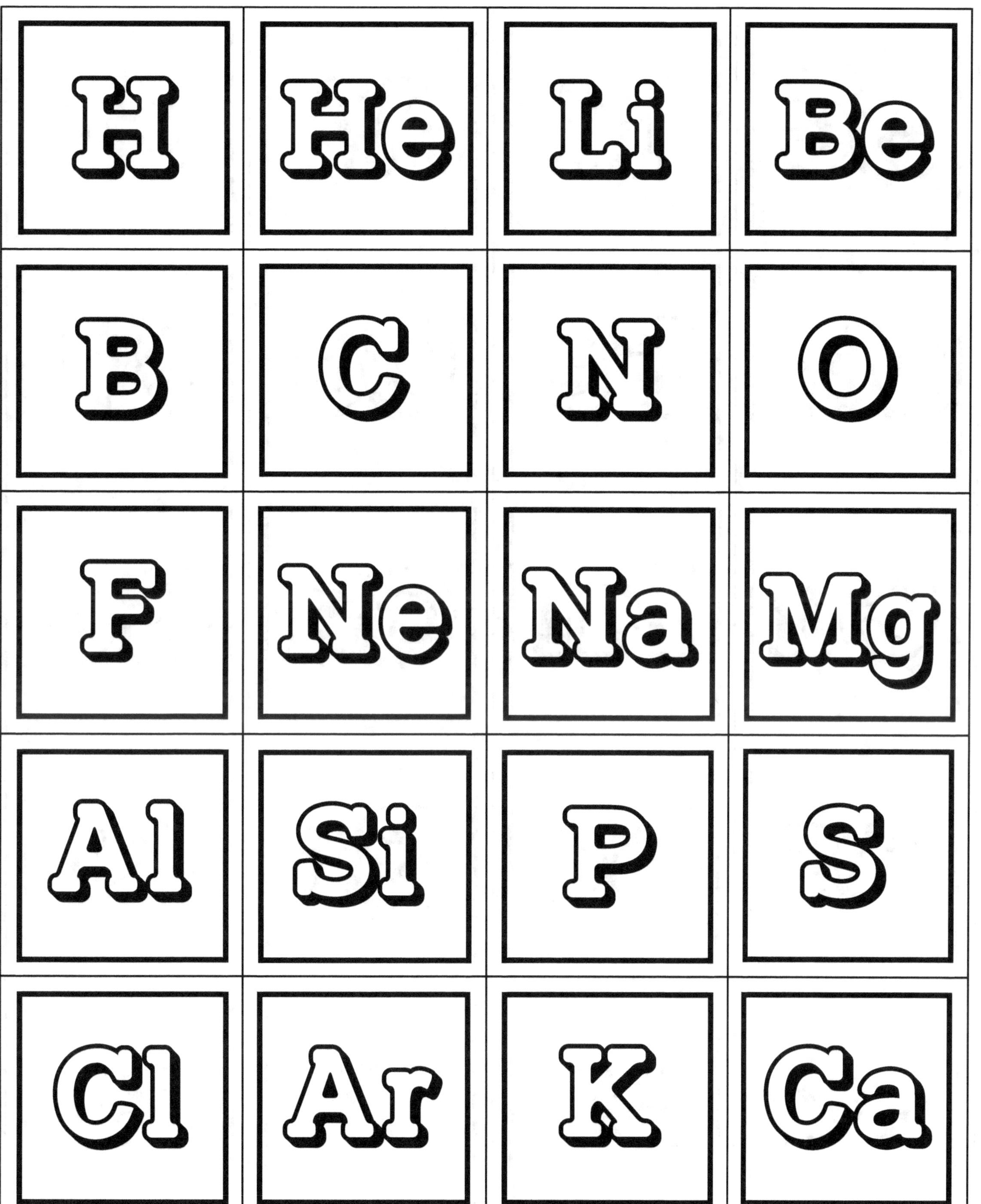
H
He
Li
Be
B
C
N
O
F
Ne
Na
Mg
Al
Si
P
S
Cl
Ar
K
Ca

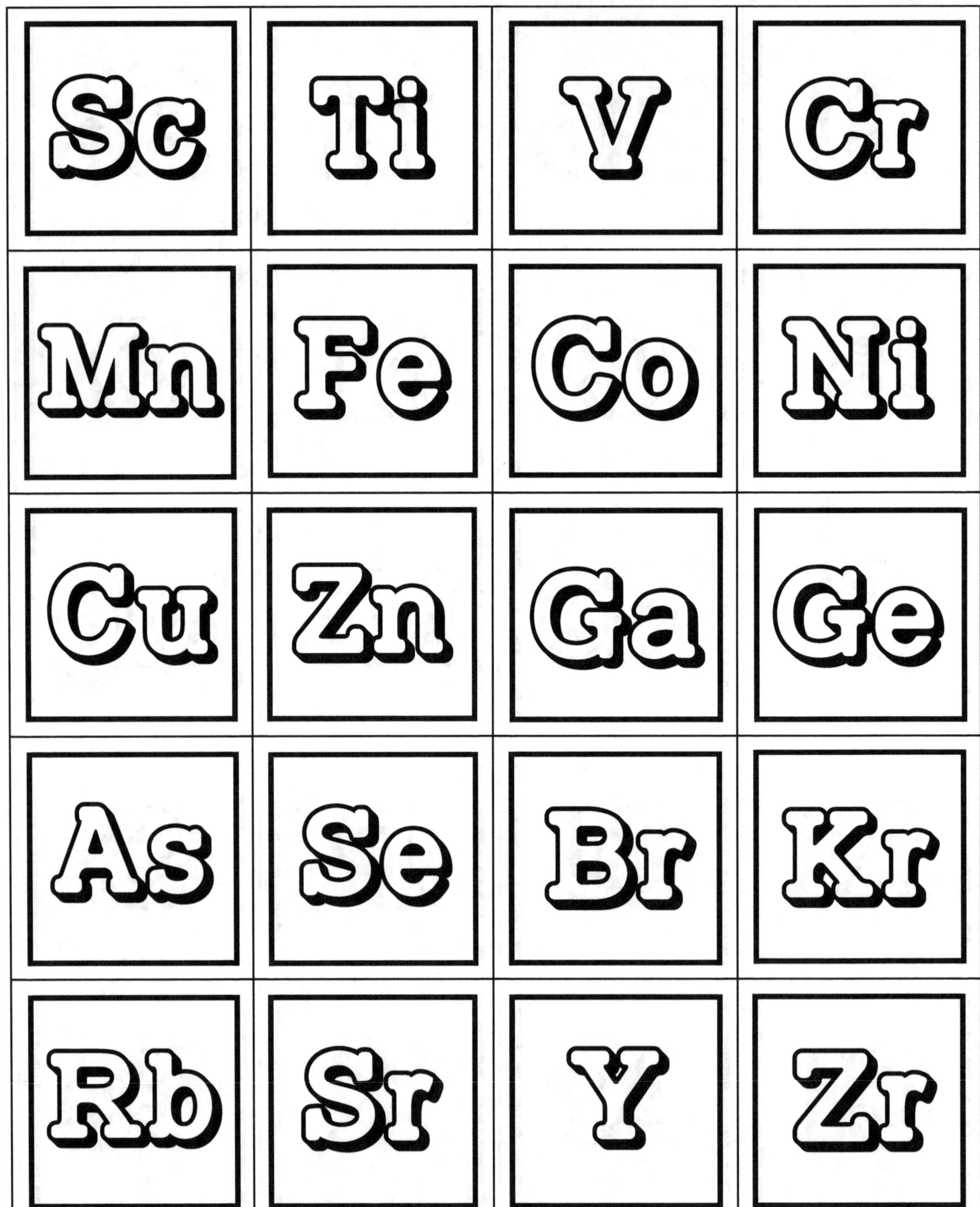
Sc
Ti
V
Cr
Mn
Fe
Co
Ni
Cu
Zn
Ga
Ge
As
Se
Br
Kr
Rb
Sr
Y
Zr

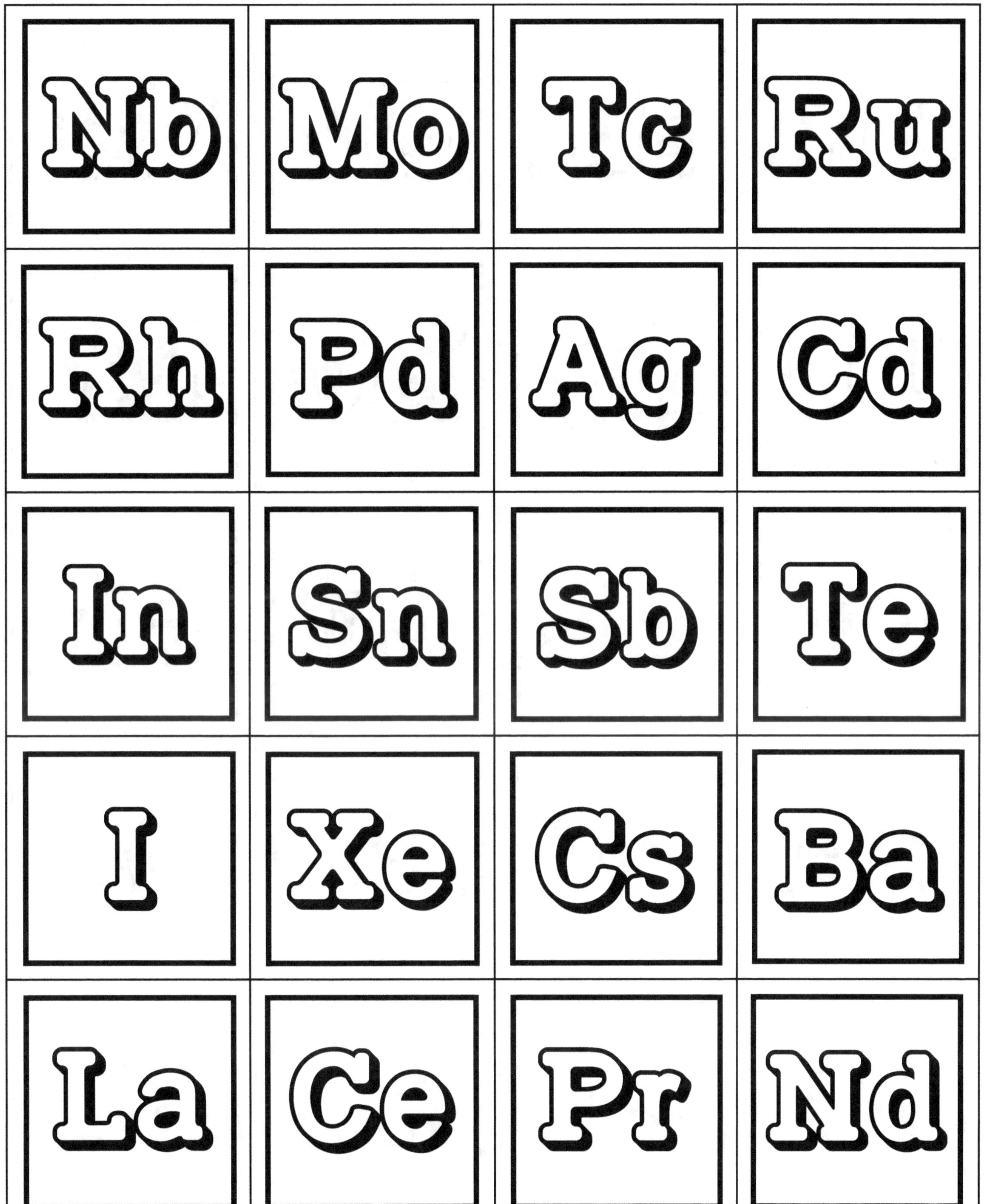
Nb
Mo
Tc
Ru
Rh
Pd
Ag
Cd
In
Sn
Sb
Te
I
Xe
Cs
Ba
La
Ce
Pr
Nd

Pm	Sm	Eu	Gd
Tb	Dy	Ho	Er
Tm	Yb	Lu	Hf
Ta	W	Re	Os
Ir	Pt	Au	Hg

Tl	Pb	Bi	Po
At	Rn	Fr	Ra
Ac	Th	Pa	U
Np	Pu	Am	Cm
Bk	Cf	Es	Fm

Md	No	Lr	Rf
Db	Sg	Bh	Hs
Mt	Ds	Rg	Cn
Nh	Fl	Mc	Lv
Ts	Og	LIBRE	LIBRE

LISTA DE PREGUNTAS

Las siguientes listas de preguntas pueden utilizarse para muchos juegos.

Delante de cada pregunta hay una letra, F, M o D, que indica el nivel aproximado de dificultad: fácil, medio o difícil. Elija las preguntas que considere apropiadas para sus jugadores.

La intención es que puedas elegir qué elementos se incluirán en tu juego y hacer copias de esas páginas. Por ejemplo, es posible que desees hacer un juego de bingo solo con las dos primeras filas de la tabla periódica, o solo con los elementos de transición.

Puedes mantener las pistas intactas y simplemente usar un lápiz para marcar las preguntas que se han leído, o puedes usar tijeras para cortar la página en tiras, con una pregunta por tira. Esto te permitirá poner las preguntas en una caja o bolsa y sacarlas al azar.

F	Este elemento abunda en nuestro sol y se utiliza como combustible.	hidrógeno 1
F	En cada molécula de agua se encuentran dos átomos de este elemento.	hidrógeno 1
F	Este elemento se utiliza a menudo como combustible para cohetes, donde se combina con oxígeno líquido.	hidrógeno 1
F	Este es el más pequeño y ligero de todos los elementos.	hidrógeno 1
M	Tres átomos de este elemento se combinan con un átomo de nitrógeno para formar una molécula de amoníaco.	hidrógeno 1
M	4 átomos de este elemento están conectados a un átomo de carbono para formar una molécula de metano.	hidrógeno 1
M	Los aceites hidrogenados están formados por cadenas de carbonos con átomos de este elemento unidos.	hidrógeno 1
D	Cuando se combina con átomos de cloro, este elemento forma un ácido muy fuerte.	hidrógeno 1
D	Dos átomos de este elemento y dos de oxígeno forman un producto de primeros auxilios común.	hidrógeno 1
D	La soldadura atómica utiliza este elemento gaseoso entre dos electrodos metálicos.	hidrógeno 1

F	Este elemento se descubrió por primera vez en el sol, utilizando un espectrómetro.	helio 2
F	Este elemento se utiliza para inflar globos y dirigibles porque es ligero e ignífugo.	helio 2
F	Este elemento tiene 2 protones y 2 neutrones.	helio 2
F	Este elemento se utiliza como gas de protección en la soldadura por arco.	helio 2
M	Este elemento se mezcla con oxígeno y se introduce en las botellas de buceo (para sustituir al nitrógeno).	helio 2
M	Este gas elemental se utiliza para presurizar el hidrógeno líquido en los tanques de combustible de los cohetes.	helio 2
M	Este gas elemental se produce como resultado de la desintegración de los átomos de uranio.	helio 2
D	En 1895, William Ramsay descubrió este elemento gaseoso en las rocas.	helio 2
D	Este elemento se mezcla con el neón y se utiliza en los láseres.	helio 2
D	Este gas puede licuarse y utilizarse para enfriar imanes en máquinas de resonancia magnética.	helio 2

F	Este elemento es más conocido por su uso en baterías de larga duración.	litio 3
F	Este elemento tan ligero hace que el rojo brille chispee en los fuegos artificiales y las bengalas.	litio 3
F	Este elemento tiene 3 protones y 4 neutrones, aunque a veces puede tener 3 neutrones.	litio 3
F	Si se introduce una muestra pura de este elemento en agua, arderá mientras flota en la superficie.	litio 3
M	Los compuestos que contienen este elemento se utilizan para fabricar medicamentos para el cerebro y los nervios.	litio 3
M	Este metal, el más ligero de todos, se utiliza para fabricar lubricantes industriales.	litio 3
M	Debido a que este elemento es tan ligero, se añade a las aleaciones metálicas para aviones.	litio 3
D	Cuando se combina con flúor, se obtiene un cristal transparente que se utiliza en lentes ópticas.	litio 3
D	Cuando se combina con el CO3, este elemento puede utilizarse en esmaltes cerámicos y adhesivos para baldosas.	litio 3
D	Cuando se combina con (OH) forma un compuesto que puede eliminar el CO2 del aire en los aviones.	litio 3

F	Cuando este elemento se añade al cobre, se obtiene un bronce resistente que se utiliza para herramientas.	berilio, 4
F	Este elemento fue descubierto en 1828 cuando se extrajo de un mineral verde llamado berilo.	berilio, 4
F	Este es uno de los elementos que se encuentran en las piedras preciosas de color esmeralda.	berilio, 4
F	Este elemento se utilizó para descubrir los neutrones en 1932.	berilio, 4
M	En su forma pura, este elemento se utiliza para hacer pequeñas ventanas que permiten el paso de los rayos X.	berilio, 4
M	A diferencia de la mayoría de los metales, el bronce hecho con este elemento no puede crear chispas.	berilio, 4
M	Este elemento muy resistente y a prueba de chispas se utiliza para hacer contactos para soldadura por puntos.	berilio, 4
D	Cuando se combina con oxígeno, este elemento forma un compuesto que se utiliza para los espejos de los telescopios.	berilio, 4
D	Las herramientas de bronce que contienen un 2 % de este elemento se utilizan en minas de carbón y en plataformas petrolíferas.	berilio, 4
D	Debido a que este elemento es una buena fuente de neutrones libres, se utiliza en el interior de las bombas atómicas.	berilio, 4

F	Este elemento puede extraerse del mineral bórax.	boro, 5
F	Este elemento se utiliza para fabricar un detergente en polvo para la ropa.	boro, 5
F	Cuando se añade cola blanca a un compuesto de este elemento, se obtiene "slime".	boro, 5
F	La mayoría de los átomos de este elemento tienen 6 neutrones, pero algunos tienen 5.	boro, 5
M	Este elemento se combina con el silicio para crear un vidrio resistente al calor.	boro, 5
M	Las fibras de vidrio hechas de silicio y este elemento se hilan para formar lana de vidrio.	boro, 5
M	Este elemento se ha utilizado como veneno para hormigas, aunque es seguro utilizarlo para proyectos de manualidades.	boro, 5
D	Este elemento se encuentra en un mineral llamado ulexita, que muestra propiedades de fibra óptica.	boro, 5
D	Los átomos de este elemento que tienen 5 neutrones se utilizan como absorbedores de neutrones en las centrales nucleares.	boro, 5
D	Este elemento puede disolverse en una solución y utilizarse para cultivar cristales decorativos.	boro, 5

F	El nombre de este elemento proviene de la palabra latina para carbón.	carbono, 6
F	En su forma pura, este elemento puede adoptar la forma de grafito, carbón o diamante.	carbono, 6
F	Este elemento se combina con el hidrógeno para producir combustibles como la gasolina y el metano.	carbono, 6
F	Este elemento puede formar largas moléculas llamadas polímeros, que se utilizan para fabricar plásticos.	carbono, 6
M	Cuando exhalamos, un gas que contiene este elemento sale de nuestros pulmones.	carbono, 6
M	Sesenta átomos de este elemento pueden formar una molécula que parece un balón de fútbol.	carbono, 6
M	Las proteínas, las grasas, los azúcares y el ADN están estructurados alrededor de átomos de este elemento.	carbono, 6
D	El octano, que es un combustible líquido, tiene 8 átomos de este elemento.	carbono, 6
D	Las rocas calizas contienen calcio, oxígeno y este elemento.	carbono, 6
D	Nuestras casas deberían tener detectores de un gas peligroso compuestos por este elemento y oxígeno.	carbono, 6

F	La mayor parte del aire que nos rodea está compuesto por este elemento.	nitrógeno, 7
F	Este elemento gaseoso se utiliza en los airbags de los coches.	nitrógeno, 7
F	Si las plantas no reciben suficiente cantidad de este elemento, las hojas perderán su color verde.	nitrógeno, 7
F	Este elemento se encuentra en productos de limpieza que contienen amoníaco (por ejemplo, limpiacristales).	nitrógeno, 7
M	Este elemento se encuentra en compuestos utilizados para conservar carnes.	nitrógeno, 7
M	Este elemento se encuentra en la pólvora y la dinamita (TNT).	nitrógeno, 7
M	Cuando un átomo de este elemento se combina con 3 átomos de H, se forma una molécula de amoníaco.	nitrógeno, 7
D	Cuando dos átomos de este elemento se combinan con un átomo de O, se forma una molécula de "gas hilarante".	nitrógeno, 7
D	Este elemento gaseoso se utiliza para proteger la fruta fresca sustituyendo los átomos de oxígeno.	nitrógeno, 7
D	Cuando 1 átomo de este elemento se combina con 2 átomos de O, se genera un gas contaminante (no CO2).	nitrógeno, 7

F	Este elemento constituye el 20 % de nuestra atmósfera.	oxígeno, 8
F	Este elemento hará que el metal húmedo se oxide.	oxígeno, 8
F	Es el tercer elemento más abundante del universo, después del hidrógeno y el helio.	oxígeno, 8
F	Este elemento es necesario para la combustión.	oxígeno, 8
M	Las plantas producen este elemento como subproducto (residuo) durante el proceso de fotosíntesis.	oxígeno, 8
M	Cuando este elemento se combina con el silicio, se forma el mineral cuarzo.	oxígeno, 8
M	Cuando se licua, este elemento gaseoso se utiliza en cohetes para quemar el combustible.	oxígeno, 8
D	Cuando tres átomos de este elemento se unen, llamamos a la molécula "ozono".	oxígeno, 8
D	El nombre de este elemento proviene de una palabra griega que significa "amargo".	oxígeno, 8
D	Cuando este elemento gaseoso se une al NaCl (sal), forma un tipo de lejía.	oxígeno, 8

F	Este elemento es más conocido por su uso en la pasta de dientes, para ayudar a prevenir las caries.	flúor, 9
F	Cuando este elemento se combina con carbono, se puede crear una superficie antiadherente.	flúor, 9
F	Cuando se combina con el calcio, este elemento forma un cristal de color verde claro o morado claro.	flúor, 9
F	El nombre de este elemento significa "fluir".	flúor, 9
M	Este elemento es famoso por ser el elemento más electronegativo de la tabla periódica.	flúor, 9
M	Este elemento es el más ligero y pequeño de los elementos "halógenos" (segunda columna desde la derecha).	flúor, 9
M	Cuando este elemento se combina con el hidrógeno, se obtiene un ácido extremadamente peligroso.	flúor, 9
D	El mineral formado por este elemento y el calcio puede utilizarse para fabricar lentes de cámara de gran aumento.	flúor, 9
D	Al combinarse con crbono, este elemento puede hacer que un tejido sea antiadherente y se utilice para impermeables.	flúor, 9
D	Cuando se combinan 6 átomos de este elemento con un átomo de azufre, se forma un gas no tóxico.	flúor, 9

F	El nombre de este elemento proviene de la palabra griega que significa "nuevo".	neón, 10
F	La luz fluorescente recibe su nombre de este elemento, aunque la mayoría de las bombillas no lo contienen.	neón, 10
F	Este elemento se combina con helio para producir láseres rojos.	neón, 10
F	Este elemento tiene 10 electrones, 8 de los cuales llenan completamente su capa exterior.	neón, 10
M	Este elemento es el segundo más ligero de la familia de los gases nobles, la última columna del lado derecho de la tabla.	neón, 10
M	Las luces fluorescentes que contienen este elemento brillan con un color naranja rojizo brillante.	neón, 10
M	Este elemento fue descubierto por Sir William Ramsay en 1898, junto con el criptón y el xenón.	neón, 10
D	El patrón de emisión espectral producido por este elemento gaseoso tiene principalmente líneas rojas y naranjas.	neón, 10
D	Este elemento se utiliza para hacer pequeños números luminosos en los relojes digitales de tubos Nixie.	neón, 10
D	Este gas noble muy ligero se utiliza en el interior de algunas estructuras diseñadas para absorber rayos.	neón, 10

F	Cuando este elemento se combina con el cloro, produce moléculas de sal de mesa.	sodio, 11
F	Este elemento se utiliza en lámparas de vapor de alta presión, que a menudo se utilizan como farolas.	sodio, 11
F	Cuando este elemento se combina con HCO3, se obtiene bicarbonato de sodio.	sodio, 11
F	El patrón de emisión espectral de este elemento presenta dos líneas amarillas muy brillantes.	sodio, 11
M	Cuando este elemento se combina con el cloro, forma cristales salinos de forma cúbica.	sodio, 11
M	Cuando este elemento se combina con cloro y oxígeno, puede formar un tipo de lejía.	sodio, 11
M	Este elemento tiene 11 protones.	sodio, 11
D	Este elemento funciona con el potasio en las bombas moleculares de nuestras células nerviosas.	sodio, 11
D	En su forma pura, este elemento es un metal ligero que arderá en amarillo mientras flota en el agua.	sodio, 11
D	Cuando este elemento se combina con (OH), puede utilizarse en los "recirculadores" de buceo para eliminar el CO_2.	sodio, 11

F	Este elemento se utiliza en las bengalas que producen chispas blancas.	magnesio, 12
F	John Epsom descubrió accidentalmente este elemento cuando probó el agua amarga de su pozo.	magnesio, 12
F	Este elemento tiene 12 protones.	magnesio, 12
F	Cuando se combina con SO_4, este elemento forma la "sal de Epsom".	magnesio, 12
M	Este elemento es la átomo central de la molécula de clorofila (que se encuentra en las plantas).	magnesio, 12
M	Humphry Davy descubrió este elemento en 1808 y le dio el nombre de una zona de Grecia.	magnesio, 12
M	Este metal ligero se utiliza en aleaciones para cosas que necesitan ser fuertes pero ligeras.	magnesio, 12
D	Este elemento puede producir chispas, por lo que se utiliza en iniciadores de fuego.	magnesio, 12
D	Este elemento se utilizaba en los flashes de las cámaras a principios del siglo XX.	magnesio, 12
D	Las balas trazadoras utilizan este elemento metálico ligero para producir un destello rojo brillante.	magnesio, 12

F	Este elemento metálico ligero se utiliza para fabricar cuadros de bicicleta y piezas para aeronaves.	alumino, 13
F	Este metal muy ligero puede enrollarse en láminas finas y utilizarse como papel de aluminio.	alumino, 13
F	Este elemento recibe su nombre de un compuesto llamado "alumbre".	alumino, 13
F	Este metal se utiliza para fabricar latas de bebidas. Estas latas son fáciles de reciclar.	alumino, 13
M	Este elemento se encuentra en los antitranspirantes. Impide que las glándulas sudoríparas produzcan sudor.	alumino, 13
M	Cuando se combina con níquel y cobalto, este elemento se utiliza para fabricar imanes.	alumino, 13
M	El mineral principal de este elemento es la bauxita.	alumino, 13
D	Cuando se combina con oxígeno, forma el mineral "corindón". (Los rubíes están hechos de corindón).	alumino, 13
D	Cuando se combina con (OH), este elemento forma un compuesto que se encuentra en algunos medicamentos antiácidos.	alumino, 13
D	El nombre en inglés de este metal ligero se escribe y se pronuncia de manera diferente en EE. UU. y en el Reino Unido.	alumino, 13

F	Cuando este elemento se combina con el oxígeno, puede crear el mineral cuarzo.	silicio, 14
F	Este elemento se utiliza para hacer "masilla", que se utiliza para rellenar grietas alrededor de ventanas y fregaderos.	silicio, 14
F	Este elemento se utiliza para fabricar microchips para ordenadores y teléfonos.	silicio, 14
F	Este elemento se puede utilizar para hacer moldes de hornear flexibles.	silicio, 14
M	El vidrio está compuesto principalmente por este elemento combinado con oxígeno.	silicio, 14
M	Este elemento es utilizado por organismos microscópicos (diatomeas) para construir sus conchas.	silicio, 14
M	El valle de California conocido por fabricar dispositivos de alta tecnología recibe su nombre de este elemento.	silicio, 14
D	Este elemento es similar al carbono porque puede formar 4 enlaces con los 4 electrones de su capa exterior.	silicio, 14
D	Este elemento le da al cuarzo propiedades piezoeléctricas (útiles para fabricar relojes y sonares).	silicio, 14
D	Este elemento es un ingrediente principal de las moléculas de polímero que se encuentran en Silly Putty®.	silicio, 14

F	Las puntas de las cerillas contienen este elemento en su forma roja.	fósforo, 15
F	Junto con el calcio, este elemento es importante en la estructura de los huesos y los dientes.	fósforo, 15
F	El nombre de este elemento significa "portador de luz".	fósforo, 15
F	Una muestra de este elemento de color blanco puro brillará con un color verde amarillento cuando se caliente.	fósforo, 15
M	Este elemento fue descubierto por un alquimista que intentaba extraer oro de la orina.	fósforo, 15
M	Este elemento es un ingrediente principal del mineral "apatita".	fósforo, 15
M	Las bebidas carbonatadas contienen un ácido basado en este elemento.	fósforo, 15
D	Este elemento es un ingrediente clave en TSP, una solución limpiadora que disuelve la grasa.	fósforo, 15
D	Este elemento se extraía de los excrementos de las aves para fabricar fertilizantes para las plantas.	fósforo, 15
D	Cuando se combina con el calcio, este elemento forma un compuesto utilizado para fabricar vajillas de porcelana.	fósforo, 15

F	El mundo antiguo llamaba a este elemento "azufre", que significa "piedra ardiente".	azufre, 16
F	Los compuestos que contienen este elemento son muy malolientes. (ejemplos: ajo y mofetas)	azufre, 16
F	Una muestra pura de este elemento tiene el aspecto de una roca amarilla y huele como una cerilla encendida.	azufre, 16
F	Cuando este elemento se combina con hierro, Fe, puede formar pirita ("oro de los tontos").	azufre, 16
M	Cuando este elemento se combina con bario y oxígeno, puede formar el mineral barita.	azufre, 16
M	Este elemento puede "vulcanizar" el caucho, haciéndolo estable a temperaturas frías y calientes.	azufre, 16
M	Cuando este elemento se combina con oxígeno y magnesio, puede formar cristales de sal de Epsom.	azufre, 16
D	Este elemento fue reconocido oficialmente como tal en 1777 por el famoso químico Antoine Lavoisier.	azufre, 16
D	Las baterías de coche contienen un ácido conocido basado en este elemento.	azufre, 16
D	La luna de Júpiter, Io, es de color naranja amarillento debido a los volcanes que liberan este elemento.	azufre, 16

D	Cuando este elemento se combina con el sodio, puede formar cristales de sal de mesa.	cloro, 17
D	En su forma pura, este elemento es un gas verde tóxico.	cloro, 17
D	Este elemento puede combinarse con oxígeno y sodio para fabricar lejía.	cloro, 17
D	El nombre de este elemento proviene de la palabra griega que significa "verde claro".	cloro, 17
M	Las tuberías de plástico PVC tienen este elemento. (Es la "C" de PVC).	cloro, 17
M	La forma gaseosa de este elemento se utilizó como arma durante la Primera Guerra Mundial.	cloro, 17
M	Este elemento es la primera "C" de los CFC, que se utilizaban antiguamente en los frigoríficos.	cloro, 17
D	Cuando este elemento se combina con el hidrógeno, forma un ácido que se encuentra en nuestros estómagos.	cloro, 17
D	Humphry Davy fue el primer químico en darse cuenta de que este gas verdoso es un elemento, no un compuesto.	cloro, 17
D	Cuando 4 átomos de este elemento se unen a un carbono, se obtiene un fluido utilizado para el lavado en seco.	cloro, 17

F	Este elemento gaseoso se introduce en las bombillas porque es inerte y no reacciona con otras moléculas.	argón, 18
F	Este elemento tiene 18 protones.	argón, 18
F	Este elemento es el tercer gas noble. Los dos primeros son el helio y el neón.	argón, 18
F	El nombre de este elemento proviene de una palabra griega que significa "perezoso".	argón, 18
M	Este elemento gaseoso se introduce en los botes de pintura para expulsar los gases reactivos (como el O y el N).	argón, 18
M	Este elemento gaseoso se utiliza en láseres que emiten luz azul brillante y se emplean en cirugía ocular.	argón, 18
M	Este elemento se utiliza como gas de protección en la soldadura por arco, ya que no reacciona con ninguna chispa.	argón, 18
D	Este elemento se utiliza para el sacrificio humanitario de aves, al asfixiarlas rápidamente por falta de oxígeno.	argón, 18
D	Este elemento sustituye al oxígeno en las cajas de guantes utilizadas por los químicos.	argón, 18
D	Dado que este elemento gaseoso es inerte, se introduce en hornos de grafito para evitar una combustión no deseada.	argón, 18

F	Este elemento se encuentra justo debajo del sodio en la tabla periódica, por lo que tiene propiedades químicas similares.	potasio, 19
F	Cuando este elemento se combina con NO_3, se obtiene salitre, un ingrediente de la pólvora.	potasio, 19
F	Este elemento solía extraerse de la potasa (cenizas de madera).	potasio, 19
F	Tu cuerpo necesita este elemento. Las fuentes alimenticias buenas son los plátanos, las patatas y los aguacates.	potasio, 19
M	Este elemento funciona con el sodio en las "bombas" de las células nerviosas.	potasio, 19
M	El símbolo de este elemento proviene de la palabra árabe para potasa: "kali".	potasio, 19
M	Este elemento puede combinarse con cloro para fabricar un sustituto de la sal de mesa (NaCl).	potasio, 19
D	El feldespato ortoclasa mineral, o "feldespato potásico", es conocido por su alto contenido de este elemento.	potasio, 19
D	Un compuesto de bromuro de este elemento se utiliza como conservante para el pan.	potasio, 19
D	Cuando se combina con cloro, este elemento forma un compuesto que se utiliza para descongelar las aceras.	potasio, 19

F	Junto con el fósforo, este elemento se encuentra en los dientes y los huesos.	calcio, 20
F	Cuando este elemento se combina con el CO_3, forma la piedra caliza.	calcio, 20
F	Nuestro cuerpo necesita este elemento. Dos fuentes dietéticas de este elemento son la leche y el brócoli.	calcio, 20
F	La tiza está hecha de este elemento combinado con oxígeno y carbono.	calcio, 20
M	Los caracoles y las almejas utilizan un compuesto carbonatado de este elemento para fabricar sus conchas.	calcio, 20
M	Cuando este elemento se combina con flúor, se obtiene un cristal verde claro o morado claro.	calcio, 20
M	Cuando este elemento se combina con el SO_4, se obtiene el mineral "yeso".	calcio, 20
D	Nuestras células musculares utilizan este elemento para indicar el inicio de una contracción.	calcio, 20
D	Aunque muchos de los compuestos de este elemento son blancos, su forma pura es un metal gris suave.	calcio, 20
D	Este metal ligero se parece y actúa de forma muy parecida al magnesio debido a su ubicación en la tabla periódica.	calcio, 20

F	Este elemento recibe su nombre de Escandinavia.	escandio, 21
F	Este elemento tiene 21 protones y 21 electrones.	escandio, 21
F	Este elemento se utiliza en las luces de los estadios deportivos.	escandio, 21
F	Los cuadros de bicicleta caros a veces contienen pequeñas cantidades de este elemento (junto con Al).	escandio, 21
M	Los bates de béisbol de aluminio suelen contener una pequeña cantidad de este elemento.	escandio, 21
M	Los palos de lacrosse suelen estar hechos de aleaciones que contienen aluminio y este elemento.	escandio, 21
M	Este es el primer elemento del bloque que llamamos metales de transición.	escandio, 21
D	El fuselaje del avión militar ruso MIG-29 estaba hecho de una aleación de aluminio con este elemento.	escandio, 21
D	Los átomos de este elemento que tienen 25 neutrones (en lugar de 24) son radiactivos y se utilizan como "trazadores".	escandio, 21
D	Mendeleyev predijo la existencia de este elemento. Lo llamó eka-boro debido a su ubicación.	escandio, 21

F	Este elemento recibió su nombre de los Titanes, personajes de la mitología griega.	titanio, 22
F	Los artistas utilizan ampliamente un compuesto de óxido de este elemento en la pintura blanca.	titanio, 22
F	Este elemento no es tóxico y se utiliza para reparar huesos y articulaciones.	titanio, 22
F	Este elemento forma aleaciones metálicas fuertes; se utiliza para brocas, herramientas y motores de cohetes.	titanio, 22
M	Las herramientas de metal que contienen este elemento son más resistentes y duraderas, pero más caras.	titanio, 22
M	Este elemento es resistente a la corrosión, por lo que se añade a los metales utilizados para las hélices de los barcos.	titanio, 22
M	Este elemento hace que el metal sea muy resistente. Se utiliza en palos de golf, herraduras y herramientas de gran valor.	titanio, 22
D	Los huesos reparados con este elemento pueden introducirse de forma segura en los equipos de resonancia magnética.	titanio, 22
D	El rutilo, un mineral negro brillante, está compuesto por este elemento y oxígeno.	titanio, 22
D	La forma pura de este elemento metálico tiene una característica única: arde en presencia de nitrógeno.	titanio, 22

F	Este elemento recibió su nombre de la diosa nórdica de la belleza, Vanadis.	vanadio, 23
F	El venenoso hongo "matamoscas" de color rojo brillante almacena altos niveles de este elemento.	vanadio, 23
F	El nombre de este elemento proviene del hecho de que puede producir una amplia gama de hermosos colores.	vanadio, 23
F	El Ford Modelo T fue el primer coche en utilizar aleaciones metálicas que contenían este elemento.	vanadio, 23
M	Este elemento es esencial para una criatura marina azul con forma de tubo llamada Tunicata.	vanadio, 23
M	Puede encontrar llaves con el nombre de este elemento grabado en ellas porque está en el acero.	vanadio, 23
M	Cuando se combina con plomo, oxígeno y cloro, este elemento forma cristales hexagonales de color rojo brillante.	vanadio, 23
D	El origen de este elemento solía ser las minas de Perú, hasta que se descubrió como impureza en los minerales de uranio.	vanadio, 23
D	Este elemento se descubrió por primera vez en México en 1801 en una roca llamada "plomo pardo".	vanadio, 23
D	Cuando este elemento se encuentra en un compuesto de acetilacetonato, puede imitar la molécula de insulina.	vanadio, 23

F	El nombre de este elemento proviene de la palabra griega para color.	cromo, 24
F	La pintura "amarillo autobús escolar" se hizo originalmente con este elemento.	cromo, 24
F	Cuando hay pequeñas cantidades de este elemento presentes en el mineral corindón, se forma un rubí rojo.	cromo, 24
F	Este elemento se añade al acero para hacerlo "inoxidable", lo que significa que no se oxida.	cromo, 24
M	Al igual que el vanadio, este elemento puede producir una amplia gama de colores cuando se introduce en diversas soluciones.	cromo, 24
M	El mineral rojo crocoíta contiene plomo y este elemento.	cromo, 24
M	Este elemento hace que el acero sea lo suficientemente duro para las vías del tren.	cromo, 24
D	Este elemento metálico de transición se utiliza a veces en el proceso de curtición del cuero.	cromo, 24
D	Añadir este elemento a la pintura puede hacer que el objeto pintado sea invisible para los sensores de infrarrojos.	cromo, 24
D	Los únicos elementos que son más duros que (la forma pura de) este elemento son el boro y el carbono (diamante).	cromo, 24

F	La gente confunde este elemento con el elemento "magnesio".	manganeso, 25
F	En el fondo del océano yacen bolas minerales, o "nódulos", que contienen una gran cantidad de este elemento.	manganeso, 25
F	Las antiguas pinturas de las paredes de las cuevas tienen pigmentos marrones hechos con este elemento.	manganeso, 25
F	El pigmento azul conocido como "YInMn" contiene itrio, indio y este elemento.	manganeso, 25
M	Cuando se combina con K y O4, este elemento forma un compuesto púrpura que se utiliza para esterilizar el agua.	manganeso, 25
M	Los compuestos de este elemento crean patrones asombrosos en las rocas que se parecen a helechos fosilizados.	manganeso, 25
M	Nuestros cuerpos necesitan un poco de este elemento, posiblemente de mejillones, habas y batatas.	manganeso, 25
D	Algunos cascos de la Primera Guerra Mundial estaban hechos de una aleación de acero con este elemento.	manganeso 25
D	Cuando se mezcla con carbonato, CO_3, este elemento forma un mineral de color rosa oscuro llamado "rodocrosita".	manganeso, 25
D	Una enzima de reciclaje de proteínas llamada "arginasa" tiene átomos de este elemento en su centro.	manganeso, 25

F	El símbolo de este elemento proviene de la palabra latina "ferrum".	hierro, 26
F	Los glóbulos rojos son rojos debido a la presencia de este elemento.	hierro, 26
F	Cuando se añade carbono a este elemento, se puede fabricar acero.	hierro, 26
F	Este elemento se oxidará cuando entre en contacto con el oxígeno.	hierro, 26
M	Este elemento metálico se utiliza para fabricar sartenes de cocina muy pesadas.	hierro, 26
M	La magnetita es un mineral natural que es magnético porque contiene este elemento.	hierro, 26
M	El mundo antiguo encontró por primera vez este elemento (en su forma pura) en los meteoritos.	hierro, 26
D	Un átomo de este elemento se encuentra en el centro de la molécula de hemoglobina.	hierro, 26
D	Cuando dos átomos de este elemento se unen a tres átomos de oxígeno, forman el mineral hematita.	hierro, 26
D	Necesitamos este elemento, que se encuentra en la carne, el pescado, los huevos, las leguumbres y las verduras de hoja.	hierro, 26

F	El nombre de este elemento proviene de una antigua palabra alemana que significa "duende".	cobalto, 27
F	Este elemento, junto con el hierro, el aluminio y el níquel, se encuentra en los imanes de alnico.	cobalto, 27
F	Este elemento puede colorear el vidrio de azul brillante.	cobalto, 27
F	Este elemento tiene 27 protones.	cobalto, 27
M	Al igual que el titanio, este elemento no es tóxico y se utiliza para fabricar aleaciones para articulaciones artificiales.	cobalto, 27
M	Los pueblos antiguos de China utilizaban este elemento para pintar diseños azules en sus jarrones de porcelana blanca.	cobalto, 27
M	Una forma radiactiva de este elemento se utiliza para esterilizar equipos médicos y para tratar el cáncer.	cobalto, 27
D	Un átomo de este elemento se encuentra en el centro de la molécula de vitamina B-12 (cobalamina).	cobalto, 27
D	A los pintores impresionistas les encantaba el pigmento azul brillante que se obtiene de este elemento.	cobalto, 27
D	Este elemento se añade a menudo al carbonato de litio para fabricar pilas de larga duración.	cobalto, 27

F	En EE. UU. hay una moneda cuyo nombre es el mismo que el de este elemento.	níquel, 28
F	Se cree que el núcleo de la Tierra está hecho de hierro y de este elemento.	níquel, 28
F	El nombre de este elemento proviene de una palabra alemana que significa "diablo".	níquel, 28
F	Los imanes de alnico están hechos de hierro, aluminio, cobalto y este elemento.	níquel, 28
M	Las cuerdas de guitarra suelen estar hechas de alambre de este elemento envuelto alrededor de un alambre de acero.	níquel, 28
M	El cadmio y este elemento se combinan para fabricar pilas recargables.	níquel, 28
M	Las teclas de los instrumentos musicales están recubiertas con este elemento.	níquel, 28
D	Los broches de las prendas de vestir suelen estar recubiertos con este elemento para mantenerlos brillantes.	níquel, 28
D	Al igual que el V y el Cr, las soluciones que contienen este elemento pueden ser de una amplia variedad de colores.	níquel, 28
D	Pt y este elemento se alean para fabricar placas metálicas que se utilizan para hidrogenar aceites vegetales.	níquel, 28

F	Las monedas de muchos países están recubiertas con este elemento.	cobre, 29
F	Este elemento se ha utilizado para fabricar utenilios de cocina, monedas y pipas.	cobre, 29
F	El nombre de este elemento significa "de Chipre".	cobre, 29
F	La Estatua de la Libertad se está poniendo verde porque está hecha de este elemento.	cobre, 29
M	Si se añade estaño a este elemento, se obtiene bronce.	cobre, 29
M	La sangre de caracol parece azul porque utiliza este elemento para transportar oxígeno.	cobre, 29
M	El alambre hecho de este elemento se enrolla alrededor de varillas de acero para hacer electroimanes.	cobre, 29
D	Los elementos justo debajo de este elemento en la tabla periódica son la plata y el oro.	cobre 29
D	El mineral "malaquita" obtiene su color verde de este elemento.	cobre, 29
D	Este elemento es tóxico para los hongos y las bacterias, por lo que se utiliza en fungicidas.	cobre, 29

F	Este elemento se utiliza para "galvanizar" clavos y tornillos para protegerlos de la intemperie.	zinc, 30
F	El latón es una aleación de cobre y este elemento.	zinc, 30
F	Las monedas de un centavo en EE. UU. están hechas de este elemento y recubiertos con cobre.	zinc, 30
F	La primera pila voltaica estaba formada por una pila de discos alternos de cobre y este elemento.	zinc, 30
M	Este elemento se encuentra a menudo mezclado en minerales de cobre y plomo.	zinc, 30
M	Al igual que el titanio y el plomo, este elemento se utiliza para fabricar pintura blanca.	zinc, 30
M	Cuando se combina con azufre, este elemento puede formar un compuesto que brilla después de ser expuesto a la luz.	zinc, 30
D	Cuando se combina con oxígeno, este elemento forma un compuesto que puede absorber la luz ultravioleta.	zinc, 30
D	El polvo de este elemento se mezcla con polvo de azufre para crear un explosivo de lanzamiento para cohetes de juguete.	zinc, 30
D	Este elemento se encuentra en una molécula compleja llamada "dedo", diseñada para agarrar y retener el ADN.	zinc, 30

F	Este elemento recibe su nombre de Francia, utilizando su antiguo nombre en latín.	galio, 31
F	El punto de fusión de este elemento es tan bajo que se derretirá en tu mano.	galio, 31
F	Este elemento se ha combinado con estaño e indio para fabricar un sustituto del mercurio para termómetros.	galio, 31
F	En el siglo XIX, la gente utilizaba este elemento para hacer "cucharas que desaparecían" y que se derretían en el té.	galio, 31
M	Cuando este elemento (combinado con arsénico) se utilizó en los paneles solares del rover de Marte.	galio, 31
M	Mendeleyev predijo el descubrimiento de este elemento de metal blando. Estaría por debajo del aluminio en la tabla.	galio, 31
M	Cuando este elemento se combina con nitrógeno, se utiliza en láseres azules para reproductores Blu-ray.	galio, 31
D	Este elemento fue descubierto en 1875 por Paul Emile Lecoq de Boisbaudran, utilizando un espectrómetro.	galio, 31
D	Este elemento metálico blando se encuentra a menudo con el aluminio en los minerales de bauxita.	galio, 31
D	Cuando este elemento se combina con N para formar un nitruro, puede utilizarse en dispositivos de radiofrecuencia.	galio, 31

F	Este elemento recibe su nombre de Alemania.	germanio, 32
F	Este elemento tiene 32 protones y 32 electrones.	germanio, 32
F	Este elemento se utiliza para fabricar diodos para radios de cristal y otros dispositivos electrónicos.	germanio, 32
F	Este elemento tiene 4 electrones en su capa exterior, al igual que los elementos que están por encima: C y Si.	germanio, 32
M	En 1869, Mendeleyev predijo el descubrimiento de este elemento debajo del silicio en la tabla periódica.	germanio, 32
M	Este elemento se utilizó para la electrónica hasta que fue sustituido por el silicio a finales del siglo XX.	germanio, 32
M	Los compuestos de este elemento se utilizan para lentes de cámara gran angular, así como para diodos de radio.	germanio, 32
D	Los compuestos de este elemento se utilizan en los sensores infrarrojos de los satélites.	germanio, 32
D	Las propiedades semiconductoras de este elemento se descubrieron en 1948.	germanio, 32
D	Cuando Clemens Winkler descubrió este elemento en 1886, quiso llamarlo neptunio.	germanio, 32

F	Este elemento es famoso por su uso como veneno (principalmente para ratas).	arsénico, 33
F	Cuando este elemento se combina con galio, se obtiene un compuesto para paneles solares.	arsénico, 33
F	Este elemento tiene 33 protones y 42 neutrones.	arsénico, 33
F	Los pueblos antiguos lo utilizaban para fabricar pintura amarilla y esmalte blanco para la cerámica.	arsénico, 33
M	El nombre de este elemento proviene de una antigua palabra siria que significa "color dorado".	arsénico, 33
M	El oropimente es un mineral amarillo compuesto por este elemento y azufre.	arsénico, 33
M	El realgar es un mineral rojo compuesto por este elemento y azufre.	arsénico, 33
D	El mayor uso de este elemento hoy en día es en aleaciones con plomo, a menudo en baterías de automóviles.	arsénico, 33
D	Cuando se combina con galio, este elemento forma un compuesto que genera luz en los diodos láser.	arsénico, 33
D	Este elemento se utilizó para fabricar madera tratada hasta que se descubrió que era demasiado tóxico.	arsénico, 33

F	El nombre de este elemento proviene de la palabra griega para la luna.	selenio, 34
F	A diferencia de otros elementos, este elemento conduce la electricidad cuando la luz incide sobre él.	selenio, 34
F	Un compuesto de este elemento es el ingrediente activo del champú anticaspa.	selenio, 34
F	Alexander Graham Bell utilizó este elemento para fabricar un "fotófono" antes de inventar el teléfono.	selenio, 34
M	Este elemento se utilizó para fabricar fotocopiadoras a finales del siglo XX.	selenio, 34
M	Este elemento recibe su nombre de la luna porque está justo encima del telurio (tierra) en la tabla periódica.	selenio, 34
M	En el siglo XX, este elemento hizo posible la invención de los fotómetros, las células solares y las fotocopiadoras.	selenio, 34
D	Este elemento se combina con cobre, indio y galio para fabricar paneles solares.	selenio, 34
D	Este elemento es necesario para producir una enzima llamada glutatión, que neutraliza los "radicales libres".	selenio, 34
D	El mayor uso de este elemento es en la fabricación de vidrio, pero también se utiliza en radiografías digitales.	selenio, 34

F	El nombre de este elemento proviene de la palabra griega que significa "olor apestoso".	bromo, 35
F	Este es el único elemento no metálico que es líquido a temperatura ambiente.	bromo, 35
F	Un molusco oceánico llamado murex utiliza este elemento para fabricar su tinta de color púrpura oscuro.	bromo, 35
F	Este elemento no arde, por lo que se introduce en los tejidos para hacerlos resistentes al fuego.	bromo, 35
M	Este elemento se encuentra en el agua salada o cerca de ella, donde también se encuentra yodo.	bromo, 35
M	A mediados del siglo XX, este elemento se añadió a la gasolina para capturar y retener átomos de plomo.	bromo, 35
M	Este elemento se utilizaba para fabricar un medicamento "seltzer" que se vendía en botellas azules.	bromo, 35
D	Este elemento, junto con el yodo, contribuye al olor a pescado que se percibe en las costas.	bromo, 35
D	Hasta 1991, se utilizaba un compuesto metano de este elemento para fumigar el suelo y matar insectos.	bromo, 35
D	En los inicios de la fotografía, las placas de metal se exponían a una forma gaseosa de este elemento.	bromo, 35

F	Este elemento gaseoso tiene 36 electrones, 8 de los cuales llenan completamente su capa exterior.	kriptón, 36
F	El nombre de este elemento proviene de una palabra griega que significa "oculto".	kriptón, 36
F	Este gas noble fue descubierto por Sir William Ramsay, quien también descubrió el neón y el xenón.	kriptón, 36
F	Este elemento gaseoso se utiliza en los flashes fotográficos que se emplean en la fotografía de alta velocidad.	kriptón, 36
M	Este gas noble se utiliza como propulsor en algunos satélites, como el Starlink de SpaceX.	kriptón, 36
M	Este elemento gaseoso se utiliza en bombillas que necesitan ser muy brillantes. (Se puede mezclar con Ar y Xe).	kriptón, 36
M	Este elemento se utiliza para hacer láseres muy brillantes para espectáculos de láser.	kriptón, 36
D	De 1960 a 1983, la longitud de onda de un isótopo de este elemento se utilizó como la definición oficial del metro.	kriptón, 36
D	Cuando se combina con flúor, este gas noble se utiliza en láseres que producen luz ultravioleta.	kriptón, 36
D	Se administra un isótopo radiactivo a los pacientes que se someten a una resonancia magnética de pulmones.	kriptón, 36

F	El nombre de este elemento proviene de la palabra latina para rojo intenso.	rubidio, 37
F	Este elemento se encuentra debajo del potasio en la tabla periódica.	rubidio, 37
F	Este elemento alcalino es un metal blando muy reactivo que arde con llamas rojas mientras flota en el agua.	rubidio, 37
F	Debido a su similitud con el potasio, es útil en las tomografías por emisión de positrones del cerebro.	rubidio, 37
M	Este elemento debe su nombre a la línea roja brillante que Bunsen y Kirchhoff vieron en su espectro de emisión.	rubidio, 37
M	Al igual que el cesio, este elemento se utiliza para capturar moléculas de gas en tubos de vacío.	rubidio, 37
M	Este elemento de la primera columna (alcalino) se utiliza para fabricar lentes para gafas de visión nocturna.	rubidio, 37
D	Al igual que el cesio, este elemento puede utilizarse en pequeños relojes atómicos.	rubidio, 37
D	Este elemento puede producir fuegos artificiales rojos, aunque su vecino, el estroncio, se utiliza con más frecuencia.	rubidio, 37
D	Este elemento se usa para fabricar magnetómetros que detectan pequeñas variaciones de campos magnéticos.	rubidio, 37

F	Este elemento tiene 38 protones.	estroncio, 38
F	Este elemento proporciona las llamas rojas brillantes en las bengalas de señales de emergencia.	estroncio, 38
F	Los huesos absorben este elemento como si fuera calcio. Los arqueólogos buscan este elemento en huesos antiguos.	estroncio, 38
F	Este elemento se encuentra debajo del calcio en la tabla periódica.	estroncio, 38
M	Este elemento recibió su nombre por una pequeña ciudad escocesa.	estroncio, 38
M	Un compuesto de aluminato de este elemento brillará en la oscuridad y es seguro para usar en juguetes.	estroncio, 38
M	Este elemento se colocaba en el cristal de la pantalla de televisión para absorber los rayos X de los tubos catódicos.	estroncio, 38
D	Rusia utilizó un isótopo radiactivo de este elemento para alimentar faros a mediados del siglo XX.	estroncio, 38
D	Este elemento solía ser un ingrediente clave en un proceso que extraía azúcar de la remolacha azucarera.	estroncio, 38
D	Un isótopo radiactivo de este elemento se utiliza para combatir el cáncer de huesos porque los huesos lo absorben.	estroncio, 38

F	Este elemento recibió su nombre de la ciudad sueca de Ytterby, al igual que el erbio, el terbio y el iterbio.	itrio, 39
F	Este elemento, junto con el indio y el manganeso, se encuentra en el pigmento azul llamado YInMn.	itrio, 39
F	Este elemento es el primero de la segunda serie de metales de transición.	itrio, 39
F	Este elemento es la "Y" en los láseres YAG. La A es de aluminio y la G es de granate.	itrio, 39
M	Este elemento se descubrió en una roca pesada y negra que también contenía erbio y terbio.	itrio, 39
M	Este elemento ha sustituido al torio como material para fabricar las campanas de las linternas de camping.	itrio, 39
M	Este elemento a veces se clasifica como una "tierra rara", aunque no se encuentra en la fila de los lantánidos.	itrio, 39
D	Este elemento se combinó con europio y terbio para producir el rojo y el verde en los televisores de color CRT.	itrio, 39
D	Este elemento se añade a las baterías de litio grandes para que sean más eficientes energéticamente.	itrio, 39
D	Cuando se combina con bario, cobre y oxígeno, este elemento forma un material superconductor.	itrio, 39

F	Este elemento se encuentra en cristales a base de silicio llamados circonitas.	circonio, 40
F	Este elemento se utiliza como sustituto del diamante cuando se combina con el O2 para formar un cristal "cúbico".	circonio, 40
F	Este elemento se utiliza para fabricar papel de lija.	circonio, 40
F	Este elemento tiene 40 electrones y se utiliza en aleaciones de acero.	circonio, 40
M	El nombre de este elemento proviene de la palabra persa "zargun", que significa "dorado".	circonio, 40
M	Este elemento forma un cristal transparente que se utiliza como abrasivo cuando se combina con SiO_4 u O_2.	circonio, 40
M	El compuesto PZT contiene plomo, titanio y este elemento, y se utiliza para fabricar sonares y ultrasonidos.	circonio, 40
D	Este elemento suele ser un ingrediente clave en los antitranspirantes. (No es aluminio).	circonio, 40
D	Un isótopo de este elemento (masa atómica 89) se utiliza en moléculas que marcan anticuerpos en forma de Y.	circonio, 40
D	Las tuberías fabricadas con este elemento fallaron en la central nuclear de Fukushima debido al contacto con el hidrógeno.	circonio, 40

F	Este elemento lleva el nombre de la hija del dios griego Tántalo.	niobio, 41
F	El primer uso de este elemento fue para los filamentos de las bombillas, pero el titanio lo sustituyó rápidamente.	niobio, 41
F	Las joyas hechas con este elemento brillan con colores iridiscentes del arcoíris.	niobio, 41
F	Este elemento se utilizó para fabricar la tobera del cohete del Apolo 15.	niobio, 41
M	Las cajas metálicas de los marcapasos cardíacos se han fabricado con este elemento porque no es reactivo.	niobio, 41
M	Las toberas de los cohetes se han fabricado con una aleación de este elemento en un 89 % combinado con Hf y Ti.	niobio, 41
M	Durante casi 100 años, este elemento se conoció como "columbio".	niobio, 41
D	Brasil es el mayor productor de este brillante elemento de transición.	niobio, 41
D	El alambre hecho de este elemento se utiliza para fabricar imanes para aceleradores de partículas.	niobio, 41
D	La muestra mineral de la que se descubrió este elemento procedía de Connecticut, EE. UU.	niobio, 41

F	El "chromoly" es un tipo de acero que contiene cromo y este elemento.	molibdeno, 42
F	Este elemento es utilizado por una bacteria que vive en nódulos en las raíces de las plantas.	molibdeno, 42
F	Cuando se combina con azufre, este elemento se utiliza como lubricante para piezas de máquinas.	molibdeno, 42
F	El "Big Bertha" era un obús alemán que utilizaba este elemento en sus aleaciones de acero.	molibdeno, 42
M	El nombre de este elemento proviene de una palabra griega que significa "plomo", aunque no es plomo.	molibdeno, 42
M	Cuando este elemento se combina con plomo y oxígeno, puede formar un mineral llamado wulfenita.	molibdeno, 42
M	Este elemento se encuentra en el centro de una enzima de las bacterias fijadoras de nitrógeno.	molibdeno, 42
D	Este elemento es esencial para fabricar los medidores que se utilizan para medir la contaminación del agua y del aire.	molibdeno, 42
D	Este elemento fue descubierto por Carl Scheele en 1778. Durante los siguientes 100 años, no tuvo ningún uso práctico.	molibdeno, 42
D	Este elemento se utiliza para producir enzimas esenciales para el metabolismo del oxígeno en las células.	molibdeno, 42

F	Todas las formas de este elemento son radiactivas y con el tiempo se convertirán en molibdeno o rutenio.	tecnecio, 43
F	De todos los elementos radiactivos, este es el que tiene el número atómico más pequeño.	tecnecio, 43
F	El nombre de este elemento proviene de una palabra griega que significa "artificial".	tecnecio, 43
F	Este elemento es el átomo radiactivo utilizado para fabricar la "cardiolita", que se utiliza para obtener imágenes del corazón.	tecnecio, 43
M	Si un protón adicional se adhiere a un núcleo de molibdeno, el átomo se convierte inmediatamente en este elemento.	tecnecio, 43
M	Un isótopo radiactivo de este elemento con un peso atómico de 99 se utiliza en muchas pruebas médicas.	tecnecio, 43
M	Este metal radiactivo puede extraerse de las barras de combustible nuclear gastadas o fabricarse en un ciclotrón.	tecnecio, 43
D	Este elemento radiactivo se utiliza en pruebas médicas porque emite rayos gamma durante un breve periodo de tiempo.	tecnecio, 43
D	Este metal de transición radiactivo se encuentra en rocas que contienen U o Th.	tecnecio, 43
D	Este elemento fue descubierto en Italia en un trozo de metal de molibdeno que se había vuelto radiactivo.	tecnecio, 43

F	Es el miembro más ligero del grupo del platino.	rutenio, 44
F	El descubridor nombró este elemento por la región de Europa del Este de la que procedían sus antepasados.	rutenio, 44
F	Este elemento se utilizó como revestimiento sobre el plumín de oro en la pluma estilográfica Parker 51.	rutenio, 44
F	Este elemento se utiliza para hacer un colorante rojo para teñir muestras biológicas, incluidas las semillas.	rutenio, 44
M	Un isótopo radiactivo de este elemento se utiliza para tratar cánceres dentro del ojo.	rutenio, 44
M	Un compuesto de óxido de este elemento se utiliza para revelar huellas dactilares en objetos en escenas del crimen.	rutenio, 44
M	Este elemento tiene un peso atómico de 101 y 57 neutrones.	rutenio, 44
D	Este elemento se utiliza para fabricar fotomáscaras que se emplean en la litografía ultravioleta en obleas de silicio.	rutenio, 44
D	Este elemento se utiliza para fabricar resistencias de película gruesa para sensores electrónicos en automóviles.	rutenio, 44
D	El tetróxido de este elemento cambia cuando se expone al aceite, por lo que puede recoger huellas dactilares aceitosas.	rutenio, 44

F	Este elemento fue nombrado usando la palabra griega para "rosa".	rodio, 45
F	Este elemento se encuentra en minerales de platino que también contienen rutenio, osmio, iridio y paladio.	rodio, 45
F	Las joyerías pueden recubrir sus productos con este elemento para hacerlos más brillantes.	rodio, 45
F	Este elemento es más caro que el oro o el platino. Algunos premios prestigiosos están recubiertos con él.	rodio, 45
M	Este elemento puede utilizarse para recubrir el interior de los faros y hacerlos más reflectantes.	rodio, 45
M	Este elemento fue descubierto en 1803 por William Wollaston, unas semanas después de que descubriera el paladio.	rodio, 45
M	Al igual que el Pt y el Pd, este elemento puede convertir los gases de escape de un coche en gases menos nocivos.	rodio, 45
D	Canadá acuña una moneda de plata de una onza recubierta (galvanizada) con este elemento.	rodio, 45
D	En 1976, Volvo fue la primera empresa automovilística en utilizar un catalizador basado en este elemento.	rodio, 45
D	Este elemento resistente al calor se puede encontrar en termopares, bujías, crisoles y cables de marcapasos.	rodio, 45

F	Este elemento del grupo del platino recibe su nombre de un asteroide.	paladio, 46
F	Este elemento se utiliza para fabricar flautas de calidad profesional.	paladio, 46
F	Al igual que el Rh y el Pt, este elemento se utiliza en los convertidores catalíticos de los automóviles.	paladio, 46
F	Este elemento tiene 46 protones.	paladio, 46
M	Este elemento del grupo Pt se utiliza para fabricar convertidores catalíticos para automóviles y bujías para aviones.	paladio, 46
M	Este elemento fue descubierto en 1803 por William Wollaston, unas semanas antes de que descubriera el rodio.	paladio, 46
M	Este duradero miembro del grupo Pt se utiliza en implantes dentales, herramientas quirúrgicas y bujías.	paladio, 46
D	Este elemento se puede encontrar en las puntas de los bolígrafos y también dentro de los detectores de monóxido de carbono.	paladio, 46
D	El níquel, la plata o este elemento pueden mezclarse con el oro para crear el "oro blanco".	paladio, 46
D	Este metal del grupo del platino se mezcla con plata para fabricar condensadores para dispositivos electrónicos.	paladio, 46

F	La antigua armada griega se financiaba con monedas hechas de este metal, extraído cerca de Atenas.	plata, 47
F	Este elemento forma parte de un trío, debajo del cobre y encima del oro.	plata, 47
F	El nombre de este elemento se utiliza para referirse a los utensilios para comer.	plata, 47
F	Las monedas hechas de este elemento solían ponerse en barriles de agua para matar los gérmenes.	plata, 47
M	El símbolo de este elemento proviene de la palabra latina "argentum".	plata 47
M	Este elemento es tóxico para los gérmenes, por lo que se utiliza en primeros auxilios, como pomada y en vendajes.	plata, 47
M	Este elemento se utiliza para fabricar explosivos inofensivos llamados cebitas (o triquitraques).	plata, 47
D	En un compuesto de nitrato, este elemento se ha utilizado para prevenir infecciones oculares.	plata, 47
D	Cuando se combina con bromo, este metal forma un compuesto sensible a la luz que se utilizaba en los inicios de la fotografía.	plata, 47
D	Este elemento conduce muy bien la electricidad. Se puede convertir en cables de tan solo unos pocos átomos de ancho.	plata, 47

F	Este elemento se combina con el níquel para fabricar pilas recargables.	cadmio, 48
F	Este elemento tiene 48 protones.	cadmio, 48
F	Este elemento tóxico se ha utilizado como pigmento para fabricar pintura amarilla y roja, y para colorear vidrio.	cadmio, 48
F	Este elemento forma un trío con el zinc y el mercurio, y suele encontrarse en minerales que contienen zinc.	cadmio, 48
M	Los sistemas de rociadores tienen válvulas hechas de una aleación de bismuto y ya sea indio o este elemento.	cadmio, 48
M	Las pilas que contienen este elemento suelen ir unidas en un envoltorio de plástico.	cadmio, 48
M	Este elemento debe su nombre a un mineral que lleva el nombre del héroe griego que fundó la ciudad de Tebas.	cadmio, 48
D	Este elemento de transición tóxico se utiliza con helio para fabricar láseres que producen luz ultravioleta.	cadmio, 48
D	Este elemento puede absorber neutrones y utilizarse para ralentizar el proceso de fisión en las centrales nucleares.	cadmio, 48
D	Un compuesto de telururo de este elemento se utiliza para fabricar paneles solares para casas.	cadmio, 48

F	Este elemento recibió su nombre por la línea azul intenso que se observa en su espectro de emisión.	indio, 49
F	Este elemento, junto con el itrio y el manganeso, se utiliza para fabricar el pigmento YInMn de color azul brillante.	indio, 49
F	Este elemento se utiliza para sustituir al plomo en la soldadura porque es menos tóxico que el plomo.	indio, 49
F	Este elemento y el estaño se utilizan para fabricar el ITO, un recubrimiento para pantallas táctiles.	indio, 49
M	Este elemento se combina con Cu, Ga y Se para fabricar células solares flexibles de película delgada.	indio, 49
M	Un compuesto de arseniuro de galio de este elemento se utiliza en electrónica, como en los LED y los transistores.	indio, 49
M	Este elemento y el estaño se utilizan para fabricar el ITO, que mantiene los parabrisas de los aviones libres de escarcha.	indio, 49
D	Este elemento y el estaño se utilizan para fabricar el ITO, que se utiliza como revestimiento antirreflectante para lentes.	indio, 49
D	Este elemento se utiliza para ralentizar las reacciones de fisión nuclear (junto con el Cd, el B y el Ag).	indio, 49
D	Este metal blando y no tóxico se utiliza para sellar grietas alrededor de las tapas en cámaras de vacío herméticas.	indio, 49

F	Este elemento tiene 50 protones.	estaño, 50
F	Cuando este elemento se combina con el cobre, se obtiene el bronce.	estaño, 50
F	Antes de que se inventara el plástico, este elemento se moldeaba en pequeños juguetes, como soldados.	estaño, 50
F	Este elemento es más famoso por su uso en la fabricación de latas para productos alimenticios.	estaño, 50
M	El símbolo de este elemento proviene de la palabra latina "stannum".	estaño, 50
M	Cuando este elemento se mezcla con antimonio y cobre, se obtiene el peltre.	estaño, 50
M	Este elemento, junto con el plomo, se utilizaba para fabricar enormes tubos de órganos.	estaño, 50
H	Este elemento y el indio se utilizan para fabricar el ITO, un recubrimiento para pantallas táctiles.	estaño, 50
H	Cuando se combina con flúor, los dentistas utilizan este elemento para fluorizar los dientes.	estaño, 50
H	Cuando se calienta, este elemento forma una superficie líquida sobre la que se puede verter vidrio líquido caliente.	estaño, 50

F	Este elemento lo utilizaban los antiguos egipcios para dibujar líneas oscuras alrededor de los ojos.	antimonio, 51
F	El mineral estibina está compuesto por este elemento combinado con azufre.	antimonio, 51
F	Se desconoce el significado del nombre de este elemento. Podría ser "asesino de monjes" o "No está solo".	antimonio, 51
F	El símbolo de este elemento proviene de la palabra latina "stibium".	antimonio, 51
M	El amarillo de Nápoles es un pigmento de pintura que proviene de este elemento.	antimonio, 51
M	Un compuesto de óxido de este elemento se utiliza en tejidos ignífugos para ropa y asientos de automóvil.	antimonio, 51
M	Algunos detectores de infrarrojos contienen este elemento, además de indio.	antimonio, 51
D	Los compuestos de este elemento se utilizan para tratar algunas enfermedades de la piel en el ganado.	antimonio, 51
D	Este elemento se utiliza a veces junto con el estaño y el plomo para hacer soldadura.	antimonio, 51
D	Este elemento se utiliza como catalizador en la fabricación de plástico PET.	antimonio, 51

F	El nombre de este elemento es la palabra latina para "tierra".	telurio, 52
F	Este elemento es químicamente similar al azufre y puede utilizarse para vulcanizar el caucho.	telurio, 52
F	Un compuesto de óxido de este elemento se utiliza para fabricar discos DVD y Blu-ray.	telurio, 52
F	Este elemento puede sustituir al selenio en varios procesos, porque se encuentra justo debajo de él en la tabla.	telurio, 52
M	Un compuesto hecho de Cd, Hg y este elemento se utiliza en gafas de visión nocturna para detectar infrarrojos.	telurio, 52
M	Solo un tipo de bacteria (la difteria) puede crecer en un gel hecho con este elemento.	telurio, 52
M	Este elemento fue descubierto en una mina de oro en Rumanía; se llamaba "metallum problematicum".	telurio, 52
D	El cadmio mezclado con este elemento forma un compuesto utilizado en paneles solares de alta eficiencia.	telurio, 52
D	Un compuesto hecho de Cd, Hg y este elemento se utiliza para fabricar detectores de infrarrojos para satélites.	telurio, 52
D	Este elemento se añade al BaO2 para fabricar detonadores de dinamita de retardo de pólvora.	telurio, 52

F	El nombre de este elemento proviene de la palabra griega para púrpura.	yodo, 53
F	La tiroides necesita este elemento para producir moléculas de tiroxina.	yodo. 53
F	Un compuesto de este elemento y potasio se utiliza para esterilizar el agua.	yodo, 53
F	Un compuesto de plata y este elemento se utiliza para "sembrar" las nubes para que llueva.	yodo, 53
M	Este elemento se añade a menudo a la sal de mesa para ayudar a prevenir el bocio.	yodo, 53
M	La solución de Lugol contiene este elemento y se utiliza en experimentos de laboratorio para detectar almidón.	yodo, 53
M	Este elemento penetra en las bacterias y las mata al destruir los aminoácidos de los que están hechas.	yodo, 53
D	Un isótopo radiactivo de este elemento se utiliza para tratar algunas enfermedades de la tiroides.	yodo, 53
D	En 1908, este elemento comenzó a utilizarse en quirófanos para esterilizar el equipo y los lugares de intervención quirúrgica.	yodo, 53
D	Este elemento se descubrió en 1811, utilizando ceniza de algas marinas y ácido sulfúrico.	yodo, 53

F	Este elemento es el gas noble más grande que no es radiactivo.	xenón, 54
F	El nombre de este elemento proviene de la palabra griega que significa "extraño".	xenón, 54
F	Este elemento fue descubierto en 1898, durante la serie de experimentos que descubrieron el neón y el kriptón.	xenón, 54
F	Este elemento gaseoso se utiliza en bombillas de lámparas de arco muy brillantes y en linternas tácticas militares.	xenón, 54
M	Este elemento tiene 54 electrones, todos ellos en capas completas que no quieren perder ni ganar electrones.	xenón, 54
M	Este elemento gaseoso inerte se ha utilizado en tanques de buceo y como anestésico.	xenón, 54
M	Junto con el kriptón, este elemento se ha utilizado como propulsor en las unidades de propulsión de los satélites.	xenón, 54
D	Este es el elemento gaseoso más raro de la atmósfera terrestre.	xenón, 54
D	Este elemento gaseoso es a veces inhalado por los atletas para estimular la producción de glóbulos rojos.	xenón, 54
D	Este elemento gaseoso poco común se utiliza en los láseres de excímeros que se emplean en la cirugía ocular.	xenón, 54

F	El nombre de este elemento significa "azul cielo" en latín.	cesio, 55
F	Este elemento se utiliza para fabricar relojes extremadamente precisos.	cesio, 55
F	Uno de los primeros usos de este elemento fue como "captador" en tubos de vacío, para atrapar átomos no deseados.	cesio, 55
F	Este elemento recibió su nombre por las líneas de color azul claro de su espectro de emisión.	cesio, 55
M	Este fue el primer elemento descubierto por Bunsen y Kirchhoff, quienes inventaron el espectrómetro.	cesio, 55
M	Los satélites GPS miden el tiempo utilizando relojes muy pequeños pero muy precisos con este elemento.	cesio, 55
M	Este elemento es muy reactivo (más que el K o el Rb) y arderá mientras flota en la superficie del agua.	cesio, 55
D	Un segundo se define como "el tiempo que tarda un átomo de este elemento en oscilar 9 192 631 770 veces".	cesio, 55
D	El mayor uso de este elemento solía ser en tubos de vacío, pero ahora es en la industria de la perforación petrolífera.	cesio, 55
D	Los isótopos radiactivos de este elemento pueden utilizarse para rastrear la contaminación de los lugares de desastres nucleares.	cesio, 55

F	Un compuesto de nitrato de este elemento arde con un color verde brillante en los fuegos artificiales.	bario, 56
F	Un mineral llamado "rosa del desierto" está hecho de este elemento combinado con SO_4.	bario, 56
F	Los pacientes que necesitan radiografías de los intestinos ingieren un compuesto de sulfato de este elemento.	bario, 56
F	El nombre de este elemento proviene de la palabra griega que significa "pesado".	bario, 56
M	En Italia se descubrió un tipo de roca que contiene este elemento y que puede brillar durante meses o años.	bario, 56
M	Este elemento comparte propiedades químicas similares con el berilio, el calcio y el magnesio.	bario, 56
M	Este elemento es muy útil en electrónica, especialmente en condensadores, cuando se combina con TiO_3.	bario, 56
D	Aunque este elemento no suele ser tóxico, se ha combinado con CO_3 para fabricar veneno para ratas.	bario, 56
D	La arcilla con alto contenido en un compuesto de sulfato de este elemento se utiliza para fabricar "jaspe".	bario, 56
D	El YBCO, compuesto de Y, Cu, O y este elemento, está siendo estudiado por su capacidad superconductora.	bario, 56

F	Solo el actinio y este elemento tienen una serie que lleva su nombre.	lantano, 57
F	El nombre de este elemento proviene de la palabra griega que significa "oculto".	lantano, 57
F	El primer uso comercial de este elemento fue en 1886, cuando su óxido se utilizó para fabricar mantos de linternas.	lantano, 57
F	Este elemento, junto con el cerio, es uno de los ingredientes clave de los pedernales utilizados por los soldadores.	lantano, 57
M	Debido a que este elemento puede evitar que las algas utilicen fósforo, se encuentra en los alguicidas para piscinas.	lantano, 57
M	Este elemento de tierras raras es utilizado por las bacterias que viven alrededor de las fumarolas volcánicas.	lantano, 57
M	Los coches híbridos contienen hasta 13,6 kilos de este elemento de tierras raras en sus baterías recargables.	lantano, 57
D	La arcilla que contiene mucho de este elemento puede echarse en lagos y arroyos para controlar las algas.	lantano 57
D	Al igual que el cerio, esta tierra rara se alea con tungsteno para fabricar electrodos de soldadura.	lantano, 57
D	Este elemento de tierras raras se añade al vidrio para fabricar lentes telescópicas para cámaras.	lantano, 57

F	Este elemento recibió su nombre de un asteroide (pero no del asteroide Pallas).	cerio, 58
F	Este es el segundo elemento de la serie de las tierras raras, pero fue el primero en ser descubierto.	cerio, 58
F	Este elemento, junto con el lantano, es uno de los ingredientes de los pedernales utilizados por los soldadores.	cerio, 58
F	Este elemento se utiliza para fabricar los revestimientos interiores de los hornos autolimpiables.	cerio, 58
M	Un compuesto de óxido de este elemento se utiliza para pulir el vidrio.	cerio, 58
M	Esta tierra rara es similar a los elementos del grupo del platino en que puede utilizarse en convertidores catalíticos.	cerio, 58
M	En la tabla periódica, este elemento se encuentra encima del torio, que está en la serie de los actínidos.	cerio, 58
D	Este elemento de la serie de los lantánidos se utiliza para electrodos en "luces de arco de carbono" brillantes.	cerio, 58
D	Un óxido de este elemento, junto con el óxido de torio, se utilizaba para hacer más brillante la luz de las linternas.	cerio, 58
D	Este elemento se añadía al cristal utilizado en las antiguas pantallas de televisión para evitar que se oscureciera.	cerio, 58

F	Este elemento tiene 59 protones.	praseodimio, 59
F	El nombre de este elemento proviene de las palabras griegas para "verde" y "gemelo".	praseodimio, 59
F	Este elemento se utiliza para fabricar gafas moradas para soldadores. Las gafas absorben la luz amarilla.	praseodimio, 59
F	Este tercer elemento de la serie de los lantánidos se utiliza en aleaciones para fabricar motores de avión.	praseodimio, 59
M	Este elemento fue descubierto al mismo tiempo que el neodimio, por Carl von Welsbach.	praseodimio, 59
M	Este elemento es muy magnético, aunque su vecino, el neodimio, lo es aún más.	praseodimio, 59
M	Al igual que su vecino, el cerio, este elemento puede extraerse de la arena monacita.	praseodimio, 59
D	A pesar de que este metal volverá verde una solución de HCl, coloreará el vidrio de amarillo.	praseodimio, 59
D	Este elemento, junto con Ce, Nd y La, se utiliza en las "piedras" que se encuentran en los encendedores.	praseodimio, 59
D	Al igual que muchas otras tierras raras, este elemento puede utilizarse en las bombillas de arco de los proyectores de cine.	praseodimio, 59

F	Este elemento se utiliza para fabricar imanes muy pequeños para auriculares y micrófonos.	neodimio, 60
F	El nombre de este elemento significa "nuevo gemelo".	neodimio, 60
F	Este elemento se descubrió al mismo tiempo que el praseodimio.	neodimio, 60
F	Los imanes hechos de este elemento se utilizan en los talleres para sujetar herramientas pesadas en la pared.	neodimio, 60
M	Este elemento se añade al vidrio para colorearlo de azul, verde, rosa o morado.	neodimio, 60
M	Los imanes de este elemento se utilizan para fabricar las pastillas de las guitarras eléctricas.	neodimio, 60
M	Se puede utilizar en lugar de praseodimio para fabricar peidras para encendedores y encendedores de fuego.	neodimio, 60
D	El vidrio tintado con este elemento mostrará diferentes colores bajo diferentes tipos de luz.	neodimio, 60
D	Este elemento de los láseres YAG se utiliza para fabricar "pinzas ópticas" que sujetan objetos microscópicos.	neodimio, 60
D	Puede encontrar este elemento en las gafas moradas que protegen a los soldadores de la luz amarilla brillante.	neodimio, 60

F	Este elemento recibió su nombre del titán griego que se dice que enseñó a los humanos sobre el fuego.	prometio, 61
F	El único elemento radiactivo con un número atómico inferior a este elemento es el tecnecio.	prometio, 61
F	La pintura hecha con este elemento radiactivo se utilizó para pintar los botones de los rovers lunares del Apolo.	prometio, 61
F	Este elemento radiactivo sustituyó al radio para hacer brillar los números de los relojes de pulsera y de pared.	prometio, 61
M	El isótopo más estable de este elemento radioactivo de tierras raras tiene una vida media de 17 años.	prometio, 61
M	Este miembro radiactivo de la serie de los lantánidos se encuentra junto al neodimio.	prometio, 61
M	Un isótopo de este elemento con un peso atómico de 147 se utiliza para fabricar baterías atómicas que duran 5 años.	prometio, 61
D	Este elemento lantánido radiactivo emite radiación beta (electrones) que puede hacer que la pintura de ZnS brille.	prometio, 61
D	El primer nombre propuesto para este elemento fue "clintonium", pero la esposa de un investigador tuvo una idea mejor.	prometio, 61
D	Este elemento se descubrió como resultado de la investigación sobre el uranio en el Laboratorio de Oak Ridge.	prometio, 61

F	Este elemento se encontró en un mineral llamado samarskita.6	samario, 62
F	Una aleación de cobalto y este elemento se ha utilizado para pequeños imanes en los motores de aviones solares.	samario, 62
F	Este elemento recibió su nombre en honor al presidente del Cuerpo de Ingenieros de Minas de Rusia.	samario, 62
F	Este elemento tiene 62 protones y 88 neutrones.	samario, 62
M	Este fue el primer elemento que recibió el nombre de una persona. Fue descubierto en los montes Urales en 1879.	samario, 62
M	Al igual que el neodimio, esta tierra rara puede utilizarse para fabricar pastillas silenciosas para guitarras eléctricas.	samario, 62
M	Este elemento de tierras raras se utiliza como catalizador en reacciones químicas, como la descomposición de los PCB.	samario, 62
D	Esta tierra rara fue descubierta por el mismo químico francés que descubrió el galio y el disprosio.	samario, 62
D	Junto con el Ho y el Dy, esta tierra rara puede utilizarse en barras de control en reactores nucleares.	samario, 62
D	Los imanes hechos de cobalto y esta tierra rara hacen motores para máquinas que generan mucho calor.	samario, 62

F	Este elemento de tierras raras recibió el nombre de un continente.	europio, 63
F	Este elemento se utiliza para hacer diseños en los billetes de euro que solo se ven bajo luz ultravioleta.	europio, 63
F	Cuando este elemento se añade a otros compuestos, puede hacer que estos brillen en rojo, verde o azul.	europio, 63
F	La luz brillante de las bombillas fluorescentes compactas se debe a los polvos de terbio y este elemento.	europio, 63
M	Esta tierra rara puede añadirse a ZnS o $ASrAl_2O_4$ para hacer polvos que brillan en varios colores bajo la luz UV.	europio, 63
M	Los televisores antiguos utilizaban cristales YVO_4 dopados con este elemento para crear una luz roja brillante.	europio, 63
M	Uno de los minerales de este elemento es la bastnesita, un cristal rojizo que también contiene mucho cerio.	europio, 63
D	Boisbaudran estaba observando el Sm con un espectrómetro cuando vio las líneas espectrales de este elemento.	europio, 63
D	Los cristales de fluoruro de calcio que contienen trazas de este elemento brillarán en azul bajo la luz ultravioleta.	europio, 63
D	Esta tierra rara es casi tan reactiva como el litio. Vuelve el agua amarilla y crea burbujas de hidrógeno.	europio, 63

F	Este elemento tiene 64 protones. Suele tener 93 neutrones, aunque no siempre.	gadolinio, 64
F	Este elemento recibió su nombre de un mineral que a su vez recibió el nombre de un químico finlandés.	gadolinio, 64
F	Este elemento se combina con galio para fabricar diamantes de imitación llamados granates GG (o GGG).	gadolinio, 64
F	El isótopo radiactivo "153" de este elemento se utiliza en unidades portátiles de rayos X.	gadolinio, 64
M	Los submarinos con reactores nucleares pueden utilizar este elemento de tierras raras para ralentizar la reacción.	gadolinio, 64
M	Los escáneres de densidad ósea pueden utilizar rayos gamma producidos por el isótopo radiactivo "153" de este elemento.	gadolinio, 64
M	Este elemento de tierras raras se utilizaba en los antiguos televisores CRT para producir luz verde.	gadolinio, 64
D	El tejido anormal absorberá este elemento en la DOTA, lo que hará que aparezca en una resonancia magnética.	gadolinio, 64
D	Las propiedades magnéticas de este elemento cambian a 200 °C.	gadolinio, 64
D	Este vecino del terbio es el componente verde de la luz blanca producida por las bombillas fluorescentes.	gadolinio, 64

F	Este elemento recibió su nombre por la ciudad sueca de Ytterby y no empieza por Y o E.	terbio, 65
F	Este elemento es el "Ter" en Terfenol-D®, un compuesto que responderá a los campos magnéticos que lo rodean.	terbio, 65
F	Fe, Dy y este elemento se utilizan para fabricar el dispositivo SoundBug®, que convierte una ventana en un altavoz.	terbio, 65
F	Cuando este elemento pesa 159, tiene 94 neutrones.	terbio, 65
M	Este elemento se descubrió casi al mismo tiempo que el erbio y sus nombres se confundieron.	terbio, 65
M	Al igual que el verde, este elemento brilla en verde y se combina en bombillas con el europio, que produce rojo y azul.	terbio, 65
M	Este vecino del gadolinio puede doparse en cristales láser para hacerlos brillar en verde.	terbio, 65
D	Este elemento puede ser utilizado por los biólogos para hacer que las endosporas bacterianas brillen en verde.	terbio, 65
D	Algunos contaminantes del aire hacen que estos elementos de tierras raras brillen en verde.	terbio, 65
D	Este elemento se combina con hierro y disprosio para formar un compuesto que reacciona al magnetismo.	terbio, 65

F	Este elemento es la "D" de Terfenol-D®, un metal que cambia de forma en respuesta a los campos magnéticos.	dsprosio, 66
F	Este es el único elemento cuyo símbolo contiene la letra Y pero no empieza por Y.	disprosio, 66
F	Al igual que su vecino, el holmio, este elemento puede utilizarse en barras de control en reactores nucleares.	disprosio, 66
F	Fe, Tb y este elemento se utilizan para fabricar el dispositivo SoundBug®, que convierte una ventana en un altavoz.	disprosio, 66
M	Este elemento se utiliza para fabricar potentes imanes para enormes generadores de turbinas eólicas.	disprosio, 66
M	El nombre de este elemento significa "difícil de conseguir", porque Boisbaudran tardó 30 intentos en descubrirlo.	disprosio, 66
M	Este elemento se encuentra justo encima del californio en la tabla periódica.	disprosio, 66
D	Este elemento de tierras raras se puede encontrar en coches eléctricos, ordenadores, dosímetros y turbinas eólicas.	disprosio, 66
D	Fe, Tb y este elemento se utilizan para fabricar los actuadores que se encuentran en los sonares de los submarinos.	disprosio, 66
D	Un compuesto de yoduro de este elemento de tierras raras puede utilizarse en bombillas de alta intensidad.	disprosio, 66

F	Este elemento recibe su nombre del lugar de nacimiento de su descubridor, Estocolmo, Suecia.	holmio, 67
F	Este elemento se encuentra justo encima del einstenio en la tabla periódica.	holmio, 67
F	Este elemento, vecino del disprosio, puede colorear el vidrio en amarillo o rojo.	holmio, 67
F	Este elemento tiene 67 protones y a menudo tiene 98 neutrones, aunque el número puede variar.	holmio, 67
M	Al igual que el neodimio, el samario y el disprosio, esta tierra rara también se utiliza en imanes pequeños y fuertes.	holmio, 67
M	Este elemento se dopa en cristales de granate de itrio utilizados en láseres médicos para eliminar cálculos renales.	holmio, 67
M	Al igual que su vecino, el erbio, este elemento puede añadir un color rosado a los cristales de circonita.	holmio, 67
D	Un compuesto de óxido de este elemento se ve amarillo a la luz del día y rosado bajo luz fluorescente.	holmio, 67
D	Al igual que el samario, este elemento de tierras raras se utiliza en las barras de control de los reactores nucleares.	holmio, 67
D	El vidrio con este elemento se utiliza para calibrar espectrofotómetros (utilizando luz para el análisis).	holmio, 67

F	Este elemento, que recibe su nombre de la ciudad de Ytterby, comienza con una vocal, pero no con la letra "i".	erbio, 68
F	Al igual que el einstenio y el europio, el símbolo de este elemento comienza con la letra E.	erbio, 68
F	Este elemento se utiliza en amplificadores en cables de fibra óptica que se encuentran en el fondo del océano.	erbio, 68
F	Este elemento se utiliza para colorear el vidrio de rosa. Las joyas de vidrio baratas suelen contener este elemento.	erbio, 68
M	Al igual que su vecino, el holmio, este elemento puede añadir un color rosado a los cristales de circonita.	erbio, 68
M	Este elemento se descubrió casi al mismo tiempo que el terbio, y sus nombres se confundieron.	erbio, 68
M	Al igual que el Sm y el Dy, este elemento de tierras raras puede utilizarse en barras de control en reactores nucleares.	erbio, 68
D	Este elemento se utiliza en gafas que protegen los ojos de los pacientes durante la cirugía láser.	erbio, 68
D	Los científicos están experimentando con fullerenos de carbono que contienen este elemento (y nitrógeno) en su interior.	erbio, 68
D	Este elemento se dopa en cristales de YAG utilizados en láseres empleados para cirugía dental y para eliminar cicatrices.	erbio, 68

F	El nombre de este elemento proviene de una antigua palabra para referirse a Escandinavia.	tulio, 69
F	Este elemento tiene 69 protones. Cuando tiene 100 neutrones es estable. Con 101 neutrones, es radiactivo.	tulio, 69
F	Este elemento, vecino del erbio y el iterbio, se utiliza en bombillas de arco de alta intensidad.	tulio, 69
F	Este es el menos abundante de los elementos de la serie de los lantánidos (¡pero aún así más abundante que el Ag y el Au!).	tulio, 69
M	Este elemento se utiliza en los billetes de euro para evitar la falsificación porque brilla en azul bajo la luz ultravioleta.	tulio, 69
M	Este elemento se encuentra justo encima del mendelevio en la tabla periódica.	tulio, 69
M	El isótopo radiactivo "170" de este elemento de tierras raras se utiliza en máquinas de rayos X portátiles.	tulio, 69
D	Este elemento fue descubierto en 1879 por Per Theodor Cleve, al mismo tiempo que descubrió el holmio.	tulio, 69
D	Los cristales dopados con Ho, Cr y este elemento se encuentran en los láseres utilizados para procedimientos médicos en la piel.	tulio, 69
D	Al igual que el Dy, este elemento de tierras raras se dopa en cristales utilizados en dosímetros que miden la radiación.	tulio, 69

F	El nombre de este elemento tiene cuatro sílabas y proviene del nombre de una pequeña ciudad sueca.	iterbio, 70
F	Este elemento tiene 70 protones y 103 neutrones en su núcleo, y es estable (no radiactivo).	iterbio, 70
F	Este elemento se encuentra justo encima del nobelio en la tabla periódica..	iterbio, 70
F	Este elemento, que recibe su nombre de Ytterby, tiene 7 letras en su nombre.	iterbio, 70
M	Los láseres YAG dopados con este elemento se utilizan para limpiar pinturas y artefactos antiguos debido a su precisión.	iterbio, 70
M	Este vecino del tulio es completamente estable, pero si se le añaden neutrones se vuelve radiactivo.	iterbio, 70
M	Este elemento de tierras raras se usa en señuelos para desviar misiles aéreos térmicos.	iterbio, 70
D	Este elemento se dopa en cristales de YAG utilizados para láseres industriales (soldadura, corte, grabado, limpieza).	iterbio, 70
D	Un nuevo tipo de reloj atómico utiliza átomos de este elemento suspendidos en un rayo láser.	iterbio, 70
D	Este metal de tierras raras se puede combinar con flúor para hacer empastes dentales.	iterbio, 70

F	El nombre de este elemento proviene de una antigua palabra para la ciudad de París.	lutecio 71
F	El $LuTaO_4$, un material de soporte para fósforos que brillan bajo los rayos X, está hecho de tántalo, oxígeno y este elemento.	lutecio, 71
F	Los cristales de GaAs están hechos de aluminio, oxígeno y este elemento. Se utilizan en láseres y sensores.	lutecio, 71
F	Este elemento se encuentra en la parte superior del lawrencio en la tabla periódica.	lutecio, 71
M	Este elemento tiene 71 protones y 71 electrones.	lutecio, 71
M	Este elemento, llamado así por París, se utiliza en los catalizadores para el "craqueo" del petróleo.	lutecio, 71
M	El descubrimiento de este elemento está estrechamente relacionado con el descubrimiento de su vecino, el iterbio.	lutecio, 71
D	Este vecino del hafnio estuvo a punto de llamarse cassiopeium, por las constelación Cassiopeia.	lutecio, 71
D	Este elemento suele ser el último de la larga fila de lantánidos, al fondo de la tabla periódica.	lutecio, 71
D	Si alfabetizaras los símbolos que empiezan por L, este elemento iría justo antes del livermorio.	lutecio, 71

F	El nombre de este elemento proviene de una antigua palabra para Copenhague, Dinamarca.	hafnio, 72
F	Este elemento tiene propiedades químicas similares a las del Zr y el Ti, ya que se encuentra debajo de ellos en la tabla periódica.	hafnio, 72
F	El número atómico de este elemento es divisible por 2, 3, 4, 6, 8, 9, 12, 18 y 24.	hafnio, 72
F	Este elemento se encuentra dentro de los cristales de circón porque puede ocupar el lugar del circón en el cristal.	hafnio, 72
M	Tanto este elemento como el que está debajo en la tabla tienen símbolos que terminan con la letra "f".	hafnio, 72
M	Este fue el último elemento no radiactivo descubierto. Era el año 1923 y el lugar era Copenhague.	hafnio, 72
M	Este elemento, junto con el Nb, el Ti y el Ta, se utilizó para fabricar las toberas del módulo lunar del Apolo.	hafnio, 72
D	En 2007, este elemento se utilizó para reducir el tamaño de las puertas de los microprocesadores de 90 nm a 45 nm.	hafnio, 72
D	Este elemento se encuentra en las "arenas de metales pesados" con W, Ti, Th y Fe, en Brasil, Malaui y Australia.	hafnio, 72
D	Este elemento puede soportar mucho calor y se utiliza para fabricar electrodos (puntas) para cortadoras de plasma.	hafnio, 72

F	Este elemento recibió su nombre de un personaje de un mito griego que se sentía tentado por cosas que no podía alcanzar.	tantalo, 73
F	Este elemento se encuentra debajo del Nb en la tabla periódica, por lo que comparte propiedades químicas similares.	tantalo, 73
F	El número atómico de este elemento es un número primo mayor que 40 y sus dos dígitos suman 10.	tantalo, 73
F	Este elemento se utilizó como filamento en las bombillas hasta que se descubrió que su vecino, el tungsteno, era mejor.	tantalo, 73
M	Este elemento es resistente al calor y se encuentra a menudo en aleaciones con titanio y con su vecino, el tungsteno.	tantalo, 73
M	El mayor uso de este metal oscuro es en pequeños condensadores utilizados en electrónica.	tantalo, 73
M	El Congo, en África, ha sido escenario de guerras por los derechos de extracción de este elemento.	tantalo, 73
D	Este elemento se utiliza para fabricar tuberías para productos químicos agresivos y corrosivos.	tantalo, 73
D	Al igual que el Rh, el Pt y el Nb, este elemento se utiliza para galvanizar metales y hacerlos más brillantes.	tantalo, 73
D	Kazajistán acuñó una moneda de plata y este elemento, que muestra la misión Apolo-Soyuz de 1975.	tantalo, 73

F	El nombre de este elemento significa "piedra pesada" en sueco.	tungsteno, 74
F	Este elemento se extrajo de un mineral llamado wolframita, de donde deriva su símbolo.	tungsteno, 74
F	Este elemento es famoso por su uso como filamento brillante dentro de las bombillas incandescentes.	tungsteno, 74
F	Este elemento es tan pesado que a menudo puede sustituir al plomo en muchas aplicaciones.	tungsteno, 74
M	Este elemento se utiliza en un compuesto de carburo utilizado en brocas, herramientas y cohetes.	tungsteno, 74
M	La masa de este elemento es similar a la del oro, por lo que los falsificadores lo han introducido en lingotes de oro.	tungsteno, 74
M	Este elemento tiene un punto de fusión muy alto y se alea con Ti, Mo, Nb y Ta para fabricar toberas de cohetes.	tungsteno, 74
D	Este elemento es químicamente similar al molibdeno; ambos se utilizan para eliminar el azufre del petróleo.	tungsteno, 74
D	Al igual que Mo, que está encima de la mesa, un sulfuro de este elemento puede utilizarse como lubricante seco.	tungsteno, 74
D	Este elemento es bien conocido por su uso en la soldadura por arco de gas. Se utiliza para fabricar los electrodos.	tungsteno, 74

F	Este elemento recibe su nombre de la región del valle del Rin en Europa.	renio, 75
F	Este elemento tiene 75 protones.	renio, 75
F	Este elemento se combina con su vecino, el W, para formar una aleación metálica muy útil.	renio, 75
F	Aunque el elemento que está directamente encima en la tabla es radiactivo, este elemento no lo es.	renio, 75
M	En la tabla periódica, este elemento se encuentra encima del elemento que lleva el nombre del físico Niels Bohr.	renio, 75
M	Una aleación de este elemento y Pt se utiliza para "craquear" el petróleo para producir gas, aceite, cera, alquitrán, etc.	renio, 75
M	Las unidades de flash fotográfico pueden contener cables fabricados con este elemento, un vecino del Os.	renio, 75
D	La aleación de este metal y el tungsteno se puede utilizar para fabricar cables que generarán rayos X.	renio, 75
D	Chile y Perú son los principales productores de este elemento, aunque recibe su nombre de una región de Alemania.	renio, 75
D	Este es el elemento sólido menos abundante que no es radiactivo. No es una tierra rara.	renio, 75

F	El nombre de este elemento proviene de la palabra griega que significa "olor".	osmio, 76
F	Este elemento es miembro del grupo del platino, que también incluye Ru, Rh, Pd, Ir y Pt.	osmio, 76
F	Este elemento se utilizó para fabricar puntas de pluma para plumas estilográficas durante el siglo XX. (No es Ru o Ir.)	osmio, 76
F	Este elemento se utilizó para fabricar agujas para fonógrafos durante las décadas de 1940 y 1950.	osmio, 76
M	Un compuesto de este elemento se utiliza para teñir las células y mostrar las zonas con alto contenido en lípidos (grasas).	osmio, 76
M	Este elemento se encuentra a menudo en minerales junto con su vecino, el iridio, y es difícil separarlos.	osmio, 76
M	Como el elemento puede utilizarse para exponer huellas dactilares aceitosas.	osmio, 76
D	Este elemento desempeñó un papel clave en el descubrimiento del ADN diestro.	osmio, 76
D	Este elemento es el más denso, pero es frágil y difícil de fundir, por lo que no es tan útil como el Pb.	osmio, 76
D	Carl von Welsbach intentó utilizar este elemento para los filamentos de las bombillas, pero el tungsteno era mejor.	osmio, 76

F	Este elemento recibe su nombre de la diosa griega del arcoíris.	iridio, 77
F	Este miembro del grupo del platino se encuentra justo antes del platino en la tabla periódica.	iridio, 77
F	El satélite Chandra X-ray Observatory tiene espejos recubiertos con este elemento del grupo del platino.	iridio, 77
F	Este vecino del osmio se utiliza para fabricar crisoles que pueden soportar más calor que la mayoría de los elementos.	iridio, 77
M	Este elemento y el einstenio son los únicos elementos cuyos nombres tienen tres "i".	iridio, 77
M	Este miembro del grupo Pt se puede encontrar en bujías de avión, satélites y plumas estilográficas.	iridio, 77
M	Este elemento es famoso por ser más abundante en ciertas capas geológicas que en otras.	iridio, 77
D	Los contenedores hechos de este elemento contienen el plutonio que proporciona energía al satélite Voyager 2.	iridio, 77
D	Este elemento del grupo Pt puede utilizarse como una fina capa sobre muestras que se van a escanear con SEM.	iridio, 77
D	Por lo general, este elemento tiene 116 neutrones. Un isótopo con 115 neutrones se utiliza para producir rayos gamma.	iridio, 77

F	El nombre de este elemento proviene de la palabra española que significa "plata pequeña".	platino, 78
F	En el grupo de elementos del platino, este elemento tiene el número atómico más alto.	platino, 78
F	Un tercio del suministro mundial de este metal precioso se destina a la fabricación de joyas. No es Ag ni Au.	platino, 78
F	El marco de la corona hecha para la madre de la reina Isabel está hecho de este precioso metal pesado.	platino, 78
M	Casi la mitad del suministro mundial de este miembro del grupo del platino se utiliza en convertidores catalíticos.	platino, 78
M	Este elemento puede utilizarse para muchos de los mismos fines que el elemento que está justo encima, el paladio.	platino, 78
M	Este metal precioso es más duro que la plata o el oro y se utiliza en aleaciones para herramientas y dispositivos de corte.	platino, 78
D	Este elemento es un ingrediente clave en el cisplatino, un medicamento para tratar el cáncer.	platino, 78
D	Este elemento fue descubierto en minerales de Perú por un español que llegó a ser gobernador de Luisiana.	platino, 78
D	El símbolo de este elemento utilizado en el siglo XVIII era el símbolo de la luna conectado al símbolo del sol.	platino, 78

F	El símbolo de este elemento proviene de la palabra latina "aurum".	oro, 79
F	Los soldados españoles llegaron a América Central y del Sur en el siglo XVI en busca de este elemento.	oro, 79
F	Este elemento se suele convertir en lingotes y almacenar en depósitos custodiados por soldados.	oro, 79
F	Este elemento se puede encontrar en su forma pura en la naturaleza, a menudo como vetas en el cuarzo.	oro, 79
M	Este elemento puede extraerse en hilos microscópicamente finos útiles para fabricar diminutas placas de circuitos.	oro, 79
M	La pepita más grande de este elemento jamás encontrada estaba en Australia y pesaba 78 kg.	oro, 79
M	Se roció una fina capa de este elemento en el interior del cristal de los cascos de los astronautas del Apolo.	oro, 79
D	Este elemento no es tóxico y puede utilizarse para decorar postres sofisticados.	oro, 79
D	En siglos pasados, este elemento se frotaba (no se pintaba) en manuscritos elegantes.	oro, 79
D	Cuando este elemento se alea con plata, el producto se denomina "electro".	oro, 79

F	Este elemento se utilizó en termómetros desde el siglo XVIII hasta finales del siglo XX	mercurio, 80
F	El nombre de este elemento proviene del dios romano mensajero que tenía alas en los pies.	mercurio, 80
F	En el siglo XIX, este elemento tóxico se utilizaba para fabricar sombreros.	mercurio, 80
F	El símbolo de este elemento proviene de la palabra latina "hydrargyrum", que significa "plata acuosa".	mercurio, 80
M	El mineral más conocido de este elemento es el cinabrio, un compuesto de azufre y este elemento.	mercurio, 80
M	El primer emperador chino pensó erróneamente que este elemento tóxico era una medicina y lo tomaba a diario.	mercurio, 80
M	En décadas pasadas, este elemento tóxico se introducía en las "amalgamas" utilizadas para rellenar las caries de los dientes.	mercurio, 80
D	En algunos faros se utilizaban antes piscinas de este elemento líquido para hacer flotar las pesadas lentes Fresnel.	mercurio, 80
D	En 1643 se demostró que un tubo alto lleno de este elemento podía utilizarse como barómetro.	mercurio, 80
D	Joseph Priestly utilizó un compuesto de óxido de este elemento para descubrir el elemento oxígeno.	mercurio, 80

F	El nombre de este elemento proviene de una palabra griega que significa "ramita verde".	talio, 81
F	Este elemento altamente tóxico tiene 81 protones.	talio, 81
F	Este elemento se encuentra debajo del boro, el aluminio, el galio y el indio en la tabla periódica.	talio, 81
F	El espectro de emisión de este elemento es inusual: es principalmente una línea verde brillante.	talio, 81
M	Un isótopo radiactivo de este elemento, con una masa de 201, se utiliza para obtener imágenes del corazón.	talio, 81
M	Un compuesto de sulfato de este elemento se utilizó como veneno para ratas hasta la década de 1970.	talio, 81
M	Este elemento se utiliza para fabricar fotorresistores para luces automáticas de exterior.	talio, 81
D	La cura para el envenenamiento por este elemento es ingerir un pigmento llamado azul de Prusia.	talio, 81
D	Este elemento tóxico, en un compuesto de bromuro/yoduro, se utiliza para fabricar lentes para luz infrarroja.	talio, 81
D	Este elemento se utiliza en soluciones para ayudar a acelerar el proceso de galvanoplastia de oro.	talio, 81

F	El símbolo de este elemento proviene de la palabra latina "plumbum".	plomo, 82
F	Este elemento es muy denso y se utilizaba para los plomos de los anzuelos de pesca.	plomo, 82
F	Este elemento se combinaba a menudo con el estaño para fabricar soldaditos de juguete.	plomo, 82
F	Durante siglos, este elemento se utilizó para sujetar las piezas de vidrio coloreado en las vidrieras.	plomo, 82
M	Un mineral común de este elemento es la galena, una mezcla de este elemento con azufre. La galena es brillante y pesada.	plomo, 82
M	Este elemento se combina con el estaño para fabricar tubos de órgano de gran tamaño.	plomo, 82
M	Hace siglos, las mujeres utilizaban compuestos de este elemento para pintarse la cara de blanco.	plomo, 82
D	Este elemento se utiliza para fabricar equipos de protección para técnicos de rayos X.	plomo, 82
D	Este elemento tóxico es excelente para soldar. Los sustitutos menos tóxicos no funcionan tan bien.	plomo, 82
D	Este metal pesado tóxico se utiliza en baterías grandes de "ácido", como las que se usan en coches y barcos.	plomo, 82

F	Este elemento es el "bis" en el medicamento estomacal Pepto-Bismol®.	bismuto, 83
F	Este elemento es lo suficientemente denso (pesado) como para sustituir al plomo en los plomos de pesca.	bismuto, 83
F	El número atómico de este elemento es el siguiente número primo después del número atómico del oro.	bismuto, 83
F	Este elemento es menos tóxico que el plomo, por lo que se utiliza para fabricar perdigones para los cazadores de patos.	bismuto, 83
M	Este elemento se añade a veces al esmalte de uñas para darle un aspecto nacarado e iridiscente.	bismuto, 83
M	Este elemento es lo suficientemente similar al plomo como para sustituirlo en los protectores de rayos X.	bismuto, 83
M	Este vecino del plomo se utiliza en aleaciones que se encuentran en los fusibles de los sistemas de rociadores.	bismuto, 83
D	Hace años, los mineros de Alemania pensaban que este elemento era plata que aún no estaba "acabada".	bismuto, 83
D	Una forma pura de este elemento es la sustancia de la que están hechos los cristales cuadrados.	bismuto, 83
D	Un compuesto de vanadato de este metal pesado no tóxico se utiliza para fabricar pigmentos amarillos para pinturas.	bismuto, 83

F	Este elemento recibió su nombre por el país donde nació Marie Curie.	polonio, 84
F	Este elemento fue descubierto por Marie y Pierre Curie cinco meses antes de que descubrieran el radio.	polonio, 84
F	Este elemento radiactivo se utiliza en cepillos antiestáticos que eliminan las cargas eléctricas de las superficies.	polonio, 84
F	Cuando el gas radón se desintegra (emite una partícula alfa), se convierte en este elemento.	polonio, 84
M	Este elemento se fabrica a veces en laboratorios, uniendo un protón extra a un núcleo de bismuto.	polonio, 84
M	En la tabla periódica, este elemento se encuentra debajo del oxígeno, el azufre, el selenio y el telurio.	polonio, 84
M	Cuando este elemento radiactivo pierde una partícula alfa, se convierte en plomo, que no es radiactivo.	polonio, 84
D	Este elemento fue el primero en descubrirse al hervir la pechblenda, un mineral de uranio.	polonio, 84
D	Este elemento radiactivo se encuentra en las hojas de tabaco y es el resultado de la desintegración de los átomos de radón.	polonio, 84
D	Este elemento se combinó con el BeO para fabricar el detonador del plutonio de las bombas nucleares.	polonio, 84

F	El nombre de este elemento proviene de la palabra griega "astatos", que significa "inestable".	astatina, 85
F	Este elemento siempre tiene 85 protones.	astatina, 85
F	Cuando este elemento radiactivo pierde una partícula alfa, se convierte en bismuto.	astatina, 85
M	En la tabla periódica, este elemento se encuentra en la columna de los halógenos, debajo del bromo y el yodo.	astatina, 85
M	Este elemento se creó en un ciclotrón añadiendo partículas alfa a átomos de bismuto.	astatina, 85
D	Si bombardeas este elemento con partículas alfa y una se adhiere a su núcleo, se transformará en francio.	astatina, 85
D	Este es el elemento natural más escaso de la Tierra, con una mota microscópica por continente.	astatina, 85

F	Este elemento es el gas noble más grande y se encuentra debajo del xenón y el kriptón en la tabla periódica.	radón, 86
F	Este elemento es inestable; en tan solo unos días expulsará una partícula alfa y se convertirá en polonio.	radón, 86
F	Este gas radiactivo es un producto de desintegración del uranio. Sale de la tierra y se filtra hacia las viviendas y el agua.	radón, 86
M	Este gas radiactivo causa problemas cuando queda atrapado en minas y en los sótanos de las casas.	radón, 86
M	En las aguas subterráneas, este gas radiactivo proporciona pistas sobre las rocas que se encuentran debajo.	radón, 86
D	El nombre de este elemento proviene del hecho de que se observó en muestras de radio.	radón, 86
D	Este gas radiactivo se encuentra en mayor abundancia en las zonas montañosas de EE. UU.	radón, 86

F	Este elemento fue descubierto por Marguerite Perey y lleva el nombre de su país natal.	francio, 87
F	Este elemento radiactivo siempre tiene 87 protones.	francio, 87
F	Este elemento radiactivo puede perder una partícula alfa y convertirse en astato.	francio, 87
M	Este elemento puede fabricarse en un acelerador de partículas utilizando átomos de oxígeno y oro.	francio, 87
M	El descubridor de este elemento fue alumno de Marie Curie.	francio, 87
D	Este elemento fue predicho por Mendeleyev. Dijo que estaría debajo del cesio en su tabla.	francio, 87
D	Este elemento radiactivo puede hacer que uno de sus neutrones se convierta en un protón, transformándolo en radio.	francio, 87

F	Antes de que se supiera que este elemento era peligroso, se utilizaba para pintar números en relojes.	radio, 88
F	Este elemento parecía mágico, ya que brillaba en la oscuridad y se utilizaba en todas partes a principios del siglo XX.	radio, 88
F	Este elemento fue descubierto por Marie Curie, cinco meses después de descubrir el polonio.	radio, 88
M	Este elemento radiactivo se desintegra emitiendo una partícula alfa, que lo convierte en radón.	radio, 88
M	Este peligroso elemento radiactivo se vendía en alimentos y artículos de higiene a principios del siglo XX.	radio, 88
D	Este elemento se descompondrá en radón, luego en polonio y, finalmente, en plomo, que es estable.	radio, 88
D	Debido a su alta toxicidad, este elemento fue sustituido por prometio y tritio en la pintura.	radio, 88

F	Este elemento tiene toda una serie que lleva su nombre. No es un elemento de tierras raras.	actinio, 89
F	Cuando este elemento pierde una partícula alfa, se convierte en francio. El francio se desintegrará.	actinio, 89
F	Uno de sus isótopos se llama isótopo "Ricitos de Oro" porque su vida media y su patrón de desintegración son útiles.	actinio, 89
M	Los átomos de este elemento radiactivo pueden adherirse a las moléculas de anticuerpos.	actinio, 89
M	Este elemento se envía a los laboratorios médicos en viales en forma de V. Los átomos estarán en la parte inferior de la V.	actinio, 89
D	Un isótopo de este elemento genera neutrones libres que se utilizan para detectar agua subterránea.	actinio, 89
D	Este elemento fue descubierto en los residuos dejados por los Curie tras descubrir el Po y el Ra.	actinio, 89

F	Este elemento recibió su nombre del dios nórdico del trueno porque su mineral procedía de Noruega.	torio, 90
F	Este elemento se utilizaba en las linternas de gas, pero ha sido sustituido por elementos no radiactivos.	torio, 90
F	Este elemento siempre tiene 90 protones, pero el número de neutrones puede variar.	torio, 90
M	Si el uranio pierde una partícula alfa, se convierte en uno de los isótopos menos estables de este elemento.	torio, 90
M	Este elemento se usa para fabricar isótopos de uranio, generando así energía nuclear más segura.	torio, 90
D	Este elemento ligeramente radiactivo se ha utilizado para fabricar electrodos para máquinas de soldar.	torio, 90
D	Aunque este elemento no es una tierra rara, a menudo se encuentra en minerales de tierras raras.	torio, 90

F	Mendeleyev predijo el descubrimiento de este elemento y dijo que estaría entre el torio y el uranio.	protactinio, 91
F	Lise Meitner y Otto Hahn nombraron este elemento utilizando una palabra que significa "antes del actinio".	protactinio, 91
F	Este elemento siempre tiene 91 protones, pero el número de neutrones puede variar.	protactinio, 91
M	El torio y este elemento son recogidos por dispositivos que flotan en el océano, para atrapar y analizar sedimentos.	protactinio, 91
M	Este elemento, un producto de la desintegración del actínio, se encuentra en los minerales de torbernita.	protactinio, 91
D	El isótopo 234 de este elemento es lo suficientemente seguro como para utilizarlo en un aula.	protactinio, 91
D	Los isótopos 231 y 233 de este elemento se producen por fisión del uranio y son difíciles de tratar.	protactinio, 91

F	La pechblenda es un compuesto de óxido de este elemento radiactivo.	uranio, 92
F	Este fue el primer elemento que recibió el nombre de un planeta (aparte de la Tierra).	uranio, 92
F	Este elemento radiactivo se utiliza para fabricar pigmentos amarillos para vidrio y cerámica.	uranio, 92
M	Este elemento se divide fácilmente para producir calor que puede utilizarse en turbinas que generan electricidad.	uranio, 92
M	Este elemento se utiliza en las bombas atómicas porque se divide con facilidad.	uranio, 92
D	Este conocido elemento radiactivo puede utilizarse para teñir muestras para microscopía electrónica.	uranio, 92
D	Citrobacter es una especie de bacteria que absorbe y utiliza este conocido elemento radiactivo.	uranio, 92

F	Este elemento se encuentra en medio de la serie que recibió su nombre por los planetas exteriores.	neptunio, 93
F	Este elemento siempre tiene 93 protones.	neptunio, 93
F	Este elemento radiactivo emite una partícula alfa y se convierte en protactinio.	neptunio, 93
M	Este elemento se descubrió en 1940 en el laboratorio de Berkeley, cuando un protón se unió a un átomo de U.	neptunio, 93
M	Este elemento se utiliza en la exploración espacial porque se desintegra en Pu-238, una fuente de energía.	neptunio, 93
D	El americio se descompondrá perdiendo una partícula alfa y se convertirá en este elemento.	neptunio 93
D	Cuando este elemento radiactivo se disuelve en soluciones, las vuelve amarillas, verdes o azules.	neptunio, 93

F	Este elemento recibe su nombre de un planeta que ya no se considera planeta.	plutonio, 94
F	Cuando este elemento radiactivo se desintegra perdiendo una partícula alfa, se convierte en uranio.	plutonio, 94
F	El isótopo 238 de este elemento es muy útil como fuente de energía en satélites y rovers de Marte.	plutonio, 94
M	Este elemento se combinó con berilio como detonador en el interior de las bombas atómicas basadas en uranio.	plutonio, 94
M	Este elemento se utilizó en su día como fuente de energía en los marcapasos para el corazón.	plutonio, 94
D	Este elemento puede crearse añadiendo una partícula alfa al núcleo de un átomo de uranio.	plutonio, 94
D	A los descubridores de este elemento les preocupaba que las letras del símbolo sonaran demasiado tontas.	plutonio 94

F	Este elemento recibió su nombre por los Estados Unidos de América.	americio, 95
F	Este elemento se utiliza en los detectores de humo mediante las partículas alfa que produce.	americio, 95
F	Cuando este elemento se desintegra y emite una partícula alfa, se convierte en neptunio.	americio, 95
M	En la tabla periódica, este elemento se encuentra justo debajo del europio.	americio, 95
M	Este elemento se combina con el berilio para generar neutrones que se utilizan en dispositivos que detectan agua.	americio, 95
D	Los laboratorios golpearon este elemento con átomos de neón para crear el elemento 105, el dubnio.	americio, 95
D	Si consigues que una partícula alfa se adhiera al núcleo de este elemento, lo conviertes en berkelio.	americio, 95

F	Este elemento fue nombrado en honor a Marie y Pierre Curie por su investigación sobre la radiactividad.	curio, 96
F	Este elemento siempre tiene 96 protones, aunque el número de neutrones puede variar de 146 a 154.	curio, 96
F	Este elemento está por debajo del gadolinio en la tabla periódica, por lo que podría tener propiedades magnéticas.	curio, 96
M	Este elemento se creó por primera vez en 1944 al bombardear plutonio con partículas alfa.	curio, 96
M	Si un átomo de californio se desintegra y emite una partícula alfa, se convertirá en este elemento.	curio, 96
D	El satélite Philae aterrizó en el cometa 67P y utilizó partículas alfa de este elemento para analizar su química.	curio, 96
D	Este elemento transuránido se utiliza en los espectrómetros de rayos X de partículas alfa de los satélites.	curio, 96

F	Este elemento se nombró por el laboratorio californiano donde se hallaron los elementos 93 al 101.	berkelio, 97
F	Este elemento lleva el nombre de una ciudad por su posición bajo el Tb, nombrado de igual forma.	berkelio, 97
F	Este elemento siempre tiene 97 protones. Si el número cambia, deja de ser este elemento.	berkelio, 97
M	El número atómico de este elemento es el número primo más alto por debajo de 100.	berkelio, 97
M	Este elemento sufre una desintegración beta. Un neutrón se vuelve protón y se transforma en Cf.	berkelio, 97
D	El punto de partida para fabricar este elemento fue bombarear el óxido de americio con particulas alfa.	berkelio, 97
D	Este elemento fue bombardeado con núcleos de calcio para produir teneso.	berkelio, 97

F	Este elemento siempre tiene 98 protones, pero el núcleo puede enriquecerse con neutrones adicionales.	californio, 98
F	Este elemento recibió su nombre por el estado de EE. UU. en el que fue descubierto por Glenn Seaborg en 1949.	californio, 98
F	Este elemento se produce por la desintegración beta del berkelio. (Un neutrón en Bk se convierte en un protón).	californio, 98
M	Está bajo el disprosio (Dy). Seaborg lo nombró para que ambos coincidieran (en cierto modo).	californio, 98
M	Este elemento se emplea como fuente de neutrones en dispositivos para detectar agua subterránea.	californio, 98
D	Este elemento emite neutrones utilizados en la inspección de fisuras en estructuras metálicas.	californio, 98
D	Un microgramo de este elemento actínido puede producir 139 millones de neutrones libres por minuto.	californio, 98

F	Este elemento recibió su nombre del físico famoso por la teoría de la relatividad.	einstenio, 99
F	Este elemento, junto con el fermio, se recogió en la nube de hongo de una bomba atómica en 1952.	einstenio, 99
F	El número atómico de este elemento es el número de dos dígitos más alto.	einstenio, 99
M	Si bombardeas el núcleo de este elemento con partículas alfa, podrías obtener algo de mendelevio.	einstenio, 99
M	Si este elemento pierde una partícula alfa, se convierte en berkelio.	einstenio, 99
D	Este elemento se encuentra justo debajo del holmio en la tabla periódica.	einstenio, 99
D	Este elemento fue descubierto por el laboratorio de Berkeley unas semanas antes de que se descubriera el fermio.	einstenio, 99

F	Este elemento recibió su nombre en honor a un físico italiano.	fermio, 100
F	Este elemento, junto con el einstenio, se recogió en la nube de hongo de una bomba atómica en 1952.	fermio 100
F	Este elemento siempre tiene 100 protones, pero el número de neutrones puede variar.	fermio, 100
M	Si este elemento pierde una partícula alfa, se convierte en californio.	fermio, 100
M	Este elemento se encuentra justo debajo del erbio en la tabla periódica.	fermio, 100
D	Este elemento lleva el nombre del físico que construyó el primer reactor nuclear, el Chicago Pile-1.	fermio, 100
D	Este elemento fue descubierto en Berkeley unas semanas después de que se descubriera el einstenio.	fermio, 100

F	Este elemento lleva el nombre del científico que elaboró la primera tabla periódica.	mendelevio, 101
F	El número atómico de este elemento es el número primo más pequeño mayor que 100.	mendelevio, 101
M	Los isótopos más ligeros de este elemento se producen disparando núcleos de argón contra bismuto.	mendelevio, 101
D	Los isótopos más pesados de este elemento se producen disparando partículas alfa al einstenio.	mendelevio, 101

F	Este elemento recibió el nombre del científico que inventó la dinamita.	nobelio, 102
F	El primer laboratorio en anunciar el descubrimiento de este elemento fue el Instituto Nobel de Suecia.	nobelio, 102
M	Si este elemento emitiera una partícula alfa, se convertiría en fermio.	nobelio, 102
D	El JINR afirmó haber fabricado este elemento al bombardear un blanco de plutonio con núcleos de oxígeno.	nobelio, 102

F	Este elemento lleva el nombre del inventor del primer ciclotrón del mundo, en el Laboratorio de Berkeley.	lawrencio, 103
F	Este elemento siempre tiene 103 protones, aunque sus átomos solo existen durante unos segundos.	lawrencio, 103
M	Este elemento se creó al golpear un blanco de californio con núcleos de boro.	lawrencio, 103
D	En muchas tablas periódicas, este elemento es el último actínido, debajo del lutecio de tierras raras.	lawrencio, 103

F	Este elemento lleva el nombre del científico que realizó el famoso experimento de la lámina de oro.	rutherfordio, 104
F	Este elemento se encuentra debajo del titanio, el circonio y el hafnio, por lo que es químicamente similar.	rutherfordio, 104
M	Si este elemento pierde una partícula alfa, se convierte en nobelio.	rutherfordio, 104
D	El cientifico que le da nombre a este elemento demostró que los átomos son en su mayoría espacio vacío.	rutherfordio, 104

F	Este elemento recibe su nombre de la ciudad en la que se encuentra la instalación rusa JINR.	dubnio, 105
F	Este elemento se creó por primera vez en el JINR al golpear un objetivo de americio con núcleos de neón.	dubnio, 105
M	Este elemento se encuentra debajo de Nb y Ta, por lo que podría ser iridiscente.	dubnio, 105
D	Si este elemento perdiera una partícula alfa, se convertiría en lawrencio.	dubnio, 105

F	Este elemento recibe su nombre del director del laboratorio de Berkeley cuando se descubrieron el Am, el Bk, el Cf y el Lr.	seaborgio, 106
F	Este elemento fue el primero en recibir el nombre de una persona viva.	seaborgio, 106
M	Este elemento se desintegra perdiendo una partícula alfa y se convierte en rutherfordio.	seaborgio, 106
D	En 2014 se creó una molécula de hexacarbonilo de este elemento, un raro ejemplo de molécula superpesada.	seaborgio, 106

F	Este elemento recibió su nombre en honor al científico danés que descubrió que los electrones tienen capas.	bohrio, 107
F	Este elemento siempre tiene 107 protones, aunque sus átomos solo existen durante unos segundos.	bohrio, 107
M	El homónimo de este elemento nos dio el modelo del átomo del "sistema solar".	bohrio, 107
D	Este átomo se encuentra en la parte inferior de la columna que contiene el elemento radiactivo con el número atómico más bajo.	bohrio, 107

F	El elemento recibe su nombre del estado alemán en el que se encuentra el Instituto Helmholtz GSI.	hasio, 108
F	Alemania quería elementos que llevaran el nombre de su país, uno de sus estados y una ciudad. Este es el estado.	hasio, 108
M	Este elemento está en la parte inferior de la columna, mientras que el hierro está en la parte superior.	hasio, 108
D	Si este elemento pierde una partícula alfa, se convertirá en Sg. Si gana una, se convertirá en Ds.	hasio, 108

F	Este elemento recibió su nombre en honor a la mujer que trabajó con Otto Hahn para investigar la fisión del uranio.	meitnerio, 109
F	ISi este elemento se desintegra y expulsa una partícula alfa, se convierte en bohrio.	meitnerio, 109
M	Este elemento se creó al golpear un blanco de bismuto con átomos de hierro en rápido movimiento.	meitnerio, 109
D	Este es el único elemento que debe llevar el nombre de una mujer. El curio recibió el nombre de Marie y Pierre.	meitnerio, 109

F	Este elemento recibe su nombre de la ciudad alemana donde se encuentra el centro de investigación GSI Helmholtz.	darmstadtio10
F	Este elemento siempre tiene 110 protones y entre 151 y 171 neutrones.	darmstadtio, 110
M	Este elemento puede crearse golpeando un blanco con átomos de níquel que se mueven rápidamente.	darmstadtio, 110
D	El nombre de este elemento equilibrio la balanza con el lab. de Berkeley, que tenía 3 elementos con su nombre.	darmstadtiio, 110

F	El nombre de este elemento ajustó cuentas con el laboratorio de Berkeley, que tenía 3 elementos con su nombre.	roentgenio, 111
F	El número atómico de este elemento es de tres dígitos y todos son el mismo número.	roentgenio, 111
M	Este elemento se encuentra debajo del cobre, la plata y el oro, así que ¿es un metal precioso radiactivo?	roentgenio, 111
D	Este elemento puede crearse golpeando un blanco de bismuto con átomos de níquel.	roentgenio, 111

F	Este es el único elemento que lleva el nombre de un científico que no era químico ni físico.	copernicio, 112
F	12 elementos comienzan con la misma letra que este elemento. La segunda letra de su símbolo es "n".	copernicio, 112
M	Este elemento está bajo Hg en la tabla. Si pudiéramos producir suficiente cantidad, ¿sería un líquido?	copernicio, 112
D	Si combinas átomos de zinc y plomo, obtienes átomos de este elemento.	copernicio, 112

F	Este elemento recibe su nombre de Japón.	nihonio, 113
F	Este elemento tiene el número atómico más alto, que es un número primo.	nihonio, 113
M	Este elemento se creó al romper átomos de bismuto y zinc.	nihonio, 113
D	Este elemento se creó en el acelerador de partículas de las instalaciones de RIKEN en Japón.	nihonio, 113

F	Este elemento comienza con la letra F, pero no es flúor, fósforo ni fermio.	flerovio, 114
F	Este elemento siempre tiene 114 protones, aunque sus átomos solo existen durante unos 2 segundos.	flerovio, 114
M	Este elemento recibió su nombre por un laboratorio del JINR y uno de sus principales científicos.	flerovio, 114
D	Este elemento se encuentra en la parte inferior de la columna que incluye C, Si, Ge, Sn y Pb.	flerovio, 114

F	Este elemento siempre tiene 115 protones, pero solo existe durante medio segundo.	moscovio, 115
F	Este elemento se encuentra en la parte inferior de la columna que contiene N, P, As, Sb y Bi.	moscovio, 115
M	Este elemento recibe su nombre de la ciudad y el distrito de Rusia en los que se encuentra el JINR.	moscovio, 115
D	Si este elemento expulsa una partícula alfa, se convierte en Nh, que a su vez se desintegra en Rg.	moscovio, 115

F	Este elemento recibe su nombre de la ciudad en la que se encuentra el Laboratorio Lawrence Livermore.	livermorio, 116
F	Este es el único elemento cuyo símbolo tiene la "v" como segunda letra.	livermorio, 116
M	Curiosamente, el nombre de este elemento se remonta a un ganadero inglés-mexicano del siglo XIX.	livermorio, 116
D	Este elemento se creó al golpear un blanco de curio con átomos de calcio en rápido movimiento.	livermorio, 116

F	El californio y este elemento son los únicos que llevan el nombre de estados de EE. UU.	teneso, 117
F	Este elemento recibió su nombre por el estado en el que se encuentra el Laboratorio Nacional de Oak Ridge.	teneso, 117
M	Este es el penúltimo elemento de la tabla periódica.	teneso, 117
D	El Laboratorio Oak Ridge trabajó con el JINR para crear este elemento a partir de átomos de berkelio y calcio.	teneso, 117

F	Este elemento recibió el nombre del científico ruso que dirigió el equipo internacional que lo creó.	oganesón, 118
F	Este elemento comienza con la letra O, pero no es oxígeno ni osmio.	oganesón, 118
M	Este elemento se encuentra en la parte inferior de la columna que contiene todos los gases nobles.	oganesón, 118
D	Hasta ahora, nunca se ha fabricado ningún elemento más pesado que este.	oganesón, 118

RESPUESTAS DE LOS CRUCIGRAMAS

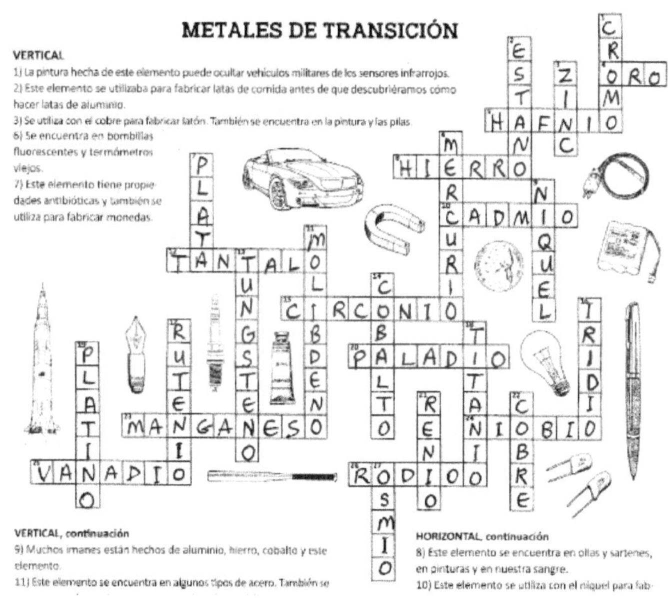

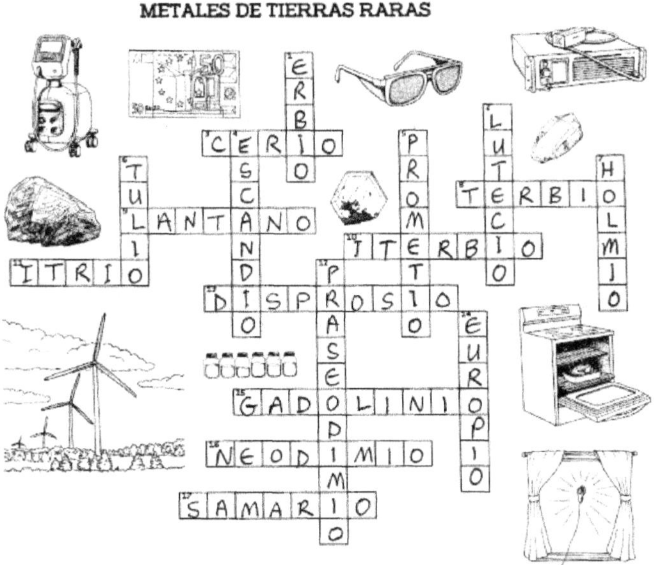

¿QUIÉN SOY?

1) zinc 2) cloro 3) arsénico 4) magnesio 5) germanio
6) circonio 7) cadmio 8) neodimio 9) bismuto 10) yodo

ELEMENTOS QUE SE CONFUNDEN CON FACILIDAD

1) MAGNESIO y MANGANESO 2) TULIO y TALIO 3) RADÓN y RADIO
4) PLATINO y PALADIO 5) HOLMIO y HAFNIO 6) RENIO y RODIO
7) INDIO y IRIDIO 8) ZINC y CIRCONIO 9) BORO y BOHRIO
10) ERBIO, TERBIO y ITERBIO

www.ingramcontent.com/pod-product-compliance
Lightning Source LLC
LaVergne TN
LVHW061238100826
845148LV00008B/980

* 9 7 9 8 9 8 6 8 6 3 7 8 8 *